김봉렬의
한국건축 이야기

시대를 담는 그릇 1

김봉렬 글 · 이인미 사진

돌베
개

김봉렬의 한국건축 이야기 1
— 시대를 담는 그릇

김봉렬 지음

2006년 3월 31일 초판 1쇄 발행
2022년 4월 18일 초판 8쇄 발행

펴낸이 한철희 ┃ 펴낸곳 주식회사 돌베개 ┃ 등록 1979년 8월 25일 제406-2003-000018호
주소 (10881) 경기도 파주시 회동길 77-20 (문발동)
전화 (031) 955-5020 ┃ 팩스 (031) 955-5050
홈페이지 www.dolbegae.co.kr ┃ 전자우편 book@dolbegae.co.kr

책임편집 윤미향·서민경 ┃ 편집 박숙희·이경아·김희동·김희진
디자인 이은정·박정영 ┃ 필름출력 (주)한국커뮤니케이션 ┃ 인쇄·제본 영신사

ⓒ 김봉렬, 2006

ISBN 89-7199-233-6 04610
ISBN 89-7199-232-8 04610(세트)
이 책에 실린 글과 사진의 무단 전재와 복제를 금합니다.
책값은 뒤표지에 있습니다.

이 도서의 국립중앙도서관 출판시도서목록(CIP)은 e-CIP 홈페이지
(http://www.nl.go.kr/cip.php)에서 이용하실 수 있습니다.(CIP제어번호: CIP2006000624)

김봉렬의
한국건축 이야기
1

개정판 서문

참회와 사랑의 고백

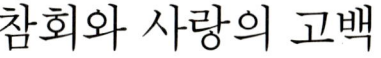

건축은 시대의 모습을 담는 그릇이요, 깨달음과 생활이 만든 환경이며, 인간의 정신이 대지 위에 새겨놓은 구축물이다. 젊은 날, 이런 생각으로 한국의 역사적 건축을 바라보며 『한국건축의 재발견』이라는 거창한 이름으로 3권의 책을 낸 지 벌써 10년이 가까워온다. 그사이에 많은 분들이 나의 책을 읽었고 결점들을 지적하곤 했다. 내용상 오류도 많았고, 편집이나 책의 체제가 불비한 점도 많았다.

　그동안 너무나 많이 바뀌었고 달라졌다. 이 책은 월간 『이상건축』에 3년간 연재된 내용을 정리하여 출판한 것인데, 이 잡지는 누적된 경영상의 압박을 견디지 못해 건축계에서 사라져버리고 말았다. 건축이론과 비평을 무게 있게 다루었던, 보는 잡지가 아니라 유일하게 '읽는 잡지'가 폐간되었다는 아쉬움은 너무 크다. 뿐만 아니라, 『이상건축』에서 발간했던 『한국건축의 재발견』 시리즈도 절판돼, 서점에서 찾아볼 수 없어 원성도 꽤 일었다.

　이 책에서 다루었던 옛 건축물들도 그 10년 동안에 너무 많이, 너무 자주 변해버렸다. 생명공학을 전공하는 한 친구는 1~2년을 주기로 새로운 이론과 분야가 출현해 그를 따라가기도 벅차다며, 변하지 않는 과거의 건축을 다루는 내 전공을 무척 부러워하곤 했다. "지나간 역사가 어디 변하랴?" 하여 한 번 공부로 평생을 우려먹을 수 있지 않느냐는 야유 섞인 부러움이었다. 그러나 수많은 사찰과 건축문화재들이 중창불사라는 이름으로, 또는 문화재 복원이라는 명분으로 엉뚱하게 변해버린 새 건축 환경은 내 책의 내용을 틀린 것

으로 바꾸어버렸다.

그러나 무엇보다도 변한 것은 세월이다. 이 책의 내용을 쓰던 시절에는 '신진, 소장' 학자라는 타이틀이 익숙했지만, 이제는 '중진'이 되었고 곧 '원로'가 될 것이다. 강력한 이론과 개념에서 출발한 건축만이 좋은 건축, 의미 있는 작업이라고 믿었던 시절이었다. 물론 아직도 혁명적 이론과 개념의 가치는 유효하다. 그러나 그것이 전부는 아니다. 주어진 조건들을 충실히 하나씩 풀어가는 성실함, 작은 성취에도 만족하고 즐거워하는 건강함, 일상적 필요에 따라 만들어지는 실용성, 무엇보다도 평범함 속에서 발견되는 아름다운 깨달음들. 대부분의 건축들이 가지고 있는 이 작고 소중한 가치들을 통해 새로운 건축의 모습을 엿보기도 한다.

이런 저런 필요에 의해 새롭게 개정판을 펴내게 되었다. 편집을 바꾸고, 내용도 현재에 맞추어 손을 보았다. 책의 제목도 『김봉렬의 한국건축 이야기』라는 다소 낯간지러운 이름을 가지게 되었다. 그러나 건축적 사고는 10년 전, 초판이 출간될 당시에 맞추어져 있다. 오히려 미진한 점을 더 보강해 당시의 생각을 부각시키려 노력했다. 이 책은 내 건축 여정의 끝이 아니라 또 다른 여정을 위해 정리해야 할 기행이기 때문이다.

어쩌면 이제까지 단거리 경주를 하듯이 건축과 역사를 대해왔는지 모른다. 오로지 결승점을 향해, 무엇인가 이루어야 한다는 목표를 향해 질주하듯 공부를 했고 생각을 했다. 미처 소화되지도 못한 생각들을 뒤로한 채, 글을 쓰고 책을 내기에 바빴다. 그래서 어느 정도 명성도 얻고, 사회적 지위도 얻었다. 이력서의 연구결과물 난을 채울 수 있는 묵직한 여러 줄의 경력도 얻었다. 모두가 눈에 보이는 목표들이었다.

그러나 나의 여정이 경기가 아니라 건강과 사색을 위한 산책이라면, 연구의 방법도 생각의 순서도 달라질 것이다. 두리번거리며 가끔 지나온 길을 뒤돌아보기도 하고, 다른 경주 코스를 어슬렁거리기도 하고, 때로는 질주하고 때로는 휴식하며, 건축과 역사라는 거대한 숲을 즐길 것이다. 심지어 한 발

로 뛰어도 보고, 멀리 뛰어도 보고, 좁게 뛰어도 보고, 제자리 뛰기도 할 것이다. 그러면서 보이지 않았던 것, 보지 않으려 했던 많은 것들을 새롭게 보는 재미에 푹 빠지고 싶다. 그러면서 보여지는 것, 깨달아지는 것들만 정리해도 의미 있는 성과들이 쏟아지기를 기대하는 것 역시 또 다른 욕심일까?

초판본 출판기념회 때, 존경하는 한 선배께서 "이 책은 김봉렬의 지난 10년간의 성과이지만, 중요한 것은 앞으로 10년간 김봉렬의 노력이다. 난 그걸 지켜보겠다"고 격려와 질타를 주셨다. 지난 10년간, 개인적·조직적·사회적 온갖 핑계로 참 게으르게 살았다. 개정판을 내는 건 그 게으름에 대한 참회이며 새로운 결심이다.

　이 중요한 정리를 새롭게 맡아주신 도서출판 돌베개 가족들에게 큰 은혜를 입었다. 이번에도 훌륭한 사진을 마련해준 이인미 씨께, 귀중한 추천사와 발문을 신도록 해주신 승효상, 황지우, 최준식, 정기용 선생님들께, 한결같이 용기와 성원을 더해준 한국예술종합학교 건축과 교수님들께, 그리고 갈수록 더 큰 사랑으로 힘을 주는 내 가족들께 감사와 사랑을 드린다.

"세상의 모든 비밀과 모든 지식을 알고, 또 산을 옮길 만한 능력이 있을지라도 사랑이 없으면 아무것도 아니다." 쑥스럽지만 새삼스러운 깨달음이다. 건축에 대한 사랑, 역사에 대한 사랑, 이 땅에 대한 사랑, 그리고 이 세상과 사람들에 대한 사랑.

2006년 3월, 서리풀 마을에 떠 있는 13층 집에서
김봉렬

초판 서문

폐허 앞에서

과거의 역사, 특히 우리와 직결되는 한국의 문화를 보는 눈은 두 가지 극단적인 편견의 함정을 조심해야 한다. 하나는 원초적인 문화의 산물로 비하하는 태도, 다른 하나는 근거 없는 칭송과 조건반사적인 감탄의 분위기. 근대화 시기에는 너무 폄하해서 문제가 됐지만, 현재는 오히려 맹목적인 애정이 문제다. 서구의 모든 한계를 한국문화가 극복시켜줄 것같이 맹신하거나, 혹은 현재의 문제를 해결할 열쇠가 과거에 있는 것처럼 신화화하는 풍조가 조성되고 있다.

　　과거의 한국건축을 마법과 같은 신비주의의 산물로 여기거나 박물관의 유물과 같이 동결된 문화유산으로 취급하는 한, 한국건축은 낭만적 회고나 강압적 애정의 대상은 될지언정 하나의 건축적 실체로 다가오지는 않는다. 우리에게 필요한 것은 부풀려진 신화도 아니요, 박제화된 교과서도 아니다. 무엇이 있느냐가 문제가 아니라 무엇으로 볼 것인가의 해석이 필요하다. 그러나 그 해석은 사실적인 감동에 뿌리를 두어야 한다. 따라서 현장을 답사하고 조사하고 탐구하는 것에서부터 글을 시작했다. 역사적 건축의 현장은 늘 폐허였다. 이제는 사라져간 형태와 쓰임새, 소멸되고 만 기술과 재료들, 그리고 끊어져버린 건축적 생각들, 뿐만 아니라 해가 다르게 건물들은 사라지고 변형되고 파괴되어간다. 그러나 폐허는 온갖 껍데기들이 소거되고 본질의 속살을 드러내는 시작점이다. 정교한 상상력만 있다면 건축의 본질을 향해 탐구하기에 더없이 좋은 현장이다.

건축을 통해서 역사를 읽고, 인간을 읽고 싶었다. 거꾸로 역사를 통해서 건축의 본질을 깨닫고 그것을 만든 사람들의 생각을 이해하고 싶었다. 이 책에 실린 글을 쓰면서 간절히 희구했던 목표들이다.

탐구를 계속하면서 몇 가지 확신을 가질 수 있었다. 과거의 건축을 구성했던 생각과 과정이 현재와 그다지 다르지 않다는 사실, 지식과 기술은 축적되지만 깨달음의 크기와 폭은 시간과는 무관하다는 점, 국적과는 상관없이 건축이 갖는 보편적인 가치와 본질은 결국 하나라는 사실이다. 그 깨달음을 전하기 위해 현상의 묘사보다는 설화의 삽입과 지엽적 사실의 확대 해석, 추론과 가설이 난무했는지도 모르겠다. 독자들의 상상력을 자극하기 위함이며, 그럼으로써 추론적인 이론들을 도출하기 위함이다. 객관적이라는 허울 아래 현재적 필요가 없는 과거의 탐구가 지적인 유희에 흐르기 쉽듯이, 현실적이라는 이유만으로 역사와 이론에 뿌리를 두지 못한 실천이란 우연에 불과하다.

이 책은 월간 『이상건축』에 1995년 11월부터 연재해온 내용을 다시 추린 것이다. 26회의 계획으로 1997년 12월까지 실린 내용이 예상보다 방대해져서 총 3권의 책으로 묶을 수밖에 없었다. 첫째 권은 비교적 역사적 관점이 부각된 내용을 추렸다. 그렇다고 모든 시대를 다루면서 시대적 변천과정을 서술한 연대기적 내용은 아니다. 오히려 특정 시대의 특정한 건축이 어떻게 탄생하는가의 공시적 내용들이 대부분이다. 둘째 권에서는 다양한 용도와 목적의 건축들 속에 담겨 있는 생활과 생각들, 그리고 여러 가지 형태의 건축적 아름다움을 읽고 느낄 수 있을 것이다. 셋째 권은 주로 이론적인 내용들을 다루었다. 터잡기부터 세부기법까지, 그리고 한국건축의 집합적 성격, 불교신앙과 성리학적 정신이 갖는 건축이론의 상이점들이다. 첫째, 둘째 권보다는 약간 더 전문적인 담론의 세계를 맛볼 수 있다.

연재가 진행되는 도중에 소중한 분들로부터 많은 찬사와 충고를 받았다. 글이 너무 어렵다, 건축학자가 아닌 건축가나 일반 대중이 보기에는 너무 학술적이고 딱딱하다, 흔한 답사기같이 재미있게 쓸 수는 없는가…… 아니다, 글들

이 너무 대중적이다, 이제 학자의 길을 포기하고 저널리스트로 나서기를 작정했는가? 두 극단의 반응들이 들려왔다. 도대체 이 책의 성격은 무엇인가. 일반인을 위한 건축답사기인가, 아니면 건축인들을 위한 학술서적인가. 집필의 동기는 건축인은 물론 일반인들에게도 한국건축의 의미와 가치를 생각해보게 하기 위함이었다. 그러나 이도 저도 아닌, 혹은 모두를 포함한 수준이 된 감도 없지 않다. 우리 문화와 건축에 애정을 가진 분들에게 이 책은 쉬운 책일 것이다. 반면 보물창고의 문턱 넘기를 주저하는 분들에게는 어려운 책일 것이다.

많은 분들의 도움과 관심이 있었다. 밀실에서 혼자만의 작업을 통해 나온 것이 아니라, 집단적인 성원의 결과라는 점에서 남다른 기쁨을 느낀다. 존경하는 건축가들 특히 민현식, 정기용, 승효상 선생은 몇 해 전부터 이런 종류의 작업을 강권해왔다. 2년여 집필하는 도중에 많은 신상의 변화가 있었다. 무엇보다 안타까운 일은 건축계의 거목이자 든든한 후원자였던 공간사 장세양 선생의 별세다. 생존하셨더라면 누구보다 출간을 기뻐하셨을 장 선생께 다시 한번 추모의 념을 바친다.

12년간 정들었던 울산대학교를 떠나 지금의 학교로 옮기게 됐다. 그동안 울산대 건축과 식구들로부터 많은 도움을 받았다. 특히 대학원 제자들의 막강한 도움이 없었다면 체계적인 답사와 자료정리는 불가능했을 것이다. 미안함과 고마움을 동시에 나눈다. 누구보다 장기간 많은 지면을 배려해준 『이상건축』 식구들에게 감사를 드린다. 이용흠 사장과 강혁 교수의 물심양면 도움이 없었다면 애초부터 불가능한 작업이었다. 또 답사 동행과 사진촬영의 강행군을 감내한 이인미 씨, 원고 독촉의 악역을 맡아준 홍윤경 씨께 감사를 전한다.

1999년 2월, 눈 덮인 의릉을 바라보면서
김봉렬

추천의 글

가슴으로 읽는 건축

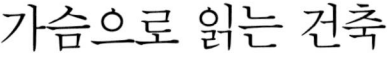

나는 건축의 이론가가 따로 있다고 여기지 않는다.

어떤 건축가가 그의 체취가 물씬 나는 고유한 건축을 그려낸다면, 그는 독특한 조형언어를 가진 독립된 건축가이며, 도상만으로도 그의 사상을 나타내는 건축이론가다. 그리고 그의 이론이 역사와 접속할 수 있다면 그의 건축은 우리 사회를 좀더 진보시킬 수 있는 중요한 모티베이터가 되며 그 건축은 역사에 기록될 수 있을 것이다.

마찬가지로 건축을 학문으로 하는 이도 그 학문 안에 건축의 창조적 기능과 재현의 가치를 가지지 못한다면 그 학문은 피상적이며 공허하게 될 뿐이다. 특히 역사를 탐구하는 목적이 훈고만이라면, 그 역사는 생명 잃은 유물이며 이미 폐기물이다.

김봉렬 교수는 학문하는 건축인이며 건축 역사학자다. 그러나 그의 학문하는 영역과 역사를 바라보는 눈과 애정은 영화로운 과거의 사실에 있지 않고 오히려 철저히 황폐해 있는 우리의 현재에 있다. 그는 과거의 사실을 막연히 바라보지 않는다. 그는, 이 땅에 남겨진 우리 건축의 흔적을 찾아 그 속에서 발견한 언어를 현재에 대입하여 새로운 건축을 그리고자 노력하는 불과 몇 되지 않는 이 땅의 학자 중 한 사람이다.

5년 전 일본의 조그만 도시 이즈모에서 열린 이즈모포럼이란 심포지엄에 김 교수와 나는 주제연사로 같이 초빙되어 참가한 적이 있다. 당시 그 포럼의 주도자인 교토대학 후노 스지 교수는 "약관 27세 때 『한국의 건축』이란 명저

추천의 글 **가슴으로 읽는 건축** _ 11

를 저술했으니, 이를 두고 천재라 칭하지 않을 수 없다"라고 하며 김봉렬 교수를 관중에 소개했다. 나는 그때 새삼, 김 교수의 놀라운 성취를 다시 생각하게 되었다. 일본에서도 번역 출간된 이 책은 1985년에 초간되었는데, 한국건축 역사에 전혀 무지하여 망망대해를 떠돌던 나에게 황금 같은 네비게이터로 다가왔음에 그 즐거움은 말할 나위가 없었다. 그 책의 가치는, 저자가 밝힌 대로 단순히 고건축 답사와 감상에만 있는 게 아니었다. 소개되는 항목마다에 달린 길지 않은 글로 된 그의 해설은 그간 지루하고 답답하며 대단한 의무감 아니고는 도저히 읽기 어려웠던 한국건축 역사서의 장르에 새로운 기운을 불러일으켜 세우고, 가까이 할 수 없던 옛 건축을 날줄 씨줄로 꿸 뿐 아니라 가슴으로 부둥켜안을 수밖에 없는 우리의 건축으로 읽고 보게 만드는 계기를 주었던 것이다. 그의 나이 불과 27세 때 이를 이루었다는 것이다.

그가 이야기한다. "과거의 한국건축을 마법과 같은 신비주의의 산물로 여기거나 박물관 속의 유물같이 동결된 문화재로 취급하는 한 한국건축은 낭만적 회고나 강압적 애정의 대상은 될지언정, 하나의 건축적 실체가 아니다. 무엇이 있느냐가 문제가 아니라 무엇으로 볼 것인가가 문제다."

역사를 왜 공부하는가. 적어도 나에게 역사의 연대기적 사건만은 관심 사항이 아니다. 역사적 사실의 배경과 과정 그리고 다음 사실에 대한 관련이 중요하며, 무엇보다 '왜' 그 사실인가 하는 데 있다. 물론 이러한 질문은 내가 지금 그려야 하는 건축의 궁극적 목적에 지혜로운 실마리를 제공한다. 지루하고 저급한 논쟁 중의 하나인 전통건축의 모사냐 복원이냐에 대한 문제는 믿기로는, 바로 이 본질적 질문을 간과하는 데서 비롯된다.

이런 저런 기회에 듣게 된 김 교수의 강의들은 항상 문제의 본질과 핵심을 꿰뚫는 바 가히 경외로운 것이어서 늘 학술 논문 아닌 그의 두번째 저술을 기대하고 더러는 재촉하곤 했다.

그러던 중 1995년부터 월간지 『이상건축』에 26개의 주제를 미리 내걸며 주옥같은 이 땅의 건축들을 시리즈로 연재하는 대장정을 시작함을 보고, 그의 학문적 스케일과 깊이에 놀랐고 그의 계획되고 스스로 제어하는 치밀함에

놀라며 미증유의 이러한 저술을 참으로 반가워 했다. 또한 이번에 그 글들 중 일부를 단행본으로 출간한다는 소식을 접하고 우리 건축인들 뿐만 아니라 일반대중에까지 읽혀질 계기가 되는 듯하여 기쁘기 그지없다.

우리는 그의 글에서 건축만을 만나지 아니한다. 그의 끝 간 데 없는 지식과 사유로 이루어진 글을 따라 읽어 내려가다보면 그 건축과 관련한 인물과 만나고 그 인물이 엮은 역사를 만나고 그 인물의 사상체계와도 만난다. 또한 그 건축이 놓인 땅을 이해하도록 조선과 고려의 산수를 만나고 더러는 이 땅의 풀포기와 기암괴석을 만나기도 한다. 그야말로 종횡무진이요 점입가경이며 무변방대한 그의 이야기는 옛 건축의 단순한 해설이 아니라 건축을 주인공으로 하는 대하소설이요, 건축을 매개로 한 우리의 문화총서이며, 건축이라는 켜를 통한 우리의 역사서이다.

그러나 정작 나로 하여금 그의 글을 재독 삼독하게 하는 것은 새롭게 얻게 되는 앎이나 정보에 있지 않다. 앞에 언급한 바와 같이, 두터운 사유에서 비롯된 그의 글은 언제나 우리의 휘청거리는 현재를 염두에 두고 있기 때문이다. 우리의 지혜로운 이상세계를 끊임없이 그린 선조들의 문화적 안목과 도덕적 실천을, 그는 지금 이 땅을 사는 우리들에게 열정적으로 가르치며 일그러진 우리의 현대적 삶을 질타하고 나아가 미궁에 빠진 우리의 건축이 빠져나갈 통로를 예시하여준다. 이 땅에 몇 남지 않은 우리의 옛 건축에 진실한 사랑을 듬뿍 담아 우리 건축의 지평을 한껏 넓힌 그의 글은 따라서 건축가가 읽어야 하고, 건축학자가 읽어야 하며, 건축의 사용자가 읽어야 함은 물론이거니와, 내가 누구보다도 읽어보기를 권하는 이는 우리의 건축을 스스로 질문하기에 주저하지 않는 이이다.

왜 건축을 하는가.

이 질문의 중요함을 거듭 직시하는 이들에게는 필독해야 하는 그의 글이며, 우리의 글이다. 따라서 이 글은 가슴으로 읽는 글이다. 눈으로 읽는 글이 아니다.

1999. 승효상

개정판 서문 참회와 사랑의 고백   5
초판 서문 폐허 앞에서   8
추천의 글 가슴으로 읽는 건축 승효상   11

1 세계적 유산의 또 다른 이야기 불국사와 석굴암   16

불국사와 석굴암론의 쟁점들 19 ǀ 최고의 하이테크 건축 26 ǀ 국제적 염원의 성취, 석굴암 36
경전으로서의 건축, 불국사 43 ǀ 다보탑이냐, 석가탑이냐? 51

2 문화적 전환기의 건축 안압지와 마곡사   58

변화와 위기의 순간들 61 ǀ 통일의 기념 정원 안압지 67 ǀ 안압지, 극단적인 것들의 통합 정신 73
원의 지배와 문화의 수입, 경천사지 10층석탑 84 ǀ 마곡사의 탑, 이 시대의 업경대 91
두 가람의 집합체, 마곡사 97

3 백제계 건축의 평지성 미륵사와 금산사   106

백제권 건축과 지형 109 ǀ 백제권의 미륵신앙과 사찰건축 116 ǀ 미륵신앙의 본산, 금산사 123
금산사의 전각들 131

4 침묵의 기념비 종묘   144

왕조의 정통성을 위하여 147 ǀ 길과 선의 건축 155 ǀ 길어지는 건물들과 척도감 167
종묘의 다른 건물들 176 ǀ 세계문화유산을 살리는 길 181

5 장인정신과 공예적 전통 전북의 작은 사찰들   184

장인들과 공예정신 187 ǀ 완주 화암사 198 ǀ 부안 내소사 206
부안 개암사 214 ǀ 고창 선운사 참당암 218

6 유희에서 실용으로 부용동 원림과 해남 녹우당 226

어부사시사와 전가서사, 관념과 사실 229 | 보길도의 놀이구조 232 | 자연 속의 극장, 세연정 241
중세적 장원, 녹우당 248 | 녹우당, 실용의 정신 258 | 윤씨 가의 건축들 263

7 합리주의와 낭만주의 양동마을의 관가정과 향단 266

양동마을 이야기 269 | 갈등구조 속의 건축 275 | 절제와 규범 속의 다양함, 관가정 281
뚜렷한 개성과 의도, 향단 289 | 관가정의 합리성과 향단의 낭만성 297

8 조선시대의 평창동 양동마을 주택들 302

양동마을 주택들의 개별성 305 | 고전적 원형, 서백당 309
종가급의 주택들 314 | 중기의 주택들 321 | 정자와 서당 328

9 모방인가, 창조인가 수원화성 334

계몽군주의 영원한 도시 337 | 18세기 르네상스의 꽃 343 | 새로운 정신, 새로운 도시 350
견고하고 아름다운 성곽 364 | 또 다른 수원화성들 373

부록

건축 읽기에 도움이 되는 용어해설 380 | 도면 목록 388 | 찾아보기 390

발문 고전으로서의 한국건축 정기용 397

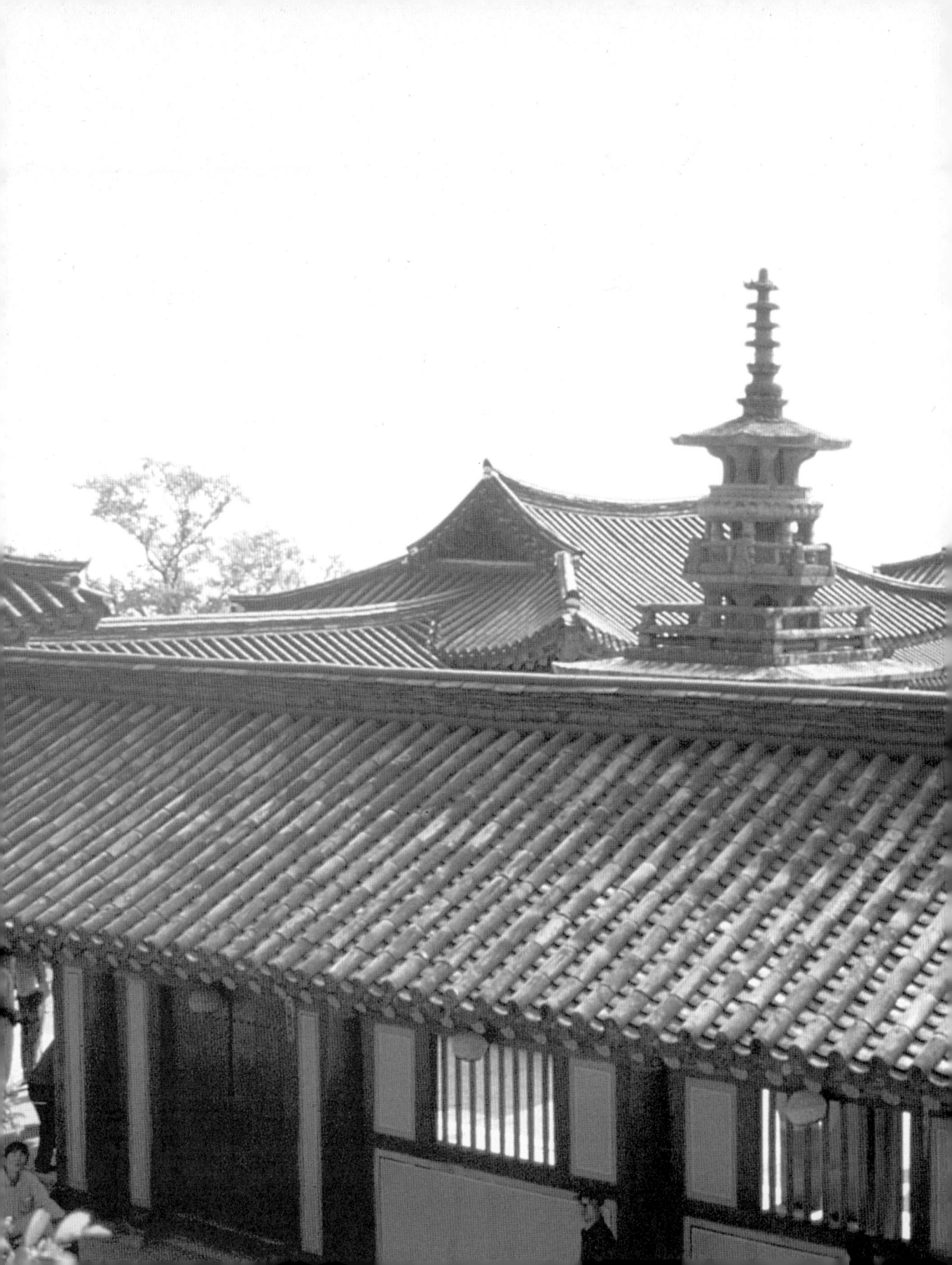

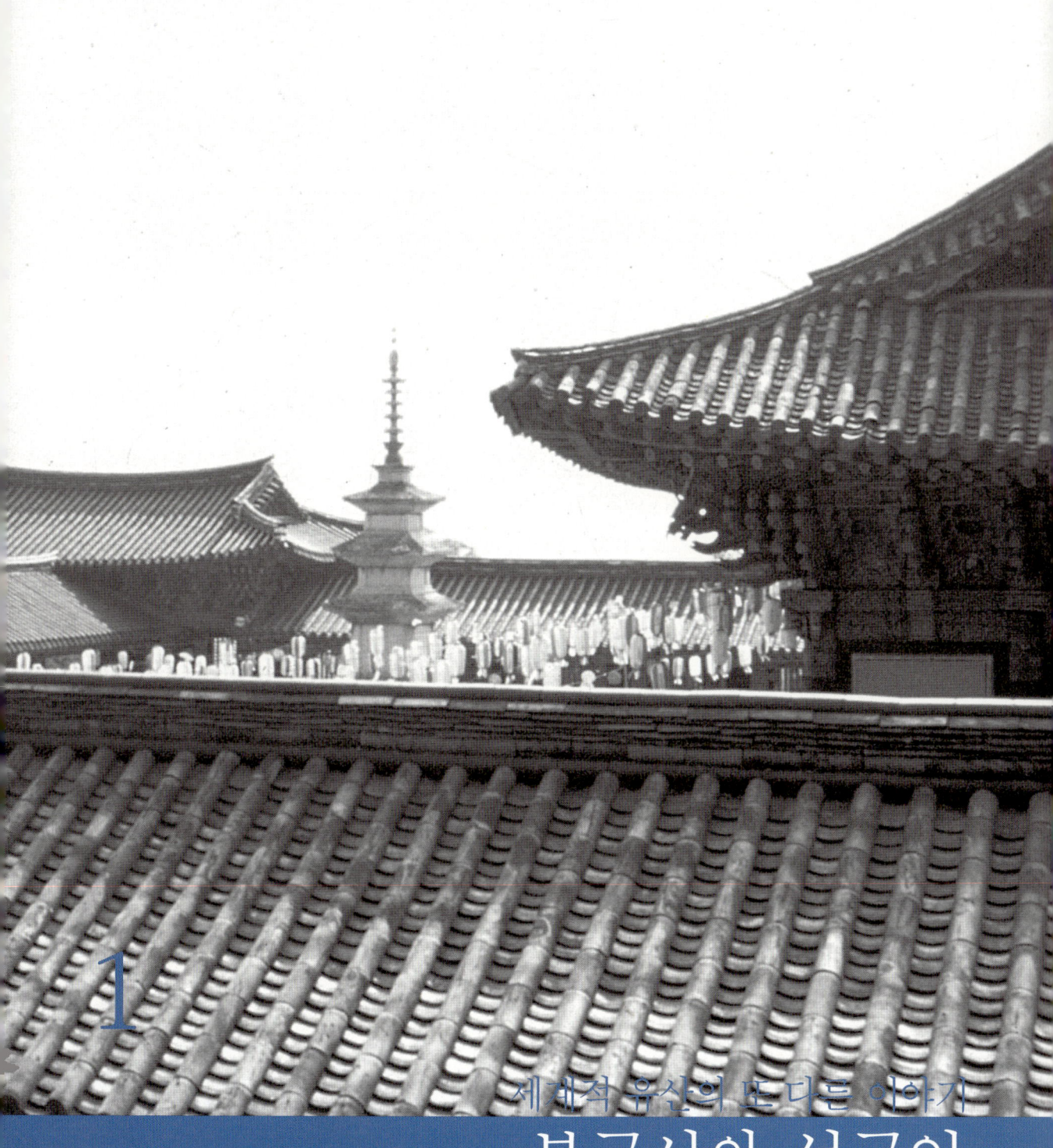

1

세계적 유산의 또 다른 이야기

불국사와 석굴암

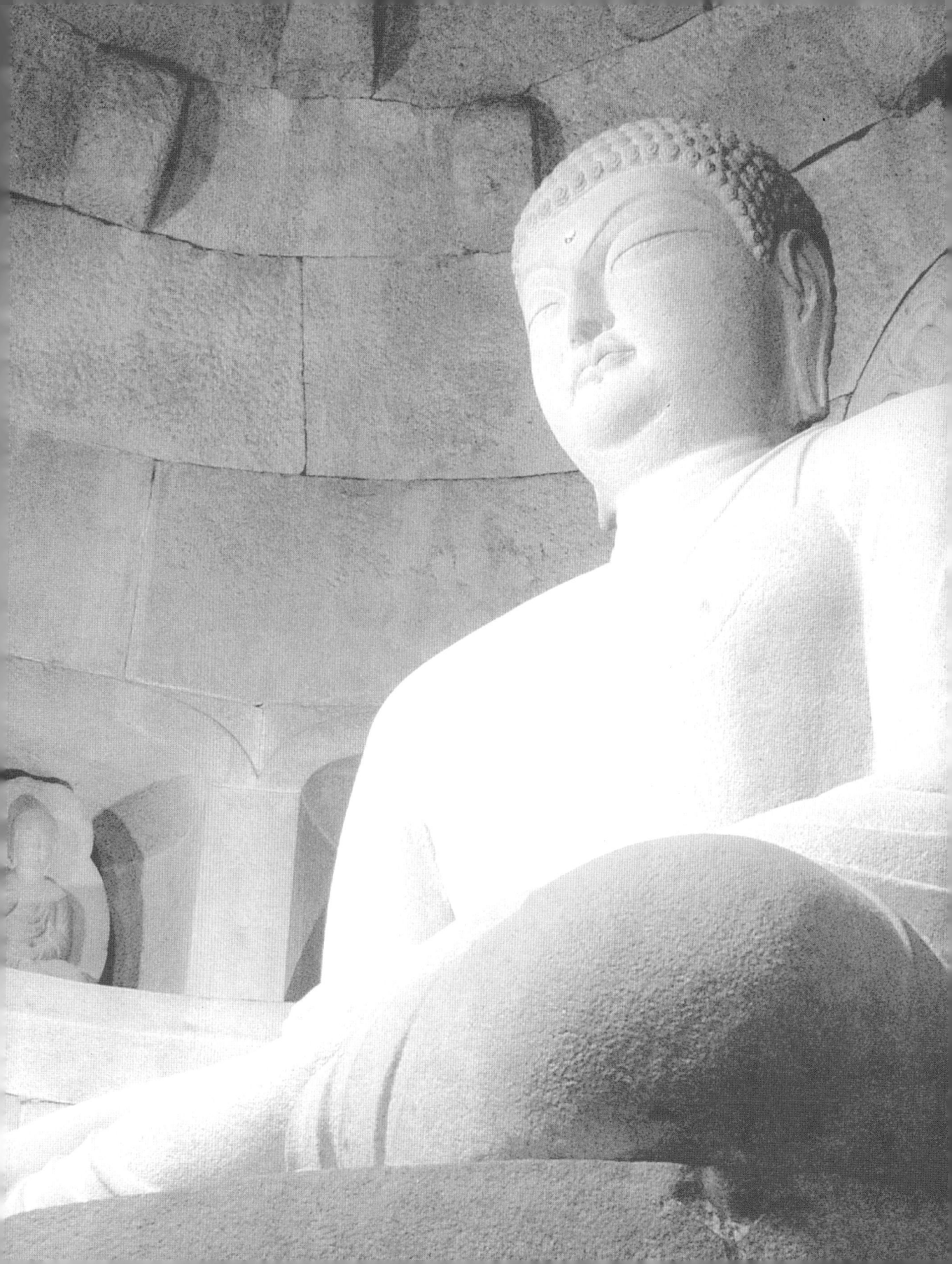

불국사와 석굴암론의
쟁점들

한국을 대표하는 건축답게 불국사와 석굴암에 대한 연구는 수많은 전문가들에 의해 축적돼왔다. 주목할 만한 업적만도 건축 분야의 요네다 미요지米田美代治, 신영훈, 송민구, 윤장섭, 미술사의 고유섭, 야나기 무네요시柳宗悅, 황수영, 김원용, 문명대, 강우방, 김익수, 과학 분야의 남천우(물리학), 이태녕(화학), 김용운(수학), 김효경(기계공학), 역사학의 이기백, 성낙주 등의 연구를 꼽을 수 있고 이외에도 300여 편의 관련 문헌들이 있다. 한 유적에 대한 연구로서는 국내 최다, 최고의 수준을 자랑한다.

기존의 연구들을 체계적으로 정리하는 데만도 주어진 지면으로는 불가능하다. 또한 그간의 논의들은 불국사와 석굴암의 복원 문제와 관련된 고증에 관한 것이 대부분이어서 창조의 배경과 개념이라든지, 두 유적의 건축적·예술적 가치에 대한 평가는 미흡한 편이다. 따라서 문화재 보존이 목적이 아닌 한, 기존의 논의를 재론한다는 것은 큰 의미가 없다. 그러나 우선 그간의 쟁점들을 간단히 훑어보고 또 다른 이야기를 진행하는 것이, 이 세계적 유산에 대한 예의일 것이다.

쟁점들을 통해서 입증된 과학성

일제기의 해체수리와 1960년대의 복원공사를 통해서 노출된 수많은 쟁점들은 대중매체에서도 치열한 공방을 벌일 정도로 전 국민적 관심을 모았던 것

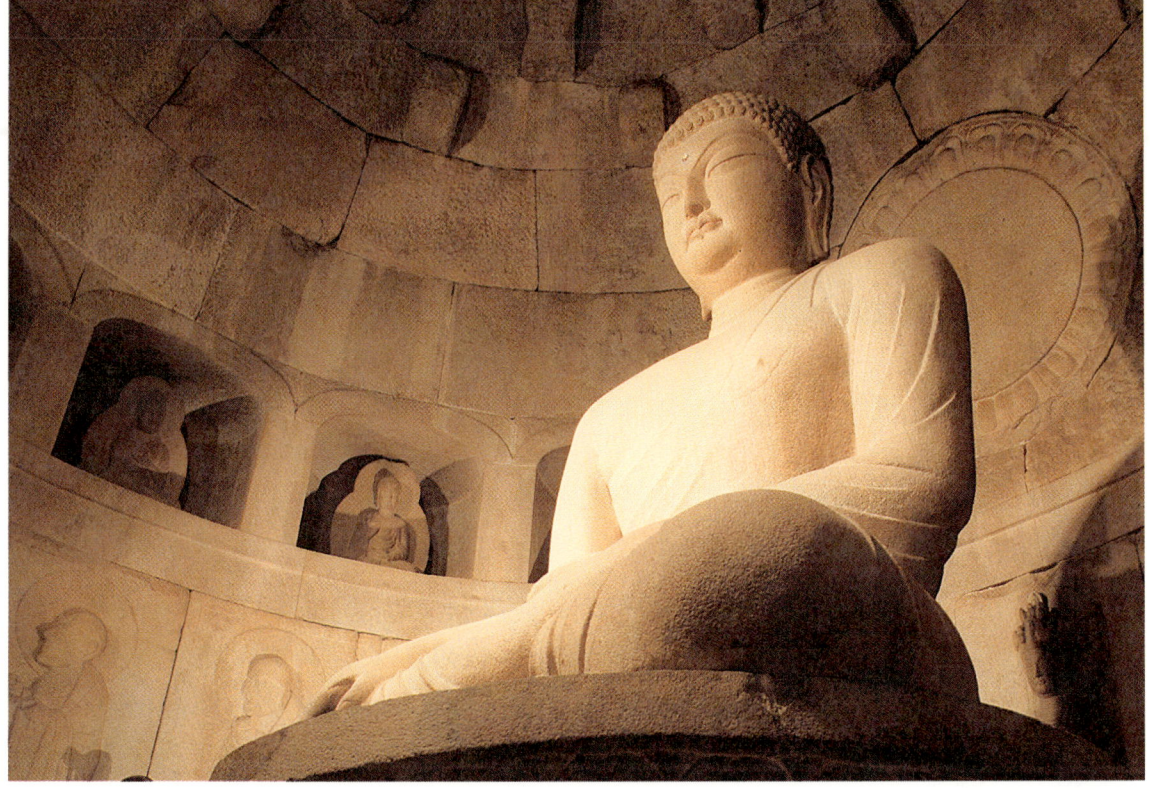

◁ **석굴암 본존불의 위엄** 사실적이면서 이상적인 예술과 종교의 극치를 이루었다.

들이다. 쟁점들은 궁극적으로 "원래의 형태가 어떠했는가?"에 모아져왔다. 원형에 대한 의견이 분분했기 때문에 어떤 형태의 복원 결과도 시비의 대상이 될 수밖에 없었다.

　우선 석굴에는 전실이 있었을까 없었을까? 현재와 같이 목조로 된 전실이 있었다는 주장은 18세기 겸재謙齋 정선鄭敾(1676~1759)이 그린 〈골굴암도〉骨窟庵圖를 근거로 들고, 또 중국의 둔황敦煌이나 윈강雲崗석굴을 예로 들고 있다. 반면 전실이 없었다는 측은 〈골굴암도〉는 말 그대로 토함산 동쪽 골굴암의 여러 석굴들을 그린 것으로 석굴암의 모습이 아니며, 전실이 있었다면 무엇보다도 내부 채광에 문제가 생겼을 것이라고 한다. 원형이 어떻든 간에 1960년대 석굴 보수와 보존의 책임을 진 측에서는 내부 보존을 위해서 목조전실을 만들 수밖에 없었을 것이다.

20 _ **김봉렬의 한국건축 이야기** 시대를 담는 그릇

또 다른 쟁점은 팔부신중상을 새긴 네모난 전실의 형태였다. 일제 때 수리해놓은 것과 같이 가장 앞의 신중석을 직각으로 놓았는가, 아니면 지금과 같이 양 벽 4개씩의 판돌을 일렬로 진열했을 것인가의 문제다. 앞의 의견을 '굴절설', 뒤의 견해를 '전개설'이라 부른다. 이는 앞서 지적한 목조전실 여부와도 밀접한 관계를 갖는다. 굴절설을 따르면 석실 자체가 네모난 전실을 가지므로 별도의 목조전실이란 게 의미가 없지만, 전개설을 따르면 팔부신중이 있는 부분은 목조전실과 원형의 주실을 연결하는 통로가 되기 때문이다. 굴절설은 요네다의 기하학적 분석을 뒷받침으로 과학적인 근거를 얻었고, 전개설은 신영훈의 분석으로 타당성을 주장한다.

여기서 도출된 문제는 '과연 신라인들은 어떤 기하학적 원리에 근거해 석굴을 설계했는가'였다. 요네다와 신영훈에 이어 송민구도 또 하나의 가설을 내놓았다. 누구의 가설이 옳든, 아니면 모두 틀렸던 간에 어떤 면으로도 분석이 가능할 만큼 석굴이 기하학적으로 설계됐다는 점은 부인할 수 없다.

굴절설과 목조전실 불가설의 연장선상에서, 원형주실 입구 상단에 광창光窓이 있었다는 주장이 제기되었다. 일제기 수리 전에 찍은 입구부 상부가 함몰된 사진과, 쇠살창을 꽂았던 흔적이 뚜렷한 아취형의 돌 부재―이 부재는 석굴 북쪽 계단 어귀에 방치된 돌무더기 속에서 쉽게 발견할 수 있다―를 결정적인 물증으로 제시한다. 그러나 전개설에 의하면 광창은 있어서는 안되는 요소였다. 또한 쇠살창으로 된 광창이 있었다면 본존불 얼굴에 창살의 그림자가 지기 때문에 광창설은 부인되어왔다.

또 석굴은 토함산 너머 동해구의 대왕암을 정확히 바라보도록 좌향을 정했다는 주장이 정설화됐지만, 현장에서의 관측에 의하면 동지 때의 일출에 일치하도록 앉아 대왕암보다 남쪽을 향한다는 주장도 제기되었다. 현장 관측이 정확했다면 이 결론을 따를 수밖에 없다.

이 글에서는 어느 한쪽의 가설을 편들 생각도 능력도 없다. 단지 어느 주장을 따르더라도 석굴암은 매우 과학적이며 의미 있는 개념들로 가득한 건축물이라는 점, 그리고 석굴을 설계한 건축가의 치밀한 생각과 정교한 시공술

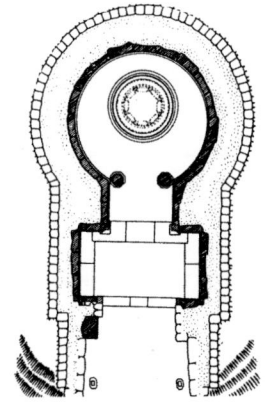

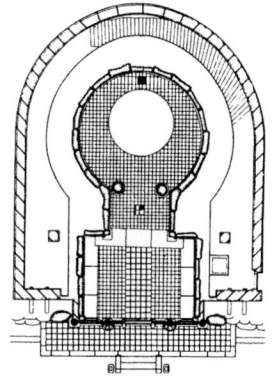

↗ **석굴암 평면도**
'굴절설'을 따른 일제 수리 시의 도면(위)과 '전개설'을 따른 1960년대 수리 시의 도면(아래).

1 세계적 유산의 또 다른 이야기 **불국사와 석굴암** _ 21

에 감탄하면서 최고의 건축임을 다시 확인할 따름이다.

제2석굴암 파동

석굴암과 불국사를 비롯하여 십여 점의 국내 문화재가 유네스코 세계문화유산으로 등재되면서 우리 문화재에 대한 인식도 한 단계 업그레이드되었다. 일제강점기와 해방 후 개발독재시대를 지나면서 소홀하였거나 왜곡되었던 문화재 보존에 대한 비판도 중요한 쟁점이 되었다. 특히 붕괴 위험을 핑계 삼아 콘크리트로 보수해놓은 익산 미륵사지석탑과 석굴암은 늘 비판의 앞자리를 차지했다.

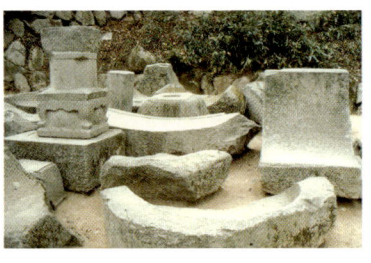

◥ **돌무더기 속의 아취형 돌 부재** 석굴 북쪽 계단 어귀에 방치되어 있던 돌무더기 속에서 쇠살창을 꽂았던 흔적이 있는 아취형 돌 부재가 발견되었다.

　　석굴암의 바깥 켜를 감싸고 있는 콘크리트 막이 모든 문제의 씨앗이라는 지적이 높다. 석굴을 완전 밀폐시켜 습한 공기가 석굴의 표면을 부식시키고 있고, 콘크리트에서 나오는 화학 성분이 석굴에 해를 끼친다는 것이다. 따라서 전면 해체해서 재조립하는 것만이 온전한 석굴 보존이며, 원형을 찾는 길이라 주장한다. 그러나 일각에서 제기하는 '기존 석재에 엉겨 붙은 콘크리트를 제거하려면 기존 석재를 손상할 수밖에 없어 또 다른 문화재 훼손을 야기할 것이며, 아직 석굴의 원형을 정확히 고증할 만큼 연구가 축적되지 않았기 때문에 전면 재조립은 시기상조'라는 주장도 설득력이 있다.

　　현재는 석굴 보존을 이유로 석굴 입구에 유리벽을 치고 일반 관람객의 출입을 금하고 있다. 그러나 언제까지 이런 임시방편을 정당화할 수는 없다. 우선 비싼 입장료를 내고 먼 길을 올라가도 뿌연 유리 너머로 잠시 기웃거릴 수밖에 없다는 관람객들의 불만이 쌓여가고 있다. 또한 밀폐할수록 실내 공기가 습해지고, 습기를 제거하기 위해서는 강제적인 기계장치를 사용해야 하는 문제를 야기한다.

　　그래서 새천년 첫해에 석굴암 근처에 제2의 석굴암을 건립하여 일반에게 공개하고, 원 석굴암은 연구용으로만 관람을 제한하자는 계획이 제안되었다. 이 계획은 보존과 관람 편의라는 두 마리 토끼를 잡을 수 있는 묘안으로 사찰

22 _ 김봉렬의 한국건축 이야기 시대를 담는 그릇

측과 일부 전문가들을 중심으로 추진되었다. 그러나 명백한 가짜를 관람한다는 것이 무슨 의미가 있으며, 원 석굴 바로 아래 터에 제2석굴을 조성한다는 것 자체가 심각한 문화재 파괴요 훼손이라 지적하는 다른 전문가들의 극렬한 저항에 부딪혔다. 반대 대책위원회가 구성되고, 성명서 발표와 서명운동이 벌어졌다. 학계도 양분되어 대립하는 양상으로까지 치달았다.

그러나 우리 사회의 많은 논쟁이 그렇듯이, 감정 대립의 차원에서 전개되어 문화재의 원형과 진정성이란 무엇인가 하는 수준 높은 담론은 정립되지 못한 채, 일단 제2석굴암 계획은 유보되었다. 차제에 문화재 보존의 원칙이나, 원품原品의 진정성에 대한 논의가 있었으면 하는 아쉬움이 남는다. 철학과 우선순위가 없으면 언제 또 다시 석굴암 보존과 활용을 둘러싼 논쟁과 갈등이 터질지 모르기 때문이다.

불국사 복원의 쟁점들

석굴암의 논란보다는 조용했지만, 1970년 불국사 복원공사를 둘러싼 논란도 만만치 않았다. 논란의 핵심은 역시 복원된 결과가 원형에 충실치 못하다는 비판이었다. 가장 크게 부각된 점은 극락전 동행랑의 문제다. 현재는 대웅전 서행랑이 극락전 일곽의 경계를 겸하고 있지만, 극락전 일곽에는 별도의 동행랑이 있었다는 주장이다. 복원 결과 극락전의 남행랑은 안양문을 중심으로 서쪽으로는 4칸, 동쪽으로는 5칸이 되었다. 다시 말해서 동행랑을 제거했기 때문에 극락전 일곽은 대칭성을 잃어버린 결과가 되었다.

기록에 나타난 대로 매우 넓은 구품연지九品蓮池[01]의 유구가 청운백운교 앞마당에서 발굴되었다. 뒤에 말하겠지만 불국사 전체가 불교의 경전들을 입체화한 건축적 경전이었기 때문에 극락세세, 아비타신앙과 관련된 구품연지의 존재는 매우 중요한 것이었다. 그러나 대부분의 유구가 발굴되었음에도 불구하고 다시 메워서 현재와 같은 소나무 공원으로 바꾸어버렸다. 아마 대규모 관광객 유치에 대비한 선택이었겠지만, 이는 건축적 경전으로서의 불국

01_ 현세에 공덕을 쌓은 사람이 극락정토에 왕생할 때, 극락에 있는 넓은 연못의 연꽃 속에서 태어난다고 한다. 또한 평소의 공덕에 따라 9개의 품계로 극락에 왕생한다는 설이 경전에 전한다. 불국사 구품연지는 이러한 극락왕생설을 상징하는 연못이다.

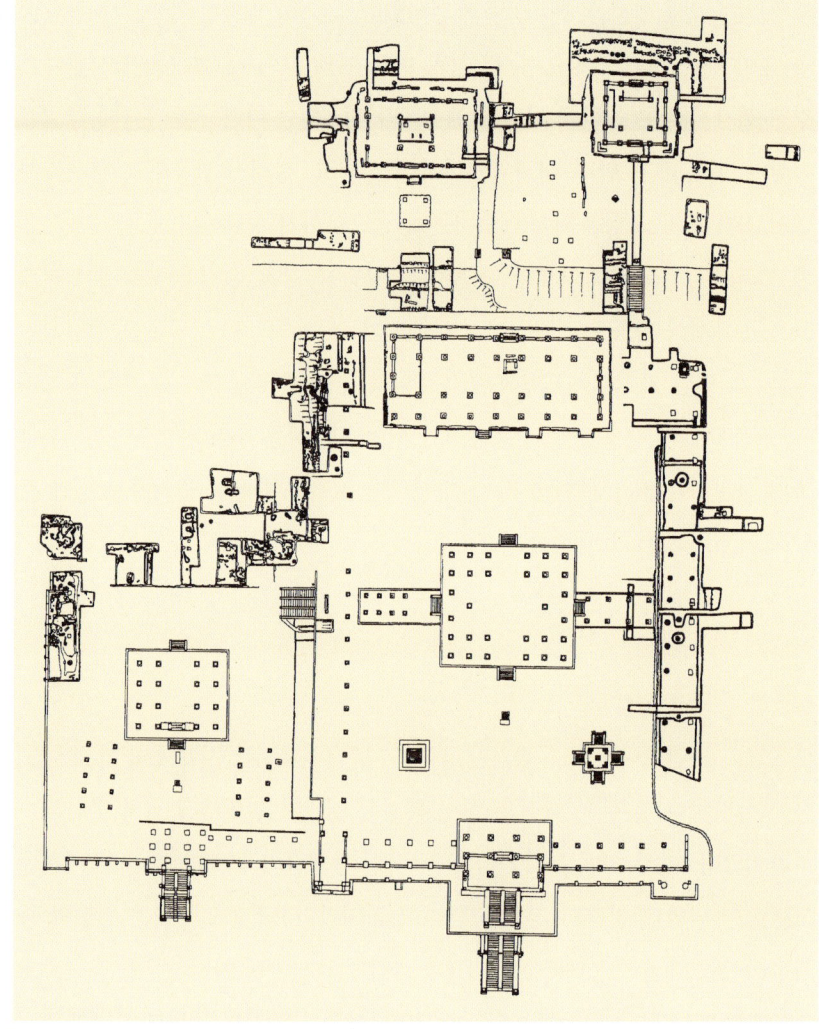

△ **불국사 발굴 평면도** 문화재관리국
도면.

사 복원에 결정적인 흠이었다. 아직 불국사는 여러 가지 면에서 미복원의 상
태다.

대석단大石壇의 돌 쌓기 방법들도 신라 때의 모습이 아니라는 지적이 있
었지만, 더욱 큰 쟁점은 목조건물들의 형식이었다. 복원 당시 현존했던 건물
은 대웅전과 극락전 그리고 자하문과 안양문뿐이었다. 강당인 무설전과 행랑
들, 뒤편의 관음전과 비로전은 모두 1970년 복원공사 때 다시 세워진 것들이
다. 문제는 목조건물인 경우, 복원의 시점을 어디로 잡는가였다. 초창 때인 8

24 _ **김봉렬의 한국건축 이야기** 시대를 담는 그릇

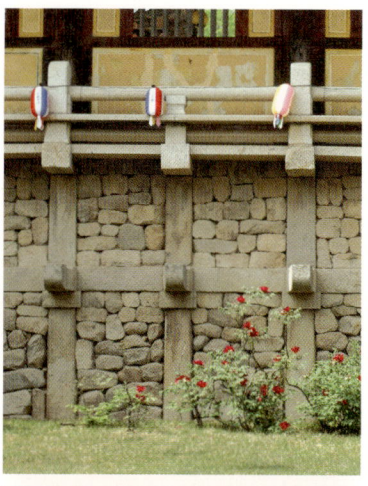

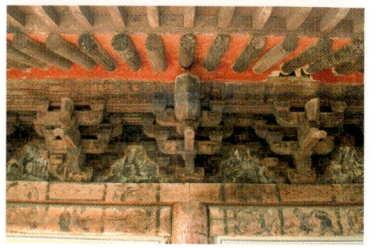

↗ 불국사 극락전 석단의 세부
↘ 다포형식의 봉정사 대웅전

02_ 스팬이란 건축물에서 기둥과 기둥 혹은 각 지점(支點) 받침점)과 지점 사이의 거리로, 장스팬구조란 기둥 간격이 멀어 넓은 실내공간을 만드는 구조를 말한다.
03_ 기둥머리 위와 기둥 사이에 포가 놓인 공포 형식으로, 주심포에 비해 형식이 화려하고 아름다워 격식 있는 건물에 주로 사용된다.
04_ 기둥과 기둥 사이 윗부분을 가로질러 연결하는 사각형 목재. 기둥들의 좌우 흔들림을 막고, 그 위에 올라갈 지붕틀의 무게를 지지한다.
05_ 창방 위에 다시 수평으로 겹쳐 올려 놓은 넓적한 부재로 기둥과 기둥 사이에 놓이는 공포(주간포柱間包)를 받치는 역할을 한다. 다포多包집에는 반드시 설치해야 하는 부재이며, 보통 두껍고 굵은 각재를 쓴다.

세기 형식으로 할 것인가, 아니면 중창기인 17세기 형식으로 할 것인가. 그러나 신라 때 건물에 대한 전체적이며 정확한 고증이 불가능하기 때문에 결국 조선 중기 형식으로 복원하기로 결정했다. 무설전과 관음전이 조선 중기 형식으로 복원된 까닭이 여기에 있다. 그런데 비로전만은 엉뚱하게도 고려 중기 건물 형식으로 복원되었다. 봉정사 극락전의 공포 모습과 부석사 무량수전의 가구 수법을 차용해 조합한 것이다. 왜 하필 비로전만 불국사와 별 인연이 없는 고려 중기 형식을 따랐는지 이해할 수 없다.

현존하는 대웅전과 극락전 역시 임진왜란 이후의 조선 중기 건물이다. 물론 기단부와 초석은 신라 때의 것이다. 여기서 문제가 생긴다. 기단과 초석의 하부구조는 상부구조의 역학적 체계에 맞추어 설계된 것이다. 신라 건물과 조선 건물의 구조체계는 너무나 달랐다. 신라 건물들은 한 칸의 폭이 넓은 장長스팬구조[02]가 일반화되었던 모양이다. 두 건물 모두 가운데 칸이 다른 칸의 두 배에 가깝다. 고려 중기 이후의 건물들에는 나타나지 않은 칸살잡이 방법이다. 그럼에도 상부구조는 조선 중기의 다포多包식[03]을 따랐다. 하부와 상부의 구조체계가 다르기 때문에 무리가 생긴다. 가운데 칸의 창방昌枋[04]과 평방平枋[05]들은 지붕의 하중을 견디지 못해서 밑으로 처지기 마련이고, 이를 받치기 위해 어울리지 않는 샛기둥을 세워 보강할 수밖에 없었다.

임진왜란 후 중건 때의 경우 어쩔 수 없는 여건이었다고는 하지만, 비로전과 관음전 등 1970년대 복원 때는 적어도 원래의 칸살잡이에 맞는 8세기경의 구조법을 택했어야 마땅하다. 어차피 원형을 알 수 없는 복원이기 때문에 건물의 물리적 수명만을 위해서라도 하부구조에 맞는 건물을 세워야 했다. 구조적 결함 때문에 오래된 대웅전과 극락전은 물론, 1970년대에 복원된 건물들도 가운데 칸의 지붕과 평방 및 창방이 주저앉고 있다.

1 세계적 유산의 또 다른 이야기 **불국사와 석굴암** _ 25

최고의
하이테크 건축

최초의 지식인 건축가, 김대성

불국사와 석굴암이 창건된 시기는 통일 전쟁을 치른 후 100년, 전쟁의 위험은 어느 곳에도 없었고 옛 백제 지역도 완전히 신라사회에 편입되어 정치적 안정을 구가하던 때였다. 정치적·사회적 안정이란 뒤집어 보면 전제왕권이 최고로 기승을 떨쳤음을 의미한다. 국가가 주도하는 공공의 예술은 강력한 권력과 안정된 정치상황 속에서만 꽃필 수 있다. 특히 건축은 그렇다. 성덕왕, 경덕왕대는 각 분야에서 최고의 예술가들이 활약하던 때다. 정교한 솜씨로 만든 만불산萬佛山을 중국에 보내 당唐 황제의 감탄을 자아냈는가 하면, 30만 근의 분황사 청동약사상을 만든 강고强古, 성덕대왕신종을 만든 박한미朴韓味, 그리고 불국사 창건 시 조각을 전담한 아사달阿斯達이 있었다.

신라 예술이 극치에 이른 8세기, 그 가운데서도 최고를 자랑하는 석굴암과 불국사의 건축가는 누구였을까? 그는 다름 아닌 창건주이자 공사 총책임자인 김대성金大城(?~774)이었다. 김대성은 재상을 역임한 김문량金文亮의 집에서 진골의 신분으로 태어났다. 어려서부터 비범한 재주와 활달한 성격으로 세인들의 주목을 받았으며, 40대에는 부친에 이어 재상의 자리에 오른다. 5년 후 최고 관직을 사임한 그는 곧바로 이 두 절의 창건을 발의하고 기본 계획을 세웠으며 공사를 총지휘한다. 죽을 때까지 25년간 오로지 이 공사에만 매진했지만 끝내 완공은 보지 못했다. 결국 국가에서 수습해 공사를 끝맺으니, 751년 시작하여 무려 39년이 지난 790년에 와서였다.

최고의 신분이자 최고의 지식인이었던 김대성이 중년 이후의 모든 생애를 바쳐야 할 만큼 두 절의 공사는 난관 투성이였다. 규모로 치면 몇 십 배에 이를 조선 말의 경복궁이 3년 만에 완공된 것에 비한다면, 아무리 1,000년 전이라지만 그 작은 두 절을 만드는 데 40년이 걸렸다는 것은 이해하기 어렵다. 이는 공사 기간 자체보다는 계획과 설계에 장기간이 소요됐음을 의미한다. 석굴암의 수학적인 계획과 과학적 시공은 물론이고, 불국사도 통일 이후 실험되어온 쌍탑식 가람의 새로운 전기로 엄격한 기하학적 계획에 의해 이루어졌다. 그만큼 두 절의 계획은 한국건축사상 획기적인 사건이었고, 고도의 수학적 지식이 없으면 불가능한 계획이었다.

여기에는 엄격한 수학적 원리와 심도 깊은 불교의 핵심적 교리가 바탕에 깔려 있다. 그리고 두 절은 그 이전에도 이후에도 없는 독창적인 창작품이었다. 또한 인간의 솜씨를 벗어난 듯한 영원한 예술적 조형작품들로 가득하다. 기술자들의 솜씨만으로는 도저히 이룰 수 없는 건축의 경지다. 고도의 수학적·천문학적 지식과, 해박한 불교적 깨달음과, 최고의 예술적 안목을 동시에 지닌 '건축가'가 아니고는 불가능한 작업이었다.

고대 농경사회에서 제왕의 학문은 기하학과 천문학이었다. 지배층의 역할이란 계절과 기후의 변화를 예견해 농사를 지도하는 것이었고 그 자체가 가장 중요한 정치 행위였기 때문이다. 그러기 위해서는 역법과 점성술, 측량을 위한 기하학적 지식이 필수적이었다. 명名재상 김대성 역시 그러한 전문적 지식인의 한 사람이었고, 여기에 뛰어난 불심과 예술적 소양까지 완비한 인물이었다. 그런 의미에서 그는 기록에 남아 있는 한국 최초의 '지식인 건축가'였다.

하늘로 통하는 왕실의 창구

설화에 의하면 불국사와 석굴암은 지극히 개인적인 목적에서 지어진 것으로 전해져왔다. 김대성은 원래 미천한 가문 출신이었는데 전 재산을 불교에 헌

납하는 불공을 드리다 죽자마자 명문가에 환생해서 재상까지 이른 전설적인 인물이라는 것이다. 그런 그가 전생의 부모를 위해서 석굴암을, 현생의 부모를 위해서 불국사를 지었다. 이 설화는 불국사 창건을 전후해서 유행했을 것으로, 다분히 체제 홍보적인 성격이 강하다. 아무리 현세가 비참해도 행복한 내세가 있으니 참고 견디라는 말이고, 석굴암과 불국사 창건불사에 아낌없이 시주하면 김대성과 같은 훌륭한 인물로 환생할 수 있다는 사회적 여론을 조성한 것이다.

불국사와 석굴암은 오히려 국가적인 대사업이었다. 능력 있는 재상에게 공사를 명한 것부터 대성이 죽은 후 국가가 공사를 마무리했다는 기록까지, 그리고 무엇보다 두 절이 있는 토함산은 신라의 가장 중요하고 신성한 국유지였다. 당시 유명 사찰들은 경주 도심의 평지에 지어야 많은 신도들을 유치할 수 있었고, 사찰의 경제도 어느 정도 유지할 수 있었다. 토함산록과 같이 외진 곳에는 국가적인 지원 없이 사찰을 짓기도 어렵고 경영하기도 어려웠다.

그러나 왜 굳이 이곳에 이처럼 거대한 국가 불사佛事를 벌여야만 했을까? 기록에 의하면, 나라에서는 이 절을 지으면서 당대의 고승이며 국사인 표훈表訓과 신림神琳에게 조언을 구했으며, 완공 후에는 표훈을 석굴암에 신림을 불국사에 머무르게 했다고 한다. 특히 표훈은 석굴암 창건을 발의한 경덕왕의 절친한 자문역이었다.

경덕왕이 왕위를 이을 아들이 없어서 표훈을 시켜 하늘의 상제에게 이유를 물었다. 상제가 말하기를, "경덕왕은 딸을 볼 수는 있지만 아들을 얻을 팔자가 아니다"라고 했고 이를 전해 들은 왕은 어떤 희생을 치러도 좋으니 꼭 아들을 얻게 해 달라며 표훈을 다시 하늘로 올려 보냈다. 상제는 "꼭 원한다면 아들을 주겠으나 장차 그 아들 때문에 나라가 위태로울 것이다" 하면서, 그따위 소원 때문이라면 다시는 하늘에 올라오지 말라고 통로를 봉쇄해버렸다.

이렇게 얻은 아들이 혜공왕이었고 어려서부터 치마입기를 즐기고 계집애 같은 일만 했다 하니, 현대에 태어났다면 트랜스젠더였을 것이다. 이 중성적

28 _ **김봉렬의 한국건축 이야기** 시대를 담는 그릇

인 왕은 20대에, 선덕왕이 된 친족에게 암살당하고 만다. 혜공왕의 암살로 신라 왕실은 정통성을 잃어버렸고, 150년간 21명의 왕이 교체되는 극심한 혼란기를 맞으며 멸망의 길로 접어든다. 신라 하대 왕들의 평균 재위기간은 7.5년으로 중대의 21년에 비해 1/4밖에 되지 않는 등, 암살과 쿠데타의 연속이었다.

경덕왕은 어떻게 해서든 자신의 적자에게 왕위를 넘기려 하였고, 그것이 국가 안정의 핵심임을 간파했다. 따라서 신성한 토함산 정상에 석굴을 짓고 표훈으로 하여금 하늘에 왕자 생산을 기원하게 했다. 석굴암은 왕실의 염원을 이루기 위한, 더 나아가 당시로서는 국가적인 안전을 보장하기 위한 도량이었다. 이러한 속사정을 무마하기 위해 가장 믿음직한 재상 김대성의 개인적인 목적으로 위장하여 대성의 탄생과 효심의 설화를 전파했던 것이 아닐까?

최첨단의 하이테크 건축

최고의 건축가가 국가적 총력을 지원 받아 40년 만에 드디어 완공을 보았다. 당시에 신문이 있었다면, 석굴암의 완공 사실을 어떻게 보도했을까?

'동양 최첨단의 하이테크 건축이 완공되었다. 국내 최초의 반구형 공간, 자연 환기술을 이용한 완벽한 방습시설, 정확한 측량술과 정밀한 시공으로 이룬 전무후무한 첨단기술의 결정판……'

석굴암과 불국사를 예술과 과학의 완벽한 통합체라 평가해왔다. 석굴암은 엄밀한 의미에서 석굴이 아니라 '석실'이다. 석굴은 자연 암벽을 파고 들어가 네가티브한 인공 공간을 구성하지만, 석실은 돌로 벽과 천장을 만들어 포지티브한 내부 공간을 구성하는 것이다. 그러나 석굴암은 비록 석실이지만, 그 위에 산과 같이 흙을 덮어 석굴의 모습으로 환원된다. 포지티브 공간을 네가티브 공간으로 바꾸어버린, 이러한 구성은 동아시아 어디에서도 찾을 수 없는 독특한 발명이다. 불국사는 목구조를 석조로 변환해 표현함으로써 신선한 아름다움을 얻었다. 재료의 한계를 극복함으로써 새로운 미학을 창출

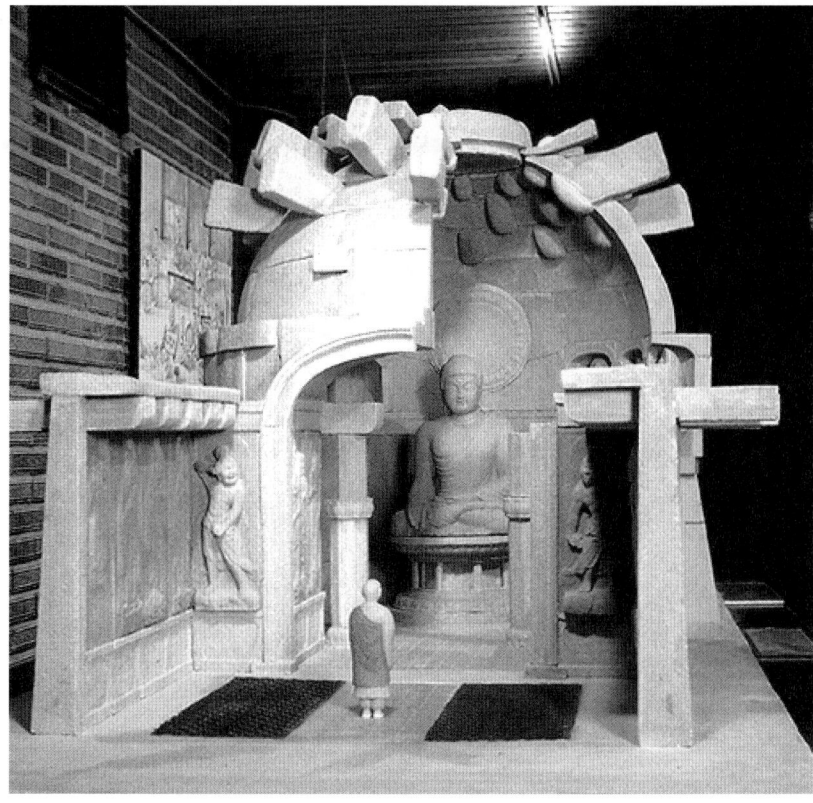

▷ **석굴암의 모형** 팔뚝돌에 의한 돔의
구조가 잘 드러난다. 신라역사과학관.

하는 데는 숱한 시행착오를 거쳐 얻어진 자신감과 과학적 아이디어가 뒷받침
되었다. 반면, 석굴암은 석 '실'을 석 '굴'로 바꾸는 획기적 발상을 보여준 건
축이다.

　　김대성은 고도의 수학적 지식을 바탕으로 일정한 기하학적 모듈을 정했
다. 불국사는 43당척唐尺을, 석굴암은 12당척을 기본 모듈로 적용해 비례 계
획을 세웠다. 배치 계획뿐 아니라 석굴암 단면의 구성에도 척도와 모듈이 적
용된 입체적인 기하학이 활용되었다. 물론 원래의 의도가 무엇이었는지는 분
명치 않다. 요네다, 신영훈, 송민구의 경우와 같이 다양한 후대의 해석들이 가
능할 뿐이다. 그러나 어떻게 해석하더라도 정확한 비례율을 발견할 수 있다
는 데 두 절의 신비가 숨어 있다.

　　석굴의 반구형 천장을 이루기 위해서 특별한 고안이 필요했다. 반구형

30 _ **김봉렬의 한국건축 이야기** 시대를 담는 그릇

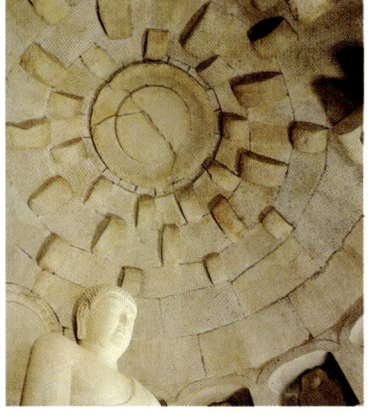

↗ 석굴암의 반구형 천장과 튀어나온 팔뚝돌

↗ 석굴 평면의 기하학적 분석
왼쪽부터 요네다–신영훈–송민구의 평면 분석도.
↘ 석굴 단면의 기하학적 분석
요네다의 도면(왼쪽)과 송민구의 도면(오른쪽).

공간은 기본적으로 돔dome 구조법을 채용하고는 있다. 그러나 외국에서 들어온 신공법인 돔 구조의 안정성이 아직은 의심스러웠던 모양이다. 특히 기존의 돔 구조는 외부로 노출된 천장을 만드는 공법이지, 석굴암과 같이 땅속에 묻기에는 불확실한 점이 많았다. 따라서 요소요소에 머리가 튀어나온 긴 돌들—이 돌들을 '팔뚝돌'이라 부르기도 한다—을 배열하고, 그 사이에 가공한 판석들을 끼워 넣는, 돔과 가구식 구조가 혼합된 독특한 구조법을 개발했다. 석굴 내부 천장에 돌출된 돌 머리들은 그 자체로서 아름다운 입체적 장식품 역할을 한다. 구조와 공간과 장식이 일체를 이룬 완벽한 건축이다.

1 세계적 유산의 또 다른 이야기 **불국사와 석굴암** _ 31

자연 제습법의 과학성

석굴에 숨어 있는 과학적 신비는 무수히 많다. 동지 일출에 맞추어진 방위체계라든지, 1/1000 미만 오차의 정교한 시공술이라든지. 그 가운데 한 가지만 꼽는다면 자연현상을 이용한 습기 제거술이다. 석굴 내부 돌 표면에 습기가 맺히는 결로현상은 석굴 보존에 가장 큰 장애였다. 돌 표면에 이슬이 맺히면 이끼가 끼게 되고, 이끼는 아름다운 조각이 새겨진 돌 표면을 부식시키기 때문이다. 천년 동안 온전히 보존돼왔던 석굴 내부에 습기가 차고 이끼가 끼기 시작한 것은 일제기 보수 때부터였다. 아무리 배수구를 만들고 콘크리트로 완벽하게 방수층을 만들어도 습기는 없어지지 않았다. 하는 수 없이 에어컨을 설치, 강제 순환을 통해 결로현상을 방지하고 있는 실정이다.

석굴 바닥 아래에는 샘물이 있었다. 정확히 말한다면 자연수가 솟아오르는 수맥 위에 석굴의 자리를 잡은 것이다. 그리고 샘물이 솟아 흐를 수 있는 배수로도 만들었다. 솟아오른 물은 석굴 바닥 돌의 온도를 떨어뜨린다. 당연히 벽면보다 바닥의 온도가 낮게 되고, 이슬은 미세한 차이라도 온도가 낮은 곳에 맺힌다. 바닥에 이슬을 맺히게 함으로써 벽면을 보호하는 고도의 자연

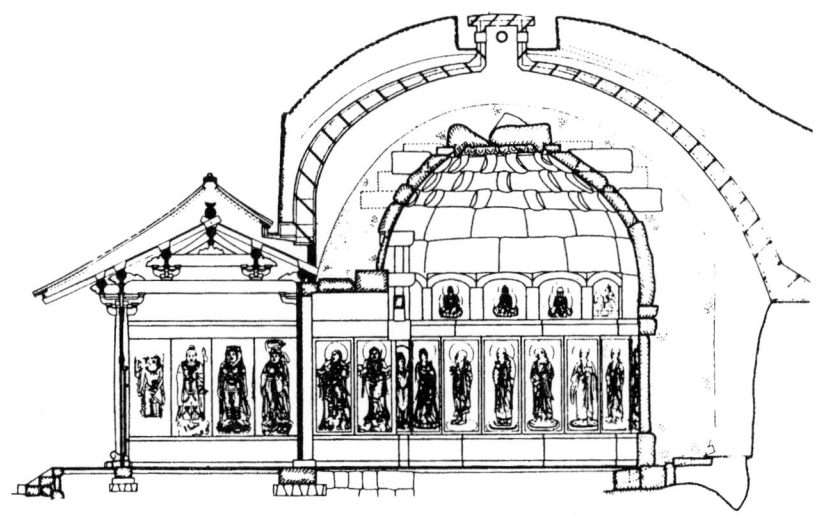

◣ **석굴암 남면 단면도**
문화재관리국 도면.

과학 원리를 응용한 것이다. 이 원리를 밝힌 이는 남천우 박사였다. 그러나 보존 공사 때 남 박사의 주장은 무시되어 바닥의 용천수를 막아버렸고, 강제 환기시설로 내부의 습기를 제거할 수밖에 없게 되었다.

바닥과 벽의 온도 차를 이용한 제습법은 비단 토함산 석굴에서만 이용된 것은 아니다. 중원의 미륵대원 석굴도 흐르는 개울 위에 축조하여 바닥의 온도를 낮추고 있다. 이 방법은 신라인들이 경험적으로 발견하여 석굴 건축에 일반적으로 적용한 비법이었다.

제습법에 대한 또 다른 주장도 있다. 결로현상이란 상대습도와 실내의 통풍 여부에 의해 발생한다. 실내 공기에 수분이 많더라도 통풍장치가 잘되어 차갑고 건조한 바깥 공기가 들어오면, 온도와 습도가 동시에 낮아져 결로가 일어나지 않는다. 문제는 두터운 흙 속에 파묻힌 석굴 안에 어떻게 하면 통풍을 시킬 수 있느냐다.

석굴의 원통형 벽면 상부에는 조그맣게 벽을 파고 들어가 작은 불상을 앉힐 수 있는 감실이 10개나 조성되어 있다. 곁에서는 보이지 않지만 불상 뒤쪽 감실 바닥에 작은 구멍이 뚫려 있는데, 이 구멍이 바로 바깥 공기가 들락

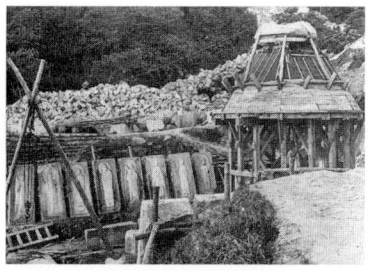

↗ **1913년의 석굴암 해체 당시 모습**

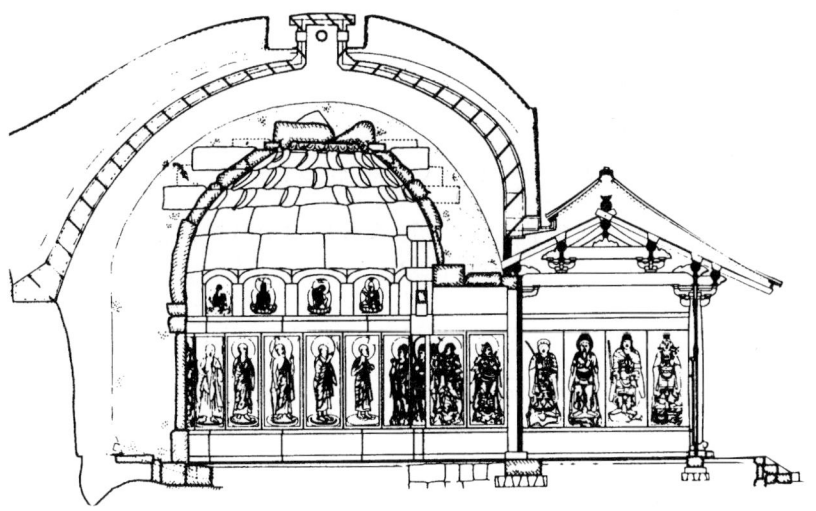

↗ **석굴암 북면 단면도**
문화재관리국 도면.

1 세계적 유산의 또 다른 이야기 **불국사와 석굴암** _ 33

거릴 수 있는 환기구멍이라고 한다. 원래 석굴의 벽 바깥은 거친 잡석들로 채워졌고, 그 위에 다시 흙을 덮은 구조였다. 돌과 흙 입자 사이에는 크고 작은 틈이 있는데 이를 통해 공기가 통할 수 있고, 이 틈들을 통하면서 공기는 차가워져 자연 통풍 시스템이 완성되는 것이다. 이 원리는 과학기술원(KAIST) 팀의 정교한 실험을 통해 입증되었기 때문에 더욱 신빙성이 높은 주장이다.

석굴암의 석굴은 수학적 공간계획부터, 합리적인 구조법과 치밀한 시공, 그리고 과학적인 설비장치가 결합되어 만들어진 당대 최첨단의 건축이었다.

하이테크 건축의 생명

그러나 1,000년이 지난 지금, 석굴암과 불국사를 보면서 느끼는 감동은 하이테크 기술에 대한 경외감이 아니다. 옛 문화유산들의 가치를 극대화시킬 때 흔히 '현대 과학으로도 풀 수 없는', 또는 '현대 기술로도 불가능한' 등의 관용어를 동원한다. 그러나 지금이 어느 때인가. 아무리 국내 건축 수준이 낮더라도 그깟 30평도 안되는 석굴 하나 못 만든단 말인가? 어느 누가 석굴에 들어가서 1,000년 전의 하이테크에 감동할 것인가? 감동의 실체는 당시 최첨단의 기술에 있지 않다.

석굴에는 사실적이면서 환상적인 생생한 인물과 보살들이 대단한 양감으로 조각되어 있고, 그들과 완벽한 조화를 이루며 어우러진 반구형의 공간 자체가 최고의 예술품이다. 로마의 판테온과 비교한다면 1/10도 되지 않는 크기의 공간, 자연 채광도 없이 인공조명에 의존하고 있는, 어찌 보면 이 초라한 공간에는 그러나 세상에 비교할 것이 없는 최고의 본존불이 앉아 있다. 감동의 실체는 바로 여기에 있다.

1970년대 세계에 충격을 던지며 당시 최첨단의 하이테크 건축이 파리 한복판에 섰다. 렌조 피아노Renzo Piano(1937~)[06]와 리처드 로저스Richard Rogers(1933~)[07] 합작의 퐁피두 센터Centre Georges Pompidou. 온갖 설비들을 외벽으로 끌어낸 획기적인 발상부터 자유롭게 변하는 대공간을 만들기 위

06_ 런던의 AA 스쿨에서 지도하던 중 리처드 로저스와 파트너십을 결성하여, 퐁피두 국립 예술 및 문화센터 국제 설계경기에 당선되었다. 파리, 오사카에 사무실을 두고 활동하고 있으며 최근 작품으로 오사카 간사이 공항, 베를린 포츠담 광장 재개발 등이 있다.

07_ 가변성 있는 공간을 얻기 위해 구조체와 설비를 건물 밖으로 빼낸 혁신적 디자인으로, 렌조 피아노와 함께 작업한 퐁피두 센터의 국제 설계경기에서 당선되었다. 런던에서 활동하고 있으며 로이즈 빌딩 등 하이테크 계열의 작품을 다수 남기고 있다.

한 구조기법들, 그리고 비행기나 유조선을 만들 듯이 새로운 재료와 공학적 디자인으로 가득한 건물이었다.

그 꿈에 그리던 첨단의 건축을 실제로 본 것은 1990년. 준공된 지 15년이 지나서였다. 그러나 내가 본 건물은 둔탁한 구조와 낡아빠진 재료들, 그리고 이미 진부한 기술적 개념으로 별 흥미가 없는 평범한 건물이었다. 한마디로 이미 한물간 역사 속의 건물이었다. 오히려 그 전날 본 르 코르뷔지에Le Corbusier(1887~1965)[08]의 빌라 사보아Villa Savoye[09]는 60년 전의 건물이었지만 아직도 현대적이며 새로운 생명력을 가지고 있었다. 퐁피두 센터의 테크놀로지란 이미 전자시대에는 쓸모없는, 기계시대 마지막의 건축적 표현일 따름이었다. 반면, 빌라 사보아의 공간적 철학과 절제된 구성은 건축이란 장르가 존재하는 한 영원히 꺼질 것 같지 않았다.

퐁피두 센터만으로 치면 하이테크의 수명은 불과 15년이다. 같은 작가가 설계한 1995년의 일본 간사이 공항과 비교한다면 퐁피두의 기술이란 정말 고철덩어리에 불과하다. 그러나 퐁피두 센터를 영원케 하는 것은 전시공간에 대한 독특한 해석, 무엇보다도 파리라는 오래된 도시환경에 대한 독특한 대응방법일 것이다.

석굴암을 처음 대할 때는 석굴이라는 낯선 공간과 그것을 가능케 했던 기술들에 대한 호기심이 컸다. 그러나 점차 조각들의 예술적 가치에, 그리고 조각작품들과 건축공간이 이루는 절묘한 통합에 감탄케 됐다. 최근에 와서는 다른 것은 보이지 않고 오로지 본존불의 신비한 미소만 눈에 들어올 뿐이다. 기술은 짧지만 예술은 길다.

08_ 근대건축의 5원칙인 필로티, 독립골조, 자유로운 평면, 자유로운 입면과 옥상정원을 시도한 건축물인 빌라 사보아로 주목받기 시작했으며, 국제적인 합리주의 건축사상을 구축한 국제주의 건축 1세대로 꼽힌다. 대표 작품으로 롱샹 교회당, 라투레트 수도원, 인도의 찬디가르 신도시 건설 등이 있다.

09_ 르 코르뷔지에가 1928~1930년에 걸쳐 설계한 주택 건축. 돌이나 벽돌을 쌓아 만든 기존의 건축 형태에서 벗어나, 외관을 순수 정육면체로 유지하면서 옆으로 넓게 트인 창과 슬래브 구조로 이뤄진 옥상정원 등 종래에 볼 수 없었던 주택의 새로운 유형을 보여주었다.

국제적 염원의 성취,
석굴암

인도에서 석굴암을 보다

1993년 겨울에 4·3그룹[10]의 건축가들과 인도를 여행했다. 주요 답사 대상은 르 코르뷔지에와 루이스 칸Louis Kahn(1901~1974)[11]이 인도에 남겨놓은 근대 건축물들이었지만, 불교의 발상지였으니 당연히 몇 개의 불교유적들도 포함되었다. 그 가운데 사르나트는 불교의 4대 성지 가운데 하나로, 거대한 스투파와 아소카 왕의 석주 등 과연 책으로만 보던 유적들을 대할 수 있었다.

다른 건축가들은 별 관심을 안 두었지만, 내 개인적으로 인도 여행의 하이라이트는 바로 이 사르나트의 박물관이었다. 원래는 거대한 사원이었던 사르나트의 유적지에서 출토된 여러 유물들을 전시한 이 박물관에는 대개 3~5세기의 불교미술품들이 즐비했다. 석가의 생애를 여덟 장면으로 조각한 사실적인 팔상도八相圖도 인상적이었고, 초기 불교의 여러 상징들도 흥미로웠다. 그러나 어느 한 코너가 갑자기 밝아지며 그곳에 홀연히 나타난 또 하나의 석굴암에 전율할 수밖에 없었다. 나뿐만 아니었다. 그 코너에서 발길을 옮기지 못하는 나를 신기해 하던 다른 일행들도 "어, 이거 석굴암 아냐?" 하고 감탄을 하기 시작했다.

정확히 말하면 그것은 크지 않은 조각물이었다. 스투파의 벽면에 부착되었던 아취형의 돌판에 돋을새김된 석가모니의 성도상成道像[12]이었다. 결가부좌하고 항마촉지인을 한 전체 모습과 비례가 석굴암의 본존불을 연상케 하기도 하지만, 불상 뒤편에 있는 두 개의 기둥은 석굴암 전면의 연화팔각기둥 그

10_ 학연과 지연, 경향을 초월한 40대 건축인들이 모여 1990년 4월 3일 결성한 모임. 이들은 건축과 우리 사회가 가지고 있는 여러 가지 문제를 극복하는 데 중점을 두고, 문화제도와 이에 구속된 문제들을 해결하려는 활동을 벌였다.

11_ 미국의 건축가. 현대 건축의 구도자로 알려질 만큼, 건축의 근본적인 문제들을 깊이 사색하고 작품화시켰다. 대표 작품인 미국의 소크 연구소와 방글라데시의 국회의사당 등은 단순한 기하학적 구성, 극적 자연광의 도입, 소박한 재료 사용 등으로 정적이고 관조적인 공간을 창조했다고 평가된다.

12_ 석가모니가 보리수 밑에서 큰 깨달음을 얻어 모든 악마의 유혹과 방해를 물리친 순간의 모습을 나타낸 그림이나 조각.

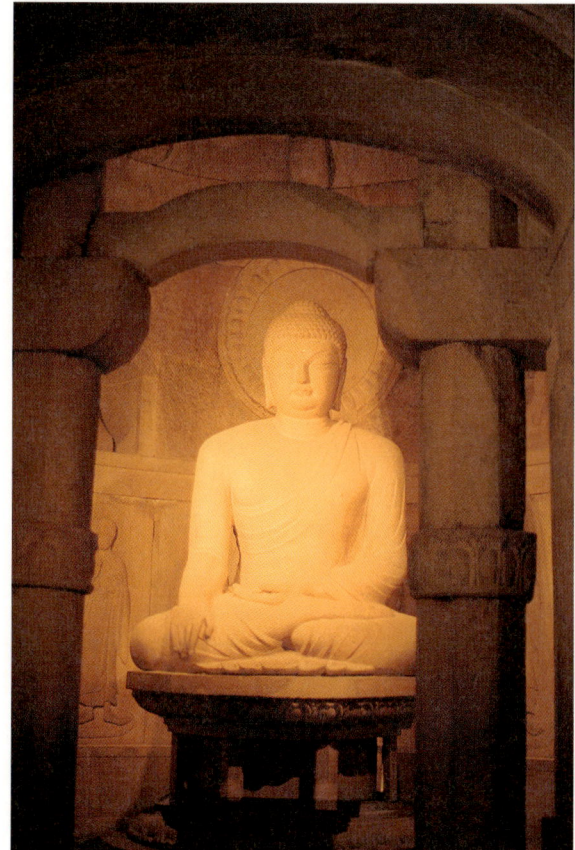 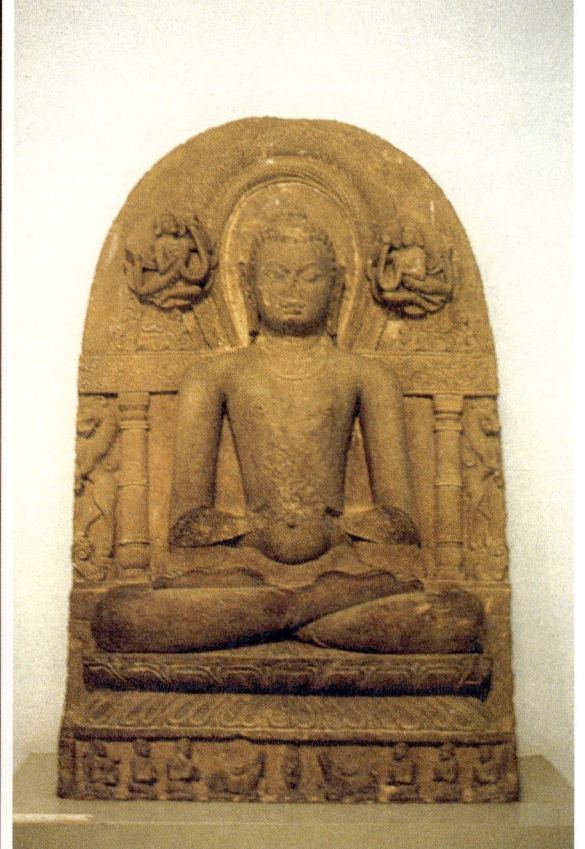

석굴암의 석굴 내부 전실에서 보이는 석굴의 내부. 팔각석주 위에 걸린 원형의 인방석引枋石은 일제강점기 때 첨가된 것이다.

사르나트의 성도상 대형 스투파의 감실에 부착되어 있던 부조 석판이다. 결가부좌한 석가모니의 모습, 양 옆의 연화문 기둥, 벽면의 불상들, 광배의 위치와 형태 등 많은 부분에서 석굴암의 구성을 연상시킨다. 인도 사르나트 박물관 소장.

대로였고, 아취형의 돌판은 석굴 입구에서 본 전체의 공간감과 일치했다. 물론 자세히 들여다보면 딱히 어느 부분이 석굴암과 닮았다고 말하기는 어렵다. 전체적인 인상과 첫 느낌이 그런 것이었다.

너무나 신기한 체험이어서 귀국하는 대로 불교미술 서적들을 찾아보았다. 석가모니는 부다가야의 보리수 밑에서 정각을 이루었고, 인근 대도시인 바라나시로 달려가 그 깨달음의 내용을 설법하기 시작했다. 그러나 그는 철저하게 외면당했고 교외인 녹야원(사르나트)에서 소수의 제자와 사슴들을 대상으로 설법할 수밖에 없었다. 이 과정을 그린 성도상成道像과 초전상初傳像은 5세기경 불교미술의 주요한 대상이었다. 그림과 조각으로 수많은 성도상이 제작되었고, 비단 인도뿐 아니라 중앙아시아와 중국에서도 수없이 시

1 세계적 유산의 또 다른 이야기 **불국사와 석굴암** _ 37

도되었다. 그 가운데 사르나트 성도상과 유사한 분위기의 작품도 다수 발견했다.

석굴암과 사르나트의 성도상 사이에는 어떤 관계가 있을까? 석가모니의 정각精覺이 없었다면 불교는 존재하지 않는다. 따라서 성도 장면의 묘사는 불교미술 최대의 관심이었을 것이며, 어느 나라를 막론하고 성도상을 묘사하는 것이 당시 불교계의 국제적인 유행이자 염원이었음을 추측할 수 있다. 사르나트의 것은 상像을 부조기법으로 묘사했지만, 돌을 구할 수 없었던 중앙아시아에서는 흙으로 빚은 환조의 형태로, 또는 비단에 그린 평면화의 형식으로 성도상을 묘사했다.

평면에서 입체와 공간으로

석굴암의 조성이 성도상을 묘사하려는 국제적 유행의 일환임을 증명하는 또 하나의 증거는 강우방 선생의 연구에서 찾을 수 있다. 그는 석굴암 본존불의 조형적 비례를 연구하면서 본존불의 높이가 11.5자, 무릎 사이가 8.8자, 어깨 너비가 6.6자, 대좌의 너비가 12.5자인 점에 유의했고, 어디엔가 원형이 되는 비례가 있지 않을까 의문을 가졌다. 여러 문헌을 조사하던 중, 현장玄奘(602?~664)의 『대당서역기』大唐西域記 한 구절에서 눈이 밝아졌다. 현장이 부다가야의 마하보리사를 방문했을 때, 그곳에 모셔진 불상을 묘사한 장면이었다.

정사 안을 들여다보니 불상이 엄연한 자태로 결가부좌하고 오른발을 위에다 얹고 왼손을 삳 위에 두었으며, 오른손을 늘어뜨려(항마인降魔印) 동쪽을 향해 앉아 있었다. 그 근엄한 모습은 참으로 그곳에 부처님이 계신 것과 같았다. 대좌의 높이는 4.2자이고 너비는 12.5자며, 상의 높이는 11.5자, 양 무릎 사이가 8.8자, 양 어깨 사이가 6.2자였다.

토함산 부처님의 척수는 당척으로 계산됐고, 당나라 승려 현장 역시 당

38 _ 김봉렬의 한국건축 이야기 시대를 담는 그릇

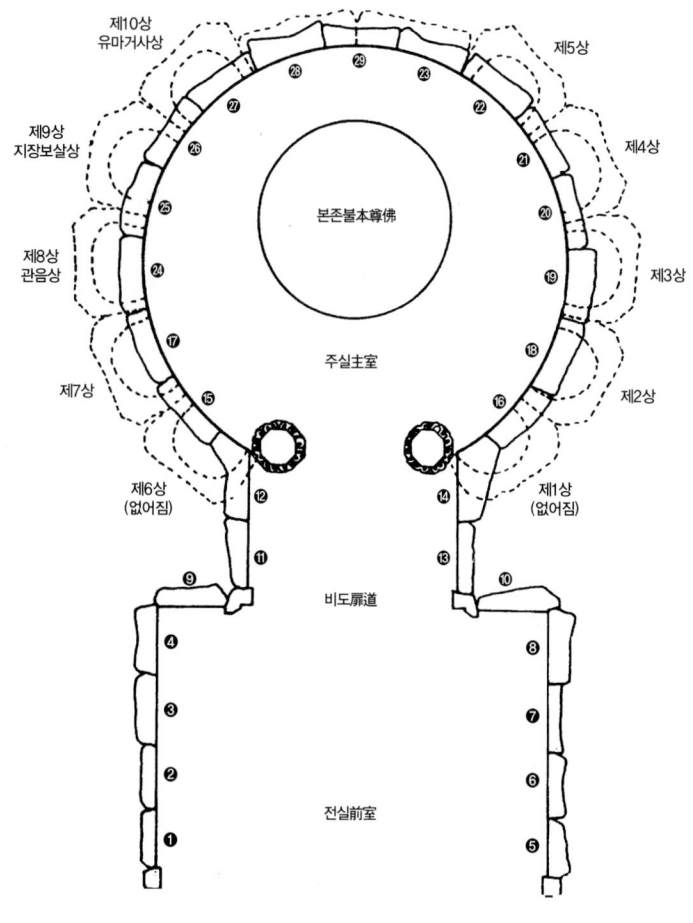

↗ 석굴암 배치도
1~8 팔부신장八部神將
9~10 금강역사상金剛力士像
11 증장천增長天
12 광목천廣目天
13 지국천持國天
14 다문천多聞天
15 범천상梵天像
16 제석천상帝釋天像
17 관음보살상觀音菩薩像
18 문수보살상文殊菩薩像
19~28 십대제자상十代弟子像
29 십일면관음보살상十一面觀音菩薩像
점선(…)은 감실석상龕室石像

연히 당척을 썼을 것이므로 토함산과 부다가야 불상의 크기와 비례는 정확하게 일치하는 것이다. 단지 어깨 너비가 4치 정도 차이 날 따름이다.

이것은 우연의 일치로 볼 수 없다. 8세기 신라는 국제적으로 가장 개방되어 있었고 수많은 유학생과 구법승들이 중국과 인도를 방문했다. 혜초慧超(704~787)로 대표되는 무수한 구법승들이 인도의 성지를 순례하면서 부다가야의 불상과 사르나트의 성도상을 보았을 것이고, 조국 신라에도 그에 못지않은 위대한 장면을 그려내리라 서원했을 것이다. 국가적인 대사업 석굴암 조성은 바로 그 성도상을 재현하기 위한 종교·예술적 염원이기도 했다.

1 세계적 유산의 또 다른 이야기 **불국사와 석굴암** _ 39

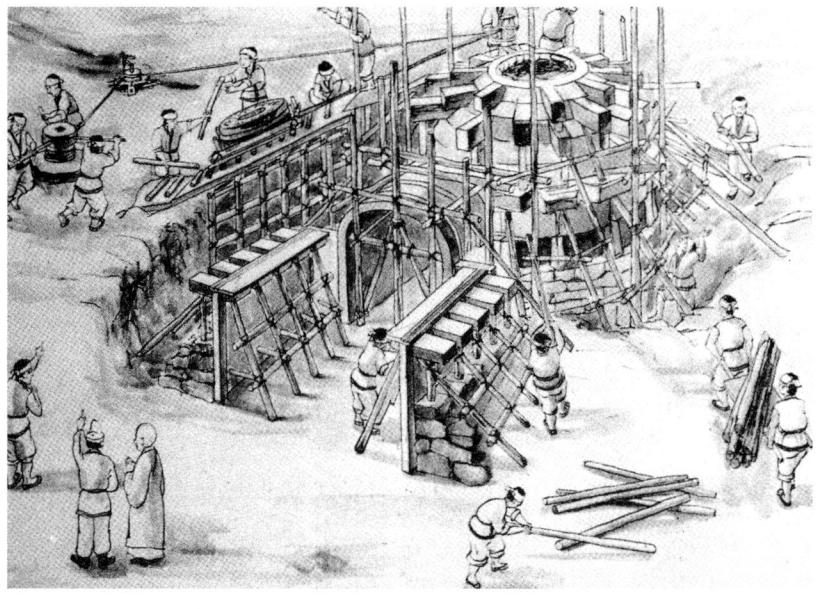

◹ **석굴 축조 상상도**　신라역사과학관
그림.

　　석굴암의 모델이 이미 국제적으로 보편화된 성도상이었다고 해서 석굴
의 예술적 가치가 떨어지는 것은 아니다. 오히려 석굴의 성도상 분위기는 인
도의 것들을 훨씬 능가하는 최고의 수준이다. 그리고 석굴암이 위대하다고
할 수밖에 없는 까닭이 더욱 중요하다. 인도나 중국에서는 성도상을 회화나
조각으로만 표현할 수 있었지만 신라인들은 그것을 3차원적인 입체 조각으
로, 더 나아가 시간성이 결부된 4차원적 공간으로 표현하는 데 성공했다. 그
풍부한 상상력, 그 뛰어난 예술적 변환, 그리고 무엇보다도 완벽한 완성도. 석
굴암은 정말 최고다!

국제적인 석굴 운동의 종착점

동굴은 모든 종교의 초창기 종교공간으로 사용되어왔다. 그 대부분은 아직
정식 예배시설이 없었던 시절의 임시방편이지만, 유독 불교에서는 석굴사원
이라는 정식의 유형이 생겼고, 특히 인도에서는 최고의 예배공간으로 여겨지
게 됐다. 무더운 지역인 인도에서 석굴이란 서늘하고 어두운 최상의 종교적

공간을 제공했다. 인도에는 기원전 3세기부터 꾸준히 석굴사원이 조성되어, 특히 서부 데칸고원을 중심으로 1,000여 개소의 석굴들이 경영되었다.

이상적인 종교공간으로 석굴이 각광을 받자 불교가 전파된 각지를 중심으로 석굴 조성의 국제적 운동이 벌어졌다. 파키스탄의 바미안과 중앙아시아의 키질과 베제클리크석굴 등 실크로드상의 유명 석굴군들이 경영되었다. 암벽이 부실한 투르판의 베제크리크석굴에서는 암벽을 파낸 굴착석굴뿐 아니라 흙벽돌로 쌓아 올린 축조형 석굴도 선보였다.

그 유명한 둔황敦煌막고굴로 중국에 상륙한 석굴 조성의 열기는 룽먼龍門과 윈강雲崗석굴을 거치면서 한반도에도 전파되었다. 중국의 암벽은 주로 이암이나 사암 계통의 퇴적암층으로, 파내고 조각하기가 그리 어렵지 않았

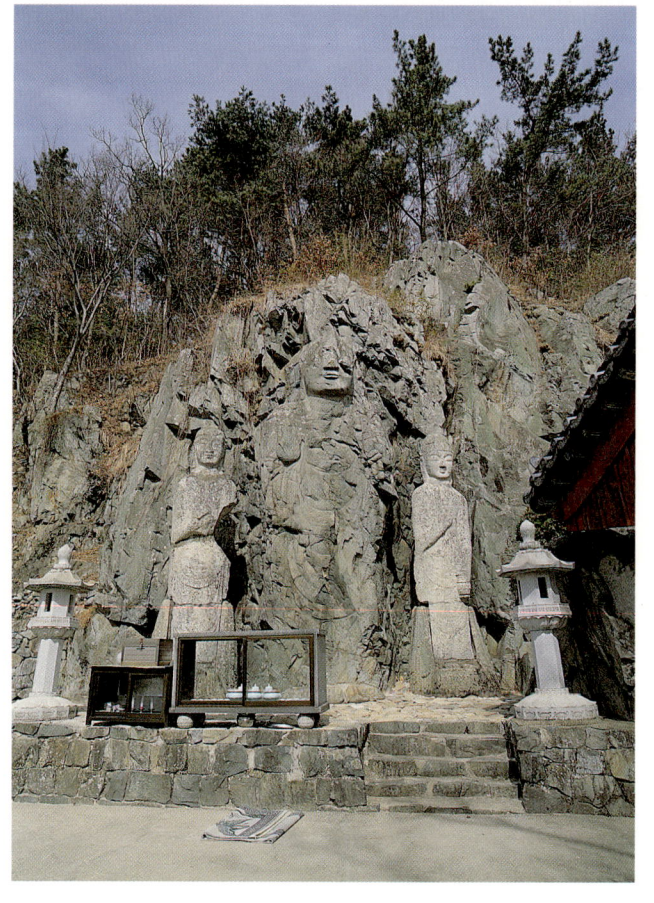

선도산 석실의 마애불 ⓒ김성철

다. 그러나 한반도의 바위는 거의 화강암이었고, 화강암은 파내기도 조각하기도 무척 어려운 암석이다. 그렇지만 석굴 조성의 열기는 너무도 강해서 여러 형태로 석굴 비슷한 것들이 만들어졌다. 자연적으로 만들어진 바위들을 이용한 선도산 석실이나 인공적 솜씨를 일부 가한 남산 삼화령 석실들, 혹은 서산 지방과 같이 암벽을 깊이 파고 들어가 불상을 조각한 마애불, 그리고 팔공산의 석굴같이 자연동굴을 확장한 것 등.

그 다양한 실험과 염원의 끝에 토함산의 석굴이 자리잡는다. 이제는 아예 돌로 쌓아 흙을 덮는 축조석굴을 만든 것이다. 인도에서 시작된 석굴 운동은 지리적으로는 9,000km를 거쳐서, 시간적으로는 1,000년에 걸친 긴 여정 끝에 한반도의 동쪽 끝 경주 토함산에서 그 찬란한 마지막 꽃을 피웠다. 석굴암에 오를 적마

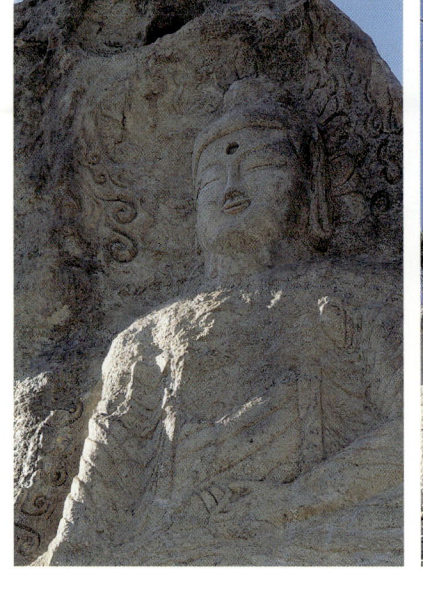
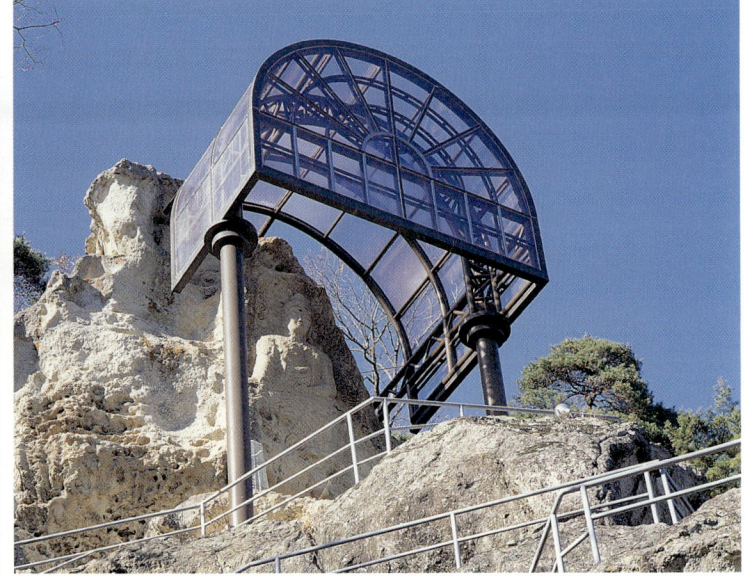

↖ **골굴암 마애불** ⓒ김성철
↗ **골굴암 전경** ⓒ김성철

다 이 장구한 석굴 운동의 생명력에 매번 감회가 새롭다.

석굴암이 국제적 경향의 하나였다고는 하지만, 그 형태와 내용은 너무나
독자적인 것이다. 우선 대부분의 석굴이 굴착석굴인 데 비해 석굴암은 축조
석굴이며, 다른 나라의 석굴이란 수십 개가 모여 있는 군집형 석굴인데 비해
한국의 석굴은 단독형이다. 물론 화강암이라는 암질의 문제 때문이었다. 단
하나 예외가 있다면 토함산 동록, 기림사 입구에 있는 골굴암이다. 골굴암은
12개의 작은 자연동굴로 이루어진 우리나라 유일의 석굴군이었다. 나머지 단
독 굴들은 석굴암과 같이, 석굴 주변에 목조건물들을 지어서 승방이나 보조
예불시설로 이용할 수밖에 없었다.

경전으로서의 건축,
불국사

인도에서 다보탑도 보다

석굴암만 국제적인 흐름 속에 놓여 있던 것은 아니다. 사르나트 박물관의 충격이 채 가시지 않은 상태에서 유적 끝에 있는 후대의 한 불교사원에 갔을 때, 또 한 번의 충격이 기다리고 있었다. 더위에 지쳐 그늘에 앉았다가 눈을 들어 사원 건물의 상부를 본 순간 아, 또 하나의 다보탑이 거기에 세워져 있는 것이 아닌가! "어, 다보탑이다"라는 소리에 일행들도 대부분 수긍했다. 4개의 기둥을 세운 기단부와 복합적인 조형의 상층부, 亞자형으로 조성된 특유의 기단 형태와 상륜부의 이미지까지 그대로 불국사 다보탑이었다. 그러나 다시 한번 쳐다보면 다보탑은 간데없고 인도나 남방불교의 평범한 탑 하나만 서 있는 것이다.

다보탑 역시 그 조형적 모델이 이미 존재하고 있었고, 그것도 국제적으로는 보편적인 것이었다. 왜 다보탑의 조형이 그토록 이국적이었는지도 어렴풋이 이해가 가기 시작했다. 다보탑은 서역 탑의 이미지를 형상화했기 때문이다.

그렇다고 다보탑의 예술적 가치가 폄하되는 것은 아니다. 인도 사원의 탑은 형식만 유사할 뿐 예술적 감동이란 조금도 일으키지 못했다. 나보탑이 설혹 외국의 모델을 재현한 것이라 하더라도, 충분히 독창적이고 유일한 조형적 창작품이며 무엇보다도 최고의 예술적 완성도를 지니고 있는 보물이다. 당시 신라인들의 조형적 역량은 대단했던 모양이다. 사진도 도면도 없이 외

1 세계적 유산의 또 다른 이야기 **불국사와 석굴암** _ 43

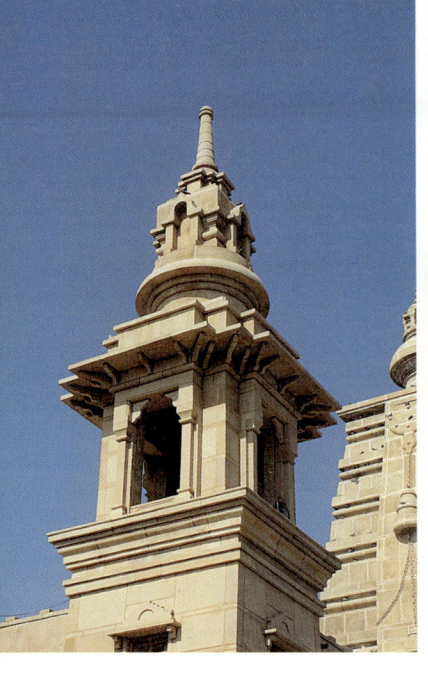
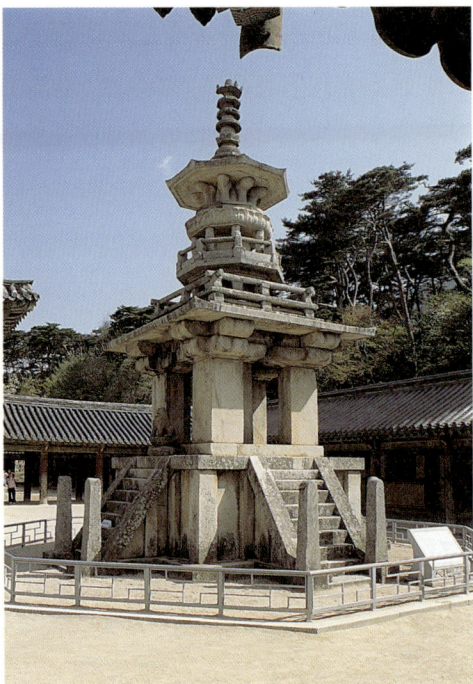

◹ **사원의 첨탑**　인도 사르나트.
◹ **불국사 다보탑**　독창적이며 디테일이
풍부한 조형의 석탑이 푸른 송림을 배경
으로 서 있다. 다보여래의 현신으로 석가
탑을 증명한다.

국 모델의 이미지만으로, 원품들보다 훨씬 뛰어난 예술품을 창작할 수 있었
으니. 모든 정보가 쏟아져 들어오고 막대한 유학생과 방문객들이 판을 치고
있는 현대 한국 디자인계의 역량과는 상반되는 이상한(?) 시대였다.

　순수한 창작이란 있을 수 없다. 원형이 어디 있느냐가 가치 기준이 되
지는 않는다. 그 완성도와 감동만이 예술품의 중요한 가치일 것이다. 다보
탑의 원형은 인도에 있을지 모르지만, 다보탑 같은 위대한 창작품은 경주에
만 있다.

석가탑을 증명하는 다보탑

다보탑의 독창적인 조형이 외국의 원형에서 비롯됐다는 점, 그럼에도 불구하
고 최고의 예술품을 만들 수 있었던 디자인의 역량. 그 못지않게 놀라운 사실
이 또 있으니, 다보탑의 설정은 경전과 교리의 지시를 충실히 재현한 것이라

44 _ **김봉렬의 한국건축 이야기** 시대를 담는 그릇

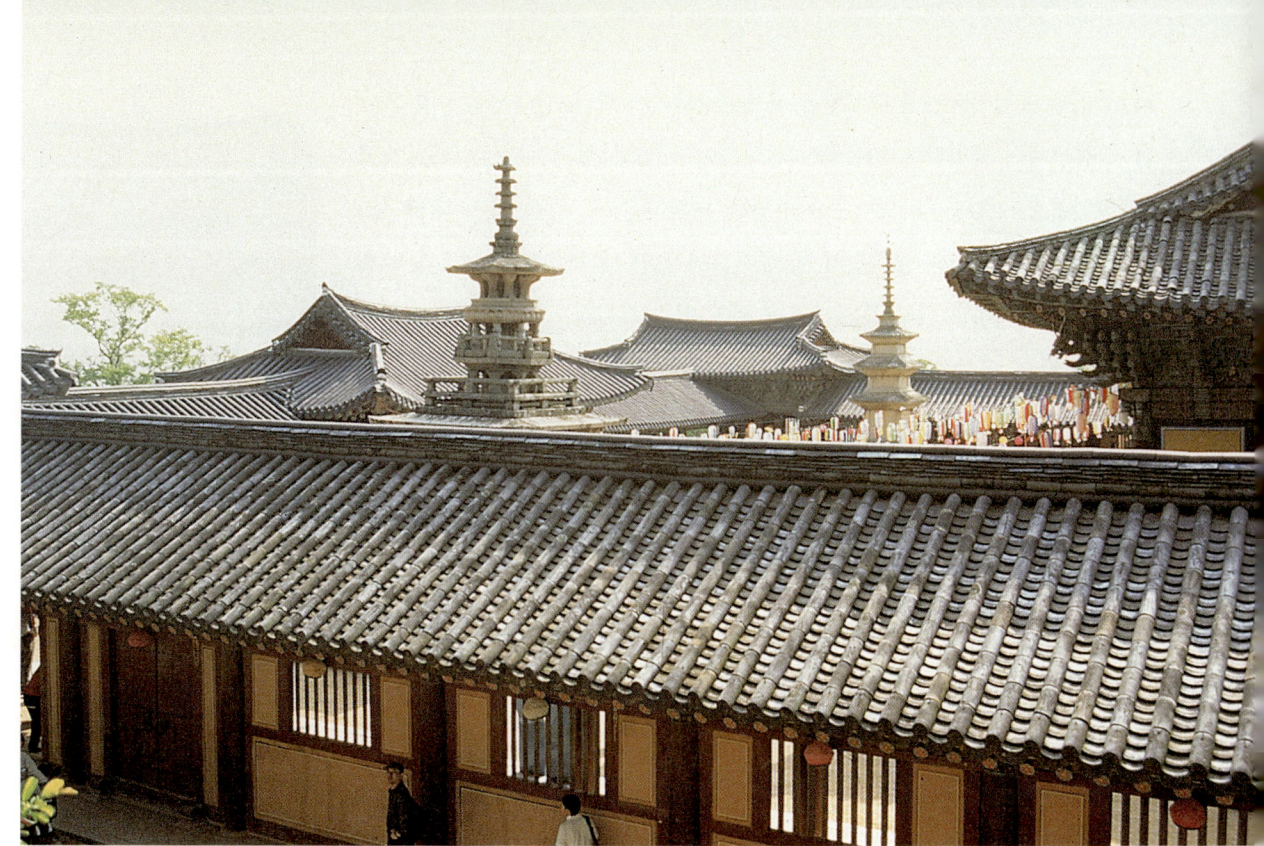

불국사 대웅전 마당 극단적인 두 조형물, 석가탑과 다보탑을 한 공간에 병치했다. 여성적인 것과 남성적인 것, 구상과 추상, 낭만과 고전을 하나로 통합하려는 대단한 자신감이다.

는 점이다. 석가모니를 향한 법화신앙의 기본 경전인 『묘법연화경』妙法蓮華經, 「견보탑품」見寶塔品에 묘사된 내용이다.

석가모니가 사바세계에서 법화경을 설하고 있을 때, 칠보로 장식한 다보탑이 땅속에서 솟아올라 공중에 머물면서 탑 속에서 소리가 들려왔다. '석가모니 세존께서 『묘법연화경』을 설법하시니 그가 말하는 것은 모두 진실이다.' 대중들이 눈을 들어 탑을 보니 탑 속의 방 안에 석가세존과 다보여래가 마주 앉아 법륜을 나누고 있었다.

석가모니불의 설법을 대중들이 의심하자 이미 세상에 나타났던 다보여래가 다시 나타나 석가불을 증명하는 내용으로, 예수가 메시아임을 증명하는 세례요한의 구도를 연상케 한다. 불국사 대웅전 앞에 나란히 서 있는 두 개의

1 세계적 유산의 또 다른 이야기 **불국사와 석굴암** _ 45

탑, 석가탑은 석가여래를 다보탑은 다보여래를 상징한다. 대웅전은 석가모니가 영취산에서 설법하는 영산회상의 상징이며, 그 설법의 내용은 다름 아닌 『묘법연화경』이었다. 다보탑은 석가탑을 증명하고, 두 탑은 다시 대웅전의 영산회상을 증명한다. 삼각형의 세 꼭지점에 놓인 세 구조물이 서로가 서로를 증명하는 눈에 보이지 않는 그물을 짜고 있는 것이다.

다보탑의 형상까지도 경전에 나온다. 높이는 7유순由旬이며 연꽃과 칠보로 장식되어 있고, 지붕 끝에는 보석이 달려서 영롱한 소리를 낸다…… 등등. 불경의 형상들은 지극히 상징적이고 과장되어 있다. 단지 높고 화려하며 복합적인 형상이라는 이미지만 중요할 뿐이다. 다보탑은 정말 그렇게 생겼다. 원래 불탑은 석가모니의 사리를 안치한 무덤이었다. 따라서 모든 탑은 석가모니를 상징한다. 여기에 다보여래의 다보탑을 표현하자니 일반적인 탑－모든 석가탑－과는 전혀 다른 조형을 이루어야 했다. 그 유일함과 특수함은 다보탑의 예술적 양식을 결정할 수밖에 없었다.

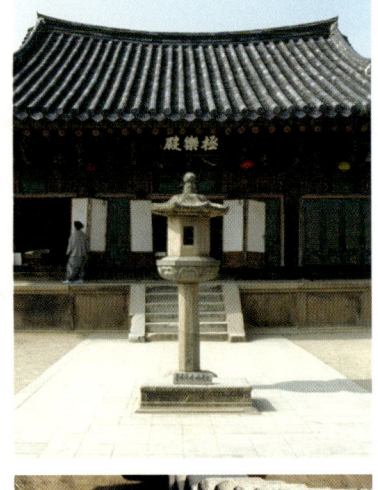

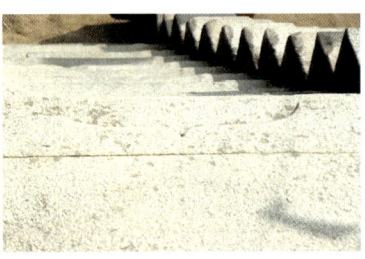

◤ 극락전 앞 석등
◣ 연화교의 계단돌

건축적 대장경

현재의 불국사는 대웅전 일곽과 극락전 일곽, 비로전 일곽과 관음전 일곽의 크게 4영역으로 이루어졌다. 과거에 응진전應眞殿[13] 일곽, 명부전冥府殿[14] 일곽 등 더욱 많은 영역들이 있었다고 하지만, 지금은 그 흔적을 찾기 어렵다. 한국의 사찰은 다양한 전각들을 가진 종합 불교적 성격이 강하다고는 하지만, 불국사같이 각 부분들에 고유한 교리가 충실히 반영된 곳도 드물다. 각 일곽들은 서로 다른 경전을 재현하고 있기 때문에, 불국사를 '공간적인 팔만대장경'이라 불러도 좋을 것이다.

극락전 일곽에는 탑이 일절 없고 마당 가운데에 석등만 뎅그러니 놓여있다. 이 일곽의 주인은 『화엄경』에 등장하는 일승 아미타불로서 열반에 들지 않았기 때문에 사리탑이 있을 수 없다. 절의 아랫단 마당에서 발굴되었던 구품연지는 극락정토사상과 깊은 관계가 있다. 『관무량수경』觀無量壽經 등

13_ 사찰 선각 중 하나로, 한가운데 석가모니불이 안치되어 있고 그 좌우에 제자인 가섭迦葉과 아난阿難이 있으며, 다시 그 좌우로 16나한상이 자리한다.

14_ 명부冥府는 사후세계를 이르는 말로, 명부10대왕의 심판을 받아 천상이나 지옥으로 가게 된다고 믿었다. 때문에 민간불교 중심이었던 조선시대에는 종파에 관계없이 많은 사찰에 명부전을 건축하였다.

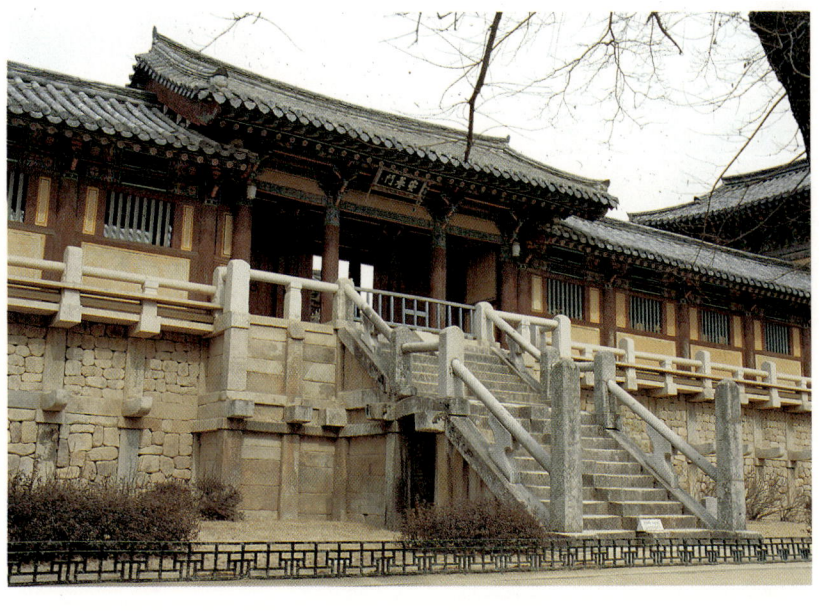

↗ **불국사 극락전 앞의 연화칠보교** 일곱가지 보석으로 장식된 극락세계에 연꽃을 타고 왕생한다는 교리를 상징화한 계단식 다리. 연화교의 계단돌에는 연꽃의 부분들이 조각되어 있다.

의 정토계 경전에 의하면 인간들은 내세에 극락에 있는 연못을 통해 9개 등급(구품九品)으로 왕생한다고 한다. 극락전 앞의 연화칠보교는 '극락세계는 칠보로 장식돼 있으며, 연꽃을 타고 극락에 왕생한다'는 교리를 의미한다. 안양문의 '안양'安養이란 극락세계의 다른 이름이다.

경전에 대한 의존도가 약하기는 하지만, 관음전 일곽은 『법화경』의 「관세음보살보문품」에 의거하여 보타락산補陀落山 세계를 표상했고, 비로전 일곽은 『화엄경』에 의거해 연화장 세계를 표상했다. 지금은 없어졌지만 관음전 앞에는 '보락교'補落橋가 있어서 관세음보살의 주처인 보타락가산을 의미했다. 또 명부전 입구에는 '육도교'六道橋가 있어서 윤회하는 여섯 존재들이 명부에 떨어짐을 상기시켰다고 한다. 모두가 경전에 등장하는 명칭이며 내용들이다.

화엄만다라의 불국토

각 일곽은 회랑 또는 담장으로 구획된 독립된 영역을 이루며, 각 영역의 입구

1 세계적 유산의 또 다른 이야기 **불국사와 석굴암** _ 47

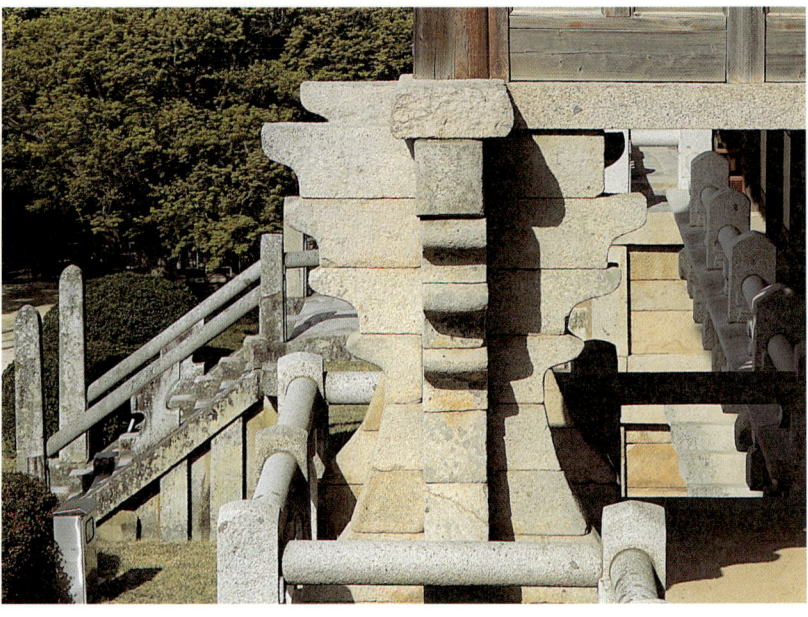

△ **불국사 범종루 아래 수미산 기둥** 목
조건물의 공포를 돌로 표현한 고도의 추
상형태이다.

에는 정문을 세우고 계단식 다리를 놓아 진입구로 삼았다. 대웅전과 극락전
일곽은 물론, 관음전 일곽에도 회랑을 둘렀다고 기록은 전한다. 다시 말해서
각 일곽은 독자적인 교리와 독립된 경계들에 의해 작은 사찰의 역할을 하였
다. 불국사 안에는 적어도 6개 이상의 작은 사찰들이 있었다고 보아야 한다.

　　각 일곽 간의 연속성은 미약한 것으로 보인다. 다른 일곽을 느끼기도 힘
들고 연결이 강하지도 않다. 그러나 각 일곽들은 규모와 위치에 의해 위계화
돼 있다. 가장 핵심적인 위치에 있는 대웅전 일곽은 규모도 가장 크고 호화롭
다. 그 서쪽에는 두번째의 극락전 일곽이 배열됐다. 아미타여래의 극락세계
는 석가여래의 사바세계 서쪽에 있어서 '서방정토'라고도 불리운다. 동 사
바, 서 극락의 교리를 충실히 좇아 위치를 잡았다. 중국대륙의 동쪽에 있는 보
타락가산을 뜻하는 관음전 일곽은 실제로도 동쪽의 가장 높은 곳에 자리잡았
다. 명부전 일곽은 반대로 서쪽의 낮은 지대에 자리잡았던 것 같다.

　　독자적이며 폐쇄적인 부분 영역들은 자체적으로 완결된다. 그러나 전혀
관계가 없을 것 같은 부분들은 다시 불교의 거대한 교리적 우주관에 의해 위
계가 결정되고 관계가 설정된다. 독자적인 부분들의 전체적 총합성. 이것이

48 _ **김봉렬의 한국건축 이야기** 시대를 담는 그릇

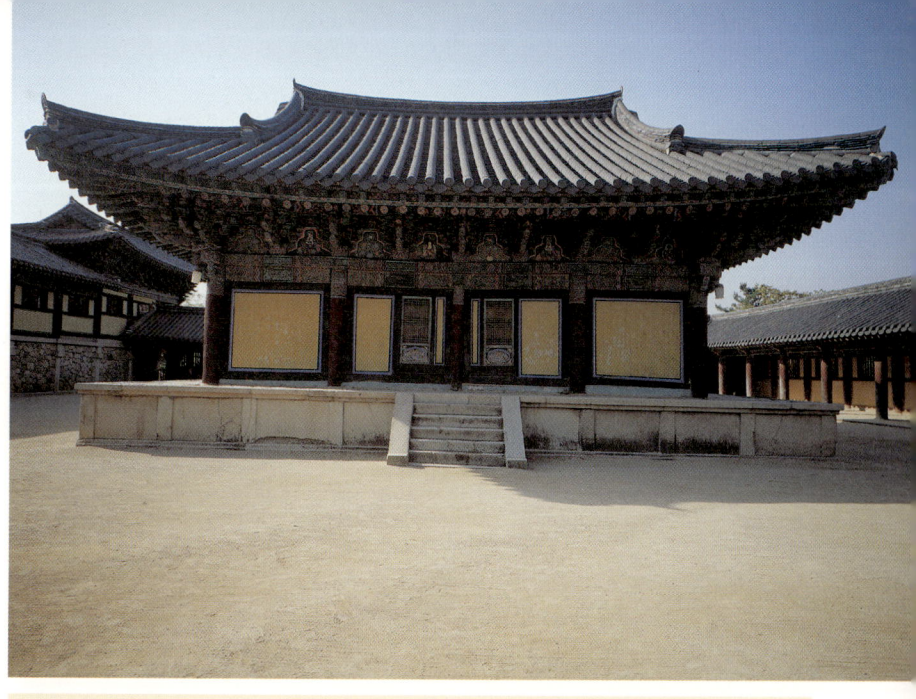

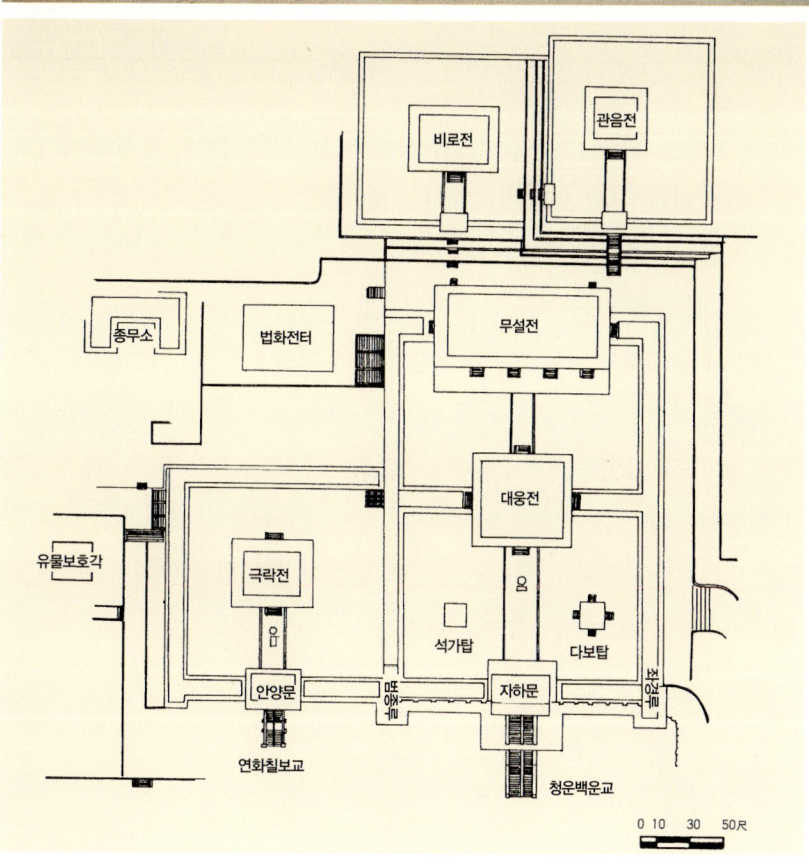

↗ **불국사 극락전의 뒷면** 3칸의 건물이
지만 가운데 칸의 구조를 해결하지 못해
샛기둥을 세웠다. 이로 인해 시각적으로는
4칸으로 보인다.
↘ **불국사 배치도** 문화재관리국 도면.

1 세계적 유산의 또 다른 이야기 **불국사와 석굴암** ＿ 49

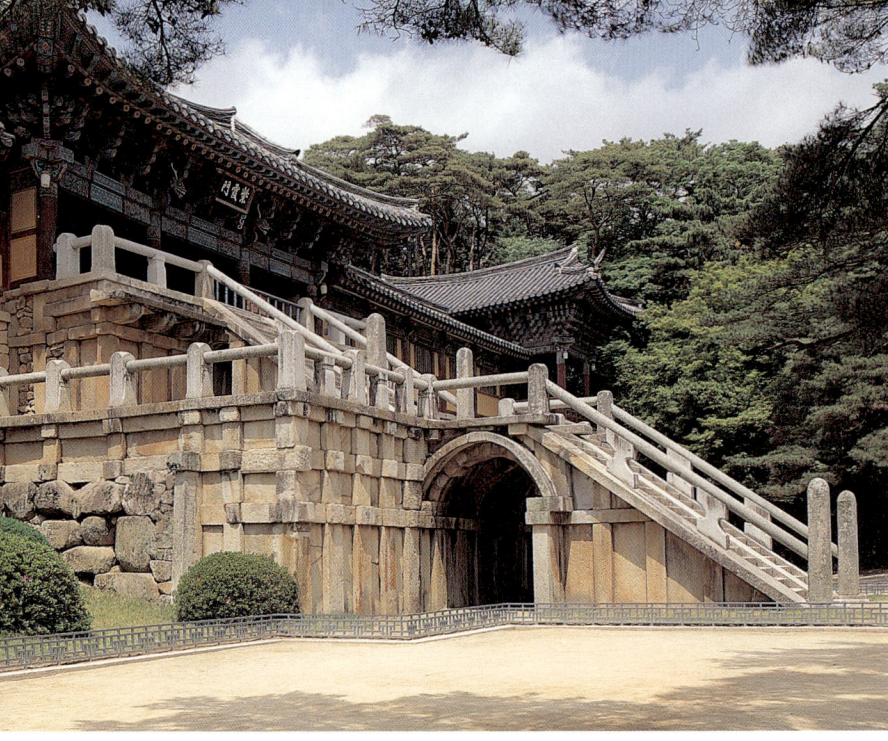

▷ **불국사 전경**　여러 신앙체계를 부분
화하고 다시 화엄만다라로서 종합하는 계
획답게, 외관도 복합적이며 중층적인 집합
형태를 이룬다.

야말로 화엄신앙의 핵심이다. 『화엄경』은 설한다. "티끌만한 먼지 속에 우주
의 진리가 있다." 또 "모든 것은 하나로 통한다." 불국사는 여러 부처들의 정
토가 화엄사상에 의해 통합된 화엄만다라다.

　　김대성은 불국사와 석굴암을 계획하면서 여러 분야의 자문을 두었었다.
그 가운데 종교적인 자문을 구한 것은 당대의 고승 표훈과 신림이었다. 표훈
과 신림은 의상계 화엄학의 대가들이었다. 김대성은 그들에게서 전수받은 화
엄적 세계관을 불국사 배치계획에 유감없이 반영했다. 그는 불국사와 석굴암
을 통해 예술과 기술, 건축과 과학의 일체화에 성공했을 뿐 아니라, 건축과 종
교의 일체화라는 거대한 염원도 동시에 달성했다. 통합적인 지식인 건축가
김대성이 아니었으면 불가능한 일이었다.

다보탑이냐,
석가탑이냐?

의심스러운 무영탑 전설

초등학교 2학년 시절, 당시 중학생이었던 가형이 경주로 수학여행을 다녀오면서 내게 선물을 사다 주었다. 플라스틱제의 필통이었고 뚜껑에는 매우 아름다운 탑이 새겨져 있었다. "이게 바로 불국사의 다보탑이란다." 그러면서 슬픈 전설을 한 토막 들려주었다. 다름 아닌 불국사 창건에 얽힌 아사달과 아사녀의 전설.

불국사를 창건하면서 전국의 솜씨 있는 장인들을 다 불러 모았다. 옛 백제 땅의 이름난 석공 아사달도 불려 올라와 석가탑 창작을 담당했다. 고향에는 갓 결혼한 아사녀가 남편이 돌아올 날만 기다리고 있었다. 이십 년이 흘러 중년이 된 아낙은 소식도 없는 남편의 얼굴이라도 볼까 머나먼 경주로 고달픈 여행을 떠났다. 드디어 불국사 현장에 온 아사녀는 면회를 간청했지만, 국법으로 면회와 출입을 금하고 있었기 때문에 만날 수가 없었다. 며칠을 애원하는 아사녀가 불쌍해서 공사장 경비대장은 위로의 말을 건넸다. '여기서 십 리 떨어진 곳에 영지라는 못이 있는데, 남편이 공사를 완성하면 탑의 그림자가 비칠 것이오. 그러면 만날 수 있으니 가서 기다리시오.' 영지에 가서 학수고대하기를 몇 닐, 드디어 호수에 석탑의 그림자가 비쳤다. 그러나 아사달의 석가탑은 비치지 않고 엉뚱하게도 다보탑만 비치는 것이 아닌가? 크게 낙담한 아사녀는 물속에 몸을 던지고 말았다. 그후부터 석가탑은 '무영탑', 다보탑은 '유영탑'이라는 별명이 붙었다.

1 세계적 유산의 또 다른 이야기 **불국사와 석굴암** _ 51

이 내용은 현진건의 '무영탑'으로 시중에 알려진 전설과는 디테일이 다르고, 「불국사고금창기」佛國寺古今創記에 전하는 설화와도 차이가 있다. 그러나 당시 형이 들려준 이야기는 대강 이런 내용이었다. 처음에는 너무나 슬픈 이야기여서 눈물이 글썽거렸다. 얼마 안 있어 학교 선생님도 불국사와 석굴암 이야기를 하면서 아사달의 전설을 들려주었다.

그러나 서서히 커다란 의문에 싸이게 됐다. 어린 눈에도 석가탑은 단순하고 멋없고, 다보탑은 복잡하면서 아름다운데, 왜 다보탑이 먼저 만들어졌느냐? 석가탑을 맡은 아사달이 얼마나 실력이 없었기에 완성을 못하고 결국 부인을 죽게 만들었느냐? 이렇게 물어보자 담임선생님은 "너는 왜 항상 엉뚱한 것만 물어보느냐?"고 말문을 막아버렸다. 의문은 풀리지 않았다. 30대에 이르기까지.

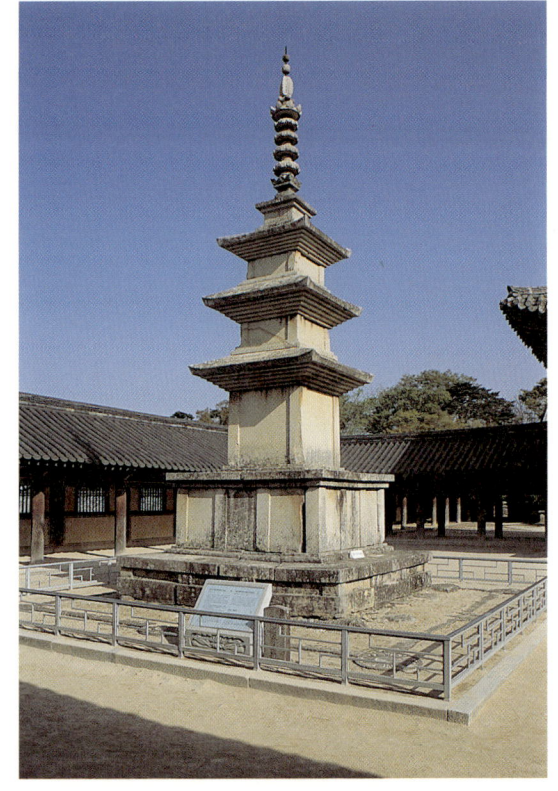

◺ **불국사 석가탑** 추상적인 매스와 비례, 뚜렷한 실루엣만으로 이루어진 조형이 빈 하늘을 배경으로 삼는다.

전설의 진실

전설과 신화는 일정 부분의 진실을 바탕으로 만들어진다. 그리고 그 진실은 깨달음에 의해 달리 해석되곤 한다. 어렸을 적에는 지순한 부부간의 사랑을 그린 순애보인 줄만 알았지만, 대학시절 사회경제사에 빠진 뒤에는 왕실에 의해 사랑과 목숨까지 착취당한 비참한 민중의 이야기로 바뀌었다.

정복된 뒤 100년이 지났지만, 아직도 여전히 백제의 후예들은 2등 국민이었다. 경주 왕실이 명령만 내리면 갓 신혼의 아사달도 천 리 길을 달려와야 하는 노예적인 신분이었다. 불국사의 총 공사기간은 40년, 신혼의 부부가 노년이 되어 죽기 전에 한 번만이라도 만나겠다는 염원마저 거절할 정도로 비인간적인 억압이었다. 또한 이로써 불국사는 김대성 개인의 원찰이 아니라

국가적인 왕실 사원이었음도 확실해진다.

그러나 더욱 깊은 진실은 건축과 예술사를 공부하면서 깨닫게 되었다. 특히 하인리히 뵐플린Heinrich Wölfflin(1864~1945)[15]의 르네상스와 바로크의 이원론적 양식론을 접하면서 규범과 개성의 차이에 대해서, 그리고 추상과 구상의 방법에 대해서 생각하게 됐고, 그 유력한 분석 대상은 석가탑과 다보탑으로 환원되었다. 또, 인도에서 발견한 다보탑의 원형은 그 확신을 더욱 뚜렷이 해준 계기였다.

이제 다보탑은 만들기 쉬운 탑으로 보인다. 사실, 화려하고 복잡해 보이는 다보탑의 조형요소는 그다지 복잡한 것은 아니다. 목구조의 석조적 변환은 불국사 전체에 흐르는 미학적 전략이었다. 연꽃과 난간의 조형도 당시 불교 미술품에 자주 등장하는 요소에 불과하다. 게다가 亞자형의 기단이나 탑신부의 형식은 인도 등지의 국제적인 흐름이었다. 어느 정도 경지에 오른 예술가라면 누구라도 만들 수 있는 작품일 수도 있다. 그러나 이 탑은 하나로 족하다. 이 탑을 흉내 내는 순간 아류로 취급당하기 때문에 오로지 하나일 수밖에 없다.

반면 석가탑은 신라 통일 직후 석탑 형식을 실험하기 시작한 지 100년 만에 하나의 전형을 완성한 것이다. 석가탑류의 탑들은 단순한 몇 개의 돌덩어리를 쌓아 올린 것에 지나지 않는다. 여기에는 작가가 기교를 부릴, 독창성을 발휘할 여지가 전혀 없다. 작가가 할 수 있는 일이라고는 정확한 비례를 구성하는 것뿐이다. 이 탑은 부분적인 요소로 말하는 것이 아니라 전체적인 실루엣만으로 살아남는다. 누구나 만들 수 있을 것 같은 형식적 틀 속에서 최고의 아름다움을 창조하는 일, 그것은 진정으로 어렵고 고달픈 예술적 작업이다. 그래! 석가탑이야말로 무영탑이다. 전설은 진실이었다.

15_ 스위스 태생의 미술사학사도, 미술사의 학문적 자율성을 획득하고자 했다. 미술사를 시각의 역사로 간주하였으며, 형식의 분석을 고유의 연구방법으로 제시하였다. 저서로는 『르네상스와 바로크』, 『미술사의 기초 개념 – 근세 미술에 있어서의 양식 발전의 문제』 등이 있다.

신라 석탑의 약사

통일 전의 신라 탑은 전탑 계통이었다. 대표적인 분황사지석탑은 돌을 전돌

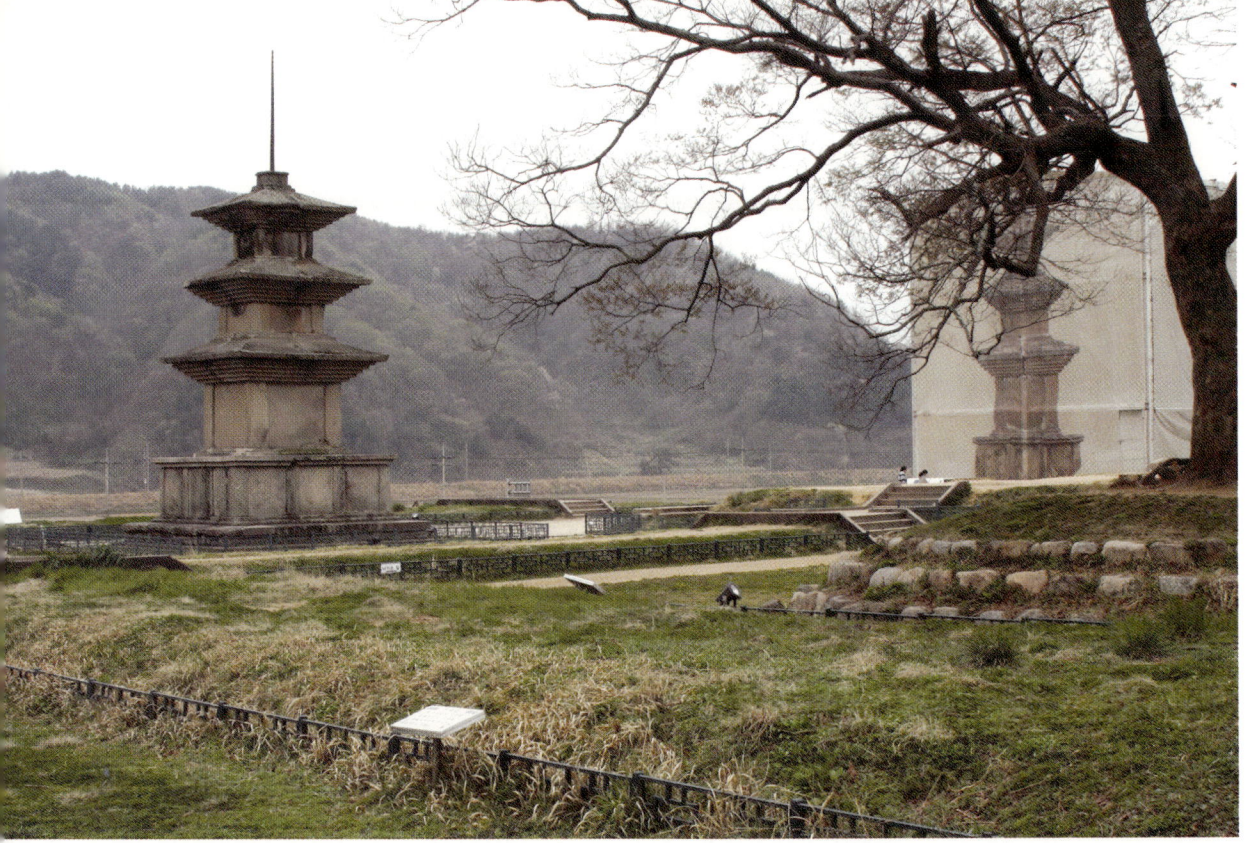

감은사지 전경 신라계 석탑과 백제계 석탑을 하나의 형식으로 통일하려는 움직임의 결과로, 신라 석탑의 전형인 감은사지 석탑이 완성되었다. 2007년 4월 현재 서탑은 수리 중이다.

같이 쪼개서 쌓은 이른바 '모전模塼석탑'이었다. 반면 백제의 석탑은 목조건물을 묘사한 '모목模木석탑'이었다. 삼국통일을 계기로 신라계 석탑과 백제계 석탑을 하나의 형식으로 통합하려는 움직임이 일었다. 의성 탑리탑과 같이 목탑계 탑신에 전탑계 지붕을 올려보기도 했고, 나원리탑과 같이 5층으로 껑충한 비례도 실험했었다. 50여 년의 실험을 거쳐 드디어 감은사지탑과 같은 전형적 형식을 완성하기에 이르렀다.

이후에는 외형적 형식을 고정시킨 채 내재적인 아름다움과 세련됨을 추구하게 되었다. 그 핵심적 내용은 전체적인 실루엣과 비례율의 실험이었다. 드디어 가장 완벽한 전형이 만들어졌으니 바로 석가탑이었다. 위대한 조각가 아사달이 일생을 걸고 완성한 추상적 아름다움의 결정판이었다. 석가탑 이후의 탑들은 아무리 노력해도 석가탑을 능가할 수가 없었다. 정해진 형식 속에서는 이미 최고가 완성되었기 때문에, 석가탑을 극복하기 위해서는 형식을 벗어나

새로운 형식을 만들던가, 아니면 기존 형식을 거부하는 일뿐이었다. 그 탈출과 해체의 방법은 여러 가지였다.

석가탑이 완성한 비례율을 일부러 왜곡하는 일. 가장 쉬운 방법이지만 결국 추해지고 만다. 아니면 전혀 다른 형식의 탑을 만드는 일. 대표적인 것이 다보탑이다. 또는 화엄사의 것과 같은 사자석탑류. 새로운 대안의 창조는 천재적인 솜씨가 요구되는 데다가 위험 부담도 높다. 그리고 항상 새로운 것을 만들기는 불가능하다. 아니면, 기존의 형식들을 혼성 조합하는 절충적 태도. 비교적 쉬우면서 미학적 위험부담도 적다. 석굴암 3층석탑이 가장 대표적인 예다. 전형적 형식을 왜곡시켜 하층기단은 원형, 상층기단은 팔각형, 그리고 몸통은 전형적인 사각탑이다.

석가탑이 르네상스적인 전형이라 한다면, 다보탑은 바로크적 변형이라고나 할까? 어쨌든 석가탑과 같은 고전적 전형이 없다면, 다보탑과 같이 창의성과 개성이 풍부한 조형은 출현할 수 없다. 낭만주의라는 화려한 꽃의 뿌리는 언제나 규범적이고 이지적인 고전주의다.

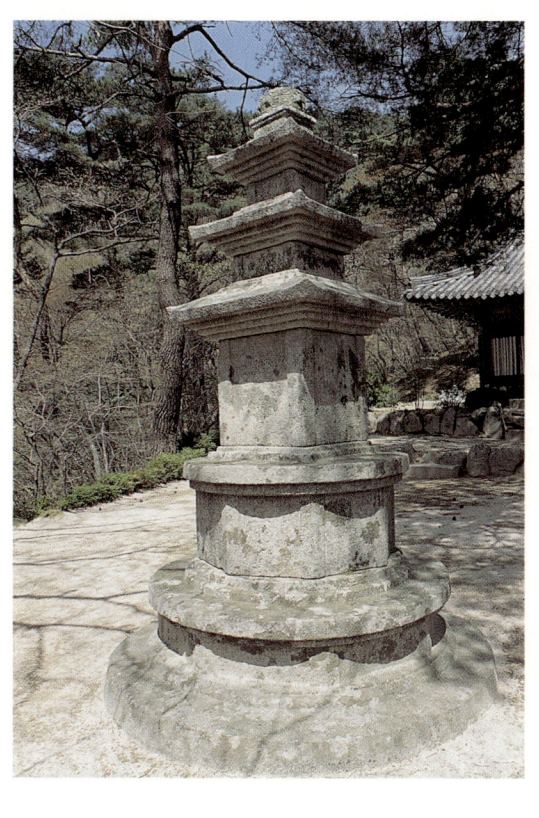

↗ **석굴암 3층석탑** 불국사 석가탑보다 1세기경 뒤의 것으로 추정한다. 1층기단은 원형, 2층기단은 팔각형, 탑신은 사각형의 형태로 혼합 구성했다. 석가탑 이후 변형의 양상을 보여준다.

↘ **불국사 전체 주단면도** 문화재관리국 도면.

고전과 낭만의 통합

통일을 전후해서 신라의 가람형식에는 커다란 변화가 일게 되었다. 마당의

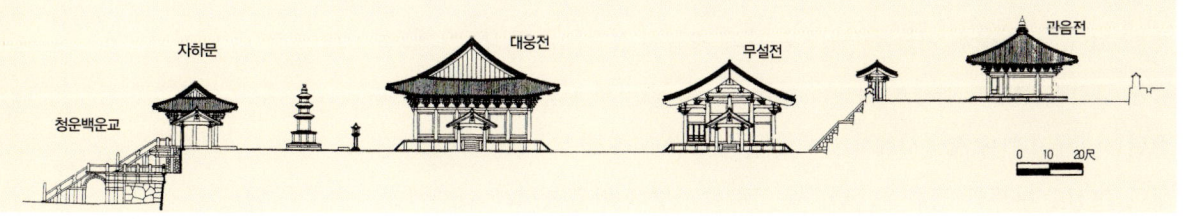

1 세계적 유산의 또 다른 이야기 **불국사와 석굴암** _ 55

불국사 대웅전 서행랑과 극락전 영역의 결합부 원래는 서행랑 한 단 아래에 극락전 동행랑이 있었을 것으로 추정한다.

중심에 탑이 하나 있는 단탑식 가람에서 두 개의 탑이 한 쌍을 이루는 이른바 '쌍탑식 가람'으로 변화한 것이다. 신앙의 대상이 사리나 탑파와 같은 추상적인 데서 점차 불상이라는 인격적 대상으로 옮겨지게 되고 따라서 불상을 봉안하는 금당이 가장 중요한 건물이 되면서, 금당을 가로막는 단탑을 둘로 분리함으로써 탑도 살리고 금당도 살리는 효과를 거두었다.

경주 낭산 밑에 조성된 국가적 사찰, 사천왕사나 망덕사에서 그 효시를 볼 수 있다. 그 이후의 이름난 사찰들은 대개 쌍탑식 가람으로 조성됐으며, 두 탑은 크기와 형태가 똑같은 쌍둥이 탑들이었다. 최초의 변화는 쌍탑식이 정착된 지 1세기 만에 불국사에서 일어났다. 석가탑과 다보탑이라는 형식도, 형태도, 정신도 다른 두 극단적인 탑들을 하나의 마당에 세운 것이다. 대단한 파

56 _ 김봉렬의 한국건축 이야기 시대를 담는 그릇

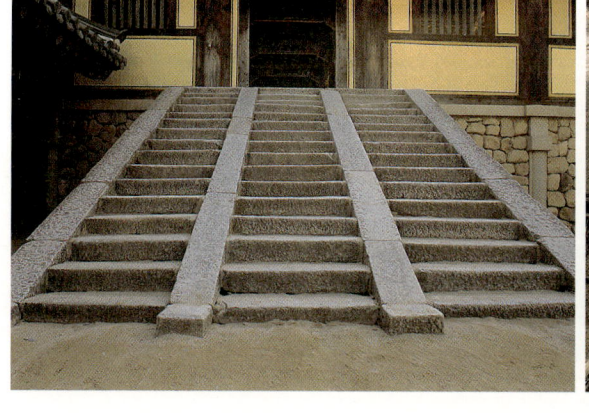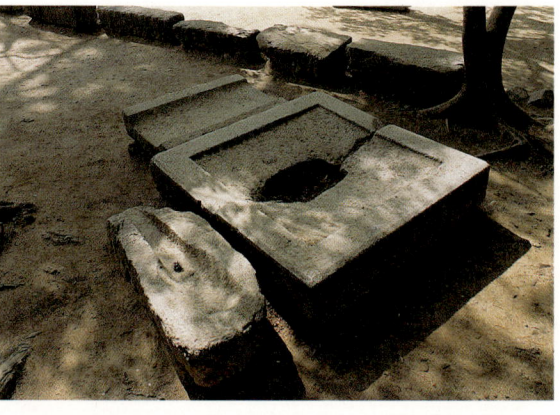

◣ **불국사 극락전과 대웅전을 연결하는 계단** 16개의 계단이 3단으로 구성된 총 48계단은 경전에 나오는 수들을 상징한다.

◤ **매화돌과 배수석 부재** 매화돌은 측간의 발판이고, 움푹 파인 배수석은 일종의 집수정集水井 역할을 했다.

격이었다. 비슷한 시기의 사찰들은 아직 불국사의 파격을 감당해내지 못했다. 유사한 시기에 세워진 것으로 추정하는 경주 원원사遠願寺도 형태가 똑같은 쌍둥이 탑을 세웠다.

왜 파격적으로 석가탑과 다보탑을 한 공간 안에 병치했을까? 남성적인 역동성의 석가탑과 여성적인 부드러움의 다보탑. 고전과 낭만, 규범과 개성, 형식과 자유, 추상과 구상…… 온갖 대립되는 예술적 개념들을 하나의 장소에 모아서 통합을 이루려는 의도는 대단한 자신감이 없으면 불가능한 일이다. 이미 통일 직후의 안압지雁鴨池 조영에서 보이듯이 신라의 예술적 역량은 최고조에 달했고, 극단적 요소들의 병치를 통한 통합적 미학을 창조하기에 이른 것이다.

'극단적인 것들의 통합'이란 명제는 이후 한국 예술의 저변에 계속 흐르게 된다. 특히 한국 불교는 원효元曉(617~686) 이후에 통합과 일체화라는 '원융'圓融사상을 기조로 삼아왔다. 화엄과 법상이 하나가 되고, 교종과 선종이 통합되며, 심지어 유교와 불교까지 통합하려는 통불교적 운동이 바로 한국불교사였다고 해도 과언이 아니다. 그 통합의 정신이 불국사 대웅전 마당에 찬란하게 실현된 것이다.

1 세계적 유산의 또 다른 이야기 **불국사와 석굴암** _ 57

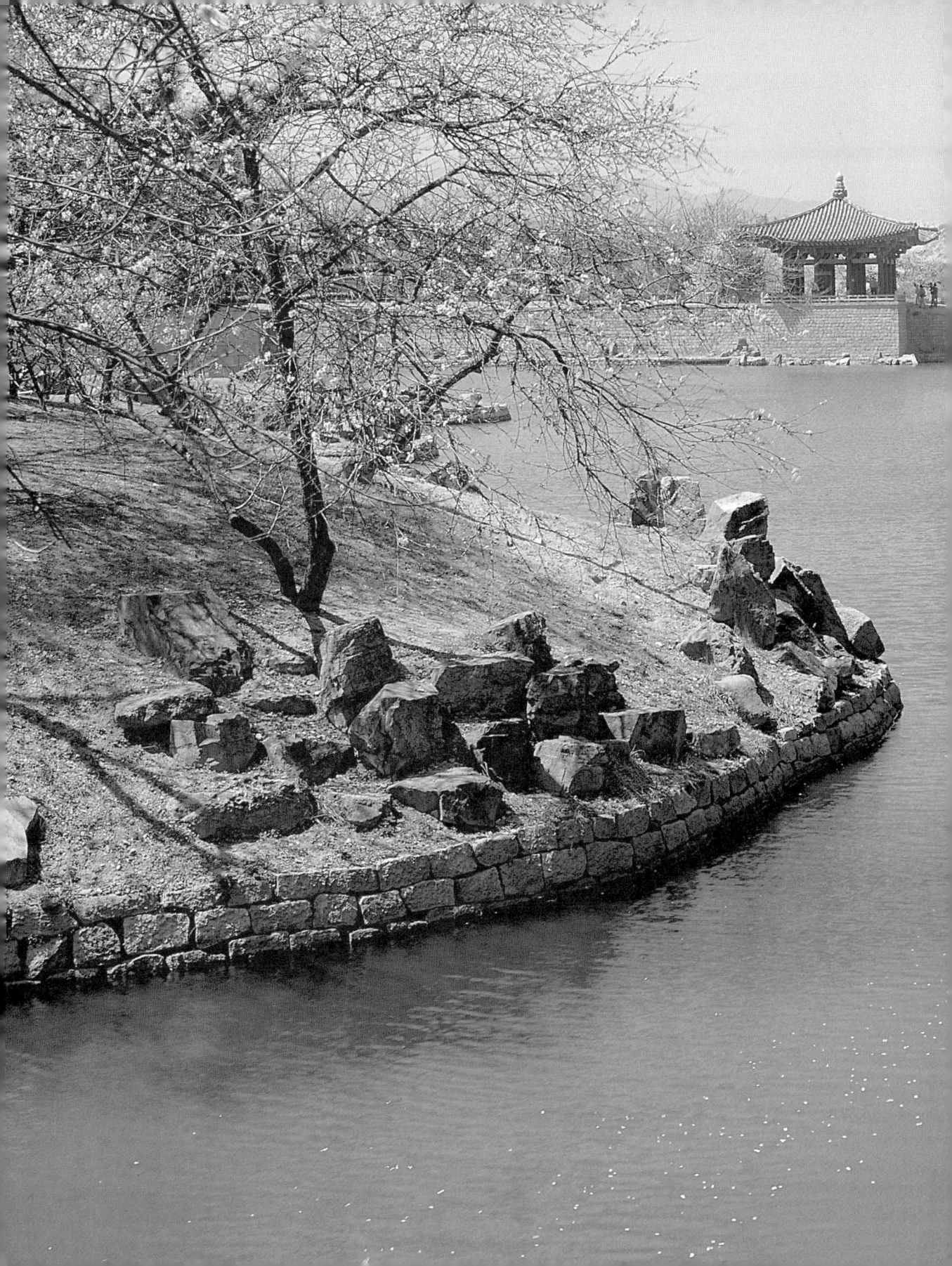

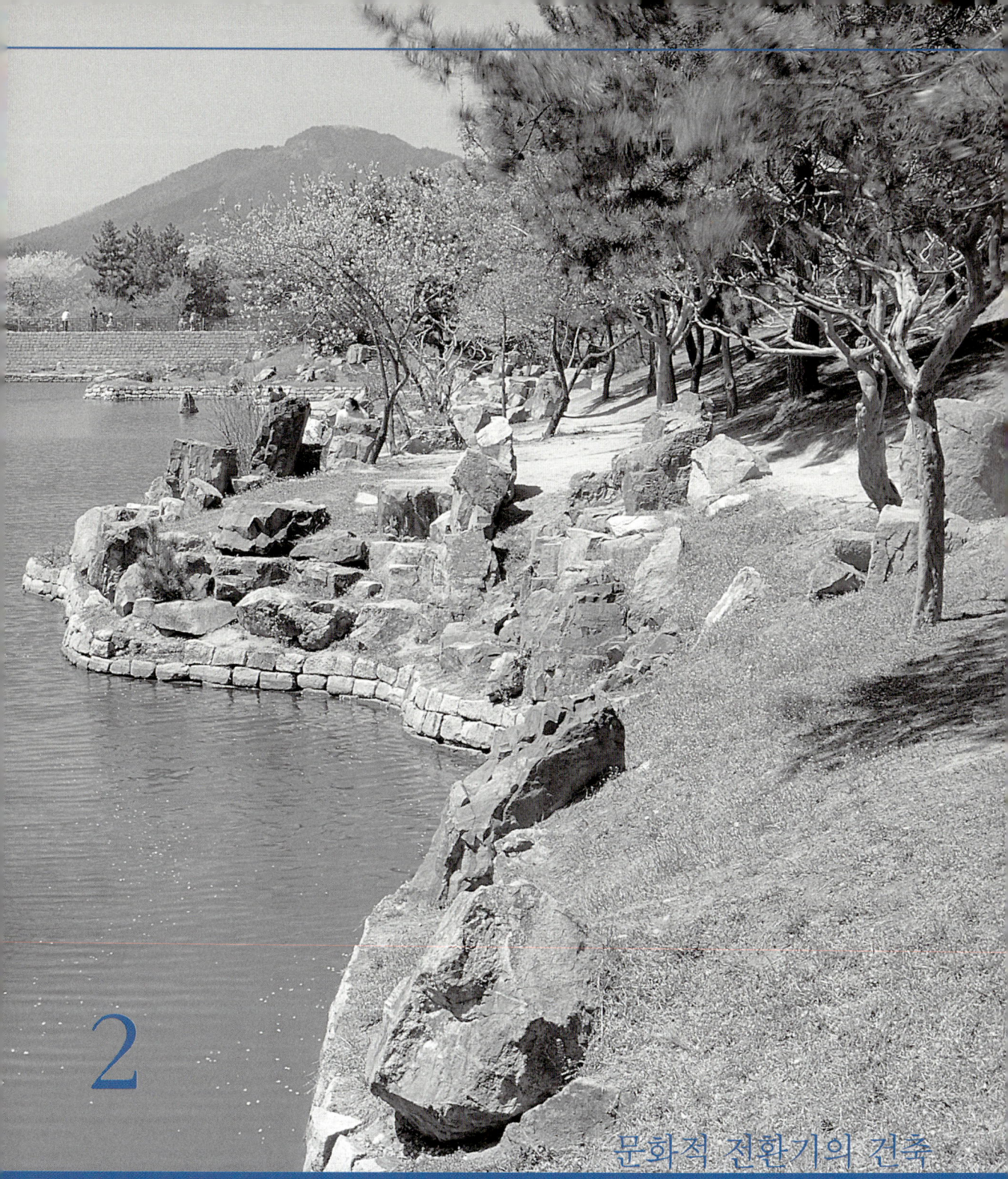

2

문화적 전환기의 건축
안압지와 마곡사

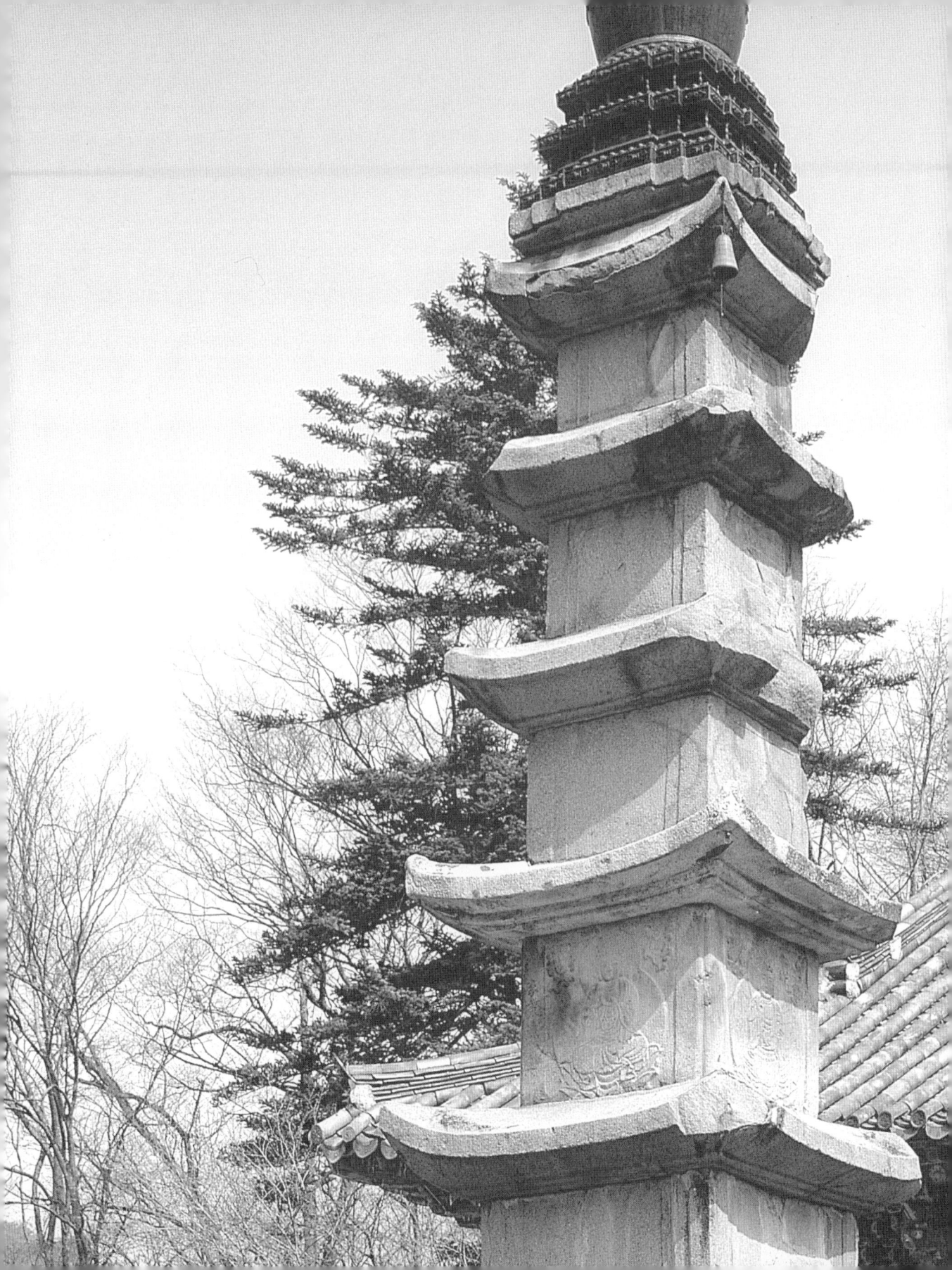

변화와 위기의
순간들

일반사와 건축사

흔히들 '건축은 시대의 거울'이라 한다. 그러나 건축만 시대의 거울은 아니다. 인간은 어차피 사회적이고 역사적인 존재이기 때문에 인간이 만들어내는 모든 문화와 문명은 결국 시대와 역사의 반영물일 수밖에 없다. 그럼에도 유독 건축의 시대성이 강조되는 까닭은 다른 예술품보다 사회적 수명이 길고 공개적이기 때문이다. 한번 만들어진 건축물은 바로 그 장소에서 짧게는 수십 년, 길게는 수천 년 동안 서 있기 때문에 역사의 징표로서 남아 있게 된다. 또 개인적 소유가 가능한 도자기나 그림과는 달리 공공적인 장소에 누구에게나 개방되기 때문에 손쉽게 과거를 대할 수 있다.

역사적 건축물에는 어떤 의미로든지 그것이 만들어진 시대의 편린이 반영되어 있다. 따라서 건축을 통해서 당대의 시대적 상황과 환경, 그리고 사회적 구조 속에서 고민한 건축가들의 생각과 해법을 읽어낼 수 있다. 건축사의 부산물로 얻어지는 이 유추의 재미는 개인적 흥미로만 끝나지 않는다. 일반 역사는 기록에 의존하기 때문에 정치와 사회사를 중심으로, 그것도 거대한 사건들 위주로 서술할 수밖에 없다. 그런 의미에서 일반사는 다분히 작위적인 거대 서사grand narrative에 가깝다. 특히 기록이 되어 있지 않거나, 사라진 부분에 대해서는 역사도 존재하기 어렵다.

예를 들어 왕조실록 따위의 정사기록에 조선 후기 불교에 대한 내용은 등장하지 않는다. 유교적 통치체제 안에서 산중 불교의 활동은 더 이상 관심

대상이 아니었기 때문이다. 그렇다고 불교 자체가 사라진 것은 아니었다. 오히려 임진왜란 전에 비해 사찰의 건축적 활동은 더욱 활발해졌고, 신도 수는 더욱 확대되었다. 현재 남아 있는 이른바 '전통 사찰' 1,000여 개소는 거의 대부분 이 시기에 조성된 건물들이다. 기록에서는 사라져버렸지만 건축이라는 유구로 남아 당시의 불교사를 재조명할 수 있는 하나의 예를 보여준다.

또 정사 중심의 일반 역사는 사회의 거대한 흐름만을 조명할 뿐 그 시대를 살아나갔던 개인의 갈등과 노력이 소개될 틈새가 없다. 건축은 일차적으로 건축가라는 개인의 창작품이다. 사회정치사가 건축의 배경은 될지언정, 건축의 직접적인 동인은 아니다. 따라서 개인의 문제가 삭제된 경제사나 사회사만으로 건축의 비밀을 밝힐 수 없다. 건축물이라는 사물을 통해서 시대적 상황을 유추하며, 동시에 건축가의 갈등과 해법을 추적하는 이유는 바로 '건축이란 무엇인가'에 대한 답을 찾기 위한 작업이다.

시대 나누기

역사는 몇 가지로 구분된 몇 개의 시대로 이해된다. 하나의 시대는 다른 시대와 현격한 차이를 보이며, 같은 시대 안의 사건들은 어느 정도 유사한 성격을 띠게 된다. 그러나 실제의 역사와 시간은 그처럼 단절되는 것이 아니라 연속적이기 때문에 시대를 구분한다는 것은 쉬운 작업이 아니다. 계속 흘러가는 시간과 사건들 가운데 어느 것이 다르고 어느 것이 유사한 것인지를 구분하는 것은 극히 인위적인 작업이다. 여기에는 역사가가 역사를 보는 눈, 즉 역사관이 절대적인 기준으로 작용한다. 건축사의 경우에는 무엇을 건축으로 보는지, 그리고 건축의 변화란 무엇인지에 대한 건축관이 필수적인 기준으로 더해진다.

대부분 왕조의 변화, 다시 말해서 삼국-통일신라-고려-조선-근현대로 구분하여 역사를 서술하는 것이 일반적이다. 그러나 건축과 문화의 변화가 꼭 왕조의 교체와 일치하지 않는다는 반론도 만만치 않다. 예컨대 고려 말

01_ 르네상스 건축을 대표하는 영국의 건축가. 웅장하고 화려한 건축 양식을 추구한 팔라디오에게 영향을 받아 그리니치에 있는 퀸즈 하우스(1616)와 런던 화이트홀 궁의 연회장(1619) 등에 적용하였다.

02_ 이탈리아의 건축가. 고대 로마의 건축가 비트루비우스와 로마의 유적을 연구한 후, 고향에 돌아와 수많은 궁전과 저택을 설계하였다. 저서인 『건축사서』를 통해서도 근세건축 발전에 기여하였는데, 그의 건축 및 저서를 이상적인 규범으로 하는 17~18세기 고전주의 건축양식을 팔라디오주의라고 한다.

과 조선 초의 상황은 정치적인 변화만 있을 뿐 사상적·경제적 변화는 그다지 크지 않았고, 특히 문화예술계는 거의 변화 없이 자체적이고 점진적인 발전이 있었을 뿐이다. 그렇다고 해서 왕조 구분을 대신할 다른 구분법을 대안으로 삼기도 어렵다. 아직 한국건축사는 시대사적 연구가 부족하고 통사적 체계를 갖추지 못했기 때문이다.

유럽의 건축사는 일찍이 양식사적 체계를 갖추었기 때문에 국가나 왕조의 변화가 문제되지 않았다. 예컨대 르네상스 건축은 이탈리아의 경우 15세기부터 출현하지만, 영국의 경우는 17세기에 이르니고 존스Inigo Jones(1573~1652)[01]가 이탈리아의 안드레아 팔라디오Andrea Palladio(1508~1580)[02]를 재해석하고 나서야 본격화됐다.

양식사적 관점에서 2세기의 시간 차는 문제가 되지 않는다. 시간의 변화보다는 예술적 형식에 기준을 두었기 때문이다. 양식사적 구분은 예술의 자율적 변화와 운동에 주목했기 때문에 예술사 서술의 강력한 도구가 될 수 있었다. 한국건축사를 양식사적으로 구분하고 해석하려는 시도도 있었다. 그러나 '양식'의 개념을 기껏 건물 뼈대의 구조 형식이나 일부 부재의 형식에 국한시켰기 때문에 주심포柱心包[03]·다포多包·익공翼工양식[04] 정도만 구분할 수 있었다.

양식사적 시대구분이란 적어도 한 시대를 설명할 수 있는 포괄적이고도 핵심적인 개념을 담아야 한다. 아직은 그 수준의 '양식' 개념이 성립되지 못했다. 그리고 양식사가 갖는 추상화와 일반화 경향 때문에 방법론으로서의 효용이 떨어지고 있다.

그럼에도 불구하고, 사회적 변화보다 건축 자체의 변화를 기준으로 삼는 양식사적 태도는 여전히 유효하다. 2,000년에 걸친 장구한 한국건축의 역사는 어떻게 해서든지 몇 개의 시대적 카테고리로 구분해보아야 전체의 흐름을 이해할 수 있기 때문에 시대 구분은 필수적이다.

왕조사는 적절치 않고 그렇다고 포괄적인 양식사도 정립되지 못했다면, 건축 내부의 변화와 차이를 감지해서 건축사를 재구성하는 방법을 택할 수밖

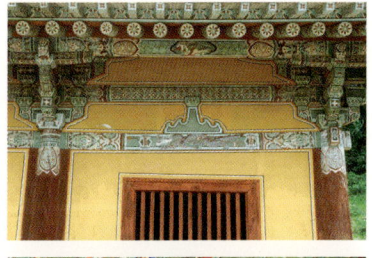

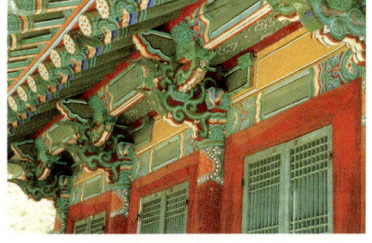

↗ **주심포형식의 예** 봉정사 극락전.
↘ **익공형식의 예** 봉정사 고금당.

03_ 기둥 상부에만 사각제의 주두를 올려 놓고 그 위에 공포를 짜 올라가는 난순한 형식을 일컫는다.

04_ 처마 끝의 무게를 받치기 위해 기둥 위에 짜 맞추어 댄 나무쪽들을 통틀어 공 포라 한다. 이때 중심 기둥에서 보를 받치 거나 괸 모양의 부재를 살미라 하며, 그중 에서도 살미가 새 날개 모양의 익공 형태 로 만들어진 공포 양식을 말한다.

에 없다. 그런 점에서 건축이, 더 나아가 한국문화 전체가 맞이했던 몇 번의 전환기들은 매우 중요한 시기들이다.

여러 차례의 전환기들

고조선이나 삼국시대의 건축은 기록도 유물도 충분치 않아서 논외로 친다면, 신라의 삼국 통일이 최초의 중요한 전환기가 될 것이다. 삼국 통일이란 정치적·군사적 통일일 뿐 아니라, 몇 개의 부분 문화로 유지돼왔던 문화권들이 하나의 단일 민족문화로 통합된 문화적 통일이었다.

신라를 중심으로 통합된 백제와 고구려의 건축술은 통일 직후부터 통합의 양상을 드러내더니, 8세기를 최고의 전성기로 맞아 불국사와 석굴암으로 대표되는 빛나는 건축들을 이루어냈다. 또한 이 시기는 성당盛唐문화라는 국제문화가 꽃을 피웠던 동아시아 최초의 국제주의 시대였다.

신라 말에 유입되어 번창한 선불교는 교종 중심의 논리성과 정교함으로 일관했던 건축계에 일대 충격을 던졌다. 형식과 규범을 거부하고 탈피했던 선불교의 인식론은 더욱 자유롭고 개성적인, 어떤 의미에서는 더욱 한국적인 건축을 형성해나갔다. 이 낭만적 정신은 고려 건축에도 그대로 전수되어 정통적인 형식주의와 함께 두 개의 거대한 줄기를 이루면서 건축문화를 주도해나갔다.

몽골의 침략과 원元의 지배는 또 하나의 충격이었다. 이제까지 겪어보지 못했던 식민 상태로 전락한 고려사회는 국가적 비전도 사회적 통제력도 잃어버린 극도의 혼란기였다. 여기에 세계 제국 원을 통해서 유입된 국제적 문화들은 새로운 유행을 만들었다. 남송南宋이라는 한정된 수입 창구를 벗어나 중국 각지의 다양한 건축술이 유입됨으로써, 한국건축의 선택 폭은 한층 넓어졌다. 그러나 외래문화의 홍수 속에서 자칫하면 사라져버릴 뻔한 민족문화가 다시 가닥을 잡은 것은 공민왕대의 과감한 반식민 투쟁과 사회개혁 때문이었다.

고려 말에 유입된 외래문화가 주체적으로 수용되어 다시 한국문화의 동

64 _ **김봉렬의 한국건축 이야기** 시대를 담는 그릇

력으로 피어난 것은 조선시대 세종과 성종 때였다. 정치적 안정과 경제적 풍요의 15세기는 모든 문화와 예술이 일시에 최고의 독창성을 구가하던 시기였다. 서울의 숭례문이나 무위사 극락전의 예와 같이 건축은 안정되고 당당한 형태와 구조를 가질 수 있었다.

그러나 2세기 후에 예고 없이 일방적으로 당했던 임진왜란은 민족문화의 지층을 단절시키는 최대의 비극이었다. 불과 7년의 전란 기간 동안 농경지의 절반 이상이 황폐화되었고 대부분의 사찰과 향교, 궁궐들이 불에 타거나 훼손되었다.

그러나 더 큰 문제는 건축이 생존할 경제·사회적 환경이 파괴된 점이었다. 전란 후 가장 시급한 문제는 거처를 마련하고 생존을 해결할 일차적인 경제활동이었다. 건축의 질이나 문화적 풍요는 먼 태평성대의 꿈일 뿐이었다. 수도 한양을 완전 복구하는 데만도 무려 100년이 소요되는 마당에, 지방의 사찰이나 공공건축은 임시방편적인 가설 건물을 세우기에도 허덕이는 실정이었다. 1세기에 달하는 건축 활동의 질적 공백은 기존 건축기술의 맥을 단절시키기에 충분한 기간이었다. 설상가상으로 두 차례의 호란을 거치면서 조선 사회는 반청反淸의식에 휩싸였고, 쇄국정책으로 외부 문화의 유입이 차단된 상태에서 건축의 근본적인 변화와 발전을 기대할 수 없었다.

이 절망적 상황에서 겨우 탈출할 수 있었던 것은 18세기에 와서다. 영정조 르네상스로 불리는 이 시기에는 비교적 안정된 정치적 상황과 누적된 사회적 생산력이 바탕이 됐고, 새롭게 등장한 실학의 실사구시적 정신은 건축 발전의 새로운 전기를 마련해주었다. 제한적으로나마 중국의 문물을 수입할 수 있었고, 이를 주체적으로 수용할 수 있는 문화 역량이 축적되어 새로운 건축의 가능성을 활짝 열게 되었다. 수원화성으로 대표되는 독창적인 디자인 역량과 견고한 시공 기술들을 그 예로 들 수 있다.

지속되는 위기들

그러나 희망의 시대는 길지 않았다. 곧이어 등장한 세도정치와 보수 세력들의 통치는 민족문화의 방향을 거꾸로 돌려놓았고, 오래지 않아 강제적인 개화와 반동적인 수구의 대립이라는 질곡으로 떨어지고 말았다. 급기야 일제의 침략과 식민지 경영은 건축계에서조차 한국민들의 주도적 역할이 불가능한 민족 건축 부재不在의 공황으로 밀어 넣었다.

일제가 근대건축의 문을 열어주었다는 주장은 아무리 해도 수긍할 수 없다. 그들은 한국의 건축가를 키우지도 않았고, 기회를 주지도 않았다. 그들이 한반도에 이식한 근대건축이란 일본에서는 3류 건축에 불과했고, 아시아 대륙 경영의 전진기지 확보를 위한 임시방편적 건물들만을 지어놓았기 때문이다. 진정한 의미의 문화 이식은 있을 수도, 있지도 않았다. 해방 이후 일본풍의 건축들이 급격히 사라지고 일제하에서 교육받은 건축 기술자들이 한때 주도적인 역할을 하기도 했지만, 곧 새로운 세대에게 주도권을 넘길 수밖에 없었던 현상을 보아도 일제 건축의 영향은 거의 없었다고 단언할 수 있다.

해방 이후 본격적으로 수입된 서구 건축과 문화의 수용 문제, 그리고 상대적인 전통문화의 보존과 계승의 문제는 꺼지지 않는 논쟁과 갈등의 불씨였다. 모더니즘이 본격적으로 수용된 1960년대는 물론, 1990년대 세계화 정책에 맞추어 성행한 유럽 건축사조의 범람 속에서도 갈등은 그치지 않았다. '외래문화 대 전통문화'라는 이분법적 사고의 틀을 극복하지 못하는 한 세계 건축의 첨단 흐름에 편입하지도, 이른바 한국 건축의 독자성을 이룩하지도 못한 채 끝없는 방황과 소모적 좌절에 빠질 것이다.

다음의 글에서는 두 개의 건축물, 안압지와 마곡사탑을 통해서 신라 통일기와 몽골 강점기라는 격변했던 두 역사적 시기에 건축은 어떻게 대응했는가를 읽으려 한다. 마찬가지로 두 개의 건축물을 통해서 읽을 수 있는 역사의 교훈은 무엇인지, 그래서 현재의 경제적·정신적 위기에서 건축이 할 수 있는 일이란 무엇인지를 생각해보고자 한다.

통일의 기념 정원
안압지

약체국 신라의 삼국 통일

국력으로나 문화적으로 가장 후진국이었던 신라가 백제와 고구려를 멸망시키고 한반도 최초의 통합국가로 등장한 역사는 얼른 이해하기 어렵다. 불과한 세대 전만 해도 귀족들의 반란으로 왕권 유지조차 어려웠고, 백제의 공격으로 국토의 1/5을 빼앗겼던 허약한 나라가 아니었던가. 분열된 사회를 통합하고 실추된 왕의 권위를 높이기 위해 국가적인 사업으로 벌인 황룡사 9층탑 공사마저 기술과 재정의 부족으로 중단했다가 적국 백제의 도움으로 가까스로 완성한 후진국이 아니었던가.

무엇보다도 신라는 철저한 군국주의 국가였다. 그럴듯하게 미화된 화랑제도는 어린 소년들을 모아서 폐쇄된 집단을 만들고 온갖 세뇌교육과 훈련을 통해 전쟁터의 독전대로 사용하기 위한 군사조직이었다. 통일전쟁의 영웅 김유신은 망해버린 가야 왕족이었다. 그는 가문의 부흥을 위해 기꺼이 전쟁의 최전선에 나섰고, 신라 정부는 그에게 군사 대권은 물론 정치적 대권까지 일임했다. 따라서 일일이 정치권의 결정에 따라야 했던 경쟁국에 비해 신속하고 효율적으로 군사력을 활용할 수 있었다. 또 다른 영웅 김춘추는 약체 선덕여왕의 후견인을 자처하며 차기 왕권을 노리는 한편 고구려, 백제, 당나라에 걸친 국제적인 스파이망을 사적으로 운용하고 있었다. 정보와 군대와 정치가 일체화된 군국국가의 전형이었다.

신라의 통일에 대한 염원은 결코 민족의 통합이나 번영을 위한 숭고한

▷ **안압지 전경** 곡선과 직선, 자연과 인공의 통합적인 조화가 엿보인다.

이상이 아니었다. 당시에는 한민족의 개념이 확고하지도 않았고, 단일민족 다국가의 현실은 당연한 현상이었다. 신라는 대륙으로부터 격리되어 이민족의 침략을 당하지 않아 분열 국가의 서러움을 경험하지도 못했다. 단지 약체국 신라가 생존해나가기 위해서는 우선 백제를 정복해야 했고, 더 나아가 고구려도 없애야 했다. 그래서 체제를 군사국가로 재편하는 한편, 유학승들을 파견해 통일을 원리로 삼는 새로운 화엄학을 수입하기도 했다. 통일전쟁에 사상적 명분을 제공하기 위함이었다.

안압지 조성의 의미

660년 백제 정복으로 기세를 올린 무열왕 김춘추의 대를 이어 아들인 문무왕은 668년 드디어 고구려 정복에 성공한다. 그렇다고 통일을 완성한 것은 아니었다. 동맹군으로 믿었던 당나라군이 한반도 정벌의 야욕을 드러내, 이제는 당과의 전쟁이 시작된 것이다. 대당 전쟁은 676년에 가서야 당군의 철수로 겨우 마무리된다. 그러나 신라 최대의 적은 늘 생존을 위협하던 백제였다. 백제의 멸망, 게다가 그 후견국 고구려의 멸망만으로도 신라는 한 세기 동안 불안에 떨어야 했던 국가적 위기에서 벗어날 수 있었다. 당군의 위협은 경주와 신라 영토에 대한 직접적 위협은 아니었다. 이 국가적 승리를 기념할 사업과 행사가 필요했다.

그래서 아직 대당 전쟁이 끝나지도 않은 674년, 왕궁인 반월성半月城 옆에 안압지를 만들고 전승 기념잔치를 대대적으로 벌였다. 전쟁이 완전히 끝난 뒤인 679년에는 안압지 경내에 동궁東宮을 건설해 왕경 정비의 시발점으로 삼았다.[05] 전승에 대한 자축과 새로운 출발이 그만큼 시급했던 것이다.

16년간의 국제전을 치루면서 신라인들은 백제와 고구려뿐 아니라 최고 선진국 당의 왕궁과 도시를 샅샅이 구경할 수 있었다. 그리고 자신들의 문화적 미개성과 예술적 후진성을 절감했을 것이다. 새로 만들 안압지와 동궁이야말로 국제적 수준의 최고 건축과 정원으로 만들겠다고 다짐했다.

비록 신라 자체의 역량은 부족하지만, 패전국인 백제와 고구려가 가진 무한한 인적·물적 자원을 얼마든지 동원할 수 있지 않았던가. 오래 전부터 백제의 수도 부여에서는 궁궐 안에 못을 파고 산을 만들어 기이한 짐승과 화초를 길렀으며,[06] 왕궁과는 별도로 궁남지宮南池[07]를 만들어 왕족들의 뱃놀이장으로 즐겼다.[08] 백제의 조경술은 이미 국제적인 수준이어서, 일본까지 건너가 왕실의 정원을 만들어줄 정도였다.[09] 축적된 백제의 조경술과 뛰어난 기술의 장인들을 동원해 안압지를 조성했을 것이라고 쉽게 추측할 수 있다. 특히 백제의 궁남지는 못 안에 섬을 만든 것, 호수 옆에 태자를 위한 동궁을 세운 것, 왕실의 유흥처로 삼은 것 등의 공통점이 있어서 안압지의 모델이 되지 않

05_ 『경상북도지-상』, 경상북도, 1983, p.247.
06_ 『三國史記』, 「百濟本紀」, 辰斯王條.
07_ 사적 135호로 지정된 백제의 별궁別宮 연못. 충청남도 부여군 부여읍 동남리에 자리한 이 연못은 한국의 궁원지로서는 가장 오래되어, 백제의 정원을 연구하는 데 중요한 자료가 된다.
08_ 『三國史記』, 「百濟本紀」, 武王條.
09_ 『日本書紀』, 推古天皇條, 612년 백제의 노자공路子工이 궁실 남쪽에 수미산須彌山을 꾸미고 다리를 놓았다(고경희, 『안압지』, 대원사, 1989, p.11에서 재인용).

2 문화적 전환기의 건축 **안압지와 마곡사** _ 69

았나 생각된다.[10]

또 당의 수도 장안長安에는 궁궐 북쪽에 유흥용 이궁離宮인 대명궁大明宮[11]이 건설되었다. 대명궁 안에는 지형이 낮은 곳에 태액지太液池[12]라는 호수를 만들었고, 그 안에 봉래산蓬萊山을 세웠다. 호수 주위에는 누각과 누대, 정자, 회랑 등 다양한 건축물을 배치했다.[13] 발굴된 안압지와 동궁의 형상과 유사한 구성이었다. 634년에 만들어진 대명궁과 궁남지를 통해 궁원 조성사업이 당시의 국제적 유행이었음을 짐작할 수 있다. 과도한 군사비 지출로 인해 이 국제적 유행에 동승하지 못했던 신라 왕실은 언젠가 형편이 좋아지면 최고의 정원을 만들리라고 염원했고, 그 염원을 40년이 지난 후에야 이룰 수 있었다.

안압지는 단순히 왕실의 정원만은 아니었다. 이는 통일 전쟁의 승리를 자축하면서 승자의 위용을 내외에 과시했던 국가적 기념사업이었고, 백제의 조경가와 기술자들을 끌어와 만들었던 최대의 전리품이었으며, 변방의 약소국에서 벗어나 세계적인 국가로 발돋움하려는 신라의 다짐이었다. 그러나 안압지의 건축사적 의의는 더욱 깊고 중요하다. 안압지야말로 삼국으로 나뉘어 발전해왔던 기술과 예술이 하나로 결합된 문화적 통일의 상징물이며, 비로소 한국건축과 미학의 원형이 형성되기 시작한 최초의 예이기 때문이다.

신라 때의 월지와 월지궁

안압지라는 이름은 조선시대에 붙여졌다. 원래의 호수와 건물지는 다 허물어지고, 갈대와 부평초만이 무성한 늪지에 기러기와 오리들이 떼 지어 노니는 곳이었다. 1975년 본격적인 발굴작업이 시작되기 전까지만 해도 이곳은 흔한 연못의 하나로만 여겨져왔다. 그러나 발굴 결과 30,000점에 달하는 신라시대의 유물과 26개소의 궁궐 건물터 등이 출토되어 『삼국사기』에 기록된 '궁원지'와 동궁인 '태자궁'이 바로 이곳임을 확인했다.[14] 안압지의 원래 이름은 '월지'月池, 동궁의 이름은 '월지궁'月池宮이었을 것으로 추정된다.[15]

10_ 고경희, 『안압지』, 대원사, 1989, p.11.
11_ 중국 당唐나라 최대 황궁. 당 태종이 아버지를 위해 지은 이궁으로, 현재는 유적만이 남아 있다.
12_ 대명궁 안에 있는 연못. 이곳에 피어 있는 연꽃의 아름다움에 취해 모두들 넋을 잃고 바라보자, 당 현종이 연꽃의 아름다움도 양귀비에 비할 바가 못 된다 하여 양귀비에 대한 지극한 사랑을 표현했다고 한다.
13_ 劉敦楨, 『中國古代建築史』, 中國建築工業出版社, 1984, p.120.
14_ 『안압지』, 문화재관리국, 1978.
15_ 고경희, 앞의 책, pp.16-17.

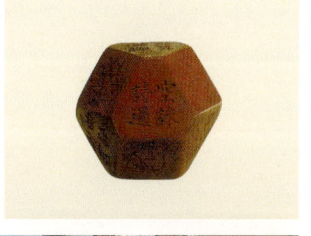

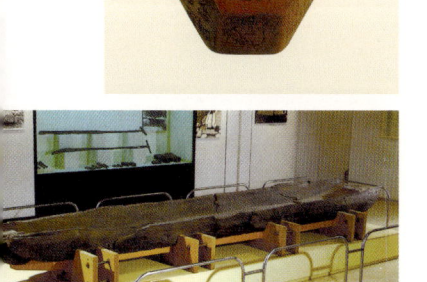

↗ **안압지에서 출토된 주사위** 국립경주
박물관 소장.
↘ **안압지에서 출토된 놀이용 배** 국립
경주박물관 소장.

발굴조사 결과를 토대로 하여 1980년에 복원 정화사업이 벌어졌다. 1980년대 문화재 복원사업으로는 가장 성공한 예 가운데 하나다. 비록 3개소의 건물들을 추정 복원해 세우기는 했지만 그다지 어색하지 않고, 호수 건너편의 인공 가산假山들도 무리 없이 복원되었다. 성공의 비결은 철저한 조사와 연구에 있었다. 문화재관리국의 전문가들이 총동원되어 세심한 발굴과 조사가 이루어졌고, 학자들의 복원적 연구가 선행됐다. 특히 호수 바닥에서 벌에 묻힌 채 발굴된 몇 편의 신라시대 건축부재들은 복원 연구에 커다란 도움이 되었다. 2000년대에 들어서는, 이곳에 은은한 야간 조명을 설치하여 경주의 야경을 대표하는 곳이 되었다.

무엇보다도 안압지 복원의 성공은 최소한의 복원에 그친다는 미덕을 지킨 점에 기인한다. 26개소의 건물터들을 욕심내서 복원하지 않았고, 건물터와 초석의 위치만 표시했다. 건너편 호안湖岸과 동산들의 굴곡 역시, 발굴 결과 드러난 유구를 토대로 가장 잘 어울릴듯한 형상을 몇 번이고 다시 실험해본 결과다. 당시로서는 드물게도 대형 모형을 제작해서 복원 결과를 검증하기도 했다. 철저한 조사와 연구, 노력만 기울인다면 한국의 문화재 보존기술도 상당한 가능성이 있다.

여기서 발굴된 성과는 비단 건축과 조경 분야에만 국한된 것은 아니었다. 고대의 유물이란 거의 전부 무덤에서 출토된 것들이고, 그것들이 실제 생활에 쓰였던 것인지 불분명하기 때문에 부장품들을 토대로 당시의 생활을 유추하기에는 어려움이 많았다. 예를 들어 신라와 가야의 무덤을 파면 으레 나오는 무수한 토기들은 사용하던 그릇을 묻은 것이 아니라 부장용으로 별도 제작된 특수 용기들이었다.

그러나 안압지에서 출토된 유물들은 모두 일상생활 용품이 호수에 빠진 것을 건진 경우라서 생생한 당대의 물증이 되었다. 그릇과 액세서리들, 놀이기구들, 심지어는 한국 최고最古의 놀이용 배까지도. 수많은 신라시대의 기왓장도 건져졌고 무엇보다 소중한 것은 불에 타다 남은 난간 공포부재, 서까래 등의 발견이었다. 신라시대 목조건축의 잔재로는 아직까지 유일한 것

들이다. 이를 토대로 당시 건물들의 형상과 구조법을 일부나마 추정할 수 있었다.[16]

안압지와 동궁은 신라의 융성은 물론, 멸망과도 운명을 같이했다. 동궁이 통일 직후 만들어진 최초의 건축이었다면, 멸망 직후에 불에 타고 파괴된 첫번째 건물이기도 했다. 신라의 마지막 임금 경순왕은 고려 태조 왕건을 임해전臨海殿(동궁의 정전)에 초청하고 극진한 잔치를 베풀었다.[17] 망해가는 국가와 추락된 왕권을 일으켜 세우기 위한 마지막 애걸이었다. 고려시대 기록에는 안압지에 대한 내용이 전혀 등장하지 않는다. 출토된 유물도 고려시대 것은 없다. 고려의 점령군들이 구舊 왕국의 상징들을 가만히 두지 않았기 때문이다. 출토된 유물들은 왕궁 시절에 빠뜨린 것도 있지만, 불상류나 귀금속들은 안압지가 초토화되기 직전 보존을 위해 호수에 던져진 것들이다.

16_ 김동현, 「안압지 출토 목조건축부재에 대하여」, 『장기인선생 회갑기념논문집』, 1976, pp.115-125 참조.
17_ 『三國史記』, 「新羅本紀」, 敬順王條.

안압지,
극단적인 것들의 통합 정신

인공과 자연, 직선과 곡선의 대비

서쪽에 있는 반월성에 신라의 정궁이 있었다. 왕궁의 동쪽에 동궁마마를 위한 태자궁을 지었고, 안압지는 완벽하게 인공적으로 만든 왕실의 정원이었다. 반월성이나 안압지가 자리잡은 곳은 넓게 전개된 경주평야의 중심부다. 평평한 평야에 토성을 쌓은 곳이 반월성, 땅을 파내어 물을 끌어들이고 그 파낸 흙으로 가산을 만들고 섬을 쌓은 곳이 안압지다. 동궁은 호수 서쪽에 바로 연결된 건물터들이다.

호수는 특정한 형상이 없고, 굳이 비유한다면 권총 모양을 닮았다. 서쪽과 동쪽 호안湖岸의 구성이 무척 대조적이다. 서쪽 호안은 높이 6m 가량의 석축을 끊어진 몇 개의 직선으로 쌓았다. 자칫 단조로워질 수 있는 석축들에 5개의 크고 작은 건물대들이 돌출하여 변화를 이룬다. 그러나 여전히 직선적 조형들의 집합체다.

반면 동쪽 호안은 전체 형상을 알 수 없을 정도로 복잡한 곡선들로 이루어졌다. 두 개의 반도半島를 만들고 세 개의 섬을 쌓았다. 반도와 섬들은 크기도 모양도 제각각이다. 육지 쪽으로는 크고 작은 굴곡의 인공 산들을 만들어 갖가지 화초와 나무를 심었다. 호수의 넓이는 4,700여 평으로 축구장상 2개가 들어갈 정도지만, 이처럼 다양한 변화와 대비 때문에 실제보다는 훨씬 넓어 보인다. 공간의 스케일이란 지극히 상대적인 것으로 디자인 여부에 따라 크게 달라지기 때문이다.

2 문화적 전환기의 건축 **안압지와 마곡사** _ 73

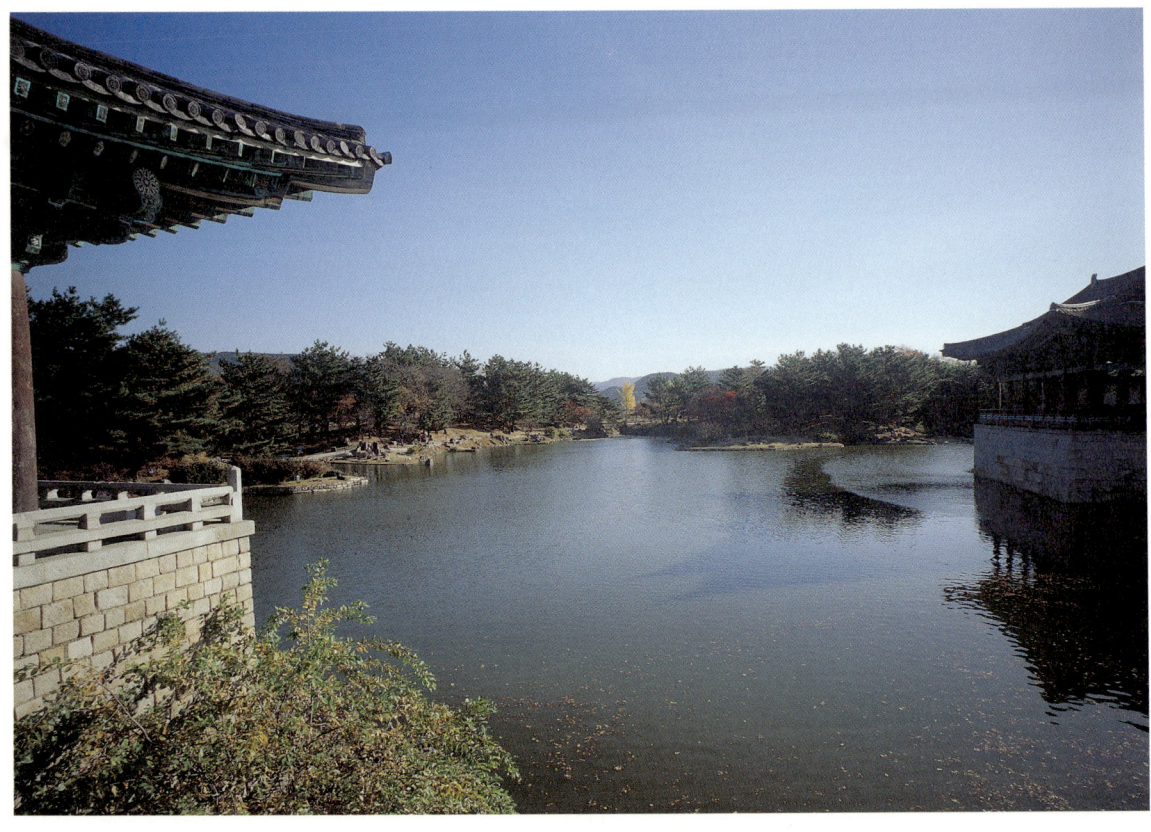

╲ **무산 12봉** 동궁터에서 건너편의 무
산 12봉을 바라본 전경. 차안此岸과 피안
彼岸 사이에 놓인 호수는 바다와 같다.

　　못 안에 있는 3개의 섬은 중국 전래의 삼선도三仙島를[18] 상징하는 것이
며, 동쪽 호안의 인공 가산들은 역시 선녀가 산다는 무산巫山 12봉[19]을 상징한
것으로 알려져왔다. 인공적으로 만들어진 서편의 정자와 누대에 앉아 동쪽
신선들의 자연경관─물론 인공적으로 만들어진 것이지만─을 즐기려는 구상
이었다. 그러다 때로는 호수에 내려와 뱃놀이를 즐기기도 했고, 나들이에 좋
은 날이면 동쪽 호안을 따라 산책도 즐겼으리라.

　　동쪽 호안을 따라 거닐면서 서쪽의 건물군을 보면, 예상치 못했던 다양
한 경관들이 연속된다. 어느 때는 망망한 바다 같고, 어느 때는 기다란 강가
에 선 것 같다. 또 어느 곳은 깊은 산속 같다. 곡선의 드나듦으로 호안을 만들
고 그 앞을 크고 작은 섬으로 차단하면서, 동시에 굴곡을 주어 오르내리도록
했기 때문에 얻어지는 입체적인 시각효과들이다.

18_ 삼선도三仙島란 중국 발해만 동쪽에
있다고 믿었던 3개의 섬으로 영주瀛州, 봉
래蓬萊, 방장方丈의 세 섬이다. 예부터 신
선이 사는 섬이자 도교의 성지로 인식돼
왔으며, 불로장생不老長生을 꿈꾸던 진시
황이 난지궁의 연못에 삼선도를 만들어
즐겼다는 기록도 있다.

19_ 『東京雜記』. 무산 12봉巫山十二峯이란
중국 전국시대 초나라 양왕이 꿈속에서
선녀와 노닌 고사에서 유래. 이후 도교의
이상향으로 여겨졌다. 실제 무산 12봉은
양쯔강 상류의 명승지 삼협三峽에 있는
12개의 바위 봉우리들이다.

74 _ 김봉렬의 한국건축 이야기 시대를 담는 그릇

반면, 서쪽 호안의 건물지들을 따라 걸으면 전혀 다른 체험을 하게 된다. 건물과 건물 사이는 모두 기다란 회랑으로 연결됐었으며, 항상 인공적인 실내에 있도록 계획됐다. 공간들은 직선적이지만 역시 변화가 무쌍하여 지루하지는 않았을 것이다. 이곳에서 동쪽의 호수와 동산들을 바라보면, 그곳은 항상 피안의 다가가기 어려운 곳으로 느껴진다. 하나의 이상향과도 같이. 바라보는 그 자체만으로도 자신은 벌써 신선이 된 기분이다.

극단의 통합, 한국예술의 정신

이처럼 하나의 크지 않은 호수를 사이에 두고 극단적인 구성을 한 예는 찾아보기 어렵다. 백제 궁남지는 전모가 밝혀지지 않아 뭐라 말하기 어렵지만, 중국 장안의 대명궁과 태액지의 조형원리는 전혀 다르다. 대명궁 역시 태자궁과 그 정원으로 이루어진 구성이지만 규칙적이고 직선적인 태장궁은 남쪽에, 자연 곡선들로 이루어진 호수는 북쪽에 각각 분리되어 있다. 대명궁의 전통을 이어받은 베이징의 이화원頤和園[20] 역시 호수와 건물들은 따로 존재한다. 또 호수의 스케일이 너무나 커서 건너편의 형상을 전혀 인식할 수 없다. 중국의 왕궁지에는 부분적인 놀라움들만 존재하지만, 안압지에는 변화무쌍한 부분들과 함께 그것들이 대조되고 어우러지는 통합적인 전체성이 존재한다.

삼국 통일의 진정한 의미는 바로 이것인지도 모른다. 극단의 통합. 직선과 곡선, 인공과 자연, 남성과 여성, 육지와 물, 건축과 조경의 통합적 전체 이루기. 이 모든 조형적 통일은 갈가리 나뉘어 있었던 삼국의 미의식이 통합된 결과다. 우아하고도 섬세한 백제의 예술과 공예적 전통, 호방하고 스케일이 큰 고구려의 역동성, 그리고 다소 설익었지만 규범적인 에너지에 충만한 신라의 정신. 세 나라의 예술과 문화에서 좋은 것들만 골라서 이루어진 성공적인 통합체가 바로 안압지였다. 그리고 그 통합의 정신은 전성기 신라의 중요한 예술정신이 되었다.

통합의 정신은 한 세기 후에 나타난 불국사에서 절정의 꽃을 피웠다. 여

20_ 중국 베이징 서쪽 교외에 있는 공원. 명나라 중기에 지어졌으며, 청나라 말기 서태후의 별궁이었다는 점과 인공호인 곤명호로 유명하다. 거대한 스케일과 화려한 건물과 정원, 가산 등이 조성되어 있어 중국 조경의 극치를 보여준다.

2 문화적 전환기의 건축 **안압지와 마곡사** _ 75

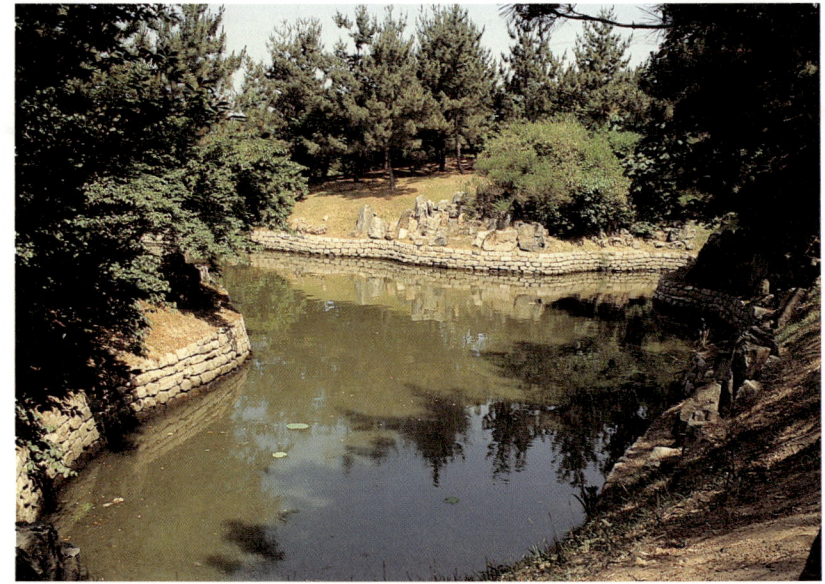

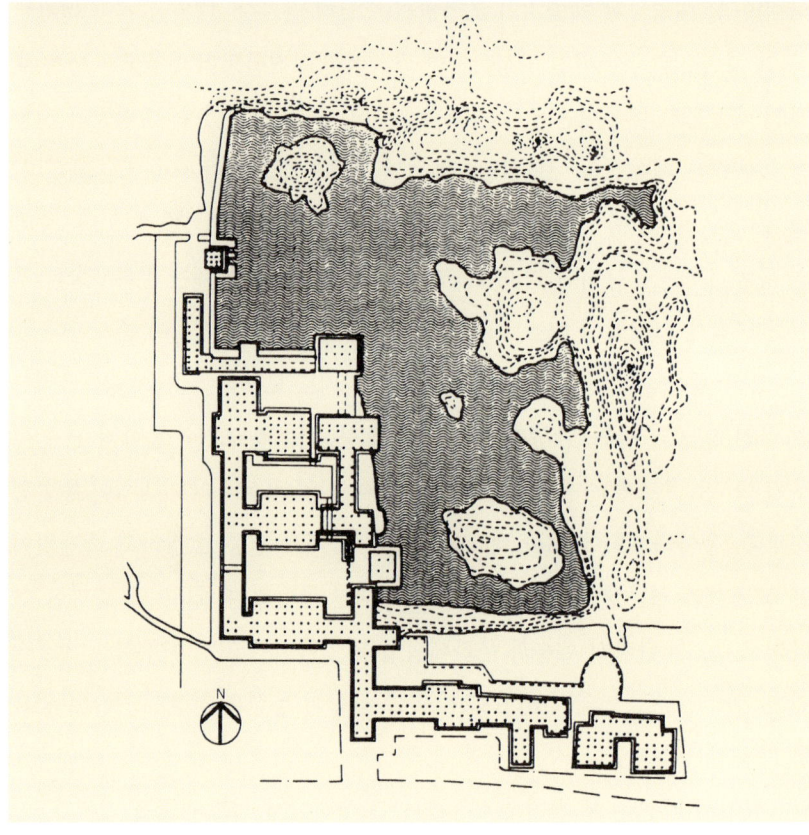

◥ **안압지 동쪽 호안 전경** 안압지의 동쪽 호안을 따라 걸으면 어떤 때는 시작과 끝이 없는 연못 같다.
◣ **안압지 복원정비 평면도** 김봉렬 도면.

76 _ **김봉렬의 한국건축 이야기** 시대를 담는 그릇

러 영역으로 나누어진 건물군의 기하학적 통합, 그리고 무엇보다도 석가탑과 다보탑의 극단적 대비와 통합성. 한국예술과 문화에 일관된 정신은 나누기보다 합하기였고, 종파성보다는 전체성과 통합성을 우위에 두어왔다. 안압지는 그 최초의 건축이다.

동궁의 규범과 자유

안압지는 왕궁의 유흥장인 동시에 왕세자가 거처했던 태자궁이기도 했다. 호수의 서쪽과 남쪽에서 발굴된 건물터들은 몇 개의 큰 건물들과 그들을 연결하면서 호숫가를 둘러쌌던 회랑터들이다. 고대 중국의 예법에 태자궁은 정궁의 동쪽에 두어야 한다고 규정했다. 반월성이 왕이 거처하는 정궁이며, 태자궁은 반월성의 동쪽에 있다. '동궁마마' 라는 호칭은 태자궁의 위치 때문에 붙여진 명칭이다. 거처의 위치로 사람을 호칭하기도 했다. 예를 들어 은밀한 곳에 사는 '후궁마마', 운현궁에서 섭정했던 '운현궁대감', 별당에 살았던

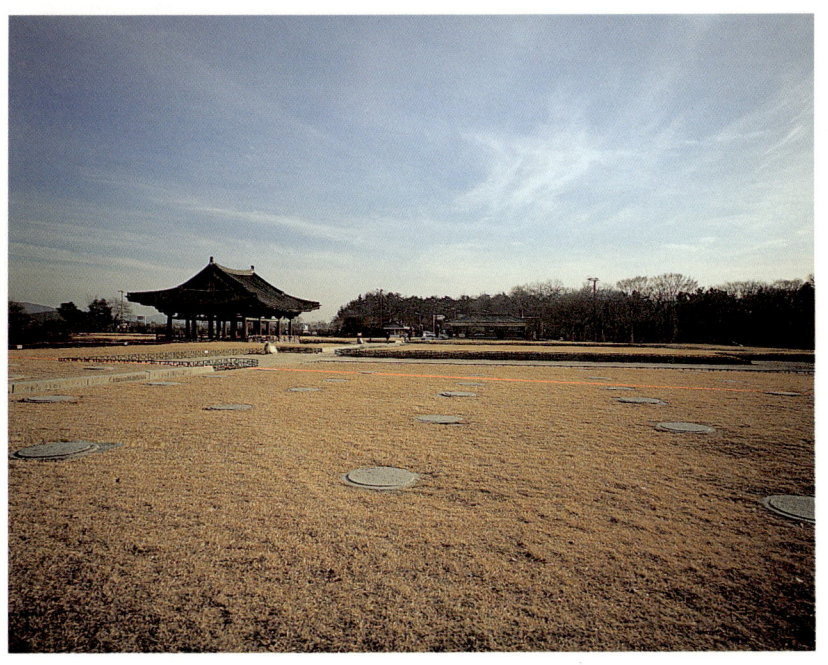

↗ **동궁터의 중심축에 서서** 중심축의 남쪽 끝은 반월성에 맞추어져 있다. 멀리 보이는 산이 바로 반월성이다.

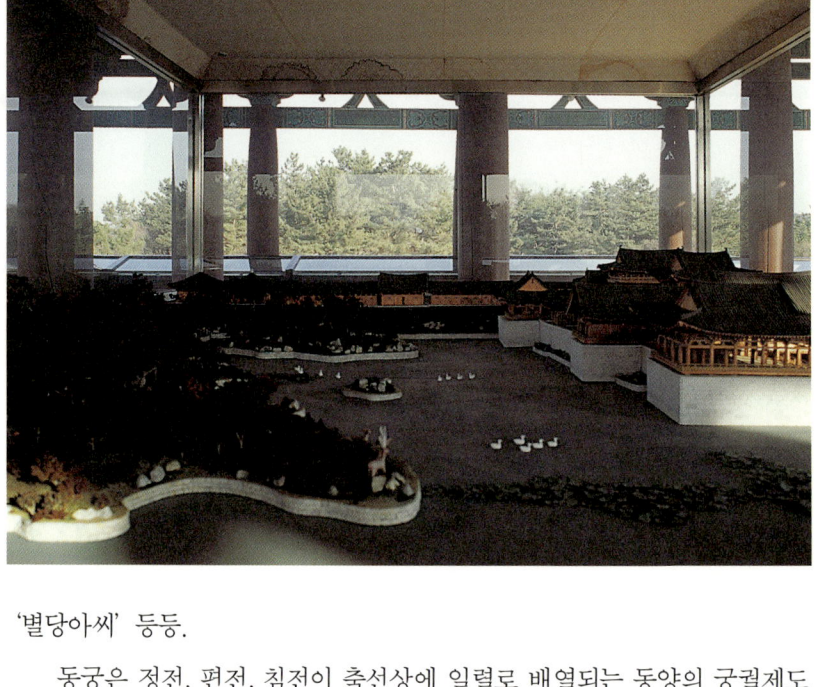

↖ **안압지와 동궁의 복원 모형**　복원된 건물 안에 설치된 모형. 김동현 설계, 기흥성 제작.

'별당아씨' 등등.

동궁은 정전, 편전, 침전이 축선상에 일렬로 배열되는 동양의 궁궐제도를 따랐던 것으로 보인다. 3개의 큰 건물터 가운데 하나가 정전인 임해전臨海殿. '바다에 면한 궁전'이라니 안압지를 경주에서는 볼 수 없는 커다란 인공 바다로 생각했음을 보여준다.

동궁의 중심축은 아무렇게나 위치를 잡은 것이 아니다. 북쪽 멀리는 소금강산의 한 봉우리를 향하고 있고, 가깝게는 안압지 안의 한 섬으로 이어진다. 남쪽으로는 당연히 반월성을 향한다. 비록 안압지보다 5년 늦게 건설된 궁전이지만, 그래서 안압지의 생김새에 따라 호숫가의 회랑과 건물들이 변형되기는 했지만, 왕궁은 왕궁이다. 왕궁이 갖추어야 할 제도와 규범과 위엄은 나름대로 갖추어진 것이다.

그러나 중국적 규범은 왕궁의 핵심부에만 적용되었다. 나머지 부분은 극히 자연스럽게 호수와 어우러지면서 유기적으로 배치됐다. 여기에는 일절의 규범 없이 호수와 건너편 동산을 바라보는 경관에 따라 꼭 있어야 할 곳에 있어야 할 크기로 건물들을 배열했다. 흔적들만 있어서 단언하기는 어렵지만,

호수로 돌출된 5개의 건물들은 정자와 누대樓臺 형식으로 지어졌던 것 같다. 모두 바깥의 경치를 내려다보기 위한 전망용 건축물들이다.

안압지에는 3동의 건물들이 추정 복원되어 있다. 안압지에서 출토된 첨차檐遮[21]와 난간부재들을 기준으로 삼고, 7세기 동아시아를 휩쓸었던 국제주의 양식인 당나라 건축의 예를 참조해서 설계한 것들이다. 기둥 사이에 촘촘히 세워진 人자형 부재라든지, 첨차들의 원형적 모습들이 현존하는 목조건물들과는 사뭇 다르다. 이것이 원래 신라 건축의 모습이었는지는 자신할 수 없지만, 한정된 정보들을 가지고 재구성해본 가설적 건축이라는 면에서 감상하기에는 크게 무리가 없다.

복원된 건물들 중 한 건물 안에는 안압지와 동궁을 복원한 대형 건축 모형이 자리잡고 있다. 김동현 선생의 복원 설계안에 따라 만들어진 이 모형은 이 시대 건축계의 기인 기흥성 선생의 작품이다.[22]

과학적 기술들

동궁의 건물터를 따라 지면에 기다랗게 묻혀 있는 배수로가 발견됐다. 긴 통돌을 움푹하게 파서 연결한 것들로 지붕에서 떨어지는 빗물들을 한데 모아 호수로 흘려보내는 시설이다. 돌과 돌 사이의 이음새는 매우 치밀해서 지금도 물이 새지 않는다. 배수로 중간 중간에는 타원형의 작은 욕조 같은 돌들이 놓여 있다. 흐르는 빗물의 찌꺼기가 고이도록 고안된 일종의 집수정이다. 호수로 흐르는 빗물을 정화하기 위한 장치이기도 하다.

연못의 바닥은 두께 50cm의 점토와 자갈을 섞어 강회다짐[23]하여 물이 밑으로 새지 않도록 했고, 그 위에 모래와 작고 까만 바다 자갈을 깔았다.[24] 안압지의 물은 이처럼 치밀한 공사 위에 담겨 있다. 발굴조사 때, 연못 바닥 한가운데서 한 변이 1.2m인 정방형 구조물이 발견됐다. 나무로 귀틀[耳機][25]을 짜서 상자를 만들고 그 안에 개펄 흙을 채운 구조물이다. 연꽃을 심었던 수중화단으로 추정하는데, 연뿌리가 호수 전체에 퍼져 뱃놀이와 감상에 장애가 되

21_ 공포를 이루는 기본적인 부재로, 기둥 머리나 소로 위에 얹어 위쪽 부재를 받치도록 하는 부재.
22_ 독립기념관, 올림픽경기장 등 웬만한 기념비적 건물의 모형은 기흥성의 손을 거치지 않은 것이 없다. 고故 김수근 선생의 제자이면서 충실한 모형 파트너이기도 했던 그는 국내 건축 모형계의 선두주자며 대부로 불린다. 제자들 대부분이 모형 업계에서 발군의 솜씨를 인정받고 있다.
23_ 건물을 지을 때 물이 새거나 바닥이 습해지지 않도록 석회, 황토, 자갈 등을 섞어 바닥을 다지는 작업.
24_ 『안압지』, 문화재관리국, p.93.
25_ 마루청을 놓기 전에 먼저 가로 세로로 짜 놓은 굵은 나무나 바닥의 주변에 있는 천장틀, 천장의 새막이틀 가운데 길게 된 부분 등을 일컫는다.

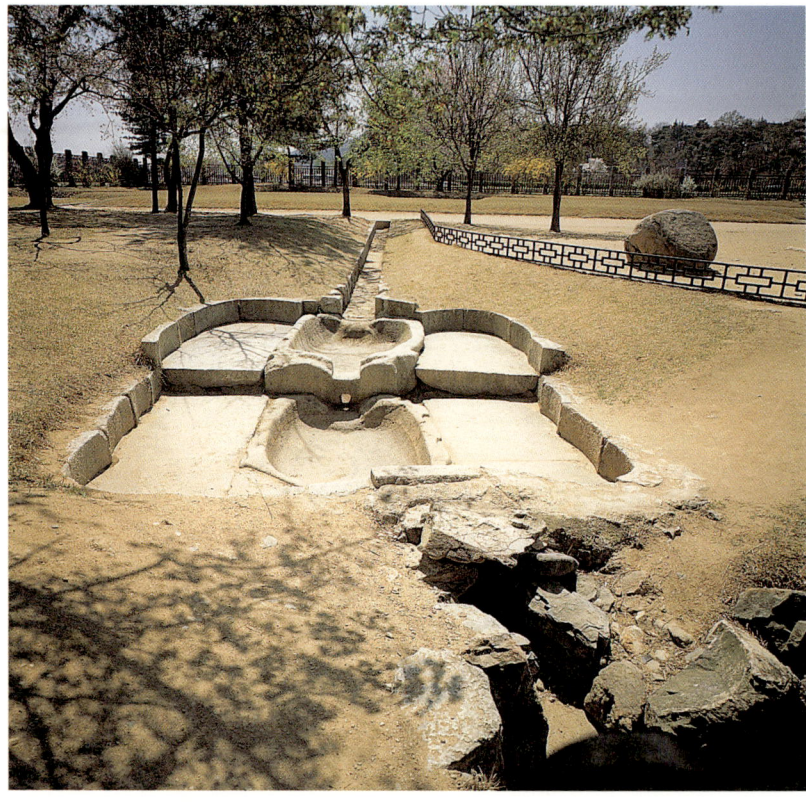

◣ **안압지 입수구의 수조** 입수구의 수조들은 매우 조각적이어서, 거북 모양을 음각한 것 같기도 하고 복숭아 모양을 본뜬 것 같이 육감적이기도 하다.

는 것을 막기 위한 것으로 보인다.

　　호수 안에 있는 3개의 인공 섬 가운데 가장 큰 것은 동남부에 있다. 호수로 물이 들어오는 입수구 앞을 막고 있어서, 흘러들어온 물이 섬의 한쪽을 타고 돌게 하는, 그래서 연못 전체에 물의 흐름을 만들어 물이 고여 썩는 것을 방지한다. 북서부에 있는 두번째 섬의 역할도 마찬가지다. 두번째 섬은 물이 빠져나가는 배수구 앞을 막고 있어서, 호수 전체의 물 흐름은 물론이고 배수 때에 물의 유압이 급속도로 상승하는 현상을 방지하기도 한다. 유체역학의 원리를 경험적으로 깨닫고 있었던 것이다. 수많은 인공 연못 조성의 경험이 없다면 깨닫기 어려운 과학적 지식이며, 조경술이 뛰어났던 백제의 기술자들 아니면 구사할 수 없었던 고등기술이었다.

　　세 섬의 크기는 각각 330평, 150평, 20평의 순이다. 가운데 놓였지만 제

80 _ **김봉렬의 한국건축 이야기** 시대를 담는 그릇

일 작은 섬은 바다 바위들을 집석해놓아 마치 호수 안에 솟아난 바윗돌 같아 보인다. 다른 두 섬에는 '아름다운 화초를 심고 진기한 새들과 작은 동물들을 길렀을'[26] 것이다.

물이 들어오는 입수구의 구조는 가히 예술적이다. 수로와 2개의 돌웅덩이(석조石槽), 작은 못, 3개의 판석 등 5단계로 변하는 구성이다. 물을 끌어들이는 수로에는 쓰레기들을 거르기 위해 철봉을 세웠던 작은 구멍이 있다. 이 석구를 통과한 물은 거북이 모양으로 움푹 새겨진 2개의 석조에 이른다. 아래 석조 주변에는 넓은 판석을 깔았는데, 그 경계석들의 모양은 마치 석굴암 홍예의 곡선들 같이 조각돼 있다. 아래 석조에 뚫려 있는 구멍에는 용이나 거북의 머리를 꽂아 장식했던 것으로 추정된다.[27]

석구를 넘쳐난 물은 다시 아래에 만들어진 작은 못에서 머물다가, 판석을 깔아놓은 수로를 타고 호수로 떨어진다. 판석들은 쭉쭉 내밀어 놓여서 작은 폭포들을 이루도록 계획됐고, 폭포수 밑이 파이지 않도록 바닥에 넓적한 돌을 까는 치밀함도 보였다. 입수되어 본호수에 들어올 때까지 거치는 물의 의례는 사뭇 복잡하다. 흐르고 머물고 맴돌고 부딪히고 폭포로 떨어지는 유체의 모든 형태가 짧은 입수구간에서 재현된 것이다.

국립경주박물관 안압지관

안압지와 월성과 더불어 삼각형의 한 꼭지점을 이루는 건너편에 국립경주박물관이 자리잡았다. 박물관 경내에는 4개의 주건물이 있는데, 본관은 고故 이희태 선생이, 안압지에서 출토된 유물만을 전시하는 안압지관은 고 김수근 선생이 설계했다. 안압지만큼 단일 유적지에서 다량의 유물이 발견된 예도 드물다. 백제 무령왕릉이 발견되고 거기서 나온 부장품들을 전시하기 위해 국립공주박물관이 세워진 예가 있지만, 국립공주박물관에는 공주 지역의 다른 유물들도 함께 전시하고 있다. 한 유적의 유물을 위해 별도의 건물을 세운 예는 안압지관이 유일하다.

26_ 『三國史記』, 「新羅本紀」, 文武王條.
27_ 고경희, 앞의 책, p.35.

2 문화적 전환기의 건축 안압지와 마곡사 _ 81

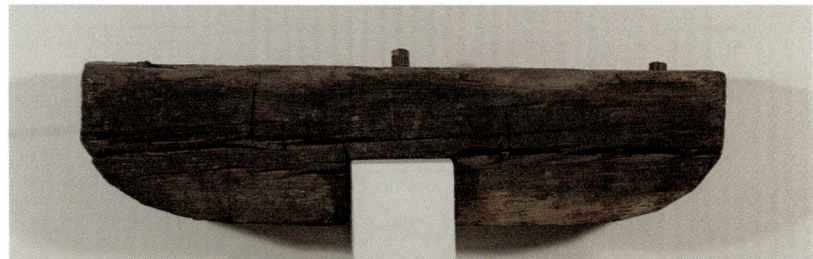

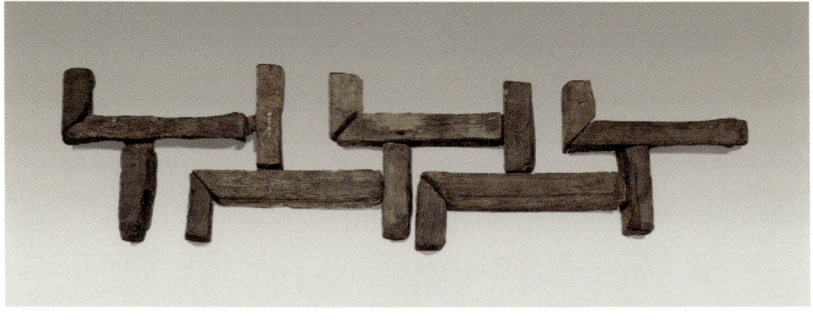

△ **목조첨차(위)와 난간(아래)** 국립경주박물관 안압지관에 전시된 안압지 출토 목조 건축부재. 국립경주박물관 소장.

건물 내부 공간도 공간사 작품답게 인상적이고 전시된 유물들도 놀라운 것들이다. 금속 도자와 토기뿐 아니라, 칠기 목제품까지 생생하게 전시되어 있다. 모두 연못 아래 개펄에 파묻혀 있었기 때문에 썩지 않을 수 있었다. 다량으로 출토된 금동 불상들은 동궁이 망할 때 궁궐 안의 내법당에서 호수에 던져버린 것들로 추정된다.

갖가지 생활용구는 물론 장신구, 심지어는 놀이기구까지도 발견됐다. 14면체로 정교하게 깎은 주사위는 술좌석에서 벌칙을 내리는 놀이기구로 보인다. 각 면에는 우스꽝스런 벌칙들이 새겨져 있다. 예를 들면, '소리 없이 춤추기', '여러 사람이 코 때리기', '얼굴을 간질여도 꼼짝 않기' 등. 신라 귀족들도 꽤나 짓궂었던 모양이다. 가장 오래된 나무배도 보존처리된 채 전시되어 있다.

그러나 역시 관심을 끄는 것은 출토된 건축부재들이다. 2m가량이나 되는 거대한 치미鴟尾[28]와 각종 기와들, 전돌들. 그리고 희귀하게 보존된 신라 목조건축의 첨차와 소로〔小累〕[29] 등 공포부재들, 난간부재들. 출토된 목조부재들이 워낙 소량이어서 전모를 알 수는 없지만, 같은 시기의 당나라 건축이

28_ 기와지붕의 용마루 끝에 올리는 장식용 기와. 새의 날개 또는 물고기 꼬리 모양을 하고 있다.
29_ 공포를 구성하는 네모난 나무쪽으로, 두공·첨차·제공·장여·화반 등의 사이에 틈틈이 끼운다.
30_ 목재의 길이 방향에 직각으로 자른 끝 면, 벽돌의 6면 중 가장 좁은 면, 긴 재료가 잘린 끝 면 등을 의미한다.

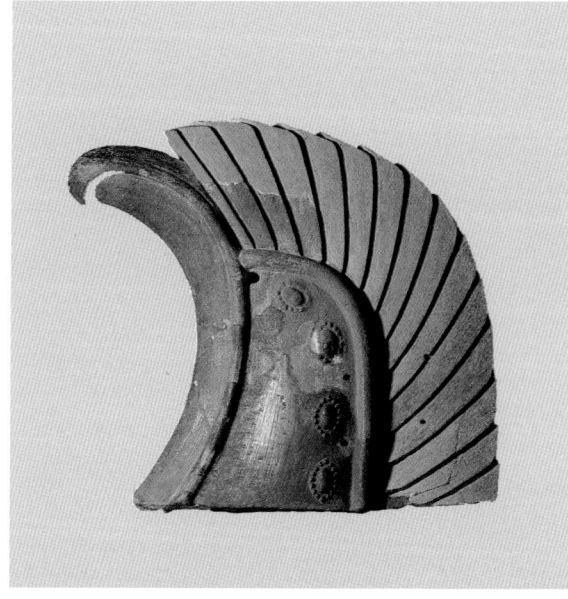 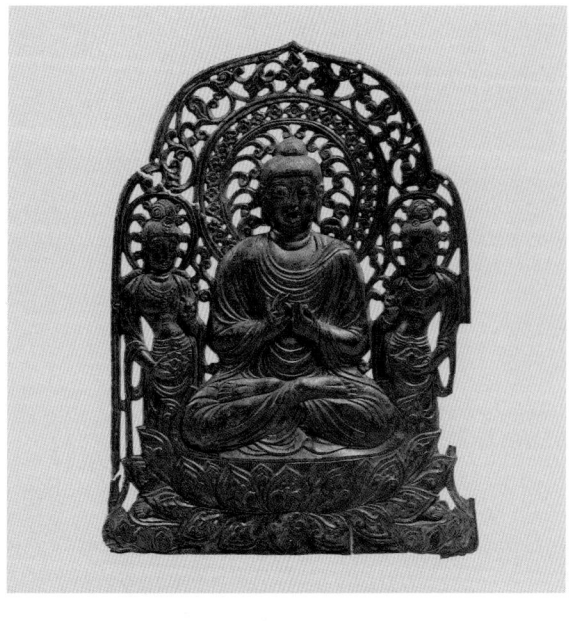

◸ **안압지 출토 치미**　국립경주박물관
소장.
◹ **안압지 출토 금동여래좌상**　국립경주
박물관 소장.

나 일본 건축과 큰 차이가 없었다는 점은 확인할 수 있다. 서까래들도 출토
됐는데, 서까래 마구리[30]에 금동으로 만든 원통을 씌웠던 것으로 드러났다.
또 도깨비 모양의 문고리들, 난간 위에 올렸던 연봉오리들, 각종 건축 장식
들이 모두 금동 제품이어서 최고로 호화로웠던 동궁의 건물들을 상상할 수
있게 한다.

2 문화적 전환기의 건축 **안압지와 마곡사** _ 83

원의 지배와 문화의 수입,
경천사 10층석탑

한 세기에 걸친 몽골의 지배

13세기 초부터 칭기즈칸의 몽골제국은 중국 북방은 물론, 유럽의 폴란드와 헝가리까지 정복을 감행했다. 이때는 고려 중기, 최씨 무신정권이 허수아비 왕을 내세워 독재정치를 행하고 있을 때였다. 몽골은 끊임없이 조공과 복속을 요구했고, 무신정권의 무모한 자존심은 몽골의 요구를 거부하여 고려와 몽골 사이에는 팽팽한 대치 국면이 형성되었다.

서방 정복을 어느 정도 마무리한 몽골은 드디어 1231년 1차 침략을 시작으로 30여 년, 여섯 차례에 걸쳐 고려의 국토를 유린했다. 강화도로 수도를 옮기며 항전했던 고려는 내부적으로 최씨정권이 붕괴되고 전 국토가 초토화되면서 하는 수 없이 1261년 항복을 하고 말았다. 이후 공민왕이 강력한 반원 개혁정치를 시행했던 1361년까지 1세기간은 세계 제국 원나라의 속국 또는 자치국의 수모를 당할 수밖에 없었다.

1세기간 고려의 왕들은 세자 시절부터 원나라의 수도 연경燕京(지금의 베이징)에 끌려가 원나라식의 교육을 받으며 식민지 지도자로 성장했다. 성년이 되면 수많은 원나라 공주 가운데 하나와 짝을 짓고 원나라 황제의 사위가 되어 고려로 돌려보내지고, 국왕의 자리에 올랐다. 왕의 이름들도 충렬왕, 충선왕, 충혜왕…… 식으로 충忠자 돌림자를 붙여 원에 대한 충성을 맹세했었다.

왕을 비롯한 귀족층들은 항몽의지는커녕 원의 문화를 동경했고 몽골어를 상용하기까지 했다. 원의 연경을 마음의 고향으로 삼았던 충렬왕은 충선

84 _ 김봉렬의 한국건축 이야기 시대를 담는 그릇

왕에게 왕위를 양도한 뒤 연경으로 다시 돌아가 향락을 즐기기까지 했다. 한 나라의 국왕이 이러할 진데, 신하들과 귀족들의 친원 행각은 말할 것도 없었다. 약삭빠른 귀족들은 어떻게 해서든지 원나라의 실세들과 줄을 대려고 혈안이 됐고, 급기야 자신의 누이와 딸들을 원 황실의 시녀와 첩으로 들여보냈다. 기철의 누이가 가장 출세한 경우로, 원 순제의 제2황후가 되어 기씨 집안은 온갖 권세를 구가했다. 고려 국왕은 원의 사위였지만 신하인 기철은 처남이었기 때문에, 명목상으로는 국왕이 신하의 조카사위가 되는 셈이었다.

친원파 귀족들의 전횡과 함께, 왕비인 원나라 공주 일파의 수탈과 횡포도 대단했다. 충렬왕비 제국대장공주가 가장 지독한 악녀였다. 개성 부근 홍왕사에는 유명한 금탑이 있었는데 이를 대궐로 들여와 분해해서 금괴를 착복하려 했다. 승려들의 탄원을 받은 남편 충렬왕은 이 못된 짓을 말렸지만, 왕비는 들은 체 만 체했고 왕은 울기만 했다.[31] 또 그 일파는 전국의 잣과 인삼을 전매해서 중국에 수출하는 독점 강제무역을 통해서 막대한 이익을 남기기도 했다.

밀려드는 원의 문화

기약 없이 계속된 식민국 1세기를 겪으면서 고려의 문화와 풍습은 엄청나게 변화했다. 몽골말과 글이 상류층의 상용어가 됐고, 머리와 복장을 몽골식으로 하는 이른바 '변발호복' 辮髮胡服이 전국 멋쟁이들의 유행 패션이 됐다. 호복의 한 형태인 '철릭'이란 외투가 조선 전기까지 남성들의 공식의상이 될 정도였다. 몽골식 음식, 몽골식 매너들이 일상생활에 깊숙이 들어온 것은 말할 것도 없었다.

물론 잦은 교류를 통해 고려의 풍습이 원나라에 유행하기도 했다. 그러나 그 수출의 경로는 치욕스러운 것이었다. 광범위한 정복전쟁을 통해 배출된 전공자와 귀순장병들에게 원나라는 일정한 포상을 해줄 필요가 있었다. 그 첫째가 여자를 하사하는 일이었고, 고려 처녀들을 징발하여 성적 노리개

31_ 『高麗史』, 卷八十九, 「濟國大將公主傳」.

2 문화적 전환기의 건축 **안압지와 마곡사** _85

의 수요를 메우려 했다. 바로 '공녀' 貢女들이었고, 원나라에 유행한 이른바 고려양高麗樣은 대부분 공녀들과 친원파들에 의해 전파된 것이다. 공녀 차출의 공포는 고려 사회제도의 근본을 뒤흔들었다. 끌려가지 않게 하기 위해 열 살도 되기 전에 시집을 보내는 조혼풍습이 생겨났고, 그도 모자라 유부남에게 시집보내는 일부다처제도 묵인하기에 이르렀다.

유명무실한 왕실의 허약성과 경제적·정치적 주도권을 갖게 된 친원 귀족들, 그리고 그들을 원격조정하는 원나라 내부의 고려인 변절자들이 제각기 발호하는 사회에서 건강한 기풍을 기대할 수는 없었다. 서민들의 유행가였던 장가長歌 몇 수만 보아도 당시의 사회적 혼란과 경제적 파탄을 짐작할 수 있다. 유명한 「청산별곡」靑山別曲은 이농한 유랑민들의 처절한 신세를 그린 노래로 대유행을 했다. 그만큼 이농과 유랑은 심각한 사회적 병리현상이었다. 「쌍화점」雙花店은 자유연애와 성개방 풍조를 그린 노래였다. 유부녀가 만두가게에 가서는 서역인들과, 절에서는 주지승과 놀아나다가, 급기야 우물가에 빨래 가서는 우물 속의 용과도 연애한다는 내용이다. 모두가 식민지 국가의 왜곡된 사회적 현상이었다.

기득권층들은 친원 행위와 농민수탈을 통해 이미 경제족벌화되었고, 불교계는 정치 간여와 부패로 더 이상 사회의 개혁세력이 될 수 없었다. 이때 지식계의 새로운 희망으로 등장한 것이 바로 성리학이었다. 연경 유학생들을 통해서 수입된 성리학은 인간성의 근본을 합리적인 정신으로 다룸으로써 사회정화의 도구로 각광받기 시작했다. 이러한 새로운 사상으로 무장하고 제도권에 등장한 세력들이 바로 '사대부' 들이었고, 이들은 장차 조선 건국의 핵심으로 성장한다. 아이러니하게도 원의 지배는 조선 건국에 본의 아닌 커다란 계기가 되었다.

원 건축의 완제품, 경천사지석탑

새로운 문물의 유입과 극심한 변화는 건축계에도 예외가 없었다. 고려 건축

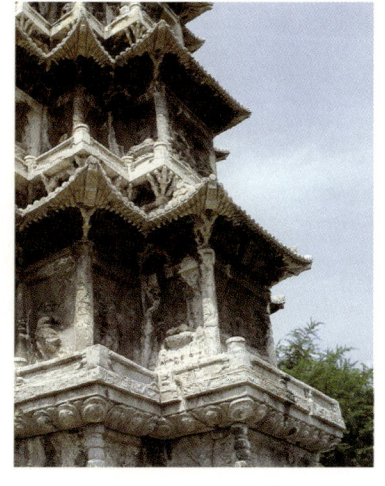

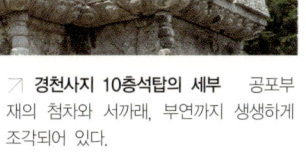

↗ **경천사지 10층석탑의 세부** 공포부
재의 첨차와 서까래, 부연까지 생생하게
조각되어 있다.

은 남송南宋의 영향을 받아왔는데, 원의 지배를 받음에 따라 중국의 남부뿐
아니라 북부의 건축들도 고려로 유입되기 시작했다. 예를 들어, 봉정사 극락
전과 부석사 무량수전은 모두 주심포계 형식이지만, 두 건물의 구조체계는 전
혀 다른 계통이다. 극락전이 원 지배 이전의 고유한 주심포형식이라면, 무량
수전은 원 지배 이후에 유입된 새로운 주심포형식이다.[32]

다포계의 구조 형식은 이 시기에 유입된 것으로 여겨져왔다. 그러나 최
근 들어 다포형식이 그 이전에 존재했을 가능성을 제기하며, 몽골 이입설을
비판하는 견해들도 만만치 않다. 어쨌든, 적어도 다포형식이 보편화되기 시
작한 것이 원의 영향이라는 점에는 견해를 같이한다. 원 지배 이전과 이후의
건축술은 현격한 변화가 있었다고 볼 수 있다.[33] 정치·경제·문화 모든 면에
서 원에 예속된 상태였고, 1세기 동안 반원 운동 한번 일어난 적이 없을 정
도로 원의 지배를 당연시한 사회풍조를 본다면, 건축계에도 원의 영향이 막
대했을 것으로 보인다. 고려 건축의 흔적이 워낙 미미해서 물증을 잡기 어렵
다 하더라도, 지극히 상식적인 추론일 것이다.

이 시기 건축의 흔적 가운데 경천사지석탑은 거의 온전한 형체를 보존하
고 있고, 건립 목적이 뚜렷이 명기된 유적이다. 비록 내부 공간이 없는 탑이
기는 하지만, 건축물의 모양이 정교하고 아름답게 조각돼 있어서 국보로 손
색이 없다. 공포부재의 첨차 모습과 서까래와 부연附椽[34]까지 생생하게 조각
되어 있어서 '한국 석탑을 대표하는' 존재로 인식되어왔다.

그러나 이 탑의 역사적 배경은 그다지 유쾌하고 아름다운 것은 아니다.
후대의 문헌에는 이렇게 기록되어 있다.

32_ 김정기, 『한국의 목조건축』, 일지사,
1980, p.32.
33_ 『한국건축사』, 대한건축학회, 1996,
p.342.
34_ 처마 서까래 끝 위에 덧얹어 건 짤막
하고 네모난 서까래로, 처마를 위로 올려
날아갈 듯 유연한 곡선을 이루며 모양이
나게 한다. 부연이 있는 집은 삼국시대 이
래 고급 건축물에 속했다.
35_ 『中京誌』, 卷六, 寺刹條.

경천사는 (개성의) 부소산에 있다. 13층석탑이 있으며 거기에는 (화엄) 12회상
이 조각되었다. …… 전하는 말에 의하면, 원나라의 승상 탈탈脫脫이 자신의
원찰을 세우고 싶어했는데, 이에 진녕군 강융姜融이 원나라의 장인들을 모집
해서 이 탑을 만들었다. …… 아직도 절 안에는 탈탈과 강융의 초상이 모셔져
있다.[35]

학계의 연구에 의하면 이 탑의 조성 경위는 더욱 처참하다. 석탑 조성을 주도한 이들은 강융과 고룡봉高龍鳳이다. 강융은 원래 진주관청 노예의 손자로 그 누이는 무당이었다 한다. 미천한 출신이었지만 몽골군에 부역하여 출세가도를 달렸고, 급기야 자신의 딸을 원나라 승상 탈탈에게 첩으로 주어 부원군이라는 높은 직위까지 얻은 인물이다. 고룡봉은 고룡진이라고도 불렸는데, 원 황실의 내시로서 원 황제의 대對 고려 친사 역할을 담당했다. 충혜왕을 함부로 다루고 유사시 국사를 통괄할 정도로 권세가 막강한 내정간섭의 주구走狗로서 활약했지만, 끝내 개혁군주 공민왕에게 처형되었다.[36]

이 막상막하의 골수 친원파들은 경천사를 지어 탈탈과 기황후의 복을 비는 원찰로 바쳤으니, 매판 행위의 극치였다. 경천사탑 1층탑신에는 이 탑을 만든 목적과 시주한 이들을 밝히는 기문記文이 새겨져 있다. 조탑의 목적은 원의 황제와 황후의 만수무강을 비는 것이다. 몽골 간섭기의 일반적인 축원문이 원 황제와 고려 왕실을 함께 축원하는 것에 비하여, 이 탑은 오로지 원 황제와 황후, 황태자만을 축원하고 있다.[37] 더욱이 원나라에서 직접 장인들을 모집하여, 그들의 솜씨로 설계하고 시공한 완벽한 수입품이었다.

이 기록이 아니더라도 이 탑에는 이국적 요소들이 너무나 많다. 10층인지 13층인지 불분명한 구성방식이라든지, 亞자형의 평면 형식, 전체를 감싸고 있는 정교한 조각술, 무엇보다도 완벽한 목조건축물의 외관을 가지고 있는 점. 이 탑은 한국 탑파사상 유일한 존재다. 탑파의 어떤 계통도 이 탑의 출현을 설명해줄 수 없을 만큼 돌연변이적이다. 후에 원각사탑이 이 탑을 모델로 만들어지기는 했지만 일회성 사건에 불과했고, 경천사지석탑의 조형의지를 이을 양식적 계통이 만들어지지 못했다.

이 아름다운 탑은 원 지배 당시 물밀듯이 수입되어온 외래 건축 가운데 하나의 예에 불과하다. 지금과는 달리 수입 목적이 경제적인 데 있지 않고, 지극히 정치적이며 개인적인 취향에 있었다. 물론 수입의 당사자들은 친원파 귀족들이었다.

36_ 정은우, 「개성지역의 불교유적과 유물」, 『고려 개성의 문화유산적 가치와 보존』, 이코모스 한국위원회, 2005, pp.47-50.
37_ 같은 책, p.50.

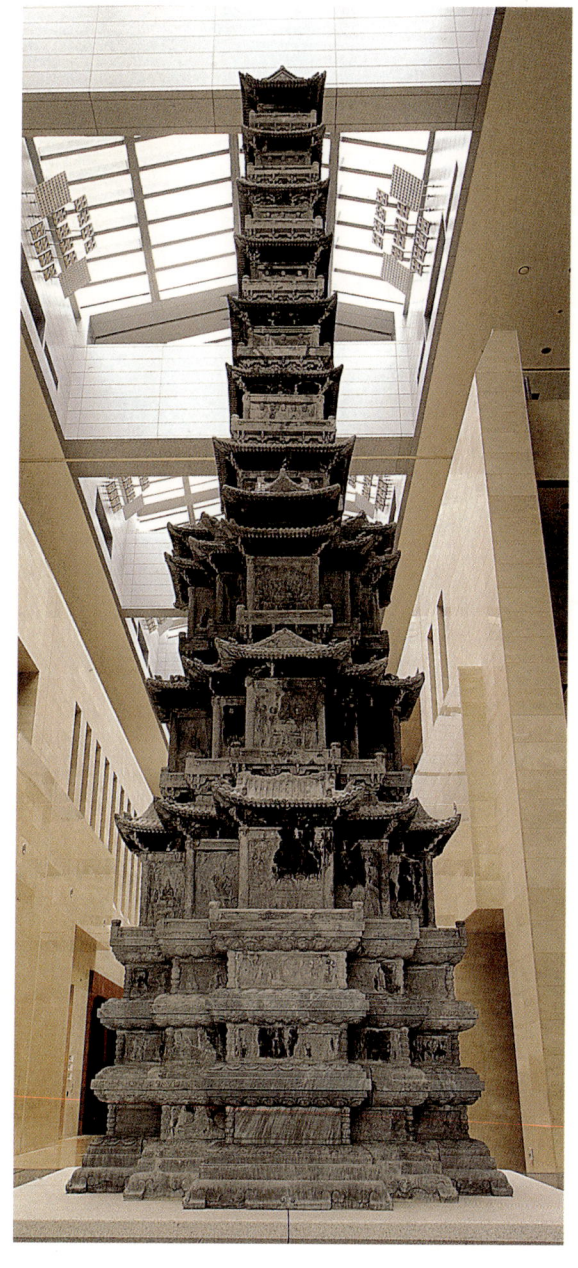

경천사지 10층석탑 경복궁 안에 옮겨져 있던 이 석탑은 수년간의 해체보수를 마치고 2005년 10월 28일 새롭게 개관한 국립중앙박물관 동관 로비에 옮겨져 일반에 공개되고 있다.

경천사지석탑의 역경

조성배경이 비민족적이라 하더라도 이 탑의 예술적 가치가 떨어지는 것은 아니다. 일찍이 이 탑의 조형미는 높게 평가되어왔고, 그만큼 깊은 수난과 오해의 역사를 가지고 있다. 일제강점기에 이 탑은 개성에서 일본 도쿄로 옮겨지게 된다. 완벽한 문화재 밀반출이었다. 이미 이 탑의 존재는 널리 알려져 있었고, 당연히 밀반출을 비난하는 국내 여론이 비등했고, 조선총독부 관계자들도 반환을 촉구하기에 이르렀다. 마지못해 다시 돌려보내졌으나 원래의 자리를 잃어버리고, 한동안 경복궁 내에 외톨이로 서 있을 수밖에 없었다.

두 차례의 강제 이전을 통해서 탑은 많은 상처를 받았다. 섬세한 조각을 위해 매우 부드러운 석재를 사용했었다. 따라서 작은 충격으로도 모퉁이가 떨어져나가기 일쑤였는데, 해체된 채로 바다를 두 번이나 건넜으니 그 피해는 이루 말할 수 없었다.

이 사연 많고 한 많은 탑은 2005년, 드디어 새로 완공된 용산의 국립중앙박물관 실내에 전시됨으로써 그 긴 여정을 마무리하고 안착했다. 그러나 그 과정도 만만치는 않았다.

1995년 김영삼 정부는 이른바 '역사 바로 세우기'의 상징적 사건으로 과거의 조선총독부를 철거하기로 결정했다. 당시 그 건물은 얼마 전에 대대적인 개조 공사를 바친 후 국립중앙박물관으로 사용되고 있었다. 또한 임기 내에 조선총독부 건물이 철거되는 쾌거를 목격해야 했던 시급성 때문에 경복궁 내에 조성된 궁중유물관으로 중앙박물관을 임시로 옮기고, 미군에게서 일부 반

환발은 용산 미군기지 끝자락에 새 중앙박물관을 신축하기로 결정했다.

새 박물관 건축은 국제현상설계경기를 통해 계획안을 뽑기로 했다. 이미 졸속으로 벌어진 일이지만, 담당자들은 이를 전화위복의 기회로 삼아 본격적인 국제현상경기를 해보자고 최선의 노력을 다했다. 500여 페이지에 달하는 두꺼운 '중앙박물관 신축 현상설계 지침'이 마련되었고, 여러 가지 국제적인 노력을 착실히 진행한 끝에 전 세계의 내로라하는 건축가들이 100여 점에 달하는 작품들을 응모했다. 그 치열한 경쟁 끝에 한국의 정림건축 안이 당선되어 지금의 박물관이 서게 되었다.

이 과정에서 논란이 된 것이 또 경천사지석탑이었다. '현상설계 지침'은 박물관 중앙의 메인 로비 한가운데에 경천사지석탑을 전시하도록 못 박고 있었다. '역사 바로 세우기'의 가장 중요한 위치에 매판과 사대의 직수입품을 세우라고 지시한 꼴이었다. 다행히 필자를 비롯한 몇몇이 문제를 제기하여 실시 설계과정에서 이 지침은 수정되었다.

수년간의 해체보수를 거쳐 지금은 국립중앙박물관 동관 로비에 전시되어 그 아름다움을 자랑하고 있다. 중앙 로비에 두라는 원래 지침과 달라졌고, 역사 거리의 중심에서도 1m 정도 밀려나 있다. 박물관 관계자의 말을 빌어보자. "매우 아름답고 가치 있는 유물이기는 하지만, 원의 영향을 크게 받아 전통 양식에서 이탈한 것으로 대표 유물로 내세우기에는 한계가 있기 때문이다." 이제는 그 태생적 업보와 여기저기를 떠돌아다녔던 역경을 끝내고 새 둥지에 안착하기를 바란다.

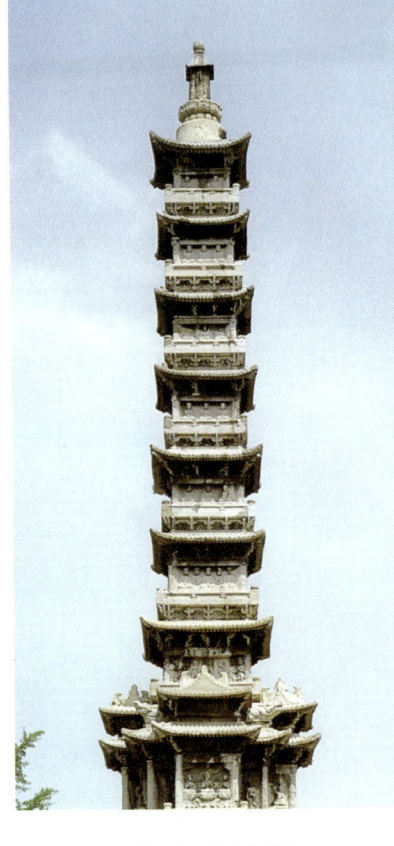

↗ **보수 전의 경천사지 10층석탑 상륜부**
약화된 형식이기는 하지만 라마 보탑의 형식을 따르고 있다.

마곡사의 탑,
이 시대의 업경대

고려 몸에 중국 머리

또 하나의 탑을 주목해보자. 공주시 태화산 기슭의 마곡사에는 고려 후기에 만들어진 5층석탑이 있다. 일명 '다보탑'이라고도 불리며, 8.67m 높이의 가늘고 긴 비례에 체감률이 낮아 불안정하게 보인다.[38]

그러나 이 탑은 건축사적으로 매우 중요한 의의를 가진다. 탑의 상륜부에는 이른바 '풍마동'風磨銅이라는 특수한 구조물이 올려져 있다. 티벳과 네팔 일대에서 발전한 라마교의 불탑을 축소해놓은 형식으로 이러한 예는 우리나라 탑에서는 찾아보기 어렵다. 조선조에 건설된 양양 낙산사의 석탑 정도가 간략화된 풍마동을 상륜부로 삼았을 정도다.

라마교는 원래 티벳과 네팔 등지에서 발전한 밀교의 한 계통이며, 밀교는 대승불교보다 더욱 복잡한 우주론을 가진다. 이민족의 통일국가였던 원은 중국 전래의 대승불교보다는 서역에 성행했던 라마교를 국교로 삼았고, 또 다른 이민족 국가 청淸도 라마교를 왕실 불교로 받아들였다. 현재의 중국 불교계에서도 라마교 계열은 주도적인 위치를 점한다. 따라서 중국 전역에 원~청대에 조성된 라마교의 보탑―풍마동의 원형―이 세워져 있다.

원대에 세워진 대표적인 라마 보탑으로 베이징에 있는 묘응사백탑妙應寺白塔을 들 수 있다. 높이 50.86m로 1279년에 네팔의 장인 아니가阿尼哥가 설계한 탑이다.[39] 이 시기는 고려 충렬왕 때로 원의 지배가 본격적으로 시작되어 원의 문물이 엄청나게 유입되던 시기다. 흥미로운 것은 묘응사탑을 축

38_ 전적으로 신라 석탑의 전형적 규범에 비추어 본 미학적 판단이다. 『마곡사 실측조사보고서』, 문화공보부 문화재관리국, 1989, p.277.
39_ 劉敦楨, 앞의 책, p.120.

2 문화적 전환기의 건축 **안압지와 마곡사** _ 91

소하면 바로 마곡사탑의 풍마동이 된다는 점
이다. 2단으로 설계된 亞자형의 기단, 연잎을
조각한 탑신받침, 물잔을 엎어놓은 모양의
탑신, 그 위에 조성된 원뿔형의 상륜부 등 세
부 요소는 두 탑이 모두 같다. 전체적인 비례
도 매우 유사하며, 단지 묘응사탑보다 마곡
사의 풍마동이 더욱 장식적이고 섬세하다.
그러나 이는 스케일의 차이에 불과하다. 묘
응사탑이 거대한 건축이라면, 마곡사 풍마동
은 공예품이기 때문이다.

　　한국 석탑들은 외래적인 영향보다는 자
생적으로 진화·발전한 예술형식을 지닌다.
특히 신라 통일을 계기로 백제계 목탑의 전
통과 신라계 전탑의 전통이 통합되어 신라
탑의 규범을 만든 것은 널리 알려진 사실이

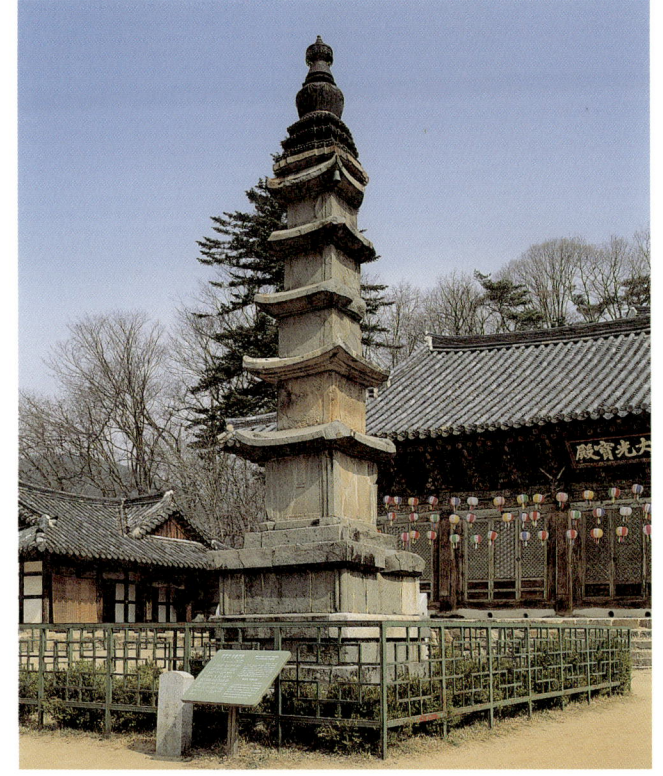

마곡사 5층석탑　가늘고 긴 탑신은
고려 석탑의 일반적인 모습이고, 그 위에
올려진 상륜부는 원나라의 라마 탑 모습
이다.

다. 그럼에도 불구하고 신라 탑의 상륜부는 인도에서 조성된 초기 스투파의
모습을 그대로 축소해서 올려놓았다. 물론 50m가 넘는 인도의 스투파와 공
예품 수준의 상륜부는 스케일 면에서 엄청난 차이가 있다. 그러나 크기와는
상관없이 '석가모니의 신성한 무덤'이라는 점에서는 똑같은 상징성을 내포
한다. 독창적인 몸체를 완성했지만, 머리 부분은 불교 본래의 조형을 축소해
차용한 것이다. 지역성과 국제성, 독창성과 규범성이 절묘하게 조화된 새로
운 조형형식을 완성했다.

　　전통적인 상륜부 대신에 새롭게 라마 탑을 상륜부로 삼은 마곡사의 경우
미학적으로는 그다지 성공하지 못했다. 탑신의 비례도 불안정하지만, 그 위
에 올려진 풍마동이 지나치게 커서, 몸과 머리가 따로 노는 모습이다. 라마 탑
의 전통이 아직 토착화되지 못했고, 전통적인 석탑의 형식이 라마 탑의 상륜
부를 거부하는 듯한 모습이다.

↗ 베이징 묘응사백탑 입면도(왼쪽), 마곡
사 5층석탑 풍마동 평면도와 입면도(오른
쪽) 劉敦楨 도면, 문화재관리국 도면.

외래종교인 라마교의 수용 문제

아마도 원의 지배에 놓였던 13·14세기에 고려의 불교계에도 라마교의 열풍
이 몰아쳤을 것이다. 고려 말의 한국불교에 갑자기 밀교적 색채가 농후해졌
다는 점도 이를 반영한다. 매국적인 승려들은 자진해서 라마교로 개종했을
것이고, 중국의 라마교 전도승들이 집단으로 입국했을 것이다. 라마교의 문
화도 역시 물밀듯이 유입됐을 것이다. 개성에는 당연히 라마교의 상징인 라
마 보탑들이 건설됐을 것이고, 지방 사찰들도 라마교로 개종하라는 압력을 받
거나 라마교의 건축을 수용하라는 유혹을 받았을 것이다.

그러나 적어도 지방 사찰들에게 라마교나 라마 건축은 그다지 환영받지
못한 것으로 여겨진다. 현존하는 유구들 속에서 라마교의 영향을 거의 찾아
볼 수 없기 때문이다. 아니면, 원의 지배가 종식되면서 라마교의 흔적들이 모

두 제거되었든가. 고유한 고등종교가 없었던 몽골이나 만주족들은 이국의 라마교를 쉽게 수용했지만, 이미 선종과 교종의 탄탄한 불교 교단을 가지고 있었던 고려에 생소한 라마교가 뿌리내리기는 무척 어려웠을 것이다. 물론 친원파들이 판을 치던 개성의 상황은 달랐다. 예의 경천사지석탑은 직수입된 원의 문화, 라마교 문화가 저항 없이 받아들여졌다는 반증이기도 하다.

일제강점기에는 많은 일본의 종교와 문화가 들어왔다. 전국 곳곳에 신사 건축들이 만들어졌고 참배를 강요받았지만, 일제 패망 직후 대다수의 신사들은 철거돼 사라져버렸다. 식민 잔재를 청산치 못했다는 일제의 경험 가운데서도 유독 건축적인 영향은 거의 남아 있지 않다. 왜식주택들을 선호하는 이들이 극히 적어 이제는 거의 찾아볼 수도 없으며, 일제가 남겨놓은 이른바 '양식洋式 건축'들은 해방 이후 근대건축으로 연결되지 못한 채 역사 속의 일시적인 유물이 되고 말았다. 고유한 생활양식이나 사상과는 맞지 않는 이질적 건축이 뿌리내리기가 얼마나 어려운가를 보여주는 예다. 그보다는 압제자들의 흔적을 청산하려고 했던 민족의식이 더욱 큰 요인으로 작용했을 것이다.

원의 지배를 벗어날 수 있었던 것은 원 제국 자체의 붕괴가 큰 이유이기는 했지만, 공민왕 일파의 주체적인 독립운동과 식민잔재 청산 노력도 커다란 효과를 거두었다. 최영崔瑩을 앞세운 '역사 바로 세우기'는 무자비할 정도로 과감하게 친원파들을 학살 숙청했고, 기득권 세력을 배제하기 위해 신돈辛旽이라는 천민 출신의 승려를 등용할 정도였다. 무리라고 보일 정도로 과감한 청산노력이 없었다면, 고려의 국가적 정체성이 유지되기도 어려웠을 것이고, 한국문화의 연속적인 계승은 불가능했을 것이다.

실패한 실험작

다시 마곡사탑으로 눈을 돌리자. 이 탑의 건립 목적과 생각을 알 수 있는 기록이나 문서는 전하지 않는다. 언제 누가 만들었는지도 알 수 없다. 단지 탑

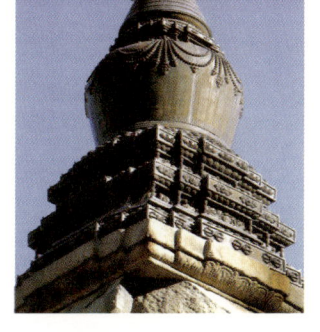

마곡사탑의 상륜부 풍마동은 전체적인 형상뿐 아니라 각 부분의 조각과 장식이 완벽하며, 이를 확대하면 완벽한 라마 보탑이 된다.

의 양식과 풍마동의 설치로 보아 원의 영향이 있었던 고려 후기의 것임을 추정한다.

이 탑은 라마 탑의 조형을 자발적으로 수용했을 가능성이 높다. 마곡사는 한미한 절이었다가 고려 중기 보조국사普照國師 지눌知訥(1158~1210)에 의해 크게 중창됐다고 한다.[40] 그러나 그 이후부터 조선 중기까지의 사적事蹟은 전하지 않는다. 이 탑이 세워졌을 13~14세기의 기록 역시 전혀 없고, 기록의 부재는 이 절의 사세寺勢가 그다지 크지 않았다는 반증도 된다. 따라서 이처럼 깊은 골짜기의 이름 없는 사찰은 무엇인가 이름을 떨칠 수단이 필요했을 것이다. 새로 들어온, 원과 귀족층의 막강한 후원을 받던 라마교를 수용해 사찰 발전의 계기로 삼았을 가능성이 높다.

상륜부인 풍마동뿐 아니라 탑 전체의 모습도 그렇다. 높직한 2단의 기단은 마치 라마 보탑의 기단을 약화시킨 것 같고, 2층탑신의 4면에는 사방불四方佛이 새겨져 있다.[41] 두 요소 모두 밀교적인 성향이 다분한 것이고, 상륜부에 풍마동을 올리기 위한 나름대로의 배려라고 볼 수 있다.

풍마동은 매우 정교하게 제작된 것으로 아마 원에서 직접 수입된 완제품이 아닐까 싶다. 청동 주물로 만들었지만 전체적인 형상뿐 아니라 각 부분의 조각과 장식이 너무 완벽하고, 이 정도 제품의 거푸집을 만들려면 대량생산 체제가 필요했을 텐데, 고려 내에 그만한 수요가 있었을까 의심스럽다. 또한 청동 주물의 기법은 우리보다 중국에서 훨씬 발달했었다. 총 높이 1.8m로서 4부분으로 분리 제작하여 조립한 것으로 장거리 운송에 편리한 구조다. 앞서 지적한 대로, 풍마동을 확대하면 완벽한 라마 보탑이 된다. 실제의 라마 보탑에 익숙한 기술이 아니면 도저히 이 축소 모형을 만들 수 없었을 것이다. 흥선대원군 때 남연군의 묘지가 된 충남 덕산의 가야사에도 풍마동탑 1기가 있었다고 전하지만[42] 지금은 남아 있지 않다. 오로지 마곡사탑만이 유일하게 남아 있을 뿐이다.

한국 석탑 조영사에서 마곡사탑은 새로운 실험작이었다. 이 탑의 형식적·미학적 가치와는 별도로, 새롭게 들어온 원나라의 문화를 전통적인 해법

40_「泰華山麻谷寺事蹟立案」.
41_「마곡사 실측조사보고서」, p.76. 사방불四方佛이란 아촉불=보상불=아미타불=불공성취불을 의미하며, 밀교 신앙에 등장하는 부처의 개념이다.
42_ 최완수, 「명찰순례-2」, 대원사, 1994, p.137.

2 문화적 전환기의 건축 **안압지와 마곡사** _ 95

으로 대응하려 했던 건축사적 의의는 재평가되어야 한다. 경천사지석탑이 수입 완제품이었다면, 이 탑은 부분 조립품으로서 새로운 형식을 만들 수 있는 가능성이 높았다. 물론 원의 예속에서 벗어난 후에 라마교와 관련된 예술은 배척의 대상이 되었고, 마곡사탑의 전통은 사라져서 새로운 형식을 완성하지는 못했지만.

마곡사탑과 경천사지석탑을 통해서 13세기 고려의 승려들과 건축가들이 겪었을 문화적 갈등을 이해할 수 있다. 국제주의 문화는 쏟아져 들어오고, 사회적 가치관은 송두리째 흔들리지만, 새로운 희망은 보이지 않았다. 경천사지석탑과 같이, 분명 한 수 위인 세련된 원 건축의 유입 속에서 그들이 할 수 있고 지킬 수 있는 것은 무엇이었을까? 마곡사탑은 지나간 과거의 흔적이 아니라 전통과 현대, 지역성과 국제성 사이의 갈등 속에서 무엇인가 의미 있는 작업을 해야만 하는 이 시대 문화인들의 업경대業鏡臺다.

두 가람의 집합체,
마곡사

절묘한 확장의 방법, 남에서 북으로

마곡사탑의 역사적 의의와는 별개로 마곡사 전체의 구성도 흥미롭다. 독특한 배치구성법과 기다란 대광보전과 수직적인 대웅보전의 대비 등, 다른 절에서 볼 수 없는 몇 가지 특색을 지니고 있다.

가장 먼저 눈에 띄는 것은 가람의 한가운데를 관통하고 있는 개울이다. 즉 개울을 경계로 남쪽과 북쪽에 별도의 가람이 자리잡았다. 남쪽에는 영산전을 중심으로 한 가람이, 북쪽으로는 대광보전 중심의 별도 가람이 경영된다. 전체 규모나 건물들의 크기로 보아도 북쪽 가람이 본절이고 영산전 일곽은 별도의 암자 같은 모습이다. 그러나 유심히 보면, 북쪽 가람의 영역은 개울의 북쪽만이 아니라 남쪽 영산전 영역의 일부부터 시작됨을 알 수 있다. 다시 말해서 영산전 영역 앞에 있는 해탈문과 천왕문은 북쪽 가람에 속하는 전각들이고, 이 문들은 다리를 매개로 북쪽 가람의 중심과 관계를 맺는다. 분리되면서 연속된 절묘한 구성은 다른 어느 절에서도 찾아보기 어려운 수법이다.

마곡사의 정확한 창건연대는 전하지 않는다. 여러 가지 설이 있지만,[43] 가람의 면모를 갖춘 것은 신라 말 보조선사普照禪師 체징體澄에 의한 것으로 추정된다.[44] 그러다 고려 중기 보조국사 지눌에 의해 크게 중창됐다고 하니, 현재와 같은 2원 체제는 지눌의 중창 때 이루어진 것으로 보인다. 예의 5층석탑은 지눌의 중창보다 1세기 가량 후대에 세워졌다.

보조선사 체징의 초창 때에는 지금의 영산전 일곽만 조성되었다. 남원이

43_「泰華山麻谷寺事蹟立案」과 「禪敎兩宗大本山麻谷寺緣起略抄」 등 후대의 사적기들에는 643년 자장율사가 창건했다고 하나, 당시는 자장이 아직 중국에 머물 때였고, 엄연한 백제 땅으로 적국이었다.

44_ 보조선사 체징은 공주 출신으로서 구산선문九山禪門 중 가장 세력이 컸던 가지산문을 열었다. 최완수, 앞의 책, p.138.

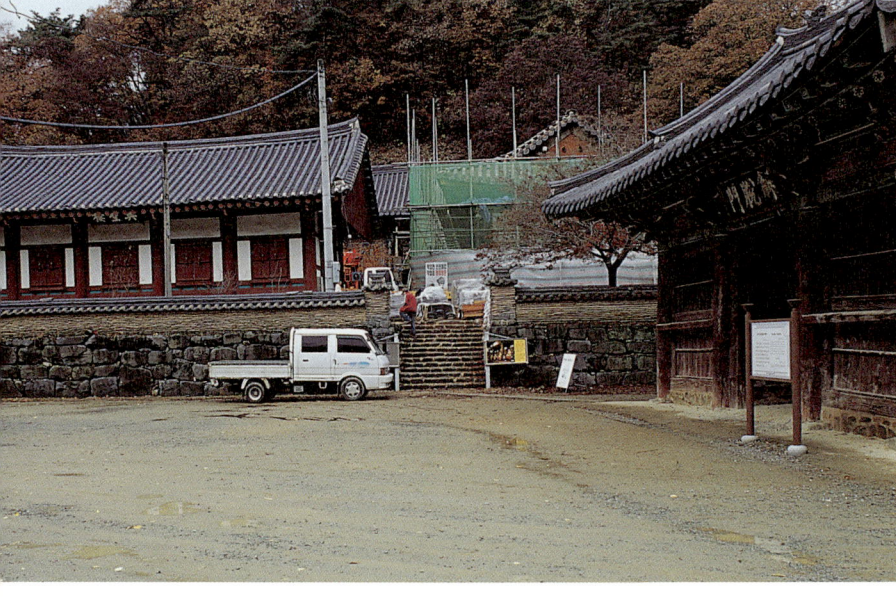

↖ **마곡사 진입부**　왼쪽이 남원 영산전 일곽, 오른쪽 건물은 북원으로의 진입이 시작되는 해탈문. 영산전 일곽의 진입부를 바로 지난 곳에서 해탈문이 시작된다.

먼저 조성됐다고 보는 이유는 여러 가지다. 남원의 영산전 일곽은 4동의 건물이 짜임새 있게 갖추어진 데 비해, 북원은 꾸준히 확장된 흔적이 역력하다. 북원으로 가려면 북원의 뒤통수를 보며 길게 돌아 들어가야 하는데 이는 비효율적 접근 방법이다. 남원이 먼저 자리잡고, 거기에 맞추어진 기존 진입로를 이용하다보니 생겨난 결과였다.

　　북원의 입구인 해탈문의 위치도 주목할 필요가 있다. 영산전으로 이르는 진입구를 바로 지난 곳에 세워진 두 개의 문과 다리를 건너는 기나긴 북원 진입로의 시작점이다. 기존 영역의 진입로를 침범하지 않으면서도 새 진입로를 만들어야 하는 한계점에 해탈문이 위치한 것이다.

지형축과 건축축의 어긋남

무엇보다도 남원은 가람 배치에 안정된 지형체계를 갖추고 있다. 신라 말 풍수의 대가 도선대사는 마곡사의 터를 이렇게 말했다 한다. "삼재가 감히 들지 못하는 곳이며, 유구와 마곡 두 냇물 사이의 터는 능히 천 명의 목숨을 구할

만하다."[45] 그 두 개울 사이의 터가 바로 영산전이 자리잡은 남원이다. 안산과 주산을 잇는 자연축과 영산전의 건축축은 정확하게 일치한다. 자연축과 건축축이 일치한다는 것은 지형 체계가 교과서적으로 안정됐다는 것을 의미한다.

반면 북원의 건축축은 자연축과 일치하지 않는다. 이미 정해진 진입로는

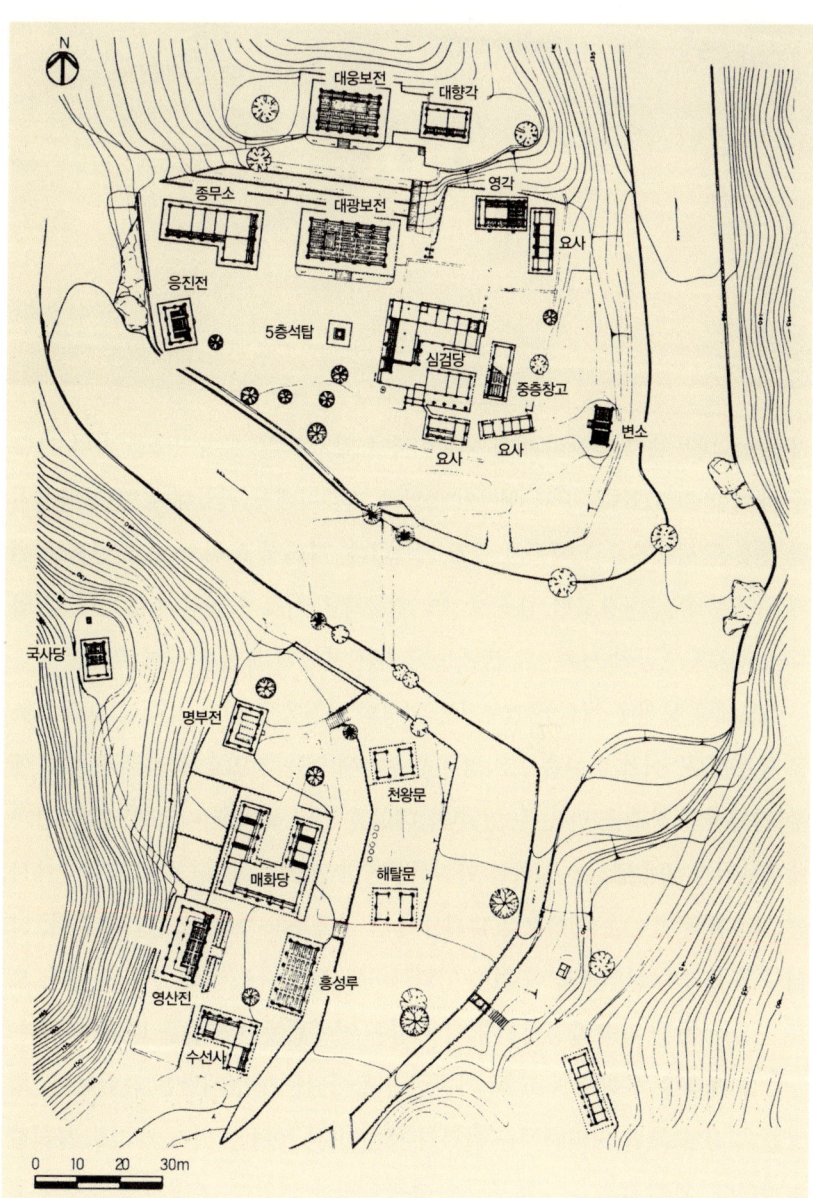

45_ 「泰華山麻谷寺事蹟立案」.

↗ **마곡사 배치 평면도**　문화재관리국 도면.

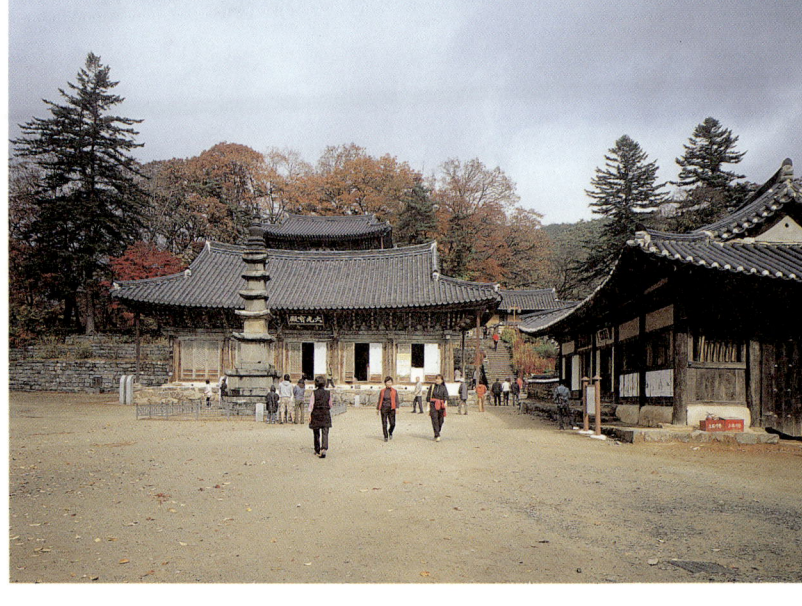

� 마곡사 전경 극락교를 건너면 바로
이 광경을 대하게 된다. 5층석탑·대광보
전·대웅보전이 일직선상에 놓인 것 같지
만, 지형축과 진입축의 구성을 조작함으로
써 나타난 착시현상이다. 대광보전 뒤 대
웅보전은 2층 현판이 보일 만큼의 높이로
지었다.

자연축—대웅보전 뒷산의 방향—과 어긋나 있기 때문에 자연축을 따라 가람
을 배치할 수 없었다. 전체 대지의 동남쪽 귀퉁이에서 진입해야 할 형편이지
만 주산은 서북쪽으로 치우쳐 있기 때문이다. 따라서 북원의 주요 건축물 세
채 즉 5층석탑, 대광보전, 대웅보전의 건물축은 서로 일치하지 않는다. 진입
부에서부터 조금씩 서쪽으로 밀려들어 가는 분절된 축들을 갖게 된다.[46]

　　그러나 북원을 계획한 건축가는 지형의 약점을 오히려 기막힌 계획 요소
로 활용했다. 어차피 한쪽으로 치우칠 수밖에 없는 진입로를 적극 활용해 매
우 입체적인 경관을 얻을 수 있었다. 다리를 건너 북원에 이르면, 5층석탑과
대광보전과 대웅보전은 정확한 일직선상에 놓인 것같이 보인다. 이 장면에서
는 치우친 진입로나, 서쪽으로 밀려들어 간 건물들의 축선을 느낄 수 없다. 그
러나 개울 건너편 국사당이 있는 언덕에서는 전혀 다른 경관이 구성된다. 모
든 건물이 가장 뒤의 대웅보전을 위해 길을 열어둔 듯한 모습을 대할 수 있다.

　　왜 개울을 사이에 두고 두 가람이 만들어졌는가의 해답은 간단하다. 확
장할 평지가 북원 지역밖에는 없었기 때문이다. 북원은 여러 가지로 불리한
입지였다. 기존 영역과는 개울로 단절될 수밖에 없었고, 지형의 체계도 건축

46_ 현재 5층석탑은 대광보전의 중심축선
상에 놓여 있지만, 원래는 동쪽으로 치우
쳐 있던 것을 1970년대에 마당의 중심으
로 옮겨놓은 것이다.

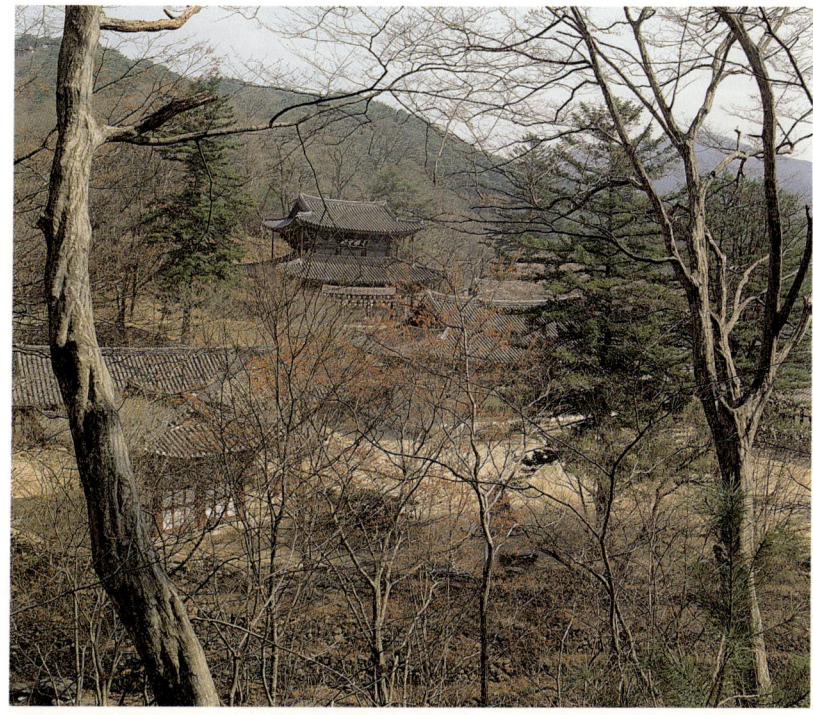

↗ **마곡사 북원 가람 전경** 남원 국사당에서 바라본 북원 가람의 모습이다. 여기서는 대웅보전이 독립된 중심 건물로 부각된다.
↘ **마곡사 북원 가람의 입·단면도** 문화재관리국 도면.

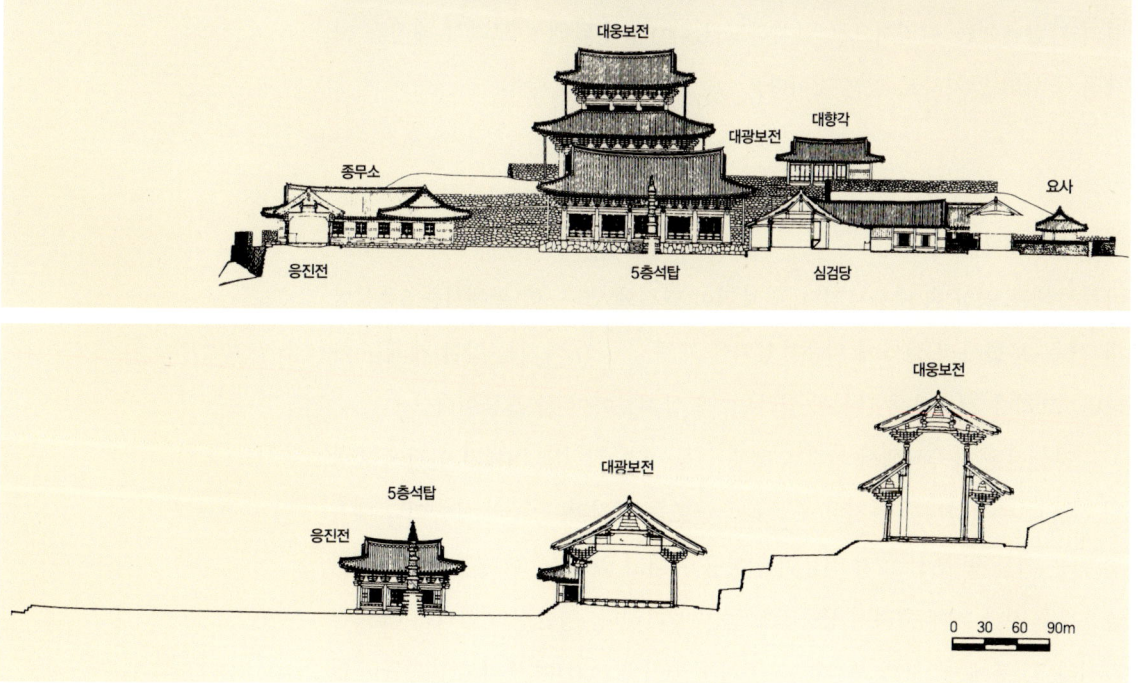

2 문화적 전환기의 건축 **안압지와 마곡사** _ 101

에 그리 유리하지 않았다. 특히 기존의 진입로와는 반대의 방향을 가질 수밖에 없는 입지였다. 그러나 해탈문과 천왕문을 남원 지역에 세운다는 아이디어와 진입축과 지형축을 시각적인 장면으로 결합한 탁월한 솜씨로 인해 매우 일체화된 가람으로 탄생할 수 있었다.

이 정도로 배치의 비밀을 읽을 수 있다면 의아스러운 두 건물, 대광보전과 대웅보전의 형상은 쉽게 이해할 수 있다. 길고 수평적인 모습의 대광보전과 2층의 수직적인 대웅보전의 대비. 뒤에 금산사金山寺 미륵전과 대적광전의 관계에서도 볼 수 있겠지만, 백제계 사찰의 고유한 대비법이다. 높은 대지 위에 올려진 2층 건물 대웅보전은 대광보전과 수직적으로 중첩될 꼭 그 정도의 높이로 계산되어 있다.

대광보전은 북원 가람의 중심이다. 그 앞에는 5층석탑, 그 뒤로는 2층의 대웅보전을 거느리고 있다. 동선의 최종점은 대웅보전이지만, 구성의 중심은 대광보전이다. 대광보전에는 비로자나불毘盧遮那佛이 모셔져 있고, 이 부처는 화엄신앙의 주인이다. 모든 부분들의 통일을 원리로 하는 화엄사상과, 북원의 가람배치는 원리적으로 일치하고 있다. 다시 말해서 교리적 해석과 시각적 구성이 일치하고 있는 것이다.

마곡사의 건물들

마곡사에는 영산전, 대웅보전, 대광보전이 밀집돼 있다. 이 글에서는 5층석탑의 건축·문화사적 의의에 치중하였기에 개개 건물의 가치를 말할 개제는 아니다. 그러나 건물사에 관심이 있다면, 꼭 살펴보아야 할 집들이다.

영산전은 마곡사에서 가장 오래된 건물이다. 적어도 18세기 이전에 중창된 건물로 추정한다.[47] 완전한 주심포계 구조를 가지며, 첨차의 모습이나 배흘림 있는 기둥 등 조선 초기 건물의 전통을 지니고 있다. 길고 평활한 형태지만 높은 2중 기단 위에 올려져 상승감도 동시에 가진다. 영산전의 백미는 내부 공간이다. 내부에는 7구의 불상과 그 주위를 둘러싼 1,000여 구의 소불상들이 앉

47_ 『마곡사 실측조사보고서』, p.223.

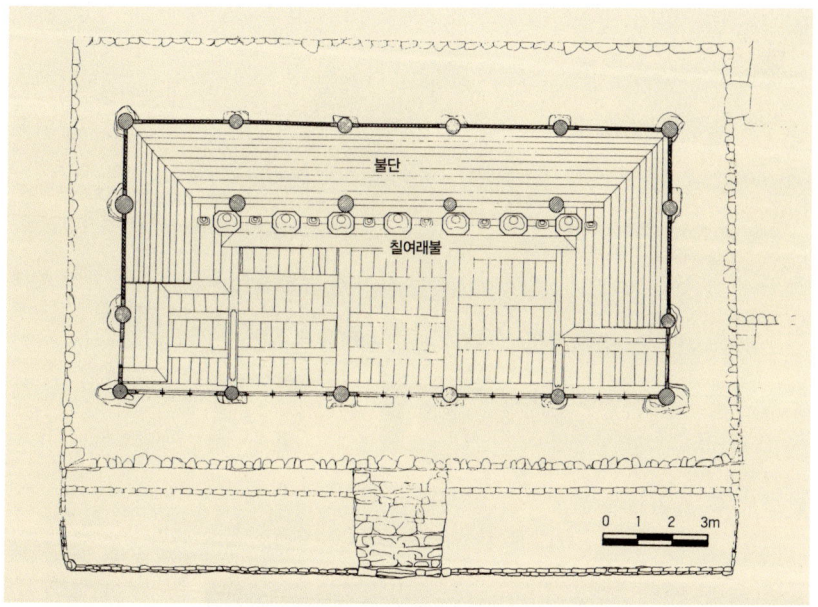

불단

칠여래불

0 1 2 3m

↗ **마곡사 영산전 평면도** 문화재관리국
도면.

아 있다. 전각 이름과는 달리 '천불전'의 내부다.[48] 각기 다른 표정의 불상들
은 마치 원로원이나 회의장의 풍경을 보는 것 같다. 상부에는 천장의 높이를
달리하여 얻어진 공간적 방향감이 이 불상들의 회의장을 정리하고 있다.

대웅보전은 대략 19세기 전반기에 중창된 것으로 추정된다. 2층 불전으
로 남한에 현존하는 것들은 화엄사 각황전, 법주사法住寺 대웅전, 무량사 극
락전과 함께 4개밖에 안되는 희소성 때문에 보물로 지정됐지만, 건물의 질이
그다지 우수한 편은 아니다. 건물 자체의 가치보다는 마곡사 가람의 교리적,
시각적 완성을 위해 계획되었기 때문이다. 2층 법당의 구조법 가운데서는 가
장 간단한 구조 틀을 가지고 있고, 건물의 폭이 좁기 때문에 상대적으로 내부
공간의 수직성은 더욱 강조된다.

대광보전은 1831년에 중창된 건물이다.[49] 단층이지만 대웅보전보다 훨씬
우람하고 견고해 보인다. 특히 동남부 귀퉁이의 기둥은 지름 1m로, 지나칠
정도로 두껍다. 뚜렷한 민흘림을 가지며 우람하게 서 있는 이 기둥은 뒤편 대
웅보전으로 유인하는 역할도 한다. 대광보전 내부의 구성은 이해하기 어렵
다. 불상이 안치된 불단이 동쪽에 있어서 남쪽을 향한 건물 방향과 내부 구조

48_ 최완수, 앞의 책, p.149. 7구의 부처
는 '과거칠불' 過去七佛로 알려져 있다.
49_ 앞의 보고서, p.90.

2 문화적 전환기의 건축 **안압지와 마곡사** _ 103

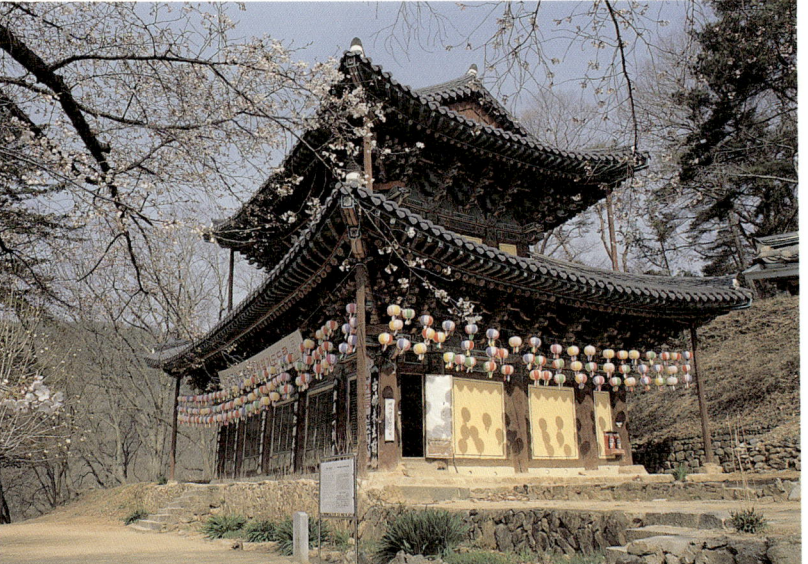

마곡사 대웅보전 중층 불전은 보통 평지에 위치하지만 마곡사 대웅보전은 높은 산 중턱에 위치하고, 1층에 비해 2층이 좁고 높아 더욱 수직적인 인상을 갖는다.

백의관음상 마곡사 대광보전의 후불 벽화이다. 조선 말기의 작품이기는 하지만 대단히 웅휘한 필치로 그려졌다.

마곡사 대광보전 건물 내부에 직각 방향으로 모셔져 동쪽을 향하고 있는 불상이 있다. 그러나 내부 남쪽 고주가 없이 일반적인 불전의 구조를 취하고 있어서, 동향하고 있는 불단은 후대에 개조한 것으로 추정된다.

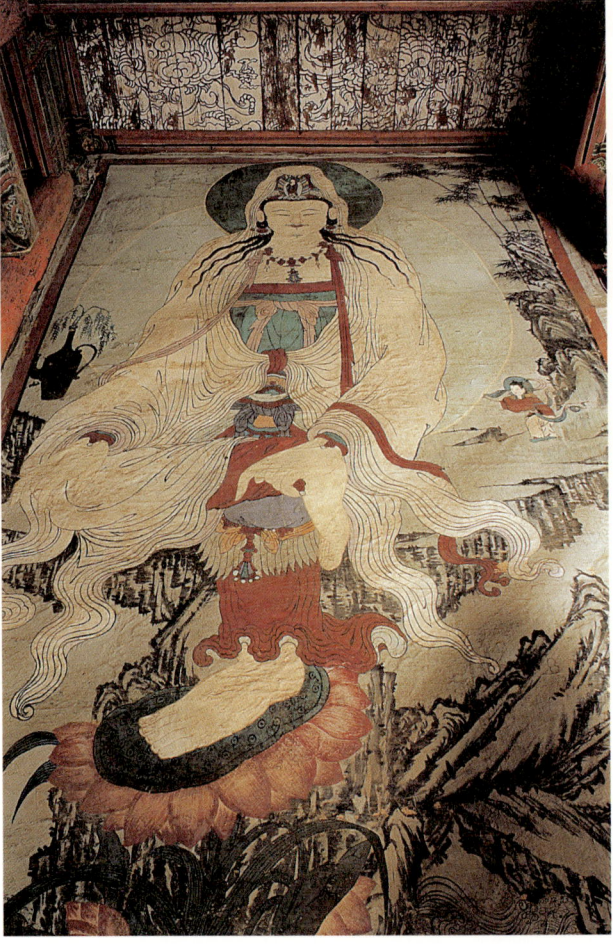

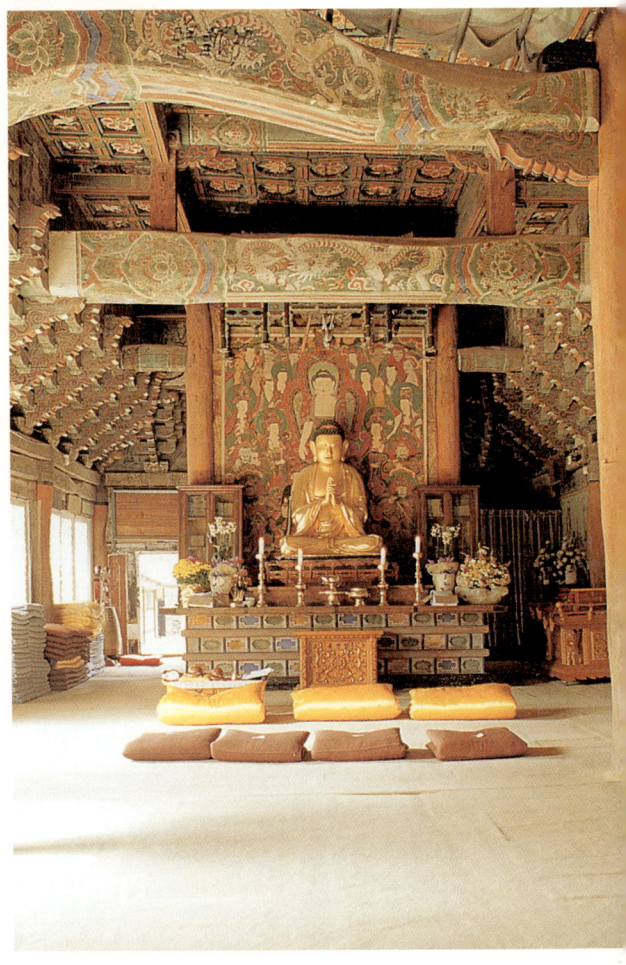

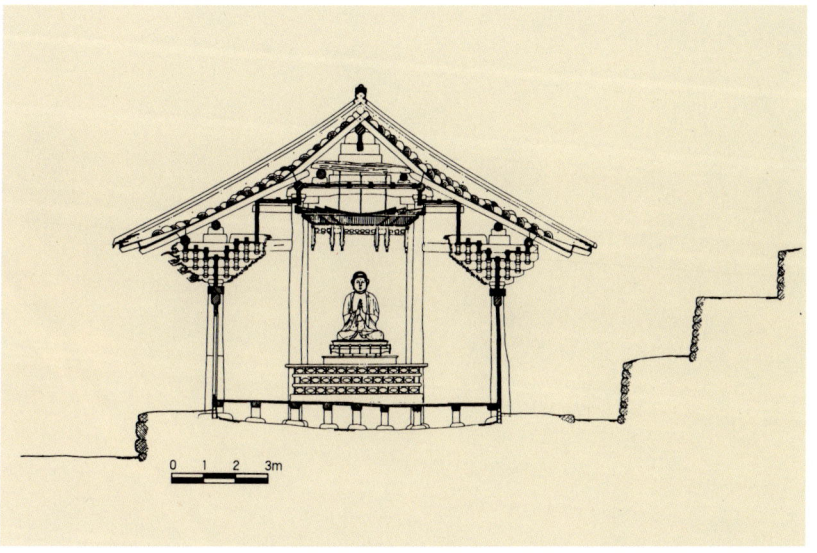

↗ **마곡사 대광보전 단면도** 문화재관리
국 도면.

의 방향이 직각을 형성하기 때문이다. 그렇다고 부석사 무량수전같이 공간적
구조가 일치하는 것도 아니다. 불규칙하게 세워진 고주高柱들의 기둥렬은 내
부의 공간적 방향성과 무관하다. 원래는 일반적인 법당과 같이 길이 방향으
로 불단이 있었으나, 중창 때에 지금의 모습으로 변형된 것은 아닐까? 건물의
정면에는 내부 공간을 암시하는 표시가 전혀 없다. 오히려 중앙 어칸 좌우에
용머리를 조각해서 일반적인 내부 공간을 암시할 뿐이다. 그러나 중간에 내
부가 변했다는 추정은 마곡사 관계자들에게는 통하지 않는다. 원래부터 그랬
다는 것이다. 그분들에게는 오로지 오래된 것, 원래의 것만이 가치를 가지며
자랑할 수 있기 때문이다.

2 문화적 전환기의 건축 **안압지와 마곡사** _ 105

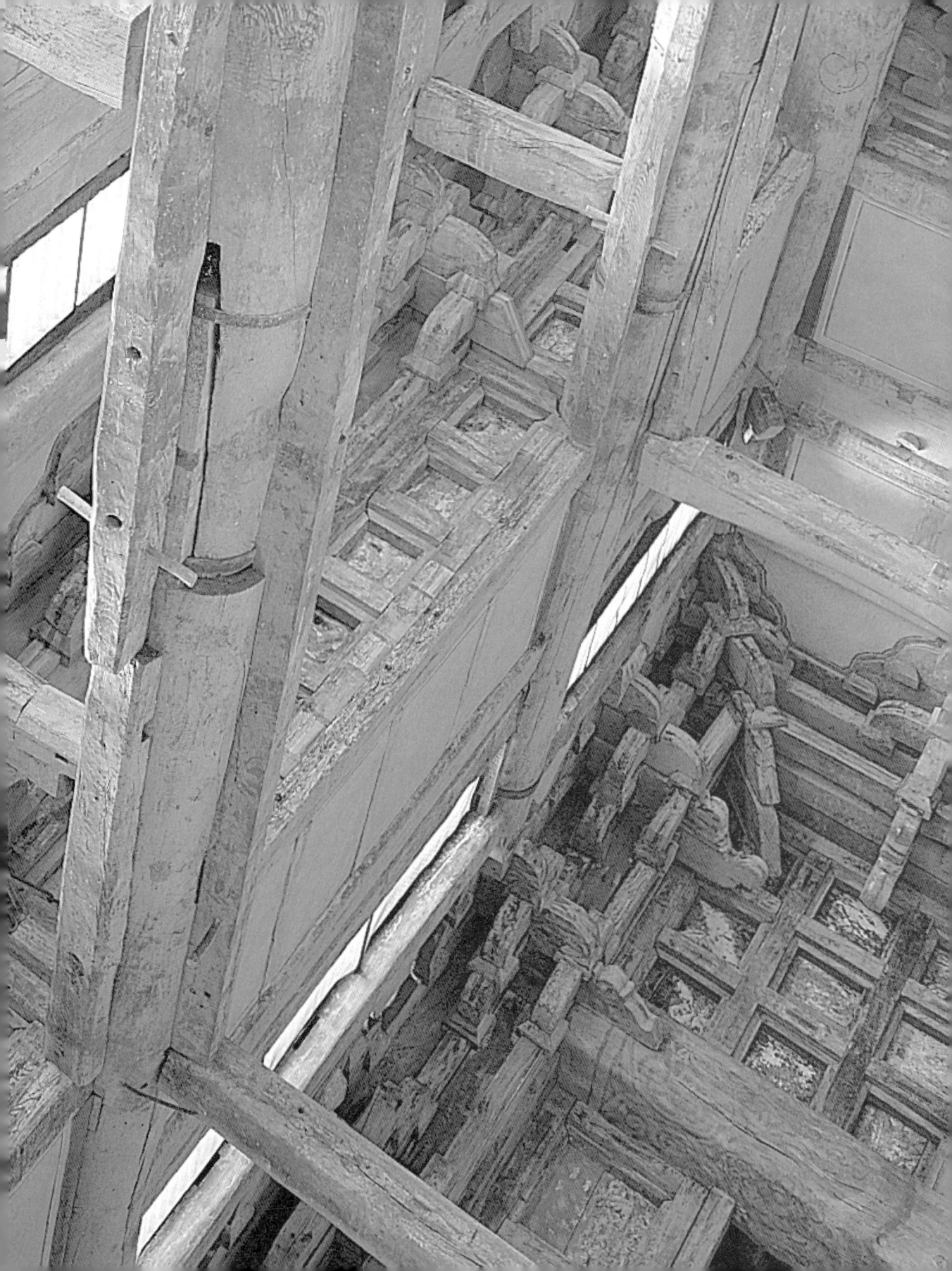

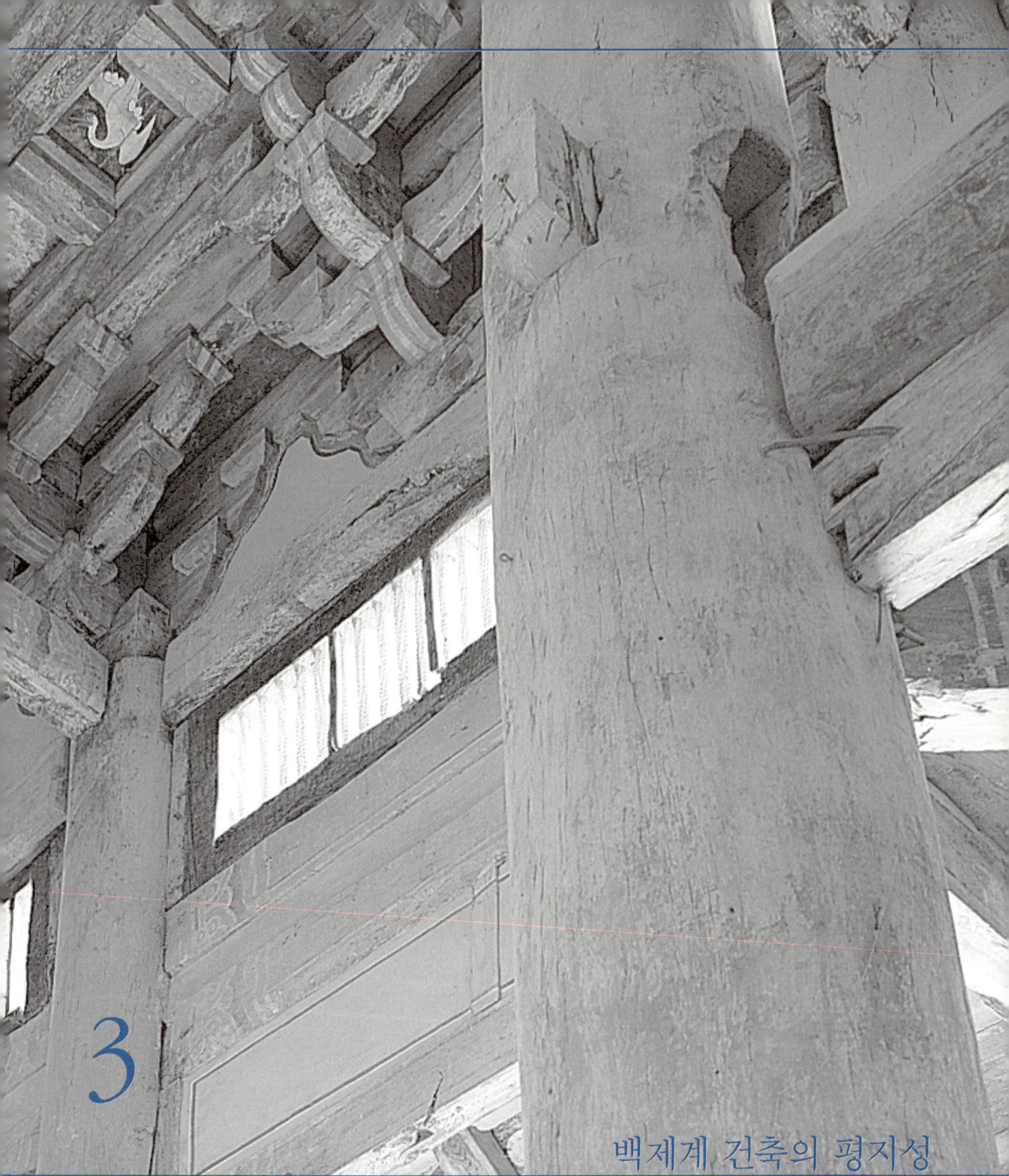

3

백제계 건축의 평지성

미륵사와 금산사

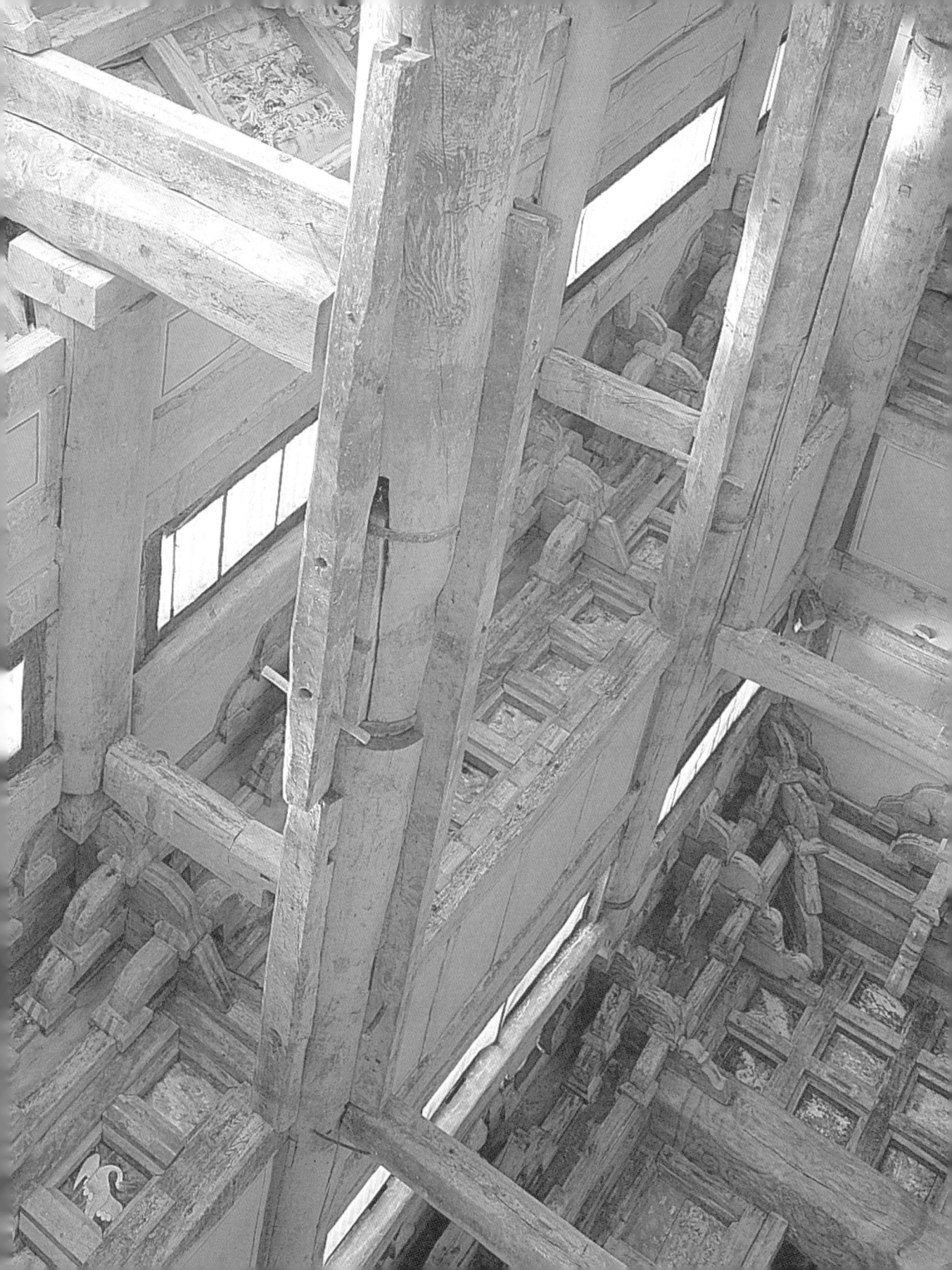

백제권 건축과
지형

탄현과 황산벌

신라-당나라 연합군 대부대가 육지와 바다에서 점차 포위망을 좁혀 오는 절
대절명의 위기 속에서 백제 의자왕은 긴급 안보회의를 열었다. 얼마 되지 않
는 아군으로 도대체 어떻게 적군을 막을 것인가? 아무도 자신 있게 대안을 내
놓지 못했다. 결국 미움을 받아 멀리 귀양 보낸 좌평 홍수에게 묘책을 물을 수
밖에 없었다.

당나라군은 수가 많고 군율이 엄명하고 더구나 신라와 공모하였기 때문에, 만
일 평원광야에서 대진하면 승리할 수 없습니다. 백강(혹은 기벌포)과 탄현(혹은
침현)은 우리나라의 요충이므로 그곳에서 적군을 막아야 합니다.[01]

그러나 극히 상식적으로 보이는 이 전술은 채택되지 못했다. 이해하기
어려운 결정이었다. 그만큼 백제의 군왕과 신하들은 무능했던 것일까. 그러
나 다른 측면에서 생각한다면, 홍수의 고언은 당시 백제의 전략가들이 받아
들이기 어려운 매우 파격적인 전술이었다. 이미 신라와의 잦은 싸움을 통해
터득한 이치가 있었으니, 백제군은 평야전에는 무적인 반면 산악전에는 매우
취약하다는 점이었다. 선덕여왕을 습격하러 경주 부근의 여근곡에 잠입했다
가 몰살당한 뼈저린 경험을 통해서였다. 홍수도 이 점을 알고 있었지만, 어쩔
수 없는 최후의 비상수단으로 산악전을 주장했던 것이다.

01_ 『三國史記』, 「百濟本紀」, 義慈王條

결국 계백階伯장군에게 군사 오천을 주어 황산벌에서 적군을 격퇴하라는 명령이 내려졌다. 공격하는 신라군은 오만 명, 어차피 이길 수 없는 싸움이었다. 그러나 백제군은 확실히 평야전에 강했다. 그들은 평지라는 지형을 능수능란하게 이용할 수 있었고, 반면 신라군은 아무런 은폐물이 없는 평야에서 싸운다는 것 자체가 불안했다. 신라군의 사기는 떨어졌고 지형의 이점을 안은 백제군에게 전쟁 중반 4전4패하는 수모를 당했다. 결국 나이 어린 화랑들을 화살받이로 삼아 대군의 사기를 회복한 신라군은 인해전술과 막강한 후방 지원으로 가까스로 승리할 수 있었다.

최후의 일전을 벌일 장소를 두고 고민했던 백제 최후의 선택은 의미심장하다. 탄현이냐 황산벌이냐. 결국 백제는 산악지를 피하여 평야를 선택했다. 그 선택은 당시로서는 관습적인 것이었다. 평지를 떠나서 어떠한 생활이나 문화도 상상할 수 없었기 때문이다.

'백제계 건축'과 '신라계 건축'

태백산에서 지리산으로 이어지는 백두대간의 말미, 세칭 소백산맥을 경계로 영남과 충청·호남권이 갈라진다. 이 경계는 행정구역상의 경계일 뿐 아니라 삼국시대에는 백제와 신라를 구분 짓는 국경이었고, 조선시대 성리학계의 영남학파와 기호학파를 구분 짓는 학풍적 경계이기도 했다.

이 경계는 건축문화적으로도 중요한 의미를 갖는다. 다시 말해서 영남권의 건축과 충청·호남권의 건축적 구성 양상이 서로 다르다. 예컨대, 경상북도의 양반주택들은 완전 ㅁ자형의 폐쇄적인 구성인 반면, 충청·호남권의 주택들은 튼 ㅁ자형의 비교적 개방적인 구성이다. 서원과 향교를 예로 들면, 영남의 것들은 강당 앞에 동서재가 놓여 강당과 사당 마당이 구분되지만, 호남의 것들은 강당 뒤에 동서재가 놓임으로써 강당-사당 마당이 하나로 통합된다. 이러한 구성상의 차이는 주리파(영남학파)와 주기파(기호학파)의 학문적 해석에 따른 사상적 차이로 해석하기도 한다.

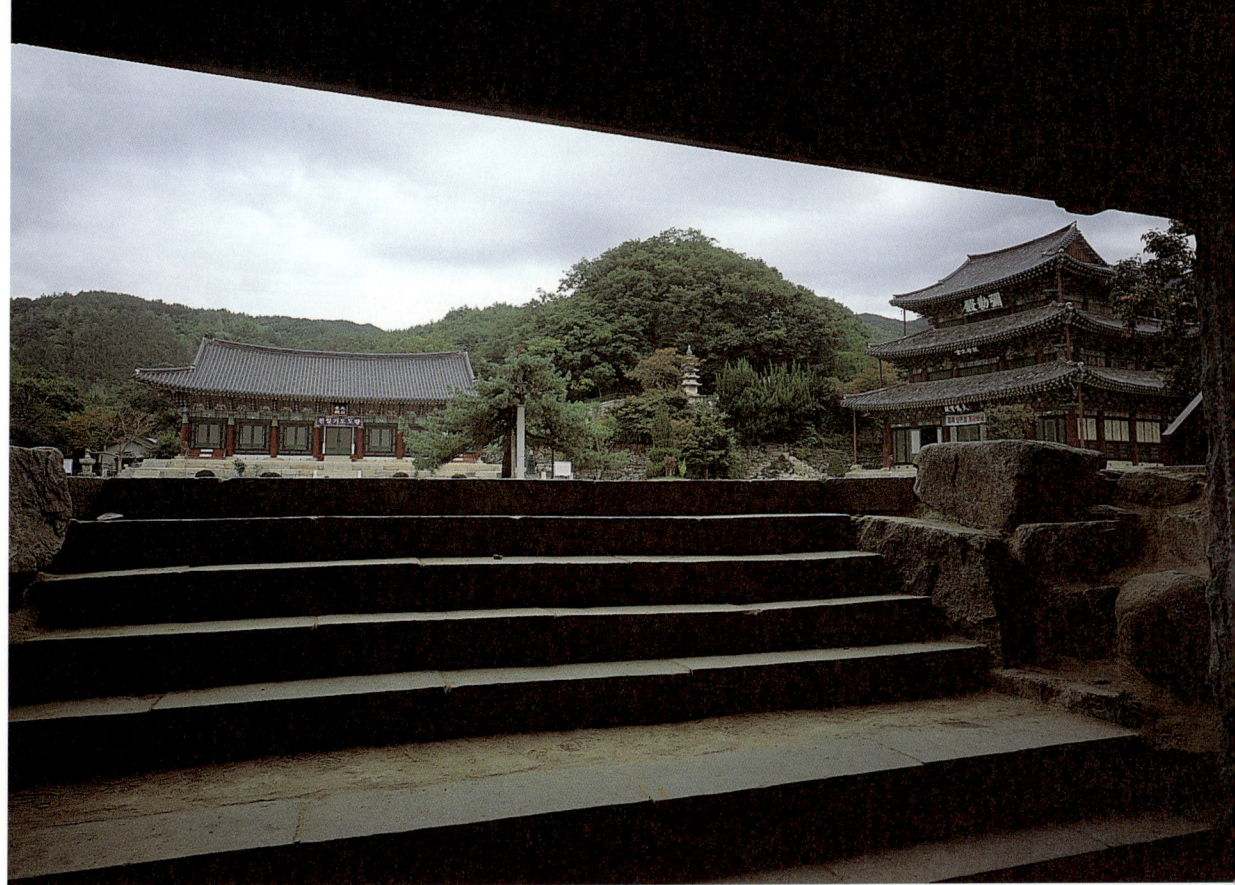

↗ **금산사 전경**
수평의 대적광전과 수직의 미륵전 사이에
또 하나의 중심인 송대가 솟아 있다.

　　두 지역 건축의 차이는 단위 건물에서도 나타난다. 경상도 사찰의 불전
은 칸살이 좁고 기둥이 높아 수직적인 형상을 띄는 반면, 충청·전라도의 것
은 칸살이 넓고 기둥이 낮아서 대지에 밀착된 수평적인 모습을 갖는다. 건물
구조와 모양의 이러한 차이를 발견한 신영훈 선생은 이른바 '신라계 건축'과
'백제계 건축'으로 개념화했다. 신라와 백제시대의 건축이 아니라, 옛 신라
와 백제 영토에 존재하는 건축들의 문화적 차이를 구분 짓기 위한 개념이었
다. 또한 이들 명칭은 신 선생이 뚜렷이 밝히지는 않았지만, 신라와 백제시대
건축의 문화적 차이였을 가능성을 염두에 두고 있다. 현재는 주춧돌만 남아
서 지상 건물들의 형상을 정확히 확인할 수 없지만, 신라의 건축은 수직성을
모티브로 삼았고, 백제의 건축은 수평성을 모티브로 삼았을 가능성이 있다.
물론 수직과 수평이란 서로 상대적인 개념이다. 삼국시대의 건축이야 어찌

되었든, 이 지역에 남아 있는 조선시대의 건축들은 지적한 뚜렷한 차이를 보이는 것이 사실이다.

두 지역의 건축이 구성상으로 그리고 단위 건물의 구조와 형상 면에서 상대적인 차이를 보이는 까닭은 무엇인가? 그것이 신라와 백제에 뿌리를 둔 문화적 전통이라고 한다면, 그 전통이 서로 다른 까닭은 또 무엇인가? 아직 학계의 연구가 충분치 않아 뚜렷한 정설은 없다. 하지만 우선적으로 고려할 수 있는 것은 두 지역의 지형적 차이점이다. 신라 지역은 높고 험한 산들이 많고, 백제 지역은 비교적 평야지대가 많다. 백두대간 경계 지역을 제외하고 전라·충청 일대의 산들은 나지막하고 완만하다. 과거 건축환경의 가장 중요하고 절대적인 부분이 자연지형이었음을 되새긴다면, 건축물이 지형을 닮아 문화적 전통을 이루었다는 가설은 꽤 신빙성이 있다. 앞서 예로 든 황산벌과 탄현의 갈등은 지형적 선호도를 선명하게 드러내는 예다. 추가적인 건축적 실증은 금산사를 비롯한 여러 건축물의 터잡기와 건물 구성에서 드러날 것이다.

백제계 건축의 터잡기

모악산 금산사. 모악母岳이든 금산金山이든 옛날에는 모두 이 사찰이 의지한 산이름이었다. 이 산의 이름을 옛말로 '엄뫼' 라고 불렀고 '큰뫼' 라고도 칭했다. 엄뫼나 큰뫼라는 이름은 다 으뜸이 되는 태산이란 의미로 한국 고대의 산악숭배로부터 시작된 이름이다. 이것을 한자로 바꿔 쓸 때, 엄뫼는 '모악' 이라 의역하고 큰뫼는 '금산' 으로 음역했다.[02] 그러나 모악산이 "높아서 엄뫼가 아니라 암탉이 병아리들을 날개 밑에 거두듯이 많은 작은 산들을 거느리고 있어서 모악이다."[03]라고 한 것은 주변의 산세를 적절히 묘사한 문장이다. 실제로 모악산은 해발 700m 남짓한 산이지만, 일대에서는 가장 높은 산이다.

금산사가 등지고 있는 능선은 150m 고지에 불과하다. 뒷산의 높고 낮음이 중요한 것은 아니다. 사찰의 주 영역이 산능선의 어디에 자리잡았는가가 중요하다. 금산사는 능선이 끝나는 곳, 해발 100m 정도의 넓은 평지에 자리

02_ 金映遂, 『金山寺誌』, 1921.
03_ 신영복, 『나무야 나무야』, 돌베개, 1996, p.43.

를 잡았다. 이러한 지형이라면 신라계 사찰의 경우 당연히 산중턱 경사지에 자리를 잡았을 것이다. 한 예로 창녕의 관룡사觀龍寺는 산 아래 마을에 넓은 터가 있지만, 산중턱의 급한 비탈에 자리잡았다. 금산사 주변에도 관룡사와 같은 터가 없는 것이 아니다. 현 사찰의 동쪽, 부도밭 일대 경사지는 꽤 넓은 가람터를 확보할 수 있는 곳이었다. 그러나 금산사는 경사가 거의 없는 평지에 자리잡았고, 인공적으로 더욱 평탄하게 터를 닦아서 산속의 사찰이면서도 평지사원과 같이 조성했다.[04]

금산사와 더불어 미륵신앙의 본거지로 쌍벽을 이루는 충청도 속리산 법주사의 예도 다르지 않다. 법주사는 유명한 말티고개의 급경사지를 꼬불꼬불 올라간 깊은 산중에 위치한다. 그러나 그 높고 깊은 산중에서도 넓은 분지를 찾아 마치 평지사원과 같이 터를 닦고 건물을 앉혔다. 유사한 위치에 있는 경상도의 해인사海印寺나 부석사와는 전혀 다른 터잡기와 터닦기 방법이다. 건축의 초기 단계부터 백제계의 평지 지향성이 두드러진다.

금산사의 건축적 원형이 됐음직한 익산의 미륵사도 역시 완벽한 평지사찰이다. 익산 지역 자체가 평야지대기는 하지만, 미륵사는 일대에서 가장 높은 사자산獅子山을 뒤로 등지고 광활한 평지를 조성했다. 그러나 원래부터

04_ 『금산사 실측조사보고서』, 문화공보부 문화재관리국, 1987, p.48.

↘ **금산사 부근 지형도** 문화재관리국 도면.

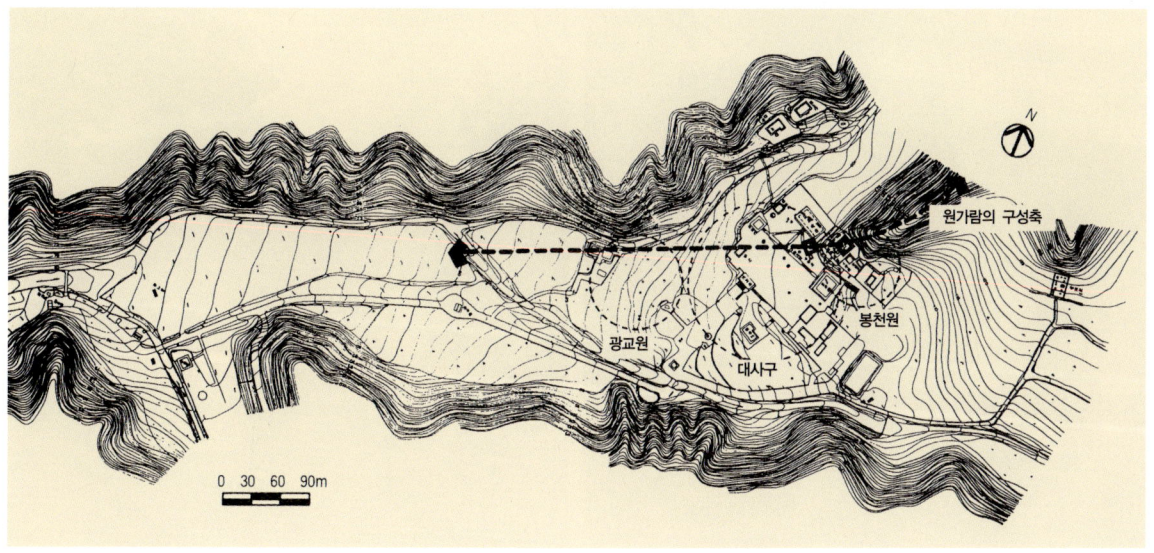

3 백제계 건축의 평지성 **미륵사와 금산사** _ 113

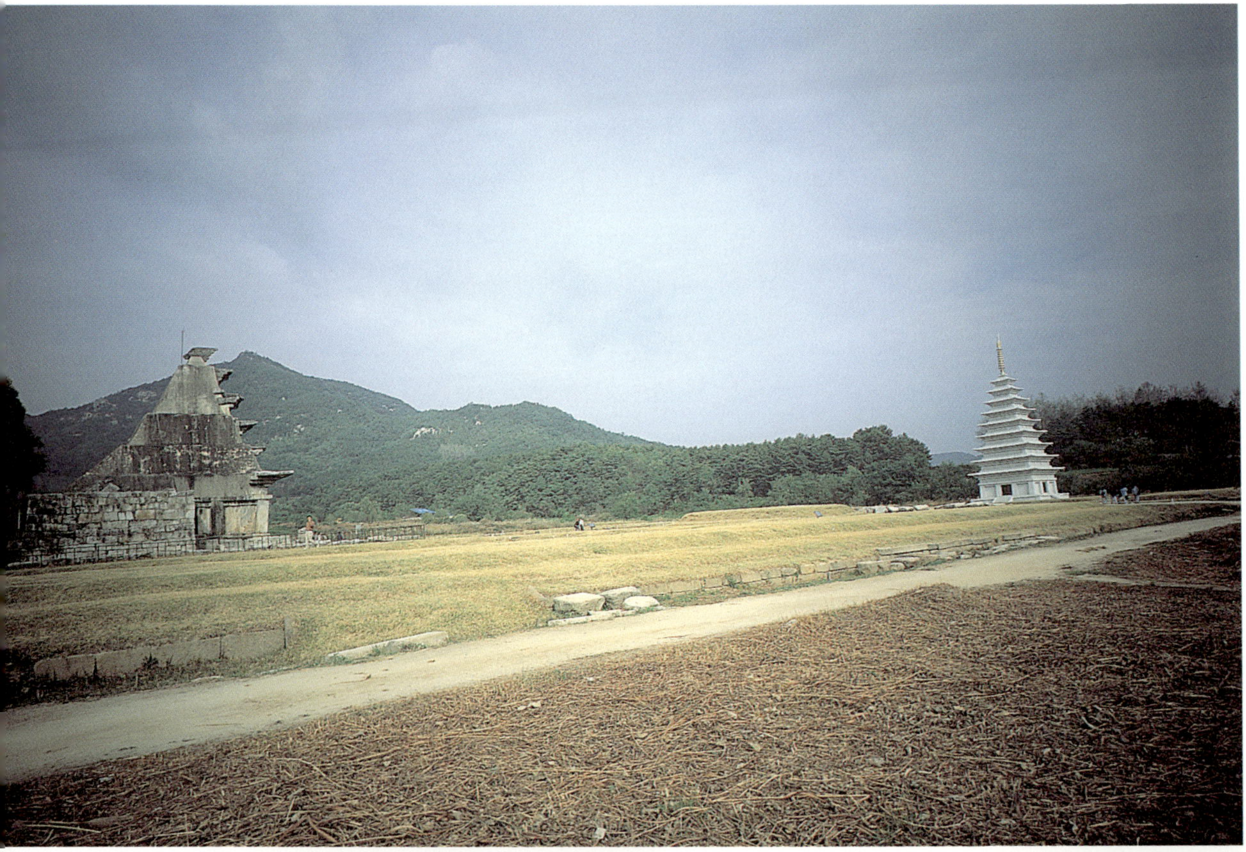

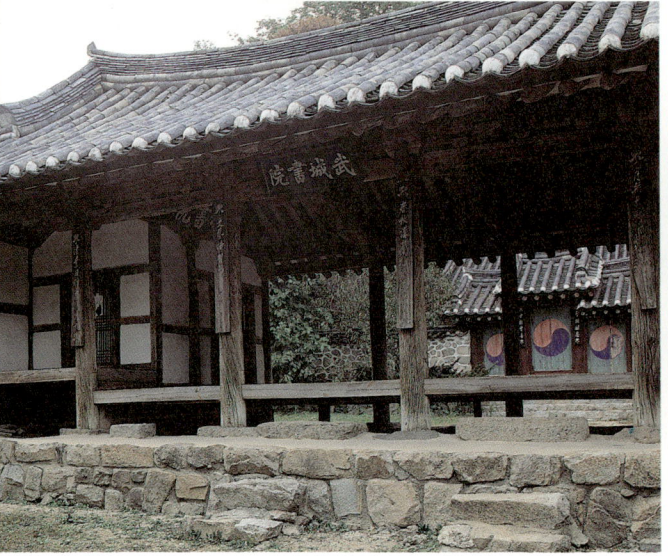

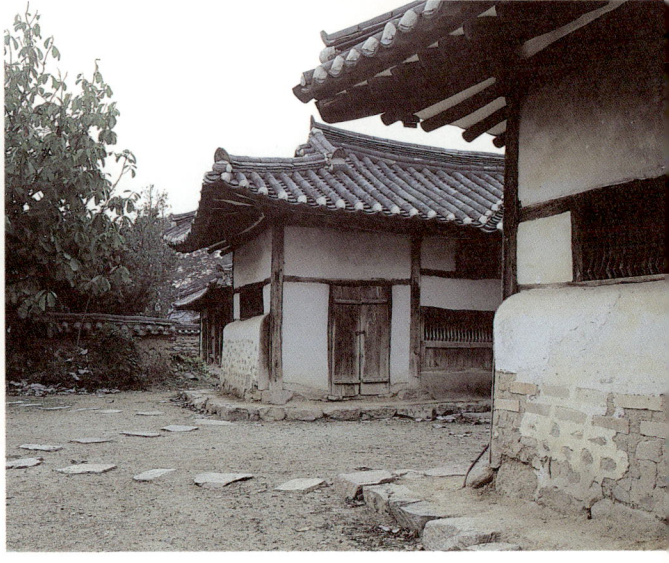

114 _ 김봉렬의 한국건축 이야기 시대를 담는 그릇

이곳이 평지였던 것은 아니다. 미륵사지는 원래 늪지였다. 금산사터 역시 늪지였다. 두 사찰 모두 늪지를 메우는 대공사를 통해서 터를 세운 것이다. 백제계 사찰들이 얼마나 평지를 선호했는지를 잘 보여주는 예였다.

사찰들만 그런 것이 아니다. 전북 정읍의 무성서원武城書院[05]과 김동수金東洙 가옥[06]도 마찬가지 입지관을 보여준다. 무성서원은 마을의 가운데(원래는 서원의 주위를 주택들이 둘러쌈으로써 마을이 형성되었다) 평지에 위치한다. 앞으로는 광활한 논밭을 바라보며, 일직선 축선상에 강당과 사당을 배열했다. 따라서 두 건물 간의 위계적 관계가 모호해졌다. 그러한 불리함을 감수하면서도 백제권의 대표적 서원들은 모두 넓은 들판에 위치했다. 장성의 필암서원筆巖書院[07], 논산의 돈암서원遯巖書院[08] 등이 그렇다. 위계와 질서를 최고의 목적으로 삼는 서원건축까지도, 고유한 목표를 희생하면서까지 평지지향적인 입지관을 고수하고 있다.

[05] 최치원崔致遠의 학문과 덕행을 추모하고자 세운 생사당生祠堂(살아 있는 사람을 모시는 사당)으로 출발하여, 1696년(숙종 22)에 최치원과 신잠의 두 사당을 병합하고 '무성'이라는 사액을 받아 서원으로 개편되었다. 전라도에서는 장성의 필암서원과 함께 원형을 보존하고 있는 유이한 서원건축이다.

[06] 전라북도 정읍시 산외면 오공리에 있는 고가古家. 흔히 아흔 아홉 칸 집이라고 부르는 전형적인 상류층 가옥으로, 1784년(정조 8)에 건립하였다고 한다. 10여 동의 건물들이 평지배치되면서 건물의 꺾음과 담장들의 절묘한 열고닫음으로 변화 있는 공간을 만들어냈다.

[07] 1590년(선조 23) 호남 유림이 김인후金麟厚의 위패를 모시기 위하여 장성읍 기산리에 지은 서원. 주요 전각들이 좌우 대칭으로 배치되고, 강당 뒤쪽 좌우에 동재와 서재가, 그 북쪽 담장 중앙에 내삼문이 있고 안쪽으로 사당이 건립되어 전당후재前堂後齋의 배치를 이룬다.

[08] 조선 중기의 대표적인 예학파禮學派 유학자였던 김장생金長生의 학문과 덕행을 추모하기 위해 세워진 사액서원. 호서 지방의 대표적 서원으로, 흥선대원군의 서원 철폐 때에도 보존된 전국 47개 서원 중의 하나이다.

◸ 미륵사지 전경
◺ 무성서원 전경
◿ 김동수 가옥 전경

백제권의 미륵신앙과
사찰건축

미륵의 상생과 하생신앙

원시불교에서 유일한 신앙의 대상은 석가모니 부처 하나뿐이었다. 그러나 대
승불교에서는 석가모니 외에 많은 다른 부처들이 등장하여 신앙의 대상이 되
었고, 급기야 천불·삼천불신앙까지 확대되었다. 아미타불과 약사불, 미륵불,
비로자나불 등이 대표적인 신앙의 대상이었고, 이들은 각기 고유한 교리를 가
진 종파불교들과 제휴되면서 교리와 신앙의 일체화 현상이 벌어진다. 법상종
에서는 아미타불과 미륵불을, 화엄종은 비로자나불을 주된 신앙의 대상으로
삼았다. 그러나 한국불교의 경우는 종파 간 신앙 간에 통합되고 혼성되는 경
향이 강했기 때문에 신앙 체계와 종파가 정확히 일치하지는 않는다.

다른 모든 부처들은 이미 존재했었던 과거의 부처지만, 미륵불만은 아직
출현하지 않은 유일한 미래의 부처다. 따라서 현실의 변혁과 변화를 갈구하
는 이들에게 미륵불은 구원의 메시아로 각광을 받았고, 미륵신앙은 한때 지
배자들에게 가장 인기 있는 대상이었지만 점차 피지배자의 민중신앙으로 확
산되었다.

미륵彌勒은 인도의 바라나국 겁파리촌의 귀족 집안에서 태어나 젊은 나
이에 죽었다. 그는 죽은 뒤 도솔천兜率天에 왕생하여 미륵보살이 되었다. 이
과정을 '미륵상생'彌勒上生이라 부른다. 미륵보살은 도솔천의 하늘나라 사
람들을 위해서 설법을 하고 있으며, 56억 7천만 년 후에 지상에 내려와서 3번
의 설법을 통해 이 땅의 중생들을 구제할 예정이다. 도솔천의 미륵보살이 지

116 _ 김봉렬의 한국건축 이야기 시대를 담는 그릇

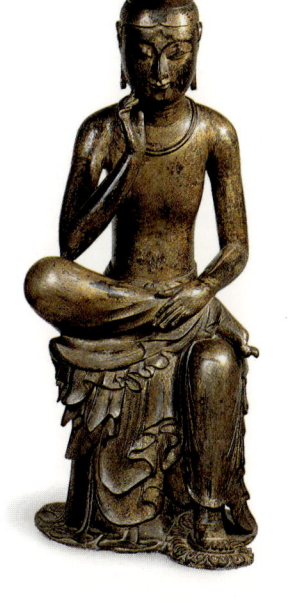

7 **금동 미륵보살 반가사유상** 국립중앙
박물관 소장.

상의 미륵불로 하강하는 과정을 '미륵하생' 彌勒下生이라 부르고, 미륵불이
행하는 3번의 설법장을 '용화삼회' 龍華三會라 한다. 그리고 미륵불이 이 땅
에 여는 세계를 '용화세계'라 칭한다.[09]

이 땅의 중생들은 미륵불의 용화삼회에서 모두 구제받을 수 있지만, 인
간의 수명이 유한하기 때문에 56억 년 후의 용화세계에 참여할 수 없다는 데
문제가 있다. 현재의 인간들이 용화삼회에 참여할 수 있는 유일한 길은 미륵
보살이 있는 도솔천에 왕생하는 길이다. 도솔천에서는 인간의 수명이 무한하
므로, 미륵보살과 함께 수양을 하다가 미륵이 하생할 때 함께 지상에 내려와
설법에 참여하는 방법이다.

'도솔천 왕생'은 이론적으로 매우 합리적인 구제방법이다. 그러나 문제
는 누구나 도솔천에 왕생할 수 없다는 데 있다. 도솔천에 왕생하려면 일생 동
안 불교의 계율을 지키고 닦아야 한다.[10] 결국 미륵상생신앙은 자연스럽게 엄
격한 계율을 지키는 '계율신앙'으로 연결된다.

삼국시대에 수입된 불교는 대부분 계율학적 성격을 가졌다. 부족 연합국
가가 고대왕국으로 전이하는 과정에서, 왕들은 귀족들로부터 심한 견제를 받
을 수밖에 없었다. 이때 새로운 사상과 문화의 보고寶庫인 불교는 왕권을 강
화하고 사회를 통합할 수 있는 훌륭한 도구였다. 세 나라가 앞다투어 불교를
수입하고 장려했던 이유는 바로 여기에 있었다. 불교의 도입이 왕권강화의
목적을 가졌기 때문에, 당연히 계율학적 불교가 수입 불교의 주류를 형성하
게 된다. 수입 당시뿐 아니라 이후에도 계율戒律불교는 사회 유지의 중요한
수단이 되었다. 한 예로 왕권이 심각한 도전을 받았던 신라 선덕여왕 당시, 중
국에서 급거 귀국한 자장율사慈藏律師는 강력한 계율불교를 부흥시켜 사회
안정과 왕권 강화에 큰 몫을 했다.

계율불교의 구체적인 신앙 대상은 자연스럽게 미륵보살 또는 미륵불이
었다. 고대에 조성된 불상 가운데 미륵불상이 상당수를 차지하며, 특히 뛰어
난 예술성을 보여준 '미륵보살 반가사유상'은 도솔천의 미륵보살이 장차 지
상에 하생하여 중생을 구제할 일을 생각하는 모습을 조각한 것이다. 삼국시

09_ 이상 『미륵하생경』彌勒下生經에서 발
췌.

10_ 홍윤식, 「금산사 가람과 미륵신앙」,
『금산사 실측조사보고서』, p.60에 수록.
『미륵상생경』에 따르면 '도솔천에 왕생하
기 위해서는 오계五戒, 팔계八戒, 구족계具
足戒를 지키고 심신을 정진하여 십선계十
善戒를 닦아야 한다'고 되어 있다.

3 백제계 건축의 평지성 **미륵사와 금산사** _ 117

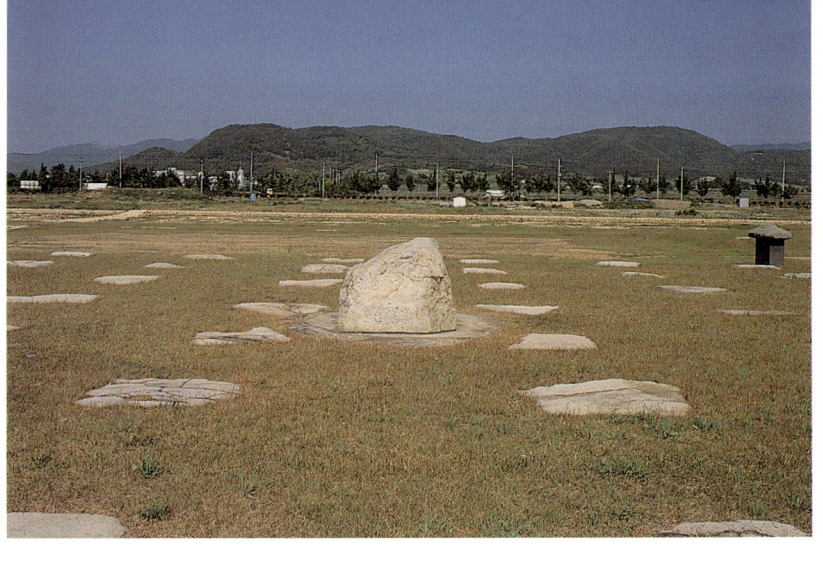

◥ 경주 황룡사지 전경

대의 국가적 사원들, 예를 들어 백제의 미륵사는 완벽한 미륵신앙의 본거지
였고 신라의 황룡사도 미륵신앙의 사원이었을 가능성이 높다.[11]

구원의 메시아, 백제권의 미륵신앙

적국과의 대립 속에서 강력한 왕권을 바탕으로 국방을 수호하는 데 큰 도움
을 주었던 삼국시대의 미륵신앙은 분명 귀족들의 신앙이었다. 미륵신앙을 바
탕으로 한 신라의 화랑제도는 귀족 자녀를 대상으로 했다. 귀족들도 죽은 후
에 도솔천에 왕생하기를 염원했었다. 그러나 신라의 삼국 통일 후, 양상은 크
게 달라졌다. 서로 다른 체제 속에 있던 3개의 사회를 하나로 통합할 수 있는
융화적 사상이 필요했고, 이 역할을 의상계의 화엄사상이 담당했다. 의상의
화엄사상은 신앙적으로 아미타불의 극락정토신앙과 결합했다. 신라의 귀족
들이 엄격한 현세의 계율신앙보다는 사후에도 안락을 누릴 수 있는 극락신앙
을 선호했기 때문이다. 현실의 풍요에 만족했던 귀족들에게 미륵신앙은 인기
가 없었다.

　　그러나 척박한 현실에 불만을 가지고 현실이 개혁되기를 바라던 민중들
에게는 여전히 미륵이 인기가 높았다. 이 지긋지긋한 세상에 미륵불이 빨리
내려와 구제해주기를 간절히 바랐기 때문이다. 삼국시대의 미륵신앙은 주로

11_ 황룡사 조성에 근본이 된 사상은 화엄
사상으로 주장되어왔다. 그러나 이 절에
모셔진 주불은 유명한 장륙상으로 4.8m
이상의 거대한 불상이다. 미륵불이 보통
장륙상으로 조성된다. 또한 황룡사 9층탑
과 통도사 계단을 만든 자장율사의 계율
신앙에 미루어 보아 미륵불일 가능성도
배제할 수 없다.

118 _ 김봉렬의 한국건축 이야기 시대를 담는 그릇

계율신앙과 연계된 '미륵상생신앙'이었지만, 신라 통일기에는 '미륵하생신앙'으로 내용이 바뀌어버렸다. 특히 나라도 잃어버리고 온 지역이 정복국 신라에 복속된 옛 백제 지방에서 미륵하생신앙은 유일한 구원의 메시지였다. 금산사 중흥도 이러한 사회적·신앙적 맥락에서 이해할 수 있다. 진표율사眞表律師(734~?)는 패망한 백제 유민들의 비통함을 거두고, 좌절을 딛고 일어설 수 있는 구원의 미륵불을 세웠던 것이다.[12]

백제권의 미륵신앙 대사찰들은 8~10세기에 집중적으로 세워진다. 금산사를 비롯하여 속리산의 법주사, 중원의 미륵대원, 화순의 운주사 등등. 신라 하대 왕실은 이 지역의 반항적 미륵신앙을 체제 내로 수렴하려는 정치적 이데올로기에서 제도권의 미륵사찰 중흥을 묵인 내지 지원했다고도 볼 수 있다. 후삼국시대에는 견훤甄萱의 후원에 의해 백제 부흥의 에너지가 미륵사찰 중흥으로 이어졌다. 그러나 고려조에 들어서 이 지역, 특히 호남권은 정권의 변방으로 전락하였고, 순수한 미륵신앙은 민중신앙으로 변형되어갔다. 이제 제도권의 대형 사찰이 아니라, 마을 입구나 논 가운데 미륵불상만을 세우게 되었고, 급기야 장승신앙과 구별할 수 없을 정도로 민속신앙화되었다.[13]

미륵신앙은 어딘가 수직적인 이미지가 강하다. 미륵불상은 많은 경우 서 있는 입상의 형태로 조성된다. 미륵이 하생하여 설법하는 모습, 즉 구원의 모습을 표현했기 때문이다. 따라서 장륙상을 비롯하여 키가 큰 불상들이 많고, 이들은 또한 은진미륵과 같이 야외불로 서 있게 된다. 평야의 수평선이 주조를 이루는 백제권의 자연경관 속에 우뚝 서 있는 미륵불상의 수직적 형상은 신앙의 대상이 되기에 최상의 이미지를 형성한다. 설사 실내에 있는 미륵불이라 하더라도, 키가 큰 입상을 봉안하기 위해서는 2층 혹은 3층의 높은 전각이 필요하게 된다. 수평적인 지형에 가장 잘 부각되는 구성일 수밖에 없다. 사회·역사적인 원인이 더 강하겠지만, 백제권에 미륵신앙의 사찰과 불상이 크게 유행하게 된 원인은 이러한 경관적 친숙함도 이유가 되리라.

12_ 신영복, 앞의 책, p.43.
13_ 김삼룡, 『한국 미륵신앙의 연구』, 동화출판공사, 1986.

무왕과 익산 미륵사 창건

백제권 미륵신앙의 원조로, 또 평지적 건축 전통의 원류로 미륵사를 지나칠 수 없다. 익산시 금마면 기양리의 미륵사는 백제의 무왕이 634년 완공한 것으로 전한다. 전설처럼 전하는 이야기들이지만, 무왕은 많은 에피소드와 스캔들을 기록했던 풍운의 군주였다.

금마면에서 아버지 없이 사생아로 태어난 무왕의 어렸을 적 이름은 '맛동이'(서동薯童). 가난한 홀어머니 아래서 생계를 잇기 위해 산에서 마를 캐다 팔았던 데서 유래한 이름이다. 비록 미천한 출신이기는 했지만, 특출한 능력과 용기를 타고난 맛동이는 급기야 신라의 경주까지 진출한다. 아마 밀무역을 하기 위해서였던 것으로 짐작한다. 경주에 잠입하여 은밀히 장사를 하던 맛동이는 진평왕의 딸인 선화공주의 미모에 반하게 된다. 그 유명한 「서동요」를 퍼뜨리는 유언비어 작전으로 대궐에서 쫓겨난 그는 선화공주를 아내로 맞아 고향으로 돌아온다. 공주가 쫓겨날 때 가지고 나온 재산을 기반으로 세력을 넓히던 맛동은 드디어 왕위에 오르는 파란을 일으킨다. 아마 당시 백제 사회는 극심한 변화기였던 모양이다.

왕위에 오른 맛동이를 왕도의 기존 귀족들이 반길 리 없었다. 따라서 맛동이 무왕은 수도를 옮겨 자신의 세력기반을 공고히 할 계획을 세웠다. 그 후보지는 다름 아닌 자신의 고향 금마 일대였고,[14] 천도를 위한 계획의 일환으로 대가람 미륵사를 건립하게 된다.[15] 미륵사 건립에 관한 이야기도 다분히 전설적이다.

하루는 무왕이 부인과 같이 사자사에 가려고 용화산 밑의 큰 못가에 이르니, 미륵삼존이 못 가운데서 나타나므로 수레를 멈추고 경하하며 배례했다. 부인이 왕에게 말하기를, '이곳에 큰 절을 세우기를 원합니다' 하여 왕이 그것을 허락했다. 지명법사를 찾아가 못을 메울 것을 물었더니 신통력으로 하룻밤 사이에 산을 무너뜨려 못을 메워 평지를 만들었다. 이에 미륵삼회를 모델로 하여 불전과 탑, 행랑, 회랑을 각각 세 곳에 세우고 절의 이름을 미륵사라 했

14_ 장경호, 『百濟寺刹建築』, 예경문화사, 1990, p.140.
15_ 이상의 무왕 일대기는 『三國遺事』 등 여러 기록과 연구를 토대로, 오로지 정교한 상상력에 의존하여 필자가 재구성·재해석한 내용이다.

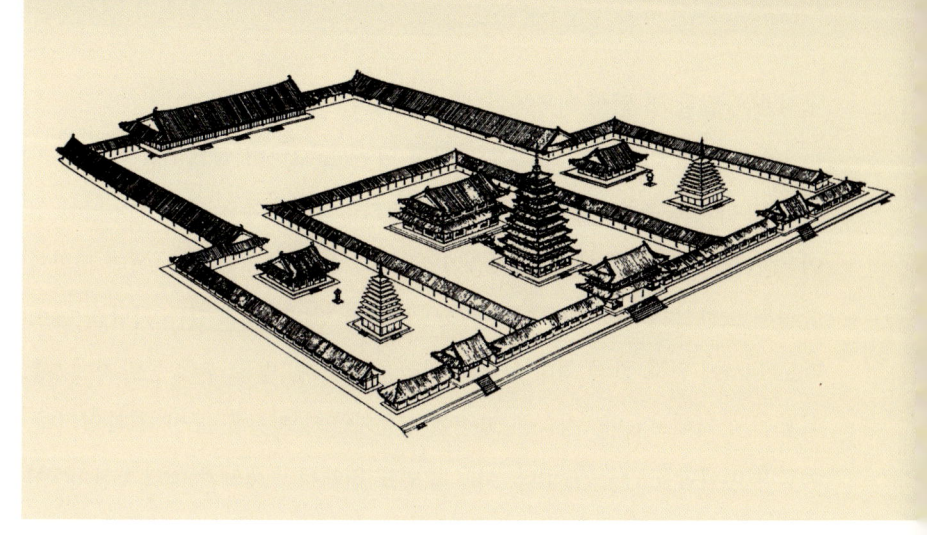

↗ **미륵사지 추정 복원도** 문화재관리국
도면.

다. 또한 진평왕은 많은 장인들을 보내어 이를 도왔다.[16]

　　사자사獅子寺나 용화산龍華山 등의 지명에서부터 벌써 미륵신앙의 상징
이 등장하고, 못을 메워 평지를 고르는 백제계 미륵사찰의 원형이 나타난다.
미륵삼회란 다름 아닌 용화삼회의 표현이다. 진평왕이 도왔다는 기록은 비록
이해하기는 어렵지만, 무왕의 세력기반이 선화공주와 연관된 신라계가 아닌
가 하고 추측된다.

용화삼회의 수직·수평적 재현

1980년대의 본격적인 발굴을 통해서 미륵사 구성의 전모가 드러났다. 발굴과
동시에 지표면에는 물이 흥건히 고여, 늪지를 메워 터를 만들었다는 기록이
사실로 확인됐다. 사찰은 모두 3개의 가람을 동서로 나란히 배열한 형상을 이
루었다. 동원－중원－서원의 세 영역은 긴 회랑으로 구획되었고, 각 영역에는
높은 탑과 금당을 앞뒤로 세웠다. 동서원에는 석탑을 세웠고, 중원에는 목탑
을 세웠다. 각각의 영역은 완벽하게 독립된 별개의 가람이었다. 3가람 뒤에
있는 긴 강당과 승방군이 이들을 통합하여 하나의 종합적인 사찰을 이루었
다. 『삼국유사』의 기록과 정확히 일치하는 구성이다. 여기서 동·중·서 3원의

16_『三國遺事』卷第二, 「紀異」第二, 武王條

3 백제계 건축의 평지성 **미륵사와 금산사** _ 121

구성은 두말할 것 없이 미륵불의 '용화삼회'를 상징하는 것이다.

발굴 당시 서원의 석탑 일부만 남아 있었고, 그나마 일제 시기에 보수라는 미명 아래 흉측한 콘크리트 덩어리를 발라놓았다. 6층의 일부까지 남아 있어서 원래 석탑이 7층이었는지 9층이었는지로 논란이 많았지만, 여러 정황과 발견된 노반석 부재로 미루어 9층으로 결론이 났다. 남아 있는 서탑의 높이만도 14m에 달해 한국 최대 석탑의 명성을 얻었다. 발굴 후에 동탑지에 9층 석탑을 복원해두었다. 정확한 고증에 전문가들의 자문을 구한 결과였지만, 어딘가 어색함을 감출 수 없다. 아무리 봐도 전체적인 비례와 체감곡선이[17] 이상하다. 또한 기계로 깎은 돌 부재들의 질감이 수공예 덩어리인 원래 석탑의 느낌과는 거리가 있다.

어쨌든 복원된 9층석탑의 높이는 25m,[18] 중원의 목탑은 훨씬 더 높았다. 추정치 44.9m.[19] 경주 황룡사목탑의 80.2m에는 못 미치지만, 15층 높이의 초고층 구조물이었다. 광활한 벌판, 중심곽만도 8,000평에 이르는 넓은 평야를 전면 길이 180m가 넘는 기다란 회랑들이 가로질렀고, 그 속에 우뚝 솟은 세 고층 탑의 실루엣들. 수평선과 수직선들의 극단적인 대비. 이러한 구성법은 이 지역 미륵계 가람의 근본적인 디자인 원리가 되었다. 다시 말해서 백제계 건축의 평지성이란 단순히 평지를 선호했다는 입지적 성격만을 지칭하는 것이 아니다. 평지라는 지형을 어떻게 활용했는가의 디자인 방법이 더욱 중요한 특징이 될 것이다. 후에 세워지는 금산사, 더 나아가 법주사의 기본적인 구성원리는 이미 미륵사에서 개발된 것들이다.

미륵사에는 또 다른 미륵사찰의 원형이 내재돼 있다. 용화삼회를 상징하기 위한 3원 가람의 구성법은 기억할 만한 원리로 작용한다. 뒤에 언급하겠지만, 한창 때의 금산사가 3개의 영역으로 경영되었던 점 역시 무관하지 않다.[20] 꼭 3원제 구성이 아니더라도 3이라고 하는 숫자는 미륵계 사찰의 중요한 상징 수가 된다. 3개의 불전을 갖는다거나, 3층의 건물을 선호한다거나 하는 따위로 재현된다. 미륵사의 구성과 같이 백제계 사찰의 입체적인 평지성과 미륵신앙은 매우 잘 어울리는 형식과 내용으로 작용한다.

17_ 석탑의 아래부터 위로 갈수록 넓이가 줄어드는 비율을 '체감률'이라 부르며, '체감선'은 각 층의 지붕선 끝을 이은 가상의 선이다. 체감선은 직선이 아니라 약간 휘어진 곡선을 이루며, 체감률과 곡선의 만곡도에 따라 석탑의 형상이 결정된다.

18_ 장경호, 앞의 책, p.365. 9층 지붕까지의 높이를 52.56고려척으로 추정하였다. 1고려척은 35.636cm로, 52.56고려척이면 18.73m. 상륜부까지 더하면 25m가 넘는다.

19_ 같은 책, p.414. 126고려척.

20_ 신영훈 선생은 중원의 미륵대원까지도 3원三院구성이었다고 보지만(『금산사 실측조사보고서』, p.382), 미륵대원은 개울을 경계로 동서로 나누어진 양원제兩院制 가람으로 봄이 타당하다(김봉렬, 「폐허 속의 상상력-미륵대원」, 『이상건축』, 1996년 4월호 참조).

미륵신앙의 본산,
금산사

확장과 축소의 역사

금산사가 언제 창건됐는지는 분명치 않다.[21] 단 늦어도 7세기 이전에는 작은 규모로 존재했던 것으로 보인다.[22] 금산사가 미륵신앙의 본산으로서 일대의 중심 사찰이 된 것은 진표율사의 중흥부터였다. 진표는 어려서 금산사에 출가 하여 미륵과 지장신앙을 바탕으로 계율적 수양에 전념해 계법을 전수받았다. 드디어 762년 미륵신앙의 본산으로 금산사를 중창하기로 결심하여 미륵장륙 상을 조성했고, 이를 모실 금당을 건립했다. 그는 다시 속리산 법주사를 거쳐 금강산의 발연사鉢淵寺를 창건하고 점찰법회占察法會[23]를 열었다. 금산사, 법주사, 발연사는 미륵신앙의 주처로 법상종의 중요한 3대사찰이 됐다.

금산사가 다시 한번 중흥의 기회를 맞은 것은 후백제 견훤의 시대였다. 전주를 수도로 삼은 견훤은 인근 금산사를 원찰로 삼았고, 920년대에 금산사 주위에 성곽을 쌓게 된다. 이때 만들어진 성문의 잔재가 아직도 절 입구 길가 에 남아 있다. 그러나 견훤은 왕위 계승문제로 불화를 빚은 맏아들 신검에게 잡혀서 금산사 장륙전에 3개월 동안 감금당한다. 결국 여기서 탈출하여 935 년 고려의 왕건에게 항복함으로써 후백제는 막을 내리게 된다. 자신을 위해 중창한 원찰이 결국 비운의 장소가 되어버린 것이다.

고려 중반, 혜덕왕사惠德王師(1038~1095)가 주지로 부임하면서 금산사는 최고의 전성기를 누리게 된다. 혜덕은 개성 귀족 출신으로 이자연의 후손이 다.[24] 막강한 정치적 배경에 힘입어 혜덕은 기존의 금산사를 크게 확장하여 3

21_ 금산사의 연혁에 대한 문헌기록은 『金 山寺事蹟』(1705)과 『金山寺誌』(1921) 등이 전 하지만, 임진왜란 이전의 역사는 정확하지 않다. 임진왜란 당시 금산사는 승장僧將 뇌묵雷默과 처영處英의 본거지여서 왜군들 의 공격 때문에 모든 전각과 기록이 불타 없어졌기 때문이다.
22_ 한국불교연구원, 『한국의 사찰 11-금 산사』, 일지사, 1985, p.19.
23_ 전생의 허물을 점을 쳐서 알아내고 참회하는 수행법으로 진표율사가 정착시 켜 고려시대 성행했던 일종의 중생제도 방 법이다. 조선시대 이후에는 맥이 끊겼다.
24_ 『금산사실측조사보고서』, p.377. 이자 연李子淵은 문하시중(首相)을 역임한 인물 로 그의 세 누이가 모두 왕비가 되었을 정 도의 세도가였다. 말년의 이자연은 정치적 소용돌이를 피해서 춘천 청평사 일대에 문수원文殊院 정원을 경영하며 처사선處士 禪에 몰두했다.

개의 가람으로 구성했다. 기존 영역은 대사구大寺區라 하여 일반 신도들의 예불처로 삼았고, 현재 방등계단方等戒壇[25]이 있는 높은 지역에 봉천원奉天院을, 현 가람터의 서쪽 저지대로 추정되는 곳에 광교원廣教院을 경영했다. 당시 사찰의 규모는 대사구가 건물 62동, 봉천원이 13동, 광교원이 11동 등 막대한 규모였다.[26] 지금 남아 있는 석조물들 대부분도 당시의 것으로 추정된다.

조선조에 들어서도 명성을 잃지 않았던 금산사는 임진왜란 때 완전히 불타 없어지고 만다. 호남 일대 승병들의 본거지였기 때문이다. 전란이 끝난 직후인 1601년부터 금산사 중창불사가 벌어진다. 35년간의 피나는 노력 끝에

25_ 승려가 되려면 계율을 준수하려는 서약을 해야 하고 이를 수계受戒라고 한다. 계단은 수계의식을 베풀기 위해 쌓아올린 단이다.
26_ 「金山寺事蹟」의 기록을 재정리했음.

∠ **금산사 중심곽 배치도** 문화재관리국 도면.

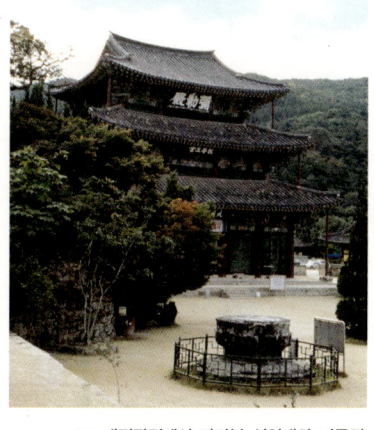

↗ 대적광전에서 바라본 석연대와 미륵전의 구도

드디어 낙성회향식을 갖지만, 전쟁 전의 규모에 비한다면 극히 초라한 중창이었다. 광교원과 봉천원은 전혀 복원되지 못했고, 대사구 지역도 일부 전각들만 다시 만들어졌다. 이때 매우 중요한 변화가 일어났다. 대사구 지역에 존재했던 여러 불전들을 재정 형편상 하나의 불전으로 통합하여 신축했으니, 바로 대적광전이었다. 대적광전은 기존의 대웅대광명전과 약사전藥師殿,[27] 극락전 3불전을 하나로 통합한 불전이었다. 이로써 미륵전 중심의 가람 구성이 미륵전과 대적광전이라는 두 개의 중심을 갖는 구성으로 바뀐 것이다.

또 한 번의 변화는 1980년대에 일어났다. 1986년 겨울에 화재가 일어나 대적광전이 홀라당 불타버린 것이다. 물론 원인은 모른다. 다행히 직전에 정밀조사를 통해 실측도를 작성해두었기에 최근 다시 복원되었지만, 그 수평성으로 충만했던 내부 공간과 온화한 불상들을 다시는 볼 수 없게 됐다. 또 중심마당은—관광 사찰 대개가 그렇듯이—잡다한(?) 건물과 구조물들을 철거하여 널찍하고 시원한, 그러나 휑하고 황량한 마당으로 바뀌고 말았다.

진표가 생각한 가람 구성

진표 당시에 조성된 금당 자리를 추정해보자. 결론부터 말한다면, 지금의 대적광전이나 미륵전 자리는 아니었다. "장륙상을 봉안하고 금당 남쪽 벽에 벽화를 그렸다"는 기록으로 본다면, 적어도 남향한 건물일 수는 없다. 일단 대적광전 자리는 아니다. 또한 현 미륵전 자리는 지형적 상황으로 보아 적절하지 않다.

한 가지 가능성이 있는 위치는 현재 '석조연화대' 石造蓮花臺가 있는 곳이다. 석조연화대는 3단으로 이루어졌다. 아랫부분은 10각으로 만들어졌고, 중간은 6각으로, 윗부분은 원형으로 만들어진 매우 특별한 구조물이다. 윗면에 깊게 나 있는 두 개의 홈은 분명 불상을 세우기 위한 장치임에 틀림없다. 이 정도의 크기를 대좌로 삼은 불상이라면 무척 키가 큰 입상이어야 할 것이고, 진표가 조성했다는 미륵장륙상뿐일 것이다. 이처럼 거대하고 무거운 석

27_ 약사여래藥師如來를 봉안하는 전각. 약사여래는 동방 정유리정토세계를 주관하는 부처로, 그곳은 특히 무병장수한 곳으로 알려져 있다.

3 백제계 건축의 평지성 **미륵사와 금산사** _ 125

조물은 옮겨지기 어렵다고 가정한다면, 원래의 금당은 바로 이 자리에 조성되었다고 볼 수 있다.[28] 석연대 자리에 금당이 있었다면, 우선 중심 금당과 배산(송대)의 형상이 잘 어울리게 된다. 한국건축에서 가장 중요했던 기준, 즉 지형과의 조화 측면에서만도 원 금당지의 추정은 타당성을 갖는다.

현재의 중심곽 윗단에는 '송대' 松臺라고 불리는 일군의 장소가 조성되어 있다. 여기에는 방등계단과 5층석탑이 놓여 있다. 이들 구조물은 고려 초인 979년에 건립되었다.[29] 석연대의 방향으로 보아 기존 금당은 서남향이었을 것이고, 송대와는 중심축이 일치하게 된다. 즉, 현재의 석연대와 방등계단을 잇는 축이 고려 초까지 금산사의 중심축이었다는 추론이 가능하다.

방등계단은 미륵보살의 도솔천 내원궁을 상징한다는 해석이 있다.[30] 그

28_ 『금산사 실측조사보고서』, p.378. 신영훈 선생의 추론을 재인용.
29_ 『金山寺五層石塔重創記』, 1492.
30_ 홍윤식, 「금산사 가람과 미륵신앙」, 『금산사 실측조사보고서』, p.60. 도솔천은 외원外院과 내원內院으로 이루어지고 외원에는 천인天人들이, 내원에는 미륵보살이 거처한다. 상하 두 단으로 이루어진 방등계단의 형상은 바로 외원과 내원을 상징하는 것이고, 내원에는 미륵보살을 표상하는 석종형 부도가 놓여 있다. 또한 하단 기단면에 조각된 인물상들은 모두 외원에 거처하는 천인상으로 해석할 수 있다.

◣ **금산사의 송대** 중앙의 5층석탑과 왼쪽 아래의 석련대를 잇는 축을 원래의 구성축으로 추정한다.

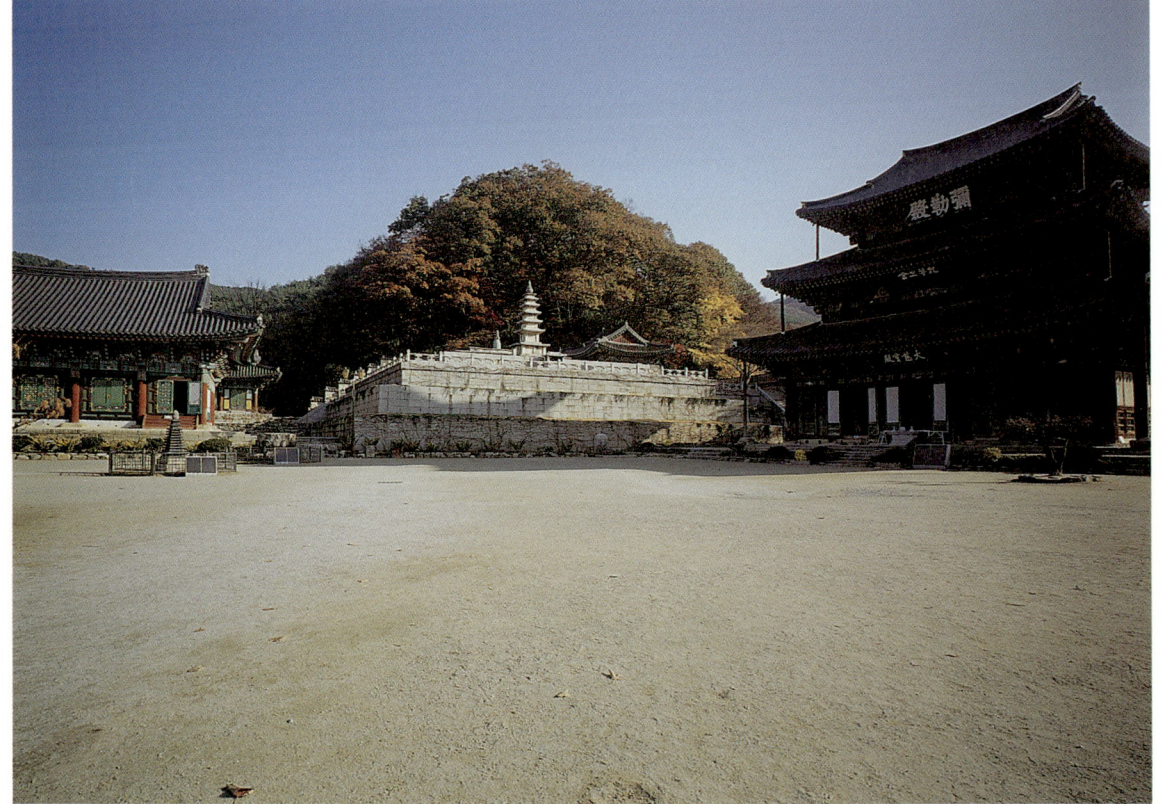

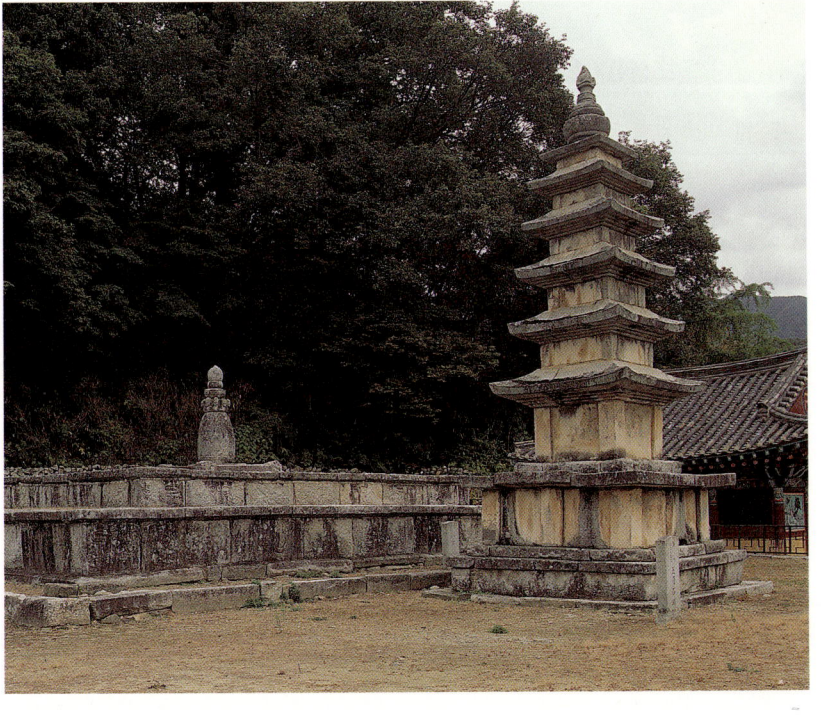

↗ **금산사 송대의 방등계단과 5층석탑**
이곳은 미륵보살이 있는 도솔천을 형상화
한 곳이다. 한때는 이 일대에 봉천원이라
는 별도의 가람이 경영되었다.

렇다면 방등계단이 있는 송대 일대는 도솔천이 되며, 미륵상생신앙을 재현하
는 장소가 된다. 방등계단 앞의 5층석탑은 멀리서도 인식할 수 있는 일종의
표지물 역할을 한다. 방등계단이 수평적인 구조물이어서 낮은 곳에서는 눈에
띄지 않기 때문이다. 아래의 금당 일대가 용화삼회를 베푸는 미륵하생신앙의
장소라면, 송대는 상생신앙의 장소다. 상생과 하생신앙의 조합이 완벽하게
구현된 것이다.

이로써 미륵사찰이 갖추어야 할 신앙적 내용이 모두 재현되었다. 미륵상
생과 하생신앙의 두 중심이 만들어졌고, 이들은 강력한 축선에 의해 질서를
갖춘다. 미륵신앙이 엄정한 계율신앙과 밀접하게 관련된다고 한다면, 계율신
앙의 건축적 요소는 다름 아닌 강한 축선이다. 미륵계 사찰들의 중심 구성원
리로 나타나는 축성은 금산사의 구성에도 작용했다.

3 백제계 건축의 평지성 **미륵사와 금산사** _ 127

혜덕의 3원 가람

혜덕왕사가 조성했다는 3개의 가람은 각각 독특한 성격을 지니고 있었다. 대사구는 미륵전을 중심으로 석가, 비로자나, 아미타, 약사불 등 모든 부처와 보살을 모시는 일반적인 종합신앙처였다. 이곳은 15동의 불전과 4개의 누각, 그리고 수많은 승방들로 구성되었다. 대사구의 중심 불전은 3층의 장륙전과 대웅대광명전이었다. 기존에 조성된 장륙전을 중심으로 다양한 불전과 승방을 확장한 결과였다.

봉천원 지역은 지금의 송대를 중심으로 전개되었다. 20칸의 대광명전을 중심으로 4동의 불전과 4동의 누각이 있었다. 그 가운데 도솔전兜率殿은 방등계단과 함께 미륵상생신앙을 위한 전각이었고, 칠성전七星殿과 팔관당八關堂 등은 '하늘을 받듦'(봉천奉天)과 관계있는 전각들이다. 총 13동 가운데 누각이 넷이나 있었다는 사실 역시 '하늘'의 이미지를 연상케 한다.

광교원 지역은 성격이 많이 다르다. 금당은 20칸의 보광명전이었지만, 다른 전각들은 진표영당眞表影堂, 혜덕영당惠德影堂, 해동육조영당海東六祖影堂, 십성영당十聖影堂 등으로 모두 금산사와 법상종의 중요한 승려들을 모신 조사당이다.[31] 다시 말해서 광교원이라는 이름 그대로 법상종의 전통(교敎)을 보존, 홍보하고 교육(광廣)하는 법상종의 종단 본부였던 셈이다.

31_ 진표영당은 진표의 초상을, 혜덕영당은 중흥조 혜덕을, 해동육조영당은 원효 이래 법상종의 6대 승려들을, 십성영당은 진표의 10대제자들을 모신 조사당이다.

◣ **금산사 입면도와 단면도** 문화재관리국 도면.

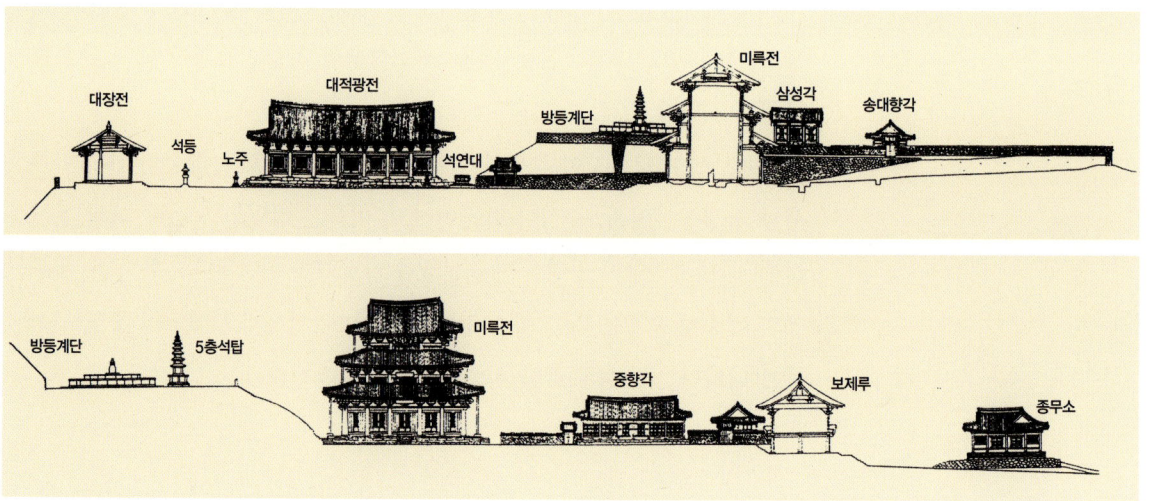

대사구-봉천원-광교원의 3원제가 미륵사에서 보았던 용화삼회와 관련이 있다는 해석이 있다.[32] 그러나 신앙적인 맥락에서 미륵사의 3원제와는 크게 다르며, 건축 구성의 면에서도 다르다. 미륵사의 3원은 1탑1금당이라는 동일한 원리가 반복된 동등한 3개의 가람이었지만, 금산사의 3원은 서로 규모도 다르고 구성의 방법도 달랐을 것이다. 그러나 금산사 3원에도 구성상의 공통점이 발견된다. 모든 영역에는 3층의 건물이 존재했다는 점이다. 대사구에는 물론 3층 장륙전이 있었지만, 이외에도 3층의 범종루가 세워졌다. 봉천원과 광교원에도 각각 3층 종각이 있었다고 기록되었다. 종각이 3층이었다는 점은 쉽게 이해되지 않는다. 3층에서 종을 치려면 출입이 매우 불편했을 것이다. 이들 3층 건물은 오히려 각 영역을 표시하는 상징물로 이해할 수 있다. 이 역시 수직적 구조물을 점지함으로써 가람의 평지성을 더욱 강조하려는 의도였다.

직교축의 중첩적 구성

지금의 금산사는 남향한 대적광전과 동향한 미륵전이 2개의 중심을 이루면서 직교하고 있는 모습을 취한다. 이러한 구성은 아마도 혜덕왕사 당시에 고착된 것으로 추정된다.

대사구 지역에 많은 전각을 지으면서, 기존의 미륵장륙전의 단일 중심으로 가람을 구성하기에는 교리적·건축적 한계가 있었기 때문이다. 15동에 이르는 불전들은 각기 다양한 신앙의 대상을 모셨다. 이 가운데 법화法華, 문수文殊, 보현普賢신앙들은 미륵계의 법상종 신앙과는 이질적인 내용들이었다. 따라서 이들 모두를 통합할 화엄신앙의 전각이 필요하게 되어, 새로운 또 하나의 주불전인 대웅대광명전을 신축하게 됐다. 이 불전 안에는 화엄종의 삼신불[33]인 석가, 비로자나, 노사나불盧舍那佛이 모셔졌다. 아울러 기존의 장륙전을 현 위치인 동쪽으로 옮기면서, 장륙전과 대광명전을 대사구의 2개의 건축적 중심으로 삼았다. 이 새로운 구성의 과정에서 주목할 점은 여전히 강한

32_ 『금산사 실측조사보고서』에 수록된 홍윤식과 신영훈의 견해.
33_ 대승불교가 성행하자 석가모니 이전의 태초 세상에서부터 존재했을 보편적인 부처가 나타났고, 부처의 몸이 오직 하나가 아니라 이른바 법신불法身佛의 비로자나불과 보신불報身佛의 노사나불, 화신불化身佛의 석가모니불로 나뉜다고 보았다.

축선의 원리를 응용하고 있었다는 점이다. 즉 새로운 영역을 형성하면서 미륵신앙의 동서축과 화엄신앙의 남북축을 직교하게 배치하여 가람의 배치 기준으로 삼았다. 계율과 축성을 구성원리로 하는 미륵계 사찰의 전통이 확대·계승된 것이다.

현재 남아 있는 전각은 20동이 채 안된다. 3원 구성 당시의 90여 동 규모에는 물론, 대사구 영역 62동의 1/3에도 못 미친다. 따라서 현재의 모습에서 과거의 밀집된 공간구성이라든가, 집합적 형태를 유추할 수는 없다. 오히려 미륵전이나 대적광전이라는 개개 건물의 독립적 형상만이 강조될 뿐이다. 그럼에도 불구하고 남아 있는 2개의 중심, 즉 미륵전과 대적광전이 엮어내는 경관은 예사롭지 않다.

미륵전은 높이 15m에 달하는 3층의 높은 건물이다. 반면 대적광전은 길이 26.6m, 7칸의 기다란 건물이다. 수직의 미륵전은 동쪽에서, 수평의 대적광전은 서쪽에서 중심을 잡아주며 서로의 영향력을 발하고 있다. 이 2개의 중심을 통합하는 것이 중간에 위치한 송대의 5층석탑이다. 중앙의 높은 대 위에 다시 뾰족한 석탑이 솟아 시각적 중심을 이룬다. 두 건물에서 뻗어 나오는 영향력을 중화시키면서 하늘로 상승케 하는 절묘한 모습이다. 눈에 보이는 가람의 중심은 2개의 건물이지만 감추어진 실질적인 중심은 바로 5층석탑이며, 그것이 지시하는 송대의 방등계단이다.

중앙 송대의 구성 역시 아래에서 보여주는 수직-수평의 대조법을 반복하고 있다. 넓은 방등계단은 수평적인 구조물인 반면, 바로 그 앞의 5층석탑은 수직적인 구조물이다. 극단적인 형상의 두 구조물을 이렇게 가깝게 대비시킨다는 발상이 도대체 어디서 나왔을까? 이미 미륵사에서 정착되었던 입체대비를 통한 평지적 구성법이 금산사에서는 더욱 중첩적으로 재현된 것이다.

금산사의
전각들

유일의 목조 3층건물, 미륵전

국내에 유일하게 보존된 3층 목조건물. 이 사실만으로도 감격스럽다. 화순 쌍봉사雙峰寺에 3층 대웅전이 있지만, 그것은 목탑이었고 그나마 1983년에 불에 타 없어진 것을 복원했다. 법주사 팔상전이 5층이지만, 역시 목탑이어서 내부 공간이 발달하지 않았다. 미륵전은 겉보기에는 3층이고 안쪽에서 보면 하나로 터진 내부 공간을 가진 건물이다.

미륵전은 무엇보다도 수직적으로 뚫린 내부 공간이 일품이다. 높게 솟은 공간 속에 11.5m에 달하는 미륵삼존상이 우뚝 서 있다. 2층과 3층에 달린 광창에서 쏟아져 들어오는 빛이 부처의 얼굴을 밝게 한다. 어둡고 높은 내부 공간 꼭대기에 밝게 빛나는 미륵의 미소가 떠 있다. 한국건축 가운데 극적인 내부 공간을 갖고 있는 몇 안되는 예다. 미륵전은 키가 큰 미륵불을 모시기 위해 만들어진 크고 높은 그릇이다. 이 용도에 이만큼 적합하게 만들어진 그릇도 드물다.

현재의 미륵전은 1635년 중창된 건물이다. 혜덕의 중창 때에 이미 원래의 위치에서 옮겨졌고, 진표가 조성했다는 미륵장륙상은 언제 없어졌는지 모른다. 1627년 미륵상을 다시 조성하면서 삼존불로 만들었고, 그나마 일제기에 불에 타버려서 1938년 다시 만든 것이다. 내부의 분위기가 그럴듯해서 신비스러워 보이지만, 실제 불상의 상호나 표정은 범작에 불과하다.

1층이 5×4칸의 칸살이지만, 3층은 3×2칸으로 줄어든다. 2층은 1층에서

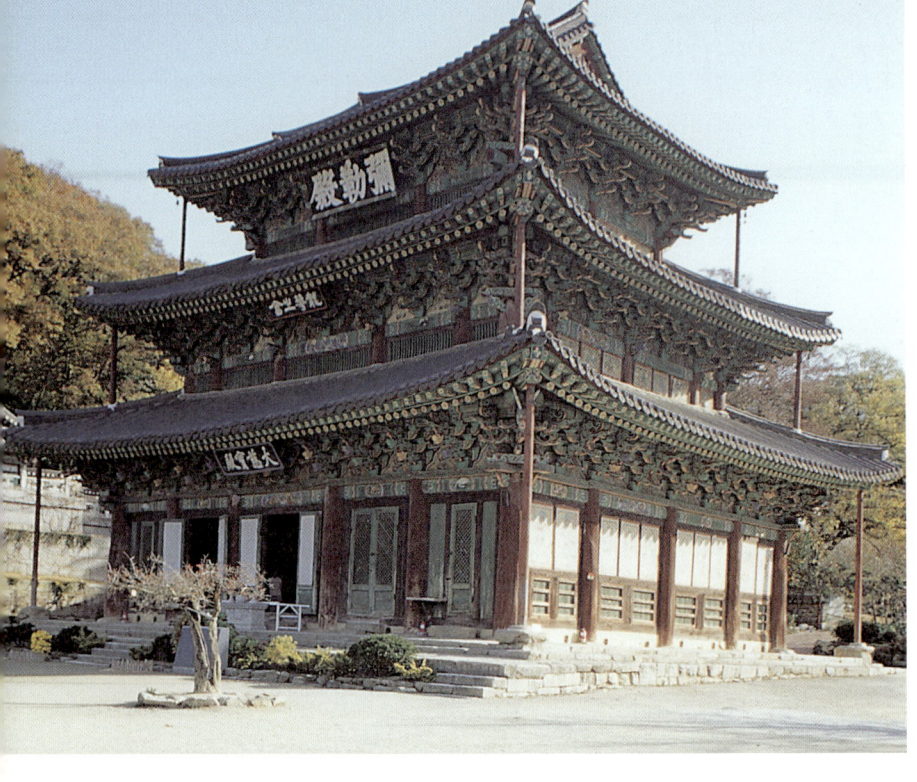

◥ **금산사 미륵전** 유일한 목조 3층 건물. 1층부터 '대자보전' 大慈寶殿, '용화지회' 龍華之會, '미륵전' 彌勒殿의 현판이 걸려 있다.

반 칸씩 안으로 줄어든 칸살이다. 한 층씩 올라갈수록 외곽이 반 칸씩 줄어들도록 계획되었다. 따라서 1층 바닥 면적은 79평, 2층은 50평, 3층은 28평이 된다. 내부에 10개의 높은 기둥(내진고주內陣高柱)[34]을 세워 1층에서 3층까지 올라가도록 했기에 가능한 구조. 2층과 3층의 벽체를 낮추어 중층 건물 특유의 비례를 갖는다. 2·3층 전면 벽에는 띠살 모양의 광창을 설치하여 내부에 극적으로 채광이 되도록 계획했다.

　　수직적인 건물임에도 불구하고 기단의 높이는 매우 낮다. 그나마 기단을 2단으로 만들어서 마치 땅에서 바로 건물이 솟아난 것 같은 착각을 일으킨다. 각 층의 비례나 전체적인 형태가 세련됐다고 할 수는 없지만, 어느 정도의 균형은 잡혀 있다. 재정적으로, 기술적으로, 극히 열악한 환경이었던 임진왜란 직후에 이 정도의 건물을 만들었다는 사실 자체가 기적이었다고 이해해야 한다.

　　어쩔 수 없는 한계는 구조법에서 드러난다. 중창된 이래 7차례에 걸쳐서

34_ 한 건물에 기둥 열이 안과 밖 이중으로 둘러져 있을 때 그 안쪽에 있는 기둥. 건물 내부의 기둥은 외곽 기둥보다 키가 커 고주高柱라고 하는데, 건물 내부의 내진 칸에 자리하므로 내진고주라고도 부른다.

132 _ **김봉렬의 한국건축 이야기** 시대를 담는 그릇

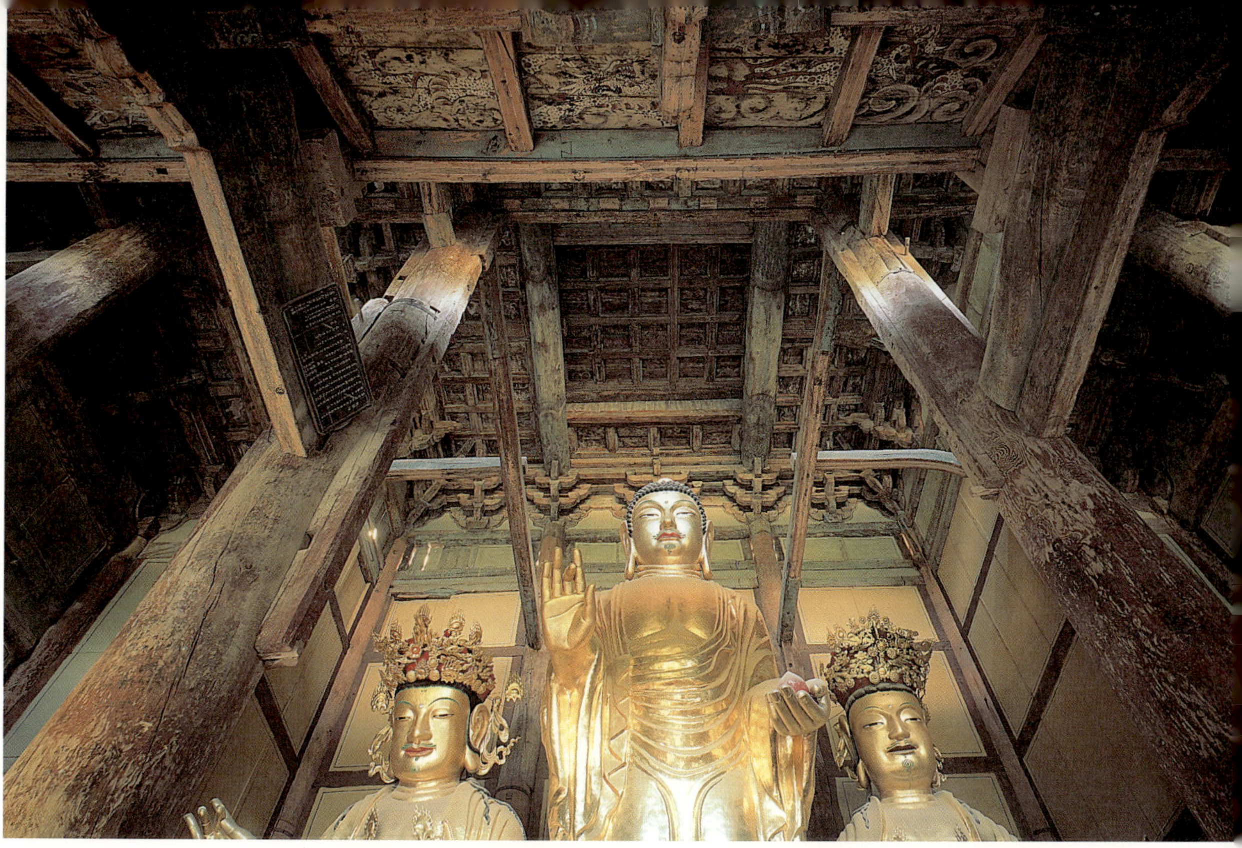

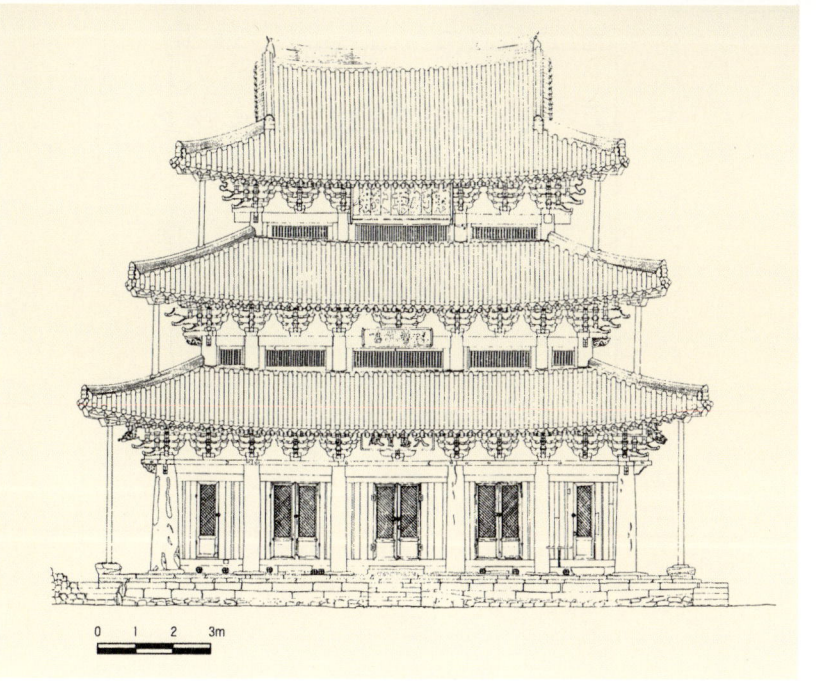

↗ **금산사 미륵삼존** 미륵전 내부에 안치되어 있는 미륵삼존을 위한 어둠과 빛의 수직 공간.

↘ **금산사 미륵전 정면도** 문화재관리국 도면.

3 백제계 건축의 평지성 **미륵사와 금산사** _ 133

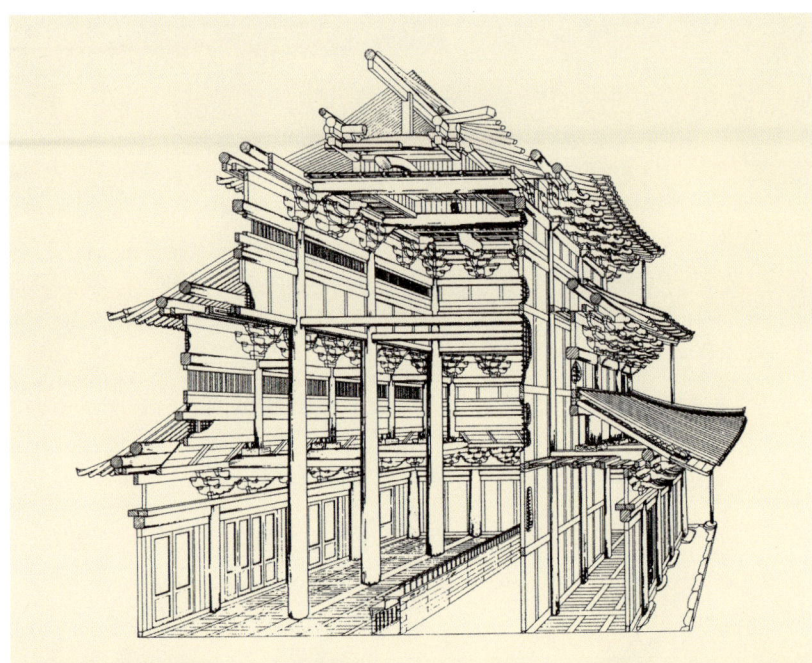

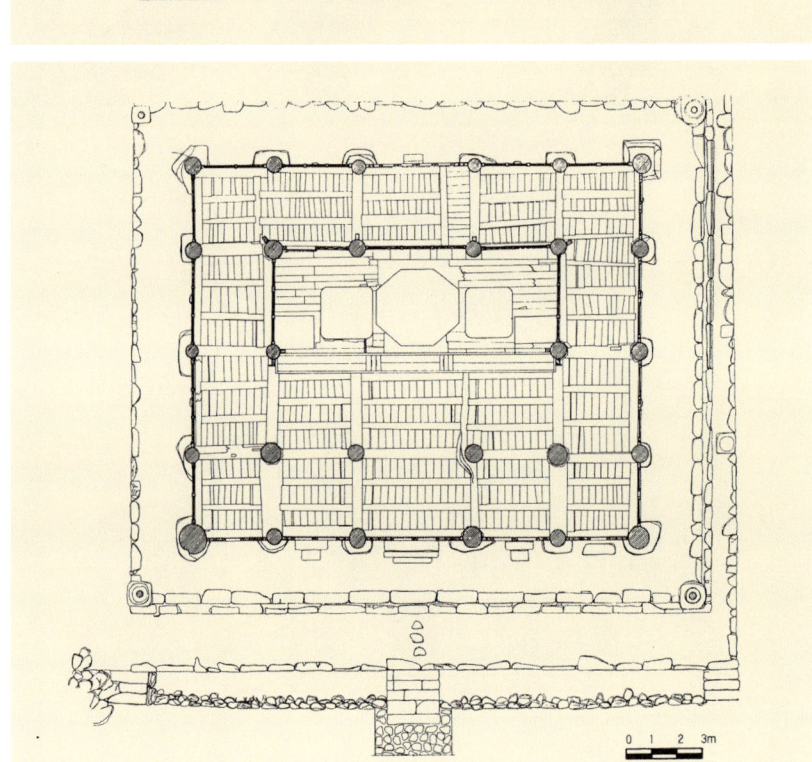

◥ **금산사 미륵전 가구도**　문화재관리국 도면.

◢ **금산사 미륵전 평면도**　문화재관리국 도면.

134 ＿ 김봉렬의 한국건축 이야기 시대를 담는 그릇

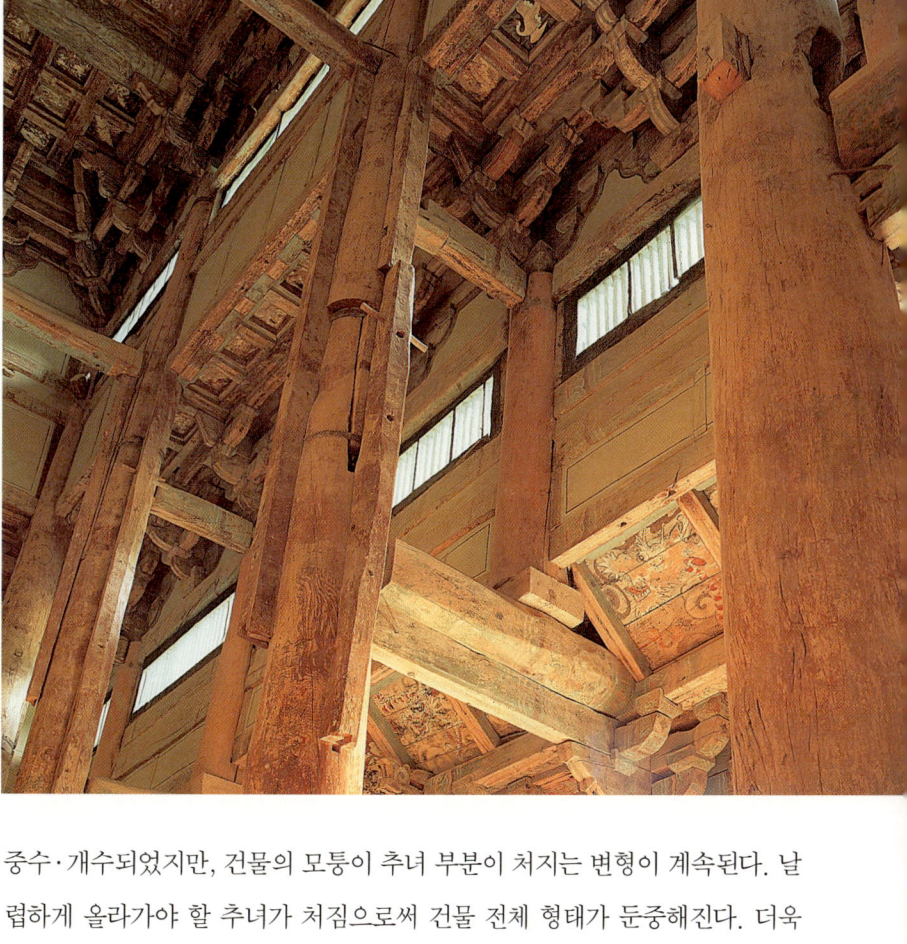

↗ **금산사 미륵전의 천장** 합성된 고주에 모든 구조부재들이 결구되어 있다.

중수·개수되었지만, 건물의 모퉁이 추녀 부분이 처지는 변형이 계속된다. 날렵하게 올라가야 할 추녀가 처짐으로써 건물 전체 형태가 둔중해진다. 더욱 큰 문제는 부재들의 변형과 이탈로 인해 붕괴될 우려가 크다는 점이다.[35] 모든 변형의 원인은 내진고주에서 파생된다. 14m 높이에 달하는 고주는 적당한 목재를 구하기 어려워 2~3개의 부재들을 합성해서 사용했다. 견고한 단일 부재라도 생나무가 마르면서 자리잡는 사이에 부재의 편차가 일어난다. 임시방편적인 합성재의 편차는 더욱 커지게 마련이다. 하나의 부재가 변형되면 이에 연결된 다른 부재들도 원래의 위치에서 벗어나게 되고 전체 건물 구조에 이상이 생긴다. 미륵전의 모든 구조부재들은 내진고주에 연결되어 있는데, 그 근본 부재가 원천적인 문제를 안고 있다.[36] 미륵전의 보존을 위해서는 언젠가 해결해야 할 문제다.

내부의 삼존불은 거대한 높이 때문에 색다른 방법으로 세워졌다. 보통의 경우 대좌를 마련하고 그 위에 안치하지만, 미륵전의 불상들은 기단 바닥에

35_ 붕괴 위험 때문에 1986년에 미륵전에 대한 정밀조사가 실시되었고, 목조 문화재 조사 최초로 구조 안전진단이 실시됐다. 진단의 결과 취약 부분을 보강하기는 했지만, 근본적인 해결은 아니었다.
36_ 같은 보고서, p.385.

◥ **금산사 대적광전** 평활한 외관이 뒷 산을 닮았다.

바로 세우고 불상의 발 부분에 간이 불단을 덧씌웠다. 따라서 발 부분이 보이지 않는다. 불단 하부 양편에 살대를 이용한 작은 문이 달려 있다. 문을 열면 몇 단의 계단으로 내려가도록 되어 있고 그 아래에 일명 '쇠솥'이 안치돼 있다. '쇠솥'은 커다란 철제 수미좌須彌座[37]로서 옛 미륵장륙상의 대좌였다고 추정된다.

수평적 확장, 대적광전

1987년 불타버린 건물을 다시 복원했다. 내부 면적이 90평으로 꽤 넓은 건물임에도 불구하고 넓다는 느낌보다는 길다는 인상이 강하다. 7×4칸, 전면 길이 26.6m의 건물. 임진왜란 이후에 재건하면서 기존의 대웅대광명전에 약사전과 극락전의 기능을 합해서 만들어진 조합불전이다.

이 건물이 수평적으로 보이는 이유는 여러 가지다. 우선 넓은 면적이나 기둥 간격에 비해서 기둥의 높이가 낮게 계획됐다. 기둥 간격은 3.7~4.0m, 기둥 높이는 3.7m. 신라계 불전건축에서는 보기 어려운 수평적인 입면 비례다. 공포대는 꽉 들어찬 다포계로 구성되어서 기둥의 높이는 더욱 낮아 보인

37_ 세계의 중심에 높은 수미산이 솟아 있고 부처의 세계는 그 수미산 위의 하늘에 존재한다고 믿어왔다. 이를 상징하듯, 불상을 모신 단壇을 수미단이라 부르고, 간혹 불상을 받치고 있는 대좌를 수미좌라고 부른다.

136 _ **김봉렬의 한국건축 이야기** 시대를 담는 그릇

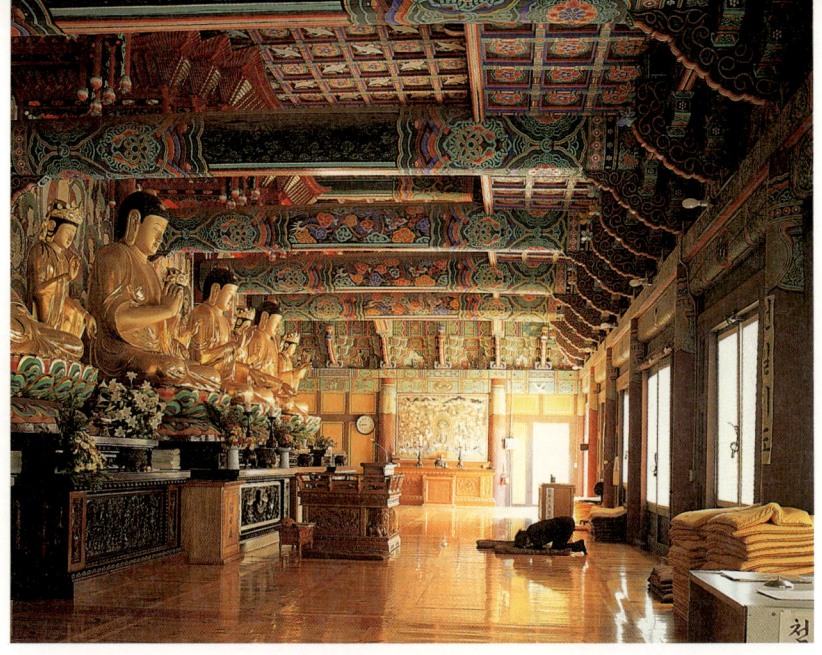

↗ **금산사 대적광전 내부** 11구의 불상을 모신 수평적인 공간.

다. 또한 기둥 아래의 기단을 2중으로 구성해 기단 자체가 낮아 보임은 물론 기둥의 아랫면에 강한 수평면을 형성한다. 그렇지 않아도 납작해 보이는 벽면을 수평적인 공포대와 2중 기단이 위아래에서 한정하고 있다. 애초부터 수평적인 형태를 갖도록 각 부분들을 고려한 결과다.

3불전을 조합한 결과 내부에는 아미타·석가·비로자나·노사나·약사여래의 5부처가 모셔졌고, 그들 사이사이에 대세지大勢至·관음·문수·보현·일광·월광보살의 6보살상이 모셔졌다. 5부처 6보살의 총 11불상이 일렬로 놓여진 내부 공간 역시 굉장히 길고 수평적인 방향성이 강하다. 멀리 뒷산의 평평한 연봉들과 일치되는 평활한 형태와 공간을 가진 건물이다.

대장전, 탑인가 불전인가

대장전은 대적광전의 서쪽 끝에 동향으로 자리잡아 미륵전을 마주보고 있다. "원래 미륵전 전면의 옛 종각 부근에 위치하여 미륵전을 장엄하는 정중목탑庭中木塔이었으나, 1922년 현재의 위치로 옮기면서 대장전으로 변형됐다." [38] 이 서술이 대장전에 관한 지금까지의 정설이었다. 3×3칸의 정방형에 가까운

38_ 같은 보고서, p.272.

3 백제계 건축의 평지성 **미륵사와 금산사** _ 137

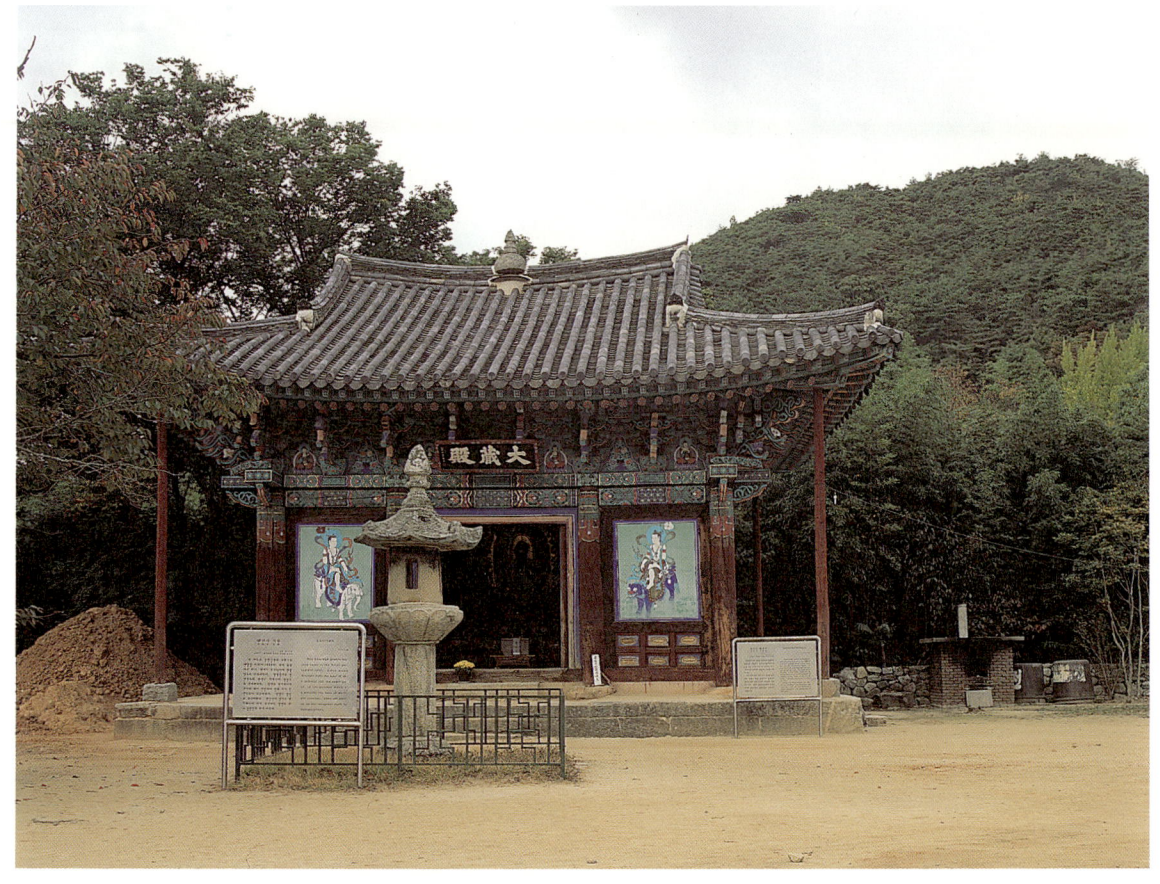

↖ **금산사 대장전과 석등** 이 건물의 용마루 중앙에는 석탑의 상륜부에 쓰였던 부재가 올려져 있다. 이 때문에 이 건물이 원래 목탑이었다는 설도 있다.

평면이나, 지붕 용마루 위에 올려진 스투파형의 절병통이 목탑이었던 흔적을 증명한다고도 한다. 심지어 대장전은 혜덕왕사 당시 대사구에 있었던 3층 종각의 변형으로까지 추정한다.[39] 따라서 미륵전 앞에 있었다는 목탑의 위치가 학계의 관심거리였다. 시지각적 원리를 응용해 추정한 연구 결과에 따르면, 대장전탑의 원래 위치는 현재 석연대와 미륵전 사이였을 가능성이 높다는 결론까지 내려졌다.[40]

그러나 대장전이 목탑이었다는 설에는 동의할 수 없다. 과거에 목탑이나 3층 종각이 있었다고 하더라도 대장전과는 별개의 건물이었을 것이다. 우선 가장 오래된 기록인 「금산사사적」에 따르면, 대사구에 소속된 건물로 대장전이 등장하고 친절하게 '4면 3칸'이라는 설명까지 첨부되었다. 물론 3층 종루

39_ 같은 보고서, p.273.
40_ 안영배, 「시지각적 분석에 의한 금산사 가람배치에 관한 고찰」, 『대한건축학회논문집』 8권 3호, 1992, p.77.

138 _ 김봉렬의 한국건축 이야기 시대를 담는 그릇

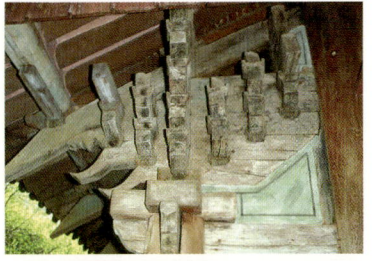
↗ **화암사 극락전 지붕의 하앙**

도 따로 기록되어 있다. '4면 3칸'이라는 설명은 4면이 모두 3칸으로 구성된 특이한 건물이라는 말이다. 현재의 대장전 역시 4면 3칸의 건물이다. 또한 기대와는 달리 대장전의 평면은 정방형이 아니다. 전면 8.11m, 측면 7.23m로 정방형으로 보기에는 편차가 너무 크다. 목탑이 되려면 정확한 정방형 평면을 이루어야 함이 기본이다. 또 구조 형식도 목탑의 것과는 다르다. 목탑이라면 내부에 4개의 고주가 설치돼야 하지만, 대장전에는 전면 고주가 없이 후면 고주만 있어서 후불벽을 형성하고 있다.

이상의 반론을 종합하면 대장전은 대장전이었을 뿐이다. 물론 대장전이 일반 장방형 불전과는 다르게 목탑에 가까운 특징을 갖는 것은 사실이다. 그래서 사적기에도 특별히 '4면 3칸'이라는 이례적인 설명을 덧붙였다. 그러나 4면 3칸의 구성이라고 모두 목탑은 아니다. 법주사의 관음전이나 선암사仙巖寺 원통전圓通殿 등은 4면 3칸의 정방형 건물임에도 불구하고 목탑이 아닌 불전이다. 대장전은 4면 3칸의 중심형 평면을 갖는 특별한 건물 유형으로 분류함이 옳다고 본다. 그러면, 지붕 위의 스투파형 절병통은? 아직은 명쾌한 해답을 찾지 못했다.

또 하나의 하앙계 구조, 금강문

지금은 진입로에서 떨어져 한쪽에 폐쇄된 채 놓여 있지만, 원래는 이 금강문을 통해서 출입했었다. 1×2칸의 이 작은 건물은 내부에 고주를 갖는 독특한 구조로 이루어졌다. 외벽에는 느닷없는 샛기둥이 첨가되고, 공포의 끝부분도 싹둑 잘려 있는 등 아주 이상한 모습이어서 일반인들의 관심거리가 되지 못한다. 그러나 이 건물은 1651년 중창된 매우 오래된 유물이며, 60년대에 수리하기 이전에는 하앙계 구조였음이 밝혀졌다. 하앙下昂구조[41]란 일종의 뜬 서까래로 처마를 더욱 길게 빼기 위해 고안된 구조법이었다. 국내에서는 완주의 화암사 극락전만이 유일한 예로 남아 있으며, 비가 많고 햇살이 따가운 백제 지역의 전통적인 구조법으로 추정된다.

41_ 공포 부재 위에 길게 처마 끝으로 내려오는 경사진 부재로서 이 위에 다시 서까래열을 올려 지붕 처마의 깊이를 깊게 한다. 고대 건물에는 많이 쓰였던 구조법으로 추정되지만, 중국이나 일본에는 많은 예가 남아 있는 반면, 한국에는 화암사 극락전이 유일하게 보존되어 있는 사례이다.

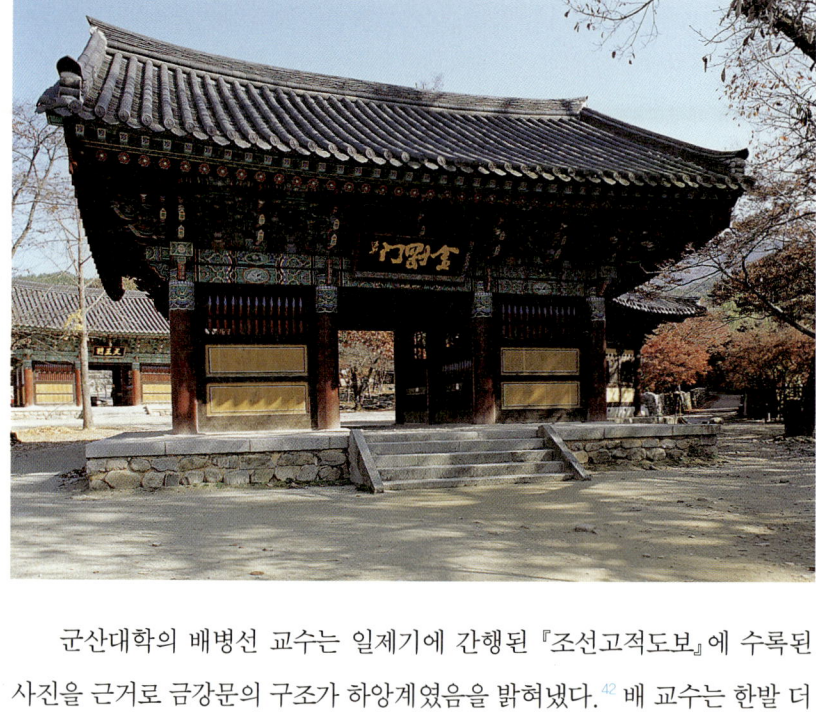

↖ **금산사 금강문** 지붕틀을 보수하면서
원래 있었던 하앙구조들을 제거했다.

　　군산대학의 배병선 교수는 일제기에 간행된 『조선고적도보』에 수록된
사진을 근거로 금강문의 구조가 하앙계였음을 밝혀냈다.[42] 배 교수는 한발 더
나아가 금산사 미륵전도 하앙계 구조였을 가능성을 제시하고 있다.[43] 여러 가
지 정황을 들어서 나온 주장이지만, 현재의 미륵전 모습에는 하앙의 흔적이
남아 있지 않다. 배 교수의 주장이 사실이라면, 금산사는 백제계 건축의 구조
적 전통까지 간직한 사찰이 된다. 하앙계 구조는 강수량과 일조량이 많은 백
제 지역의 기후에 적합하게 수용된 구조법이다. 처마를 길게 내밀어 환경적
인 문제도 해결하지만, 이는 건물의 수평적 형상을 더욱 강하게 부각하는 요
소가 된다. 역시 백제계 건축의 평지적 속성에 적합한 구조법이다.

중흥조들의 유품, 석물들

금산사에는 오래된 돌 구조물들이 여러 점 있다. 이 가운데 입구에 있는 당간
지주는 신라 하대의 작품으로 진표 당시의 것으로 추정된다. 당간지주의 위치
는 당시 가람의 경계를 의미한다. 현재의 금강문보다 안쪽에 위치하는 것으로

42_ 배병선, 「금산사 금강문에 대한 소
고」, 『문화재』 24권 별책, 문화재연구소,
1991, p.124.
43_ 같은 논문, p.131.

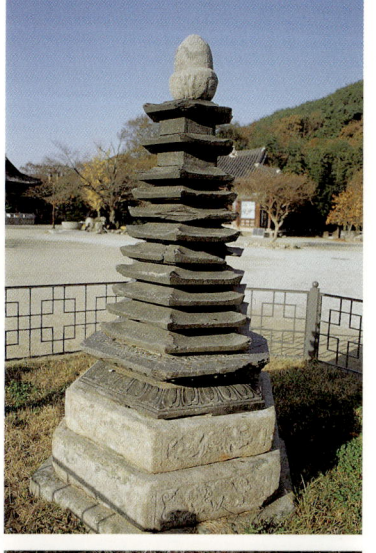

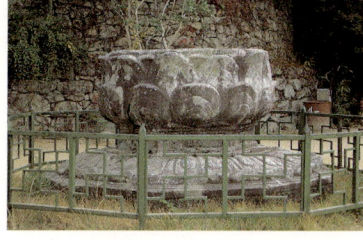

↗ **육각다층석탑**　원래 봉천원 구역에 있던 것을 큰마당으로 옮겨왔다. 고려시대에 유행했던 청석탑.
↘ **석조연화대**　진표가 조성한 미륵장륙상의 받침돌일 가능성이 높은, 크고 정성스러운 작품이다.

44_ 신라 때 승려 의상義湘이 당나라에 가서 지엄智嚴에게 「화엄경」華嚴經을 배우고 돌아와, 화엄종을 전교傳敎하기 위해 창건한 10개 사찰. 최치원崔致遠이 쓴 「법장화상전」法藏和尙傳과 「삼국유사」에 절 이름이 나온다. 「법장화상전」에 의하면 태백산 부석사浮石寺, 원주 비마라사毘摩羅寺, 가야산 해인사海印寺, 비슬산 옥천사玉泉寺, 금정산 범어사梵魚寺, 지리산 화엄사華嚴寺, 팔공산 미리사美理寺, 계룡산 갑사甲寺, 웅주 가야협 보원사普願寺, 삼각산 청담사淸潭寺의 10개 사찰을 말하고, 「삼국유사」에는 이중 6개 사찰만이 기록되어 있다.

보아, 진표 당시의 경역은 그다지 넓지 않았던 것으로 보인다.

석조연화대는 앞서 말한 대로 원래의 미륵장륙상을 위한 대좌로 추정된다. 규모가 크고 특이한 형상의 작품이며 표면에 조각된 문양들은 고려시대의 솜씨로 추정된다. 노주露柱라고 이름 붙은 구조물의 용도가 무엇인지는 알 수 없다. 사각형의 불대좌로 추정할 수도 있지만, 윗면에 둥그런 보주가 놓여 있어서 탑과 같은 용도였는지도 모른다. 지리산 화엄사華嚴寺 각황전覺皇殿 앞에는 사자탑 모양의 노주가 놓여 있다. 금산사의 것도 아마 미륵전을 장식하는 용도였을 것이다.

미륵전 앞에 놓인 육각다층석탑은 원래 봉천원 지역에 있던 것을 옮겨왔다. 화강석이 아닌 점판암으로 만들어진 고려시대의 탑으로 암자나 승방의 마당에 놓이는 작은 탑이다. 이런 종류를 일명 '청석탑' 靑石塔이라고도 부르며, 고려시대에 유행했었다. 원래 층마다 탑신이 있었지만, 지금은 위의 2개 층의 탑신과 11개 층의 옥개석만이 남아 있다. 현재 높이 2.18m. 이외에도 예의 방등계단, 계단 앞의 5층석탑, 혜덕왕사비, 석등, 그리고 심원암深源庵의 3층석탑이 문화재로 지정돼 있다.

백제 속의 신라, 귀신사

금산사에서 전주 쪽으로 불과 4km도 떨어져 있지 않은 곳에 귀신사歸信寺라는 사찰이 있다. 국신사國信寺라고도 불리는 이 절은 비록 규모는 작지만 창건은 신라시대로 올라간다. 의상대사가 부석사에서 화엄교학의 터전을 연 이후, 그의 제자들은 전국에 퍼져서 화엄신앙의 사찰들을 건립했다. 그 가운데 유명한 10개의 사찰을 '화엄십찰' 華嚴十刹[44]이라 하였고, 그 가운데 하나인 모악산 귀신사가 바로 이 절이다. 물론 현재의 건물들은 임진왜란 이후의 것들이다.

금산사와 인접해 있지만 가람의 구성법은 상반된다. 청도리 마을 뒷산에 자리잡아 2단의 높은 석축을 쌓아 터를 닦았다. 아랫단에는 대적광전이, 윗단

3 백제계 건축의 평지성 **미륵사와 금산사** _ 141

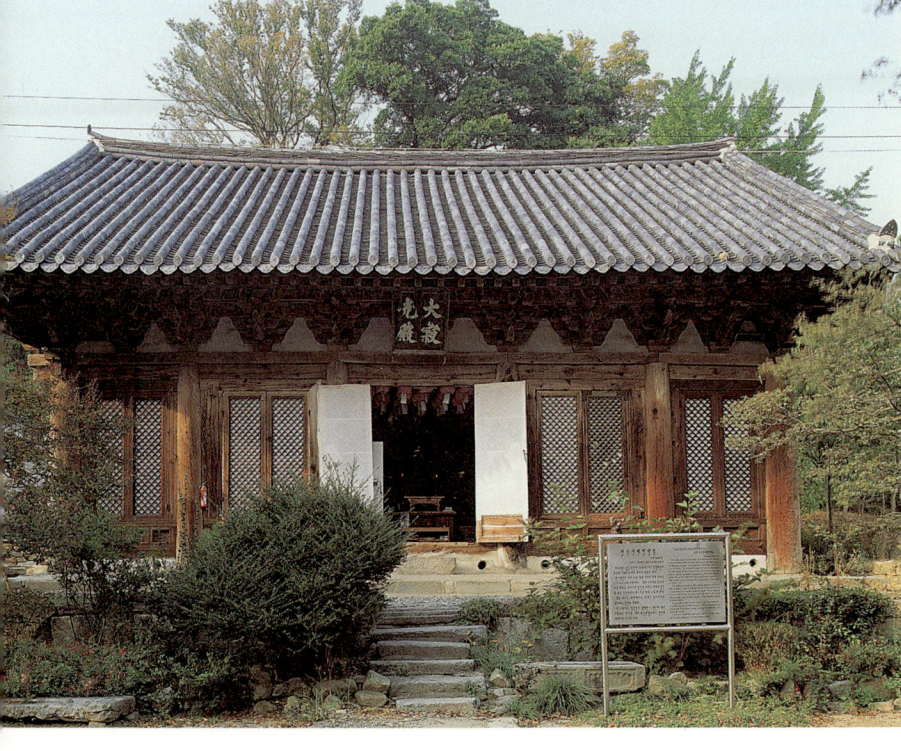

⌐ **귀신사 대적광전**　좁고 높은 칸살잡
이는 신라계 건축의 특색이다.

에는 석탑이 세워져 있다. 아마 윗단에도 가람의 한 영역이 조성되었을 것이
다. 입구에서 대적광전이 있는 주 영역으로 진입하려면 좁고 가파른 계단을
올라야 한다. 진입법부터 대지 조성법과 영역의 구성법까지 철저하게 백제계
건축의 평지성을 벗어나 있다.

　대적광전은 크지 않은 규모지만 5×3칸의 칸살을 갖는다. 내부에도 두
줄의 고주를 세워서 내부 공간이 수직적이며 답답한 감을 준다. 기둥 간격은
매우 좁아서 한 칸에 문 2짝을 겨우 달 수 있는 크기에 불과하다. 이 지역의
일반적인 불전이라면 전면 3칸으로 충분히 해결할 수 있는 길이를 5칸으로
나누었기 때문에 일어난 결과다. 따라서 전체 건물은 좁고 높은 수직적 형상
을 가진다. 마치 경북의 송림사松林寺 대웅전을 축소한 것 같은 모습이다.

　귀신사는 모든 면에서 백제계 건축의 속성을 벗어나 있다. 왜? 이유는 이
절의 역사에서 찾아야 할 것 같다. 앞서 말한 대로 이 절은 화엄십찰의 하나

142 _ **김봉렬의 한국건축 이야기** 시대를 담는 그릇

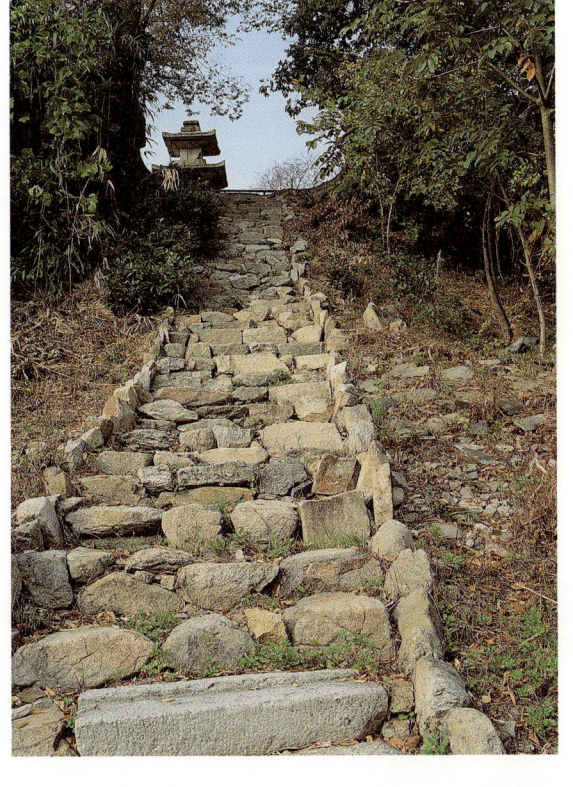

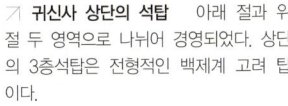

↗ **귀신사 상단의 석탑** 아래 절과 위 절 두 영역으로 나뉘어 경영되었다. 상단 의 3층석탑은 전형적인 백제계 고려 탑 이다.

였다. 화엄신앙은 통일신라의 지배층들에게 필요한 지배자의 신앙이었다. 그들은 특히 의상계 화엄파를 후원하여 많은 화엄사찰 창건을 지원했다. 화엄십찰 이 한결같이 경주가 아닌 변방에 위치하는 이유는 옛 백제나 고구려의 잔존 세력들, 더 나아가 일본 세력 의 위협으로부터 국가를 보호하고 민심을 수습하기 위한 목적 때문이었다. 귀신사는 말할 것 없이, 백제 의 핵심부에 화엄사찰을 창건함으로써 사상적·정치 적으로 이 지역의 민심을 아우르려던 목적이었다. 따 라서 귀신사의 창건과 건축에는 백제계 승려나 건축 가들이 관여하지 않았을 것이고 신라에서 파견된 승 려들에 의해 주도되었다. 결국 귀신사의 위치는 백제 권이지만, 그 건축은 철저하게 신라계 건축일 수밖에 없었다. 물론 규모도 작고 완성도도 떨어지지만, 귀 신사의 터닦기가 부석사와 닮은 것은 화엄십찰들에 공통되는 구성법을 따랐기 때문이다.

귀신사 창건의 의도는 실패했다. 신라에 대한 이 지역의 반감이 격렬했 기 때문이다. 사상적으로는 화엄신앙에 대한 미륵신앙의 대립으로 나타났다. 따라서 얼마 후에 중창된 진표의 금산사에, 이 지역 사상계의 주도권을 넘길 수밖에 없었다. 그러나 귀신사의 건축적 전통은 계승되어, 조선 후기에 중창 된 대적광전에도 수직적 구성의 신라계 흔적이 반영되었다. 이미 조성된 가 람의 틀과 입지와 터에 맞춘다면, 어쩔 수 없이 따라야 했던 결과일 것이다. 귀신사는 백제 속의 신라 건축이다.

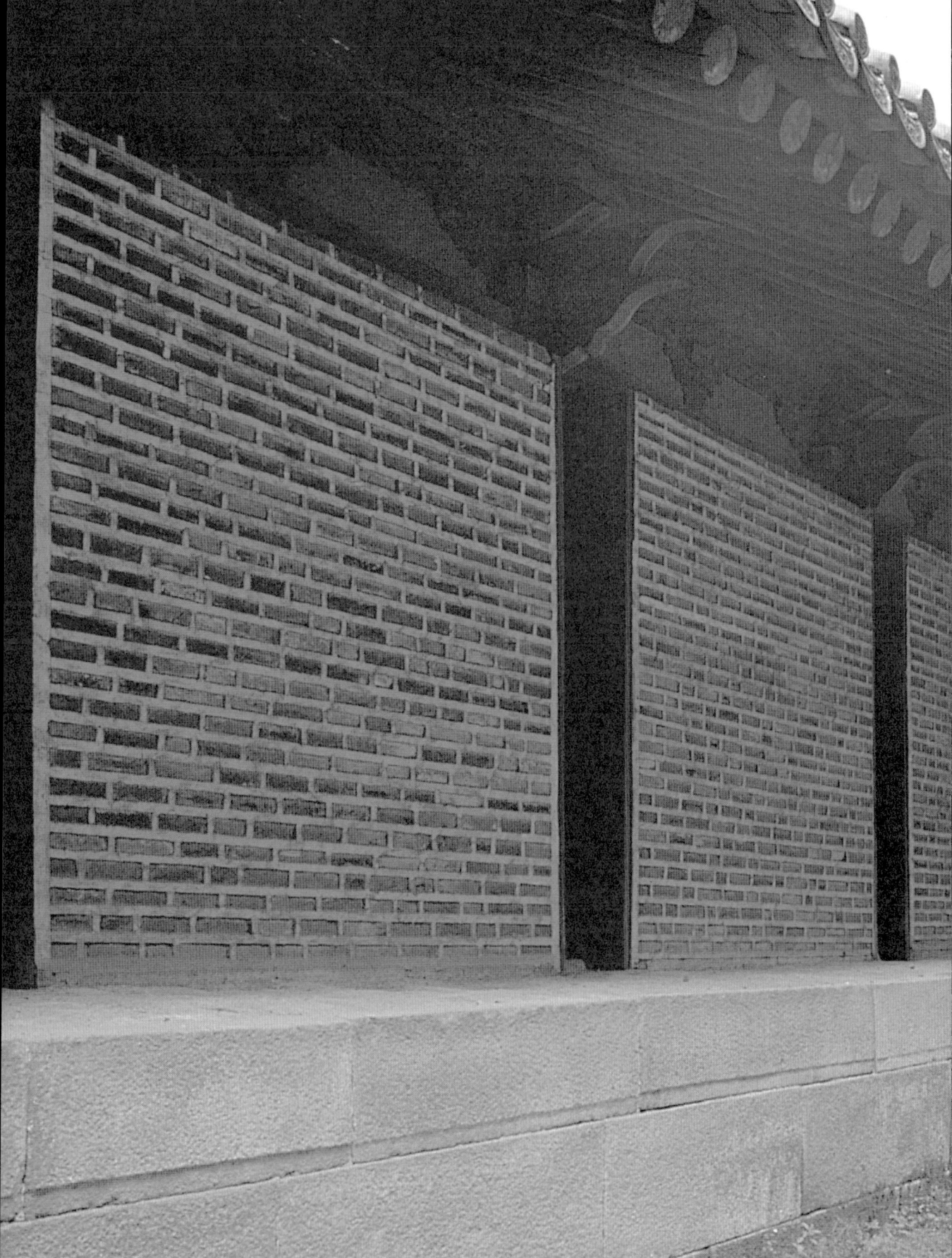

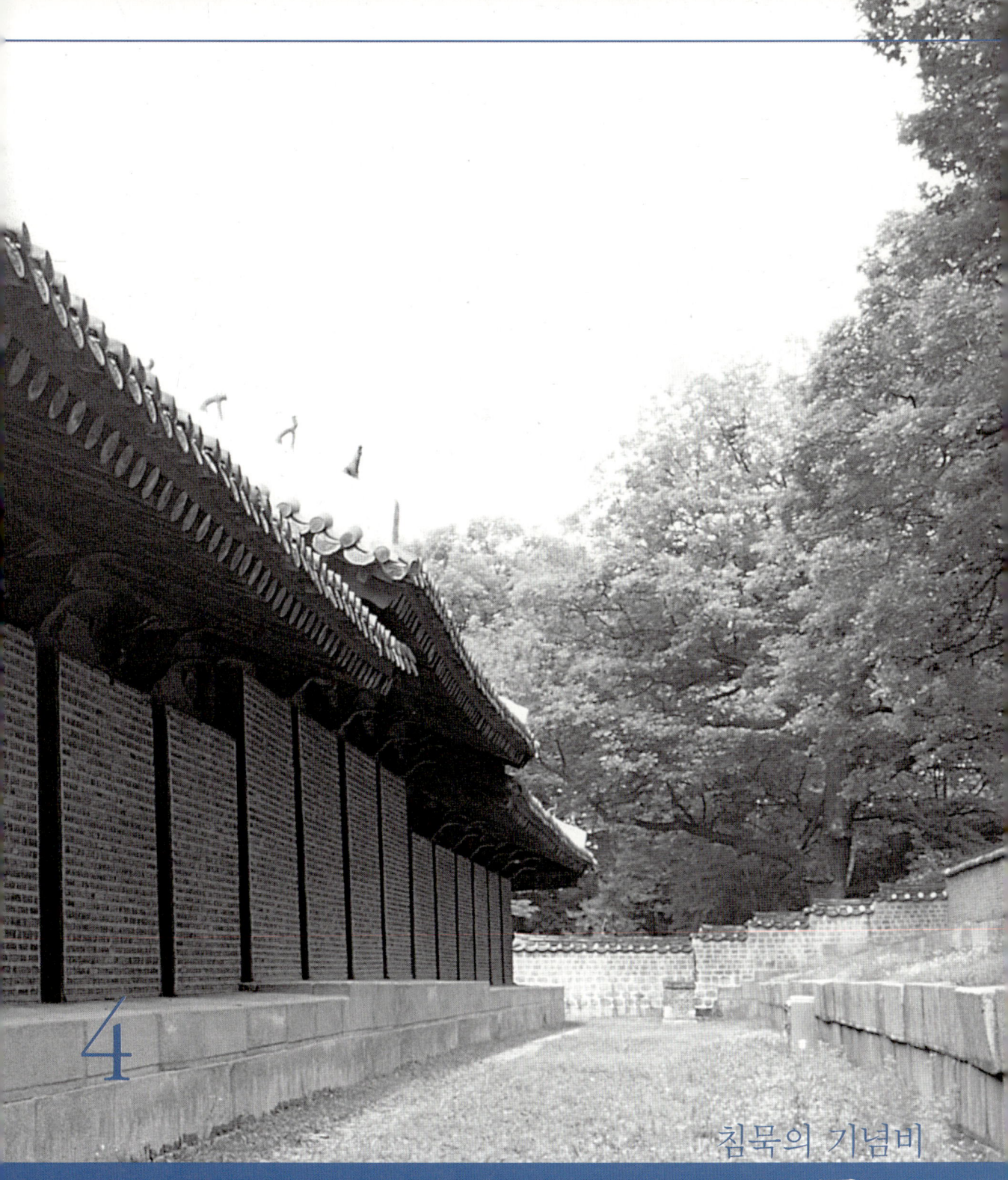

4

침묵의 기념비
종묘

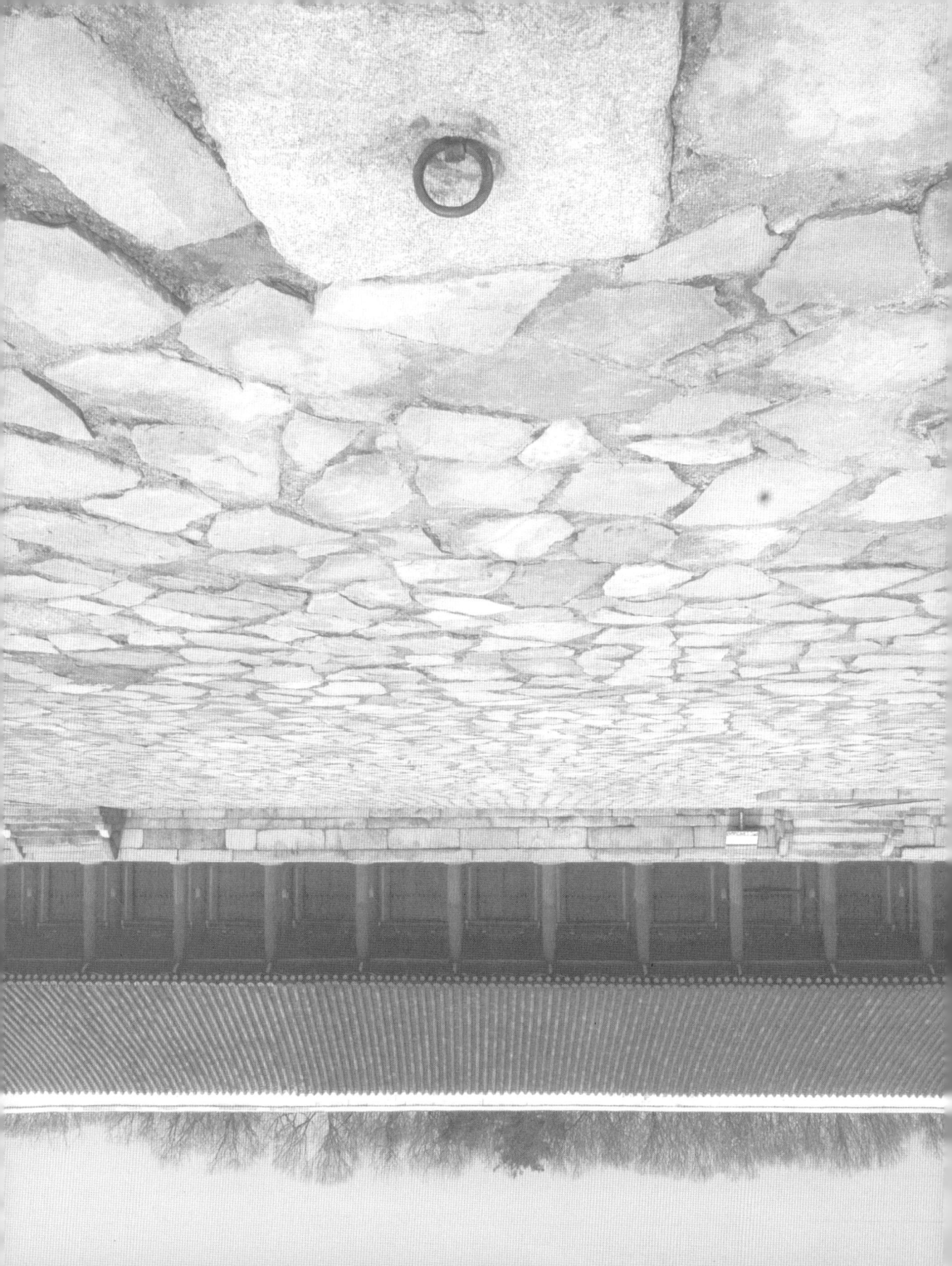

왕조의 정통성을
위하여

권력과 건축

정치권력은 건축을 필요로 한다. 특히 비정상적 방법으로 탄생한 권력은 광적으로 기념비적 건축에 심취한다. 제3제국 건설광인 히틀러나 파리 시가지를 통째로 바꾸어놓은 나폴레옹은 말할 것도 없고, 우리의 가까운 정권들도 예외가 아니었다. 박정희 정권의 개발과 건설 지상주의, 전두환 정권의 독립기념관과 평화의 댐, 노태우 정권의 올림픽 시설과 전쟁박물관. 또한 조선총독부 청사 철거로 '역사 바로 세우기'의 기치를 들었던 김영삼 문민정부는 다른 전략을 취했지만, 건축을 통치 차원의 수단으로 삼았다는 점에서 철거와 건설은 동전의 양면과 같이 동일한 발상이었다. 총독부 청사 철거는 곧바로 새 중앙박물관 건설로 이어졌고, 경복궁 복원공사로 연결됐으며, 한창 옛 모습을 찾아가는 경복궁 안에 새로운 궁중박물관을 증축할 수밖에 없었다.

　　건축이 어느 정도 정치권력의 이용물이라고 해서 꼭 부정적인 눈으로만 볼 필요는 없다. 카르낙 신전이 파라오 아멘호테프의 신권정치를 위한 장치였다고 해서, 베이징의 이화원頤和園이 서태후西太后의 향락을 위한 무대였다고 해서 그들의 건축적 가치와 아름다움이 축소되는 것은 아니기 때문이다. 이제 살펴볼 서울의 종묘宗廟 역시 대단히 정치적인 목적으로 창건됐지만, 최고의 한국 건축이라는 위상이 흔들리는 것은 아니다.

　　변방 출신의 무장 이성계李成桂는 1392년 고려조의 마지막 임금 공양왕을 폐하고 드디어 자신의 조선왕조를 열었다. 왕조가 바뀌면 도읍을 바꾸는

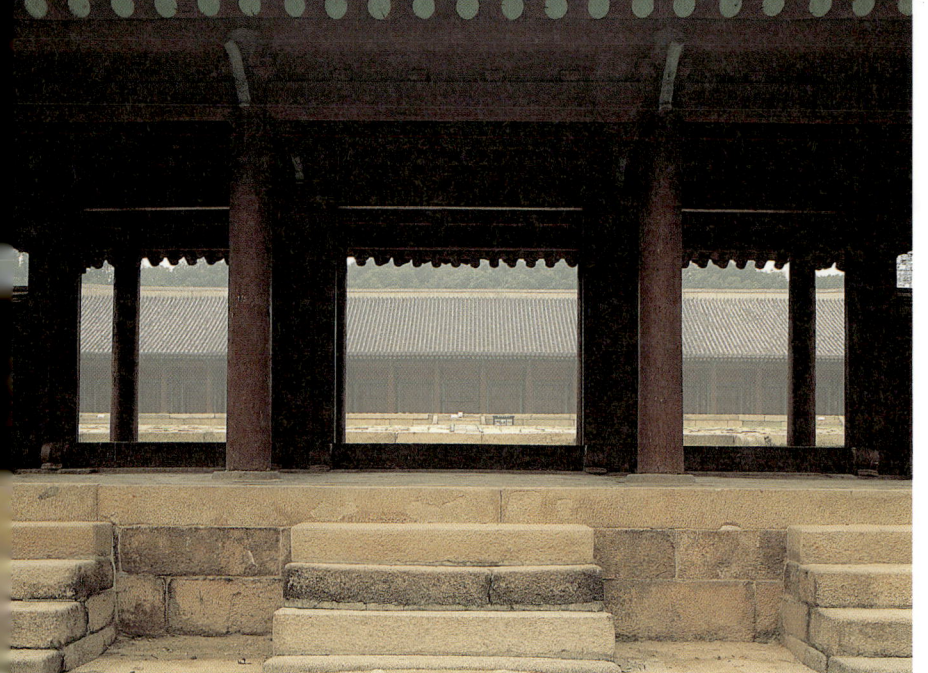

↖ **종묘 정전** 건물의 길이가 매우 길어서 정지된 시각으로는 그 끝을 볼 수가 없다. 그래서 무한에 가깝게 된다.

것이 동아시아 정치의 관행이었다. 개성에는 옛 고려 귀족들의 영향력이 살아 있어서 아직도 민심은 새 왕조를 반대하고 있었다. 반면 이성계 일족과 대부분의 지지자들은 개성에 기반이 없는 지방 출신이어서 굳이 옛 도읍을 고집할 필요가 없었다. 새 도읍지를 찾는 일이 새 왕조가 해야 할 첫번째 과제였다. 후보지로 떠오른 곳은 계룡산 남록(현재의 신도안)과 한양부의 모악 일대(현재의 신촌), 그러나 최종적인 입지로는 모악의 동쪽 분지인 서울시역이 선택되었다. 도읍지 결정까지 이태가 소요, 이는 1394년의 일이었다.

좌묘우사의 도시

도읍지가 정해지면 가장 서둘러 세워야 할 3가지 건축이 있다. 왕궁, 종묘와 사직, 그리고 성곽. '종묘는 조상을 받들고 효경을 숭상하는 곳이고, 궁궐은 존엄을 보이고 정령을 반포하는 곳이요, 성곽은 안팎을 엄하게 하고 나라를 견고하게 하는 것이니, 이들을 가장 먼저 건설해야 한다.'[01] 종묘는 역대 임금의 위패를 봉안하고 제사를 드리는 국가의 신전이다. 옛것을 받들어 현재를

01_ 「太祖實錄」, 三年 十日月 己亥.

148 _ **김봉렬의 한국건축 이야기** 시대를 담는 그릇

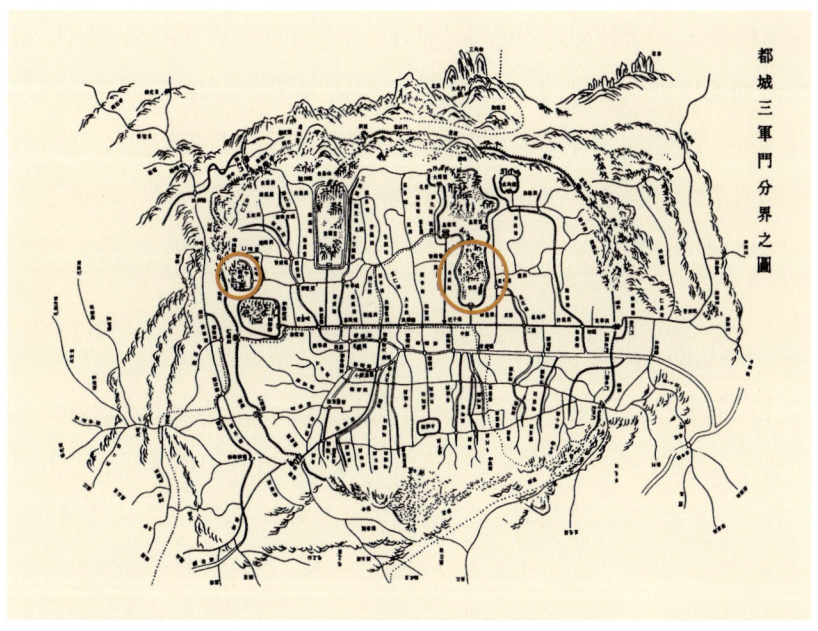

都城三軍門分界之圖

↗ **도성삼군계지도** 한양성의 옛 지도. 선으로 표시한 원 중 동쪽이 종묘, 서쪽이 사직이다. 경복궁과 창덕궁이 한양의 두 중심이다. 18세기. 국립중앙박물관 소장.

02_ 주나라 때의 관제를 기록한 책으로, 중국 국가제도의 기록 중 가장 오래되었다. 『의례』儀禮, 『예기』禮記와 함께 삼례三禮이며, 중국의 역대 관제는 이것을 규범으로 삼았다. 우리나라에서는 고려시대에 유교의 경전으로 삼았으며, 조선 세종 때에는 일반에 보급되었다.

03_ 『周禮』, 「考工記圖」에는 종묘 외에도 유사한 기능의 명칭들이 등장한다. 예컨대 하夏나라에서는 세실世室, 은殷나라에서는 중옥重屋, 그리고 주周에서는 명당明堂이라고도 불렀다.

발전시킨다는 유교적 역사관에 따르면 선조에 대한 제사는 첫째가는 윤리이며 종교적 교리였다. 그러한 제사건축 가운데 으뜸이 되는 것이 바로 종묘다. 사직은 토지의 신과 곡식의 신에게 제사를 지내는 신단이다. 농경국가를 통치하기 위해서 없어서는 안될 국가적인 시설물이었다.

종묘와 사직은 한 나라의 국가적 아이덴티티를 형성하는 최고의 상징건축이다. 역사를 소재로 삼은 TV 드라마에서 임금이 잘못할 때 종종 신하들이 간언하는 단골 대사가 있다. "이 나라 종묘사직을 어찌하려고 이러시나이까?" 종묘와 사직은 건축 이전에 왕조의 상징이었다. 이 제도는 고대 중국에서부터 정착되어 『주례』周禮[02]에도 도읍의 중앙에는 궁궐을 설치하고 궁궐 좌측에 종묘를, 우측에는 사직을 설치한다고 규정되어 있다.[03] 이른바 '좌종묘 우사직'(좌묘우사左廟右社)의 원칙이다.

동양권의 방위 개념은 주체를 중심으로 설정된다. 풍수지리설의 '좌청룡 우백호'의 청룡은 동쪽의 산맥을, 백호는 서쪽의 산맥을 의미한다. 북쪽 주산에서 남쪽을 바라볼 때의 방위를 기준으로 한 것이다. 조선조의 호남 지방은 전라좌우도로 나뉘어 있었다. 동쪽의 여수는 전라좌도, 서쪽의 목포는 전라

4 침묵의 기념비 **종묘** _ 149

우도가 된다. 임금이 있는 한양에서 바라볼 때를 기준으로 했기 때문이다. 여수 일대에 수군사령부를 가지고 있던 이순신의 직함은 그래서 '전라좌수사'다. 마찬가지 이유로 종묘가 자리잡은 경복궁의 동쪽 연화방蓮花坊은 좌측이며 좌묘우사의 원칙에 부합하는 곳이었다.

대외적 과시와 대내적 통치

조선조의 개국공신들은 새 도읍이 이상적인 예법들이 구현된 도시이기를 희망했다. 고래의 예법들을 고증하여 국가의 제도를 만들고 도시의 규범을 정해나갔다. 『국조오례의』國朝五禮儀는 국가가 능히 해야 할 다섯 가지 예식들을 규정하고 있다.[04] 그 가운데 가장 중요한 길례吉禮에는 각종 국가적 제사들이 포함되며, 종묘와 사직에 대한 제사는 그 가운데서도 가장 큰 대사에 속했다. 종묘와 사직 외에도 선농단先農壇,[05] 여단厲壇[06] 등의 제사 시설들이 길례를 위해 도읍 요소요소에 설치됐다. 정궁인 경복궁을 건축하면서도 '전조후침' 前朝後寢 따위의 고대 제도를 계획의 기본으로 삼았다.[07]

이처럼 도시와 건축에 고대 중국의 제도들을 도입한 이유는 조선왕조의 취약한 뿌리에서 찾을 수 있다. 고려 말에 도입된 성리학은 지식인 사회의 규범이 되었고, 비록 성리학적 사회 구현을 기치로 역성혁명에 성공했지만, 여전히 태조 이성계는 쿠데타로 정권을 잡은 가문 없는 군인일 따름이었다. 대내적 통치를 위해서는 물론, 국가의 이름마저 승인을 받아야 했던 명나라로부터 당당한 문화왕권으로 인정받으려면 무언가 정통성을 과시할 수단이 필요했다. 경복궁과 종묘사직의 건설을 서둔 이유를 여기서도 찾을 수 있다. 경복궁이 왕권의 직접적인 통치수단이라면, 종묘는 왕조에 정통성을 부여하는 은유적인 상징이었다.

종묘는 착수한 지 1년이 채 못된 1395년 5월, 경복궁보다 먼저 완공된다. 서울 시내에 가장 먼저 선 기념비적 건축인 것이다. 임진왜란 때 황급히 피난길에 올라 모든 것을 버리면서도, 종묘에 모셔진 수십 개의 신위神位만

04_ 김동욱, 『종묘와 사직』, 대원사, p.11에서 재인용. 빈례는 모화관慕化館에서 치르고 가례, 군례, 흉례는 모두 궁궐 안에서 치른다. 길례는 대사大祀, 중사中祀, 소사小祀로 나뉜다. 대사는 종묘와 사직에 대한, 중사는 하늘과 큰 산과 농사·공자·시조신에 대한, 소사는 날씨와 관련된 신들에 대한 제사다.

05_ 농사짓는 법을 가르쳤다고 전하는 고대 중국의 제왕인 신농씨神農氏와 후직씨后稷氏를 제사지내던 곳. 우리나라에서는 신라 이래 역대 임금들이 풍년을 기원하며 이곳에서 선농제先農祭를 지냈다.

06_ 나라에 역병이 돌 때에, 그러한 병으로 죽은 귀신에게 제사厲祭여제)지내던 곳으로 서울과 각 고을에 있었다. 여제는 봄철에는 청명에, 가을철에는 7월 보름에, 겨울철에는 10월 초하루에 지냈다.

07_ '전조후침'은 궁궐의 앞부분에는 정전政殿을, 뒤에는 침전寢殿을 배치하는 제도. 대개의 한국 궁궐은 이 제도를 따랐는데, 특히 경복궁은 중심축선상에서 전조후침의 제도를 구현했다. 지형에 따라 휘어지게 배치된 고려의 만월대나 조선조의 창덕궁과는 달리 경복궁이 기하학적인 규범을 따라 건축된 이유는 조선왕조가 유교적 예법에 충실한 문명 왕조임을 과시하기 위한 측면이 크다.

은 안전하게 피신시켰다. 궁궐은 없어져도 종묘는 보존돼야 나라를 지킬 수 있다는 믿음이었으며, 어떤 의미에서는 궁궐보다도 더욱 중요한 건축물이었다. 궁궐보다 먼저 종묘를 건설해야 한다는 원칙 역시 고대 중국에서부터 유래했다.[08] 임진왜란 후에 다른 궁궐보다 먼저 종묘를 복원한 이유도 여기에 있다.[09]

종묘의 제도와 증축의 역사

태조 이성계는 자신의 4대조까지 왕으로 추존하여 종묘를 건설한다. '태정태세문단세……'로 이어지는 정식의 이씨 왕조 이전에 '목조穆祖-익조翼祖-도조度祖-환조桓祖'라는 앞선 왕계가 생긴 것이다. 종묘가 완공됨으로써 이씨 왕가는 '뿌리깊은 나무'이자 '샘이 깊은 물'이 되었다. 왜 4대조까지를 추존했는가?『예기』에 따르면 "천자는 6대조까지 자신을 포함하여 7묘제를, 제후는 4대조까지 자신을 포함해 5묘제를 택한다"고 했다. 이씨 조선왕조는 중국에 대하여 제후의 신분이었다.

그러면 5대가 지난 선왕의 위패는 어찌하는가? 일반 가정에서는 5대가 넘으면 위패를 태우고 1년에 한 번 합동으로 지내는 시제로 대체한다. 그러나 군왕의 위패는 태울 수가 없어 영구보존해야 하므로 별도의 사당을 짓고 위패를 옮기게 된다. 이를 '별묘제' 別廟制라 부르는데 이는 고대 중국에서 행하던 예법이었다. 그러나 후세 왕의 수가 증가하는 데 따라 무한정 별묘를 더 지을 수는 없다. 따라서 후한대에 예법이 바뀌어 하나의 건물 안에 방을 막아 여러 개의 사당을 두는 '동당이실제' 同堂異室制를 택하게 된다.[10]

종묘의 정전正殿은 태실 7칸의 건물로 창건됐다. 4대 추존왕을 각 태실에 모시고도 3칸이 남았다. 그러나 세종조에 오면 7칸이 꽉 차 막상 자신이 죽으면 들어갈 태실이 없게 된다. 방법은 두 가지였다. 정전을 확장하든가 아니면 별도의 건물을 지어 신위를 옮기든가. 정전 서쪽에 영녕전永寧殿을 창건하여 추존왕 4대의 신위를 옮겼다. 정전은 동당이실제도를 택했지만, 영녕전이라는 별묘를 지어 별묘제도 가미한 제도다. 처음의 영녕전은 중앙 4칸과

08_ 『魏志』, 『高堂隆傳』에 '궁실을 짓고자 함에 있어서 무엇보다 먼저 종묘를 세워야 하고, 창고가 그 다음이며 거실(왕의 궁궐)은 그 다음이다'라고 기록되어 있다.
09_ 김동욱, 앞의 책, p.21. 의주 몽진에서 환도한 선조는 모든 궁궐이 불타버렸기 때문에 임시로 월산대군의 옛집에 머물렀고, 종묘 역시 불타버려 영의정 심연원의 집에 신위를 모셨다. 정궁인 경복궁은 3세기 후인 흥선대원군 때에 비로소 중건되며, 창덕궁도 광해군 때 중건된다. 그러나 종묘는 15년 후인 1608년 중건되어 옛 모습을 되찾았다.
10_ 김동욱, 앞의 책, p.12.

4 침묵의 기념비 종묘 _ 151

좌우 1칸씩의 협실을 갖는 단출한 건물로 지어졌다.

세종대는 영녕전 창건으로 여유를 찾았지만, 명종 때에 오면 다시 한계에 직면한다. 정전과 영녕전 모두 선왕들의 신위로 꽉 차버렸기 때문이다. 정전을 확장해야 할 상황에 부딪친 것이다. 그렇다고 정전을 무작정 늘릴 수는 없었다. 따라서 일정한 봉안의 원칙이 세워지게 됐다. "5세가 지난 왕은 원칙적으로 정전에서 영녕전으로 신위를 모셔 봉안한다. 그러나 태종이나 세종과 같이 공덕이 뛰어난 선왕의 위패는 옮기지 않고 영구히 정전에 봉안한다.[11] 또, 덕종德宗이나 장조莊祖와 같이 실제 보위에 오르지 못하고 세상을 떠난 세자들도 추존하여 왕으로 봉안한다. 그리고 정전 내 가장 서쪽에서부터 선왕의 순으로 신위를 모신다" 등등. 종묘에 가면 건축에만 넋을 잃을 것이 아니라, 정전과 영녕전에 어떤 왕들이 모셔졌는지, 그리고 모셔진 순서를 따져 보는 것도 감상의 방법이다. 영녕전에 모셔진 임금들은 추존왕이거나 아니면 단명한 임금들로 신위를 옮긴 분들이다. 정전에 모셔진 헌종부터 순종까지는 아직 5세를 넘기지 않았기 때문에 생전의 공덕과는 관계가 없다.

이처럼 까다로운 법식을 따라가며 종묘의 건물들은 여러 차례의 증축을 거치게 된다. 현재 볼 수 있는 종묘의 모습은 1834년 마지막 증축 때 만들어진 것으로 원래부터 이처럼 긴 건물이었던 것은 아니다.

규칙적인 종묘의 배치

일제 때 창덕궁과 종묘를 가르는 신작로를 뚫으면서 지금은 나뉘었지만 창덕궁과 후원, 창경궁 그리고 종묘는 원래 하나로 연결된 영역이었다. '북궐'인 경복궁에 대해 '동궐'이라 불리웠던 이 복합 궁궐은 한양의 또 다른 중심을 형성했다. 또 면적으로 본다면 정궁인 경복궁에 비해 훨씬 컸던 곳이다. 전국 여러 지역을 조사한 끝에 최종적으로 도읍의 입지를 결정했지만, 한양은 지형이 완벽한 곳은 아니었다. 대표적으로 한양의 주산인 북악산이 너무 서쪽으로 치우쳐 우백호인 인왕산과 가까운 단점이 있다. 정궁인 경복궁이 북악

11_ 『明宗實錄』, 元年 四月 八日. 이를 '백세불천지주' 百世不遷之主라 한다.

152 _ 김봉렬의 한국건축 이야기 시대를 담는 그릇

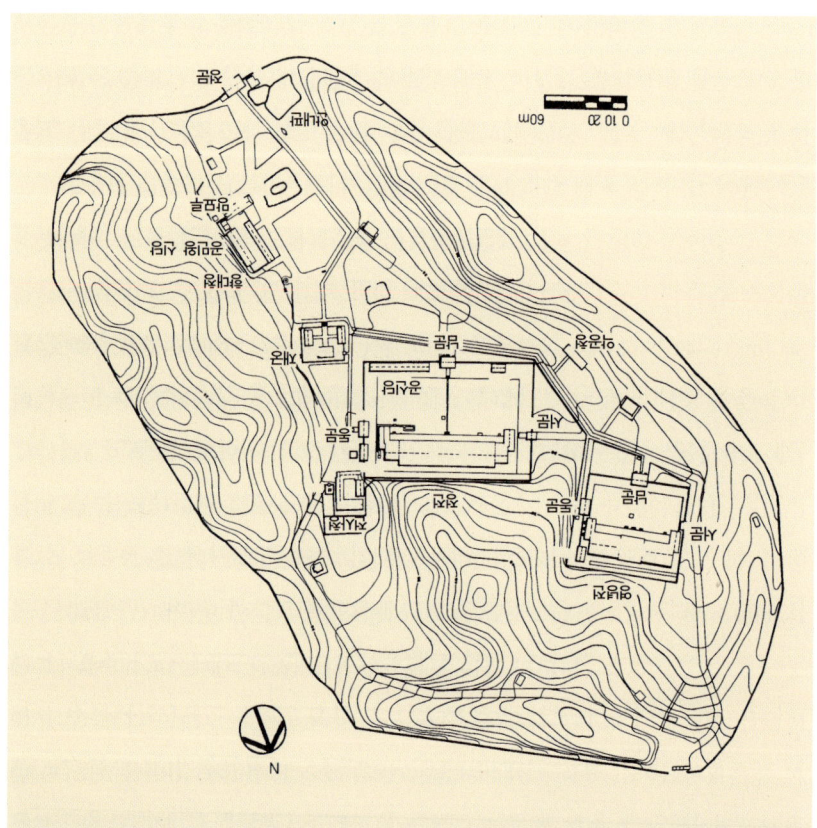

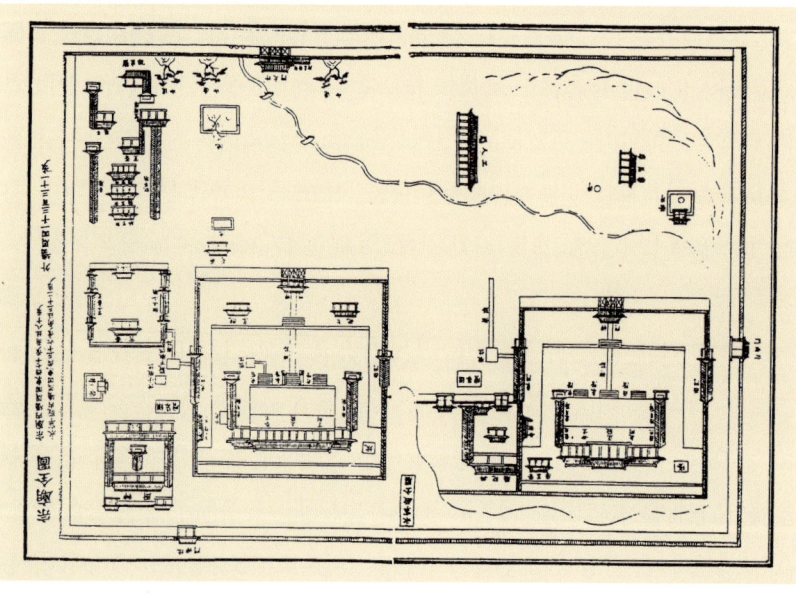

충렬사는 『충무공가승』에 수록된 충렬사 배치도로, 도를림이 있지 않지만 현충이 양쪽으로 있다. 17세기, 사용대례고 강당과 수정문.

충렬사 지형 배치도 민속재단리조 도.

을 주산으로 자리잡음으로써 결국 도성의 서쪽에 치우쳐 동쪽이 허하게 됐다. 동궐은 동쪽의 매봉자락에 자리잡았다. 서울의 옛 지도를 펼쳐보면, 북궐과 동궐이 동성의 두 중심으로 도시의 균형을 잡고 있음을 읽을 수 있다. 이 두 중심은 종로라는 중심 도로를 통해 간접적으로 연결된다. 중국의 옛 제도를 따라 도시를 계획하면서도 한양이 처한 지형적 문제를 적극적으로 해결한 결과다.

경복궁은 비교적 평탄한 곳에 입지해 기하학적인 배치가 가능했지만, 동궐 지역은 낮은 구릉들이 연속되는 곳이어서 기하학적 배치계획은 무모했다. 창덕궁은 제2의 궁궐이면서도 지형을 따라 유기적으로 배치됐다. 종묘는 한 술 더해 좌향까지도 불규칙하다. 정전의 좌향은 정남향이 아니라 서쪽으로 20도 정도 치우친 서남향이다. '영녕전은 더 서쪽으로 틀어져 있다'고 기록됐다.『종묘의궤』宗廟儀軌[12]에 그려진 배치도와 실제 지형배치도를 비교해보면, 이 두 그림이 동일한 대상을 묘사한 것이라고는 믿을 수 없을 정도로 차이가 심하다. 의궤도의 건물들은 모두 반듯하게 직교하는 모습으로 그려져 있다. 그렇다고 의궤도가 허위나 가상의 도면은 아니다.

지형도상에서 비틀리고 불규칙해 보이는 건물들의 배치는 실제 지형에 가장 잘 적응한 결과다. 도면상의 기하학을 배치 계획의 기준으로 삼지 않고, 지형과 땅의 생김새를 기준으로 삼았다. 지형도를 자세히 들여다보라. 얼마나 '규칙적'으로 배치되어 있는가? 큰 능선 자락에는 정전이, 작은 능선 자락에는 영녕전이 자리잡았다. 정전과 영녕전의 배향이 다른 것은 두 능선의 방향이 다르기 때문이다. 얼마나 '규범적'인가. 단지 평면적인 기하학이 배제됐을 뿐. 이런 지형을 깎고 잘라서 직각좌표의 배치법을 썼다면 그것이 바로 불규칙이요 억지일 것이다. 따라서 의궤도와 지형배치도는 같은 도면인 것이다.

지형과 건물의 규칙적 관계를 더욱 강화하기 위해 태조 때의 건축가들은[13] 종묘 남쪽에 인공적으로 흙을 돋워 가짜 산을 만들었다. 태종 때는 이 인공적인 안산이 약하다고 판단돼 가산을 더 증축했다. 이러한 입지관과 건축관은 규범성과 자유로움이 공존하는 종묘 특유의 가치를 만들어냈다.

12_ 조선시대에 종묘와 영녕전에 관한 의식과 궤범을 그림과 해설을 곁들여 기록한 책으로, 필사본 9권이 전한다. 원책은 1697년(숙종 23)에, 속록은 1741년(영조 17)에 2책이, 1819년(순조 19)에 1책, 1842년(헌종 8)에 2책이 만들어졌다.

13_ 종묘를 계획한 건축가의 이름은 물론 전하지 않는다. 단지 개성이 강한 인물로는 태조 때의 권중화權中和가 있다.『太祖實錄』三年 九月 丙午에는 권중화, 정도전鄭道傳, 심덕부沈德符를 한양으로 파견하여 도성의 지형과 계획을 살폈다고 기록되어 있다. 그 가운데 권중화가 우선 궁궐과 종묘의 도면을 작성하여 태조에게 바쳤다고 한다.

154 _ 김봉렬의 한국건축 이야기 시대를 담는 그릇

길과 선의
건축

임금의 길과 혼령의 길

종묘는 정전과 영녕전이라는 두 개의 중심 영역을 갖는다. 나머지 제궁이나 향대청香大廳 등은 두 신전에 제사 지내기 위한 부속 영역들이다. 종묘는 죽은 선왕들에게 제사를 지내기 위한 의례의 무대다. 따라서 제사의 의식을 이해하지 못하고서는 종묘의 건축적 내용을 읽을 수 없다. 그 의례들은 요소요소들을 가로지르는 길을 따라 행해진다.

종묘에는 여러 가지 길이 얽혀 있다. 넓은 관람로는 제전으로서의 기능을 상실하고 공원으로 개방되면서 만들어졌고, 제사 준비를 위한 용인用人들의 서비스 통로가 있었지만 그다지 큰 의미는 없다. 의미 있는 길은 원래 두 가지였다. 하나는 신도神道고 또 하나는 어도御道다. 신도는 인간은 다닐 수 없고 혼령만이 드나드는 길이고, 어도는 제사 담당자인 임금과 세자가 이동하는 의례의 길이다. 두 길은 모두 전돌을 가지런히 깔아 일반 통행로와는 쉽게 구별된다. 신도는 전돌 2개 폭의 좁은 길이다. 신령은 정신만 있을 뿐 몸체가 없기 때문에 신도의 폭은 중요하지 않고 방향만 지시되면 된다. 정전과 영녕전 마당의 중앙을 관통하여 각각의 신문神門으로 이어지는 외줄기 길이 신도다. 어도는 동문만을 출입할 수 있게 설치돼 임금이라도 남쪽 신문을 지날 수가 없다.

어도와 신도는 3개의 길을 합쳐놓은 것과 같다. 신도인 가운데 부분은 어도인 양옆 부분보다 약간 높게 조성되어 봉축만이 통행할 수 있는 길이다. 양

옆 낮은 어도는 임금과 세자가 걷는 길이다. 어도를 따라 걸어가면 제주인 임금의 동선을 추적할 수 있고, 그것이 바로 종묘제례의 핵심적인 의례 순서다.

종묘의 정문을 들어온 어도는 향대청과 망묘루望廟樓 앞의 연못을 지나 우측으로 꺾여 제궁 속으로 사라진다. 제궁은 목욕제계하고 제사 집전을 준비하는 곳이다. 다시 어도는 제궁의 서쪽 문에서 시작하여 정전의 동문을 향한다. 제주들은 동문을 통해 들어가 제례를 지내고 다시 동문을 통해 빠져나온다. 어도는 정전 남쪽 담장을 끼고 꺾여 영녕전 영역으로 향한다. 다시 우측으로 꺾여 영녕전 동문을 향하게 된다. 정전에서와 유사한 절차의 제례를 지낸 임금은 제궁으로 돌아가 머무는 것으로써 제례를 마친다.

정문 어귀에 있는 망묘루는 임금이 휴식을 취하는 곳이다. 휴식하는 임금은 비의례적 존재이기 때문에 어도를 깔지 않는다. 제례에 필요한 악공들의 통로나 제수를 운반하는 수복들의 통로에는 별도의 표시를 하지 않았다. 종묘에서 중요한 것은 의례를 위한 길들이며, 일상적인 길은 길이 아니다. 어도는 전돌이나 거친 넓적돌로 포장되어 있다. 바닥면이 거칠고 돌들의 조합이 울퉁불퉁해서 도저히 빨리 걸을 수 없는 길이다. 제례를 위해서는 매우 천천히 움직일 수밖에 없다. 그러나 일상의 길들은 잘 다져진 흙바닥으로 빨리 걸을 수 있다. 빨리 갈 수 있는 길은 길이 아니다. 적어도 종묘에서는.

느리지만 가장 빠른 길

정문에 들어서면 울창한 숲 사이로 포장된 어도만 나타날 뿐 건물들은 일절 눈에 들어오지 않는다. 그러나 가야 할 방향은 명확히 알 수 있다. 어도가 방향을 지시하기 때문이다. 어도를 따라가다 보면 때로는 연못과 누각을, 때로는 긴 담장을, 때로는 은밀한 어둠을, 혹은 눈부시게 반사되는 지붕면들을 만날 수 있다. 110m에 달하는 긴 정전 건물도 도시 속 하나의 건물과 같이, 어도에 의해서만 접근할 수 있다. 도시의 주역이 건물이 아니라 길인 것처럼, 종묘도 길의 건축이다.

↗ **종묘의 어도** 제궁 안으로 사라졌던 어도는 다시 꺾이면서 정전으로 향한다. 위의 짙은 전돌을 깐 어도는 정전으로 들어가는 길, 아래 밝은 박석의 길은 정전에서 나와 영녕전으로 향하는 길이다.

↘ **종묘 정전의 동문** 정전의 동문으로 들어가기 전 광경. 어도를 가로막은 판 위에서 제례가 시작된다. 어도는 정전의 동월랑 끝으로 이어지며, 여기는 기다란 정전의 끝점이다. 끝과 끝을 이어 전체를 순화시키는 기법을 보여준다.

156 _ 김봉렬의 한국건축 이야기 시대를 담는 그릇

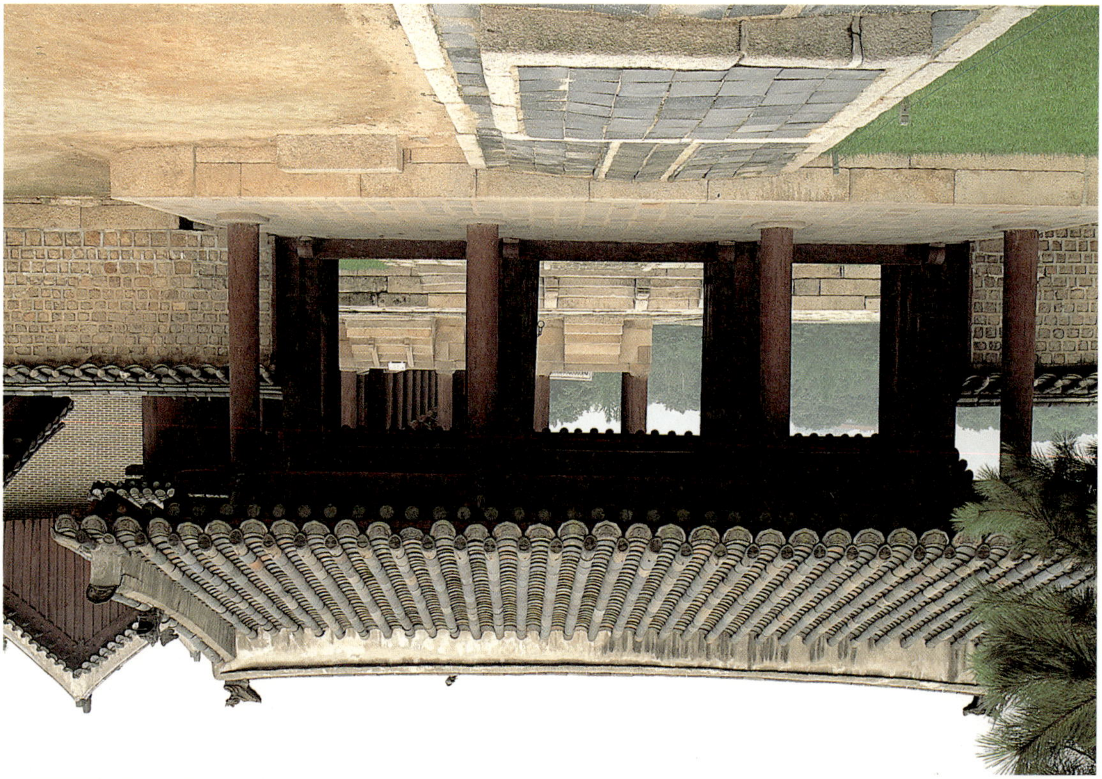

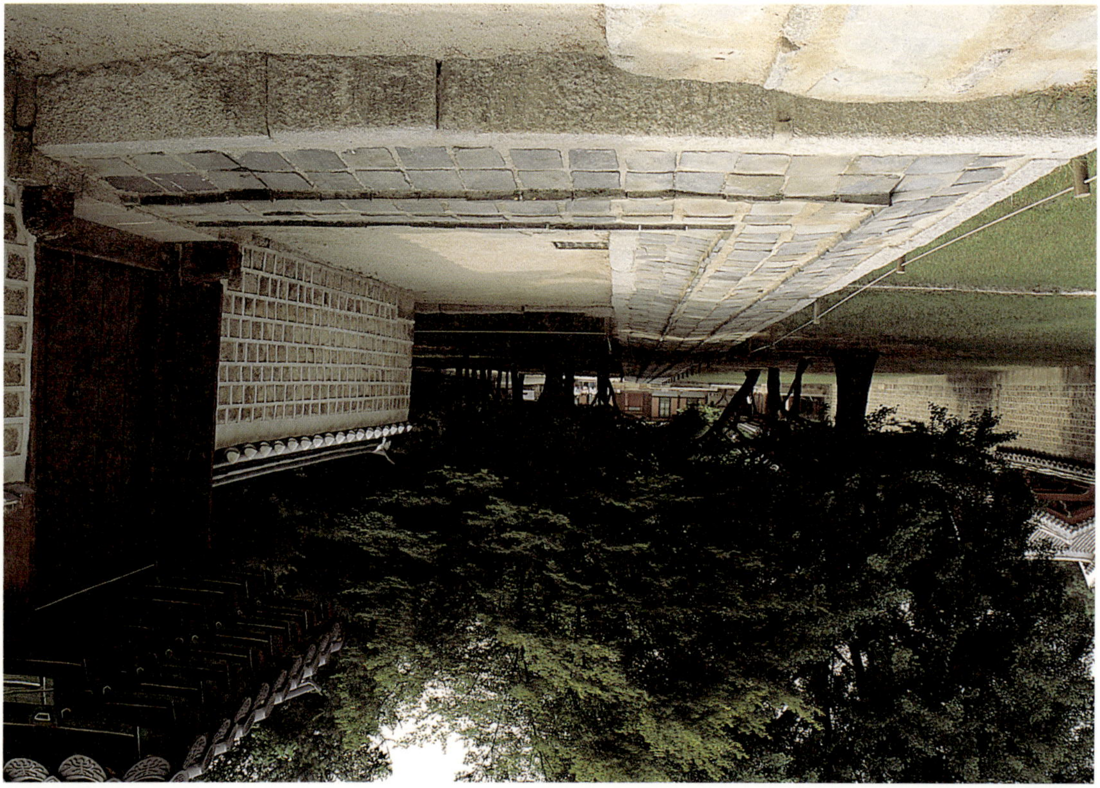

정전과 영녕전 영역의 구성 패턴은 유사하지만 서로 독립적인 관계를 갖는다. 굳이 말한다면, 정전은 앞에 튀어나와 있고 영녕전 영역은 뒤로 물러서 있다. 그러나 각 영역의 규모가 충분히 크고, 두 영역 사이에는 낮은 구릉이 가로막아 서로를 의식할 수 있는 시점이 전혀 없다. 단지 정전에서 영녕전을 잇는 어도만 존재할 뿐이다. 마치 경복궁과 창덕궁이 한양의 두 중심을 형성하지만, 서로의 관계는 오로지 종로라는 도로를 통해서만 간접적으로 맺어지는 것과 같은 도시적 구성이다.

종묘의 어도들은 몇 개의 중요한 점들을 잇는 선분들의 집합이다. 제궁에서 영녕전으로 향하는 어도는 정전 담장의 서남쪽 모퉁이를 바싹 끼면서 꺾어진다. 앞서 말한대로 종묘의 건물들은 부분적인 지형에 맞추어 유기적으로 자리잡았다. 그러나 어도는 비록 보행속도는 느리지만 가장 가깝고 짧은 궤적을 좇아 직선적으로 설정되었다. 느리게 걷지만 가장 빠른 길. 그것이 바로 어도이며 제왕의 길이다.

지형을 따라 융통성 있게 자리잡은 건물군과 그들 사이를 직선으로 치고 들어가는 어도의 만남은 여러 가지 부수적인 시각효과를 가져온다. 건물의 담장과 평행하지 않은 길들은 담장이나 건물을 모퉁이에서 보도록 유도한다. 그렇지 않아도 긴 건물과 담장을 정면으로 만난다면 질려버릴 것이다. 삐딱하게 만남으로써 길의 위압감을 덜어준다. 산재해 있는 독립적 영역들을 연결하고 질서를 부여해 하나로 통합하는 것도 어도가 하는 역할이다.

살아 숨쉬는 길

통상적으로 제왕의 길이라면 끝없이 곧게 뻗은 위풍당당함을 연상할 것이다. 그러나 종묘의 어도는 꺾어지고 사라지고 감추어진다. 길의 폭도 좁고 바닥은 거칠다. 그나마 높낮이의 변화도 심하다. 아예 길의 고저 차가 뚜렷하다면 그럴 염려가 없겠지만, 중간 중간의 바닥 레벨이 미세하게 변해서 주의하지 않으면 발이 걸려 넘어질 정도다. 또 이따금 걸음을 가로막는 장애물들도 설

14_ 일종의 기단으로 건물 앞에 넓은 기단 윗면의 공간을 제공한다. 궁전, 사원, 사당건축 등에 등장하며 건물 앞에서 의식을 행하기 위한 장소로 사용된다

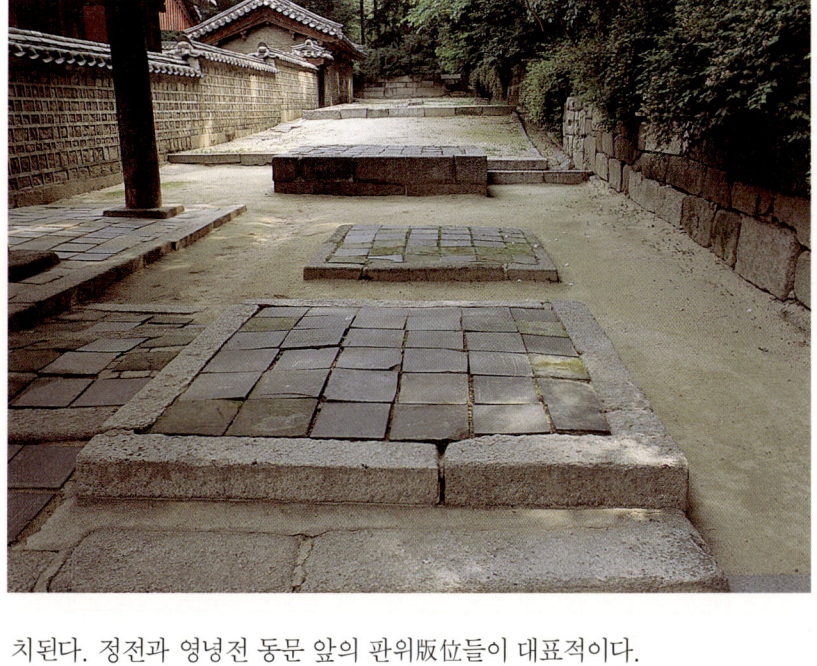

⬈ **종묘 영녕전 동문 앞 임금의 판위** 영녕전 동문 앞에 있는 3개의 판위. 가장 앝은 단은 천막단으로 제사상을 올려놓는 곳이다.

치된다. 정전과 영녕전 동문 앞의 판위版位들이 대표적이다.

판위란 임금이나 세자, 제관들이 제례의식을 위해 서 있는 정방형의 평평한 단이다. 바닥에는 전돌들이 가지런히 깔려 있고, 어도나 월대越臺[14]의 밝은 색과는 달리 짙은 회색이다. 어도가 선적이고 이동하는 흐름을 담는다면, 판위는 면적이며 움직임을 멈추게 한다. 판위들은 어도의 중간과 끝에 설치된다. 제례는 연속적인 것이 아니라 몇 개의 다른 의식들을 단속적으로 이어놓은 것이다. 그 의례의 은유가 바로 길과 판위의 관계다.

종묘의 길들은 걷기 위한 것이 아니라 멈추기 위한 것이고, 곧게 뻗기 보다는 꺾어지고 갈라지면서 호흡을 조절한다. 너무 빨라지면 걸음을 멈추도록 제어하며, 멈추어 서면 다시 움직임을 유도하는 길들이 계속된다. 엄숙한 건물들이 침묵을 지키고 있는 가운데 마치 길들만 살아서 움직이는 것 같다. 종묘의 길들은 그 자체가 건축적 질서이며 의례이고 움직임이며 행위가 된다.

신성함의 조건

비록 교리와 건축관은 서로 다르지만, 모든 종교건축은 공통적으로 신성한 공간과 형태를 추구한다. 예컨대 불교나 가톨릭 건축의 화려한 표현이나 유교와 개신교 건축의 절제와 무장식의 규범은 서로 상반된 것 같지만, 두 가지 경향 모두 나름대로 '신성함'의 내용이라는 점에서는 동일하다. 흔히 종묘를 침묵의 공간, 영원의 장소라고 지칭한다. 최고의 국가적 신전으로서 도달한 신성함의 표현들이다. 그러나 그 침묵과 영원성에 도달하기 위한 건축적 장치와 개념들은 암시적이며 은유적이어서 쉽게 포착할 수 있는 것들은 아니다.

'반복'과 '척도감'

종묘의 두 중심을 이루고 있는 영역은 정전과 영녕전이다. 두 영역을 구성하는 형식은 너무나 유사하다. 정전은 총 35칸, 영녕전은 총 24칸으로 기다란 선형 건축을 이룬다. 이들은 각기 월대 위에 놓이며, 다시 넓은 하월대를 두어 마당 같은 공간을 이룬다. 하월대에서 한 켜 떨어진 곳에 굳건한 담장을 쌓고 문을 동·남·서 각 세 곳에 설치했다. 두 영역의 구성과 요소들은 동일하며, 단지 스케일과 규모 면에서 그리고 약간의 형태적인 면에서만 차이가 난다.

반복적으로 구성된 두 영역에서는 반복적인 의례가 행해진다. 더 정확히 말하자면 정전에 봉안된 19위와 영녕전의 16위, 총 35위의 역대 임금 신위에 대한 제례가 35차례 반복적으로 행해지는 것이다. 따라서 의례의 무대가 되는 건축은 어차피 반복적일 수밖에 없었다. 종묘의 건축가들은 이 운명적인 반복의 의례를 핵심적인 계획 개념으로 삼았다. 정전과 영녕전의 반복적 구성을 유형적 인습으로만 볼 수 없는 이유다.

인간이 얼마나 반복적인 요소들을 인지할 수 있는가는 디자인 이론의 중요한 논점이다. 예컨대 3층 연립주택과 5층 아파트는 한눈에 그 층수의 차이를 알아볼 수 있다. 그러나 12층 아파트와 15층 아파트의 높이 차이를 구별하기는 쉽지 않다. 하물며 신도시의 초고층 아파트 25층과 30층짜리를 구별하

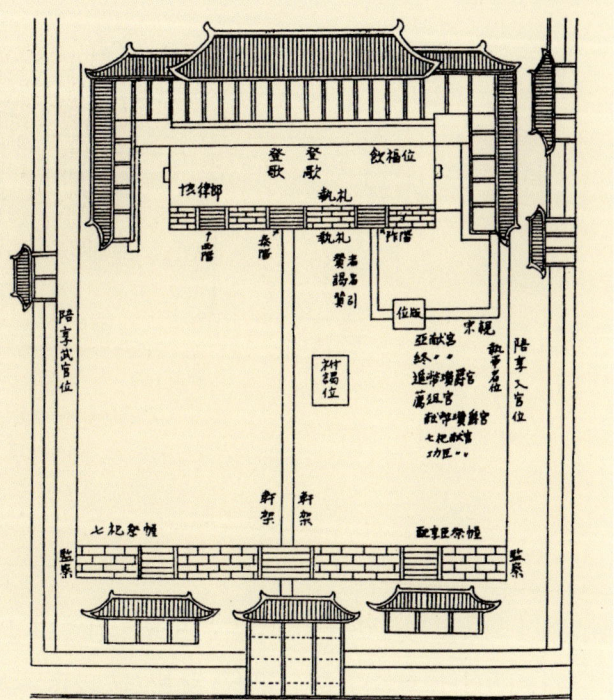

↖ **신도** 혼령만이 드나들 수 있는 신도. 정전의 정문인 남문을 드나들 수 있는 것도 혼령뿐이다.

↗ **종묘 정전 의례도** 출처 불명.

기는 거의 불가능해지고, 60층에서 100층을 넘는 맨해튼 마천루들의 층수를 세어보지 않고 알아보기는 애초에 포기하는 것이 좋다. 대략 보통 사람의 눈으로 식별할 수 있는 층수는 5층 정도. 이 정도의 높이와 크기를 이른바 인간적인 척도(human scale)라 부르며, 초고층 건물들을 혐오하는 이유 가운데 하나가 휴먼 스케일을 너무 벗어나 인간의 감각을 소외시키는 규모라는 점이다. 경제적인 이유로 어쩔 수 없이 고층화될 때, 건축가들은 될 수 있는 대로 인간의 감각으로 읽기 쉽도록 형태를 만들려고 노력한다. 그렇지 않은 건물들, 1층부터 30층까지 똑같은 대부분의 고층 아파트와 기준층 평면도 하나로 수십 층을 건설하는 고층 사무실들을 일컬어 비인간적이라고 말한다.

길이 방향으로는 얼마나 인식할 수 있을까. 역시 대략 5칸 정도의 길이다. 예를 들어 김제 금산사 대적광전은 7칸이지만 '매우 길다'는 느낌만 줄 뿐, 그것이 7칸이라는 정보를 인식하기는 어렵다. 실제로 건축가들과의 현장

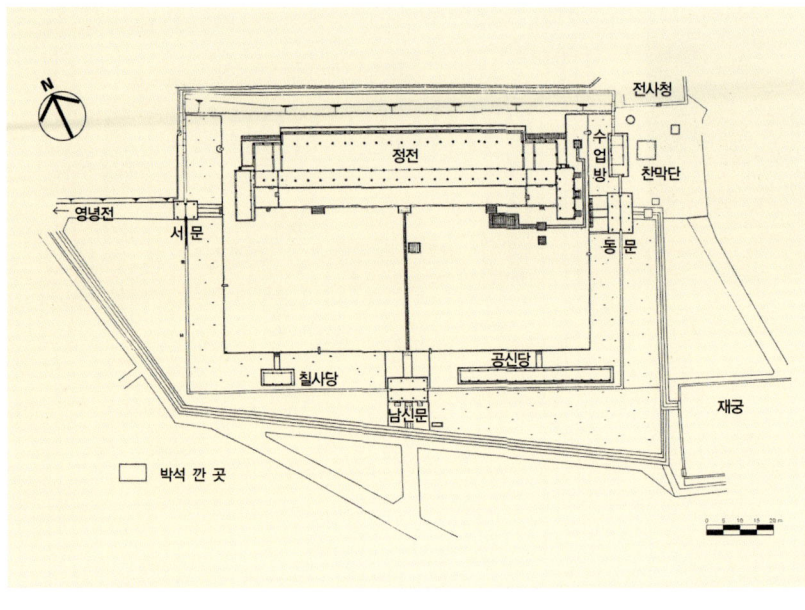

⟍ **종묘 정전 일곽 배치도** 문화재관리
국 도면.

답사에서 질문을 던지면 즉각 대답하는 이들은 거의 없고 대부분 칸수를 세
어보기 시작한다. 하물며 종묘 정전은 태실만도 19칸, 좌우협실과 동서월랑
을 모두 합하면 35칸이다. 15칸이든 19칸이든 '길다'는 사실만 인지될 뿐, 칸
수의 숫자적 구별은 무의미하다. 정전이 7칸으로 시작해 19칸까지 늘어날 수
있었던 시각적 정당성도 여기에 있다.

반복과 단순함을 통한 영속성

셈할 수 없을 정도로 기둥과 칸들이 반복될 때, 무한을 생각할 수 있고 영원
의 언저리에 서게 된다. 종묘 정도의 반복이 계속되면 있는 것과 없는 것, 이
른바 존재와 무의 구별이 모호해진다. 무수한 기둥들, 똑같은 방과 문짝들, 무
표정하리만큼 균질한 지붕과 기단들이 수없이 반복되고 반복되면 그 반복의
끝이 어딘지 알 수 없어진다. 여기서는 일상적 시간은 정지하고, 닫힌 소우주
내의 주기적 순환만이 시간의 척도가 된다. 정지된 시간들은 영원한 시간으
로 바뀌고, 살아 있는 자들은 반복적 행위를 통해서만 죽은 자들의 세계로 들

162 _ **김봉렬의 한국건축 이야기** 시대를 담는 그릇

어갈 수 있다.[15] 이른바 니체의 영겁회귀.

자칫 비인간적인 규모와 형태로 가기 쉬운 반복의 효과를 이처럼 초월적인 장소로 환원시킬 수 있었던 비밀은 어디에 있는가. 부분과 전체 모두를 지배하는 단순성에서 찾을 수 있다. 일절 장식 없이 다듬어진 대담한 돌들로 만들어진 기단(월대)과 축대는 조잡하지 않고 장중하다. 부연과 단청마저 거부한 소박한 지붕은 초라하지 않고 강렬하며 장엄하다. 인위적인 장식과 기교와 조작을 배제함으로써 얻어지는 초월적 효과들이다. 버려서 얻어지는 것들, 없음이 있음으로 역전되는 높은 차원의 생각들이다.

건물 사이를 연결하는 의례의 길들은 더더욱 반복적 질서를 연장시킨다. 정전 동문을 들어온 어도는 정전 동월랑의 가장 끝 칸으로 오르게 된다. 제주인 제왕의 길이 가장 끝 칸으로 연결된다는 것은 일상적인 권위를 인정하지 않는다는 의미다. 오로지 죽은 왕들 앞에서는 한낱 한 사람의 후손에 불과할 뿐이다. 왕위에 오르고 죽고, 다시 후손이 왕위에 오르는 반복적 세대교체는 길의 끝과 건물의 끝을 잇는 순환적 동선구조로 은유된다.

서양건축가 누군가가 종묘를 '동양의 파르테논'이라 부른 적이 있고, 동행했던 몇몇 건축가의 입을 통해 종묘를 찬양하는 경구로 퍼져나갔다. 마치 타고르가 불쌍한 식민지 조선의 초청을 사양하며 '동방의 등불'이라 공치사한 시가 교과서에 실렸던 것같이. 그러나 종묘와 파르테논은 오히려 대립적인 양극이다. 파르테논은 섬세하게 조각된 부분들이 정교한 통일의 원리로 전체를 이루었다면, 종묘는 단순하고 거친 부분들이 대범한 조합을 통해 전체화되고 있다.

종묘는 착시현상을 보정하는 섬세한 디테일도 없고 완결된 비례의 체계도 갖지 않는다. 그러나 종묘에는 일상적인 완결미를 초월하는, 정신적 심연의 밑바닥부터 솟아나는 감동이 있다. 돌로 만들어진 파르테논은 오직 폐허인 채로 영원할 뿐이다. 그러나 종묘는 늘어나고 불에 타고 다시 세워지는 과정마저 하찮은 순간일 뿐, 더해도 덜해도 완전한 채로 영원할 것이다.

15_ 김봉렬, 「종묘를 통해 본 한국고전의 체계」, 『건축과 환경』 창간호, 1984. 9. p.109.

밝음과 어두움

정전과 영녕전뿐 아니라 부속 사당들인 공신당과 칠사당七祀堂,[16] 공민왕恭愍王 신당神堂 모두 감실형의 건축들이다. 정면에만 목조의 문과 창이 달릴 뿐, 나머지 3면은 모두 두꺼운 전돌벽으로 폐쇄된, 마치 동굴과도 같은 건물들이다. 내부는 당연히 깜깜하다. 그러나 하얀 박석들로 마감된 바깥의 마당과 기단은 밝은 햇빛을 반사한다. 눈부시게 밝은 외부와 한줄기 빛조차 없는 암흑의 내부. 산 자들의 공간과 죽은 자들의 공간.

죽은 자의 공간이란 죽은 공간은 아니다. 단지 삶을 위한 모든 편의와 환경적 조건들이 무의미한 공간일 뿐이다. 그 근원은 지하의 무덤이며, 종묘는 지상으로 올라온 집합적인 무덤이다. 완전한 어둠과 완벽한 정적의 공간. 이들이 어둠과 정적을 벗고 산 자들의 세계에 노출되는 날이 바로 제례일이다. 아니 정확히 말하자면, 산 자들이 그 두꺼운 문을 열고 죽은 자들의 공간에 접근하는 날이다.

그러나 산 자의 공간에서 죽은 자의 공간으로 이월하는 것이 쉬운 일은 아니다. 까다로운 의식절차와 제례의 긴 시간을 기다리는 인내가 있어야 하듯, 두 공간 사이에는 이른바 전이공간이 있어야 한다. 태실들 앞에는 한 칸씩의 퇴칸들이 설치됐다. 지붕은 덮여 있되, 벽체가 없이 개방된 공간. 몸체는 외부에 속하고 지붕은 내부에 속하는 묘한 전이공간이다. 이런 형식의 퇴칸은 내부도 외부도 아닌 제3의 중간적 공간을 만들어낸다.

외부에 비해서는 어둡지만 내부에 비해서는 밝은, 중간적 밝기의 공간. 동아시아 건축의 처마 밑 공간의 어슴프레함을 가리켜 '음예'라고 부른 일본인이 있다.[17] 이 음예공간 때문에 일본의 모든 의상과 색채와 조형이, 더 나아가 무용과 연극과 음악이 만들어졌다는 예찬론이었다. 전부는 아니지만 한국건축과도 관련이 있을 법한 가설이다.

16_ 칠사란 사명司命, 호戶, 주廚, 국문國門, 태여太厲, 국행國行, 중류中霤라는 7가지 신으로 모두 궁궐의 일상생활을 관장하는 고대의 신들이다. 칠사당은 이들을 모시고 제사 지내는 일종의 호위 사당이다.

17_ 타니자키 준이치로 지음, 김지견 옮김, 『음예예찬』, 1996.

164 _ **김봉렬의 한국건축 이야기** 시대를 담는 그릇

겹겹이 싸인 죽은 자의 공간

퇴칸의 위력은 매우 강력하다. 퇴칸이 있기 때문에 외부에서 내부로, 밝음에서 어둠으로, 산 자들의 공간에서 죽은 자의 공간으로 전이하기가 훨씬 자연스럽다. 또한 퇴칸은 제관들의 중요한 의례의 장소이며 통로다. 그보다도 퇴칸의 깊은 어두움은 건물의 벽체부를 공허하게 만드는 효과를 거둔다. 뒤편 태실 판문의 구체적 모습은 퇴칸의 어두움에 가려지고, 처마의 그늘에 상부가 지워진 기둥들만이 수없이 반복하여 나타난다. 더욱 더 건물들을 추상화시키고 반복의 무한성을 강조한다.

태실 한 칸의 폭은 3m 내외인데 비해 깊이는 10m로 매우 깊다. 태실 한 칸 한 칸은 모두 육중한 2짝의 판문으로 닫힌다. 제례 때, 판문을 열었다고 하더라도 다시 대나무 발을 내려서 외부에 대해 새로운 겹을 형성한다. 신위가 있는 단위 신실 앞에는 노란색의 두꺼운 장막이 드리워진다. 제례일이라 하더라도 신위의 실체를 보기는 어렵다. 산 자들의 공간에서는 눈으로 확인하고 만져보고 냄새를 맡아야 하지만, 죽은 자들의 공간에서는 오로지 은유적인 감각만이 필요하다. 두꺼운 발과 장막은 은유적 공간을 겹으로 만들기 위한 도구들이다.

깊은 내부 즉 퇴칸을 포함하면 4칸 깊이를 하나의 지붕면으로 덮었기 때문에 지붕의 물매ᴵ⁸는 매우 급하고 지붕면은 커질 수밖에 없다. 자칫하면 지붕의 시각적 중량감 때문에 건물의 형태가 붕괴될 만한 크기였다. 그러나 종묘의 지붕은 무거운 중량을 지닌 매스라기보다는 대지에 평행하게 떠 있는 또 다른 수평면으로 보인다. 이처럼 크고 무거운 지붕을 떠 있게 만드는 원인이 바로 퇴칸의 어슴푸레함이다. 퇴칸은 태실들을 감싸고 있는 중요한 공간적 띠(spatial layer)인 동시에, 수직적으로는 기단면과 지붕면을 분리하여 지붕은 하늘에, 기단은 땅에 붙들어 매는 매개적인 존재다. 만약 퇴칸의 벽체부가 사실적인 요소들로 처리됐다면 육중한 지붕면은 벽면의 형체를 허물었을 것이고, 지붕의 기와면을 추상화된 형태로 바꾸지는 못했을 것이다.

신실을 겹겹이 감싸는 중층적 공간구조는 여기서 끝나지 않는다. 시각적

18_ 수평을 기준으로 한 경사의 정도로, 건축에서는 지붕의 낙수면落水面이 이루는 비탈진 경사도를 일컫는다.

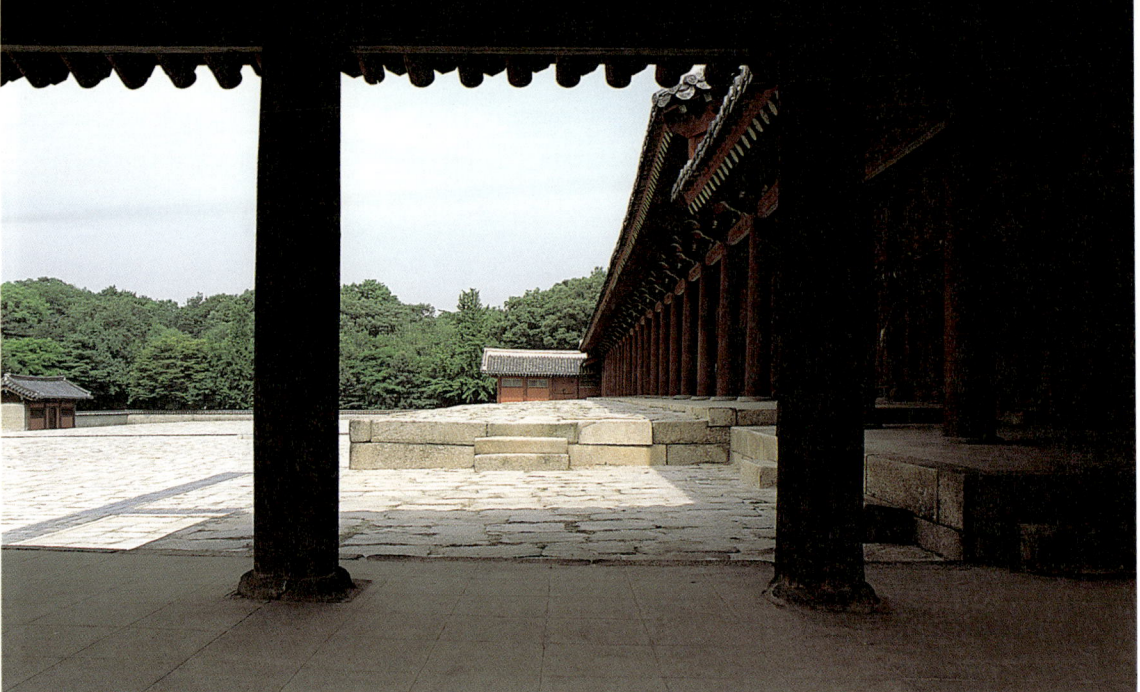

◥ **정전의 상월대** 밝음과 어둠, 반복과
무한을 통해서 영원한 신전으로 바뀐다.

으로 지붕면이 기단과 같이 보이는 상월대上越臺 위에 떠 있게 되어 또 한 번
의 겹으로 쌓인다. 상월대 아래에는 마당과 같은 면을 형성하는 하월대가 조
성된다. 이제는 동서월랑까지도 하월대가 감싸게 된다. 정전의 하월대는 동
서 109m, 남북 69m의 넓은 면적으로 마당같이 보인다. 그러나 하월대의 높
이는 1m가 높고, 남쪽으로 약한 경사가 져 있다. 넓은 월대면에 빗물이 고이
지 않도록 배려한 결과다.

　하월대가 끝나는 면과 담장면 사이에 떨어진 10m 가량의 간격은 평탄한
지면이다. 정전의 경우에는 이곳에 공신당과 칠사당을 두었지만, 영녕전의
경우에는 아무 것도 시설되지 않은 빈 공간이다. 이곳에서는 어떠한 제례의
식도 일어나지 않는다. 그냥 비어 있는 ㄷ자형의 공간이다. 이곳이 왕궁이었
다면 당연히 회랑을 설치했을 부분이다. 종묘의 건축가들은 대신 보이지 않
는 회랑을 설치했다. 경복궁이나 창덕궁의 회랑이 지면 위로 올라온 구조물
이라면, 종묘의 회랑은 월대면 아래로 꺼진 빈 공간의 띠다. 은유적인 사당의
공간을 은유적인 회랑이 감싸고 있다.

길어지는 건물들과
척도감

7칸에서 19칸으로

태조 때 태실 7칸으로 창건된 정전은 19칸이 되었다. 한 차례의 중창과 3차례의 증축을 거쳐 성장해온 결과다. 명종 때는 우선 정전을 4칸 증축해 11칸이 됐다. 임진왜란을 겪으면서 종묘는 전소됐고, 1608년에 이전 상태인 11칸으로 재건됐다. 1668년에는 영녕전의 협실을 증축했고, 1726년에는 정전을 4칸 확장해 15칸으로, 다시 1834년에는 4칸을 더 확장해 19칸이 되었다. 아울러 영녕전의 협실도 4칸 확장해 총 16칸이 됐다.

　신위가 모셔진 태실만을 기준으로 정리하면, 정전은 7칸에서 4칸씩 3번 확장해 19칸이 됐고, 영녕전은 6칸에서 시작해 6칸과 4칸의 증축을 거쳐 16칸이 됐다. 종묘의 건축이 가진 선형적 반복의 성격 때문에 가능한 증축의 방법이었다. 정전과 영녕전이 만약 경복궁 근정전과 같이 완결된 형태로 창건됐다면 꿈도 꾸지 못할 방법이었다. 중국의 종묘는 완결된 형식을 취한다. 따라서 신위가 증가하면 별도의 건물로 옮겨가는 별묘제를 취할 수밖에 없었다. 건물의 형태도 궁궐과 다를 바가 없었다. 중국의 경우는 황궁과 종묘와 왕릉의 전각들이 동일한 형태를 갖지만, 한국의 경우는 세 가지가 모두 달랐다.[19] 우리의 종묘는 중국과는 달리, 애초부터 완결된 비례라든가 구조형식을 갖지 않았기 때문에 얼마든지 늘어나도 괜찮았다. 왕위가 계승될수록 증축될 수밖에 없는 종묘의 유형적 성격을 고려한 탁월할 선택이었다.

　길이 방향의 자유로운 성장이 가능한 이유는 한 칸의 태실이 깊이 방향

[19] 노동성, 「종묘의 건축원리에 관한 연구」, 서울시립대학교 대학원 석사학위논문, 1989, p.24.

으로 완결된 구성을 이루고 있기 때문이다. 한 칸의 태실은 깊이 방향으로 퇴
칸-제실-신실의 공간을 가지며 독립된 부분을 형성한다. 이와는 직각 방향
으로 증축이 일어나며 완결된 태실의 부분들이 반복적으로 붙어나간다. 완결
된 부분과 열려진 전체를 동시에 이루는 절묘한 형식이었다. 종교적 방향성
과 증축의 방향성이 서로 직교하고 있기 때문에 이중적 목적을 모두 만족할
수 있었다.

서에서 동으로, 중앙에서 양옆으로

문제는 증축할 때 어디를 늘릴 것인가였다. 중앙을 고정시키고 양 끝을 늘릴
것인가? 아니면 한쪽 끝만을 늘릴 것인가? 또 그렇다면 어느 쪽을 늘릴 것인
가, 동쪽이냐 서쪽이냐? 이 문제는 내부의 구성이나 전체 대지의 상황에 따라
결정될 것이지만, 그보다도 명분과 예법이 우선적인 기준이었다.

정전 내부는 태조를 가장 서쪽 칸에 모시며 후세의 왕일수록 동쪽으로
모신다. 서쪽을 높은 위계로 치는 이른바 '서상' 西上의 원리를 따른 것이다.
서상의 원칙은 중국에서도 전한시대 이전의 것으로 고대의 예법이었다. 이후
에는 좌측인 동쪽을 서쪽보다 높게 여기도록 방위 개념이 바뀌게 된다. 조선
조에 종묘를 창건하면서 굳이 서상의 원칙을 따른 것은 얼마만큼 고대의 예
법을 지키려 노력했는가를 보여주는 예이다.

서상의 원칙을 따르면, 서쪽에 모셔진 가장 중요한 신위는 옮길 수가 없
어 자연히 증축은 동쪽 끝으로 행해질 수밖에 없었다. 또한 정전의 서쪽에는

↙ **종묘 정전 일곽 지형 종단면도** 문화
재관리국 도면.

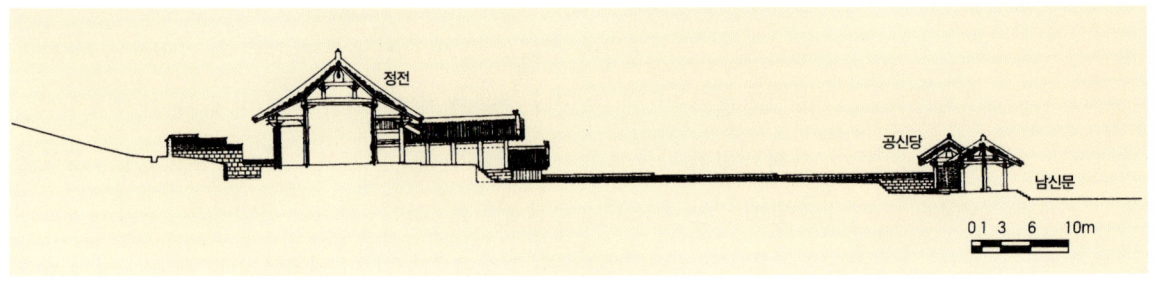

168 _ **김봉렬의 한국건축 이야기** 시대를 담는 그릇

영녕전 영역이 있고, 영녕전도 증축해야 하기 때문에 서쪽으로는 대지의 여유가 없었다는 점도 작용했다.[20] 영녕전은 정전과는 봉안 형식이 다르다. 가장 오래된 목조-익조-도조-환조의 4신위를 중앙 4칸에 모시고 양옆 협실에 후대의 신위를 모셨다. 이 경우에도 서상의 원칙은 지켜져서 서협실에 정종·단종 등 선대 임금을, 동협실에 명종·영친왕 등 후대 임금을 모셨다. 영녕전은 당연히 중앙 4칸을 중심으로 좌우로 증축하게 된다.

증축의 결과 두 건물은 더욱 강한 방향성을 지니게 됐다. 정전은 서에서 동쪽으로 뻗어가는 방향성을, 영녕전은 양옆으로 뻗는 방향성을 가진다. 선형의 방향성을 갖는 건물들은 역시 선형의 길들과 조합되면서 강한 역동성을 얻는다. 일견 정숙하고 정지된 듯한 종묘에서 강렬한 에너지를 느끼게 되는 원인이다.

증축의 흔적

그러나 길이 방향의 증축이란 개념같이 쉬운 것은 아니다. 태실을 늘리려면 그에 부속된 협실과 월랑도 따라서 움직여야 했고, 기단과 월대도 넓혀야 했다. 뿐만 아니라 월대에 부속된 계단의 위치도 바꾸고 어도와 신도, 판위들도 다시 위치를 잡아야 했다.

[20] 김동욱, 앞의 책, p.25.

↘ **종묘 정전 일곽 지형 횡단면도** 문화재관리국 도면.

4대가 지나는 120여 년에 한 번씩 증축했기 때문에 목수가 달라졌고 기법도 달라졌다. 비록 선대의 예를 따라 그대로 목구조의 형식과 모양을 모사하려 노력했지만 약간의 시대적 차이는 있게 마련이다. 정전의 서쪽으로부터

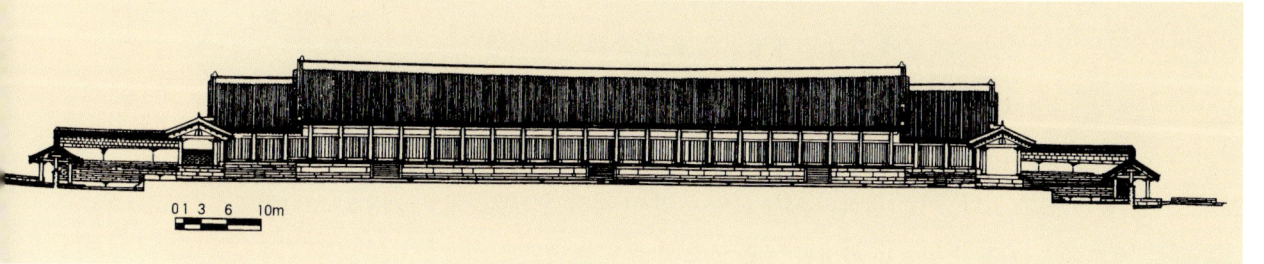

0 1 3 6 10m

12번째 칸에서 15번째 칸까지, 그리고 16번째 칸 이후의 목구조에는 미세한 차이가 나타난다. 기둥의 배흘림이 약화되고, 보의 밑면과 기둥을 연결하는 보아지*의 크기와 위치와 초각峭刻형식이 달라진다.

일반인의 눈으로도 쉽게 확인할 수 있는 증거는 상부월대(기단)에 남겨져 있다. 정전 여섯번째 칸 앞의 상월대 지대석에는 안쪽으로 약간 파진 홈이 보인다. 정전이 11칸이었던 시절, 가운데 계단을 여기에 두면서 소맷돌을 설치했던 흔적이다. 또, 정전의 아홉째 칸 상월대 면석에도 15칸 시절에 중앙계단이 있었던 흔적이 나타난다. 면석 상부에 뚜렷한 홈 흔적이 있다. 영녕전은 월대와 계단에 거의 흔적이 없어서 확장 시에 주재들을 통째로 바꾸었던 것 같다.

기념비적 척도와 인간적 척도

건축에서 척도(scale)란 용어만큼 많이 쓰면서도 정확한 뜻을 성명하기 어려운 것도 드물다. 인간의 지각을 기준으로 했을 때 상대적인 크기를 나타낸다고나 할까. 인간의 감각적 크기에 적당한 것을 '인간적 척도'(human scale), 그 한계를 넘어 커진 것을 '기념비적 척도'(monumental scale)라 한다. 같은 규모의 건물도 어떻게 다뤄나가는가에 따라 위압적인 느낌(기념비적 척도)을 주기도 하고 친근한 느낌(인간적 척도)을 주기도 한다.

척도는 절대적인 크기의 문제가 아니다. 종묘의 두 건물, 정전과 영녕전의 규모와 형식은 그다지 큰 차이가 없다. 그러나 정전은 크고 육중하고 초월적으로 느껴지는 반면, 영녕전은 작고 날렵하며 일상적으로 느껴진다. 다시 말하면, 정전은 모뉴멘탈 스케일에 가깝고 영녕전은 휴먼 스케일에 가깝다.

두 건물의 눈에 띄는 차이는 지붕의 형태다. 정전은 19칸 태실 부분의 지붕이 모두 높고 균질하다. 반면, 영녕전은 중앙 4칸 태실의 지붕이 좌우협실보다 한 단 높게 솟아 있다. 이런 형식의 지붕 모양은 흔히 객사건축과 문묘건축에도 채용된다. 건물이 옆으로 길어질 경우 가운데 부분의 매스를 좌우

21_ 들보와 기둥이 만나는 부분에 들보를 도와주기 위하여 기둥머리에 끼우는 작은 부재. 양봉, 보 받침이라고도 부른다.

◀ **종묘 영녕전 입구** 영녕전은 나누면 나누어진다. 중앙 4칸의 지붕을 들어올려 길지만 분절된 매스를 이루었기 때문이다. 규모는 큰 차이가 없지만 정전의 스케일이 기념비적이라면, 영녕전의 스케일은 인간적이다.

◀ **종묘 영녕전 전경** 영녕전 영역은 한눈에 들어온다. 정전이 추상적이고 초월적이라면, 이곳은 좀더 구체적이고 가시적이다.

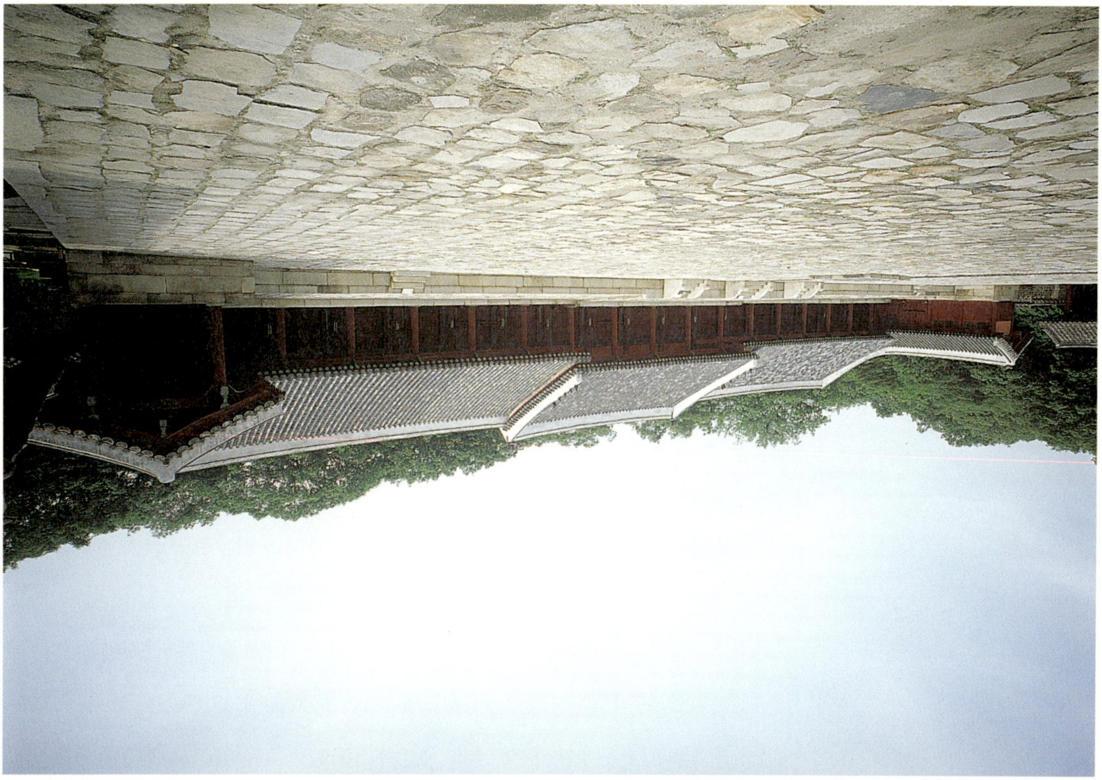

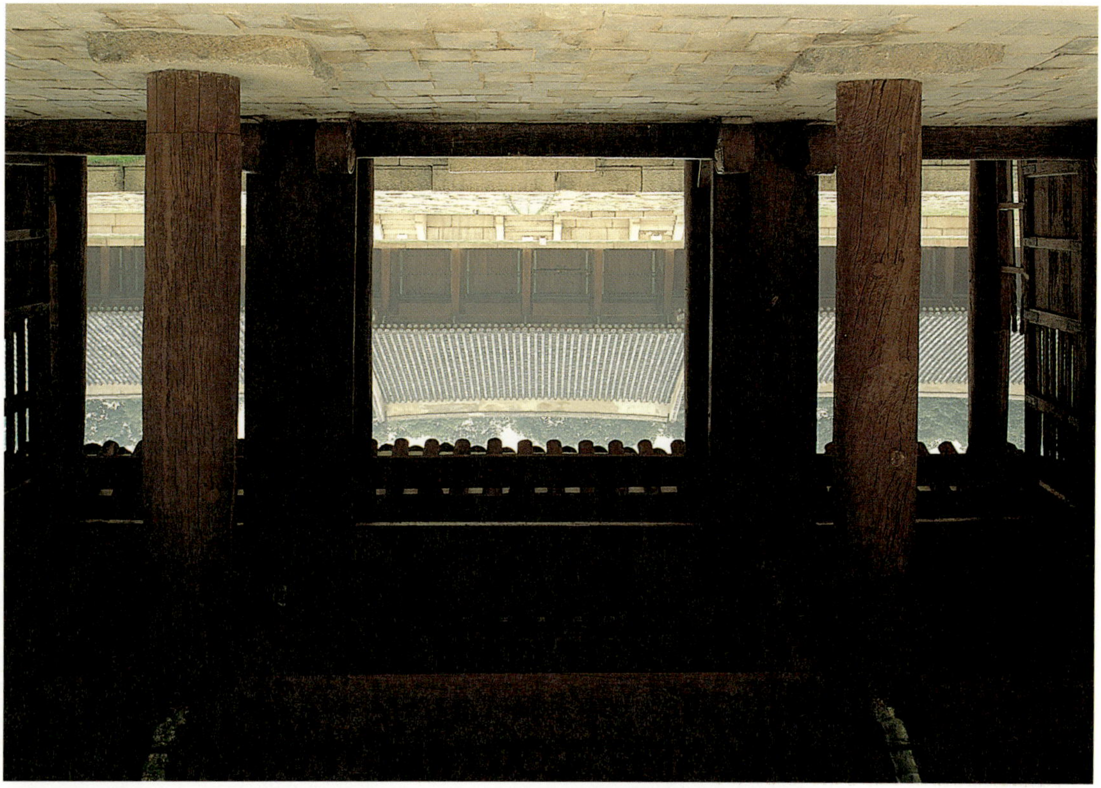

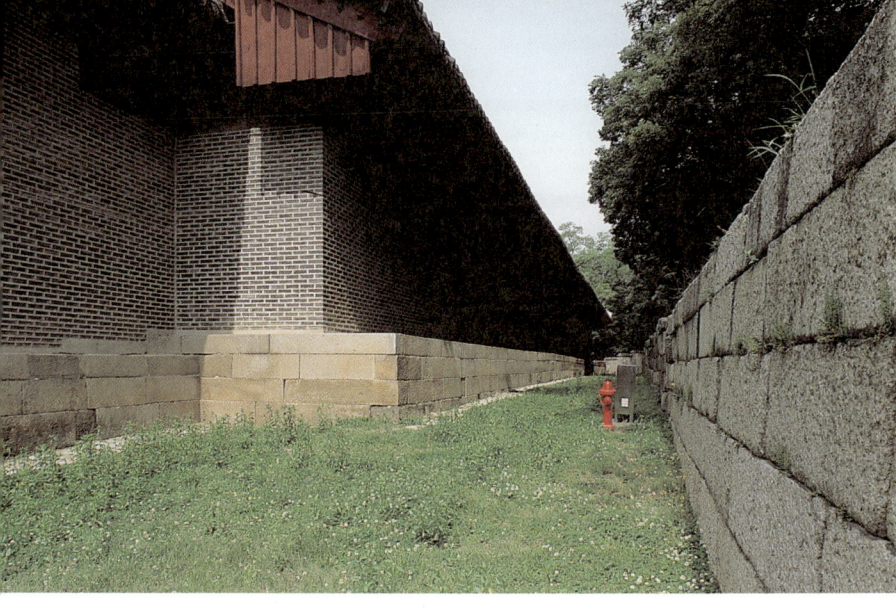

◥ **정전의 뒷벽** 100여 미터에 달하는 이중으로 쌓은 두꺼운 전돌벽은 무한함의 극치를 보여준다. 이 두꺼운 벽 속에 원초적 무덤과 같은 죽은 왕들의 공간이 있다.

와 분절시켜, 지나친 수평적 방향성으로 인한 지루하고 위압적인 느낌을 감소시키는 인간적 척도에 익숙해 있다. 한국건축의 일반적인 형식은 오히려 영녕전과 같은 모습이다. 정전은 매우 예외적인 경향의 건물이다.

기념비적 척도를 얻기 위해서 정전이 취하고 있는 특별한 전략들이 있다. 태실이나 기둥의 처리와 같이 무한한 연속을 반복한다. 도대체 몇 칸인지 분간하기를 포기할 만큼 인간적 인식의 한계를 초월해버린다. 반면 영녕전의 매스는 6-4-6칸으로 분절되어 대략 크기와 규모를 짐작할 수 있게 한다. 월대의 크기와 높이도 정전이 상대적으로 크다. 두 건물의 스케일을 실험할 수 있는 최적의 장소는 남문 앞이다. 영녕전 남문 앞에 서면, 3칸의 문틀 사이로 건물은 세 부분으로 나뉘어 포착된다. 월대의 높이도 뚜렷이 인식되지 않는다. 반면 정전 남문에서는 세 칸 사이로 들어오는 건물의 길이는 분명치 않고 양끝이 보이지 않는다. 또한 하월대의 높이가 거의 눈높이에 달해 건물의 엄숙함이 더해진다.

두 척도 사이의 차이는 곳곳에서 발견할 수 있다. 건물의 뒤로 돌아가보라. 두 건물 모두 옆면과 뒷면을 이중 전돌벽으로 쌓아 육중한 모습이다. 정전의 뒷면은 그야말로 100m의 길이를 연속으로 쌓은 벽돌벽이다. 그 무한한 길이에 질릴 정도다. 그러나 영녕전의 뒷면은 기둥을 노출시키고 기둥 사이

172 _ **김봉렬의 한국건축 이야기** 시대를 담는 그릇

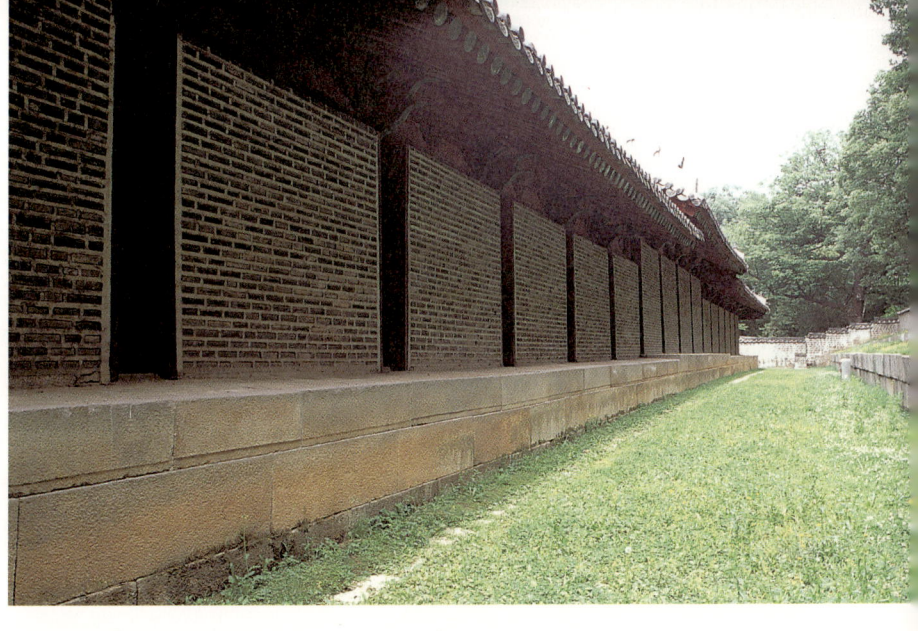

영녕전 뒷벽 역시 두꺼운 벽들이지만 기둥에 의해 분절됨으로써 육중함이 제거되고 더욱 가시적인 요소로 다가온다.

만 벽돌벽을 쌓았다. 다시 말해서 긴 벽돌벽을 나무기둥들이 수평적으로 분절하고 있는 모습입니다.

영녕전의 솟아오른 중앙 4칸의 지붕을 따라 모든 요소가 특별히 취급되고 있다. 중앙 4칸의 월대면은 좌우보다 반 자 정도 높다. 물론 기둥도 높다. 뒷면에서는 차이가 더욱 뚜렷하다. 뒤축대의 높이도 가운데만 약간 높게 처리됐고, 담장도 그만큼 솟아 있다. 물론 중앙 4칸에는 좌우협실과는 달리 태조 이전에 추존된 조상들이 모셔져 있다. 종묘를 창건한 근본이 되는 인물들이다. 당연히 다른 부분과는 다르게 처리돼야 마땅하다. 그러나 비단 의례의 차이뿐 아니라, 시각적 분절의 효과를 거둔다는 점에서 확연히 정전과 구별되는 처리들이다. 절대적인 길이는 정전이 영녕전보다 길다. 그러나 정전은 연속성을, 영녕전은 분절을 기본 개념으로 삼고 있다. '긴 것은 더욱 길게, 짧은 것은 더욱 짧게' 이 한마디로 기념비적 척도와 인간적 척도의 차이를 설명할 수 있을까?

정전의 초월성

정전의 부재들, 특히 석재들은 투박하고 거칠게 가공돼 있다. 기단과 축대석

4 침묵의 기념비 **종묘** _ 173

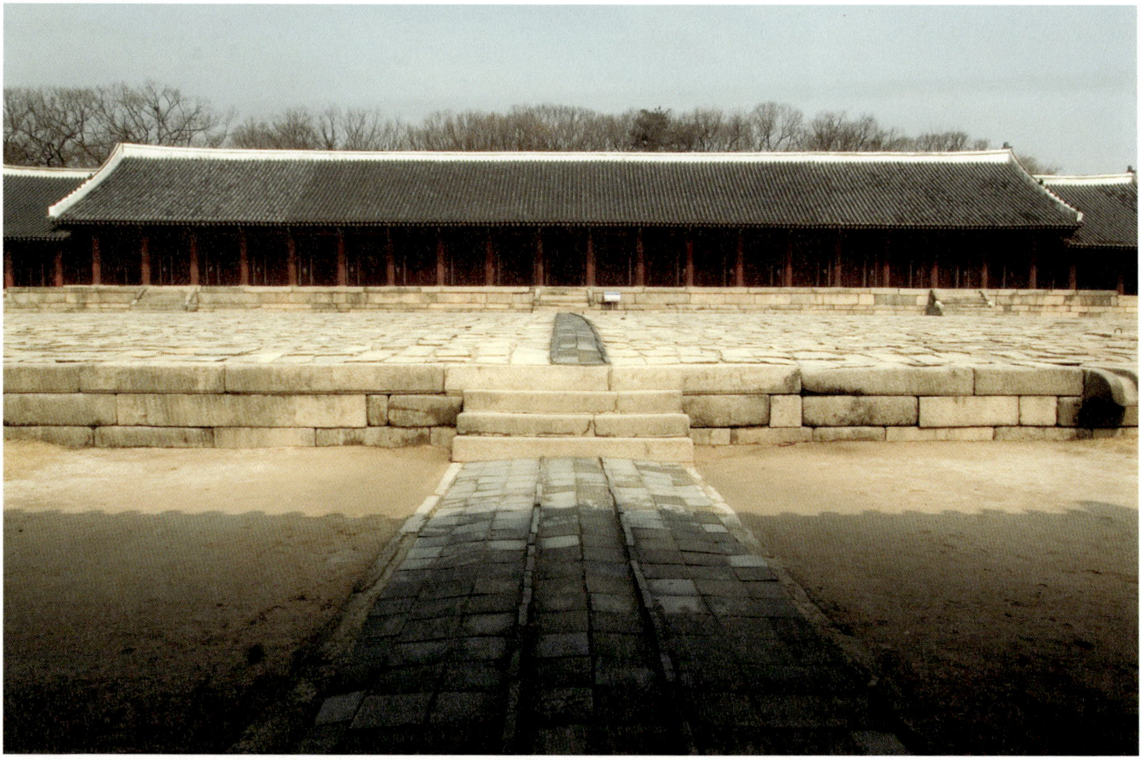

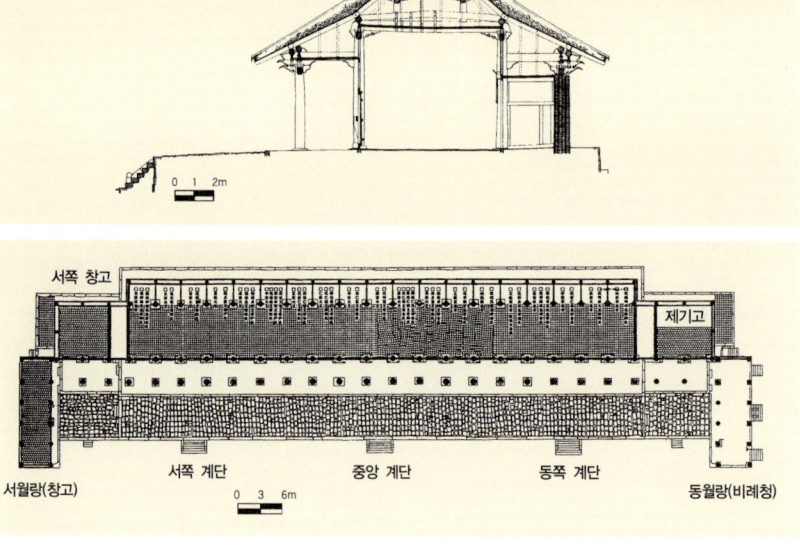

◁ 종묘 정전 전경

◁ 종묘 정전 태실 종단면도 문화재관
리국 도면.
◁ 종묘 정전 평면도 문화재관리국 도
면.

서쪽 창고

제기고

서월랑(창고)　　　서쪽 계단　　　중앙 계단　　　동쪽 계단　　　동월랑(비례청)

0　3　6m

174 _ 김봉렬의 한국건축 이야기 시대를 담는 그릇

들은 크게 잘려졌을 뿐, 일절 장식이나 기교가 없다. 계단 역시 긴 통돌들을 그냥 쌓아놓은 듯한 모습이다. 반면 영녕전의 석재들은 좀더 크기가 작고 정교하게 가공됐다. 계단의 소맷돌도 뚜렷이 나타난다. '큰 것을 투박하게, 작은 것을 정교하게.' 재료의 원초성을 보존하느냐, 아니면 인공성을 강조하느냐 하는 것도 척도를 결정하는 중요한 기준이다.

정전이 좋은가, 영녕전이 좋은가? 또는 기념비적 척도와 인간적 척도 중 어느 것이 좋은가? 따위의 유치한 질문은 던지지 않기로 하자. 건축의 목적과 의도에 따라 선택될 문제이지 비교의 대상은 아니기 때문이다. 단지 초월적 영속성을 목적으로 하는 종묘의 경우, 정전의 기념비성이 영녕전의 인간적 척도보다 더욱 효과적이고 대표적이라는 것을 인정한다. 흔히 기념비적 건축은 위압적이고 비인간적이며 작위적인 폭력으로 흐르기 쉽다. 그러나 종묘는 초월적이며 신성한 전혀 다른 건축의 세계로 인도한다. 시각적인 의미의 기념비성보다는 정신적 의미가 더욱 강조된다. 이것이 진정한 기념비성이요, 기념비적 척도의 가치다. 일상의 소음이 사라진 곳에서 들리는 침묵의 소리, 시간이 정지된 곳에서 또 다른 세계로 진입하는 4차원적 경험. 종묘에는 그런 것들이 있다. 인간적 척도가 주는 따스함과 친근감과는 전혀 다른 체험이 있다. 종묘의 초월성은 애초부터 의도된 것이었다. 종묘의 건축가들은 중국의 종묘에는 엄숙함이 없다고 비판하고 조선의 종묘를 매우 크고 아름다우며 엄숙하게 만들어야 한다고 주장할 정도였다.[22]

22_ 『宗廟永寧殿增修都監儀軌』, 憲宗二年.

4 침묵의 기념비 종묘 _ 175

종묘의
다른 건물들

칠사당

정전 담장 안에 있는 3칸의 작은 건물. '칠사'란 궁중의 신인 사명司命, 출입
을 관장하는 호戶, 음식을 관장하는 주廚, 궁중 출입 담당의 국문國門, 상벌을
주관하는 태여太厲, 도로의 행작을 관장하는 국행國行, 그리고 중류中霤 신에
대한 제사를 의미한다. 전면은 판문과 격자창으로 구성되며, 나머지 3벽은 두
꺼운 전돌벽을 쌓은 감실형 건물이다.

공신당

정전 담장 안 동남쪽에 있는 건물이다. 태조 때 3칸으로 창건됐지만, 정전과
같이 후세의 공신들이 추향됨으로써 현재는 16칸의 긴 건물이 됐다. 한국건
축으로는 가장 긴 건물 가운데 하나지만 정전의 위엄과 스케일 때문에 그다
지 눈에 띄지 않는 건물이다. 16칸의 긴 건물을 정전 마당을 감싸는 부분적인
벽체와 같이 처리한 솜씨 때문이기도 하다.

조준趙浚(1346~1405)과 이지란李之蘭(1331~1402) 등 태조대 공신들부터
고종대의 박규수朴珪壽(1807~1877)와 민영환閔泳煥(1861~1905), 순종대의 서
정순徐正淳(1835~1908)까지 총 88명의 공신들이 봉안돼 있다. 한 임금대에 2
~3명의 신하만이 공신의 반열에 오를 수 있었다. '공신'이란 개인의 학덕이
나 인격, 지위의 고하 여부와는 관계없이 국왕의 보위나 국가적 공헌을 한 신

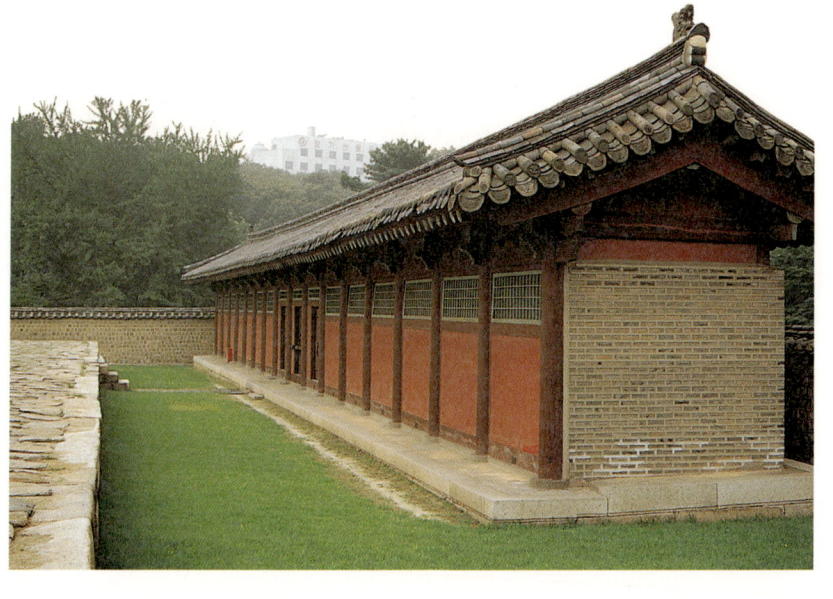

↗ **정전 앞의 공신당** 16칸의 기나긴 건물이지만, 정전의 엄숙한 침묵에 눌려서 존재조차 인식하기 어렵다. 조선조를 통틀어 88명의 공신들이 등록되어 있다.

하에게 추증되는 명예였다. 대유학자 또는 절의의 성리학자로 인정돼 문묘에 배향된 유현 가운데 이이李珥(1536~1584), 이황李滉(1501~1570), 송시열宋時烈(1607~1689) 3인만이 '공신'에 오르는 정도였다.

재궁

정전 동쪽에 담장을 두른 독립된 영역이다. 제례가 시작되기 전 임금과 세자가 머물면서 준비를 하는 곳으로, 제주들이 재궁齋宮의 서문을 나서면서부터 본격적인 제례가 시작된다. 3동의 건물이 북동서에 놓이며, 각 건물을 잇는 어도가 十자형으로 설치됐다. 중앙의 건물은 향축을 모시는 정전이며, 동쪽은 어숙소, 서쪽은 목욕소다. 현재는 기능이 없기 때문에 건물의 구조도 변해버렸다. 모두 3칸 맞배지붕집으로 간결한 구성들이다.

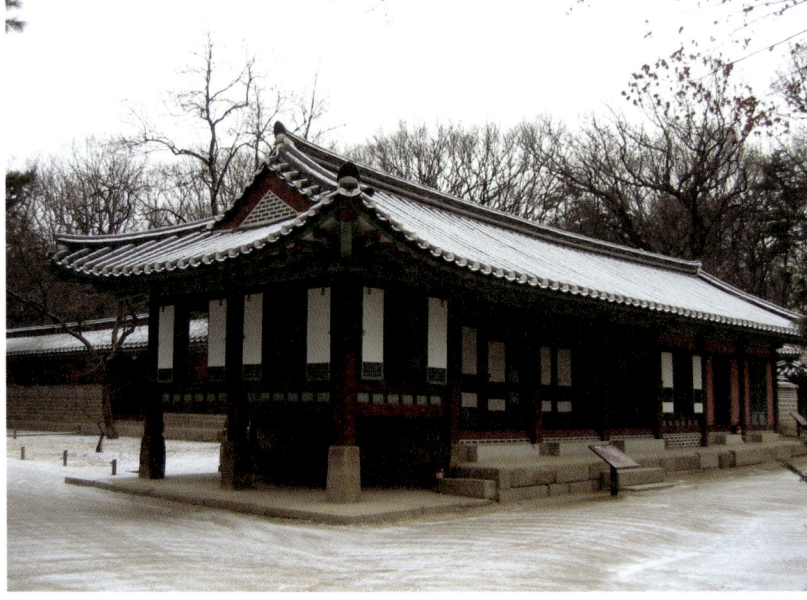

⌐ **망묘루** 연못을 앞에 둔 누각으로 제
례가 끝난 뒤 제관 일행이 휴식을 취하는
곳이다. 현재는 관리사무소로 사용된다.

향대청과 망묘루

종묘 건물군 가운데 가장 앞쪽에 자리잡았다. 망묘루望廟樓는 연못을 앞에
둔 누각으로 제례가 끝난 뒤 제관 일행이 휴식을 취하는 곳이다. 현재는 관리
사무소로 사용된다. 향대청香大廳은 향축폐香祝幣[23]를 보관하는 창고건물이
다. 5칸 건물과 4칸 건물을 연결한 매우 긴 건물로 그 앞은 긴 행랑과 대문칸
으로 폐쇄된다. 선형 구성의 종묘 건축은 창고 건물까지도 선형으로 만들었
다. 행랑채의 바깥은 창이 없이 모두 벽으로 막혀서 매우 귀중한 창고 건물임
을 보여준다.

공민왕 신당

향대청 동남 모퉁이에 담장을 둘러 독립된 영역을 형성한 작은 사당이다. 1
칸 규모의 감실형 사당으로 내부에는 공민왕과 노국공주의 영정이 봉안돼 있
다. 조선왕조 신성한 묘궁 안에 고려 왕의 사당이 있다는 사실이 의아스럽다.
　　공민왕은 반원자주 개혁정치를 강력하게 시행했던 고려 말의 유일한 개

23_ 종묘 제례에 사용하는 향과 축문.

178 _ **김봉렬의 한국건축 이야기** 시대를 담는 그릇

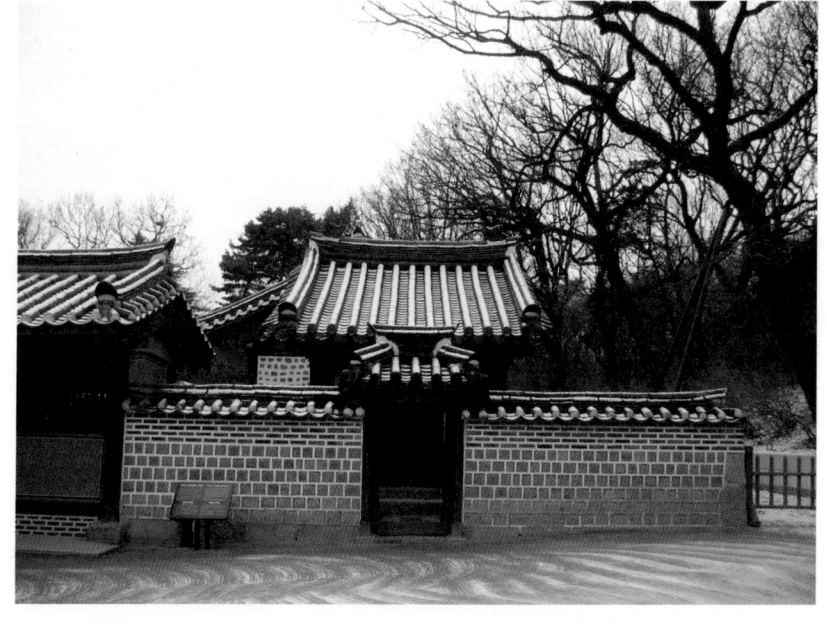

↗ **공민왕 신당** 향대청 한 모퉁이에 별도로 설치된 공민왕 신당. 고려조의 왕 가운데 유독 공민왕만은 조선조에서도 숭상되었다.

혁군주였다. 그는 친원파 구귀족들을 제거하기 위해 새로운 사대부 세력과 신진 군인들을 중용했다. 이성계, 정도전 등의 조선 개국파들도 따지고 보면 공민왕의 중용 덕에 중앙정계에 등장할 수 있었다. 조선왕조는 고려 왕 중에서 유일하게 그의 음덕을 추모해왔다. 비록 창고 한 구석에 숨어 눈에는 띄지 않는 곳이지만.

전사청과 제정

정전 동북쪽에 있는 시설들이다. 전사청典祀廳은 제기와 제물을 보관하고 제례 때 제수를 장만하는 의례상 매우 중요한 서비스 시설이다. 중심 건물은 당연히 부엌채로서 7칸 규모의 남향한 건물이다. 동쪽으로는 제수간, 서쪽으로는 창고, 그리고 남쪽으로는 행랑과 대문채가 서서 마당을 형성한다. 전사청 옆의 제정祭井은 제사용 물을 뜨는 우물이다. 정방형의 담장 속에 원형의 우물만 놓여 있어, '땅은 네모지고 하늘은 둥글다' 류의 동양철학적 의미를 부여하고 싶어진다. 실제의 공간도 철학적이다. 그러나 현재 물은 말라 있다.

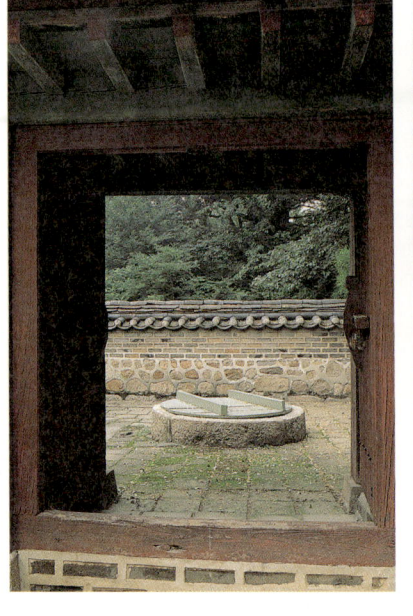
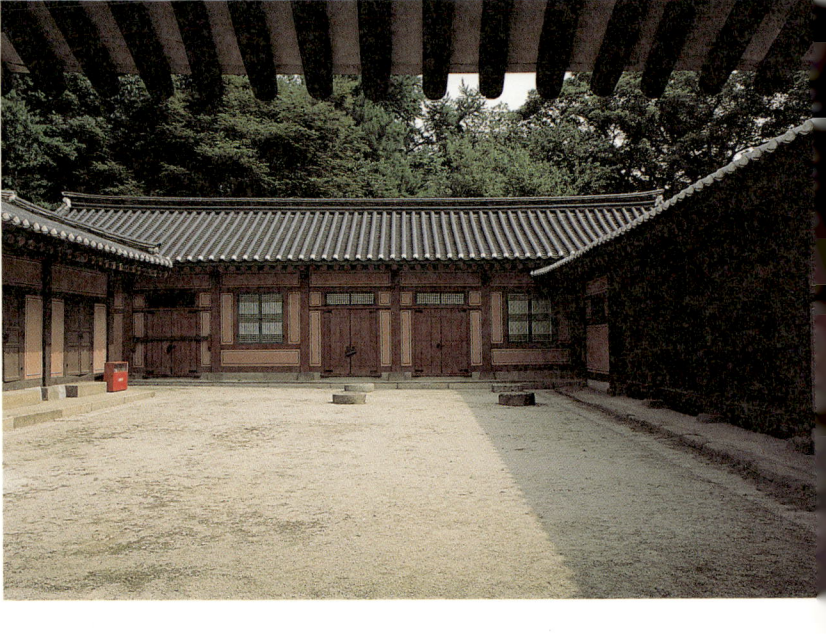

악공청

악공청樂工廳은 정전과 영녕전 사이 숲 속에 마련된 건물로 제례에 동원되는 오케스트라들의 대기소다. 6칸의 개방된 건물로 바닥에는 전돌을 깔아 이동에 편리하도록 했다. 가장 기능적이고 격이 낮은 건물로 기둥들도 여러 가지 형태여서 여기저기 쓰다 남은 재료들로 만들어진 듯하다. 제례에는 없어서는 안될, 그러나 종묘 안에서는 가장 신분이 낮은 악사들의 처지를 보여주듯, 외형마저 숲 속에 숨겨져 있다.

↗ **전사청의 부엌칸** 제례에 쓸 제수를 마련하는 곳이기 때문에 부엌이 중심이다. 마당에 박힌 4개의 구멍 파인 둥근 돌들은 먹을거리별로 나누어진 돌절구다.

↖ **전사청 옆의 제정** 제례에 쓸 신성한 물을 긷던 곳. 정방형 담장 속에 있는 원형의 우물에 철학적인 의미를 부여하고 싶어진다.

180 _ **김봉렬의 한국건축 이야기 시대를 담는 그릇**

세계문화유산을
살리는 길

종묘는 사적 125호로 지정되어 보호를 받고 있다. 56,500평 규모의 종묘 전역의 울창한 숲은 서울 도심을 관통하는 녹지축을 형성하고 있다. 원래 이 녹지축은 창덕궁 뒷산 응봉에서 남쪽으로 뻗어 나와 남산까지 연결되는 서울 도심의 소중한 녹지축이었다.

1945년 3월 도쿄 대공습을 당한 일제는 서울 역시 '본토 공습'의 위험이 높다 하여 시내 곳곳에 이른바 '소개공지대'를 마련했다. 수목과 건물들을 철거하고 폭 50m에 달하는 넓고 긴 공지를 만들어, 공습으로 화재가 일어나더라도 다른 지역으로 불이 옮겨 붙는 걸 막는다는 취지였다. 6.25전쟁 후 서울 복구과정에서 나머지 공지대들은 정비가 되었지만, 종묘에서 필동 구간과 경운동-낙원동-종로 구간은 방치되어 서울의 대표적인 슬럼가가 되었다. 종묘 앞부터 남산 필동까지 총길이 1,180m의 이 구간에는 판자집들이 들어서고 사창가로 변모하고 말았다.

1966년 당시 '불도저'라는 별명을 가진 김현옥 서울시장은 대대적인 서울 정비안을 수립하여 개발독재시대의 막을 열게 된다. 대표적인 사업으로 청계천을 복개하고 고가도로를 설치하여 서울의 동서 교통축을 확보하고, 경운동에서 종로에 이르는 공지대에 낙원상가를 신축하였으며, 종묘-필동 구간에는 세운상가를 세워 선진 서울을 만든다는 계획이었고, 과감하고 신속하게 실행하여 서울의 모습을 바꾸어놓았다.

특히 거대한 규모로 들어선 세운상가는 '꿈의 도시'로 선전되고 상류층

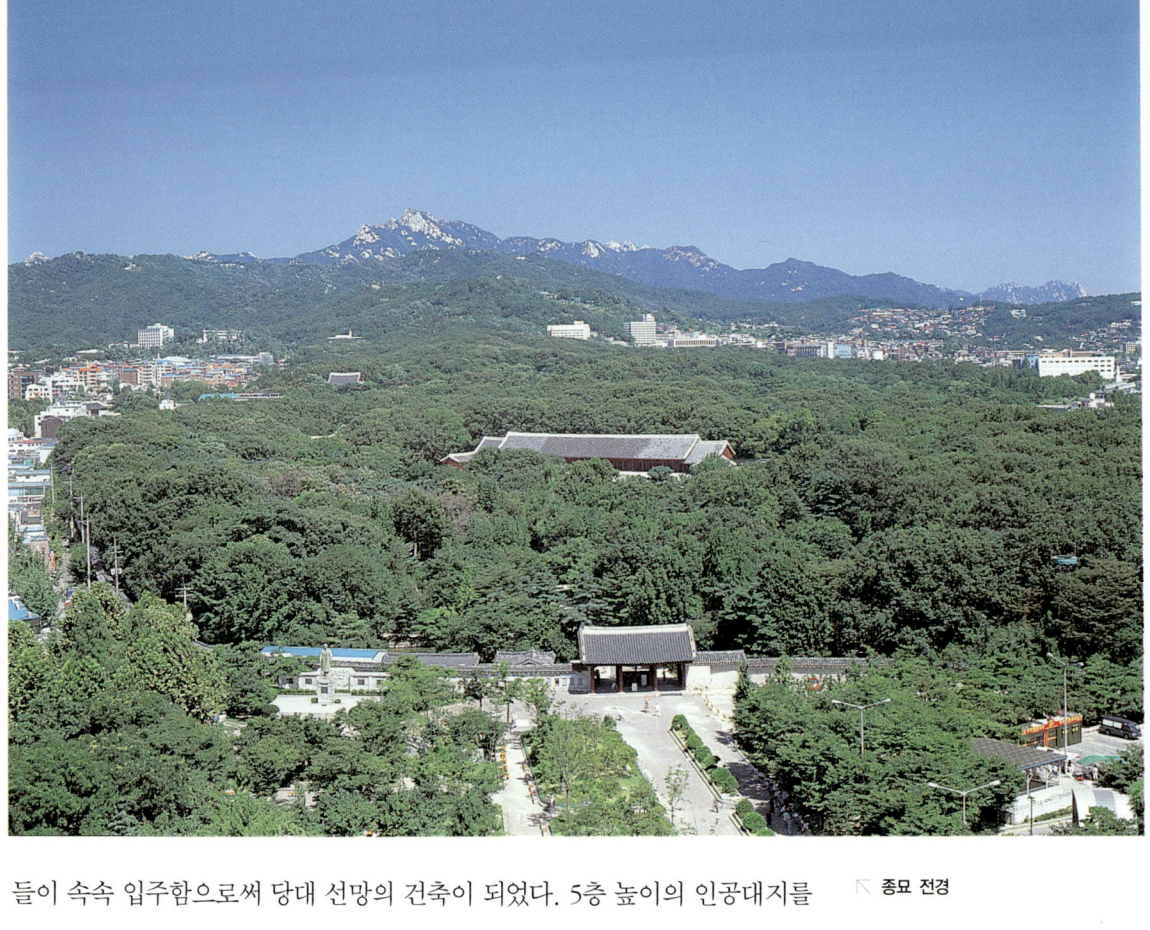

⬑ 종묘 전경

들이 속속 입주함으로써 당대 선망의 건축이 되었다. 5층 높이의 인공대지를 마련하여 공중정원을 설치하고, 지상 3층에 보행자 전용로를 만들어 걸어서 도심까지 출퇴근이 가능하도록 했다. 5층까지는 상가를, 그 위에는 아파트를 두었으니 이른바 '주상복합'의 원조가 되었고, 르 코르뷔지에의 마르세유 Marseille 집합주택이론[24]과 팀-텐Team X 그룹[25]의 '공중 산책로'와 '클러스터이론' Cluster theory 등, 당시로서는 첨단의 건축 도시이론을 도입한 복합건축이었다. 이름마저도 '세계의 기운이 모여라'는 뜻의 '세운' 상가였다.

그러나 전국 자동차 1만대, 1인당 국민소득 114달러에 불과했던 가난한 한국과 서울에는 너무나 과분한 사치였고, 도시 슬럼을 청소하기 위한 위장술이었다는 비판도 많았다. 실제로 신세계나 롯데와 같은 본격적인 백화점

24_ 르 코르뷔지에가 프랑스 마르세이유에 설계한 유니트 다비타숑Unite d' Habitation. 그는 이 거대한 아파트를 통해서 지상에서 필로티piloti로 들리운 인공대지, 실내 공공가로, 옥상정원, 모듈러를 적용한 단위 주거 등 그의 독창적인 건축이론들을 실험했다. 이 이론들은 현재까지도 세계 건축계에 많은 영향을 미치고 있다.

이 개설되고, 서울 강남에 대단위 고급 아파트들이 건설되면서 세운상가는 또 하나의 슬럼으로 전락하게 된다. 포르노 산업의 메카라는 오명과 함께 건물마저도 서울의 미관과 도시적 흐름을 파괴한 '흉측한 괴물'로 취급받게 되었다.

더 큰 문제는 동궐과 종묘의 역사적·생태적 흐름을 끊어놓았다는 점이고, 종묘 앞의 경관을 삭막하게 만든 주범이라는 점이다. 게다가 종묘 앞 광장, 정확히 종묘 앞 공원은 평소에는 수도권 노인들의 집결지이며, 온갖 시민단체들의 집회장이 되어 조용할 날이 없다. 도시적으로는 세운상가가, 지역적으로는 공원이 종묘의 성스러운 분위기를 해치고 있는 것이다.

문화재청과 전문가들은 종묘 앞 공원 문제를 해결하기 위해 여러 가지 궁리들을 해왔다. 신성림을 조성하여 성역화하는 방안, 담장을 높게 쳐서 출입을 제한하는 방안 등등. 한편 서울시는 도심 다른 곳에 노인을 위한 공간과 시설이 완비되어야 근본적으로 해결된다는 입장이다. 어떤 방법을 통해서든지 종묘 앞을 현재와 같이 소란하고 난잡한 공간으로 방치해서는 안된다는 것이 모두의 의견이다. 선조들이 만들어놓은 종묘를 위대한 세계유산으로 보존하고 살리는 일은 바로 이 시대인들의 사명이며, 그 길의 시작은 종묘 앞의 분위기를 일신하는 일이다.

2005년 청계천 복원으로 상징되는 서울 도심 재정비의 일환으로 세운상가를 철거하기로 결정했다. 여기까지는 대환영이지만, 문제는 철거 이후에 40여 층의 고층건물 신축을 계획하고 있다는 것이다. 정비에 따른 재원 확보를 위해서는 어쩔 수 없는 계산이라고 한다. 물론 종묘 앞 건너편에는 광장과 녹지를 조성하게 되었지만, 그 뒤로 고층단지가 들어서기 때문에 종묘 녹지축은 영원히 복원할 방법이 없어진다. 또한 종묘의 경관을 가로막기는 세운상가나 마찬가지 효과일 것이다. 문화와 경제, 역사와 현실 사이에서 조화점을 찾는 것이 이처럼 어려운 일일까?

25 1956년 제10차 국제건축가회의 (CIAM)를 준비했던 소장건축가들의 국제적인 연대를 일컫는 명칭. 이들은 당시 대가들이었던 르 코르뷔지에나 미스 반 데어 로에 등의 주도적 권위에 도전하여, 변화하는 사회의 유동적 건축과 도시 이론을 제창하면서, 국제 건축의 흐름을 바꾸어놓았다. 영국의 스미슨 부부, 네덜란드의 바케마와 반 아이크, 프랑스의 캉딜리스와 우즈 등이 중심인물이었다.

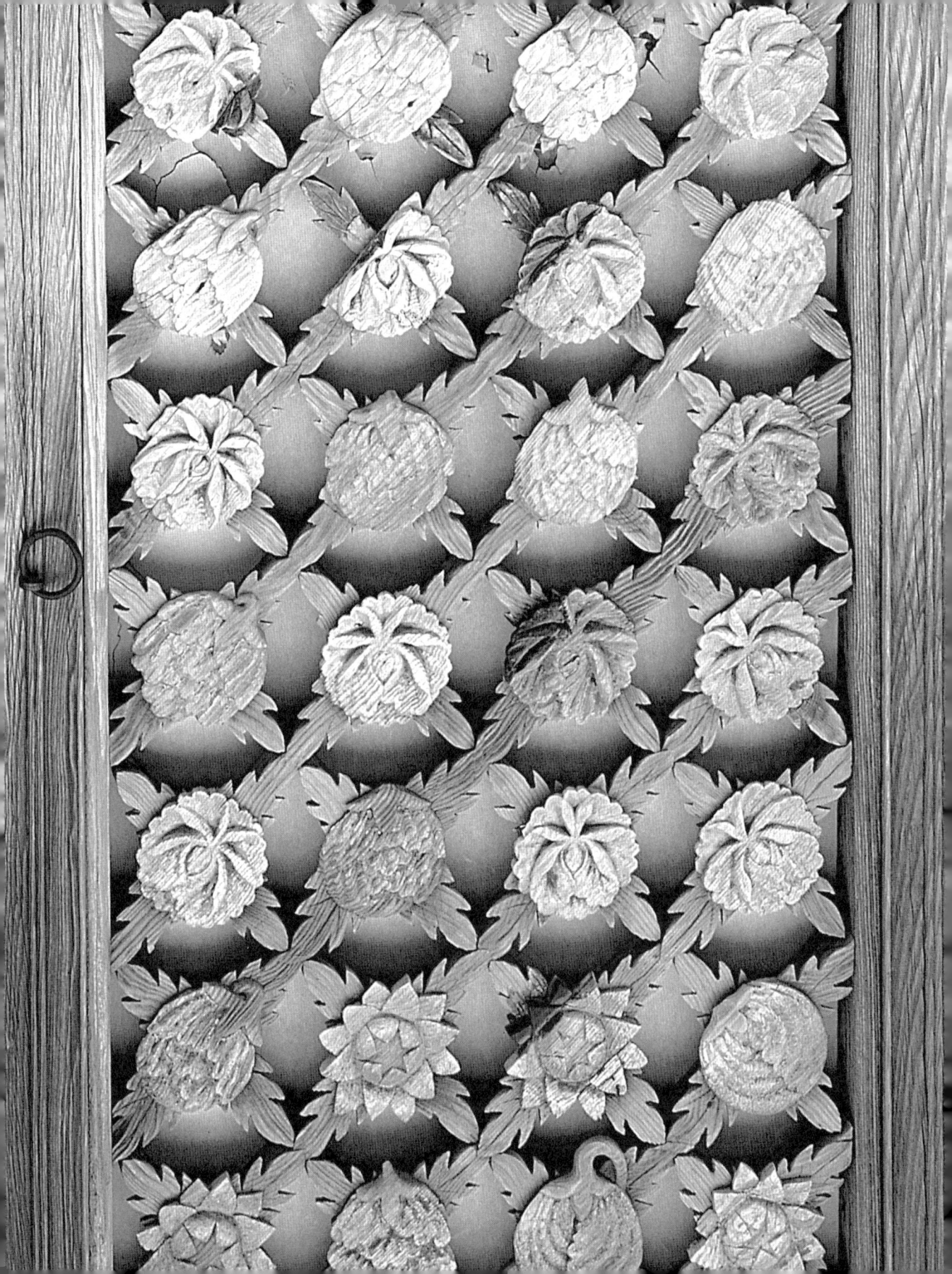

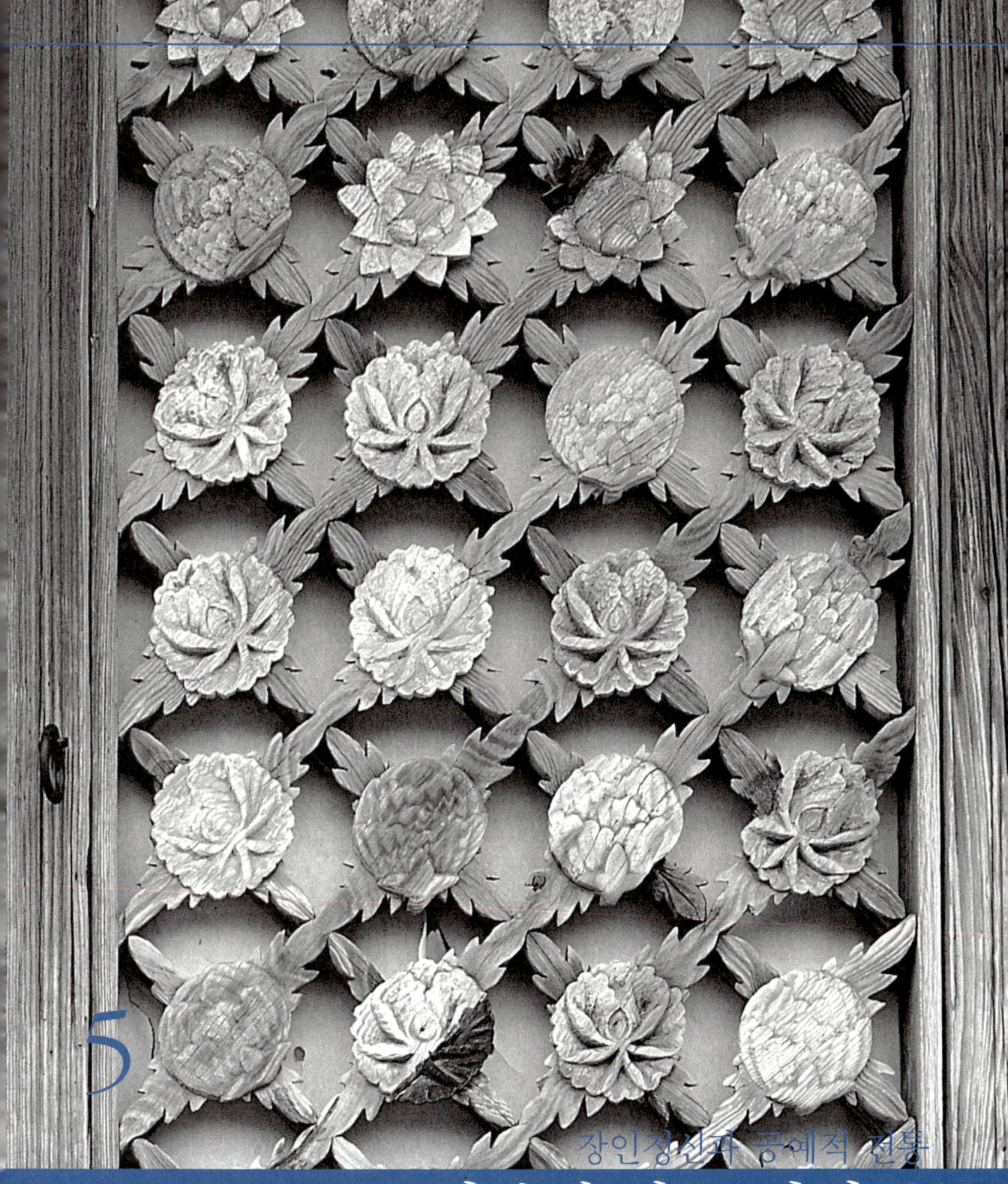

5

장인정신과 공예적 전통

전북의 작은 사찰들

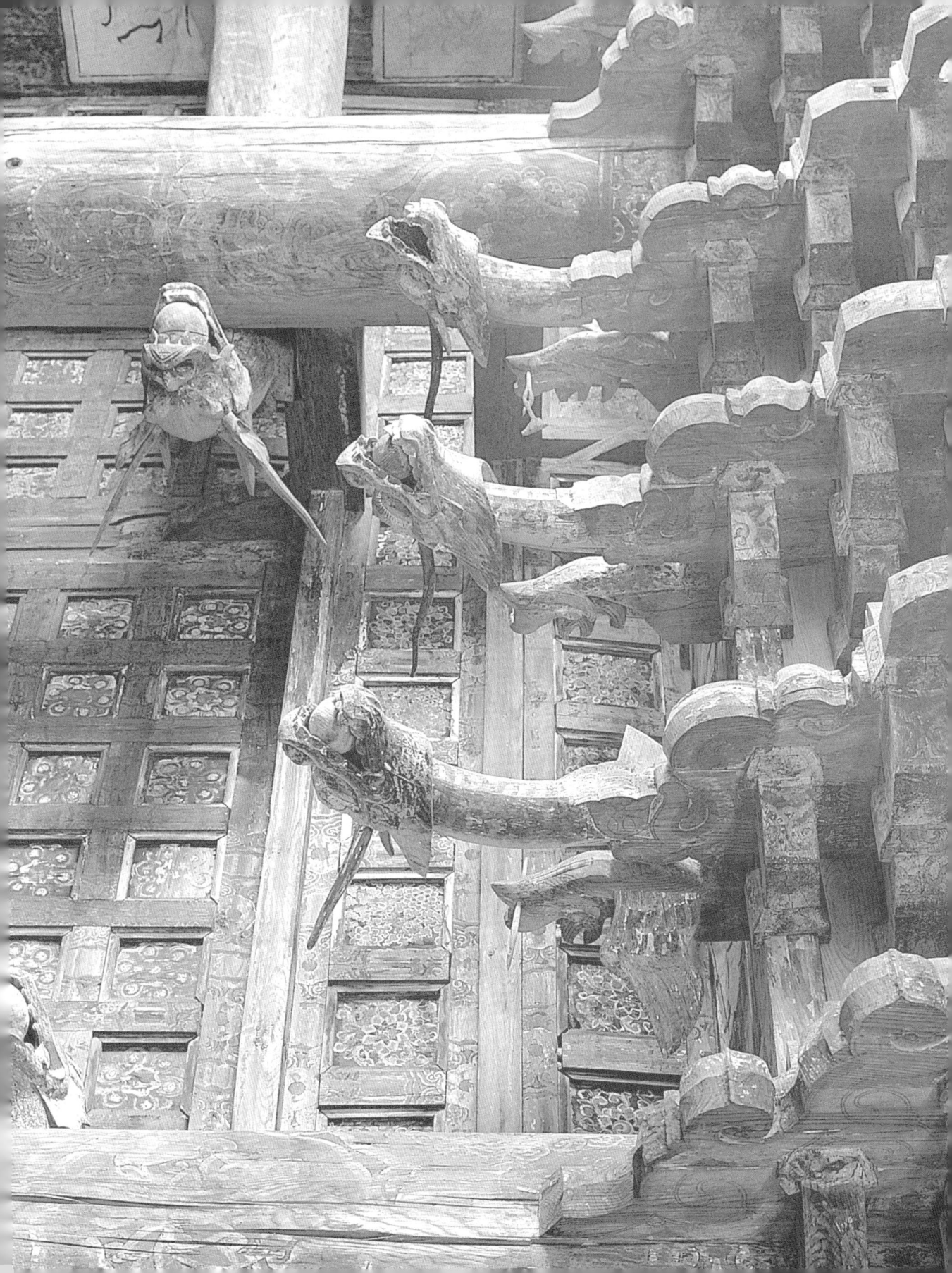

장인들과
공예정신

내소사의 법당을 새로 짓는 역사를 어느 유명한 목수에게 맡겼다. 그러나 그 목수는 설명 한마디 없이 3년 내내 목침 덩어리만[01] 토막 내어 다듬질했다. 내소사에는 장난기 많은 사미승이 있었는데, 이 어린 중이 목수를 골려주려고 나무토막 하나를 감추었다. 다듬질을 다 끝낸 목수가 토막 수를 세어보고는 깊은 한숨을 쉬고 나서, 자신은 실력이 부족하니 일을 포기해야겠다고 했다. 놀란 주지스님이 까닭을 물으니, 자신이 계산을 잘못하여 나무토막(행공첨차行工檐遮)[02] 하나가 부족하다는 것이었다. 사미승은 그제야 감추었던 토막을 슬그머니 내놓아 공사를 계속할 수 있었지만, 자존심이 강한 목수는 그 부정한 토막을 끝내 사용하지 않고 법당을 완성했다. 그래서 지금도 법당 안 오른쪽 천장 밑에 첨차 하나가 부족한 채로 결구되어 있다.

또 하나의 건축적 전설. 법당 건물이 완성된 후 한 화공畵工(또는 단청화사丹靑畵師)이 찾아와 단청을 하겠다고 자청하면서, 단 100일 동안 아무도 법당 내부를 들여다보지 말라고 조건을 붙였다. 그러나 99일째 되는 날, 이번에도 그 말썽꾸러기 사미승이 궁금증을 못 이기고 몰래 들여다보고 말았다. 법당 안에 화공은 간데없고 금빛 새 한 마리가 붓을 물고 다니며 온갖 그림과 장식을 그리다가 누가 엿보는 것을 눈치 채고는 그냥 날아가버렸다. 그래서 법당 좌우에 쌍으로 그려져야 할 용과 비천상이 오른쪽에는 그려지지 않은 채 미완성으로 남게 되었다.

01_ 전설에는 목침木枕(나무베개)으로 묘사되어 있지만, 사실은 지붕틀을 받치기 위한 공포의 첨차와 주두, 소로 등의 부재들이었다. 일반인에게는 모두가 나무토막으로 밖에는 보이지 않았던 모양이다.
02_ 공포에 있어서 외목도리와 장여를 받치는 첨차.

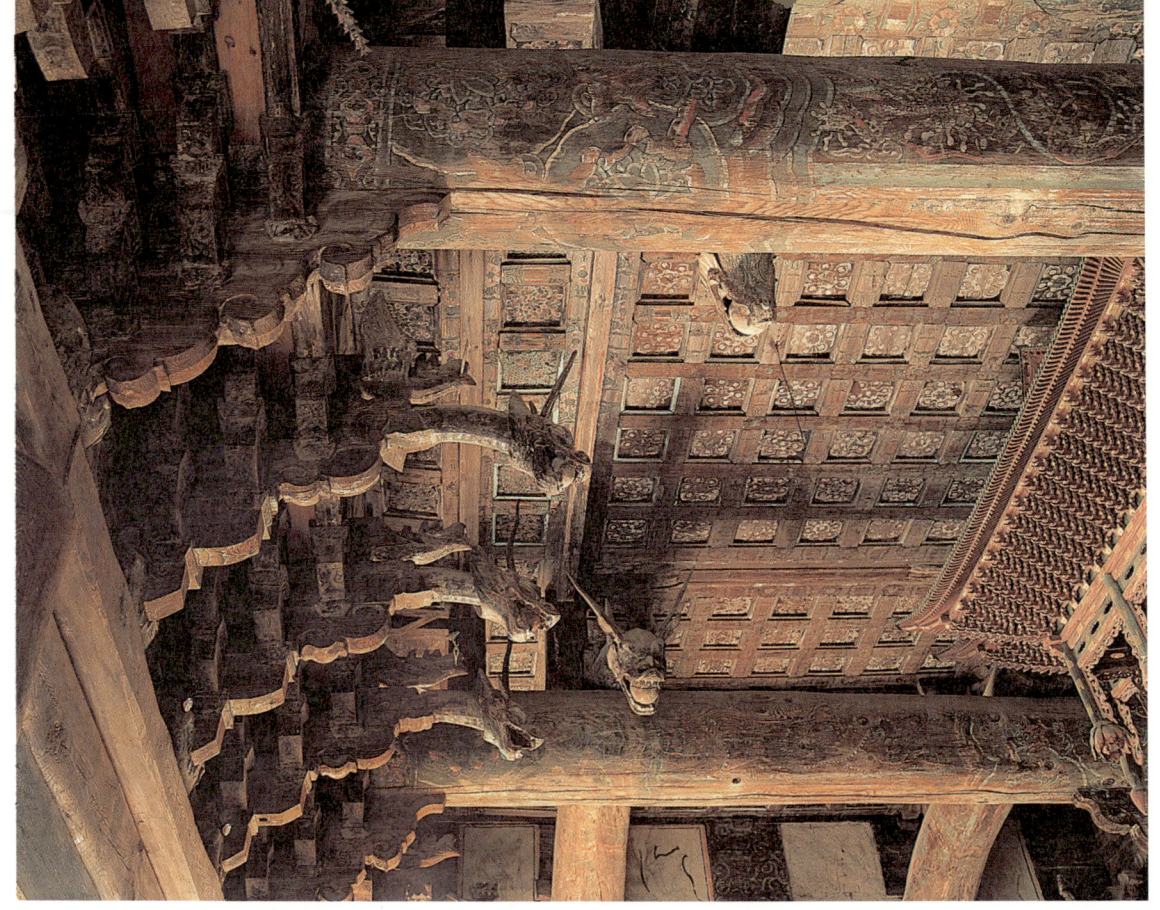

△ **개암사 대웅보전 내부** 천장에 구현된 용들의 하늘.

장인이란 누구인가

앞에 소개한 두 가지의 전설은 임진왜란 때 불타버린 내소사 대웅보전의 중건에(1633년) 얽힌 설화들이다. 두 말할 나위 없이 목수와 화공의 신기에 가까운 장인정신 때문에 생겨난 이야기들이다. 특히 첫 이야기에는 전통적인 목수의 역할과 기능이 잘 나타나 있다. 이야기에 등장하는 이 장인은 목수들 가운데 우두머리인 이른바 대목大木이었을 것이다.[03] 대목 아래에는 각종 목수 조직뿐 아니라 돌 일을 맡을 석수, 철물공사를 담당할 야장, 단청을 맡을 화사 등 모든 장인들이 속해 지휘를 받는다.

대목은 집주인에게서 대략의 규모와 모양, 구조 칸살이 등을 주문 받아 설계에 착수한다. 그러나 도면을 그려 설계하는 것이 아니다. 그의 머리 속에는 집의 평면이나 단면 같은 기본구성들이 짜여지며, 기본설계가 끝난 뒤에

[03] 김동욱, 『한국건축공장사연구』, 기문당, 1993, p.221. 대목大木은 스스로 중요한 목공 일도 담당하였지만, 공사 전체를 계획하고 지휘하는 명실상부한 책임자였다. 조선 후기에는 대목이라는 호칭 대신 도편수都片手로 이름이 바뀌며, 역할에도 약간의 차이가 있다. 건축 공사에는 여러 기능의 장인들이 참여하며 목수만도 정현편수, 연목편수, 공답편수, 수장편수 등 4~5직종이 있다. 이 가운데 정현편수는 건물의 온 줄거리를 만드는 직종으로 기둥, 보, 도리 등 중요한 구조 부재들을 가공한다. 보통의 경우 정현편수가 편수들의 우두머리인 도편수 역할을 담당한다.

188 _ 김봉렬의 한국건축 이야기 시대를 담는 그릇

는 곧바로 공사에 필요한 부재의 형태와 종류, 수량이 산출된다. 이를 '물목내기' 라 하고 지금으로 표현하자면 '물량 산출' 과 공사비를 계산하는 '적산'에 해당한다. 그뿐 아니라 대략의 공사 진행순서도 짜여져서 필요한 장인들의 수와 작업일정을 정하게 된다. 이른바 '공정 관리' 까지 대목의 머릿속에서 구상되는 것이다. 심지어 목재를 구입하는 역할까지 맡음으로써, '자재구입' 및 '재무관리' 까지 담당하게 된다. 대목은 실시 설계자일 뿐 아니라 움직이는 건설회사인 셈이다.

대목 혹은 도편수의 기술자로서의 역할은 설계한 내용대로 부재들을 재단하고 가공하는 일이다. 생나무 위에다가 먹줄을 튕겨 부재의 모양을 그리고, 그대로 다듬어 다른 부재들과 조립한다. 먹줄을 그을 먹통은 도편수 고유의 상징물이었다. 보통 목수들의 소원은 그 먹통을 쥐고 먹줄을 긋는 도편수가 되는 일이었다. 전통건축 공사에서 설계란 바로 이 먹줄긋기[04]였다.[05]

복잡한 목조건물을 머릿속에서 설계하고 적산하고 공정을 짜는 대목들의 능력은 일반인들이 보기에는 신기에 가까웠다. 앞의 전설은 목조건물의 속성을 정확하게 드러낸다. 묵묵히 목침만 만들었다는 것은 이미 대목의 머릿속에 설계와 적산이 완료되었다는 말이며, 목조건물이란 바닥에서 부재들을 가공하여 짜맞추는 '조립식 건축' 임을 표현하는 이야기다. 또 비전문가의 참견을 지극히 싫어하는 장인적인 프라이드도 대단했음을 알려준다. 그들에게는 그만한 자격이 있었다. 대목이 되기까지는 수십 년을 견습목수로 수련해야 했으며, 한번 공사현장에 참여하면 적어도 1년은 산골 벽지에서 세상과 격리된 채 오로지 나무 일에만 매달려야 했다. 대목쯤 되면 이미 나무의 성질을 완벽하게 파악하여 "나무가 무엇이 되고 싶은지"를 꿰뚫게 된다. 예를 들어 기둥과 같이 수직부재로 쓰일 나무는 뿌리 쪽을 밑으로 세워야 하고, 보같이 수평부재로 쓰일 것은 뿌리 쪽을 밖으로 눕혀야 된다는[06] 비법을 깨닫는다. 심지어 북쪽 사면에서 자란 나무는 건물의 북쪽 벽에, 남사면의 나무는 남쪽에 세울 줄 알아야 올바른 대목이라고 할 정도로 신화화된다.

04_ 먹줄은 목수들이 직선을 긋기 위해 쓰는 연장으로, 결정된 계획도면에 따라 부재를 세울 곳에 먹줄로 표시하거나, 나무를 켤 때 자를 부분에 먹줄을 그어 표시하는 것을 의미한다.
05_ 김동욱, 앞의 책, p.175에서 재인용. 『復興寺事蹟記』(1744)에는 복흥사 중건을 맡았던 초집超輯이라는 승려 장인의 활약상이 잘 그려져 있다. 그는 자재 조달부터 건축 계획과 시공까지 일체의 공역을 주도하였으며, 설계능력(승묵지풍繩墨之風)도 대단하였다.
06_ 강영환, 『집의 사회사』, 웅진출판사, 1992, p.140.

백제계 건축의 공예적 전통

충청도와 전라도 지역의 목조건축을 이른바 '백제계 건축'이라 부른다면, 상대적으로 경상도의 건축은 '신라계 건축'이 된다. 백제계와 신라계의 건축적 차이에 대해서는 금산사 편에서 다루었기 때문에, 기술적 차원의 차이만을 언급하기로 하자. 백제계 건축이 공예적이고 장식적이며 부분완결적이라면, 신라계는 구조적이며 전체지향적이다. 고려시대의 목조건물을 예로 들더라도 수덕사 대웅전은 디테일이 뛰어난 공예성이 강해 마치 '커다란 가구를 짜듯이' 건물을 짜 올렸다 할 수 있고, 부석사 무량수전은 전체적인 비례와 구조적인 아름다움이 돋보이는 건물이다.

이 지역 장인들의 공예적인 섬세한 기술은 뿌리 깊은 역사를 가지고 있다. 석탑의 예를 들더라도, 백제계 석탑은 나무탑의 구조와 형태를 돌로 바꾸어놓은 목탑계 석탑이고, 신라계는 벽돌탑에서 출발한 전탑계 석탑이다. 부재와 부재들을 입체적으로 짜 맞추어야 하는 목탑은 장식과 디테일이 발달하지만, 규격적인 벽돌들을 쌓아올리는 전탑은 전체의 비례와 실루엣이 발달하게 된다. 위대한 건축 장인 '아비지'나 석가탑을 완성한 '아사달'이 모두 이 지역 출신인 것은 우연이 아니다.

공예란 '정교한 예술적 기술'이라고 정의할 수 있다. 따라서 공예적 건축을 위해서는 전체의 비례를 구상할 수 있는 미적 능력 외에도, 재료의 속성을 완벽하게 이해하는 통찰력과 부재들을 치밀하게 설계하고 마름질할 수 있는 정밀한 기술이 수반되어야 한다. 이러한 공예적 전통은 지역적 기반에 바탕을 둔 일단의 기술자 집단 속에서 전승되어왔다. 조선시대에도 이 지역의 기문技門은 위축되지 않아 커다란 기술적 흐름을 형성해왔다. 부분에 충실하면서 장식적인 조형은 특히 불교건축에 잘 받아들여졌다. 조선시대의 목조건물을 보더라도, 초기의 무위사無爲寺 극락전이나 개심사開心寺 대웅전, 중기의 변산반도 일대의 건물들에서 나타나는 정교함과 섬세함은 경상도 지역 건축에서는 찾아보기 어려운 예들이다.

이 장에서 살펴볼 완주 화엄사華嚴寺,[07] 부안 내소사來蘇寺와 개암사開

07_ 완주의 화엄사. 그러나 인근에서는 화암사花岩寺로 통용된다. 유명한 지리산 화엄사와 구별하기 위해, 이 글에서는 화암사로 부를 것이다.

巖寺, 고창 선운사禪雲寺와 참당암懺堂庵이 위치한 곳은 모두 백제적 전통의
핵심권에 인접해 있는 지역이며, 또한 임진왜란 이후 17세기라는 비슷한 시
대의 건축물들이다. 여기에는 빠져 있지만, 인근 익산 숭림사崇林寺나 완주
위봉사威鳳寺도 같은 시기 같은 지역의 작품들이다. 이들 예에서는 지역적
전통이 뚜렷이 부각된다. 현란할 정도로 화려하고 장식적인 내부 공간들, 작
은 부재들을 합성하여 큰 부재로 만드는 기법들, 연꽃 모양으로 투각한 지나
칠 정도로 장식적인 포작包作과 주두柱頭들. 모두 경상도의 동시대 건축물에
서는 찾아볼 수 없는 공예적 기법들이다.

17세기의 기술적 상황

백제적 전통이 끊이지 않고 조선 후기까지 지속되었다는 말은 이 지역 장인
들의 보수성을 의미하기도 한다. 화암사 극락전에는 1,000년 전 백제 건축의
요소인 하앙下昂이 남아 있고, 18세기에 중건된 참당암 대웅전은 고려시대의
부재를 다시 사용했다. 뿐만 아니라 새롭게 지어진 개암사 대웅전에도 수덕
사나 참당암을 흉내 낸 옛 모습의 부재들이 만들어졌다. 어찌 보면 임진왜란
의 혹심한 피해를 한시라도 빨리 복구해야 할 시대적 요청과는 동떨어진 기
술적 움직임이었다. 또한 서울의 성곽 등 도시 기반시설이 전쟁 이전의 상태
로 복구되는 데에 물경 1세기가 걸렸을 정도인데, 유독 이 지역 사찰들이 빠
른 속도로 재건될 수 있었던 이유도 쉽게 이해하기 어렵다.

임진왜란은 전 국토를 초토화하고 대부분의 건축물을 파괴하였다. 그럼
에도 왜군들이 7년 만에 쫓겨 물러났으니 이것도 승리라면 승리였다. 임진란
승리의 주역으로 수군들의 효과적인 보급로 차단, 사대부 의병들의 게릴라전,
그리고 명나라 군대의 파병을 꼽는다. 그러나 공식적인 역사가 기록하기를
꺼렸던 또 다른 주역들은 바로 승려 의병군(의승군義僧軍)이었다. 서산대사西
山大師의 지도 아래, 처영處英·영규靈圭·사명泗溟 등이 주도한 의승군은 5
천에서 만 명에 이르는 대부대였다. 조헌 등의 의병들이 천 명 미만이었던 것

에 비교한다면 대단한 숫자였고, 승려들은 부양해야 할 가족이 없는 특수한 신분이었기 때문에 죽음을 무릅쓰고 항전하여 혁혁한 전과를 거두었다. 살생을 금하는 불교의 가르침을 거역하고 전쟁의 일선에 뛰어들 수밖에 없었던 이유는 무엇이었을까? 충청도 승병장이었던 영규는 묘한 발기문을 발표했다.

우리는 조정의 명을 받고 일어선 것이 아니다. 우리는 스스로 국가를 구하기 위해 일어났다.

듣기에 따라서는 조정의 못난 꼴을 보다 못해 궐기했고, 왕과 유교 지배층을 위해서가 아니라 나라를 위해 궐기했다는 말로 들린다. 또한 그 이면에는 전쟁 참가가 조선 불교 중흥의 절호의 기회라는 인식도 깔렸던 것 같다. 어쨌든 승병들의 궐기 때문에 전국의 사찰은 왜군들의 집중적인 공격 목표가되었고, 90% 이상이 잿더미로 변했다. 이제 조정에서도 승려들과 불교 교단의 역할을 부인할 수 없는 처지가 되었고, 오히려 전란 직후 불교 수용책을 펼칠 수밖에 없었다.[08]

17세기 초는 불교 중흥의 시기였다. 왕실의 관심은 물론 전통적인 지지자였던 백성들도 마음 놓고 불교 중흥을 후원할 수 있었다. 전란에 불타버린 사찰은 물론이고 억불책 때문에 폐사가 되었던 사찰들마저도 재건과 중창불사의 열풍이 불었다. 그러나 대규모 불사를 지원할 돈이 없었다. 전쟁 직후 굶어 죽는 백성들이 도처에 깔려 있고, 당장 들어가 살 집도 없어진 판에 신앙을 위해 희사할 여유가 있을 리 없었다. 그나마 근근이 시주한 돈으로는 건물한두 동 단위의 소규모 불사만 가능하였고, 외부의 민간 장인들을 데려와 일을 맡길 재력도 없었다. 따라서 사찰 건축은 전적으로 자체 승려들의 기술과 인력으로 충당해야 했다.

전쟁 복구가 어느 정도 진행되고 농업기술 발달로 인한 신흥 부농층과 상인층들이 불교를 후원하던 17·8세기에는, 직업적으로 건축 공사를 전담했던 승려 장인층들이 크게 성장하였다.[09] 이들은 사찰 공사를 독점하여 뛰어난

08_ 이강근, 「17세기 불전의 장엄에 관한 연구」, 동국대학교 대학원 박사학위논문, 1994, p.17.
09_ 김동욱, 앞의 책, p.189.

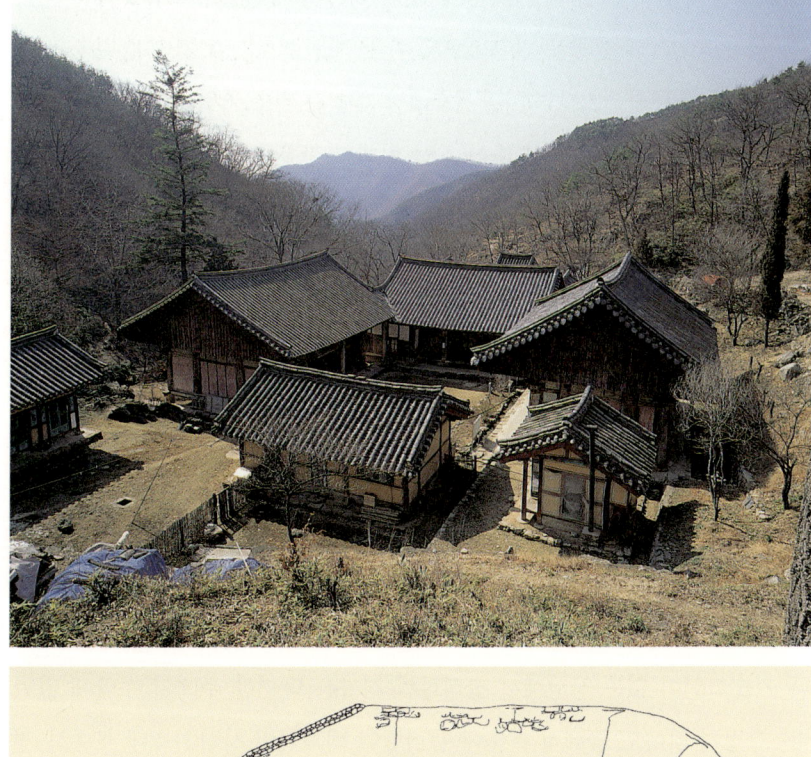

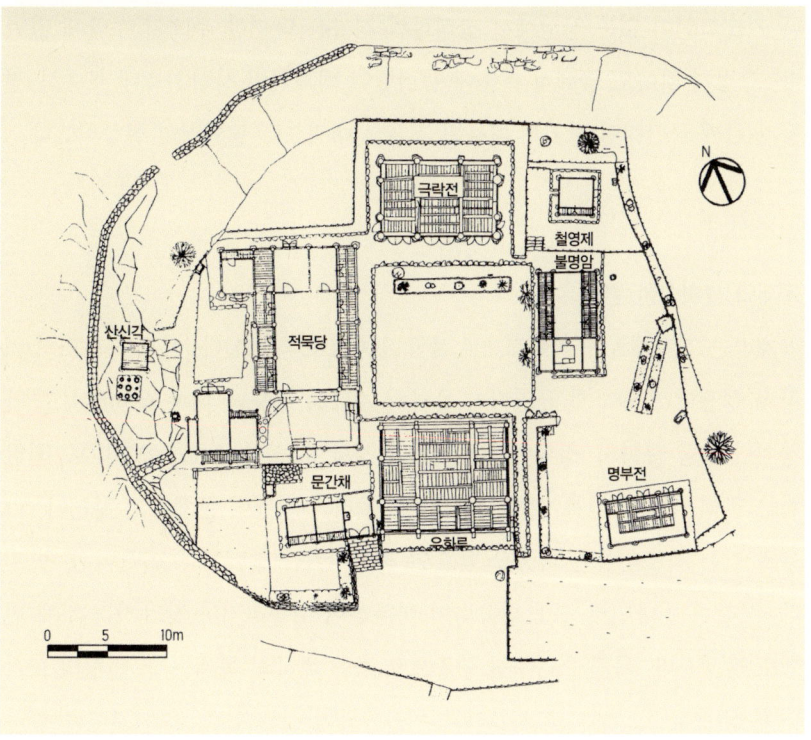

↗ **완주 화암사 전경** 사진의 왼쪽이 우
화루, 오른쪽이 극락전이다. ⓒ김성철
↘ **화암사 배치도** 문화재관리국 도면.

5 장인정신과 공예적 전통 **전북의 작은 사찰들** _ 193

기량을 축적했고, 관청의 영선이나 민간 공사에까지 공장으로 활동하게 되었다. 승려 장인들의 활동은 민간 장인들의 세력을 위축시켜 기술 발전을 저해하기도 했지만, 한편으로는 사찰건축에서 개발된 건축 기법들을 민간에 전파하는 효과도 가져왔다. 예를 들어 호남 일대의 상류주택 퇴간 상부에는 우미량牛尾梁[10]을 거는 것이 일반화되었는데, 우미량은 수덕사 대웅전과 같은 백제계 사찰 계통에서 발달한 부재다.

임란 직후 목조 기술의 보수화 경향이 충청·전라도의 지역적 현상이었다면, 장식화의 경향은 전국적인 양상이었다. 특히 불교건축에서는 장식화의 경향이 극심하게 대두하였다. 이러한 경향은 전쟁 후 평화로운 정토에 대한 불교 내부적 회원이기도 했고, 새로운 신도층으로 부각된 농민층을 위한 포교의 수단이기도 했으며, 양식사적 운동의 쇠퇴기에 해당하는 장식화 경향이기도 했다.[11] 특히 병자호란 후 청나라를 배척하여 중국과의 실질적인 교류가 끊긴 후에는 신기술을 도입해올 창구를 잃어버렸다. 새로운 구조법의 도입이나 기술혁신이 없는 상황에서 장식화의 경향은 당연한 추세일 수밖에 없었다. 그렇지 않아도 공예적 전통에 충실했던 백제권의 사찰건축에 보수화 경향과 함께 극단적인 장식이 대두된 것은 시대적으로 필연적인 현상이었다.

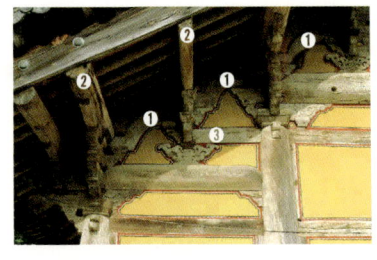

▽ **수덕사 대웅전의 측면 공포** ①로 표시한 부분의 부재가 우미량, ②로 표시한 부재가 도리, ③으로 표시한 부재가 창방이다.

목재의 불확실한 변형

목재라는 건축재료는 역학적으로 불균질 재료로 취급된다. 아직도 목조의 역학적 성질이 명쾌하게 규명되지 못하여 재료의 강도나 허용 응력應力도 가정치만 있을 뿐이지, 정확한 실험치를 규정할 수 없다. 벽돌, 콘크리트, 철골과는 달리 나무는 생물이므로 획일적인 물리적 성질이 존재하지 않는다. 나무로 만든 목조건물은 하중을 받으면 휘어지거나 줄어드는 변형이 있게 된다. 시간이 지나면서 수분 함유량이 변화하여 뒤틀리거나 갈라지는 자체 변형도 발생한다. 특히 소나무를 주종으로 하는 한국의 목재는 그 변형의 도가 더욱 심하다.

10_ 소꼬리 모양으로 휘어진 곡선의 부재로, 상하의 도리를 연결하는 역할을 한다.
11_ 이강근, 앞의 논문, p.167.

194 _ **김봉렬의 한국건축 이야기** 시대를 담는 그릇

예전의 장인들을 괴롭힌 것이 바로 목재의 변형이다. 여덟 자 길이로 자른 기둥을 세우고 그 위에 지붕틀을 얹으면 심할 때는 기둥이 한 치 가량 줄어들게 되고, 기둥에 걸린 보(樑椺)[12]와 도리[13], 창방昌枋[14] 등의 위치도 따라서 변하게 되어 집 전체의 구조 틀이 흔들려버린다. 따라서 유능한 장인이라면 완성 후에 일어날 변형까지도 염두에 두고, 여유 있게 부재를 가공해야 한다.[15] 그러나 문제는 변형이 일률적으로 일어나지 않기 때문에 어느 정도의 여유를 두어야 하는지 종잡기 어려운 점이다. 목질이 단단하고 맞춤이 정확하면 변형이 생기지 않는다.

변형에 대한 예측 불확실성은 완성 후에 정확한 수직이나 수평성을 보장하지 못한다. 아무리 뛰어난 솜씨를 가진 장인이라도 목질의 불균질성과 변형의 불확실성을 극복하여, 영원히 변치 않는 목구조를 만들기는 불가능하다. 따라서 목구조의 기법은 애초부터 불확실한 변형을 인정하는 범주에서 개발되어야 했다. 한국 목조건축에서 수직과 수평선은 공사의 기준일 뿐, 지켜져야 할 형태적 규범이 아니다. 한옥의 처마는 시간이 갈수록 처짐이 일어나지만, 영원히 수평선을 이루지는 않는다. 애초부터 수평선을 포기하고 위로 휘어놓았기 때문에 처짐이 일어나도 항상 휘어진 채 변하지 않는 것으로 보인다. 이러한 원리를 '시각적 안정성의 원리' 라고 부르자. 두 점을 잇는 선 가운데 직선은 단 하나지만, 곡선은 수없이 많다. 수직선은 하나지만 수직이 아닌 선은 무한히 많다. 직각은 하나이지만, 직각이 아닌 각은 무한하다. 불가능한 하나에 어렵게 도달하기보다는 무한히 많은 가능성을 택하는 조형적 원리, 실은 구조적인 원리이기도 하다.

12_ 지붕 또는 상층에서 오는 하중을 받기 위해 기둥 또는 벽체 위에 수평으로 걸친 구조 부재.
13_ 보와 직각 방향으로 걸어 서까래를 받는 수평재.
14_ 목조건축물에서 기둥과 기둥 사이를 가로지르는 단면 사각의 부재. 일반적으로 다포식 구조의 건축물에서 기둥 사이에도 공포를 짜 넣기 위하여 사용한다.
15_ 배희한 구술,『이제 이 조선 톱에도 녹이 슬었네』, 뿌리깊은 나무, 1981, p.77. 마지막 도편수 배옹의 고증. "추녀 밑 기둥에는 짐이 많이 쐬이거든. 그래서 옛날 늙은이들은 추녀 기둥만큼은 다른 기둥보다 5푼씩 더 길게 했어." 귀솟음 기법이 필요한 이유를 설명하고 있다.

시각적 안정성의 원리

시각적 안정성의 원리는 한국 목조건축 전반을 지배한다. 기둥의 가운데를 볼록하게 만드는 기법을 배흘림이라 한다. 그리스 건축의 엔타시스에 해당하는 기법이다. 그러나 그리스의 엔타시스는 기다란 기둥의 가운데가 오목해

보이는 착시를 교정하기 위해 고안된 기법이지만, 한국의 배흘림은 착시교정용이 아니다. 배흘림이 있는 기둥을 아무리 들여다보아도 배가 들어가지 않는다. 배흘림기둥은 애초부터 기둥의 단면이 변하지 않는 원통이기를 포기한 기둥이다. 이 기둥은 휘어지고 비틀려도 배흘림인 채로 남아 있을 것이다.

내소사의 승방인 적묵당 출입구는 아래로 심하게 휘어진 목재를 문턱으로 삼았다. 30여 명의 승려들이 뻔질나게 드나드는 이 문턱에 수평재를 사용했다면, 1년이 못 가 갈아대야 할 것이다. 수많은 발길들에 금방 닳아 수평선이 변형되기 때문이다. 그러나 휘어진 문턱은 아무리 닳아도 계속 휘어진 채로 영원할 수 있다. 지붕틀을 받치는 위로 휘어진 들보의 역할은 방향만 반대일 뿐 동일한 원리를 갖고 있다. 시각적 안정성은 곧 구조적 안정성이기도 하다. 기둥에 대한 몇 개의 대표적인 기법들만 들어보자. 예의 배흘림과 함께 보편화된 것은 민흘림이다. 기둥의 밑둥을 크게 하고 위를 작게 하는 직선형 기둥이다. 이 역시 평행기둥이기를 포기했다. 배흘림기둥은 원래 나무의 상당 부분을 깎아내야 하지만, 민흘림은 위로 갈수록 줄어드는 목재의 형상을 응용한 가공법이기 때문에 조선시대에 널리 채용되었다. 모퉁이 기둥을 안쪽 기둥보다 약간 높게 하는 '귀솟음'[16] 역시 기둥들의 수평선을 포기했기에 가능한 기법이다. 완공 후에 약간의 변형이 있기는 하지만, 영원히 귀가 솟은 채로 있을 것이다. 아울러 모퉁이 기둥을 수직선보다 약간 안쪽으로 기울여 세우는 '안쏠림'[17] 기법이 있다. 매우 어려운 기술이지만, 추녀의 하중 때문에 기둥이 바깥으로 벌어지는 문제를 해결하기 위해 애초부터 안으로 기울여 놓는다.

그런데 이 기법들에는 정해진 수치적 기준이 없다. 얼마만큼 기울일 것인지, 높일 것인지, 휠 것인지 정해진 기준이 없다. 모두가 장인의 경험과 감각에 의존할 수밖에 없다. 엿가락 치는 것이 엿장수 마음이듯이, 흘림과 솟음과 쏠림의 정도는 목수 마음인 것이다.

배흘림기둥은 아래부터 1/3되는 지점이 가장 배가 부르고, 배부른 정도는 직경의 1/10이라고 한다. 그러나 배흘림기둥을 마름하는 현장을 본 사람

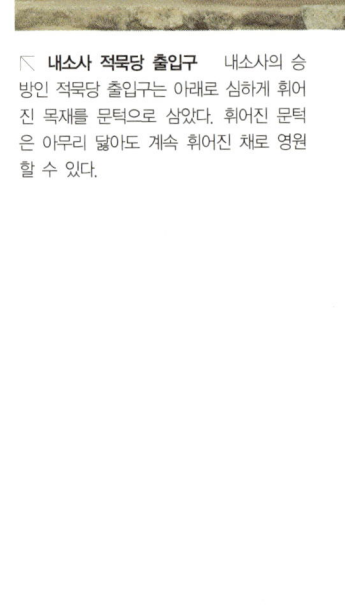

△ **내소사 적묵당 출입구** 내소사의 승방인 적묵당 출입구는 아래로 심하게 휘어진 목재를 문턱으로 삼았다. 휘어진 문턱은 아무리 닳아도 계속 휘어진 채로 영원할 수 있다.

16_ 건물의 우주隅柱(모퉁이 기둥)을 안쪽 기둥보다 높게 하는 일. 즉 건물을 앞에서 바라볼 때, 기둥의 높이가 가운데가 가장 낮고 양쪽 추녀로 갈수록 약간씩 높여주는 것을 말한다.

17_ 건축물의 가장 바깥쪽 기둥을 안쪽으로 쏠리게 세움으로써 지붕의 하중을 효과적으로 두면서 시각적인 안정감을 주도록 의도한 기법이다.

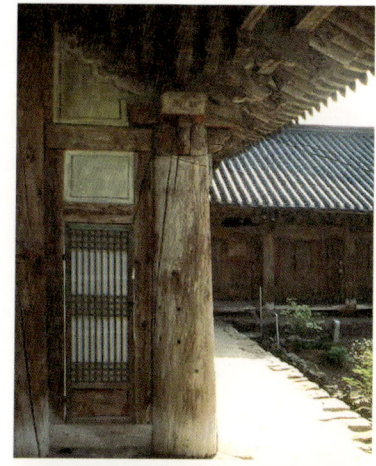

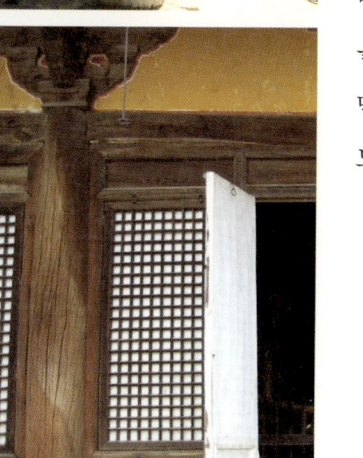

↗ **민흘림기둥의 예** 화암사 극락전.
↘ **배흘림기둥의 예** 부석사 무량수전.

이면 이러한 통계적 공식이 별 쓸모가 없다는 것을 알게 된다. 배흘림의 곡선은 목수가 먹줄 튕기기 나름이기 때문이다. 기둥 아래 위 두 점에 먹줄을 고정해놓고 중간점을 손으로 집어서 비스듬히 들었다가 놓으면 먹줄은 활처럼 휘어지면서 나무에 곡선의 궤적을 그리게 된다. 이때 1/3 지점을 잡아 들어올리면 그 지점이 가장 배가 부르게 되지만, 괴팍한 목수가 2/5 지점을 잡는다면 배부른 위치가 바뀌게 된다. 또 기분에 따라 힘을 주는 강도나 비스듬한 각도를 달리하면 다른 곡률의 곡선이 생길 수밖에 없다.

한옥의 선은 그야말로 목수들 마음이다. 그러나 훈련된 장인들이라면 그 마음들의 편차가 그다지 크지 않고, 그들을 명장名匠이라 부른다. 한옥의 선을 이해하려면 목수들의 마음과 장인정신을 이해해야 한다. 배흘림의 공식을 만들거나 지붕의 곡선을 수학화한답시고 12개 변수가 등장하는 함수식을 만드는 노력은 학위를 따기 위한 연구, 고통스러운 유희일 뿐이다.

5 장인정신과 공예적 전통 **전북의 작은 사찰들** _ 197

완주
화암사

불명산 속의 깊은 성채

화암사(花岩寺 또는 華嚴寺)의 극락전은 국내에서는 유일하게 하앙구조를 갖고 있는 보물 중의 보물이다. 그러나 희귀한 구조에 대한 관심이 없더라도 이 절의 환상적인 입지와 드라마틱한 진입로, 그리고 잘 짜여진 전체 구성만으로도 최고의 건축이다.

　　이처럼 고적하게 남아 있는 사찰이 또 어디 있을까. 전주시 완주구 운주면 가천리 불명산 속 깊은 계곡 위에 있는 화암사는, 아직도 일반인들은 입구까지 걸어 올라가야만 한다. 〈화엄사중창비〉華嚴寺重創碑에 묘사된 15세기의 모습 그대로이다.

절은 고산현의 북쪽 불명산 가운데에 있는데, 골짜기가 그윽이 깊숙하고 봉우리들은 비스듬히 연해 있다. 사방을 둘러보아도 길이 없고 인마가 모두 끊겨 있어 나무꾼이나 사냥꾼마저도 이를 수가 없다. 골짜기 입구에 바위벼랑이 있는데 높이가 가히 수십 길이나 되고, 뭇 골짜기의 시냇물이 한 골로 모여 흘러내리니 큰 폭포를 이룬다. 바위벼랑의 허리에 너비 한 자 정도의 가느다란 길이 있어 그 벼랑을 타고 들어가면 이 절에 이른다. 골짜기는 가히 만 마리 말을 갈무리할 만큼 넓고 바위가 기묘하고 나무는 늙어 깊고도 깊은 성(심곽深廓)이다. 참으로 하늘이 만든 것이요 땅이 감추어둔 도인의 복된 땅이다.[18]

18_ 〈화엄사중창비〉는 1572년 제작된 것으로 1441년 중창 때의 기록을 담고 있다. 현재 화암사 서쪽 언덕 위에 서 있다.

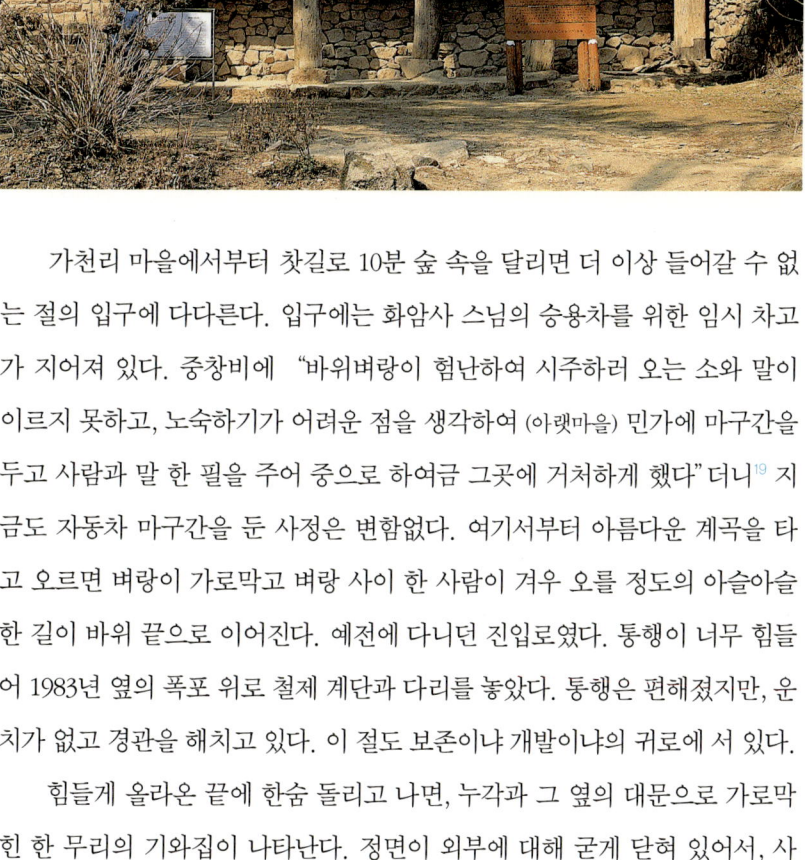

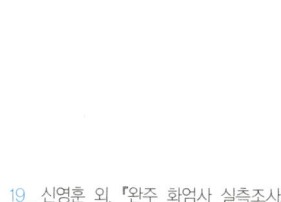

↗ **화암사 우화루 정면과 왼쪽의 대문채**
누각 밑으로의 진입을 거부하고, 요사채를
통하도록 되어 있다.

가천리 마을에서부터 찻길로 10분 숲 속을 달리면 더 이상 들어갈 수 없는 절의 입구에 다다른다. 입구에는 화암사 스님의 승용차를 위한 임시 차고가 지어져 있다. 중창비에 "바위벼랑이 험난하여 시주하러 오는 소와 말이 이르지 못하고, 노숙하기가 어려운 점을 생각하여 (아랫마을) 민가에 마구간을 두고 사람과 말 한 필을 주어 중으로 하여금 그곳에 거처하게 했다"더니[19] 지금도 자동차 마구간을 둔 사정은 변함없다. 여기서부터 아름다운 계곡을 타고 오르면 벼랑이 가로막고 벼랑 사이 한 사람이 겨우 오를 정도의 아슬아슬한 길이 바위 끝으로 이어진다. 예전에 다니던 진입로였다. 통행이 너무 힘들어 1983년 옆의 폭포 위로 철제 계단과 다리를 놓았다. 통행은 편해졌지만, 운치가 없고 경관을 해치고 있다. 이 절도 보존이냐 개발이냐의 귀로에 서 있다.

힘들게 올라온 끝에 한숨 돌리고 나면, 누각과 그 옆의 대문으로 가로막힌 한 무리의 기와집이 나타난다. 정면이 외부에 대해 굳게 닫혀 있어서, 사찰이라기보다는 어느 유력 문중의 재실이나 서원과 같은 인상이다. 화암사는 험한 능선이 갑자기 완만해지면서 만들어진 800여 평의 바위 위에 터를 잡았

19_ 신영훈 외, 『완주 화엄사 실측조사보고서』, 문화공보부 문화재관리국, 1985, p.116에서 재인용.

5 장인정신과 공예적 전통 **전북의 작은 사찰들** _ 199

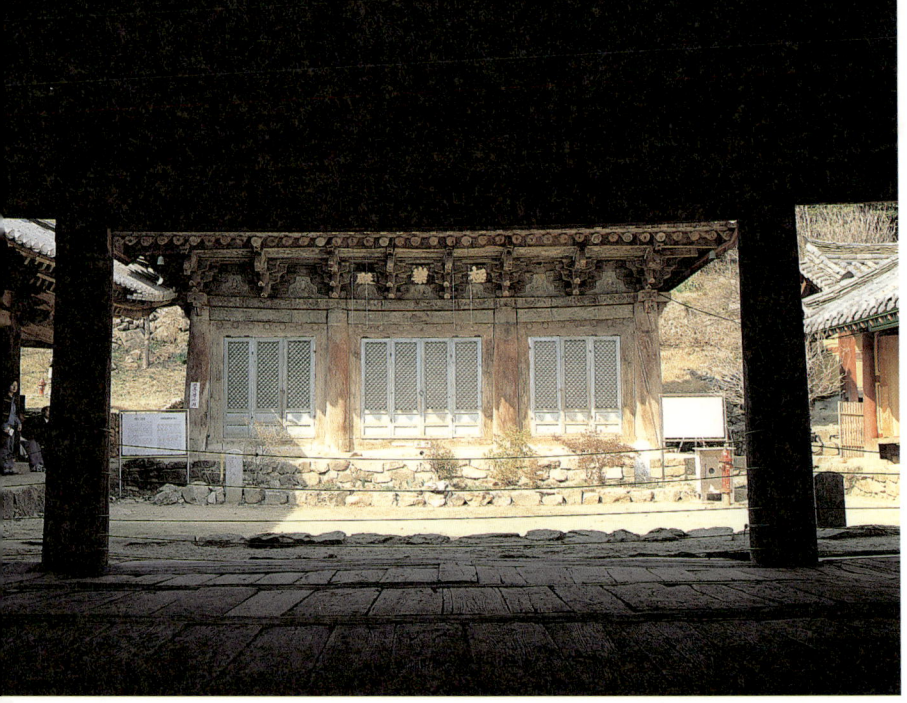

◥ **화암사 우화루에서 본 극락전** 중정은 외부의 거실과 같고, 극락전은 또 하나의 방이다.

다. 중심곽은 전면 우화루와 뒤의 극락전, 서쪽의 적묵당과 동쪽의 불명당으로 이루어진 작은 중정中庭[20]이다. 우화루와 불명당 사이로는 북향을 하고 있는 명부전이 눈에 들어온다. 우화루는 2층의 누각이지만, 아래가 석축으로 막혀 있어 출입이 불가능하여 옆의 대문채를 통해 진입해야 하고, 대문을 들어온 후에도 적묵당의 부엌에서 일하는 보살의 감시를 받아가며 우화루 모퉁이를 지나야 중심곽으로 들어갈 수 있다. 여타의 다른 부분은 건물이나 돌각담으로 막혀 있다. 암반 위에 굳게 닫힌 화암사의 외관은 마치 작은 성채를 보는 것과 같다.

신라 때 의상이 창건한 것이라고 주장하는 이 절은 서해에서 경주에 이르는 옛길과 가까운 거리에 있다. 임진왜란 때 충청도 금산에서 이치대첩梨峙大捷[21]의 큰 전과를 거두었을 당시 이곳에까지 병화의 피해가 번져 불타버렸고,[22] 전쟁 직후인 1604년 서둘러 중창되었다. 여러 가지 정황으로 미루어 이 절은 순수한 종교시설이라기보다는 풍수적 관점의 비보용이나 군사적 목적을 띠었을 가능성이 높다.[23] 그렇다면 성채와 같아 보이는 것이 당연할 것이다.

20_ 집 안의 안채와 바깥채 사이에 있는 뜰.

21_ 임진왜란 때 충청도 금산에서 권율 장군이 이치의 험난한 지세를 이용, 1,500명의 병력으로 왜군 2만여 명을 맞이하여 큰 승리를 거두었던 전투.

22_ 문영빈, 「임진왜란 이후의 조영활동에 대한 연구(사찰 편)」, 한국문화재보존기술 진흥협회, 1992, p.94.

23_ 신영훈 외, 앞의 보고서, p.22.

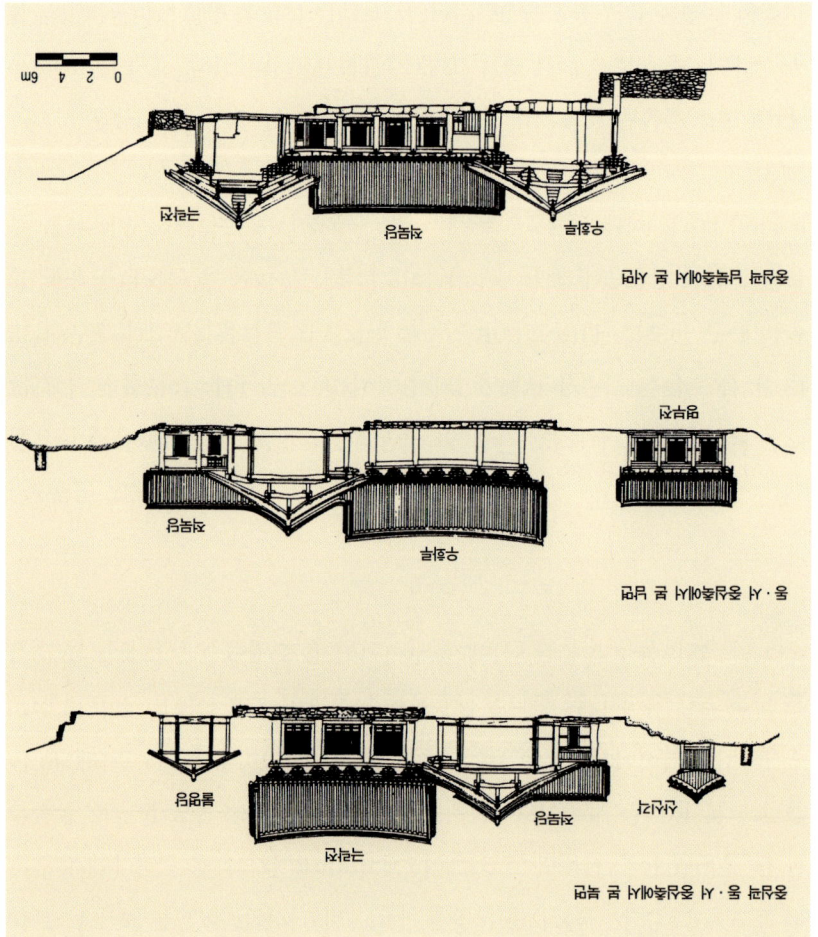

종단면 동·서 중앙축에서 본 입면

종단면 동·서 중앙축에서 본 단면

종단면 남북축에서 본 단면

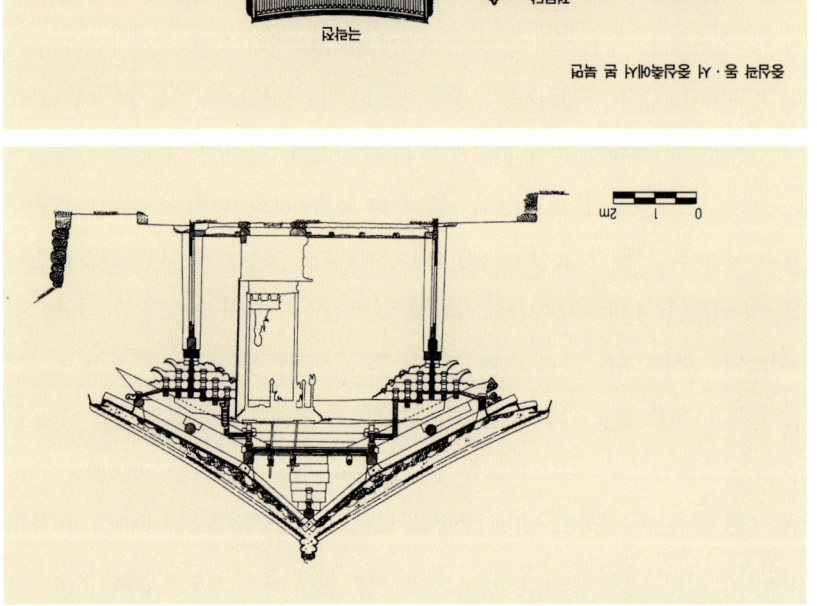

횡단면 남북 중앙축 단면도 - 운양재현도기
도면
횡단면 단체 입·단면도 - 운양재현도기
도 도면

적묵당은 뒤쪽으로 두 날개채를 가진 ㄷ자 평면의 승방이다. 자연스레 만들어진 뒷마당(후원後院)은 승려들의 생활공간이다. 일반 신도들은 넓은 부엌을 통해야만 접근할 수 있는 비밀스러운 곳이기도 하다. 건물에는 툇마루가 달려 생활에 더욱 편리하도록 되었고, 마당 앞으로는 자연 암반이 솟아 있고, 그 위에 소박한 장독대를 마련했다. 장독대 옆에는 정말 작은 산신각이 '얹혀져' 있다. 울퉁불퉁한 바위 위에 길이가 제각각인 4개의 기둥을 세우고 나무벽으로 감싼 산신각을 올려놓아 마치 원두막집과 같은 구성이다. ㄷ자 건물로 이루어진 뒷마당의 정점에 해당하는 위치와 형상이다.

절의 서쪽은 암반으로 이루어진 넓은 계곡이고 여기에 가느다란 물줄기가 흘러 아래 폭포의 원류가 되고 있다. 물줄기 중간에는 지그재그형으로 배열된 5개의 둥근 웅덩이가 파여 있다. 인공적으로 조성한 것이 분명한 이 시설물은 경주의 포석정과 같이 물놀이용의 시설이었는지[24] 아니면 현재와 같이 빨래터로 사용했는지는 알 수 없지만, 그 절묘한 아이디어에는 감탄할 수밖에 없었다. 그러나 2000년대 들어 사찰까지 오르는 찻길을 산 뒤로 돌려 만들었고, 사찰의 주차장을 조성하면서 이 빨래터는 무참히 파묻히고 말았다.

우화루는 지붕 덮인 중정

극락전과 함께 보물로 지정된 우화루는 1605년 극락전과 거의 동시에 중건되었다. 주불전이 아닌 부속 누각이 이처럼 오래된 유구는 극히 드물다. 견고한 구조법과 포작형식을 가졌기에 아직도 버티고 있다. 그러나 근래 마루가 계속 무너지는 등 붕괴의 위험이 있어서 마루 아래에 수많은 작은 기둥들을 세워 겨우 지탱하고 있다(현재는 우화루 내부로 출입이 금지되어 있으니 들어가지 마시길).

이 절은 산지에 있지만 중심곽은 전형적인 평지형의 구성을 하고 있다. 한 단의 석축을 쌓아 전체 바닥레벨을 잡고, 석축 끝에 우화루를 세웠다. 우화루의 마룻바닥면을 중정의 레벨과 일치시키고, 중정을 위한 석축과 마룻바

24_ 같은 보고서, p.21.

닥 사이의 간극을 좁히기 위해 마루 귀틀 바깥에 두터운 나무를 덧대었다. 이리하여 우화루 내부 마루면은 바깥 중정의 완벽한 연장면이 되었다. 길게 펼쳐진 마당을 둘로 나누어 한 부분에 지붕만을 얹은 것 같은 착각을 일으킬 정도로 외부와 내부 공간이 하나로 인식된다. 우화루 안에서 극락전을 바라보면, 극락전의 지붕은 전혀 인식되지 않고 전면의 문짝들만 보인다. 옆의 적묵당과 불명당 역시 마찬가지다. 이리하여 중정은 문들이 달린 3면의 벽으로 둘러싸인 거실이나 로비와 같은 내부 공간으로 인식된다. 우화루가 지붕 덮인 중정이 아니라, 중정이 지붕 없는 방이 되고 만다. 중정의 크기와 건물들의 적절한 높이가 빚어내는 공간의 효과다.

이러한 시각적 효과는 극락전의 기단이 매우 낮아 우화루 마루면과 일치하고 있는 것에도 이유가 있다. 화암사에는 전각들 간의 수직적 위계는 존재하지 않고, 모든 공간들이 수평적으로 만나고 있다. 이른바 백제계 건축의 가장 큰 특징, 평지성에 충실한 구성들이다. 우화루 아래층의 높이가 높아 그 밑으로 들락거릴 수 있기에 충분하지만, 진입은 서쪽 모퉁이를 돌아서 하도록 되어 있다. 역시 백제계 사찰의 일반적인 평지형 진입 방법이다. 화암사의 입지와 외형적 구성은 신라계 사찰들과 유사하지만, 그것은 지형의 유사함일 뿐이다. 공간들의 관계나 구성은 전형적인 백제계의 형식을 따르고 있다. 문화와 지역적 전통의 힘은 이처럼 지형적 조건을 무력화시킬 만큼 강력하다.

극락전, 유일한 하앙구조

하앙下昻이라는 부재는 기둥 위에 배열된 포작과 서까래 사이에 끼워진 긴 막대기 모양의 부재를 지칭한다. 이 부재 끝 위에 다시 도리를 걸고 서까래를 얹으면 그만큼 처마를 길게 뺄 수 있다. 하앙구조는 중국과 일본의 건물에는 흔히 쓰이는 형식이지만, 한국에서는 발견되지 않았다. 단지 고려조의 청동탑 모형 등에서만 확인됐을 뿐이다. 이를 빌미로 일본 학자들은 한국을 거치지 않고 중국에서 일본으로 하앙법이 직수입됐다는 주장을 펴기도 했다.

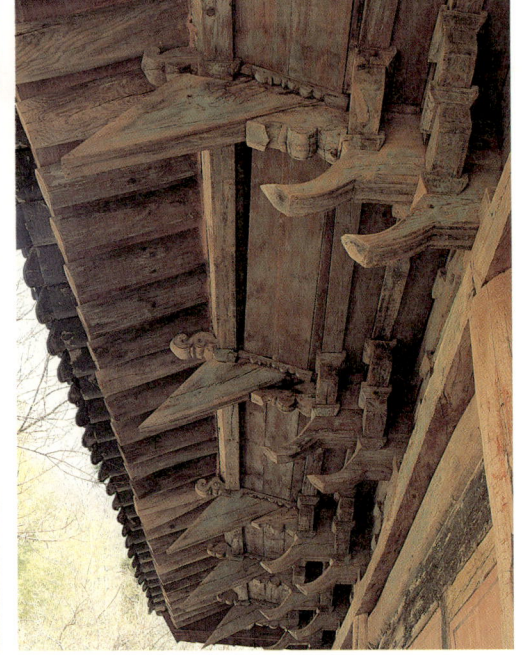

□ **화암사 극락전 앞면 공포** 포작 위에 얹혀진 하앙을 투각하여 용 몸통 모양으로 만들었다.
↗ **화암사 극락전 뒷면 공포** 삼각형으로 끝을 자른 하앙의 구조적 역할을 보여준다.

1970년대 화암사 극락전에 하앙이 있다는 보고는 일본 측에는 충격이었고, 한국에는 더없이 반가운 발견이었다. 심지어는 "건조물 문화재계의 해방 이후 최대의 발견"이라는 극찬까지 받았다. 하앙구조는 신라보다는 백제에서 일반화되었을 것이다. 백제 장인들이 만들어준 일본의 호류지法隆寺 금당과 5층탑이 유력한 물증이 될 뿐 아니라, 하앙으로 인해 만들어지는 깊은 처마는 강수량 많은 평야지대인 백제 지역에 적합한 평지성을 갖기 때문이다. 그러면 유독 이 건물만 1,000년 넘게 백제계의 구조법을 지켜온 이유가 무엇인가? 이 건물은 잦은 중창에도 앞 시대의 형식을 그대로 따랐고, 임진왜란 직후의 중건 때도 타고 남은 부분을 근거로 삼아 앞 시대의 구조를 재현시켰던 것으로 주장되고 있다.[25] 앞서 지적한 대로 이 지역 기문의 보수적 전통을 생각한다면 무리가 아니다.

그러나 이전의 하앙과는 다른 모습이었다. 극락전의 앞면과 뒷면은 형태와 구조기법이 다르다. 앞면의 공포는 연꽃 모양으로 장식되었고, 그 위의 하앙은 모두 용머리 모양으로 투각하여 장식했다. 이 때문에 전면 하앙을 구조

25_ 같은 보고서, p.117.

204 _ **김봉렬의 한국건축 이야기** 시대를 담는 그릇

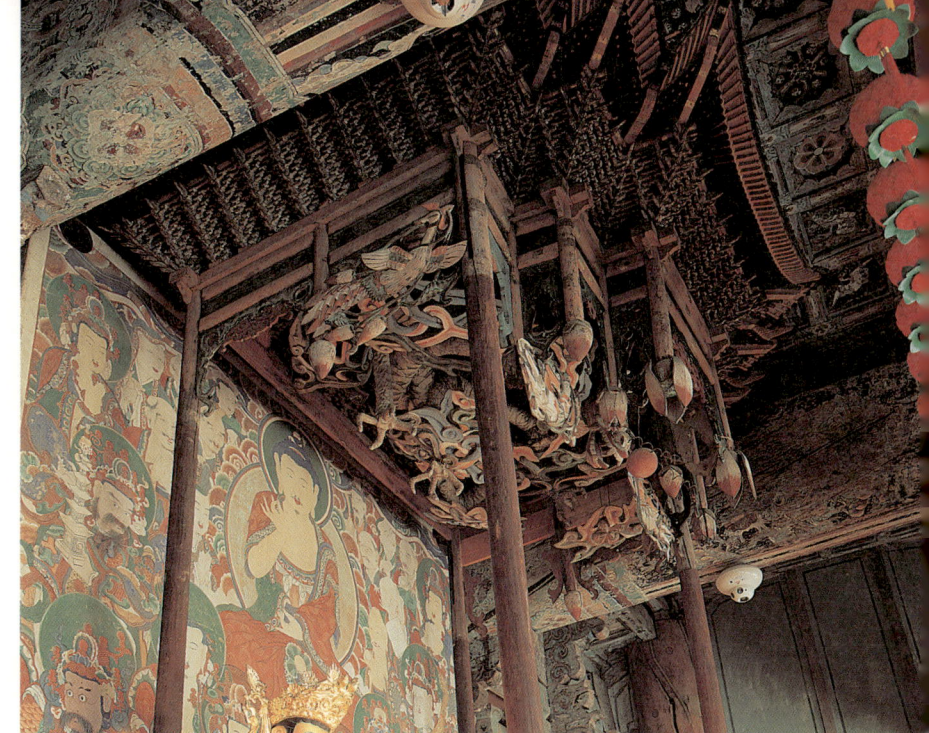

↗ **화암사 극락전 내부 닫집** 한 마리의 거대한 용과 비천상들.

재가 아닌 장식재로 오해하기 쉽다. 반면 뒷면 공포는 직선적으로 자른 이른바 교두형 첨차[26]들이고, 하앙의 끝도 삼각형으로 날카롭게 잘려 있다. 임진 왜란 이전의 하앙은 뒷면의 것에 가까웠으리라.

외관을 이처럼 화려하게 장엄하기 시작한 최초의 예가 이 건물이라는 연구 결과를[27] 알고 있다면, 극락전 전면 하앙의 용두 조각이 새롭게 보일 것이다. 내부 공간에 치중되었던 장엄 효과가 이제는 건물 외관의 구조 요소들에까지 파급된 것이고, 이 외적 장식화의 경향은 17세기 불전들의 일반적인 경향이었다. 특히 백제계 불전들의 중요한 경향이 되었다. 현판은 極·樂·殿 한 자씩을 3개의 정사각형 판에 써서 포작 사이 공간에 하나씩 걸었다. 화려한 포작과 하앙의 장식성을 현판이 가리지 않도록 배려한 결과일 것이다. 이 건물은 17세기 호남 장인들의 정신 즉 보수성과 장식성을 모두 표현하고 있는 완벽한 예다.

26_ 첨차는 주두나 소로 위에 도리와 평행한 방향으로 얹은 짧막한 공포 부재로, 양쪽이 좌우대칭되도록 끝부분 마구리를 수직이나 경사지게 자르고 아랫면은 둥글게 깎아 만든 형태. 교두형 첨차는 마구리 면을 2~3개의 직선으로 끊어 자른 첨차를 말한다.

27_ 이강근, 앞의 논문, p.167.

부안
내소사

평지적 집합성

부안군 진서면 석포리에 있는 내소사來蘇寺는 633년 창건된 것으로 전한다. 내소사가 있는 변산반도는 예전부터 좋은 목재의 산출지로 유명했다. 몽고 지배시에는 일본 정벌을 위해 전남 장흥과 이곳이 배 만드는 곳으로 지정되어 막대한 물량의 나무들이 반출되었을 정도였다. 좋은 재목이 많으면 솜씨 좋은 목수들이 배출되고, 훌륭한 기술적 전통이 세워지기 마련이다. 글 첫머리의 건축적 전설들이 생길 만한 물적 토대가 이미 구축되었던 것이다.

신선한 전단나무 숲을 1km 정도 걸어 들어가면 내소사의 넓은 터에 이른다. 온통 뾰족한 바위산인 능가산을 뒤로 하고 널찍한 터를 잡아 가람을 구성했다. 전체적인 가람의 건물들은 수평적인 구성을 하고 있지만, 오똑 솟은 팔작지붕의 대웅보전만은 수직적인 형상을 취하고 있다. 널찍한 대지와 뾰족한 뒷산에 대응되는 대조적 구성이다. 능가산의 주봉은 대웅전 바로 뒤가 아니라 서쪽으로 약간 비껴 서 있다. 주봉이 너무 높고 강한 모습이어서 대웅전을 비껴 세워놓은 것이다. 진입축은 대웅전보다 더 동쪽으로 비껴 있다. 결과적으로 진입부부터 대웅전에 이르려면 서쪽으로 약간씩 밀려들어 간 몇 개의 계단들을 통과해야 한다. 이러한 미묘한 공간적 흐름은 대웅전을 지나 능가산 주봉으로 상승하여, 인공에서 자연으로, 수평적 흐름에서 수직적 상승으로 밀려 올라가는 공간적 연속성을 형성한다.

천왕문을 들어서는 진입축은 전면 누각이 아니라 설선당의 남쪽 면에 맞

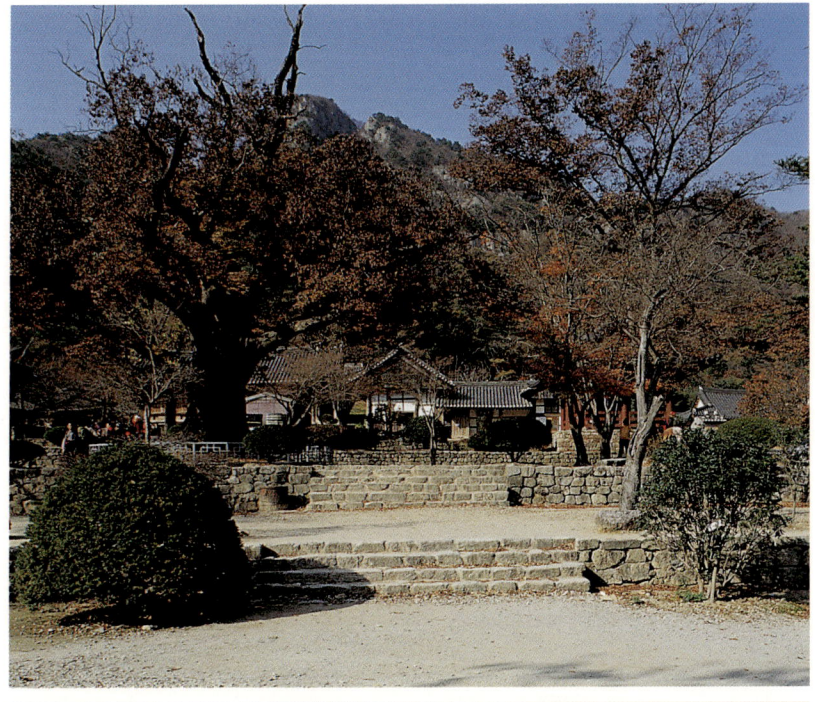

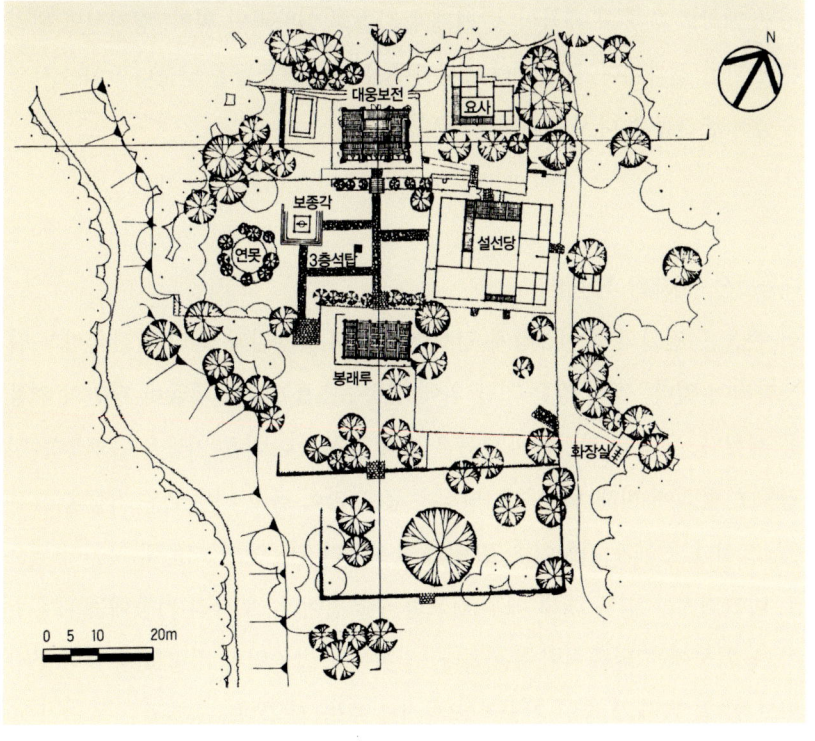

↗ **내소사 전경** 왼쪽의 당산나무를 끼고 진입하면 요사채의 박공지붕을 만난다. 가람의 축은 왼쪽으로 계속 밀려들어 가면서 주봉으로 상승한다.

↘ **내소사 배치도** 문화재연구소 도면.

5 장인정신과 공예적 전통 **전북의 작은 사찰들** _ 207

추어져 있다. 설선당 남쪽 지붕의 강렬한 박공면은 진입에 대응한 형태 요소가 된다. 천왕문을 들어서면 한 그루의 당산나무가 서 있어 시각적 유도물이 된다. 이 나무는 할아버지 당산으로서 일주문 바깥의 할머니 당산과 함께 한 쌍을 이룬다. 민간신앙이 사찰 경내까지 밀고 들어간 17세기 이후의 상황을 읽을 수 있다.

전면 누각인 봉래루는 평지에 세워졌고, 2층으로 구성되었지만 누각 밑으로 통과하기가 어려울 정도로 낮다. 봉래루의 아래층 기둥들을 자세히 살펴보면 원래의 높이보다 60cm 정도 들어올린 흔적을 볼 수 있다. 몇 년 전만 해도 봉래루 마루면은 현재보다 훨씬 낮아서 마당면과 거의 일치하고 있었다. 화암사의 예와 같이 마당이 누각 마루면으로 연장되어가는 구성이었지만, 불과 두 자 차이의 상승으로 인해 그러한 연속성을 깨뜨리고 말았다. 또한 전체적인 건물 높이의 상승으로 인해 안산을 가리는 우를 범했다. 그렇다고 누밑 진입이 가능해진 것도 아니다. 하나도 얻은 것은 없고 잃은 것은 엄청난 패착敗着 중의 패착이다. 백제계 사찰의 일반적인 원리, 평지성의 원리를 간과한 결과이다. 지금이라도 봉래루의 아래 기둥들을 낮춘다면 내소사의 수평적 공간들은 다시 살아날 것이다.

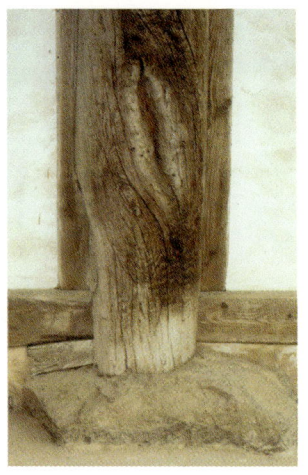

◥ **덤벙주초의 예**　내소사 대웅보전

대웅보전, 정제된 장엄물

이 건물은 전설의 주인공답게 건실한 구조적 안정감과 화려한 장식미가 잘 조화되어 있다. 높게 쌓은 기단 위에 덤벙주초를[28] 놓고 황금비 평면의 건물을 세웠다. 초석을 평평하게 다듬은 위에 직선으로 자른 기둥을 올려놓는 정평주초 방식에 비해 덤벙주초 방식은 품도 많이 들고 까다로운 기술을 요한다. 그러나 초석과 기둥이 서로 이가 물리듯이 결구되기 때문에 기둥이 옆으로 미끄러지는 힘에 대해 매우 견고한 구조법이다. 모서리 기둥에는 배흘림이, 안기둥에는 민흘림이 뚜렷하다. 귀솟음과 안쏠림의 기법도 충실히 구사되고 있다. 17세기 장인 기술의 교과서를 보는 것 같다.

28_ 덤벙주초란 다듬지 않은 자연석 초석 위에 그랭이질한 기둥을 올려놓는 기법을 말한다. 초석 위에 기둥을 올려놓고 두 개의 대나무 발을 가진 기구의 한쪽에 먹을 묻혀 초석의 윗면에 대고 기둥 둘레를 따라 돌리면, 초석 면의 생김새가 기둥 밑둥에 그어지게 된다. 그어진 선을 따라 자귀로 깎아낸 후 초석에 맞추는 작업이다.

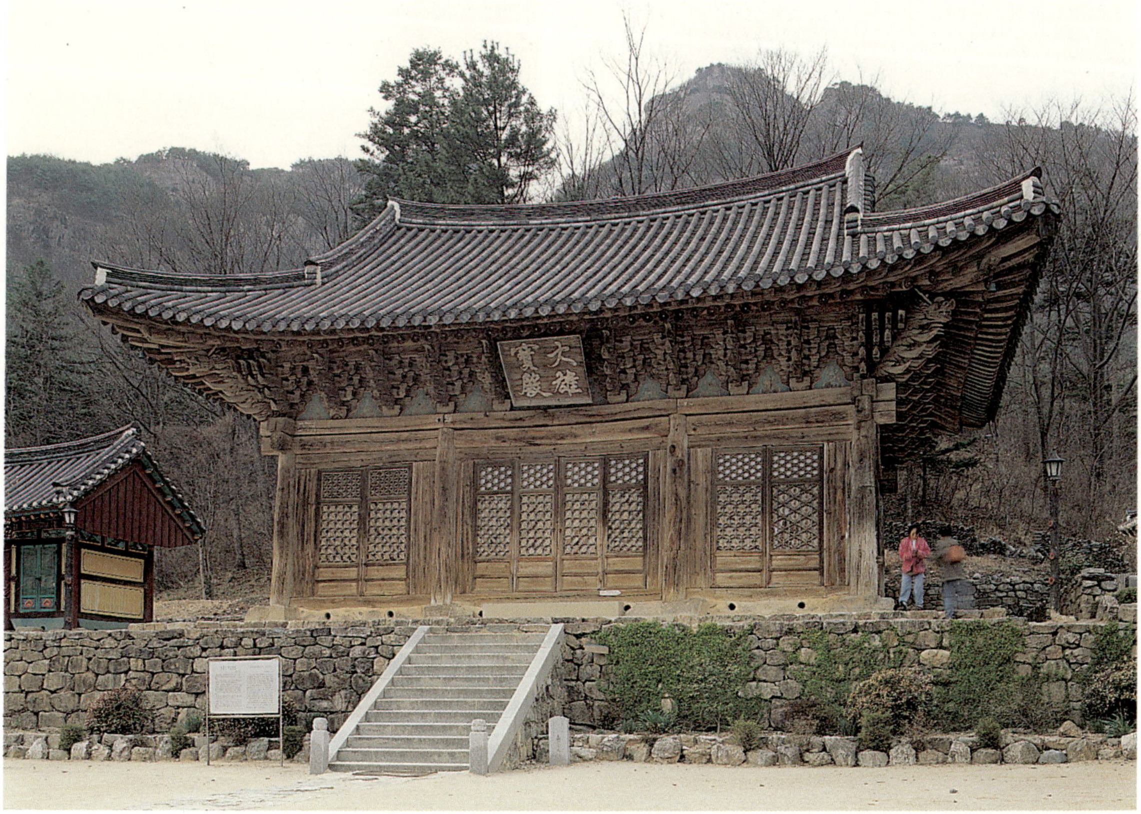

5 장인정신과 장예진 장통 장독의 저승 사랑들 ― 209

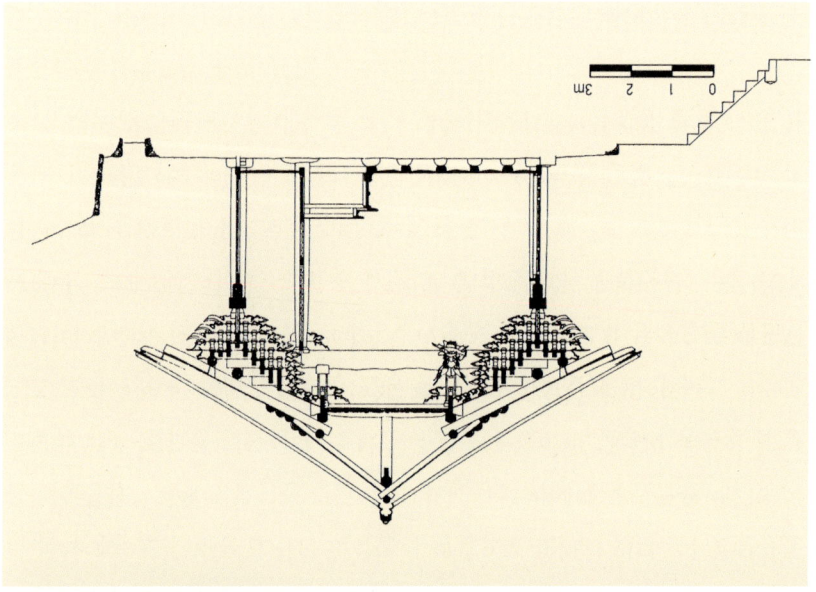

7 대사리 대웅전 단면도
재현 장사정.

7 대사리 대웅전 미면의 팔
재현 장사정.

7 대사리 대웅전 단면도, 운해재원고
자 모집.

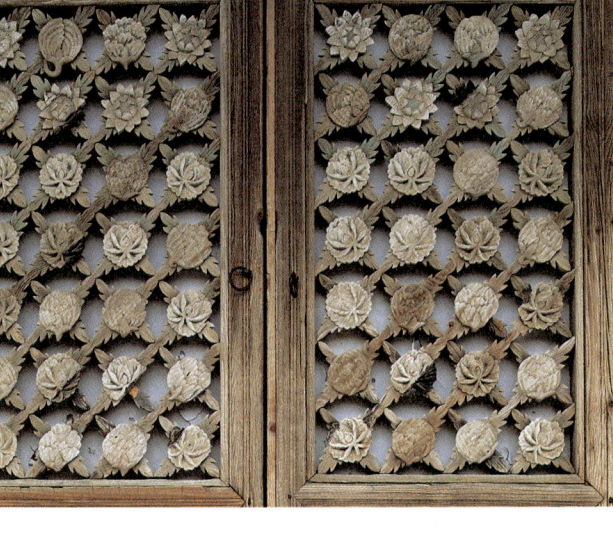
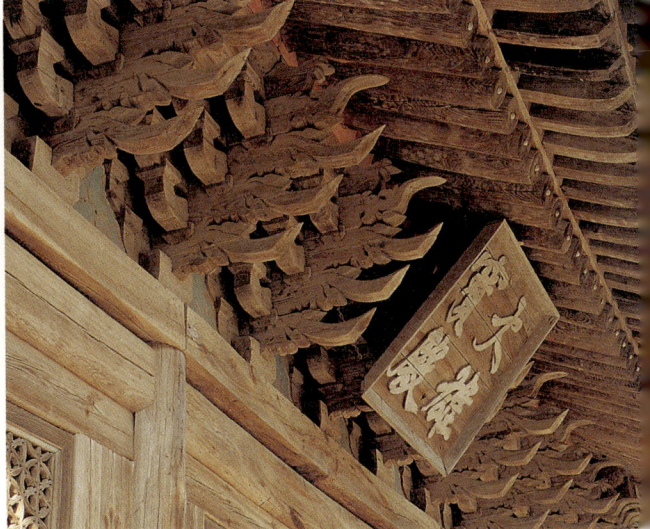

↖ **내소사 대웅보전 꽃살창**
↗ **내소사 대웅보전 전면 공포** 벽체에 수직 방향의 첨차들을 연꽃 모양으로 조각했다.

　기둥 위에 얹혀진 평방은 두 개의 긴 부재를 앞뒤로 결합하여 하나의 합성재로 쓰고 있다. 이 같은 기법은 개암사와 참당암에서도 사용되어서, 이 지역 장인 조직의 특유한 기법으로 자리잡은 것 같다. 대부분의 부재들은 가늘어서 건물 전체는 선적인 이미지를 강하게 풍긴다.

　선적인 형상은 정면 창호를 뒤덮고 있는 꽃살창[29]들과 잘 어울린다. 4쌍의 문짝에는 모두 다른 모양의 꽃살들이 색색으로 새겨져 있다. 이 꽃살창들은 빗살창틀[30] 위에 덧붙여진 것들이 아니라, 창살 자체에 꽃잎들을 새김하여 조립한 매우 정교한 것들이다. 꽃살은 주로 연꽃들이며 갖가지 종류와 모양으로 조각되었다. 연꽃은 더러운 진흙 속에서도 아름답게 피어나는, 지저분한 사바세계에서도 피어나는 부처의 진리를 뜻하여 불교적 상징으로 애용되어왔다. 고대 인도에서는 연꽃을 4가지로 분류했었다. 우발라화, 구물두화, 파두마화, 분타리화 등으로서 각각 청색, 황색, 홍색, 백색의 연꽃들이다.[31] 대웅보전의 창호에는 이 4색 연꽃이 모두 장식되어 있다. 논산 쌍계사雙溪寺 대웅전, 대구 동화사桐華寺 대웅전, 해남 대흥사大興寺 천불전과 함께 가장 아름다운 꽃살창으로 유명하다.

　역시 연꽃을 상징하는 외4출목[32]의 다포계 공포들은 화려함을 더해주며,

29_ 문살에 꽃무늬를 새겨 만든 창문.
30_ 살을 엇비슷하게 어긋나도록 맞춰서 촘촘히 짜서 만든 창틀.
31_ 박찬수, 『불교 목공예』, 대원사, 1993, p.45. 범어로는 utpala(청련화), kumuda(황련화), padma(홍련화), puntarika(백련화)이다. 여기에 nlotpala(니로발라화)를 더해 5연화라고 한다.
32_ 기둥열 밖으로 빠져나온, 벽면과 평행하게 설치된 제공 첨차들을 출목出目이라 하는데, 그중에서도 안으로 빠져나온 출목을 내출목內出目, 밖으로 빠져나온 출목을 외출목外出目으로 부른다. 출목은 필요에 따라 여러 개가 빠져나올 수 있는데, 외4출목이란 기둥열 밖으로 빠져나온 출목이 총 4개라 붙여진 이름이다.

210 _ **김봉렬의 한국건축 이야기** 시대를 담는 그릇

귀공포에 조각된 용들은 목탁을 물고 있어 담당 목수의 해학을 드러낸다. 외관의 화려함은 내부에도 계속된다. 불단의 기둥을 뒤로 물려 넓은 내부 공간을 이루며, 상부의 포작들은 연꽃 봉오리 모양으로 조각되었다. 천장에도 가득히 장식을 했다. 장구, 북, 비파, 해금, 박, 가야금, 생황, 나발, 바라 등의 악기를 그려서 천상의 음악이 들리는 듯하다. 안팎 모두 장식으로 충만해 있기는 하지만, 적절히 절제되고 통일되어 있어서 번잡한 인상은 주지 않는다. 화려하면서도 우아하고, 섬세하면서도 당당한 표정을 가진 집이다.

↗ **내소사 대웅보전 내부** 연꽃으로 둘러싸인 정토 위에 한 마리 용이 물고기를 물고 있는 형상으로 표현되었다.

설선당, 입체적인 공간들

승방은 승려들의 은밀한 생활공간이기 때문에 쉽게 들어가 보기 어렵다. 그러나 내소사 설선당만은 스님들의 허락을 얻어 꼭 들어가 보기를 권한다. 아니, 현재는 안마당에 가설 천막을 씌워 전혀 공간감을 느낄 수 없기 때문에 실망만 할지 모르겠다. 그러나 현명한 독자라면 가설물쯤이야 지워버리고 원래의 구조와 공간을 바라볼 수 있을 것이다. 여기에는 공적인 부분과 사적인 부분, 큰방과 작은방들, 1층과 2층, 방과 마루 등의 온갖 대립적 요소들이 서로 섞이면서 긴장과 조화를 연출하고 있다. 특히 2층 곡루 밑으로 빠져 뒤쪽의 노전채[33]로 흐르는 동선로는 일품이다.

승려가 몇 백씩이나 되는 큰 사찰의 경우, 생활상의 편의나 효과적인 수행을 위해서 몇 개의 소그룹으로 승려들을 조직화할 필요가 있었다. 보통은 2~30명 단위로 한 그룹을 형성하여 같은 승방에 소속되게 한다. 이러한 조직과 승방 건물을 방사房舍라 부르고, 방사들의 조직으로 수도원이 구성된다. 한 방사의 중심 공간은 대방과 중정으로, 대방은 소속 승려들의 모임과 식

33_ 노전爐殿이란 중요한 법당을 관장하는 원로스님이 생활하는 곳이며, 이 스님을 노전스님이라 부른다.

5 장인정신과 공예적 전통 **전북의 작은 사찰들** _ 211

◥ **내소사 설선당**　2층의 공루 아래를 통해 노전체로 연결된다.

사 등 공용 내부 공간이고, 중정에서는 세면과 빨래 등 일상생활이 일어난다. 1~4명이 잘 수 있는 작은 여러 개의 승방들이 부가되며, 취사를 위한 커다란 부엌이 입구 쪽에 마련되어 출입을 통제한다. 보통 대방은 주불전 마당 쪽에 배치하여 일반 신도들도 이용할 수 있게 된다. 대방의 폭이 깊기 때문에 층고와 지붕면은 높아지고, 레벨 차이를 잘 이용하면 승방과 생활 부분은 2개 층의 공간을 얻을 수 있다. 승방 위에는 다락을 만들어 각종 살림도구와 음식 재료들을 보관하는 장소로 이용한다. 아니면, 누다락[34]같이 꾸며서 승려들의 휴식 공간으로 활용하기도 한다.

　내소사 설선당은 전형적인 방사의 모습을 간직하고 있다. 전국의 사찰건축 전체가 엄청난 변화를 겪고 있지만, 그 가운데서도 가장 변화가 심한 부분이 바로 요사채들이다. 불전들이야 문화재로 지정되어 어쩔 수 없을 뿐 아니라 사찰의 중요한 호객물이 되지만, 요사채들은 문화재 관리망에서 빠져 있고 편리한 승단 생활을 위해 과감히 철거 변형시켰기 때문이다. 내소사의 설선당과 선암사의 4방사 정도가 전통적인 승단 생활공간을 보존하고 있을 뿐

34_ 아래층에 기둥만 세워 비워두고 위층에 마루를 깐 건물은 누樓라고 부르며, 위층의 층고가 낮아 마치 다락과 같이 만들어진 구조를 누다락이라 한다.

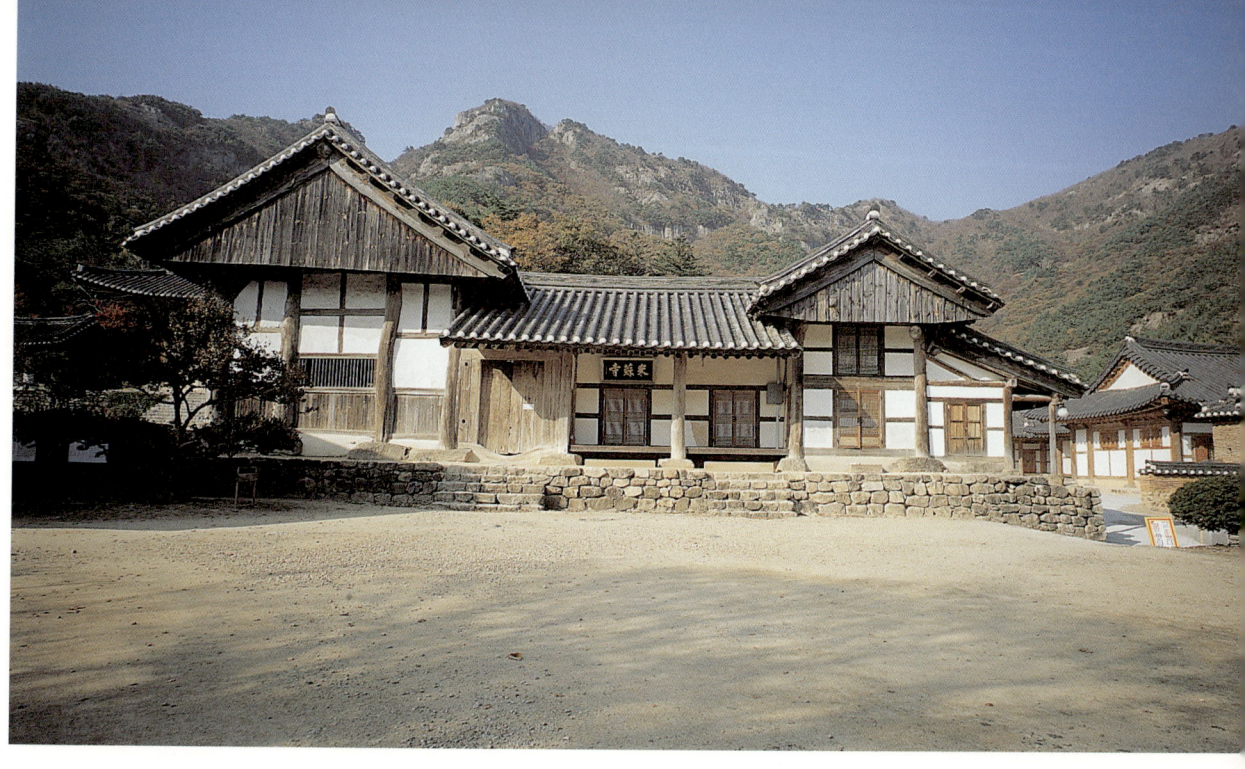

↗ **내소사 요사채의 남측면** 가람 전체
의 얼굴답게 두 개의 박공면이 뒷산을 닮
아 조화롭다.

이다. 내소사에서도 편리를 위해 중정을 개조했지만, 그나마 경량철골의 가
설물이어서 불행 중 다행이다.

　내소사의 중심곽은 앞의 봉래루와 뒤의 대웅보전, 동쪽의 설선당, 그리
고 서쪽의 설선당에 대칭되는 �口자형의 또다른 요사채로 이루어져 있었을 가
능성이 높다. 서쪽 요사채는 기단 터만 남긴 채 언제 없어졌는지 모른다. 서
쪽 요사채가 없어지면서 중심에 있던 석탑이 서쪽으로 자리를 옮겨 전체 공
간의 균형을 맞추었던 것 같다.

5 장인정신과 공예적 전통 **전북의 작은 사찰들** __ 213

부안
개암사

부안군 상서면 감교리에는 잘생긴 한 쌍의 바위가 정상부에 불쑥 솟은 산이 있다. 이 바위가 울금바위이고 산 정상부의 산성이 울금산성이다. 백제가 나당연합군에 항복한 후 도침과 복신의 지휘 아래 저항군이 모여 백제 부흥운동을 벌였던 주류성이 바로 이곳이라고 전한다.

개암사는 주류성 아래 산중턱에 자리잡아 울금바위를 머리에 이고 있다. 이 절의 역사는 634년 묘련妙漣왕사가 기존의 변한 궁전터를 사찰로 고치면서부터 시작되었다. 고려 때는 전각 30여 동의 큰 사찰이었다고 전하지만, 현재는 대웅보전과 3·4동의 부속채만 있을 뿐이고, 그들의 배열도 예전과는 관계가 없어 배치구성을 살펴볼 것이 없다. 그러나 17세기 장식화 경향을 대표하는 불전인 대웅보전이 있다.

↙ **개암사 대웅보전 입면도**　문화재연구소 도면.
↘ **개암사 대웅보전 단면도**　문화재연구소 도면.

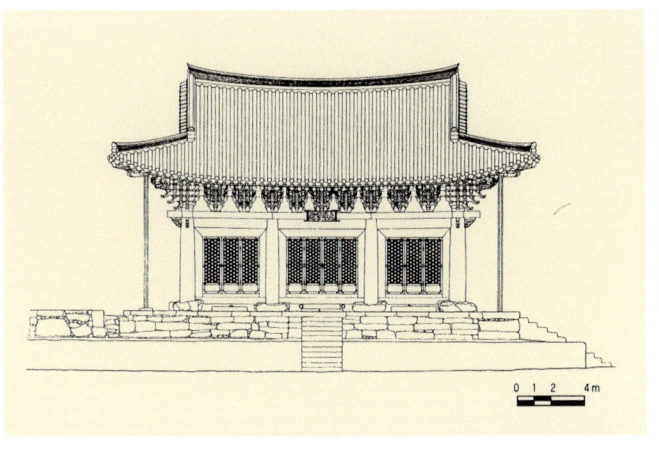

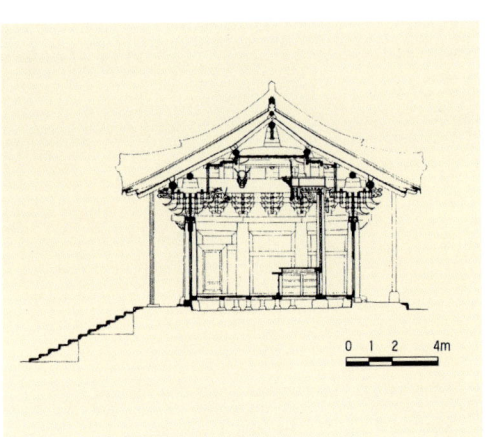

214 _ **김봉렬의 한국건축 이야기 시대를 담는 그릇**

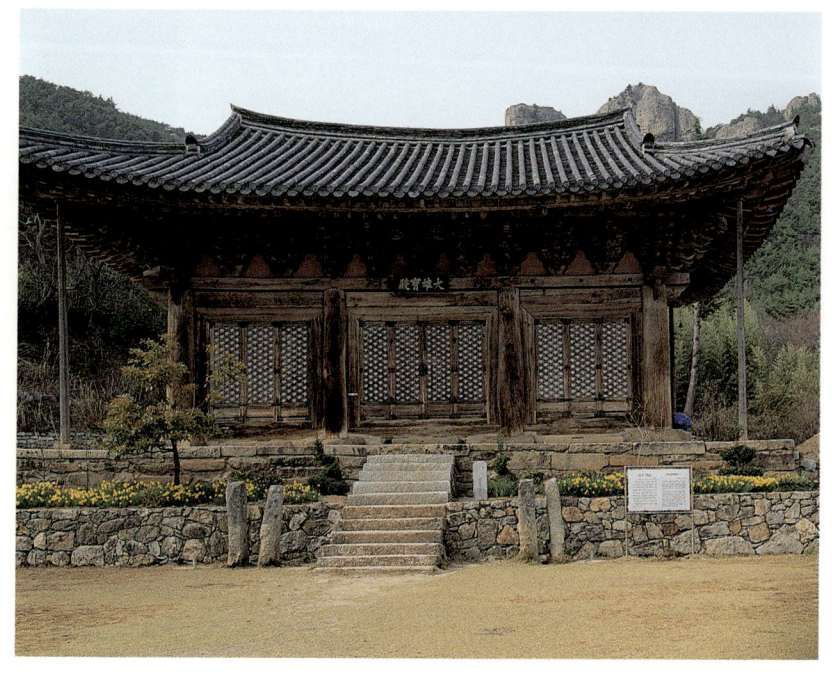

↗ 개암사 대웅보전과 뒤로 보이는 울금
바위

대웅보전, 연꽃에 둘러싸인 용궁

이 건물은 그 뛰어난 장식성 때문에 학계의 관심을 모아왔다.[35] 그러나 장식
성의 내용을 살펴보기 전에 건물 전체를 이루는 구조와 지역 기술의 전통에
주목하자. 전체적인 규모와 비례, 덤벙주초와 귀솟음 등의 세부 요소들은 내
소사 대웅보전과 유사하다. 두 개의 각재를 합성하여 하나의 평방으로 사용
하는 기법 역시 내소사와 같지만, 앞뒤 각재를 이은 촉이 뚜렷하게 박혀 있는
점에서 차이가 있다. 더욱 적극적인 합성기법이다. 평방의 합성법은 큰 부재
를 구하기 어려웠기 때문이기도 하지만, 통부재를 쓰는 것보다는 목재의 뒤
틀림을 방지한다는 면에서 효율적이기도 하다.[36]

우선 기둥들 상부에 놓여진 포작의 주두들에 주목할 필요가 있다. 주두
밑에는 한 치 두께의 정사각형 판재를 깔았는데, 마치 고려시대의 굽받침을
가진 주두같이 보인다. 인근 선운사 참당암에 있는 고려시대 주두를 흉내 낸
것일까. 1640년 자리를 옮겨 중창되었다는 기록으로 본다면[37] 이전에 옛 법식
을 따른 법당이 잔존했던 것으로 보이며, 이것은 중창하면서 옛 건물의 굽받

35_ 홍대형, 『개암사 대웅보전 건축형식
에 관한 연구』(서울대학교 대학원 박사학
위논문, 1990)를 대표적인 연구로 들 수
있다.
36_ 장경호, 『한국의 전통건축』, 문예출판
사, 1992, p.370.
37_ 『開岩寺法堂重創記文』

5 장인정신과 공예적 전통 **전북의 작은 사찰들** _ 215

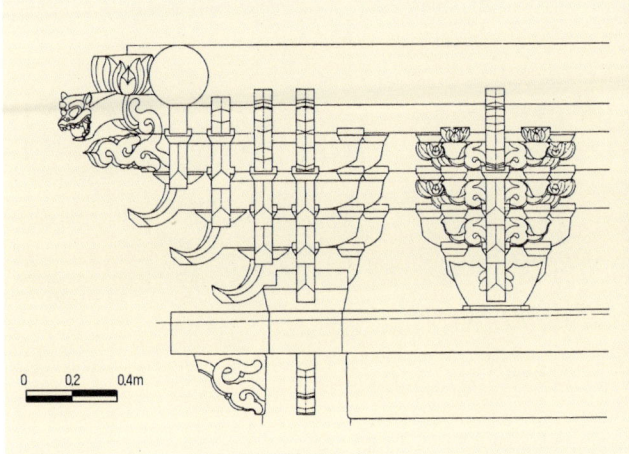
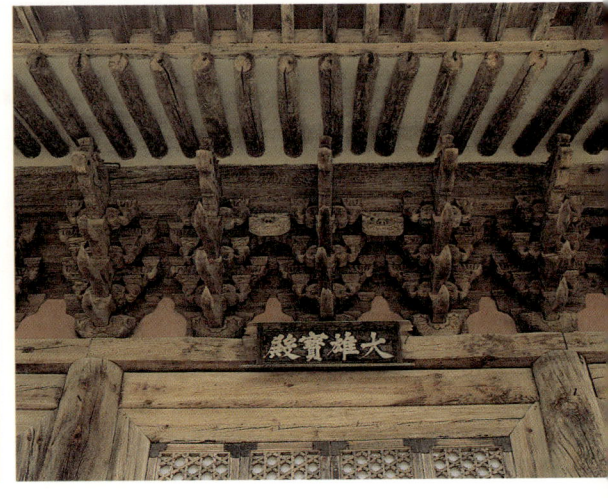

↖ **개암사 대웅보전 앞면의 주간포와 귀 공포** 문화재연구소 도면.

↗ **개암사 대웅보전 앞면 공포** 주두 밑에 판재를 끼워 굽받침 주두와 같이 만들고, 모든 첨차를 연꽃 형상으로 파내었다. 두 마리 도깨비의 익살스러운 표정이 눈에 띈다.

침 주두를 흉내 낸 것이 아닐까?

이 건물의 가장 큰 특징은 전면에 올려진 포작들의 장식성이다. 포작을 받치는 주두는 꽃잎 모양으로, 첨차는 연꽃 줄기로, 소로는 연꽃 봉오리 모양으로 입체적으로 조각하여 전체적으로 위로 올라가면서 연꽃들이 환하게 핀 형상이다. 익산 숭림사 보광전도 투각한 주두를 가지고 있지만, 이 건물같이 사실적이고 입체적으로 조각되지는 않았다. 전면 창호의 화려한 꽃살창은 근래에 만들어진 것으로 확인되었다.[38] 원래는 평범한 살창이었다고 전한다.

내부 공간의 상징성과 화려함은 외관보다 더욱 충격적이다. 불단을 뒤로 물린 3단의 층급천장層級天障[39]으로 내부가 높고 넓다. 장식적인 측면에서 내부 공간은 한마디로 용궁이다. 사방팔방에서 뽑혀진 부재들 끝을 용머리로 장식하여 여기저기서 용들이 꿈틀대고 있고, 날개를 활짝 편 극락새들이 이리저리 날아다닌다. 용과 봉황이 얼마나 많은지, 내부에만도 용 9마리와 봉황 13마리, 바깥으로는 용 2마리와 봉황 9마리 그리고 도깨비 2마리가 장식되어 있다. 여기에다 화려하게 꾸며진 닫집(당가唐家)[40] 속에서 5마리의 용들이 꿈틀대고 있다. 불전의 내부는 완벽하게 부처가 주재하는 하늘의 세계, 정토의 세계를 상징화하고 있다.

이전의 사찰들에서는 – 불국사가 대표적으로 – 가람 전체가 불국토를 상

38_ 이강근, 앞의 논문, p.215.
39_ 가장자리와 중앙을 구분하여 층을 두고 설치한 천장.
40_ 궁궐이나 절에서 불상을 감싸는 작은 집이나 불상 위를 장식하는 덮개.

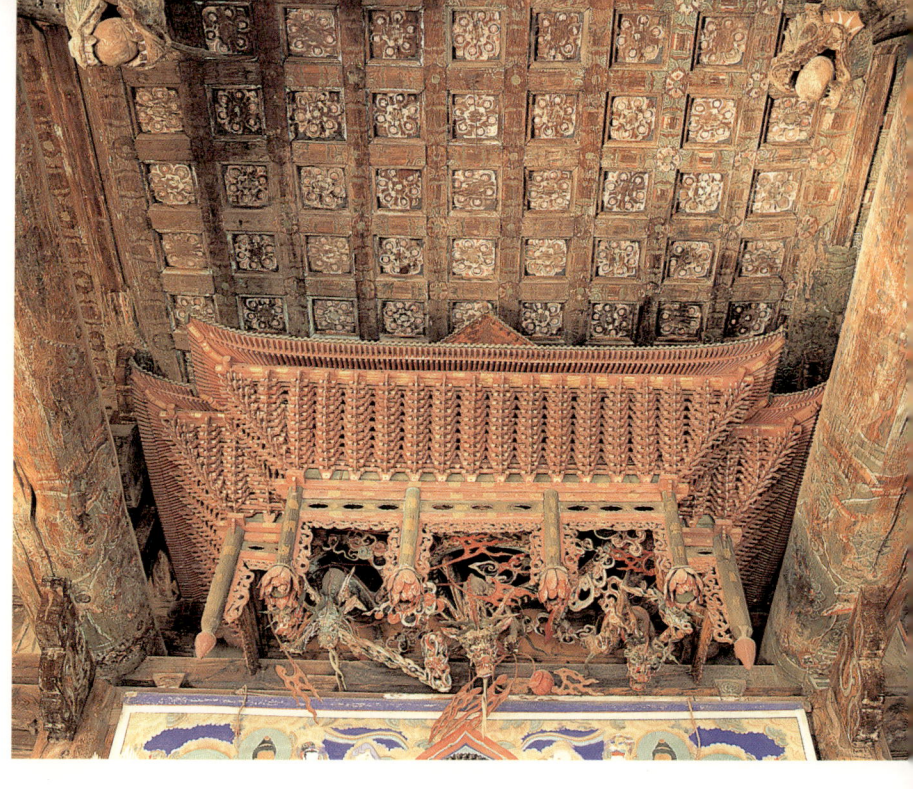

↗ **개암사 대웅보전 닫집** 천장의 닫집에는 용들이 날아다니는 하늘이 구현되어 있다.

징하도록 구성되었지만, 이제 그 상징화의 범위가 법당 내부로 축소되었다. 그만큼 불교세가 위축되었음을, 그러나 정토에 대한 회구는 본질적인 소망임을 보여준다. 조선 후기 절집에 많이 등장하는 용은 부처를 호위하는 여덟 수호신[41] 가운데 하나다. 용에 대한 신앙은 원래 인도·중국·한국의 토착신앙이었지만, 불교에 습합되면서 호위신앙으로 변모된 것이다. 인도에서는 용을 25가지로 분류하며, 중국에서도 응룡·촉룡·훼룡·교룡·규룡·이룡·사룡·기룡 등 많은 종류로 나누어왔다.[42] 대웅보전의 많은 용들도 나름대로 의미를 가지고 있을 것이다. 용들의 생김새와 의미를 되새겨보는 것도 이 건물을 감상하는 방법 중의 하나다.

41_ 팔부신중八部神衆. 사천왕에 딸려 있는 여덟 종류의 신장神將들을 말한다. 지국천에 딸린 건달바와 비사사, 증장천에 딸린 구반다와 페레다, 광목천에 딸린 나가와 부단나, 다문천에 딸린 야차와 라찰. 이 가운데 나가(nāga)가 용龍으로 의역된다.
42_ 박찬수, 앞의 책, p.60.

고창
선운사 참당암

동백꽃보다는 참당암과 도솔암

서정주의 동백꽃으로 알려진 선운사는 유홍준의 동백꽃 예찬으로 더 유명해
져버렸다. 아스라했던 동백여관은 대표적인 러브호텔로 탈바꿈했고, 절 입구
의 관광단지는 일대의 중심 유흥지가 되었다. 진정 가슴 아픈 것은 선운사 경
내의 놀라운 변화다.

선운사의 중심곽은 아래 위 2단으로 구성된다. 윗단에는 대웅보전과 영
산전이 옆으로 나란히 놓이고 그 사이를 노 전체가 연결하고 있었다. 아랫단
에는 거대한 만세루와 역시 옆으로 길게 배열되었던 요사채가 놓여서 전체적
으로 옆으로 긴 마당을 형성했었다. 평평한 계곡의 한 자락에 기댄 지형에 잘
적응했던 배치였다. 그러나 지금은 만세루 옆의 요사채와 대웅보전 옆의 노
전체를 뜯어버렸다. 사찰 측의 표현으로는 '시원한' 마당을 갖게 되었지만,
건축적인 외부 공간이 사라져버리고 건물들은 고립된 섬들로 남게 되었다.
그러니 이제 볼 만한 것은 정말 동백꽃밖에는 없다. 건축은 사라지고 건물만
남았으므로.

혹시라도 선운사의 건축에 실망했다면, 절을 빠져나와 도솔산 계곡을 따
라 계속 걸어가면 된다. 선운사에서 4km 거리에는 참당암이 있고, 6km 거리
에는 도솔암이 있기 때문이다. 도솔암의 건물은 주목할 것이 없지만, 미륵보
살이 살고 있는 도솔천이 형상화된 곳이다. 특히 깎아지른 바위 사이의 가파
른 길을 올라 정상부의 내원궁 앞에 서면, 이곳이 바로 도솔천이구나 하는 생

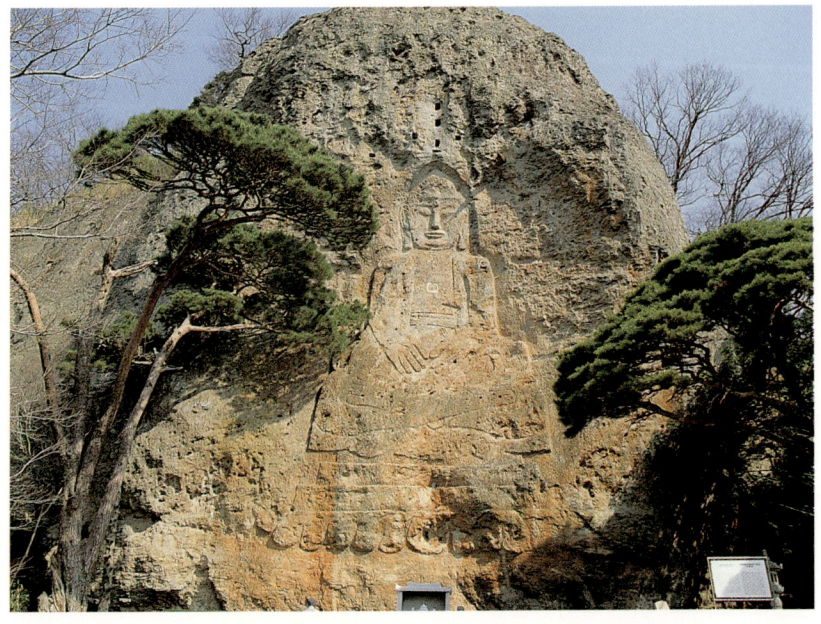

↗ **선운사 도솔암의 벼랑부처** 비결에 관한 전설이 얽혀 있는 민중적인 미륵상.

각이 든다. 사방에 솟아 있는 바위산들과 푸른 숲이 조화되며 신성한 기운이 흐르고 있다. 여기에 건물은 없지만 건축은 있다.

도솔암에는 거대한 암벽에 새겨진 벼랑부처(마애불磨崖佛)가 있다. 높이 17m에 이르는 앉아 있는 미륵보살상으로 고려시대 민간 조각가들의 솜씨다. 원만한 부처의 기름진 상이 아니라 무엇인가 심사가 불편한 듯한 화난 얼굴이다. 부처의 머리 위에는 여러 개의 사각형 구멍들이 있어서 원래는 목조 지붕이 덮여졌었음을 알 수 있다. 이 벼랑부처의 배꼽에는 세상을 뒤엎을 비결이 들어 있다는 전설이 있었고, 실제로 동학혁명 때 이 지역의 접주接主 손화중孫化仲이 비결을 꺼내갔다는 기록도 있다. 미륵은 메시아적인 존재로서 혁명가들의 신앙이 되었고, 특히 이 부처의 비판적인 안상顔像 때문에 비결의 설화가 생겨났을 것이다.

참당암의 건물들

선운사는 삼국시대에 검단선사黔丹禪師가 창건했다고 전한다. 원래 도솔산

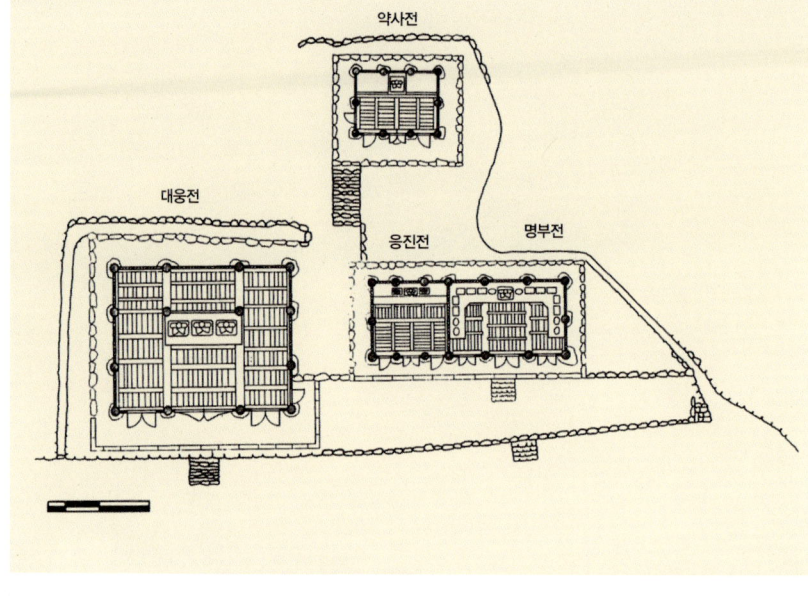

△ **선운사 참당암 배치도**　김봉렬 도면.

일대는 해적과 산적들이 득실거리던 도둑 소굴이었는데, 검단선사가 나타나 해적들에게는 소금 만드는 법을, 산적들에게는 숯 굽는 법을 가르쳐 불교도로 교화시키고 절을 창건하였다. 고대의 허생이나 홍길동을 연상시키는 창건설화다. 그런데 참당암 측의 주장에 의하면, 검단이 창건한 사찰은 지금의 선운사가 아니라 바로 참당암이었다. 선운사는 툭 터진 개활지에 있어서 도둑의 소굴이 되기에는 너무 개방적이고 바다에서도 멀리 떨어져 있기에, 참당암 창건설이 더 신빙성이 있다고 생각된다.

　　참당암은 조선시대까지는 독립된 사찰이었고 참당사로 불리던 곳이다. 현재는 참선 수도 전용의 암자로 운영하여 일반의 출입을 꺼리고, 선운사의 명성에 가려서 일반인이나 건축인들의 관심이 거의 없는 곳이다. 그러나 현재 남아 있는 대웅전과 명부전, 그리고 약사전의 세 법당은 모두 특징적이고 희귀한 기법의 건물들이다.

　　깊은 골짜기의 널찍한 터에 자리잡은 것은 백제계 사찰의 일반적 입지다. 가람의 앞에는 국사봉과 장군봉 두 봉우리가 솟아 안산을 이룬다. 두 개의 안산에 맞추어 대웅전과 명부전을 나란히 배열하고, 두 법당 사이 높은 곳

220 _ **김봉렬의 한국건축 이야기** 시대를 담는 그릇

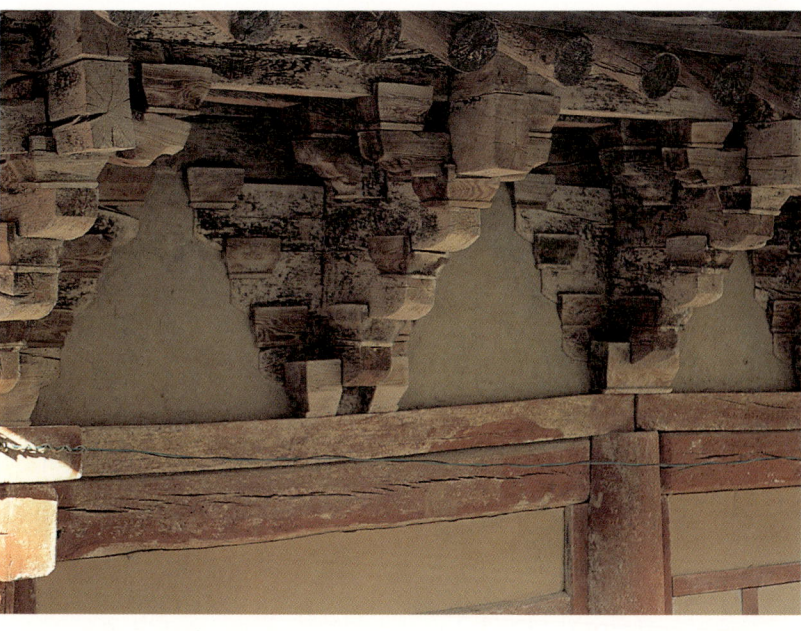

↗ **참당암 대웅전의 뒷면 공포** 굽받침
이 있는 주두와 소로, 곡선들로 분절된 첨
차의 모습은 영락없는 고려시대의 요소다.

에 약사전을 놓았다. 실례되는 말이지만, 두 개의 안산과 참당암의 건물들은
산적들이 만들었을 만한 원초적 형태와 기법들로 가득 차 있다.

가장 위쪽의 약사전은 3×2칸의 규모지만 한 칸이 1.7m에 불과해, 다른
절이라면 산신각 정도로 쓰였을 작은 법당이다. 지붕이 맞배지붕임에도 불구
하고 네 면 모두에 다포계의 공포를 올린 독특한 구성을 하고 있다. 4면 다포
맞배집은 그다지 예가 많지 않아 희소가치가 높고, 이처럼 작은 법당에 다포
구조를 채용한 예도 많지 않다. 그러나 포작의 생김새는 매우 정교하고, 살미
첨차의 모양도 유연하여 적어도 17세기 이전의 오래된 모습이다. 포작들의
크기가 비교적 크고 정교해서 작은 건물 규모에 비해 과다한 느낌까지 든다.
기둥들도 두 부재를 합성한 것이어서 원래부터 이 건물이 있었는지, 아니면
다른 건물의 부재들을 이용한 것인지 판단이 서지 않는다. 또 내부에 안치된
불상은 약사불이 아닌 지장보살상이어서 이러한 의심을 더욱 증폭시킨다.

대웅전 옆에 길게 늘어선 건물은 명부전과 응진전이 복합된, 이 역시 범
상치 않은 건물이다. 전체 길이 6칸을 3칸씩 나누어 두 공간으로 사용하고 있
다. 각 공간의 칸살이는 좌우 칸이 좁고 가운데 칸이 넓게 구성되어 나름대로

5 장인정신과 공예적 전통 **전북의 작은 사찰들** _ 221

내부 공간의 기능에 잘 맞는다. 또 명부전에는 지장보살과 명부십대왕의 조상을 모셔야 하기 때문에 응진전의 칸살보다 넓게 잡아 합리적인 구성을 이룬다. 그러나 두 공간이 합쳐진 외관은 매우 이상한 비례가 될 수밖에 없다. 전면 6칸의 각 칸을 영조척으로 환산하면 (5:5.5:5):(7.5:8.5:7.5)의 배열이 되어 내부의 기능을 이해하지 못하면 아주 이상한 건물로 보여지고 만다. 또한 기둥의 직경이 50cm 정도로 140cm의 한 칸에 비해 매우 굵다. 더욱이 초석의 높이가 30cm 이상이어서, 전체적으로 바닥은 높고 지붕은 낮으며, 기둥은 굵고 칸의 비례가 불규칙한 이상한 건물이 되었다. 그러면서도 사용된 포작들은 매우 우아하다. 포작들의 형태는 조선 전기의 것이 아닌가 생각되며, 이 건물 역시 여러 부재들이 조합되어 이전에 있었던 여러 전각들의 재목을 사용한 것이 아닌가 하고 의심된다. 옛 부재를 재활용한 현상은 대웅전에서 더욱 뚜렷하다. 주불전인 대웅전은 그나마 비례와 격식을 갖추어 중건되었지만, 위의 두 건물은 외관의 비례보다는 내부의 쓰임새와 기존 부재의 활용도에 치중하여 중건된 건물들로 보인다. 이름난 사찰 건물들의 세련된 형태에 익숙한 눈에는 시각적인 충격과 원초적인 경이로움에 고개를 흔들게 된다.

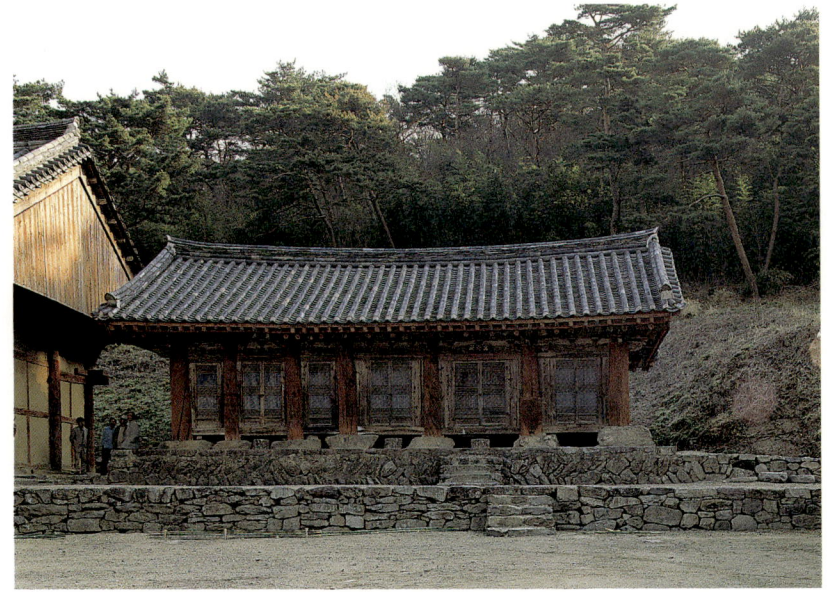

◺ **참당암 응진전과 명부전**　왼쪽 3칸이 응진전, 오른쪽 3칸이 명부전인 괴상한 연립법당이다.

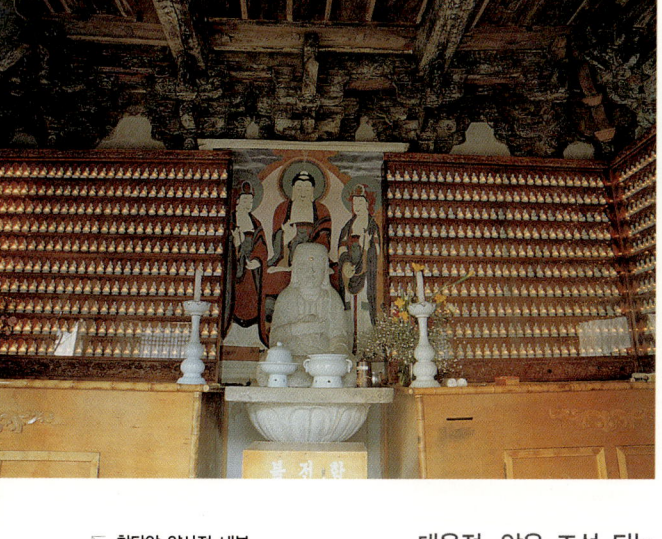
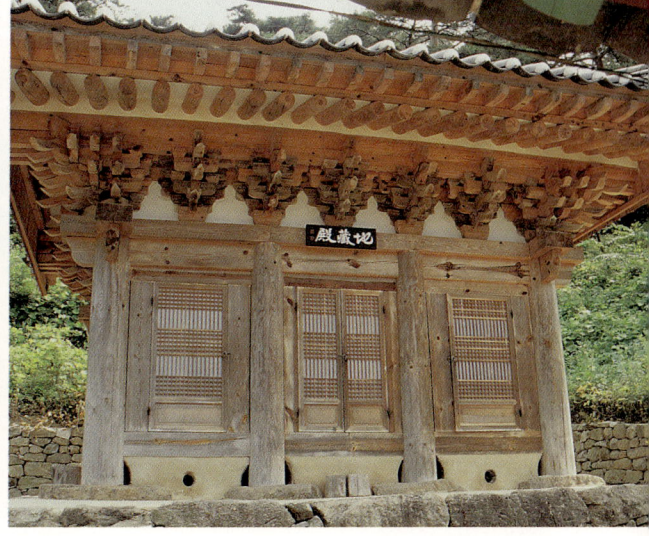

↖ 참당암 약사전 내부
↗ 참당암 약사전

대웅전, 앞은 조선 뒤는 고려

1753년 중건된 이 건물은 뒷면부터 살펴볼 필요가 있다. 정면은 눈에 익숙하지만, 뒷면의 구조와 부재들은 매우 낯설다. 배흘림이 뚜렷한 기둥들, 굽받침이 있는 주두와 소로들, 모든 부분이 곡선으로 가공된 첨차들의 모습들. 마치 수덕사 대웅전의 포작을 보는 것 같다. 또 포작의 제1제공을[43] 생략하여 특별한 모습도 보인다. 뒷면의 공포는 비록 기둥들 사이에 많은 포작을 올린 다포계지만, 그 가공 솜씨와 기법들은 영락없는 고려시대의 작품들이다. 그렇다면 조선 후기에 이 건물을 중건할 때, 기존 건물의 부재와 구조법을 완전히 없애지 않고 뒷벽에 살려두었다는 결론에 이른다. 당시의 공사기록에도 그 의도가 분명하다.

장인을 불러 재목을 헤아리게 하여 한 자 한 치의 썩은 부재도 버리지 않았고, 옛터에 따라 그 제도를 그대로 따라서 한 눈금 한 냥의 차이도 보이지 않았다.[44]

옛 건물의 초석을 그대로 사용했기 때문에 18세기의 일반적인 법당 기둥

43_ 포작의 구성요소 가운데, 벽체에 평행하게 도출되어 있는 첫번째 첨차의 이름.

44_ 『茂長縣兜率山懺堂寺 法堂重修上樑文』, 1753.

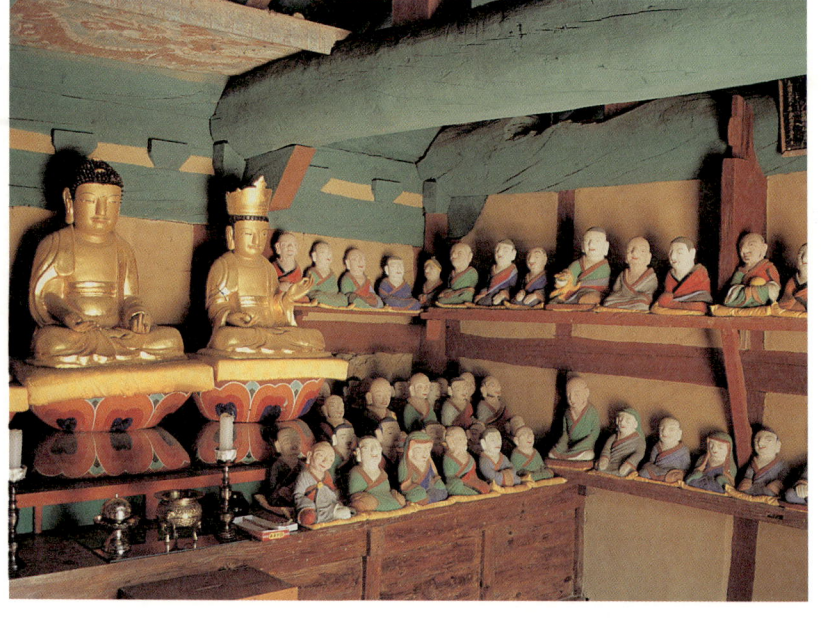

⟋ **참당암 응진전 내부**   내부 공간이 좁
아서 16제자상을 선반 위에 올려놓았다.

배열과는 다를 수밖에 없었다. 중건 당시의 일반적 법당은 불단의 기둥을 뒤
로 물려서 넓은 내부 공간을 형성하지만, 이 건물은 내부 기둥이 바깥 기둥 열
에 맞추어져 있다. 고려시대 법당의 일반적 구성법이다. 이것이 바로 전통적
인 '중건' 重建의 개념이다. 기존의 질서를 남겨두면서 다시 새로운 형태를
덧씌우는 시간을 압축하여 하나의 건축, 하나의 건물 안에 중첩시키려는 의
도. 마치 여러 시대의 지표면이 퇴적된 지층의 단면과 같다. 한국의 사찰들은
끊임없이 새롭게 지어지면서도 과거 여러 시대의 흔적을 알 수 있도록 '중창'
되었다. 예컨대 통도사의 건물들은 모두 조선 후기의 것이지만, 그 전체적인
배치 구조는 고려시대의 것이고, 더 면밀히 관찰하면 신라시대의 질서도 읽
어낼 수 있다. 그러나 이 건물과 같이 하나의 건물에 한 벽면을 완벽하게 보
존한 경우는 극히 드물다. 참당암 대웅전은 이 점만으로도 대단한 건축적 가
치를 갖는다.

　여기서 다시 한번 17~18세기 이 지역 장인들의 보수적 전통을 되새기게
된다. 화암사 극락전을 중건하면서 이전의 제도를 따라 하앙을 복원했다면,
이 건물은 이전의 쓸 만한 부재들을 모아 뒷벽을 구성하고, 나머지 세 벽은 당

224 _ **김봉렬의 한국건축 이야기** 시대를 담는 그릇

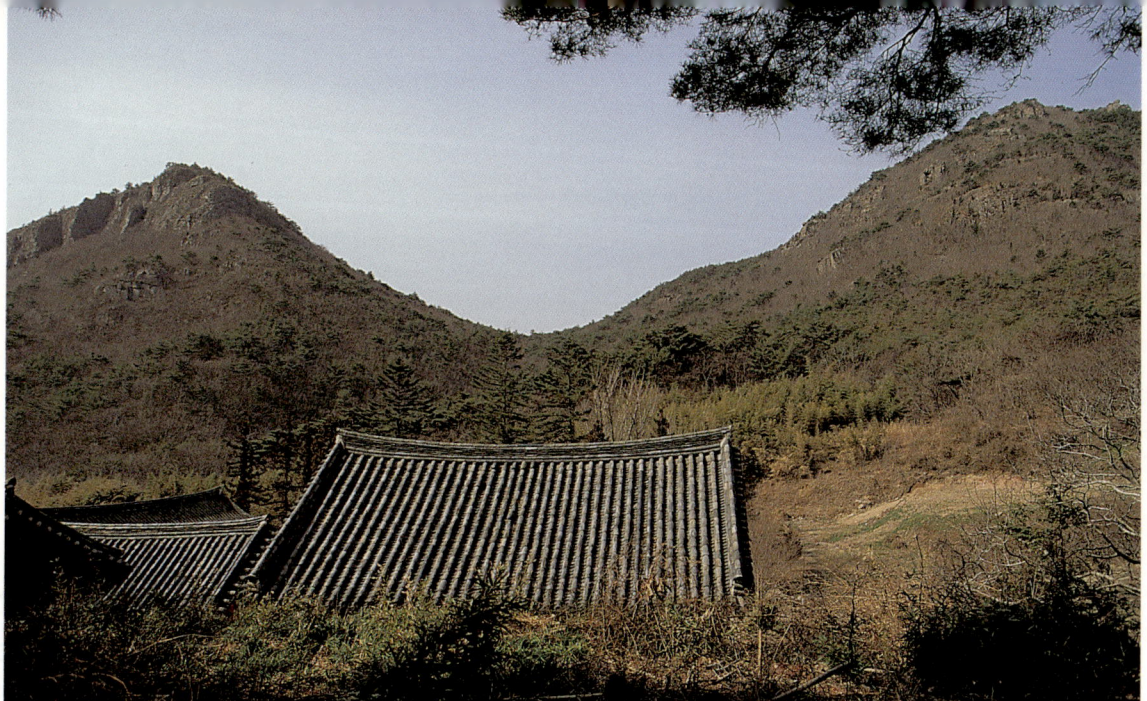

↗ **참당암의 뒷모습**　앞의 두 안산에 맞추어 오른쪽에 대웅전, 왼쪽에 명부전이 나란히 배치되었고, 그 사이 뒤편에 약사전이 놓였다.

시의 기법으로 신축한 것이다. 또한 두 부재를 합성하여 촉으로 이은 평방과 기둥의 기법은 대표적인 지역적 전통임을 알 수 있다.

　　하부의 기단과 초석 역시 앞 시대의 것들이다. 기단은 2중으로 구성되어 있다. 전체 가람의 터가 넓은 평지여서 기단의 높이도 그다지 높지 않지만, 기단을 두 층으로 나눈 고려시대의 수법을 그대로 보존했다. 앞면의 초석은 자연석의 윗면을 싹둑 잘라 평평하게 가공한 뒤 기둥을 올렸다. 초석 전체를 가공하지 않고 이처럼 단면만 자른 경우도 매우 희귀한 예다. 이 건물의 건축적 완결성과는 별개로 기단, 초석, 기둥, 공포의 요소들은 희소가치가 매우 높다. 반면 2개의 높은 기둥을 옆면 중간에 세운, 이른바 '2고주 5량' 구조법을 채택한 높고 웅장한 내부 공간은 중건 당시의 일반적인 경향이다. 또한 민화풍의 소박한 벽화들이 벽면을 장식하여, 구조법과 장식은 18세기의 시대적 솜씨들을 반영하고 있다.

5 장인정신과 공예적 전통 **전북의 작은 사찰들** _ 225

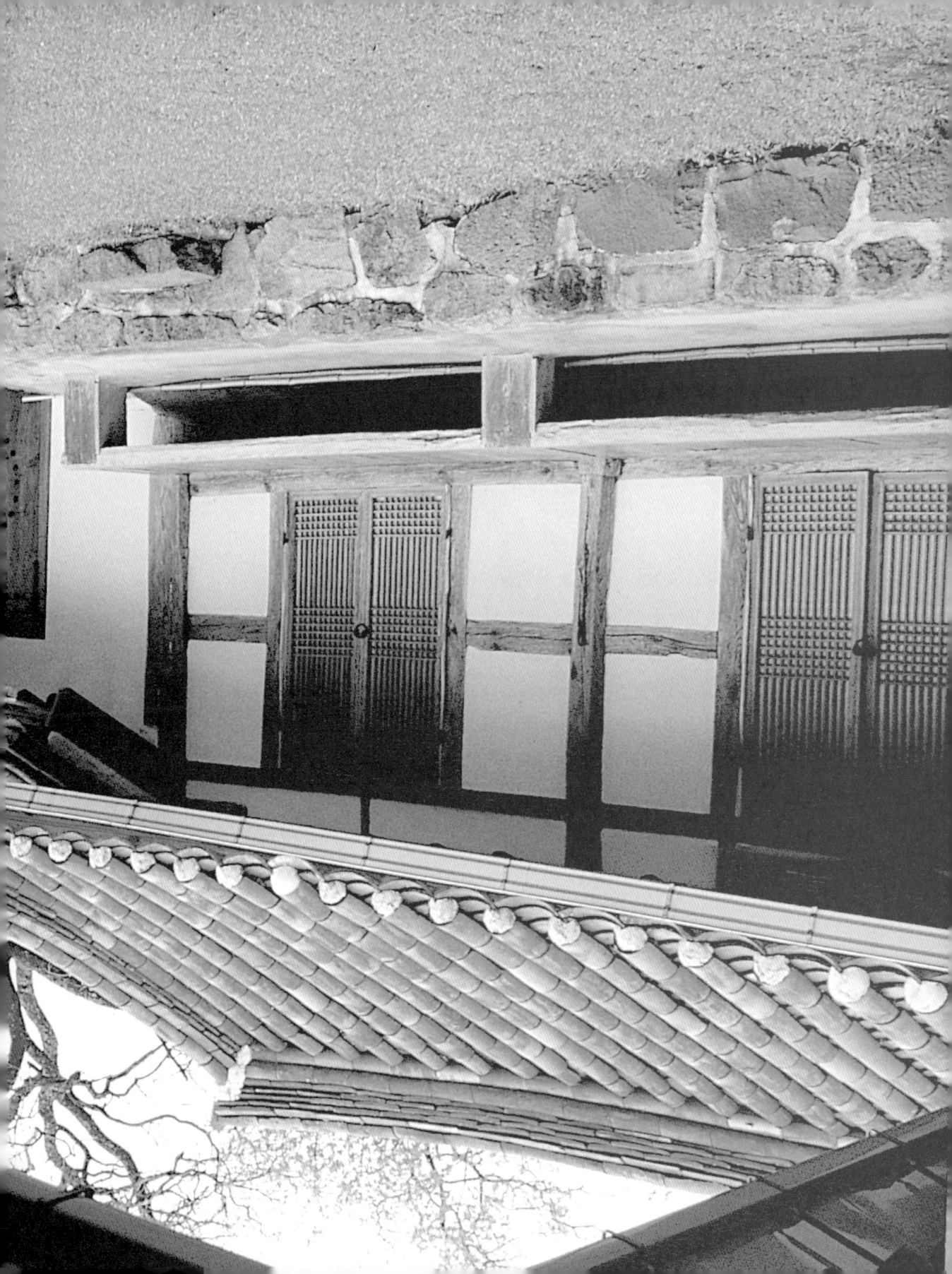

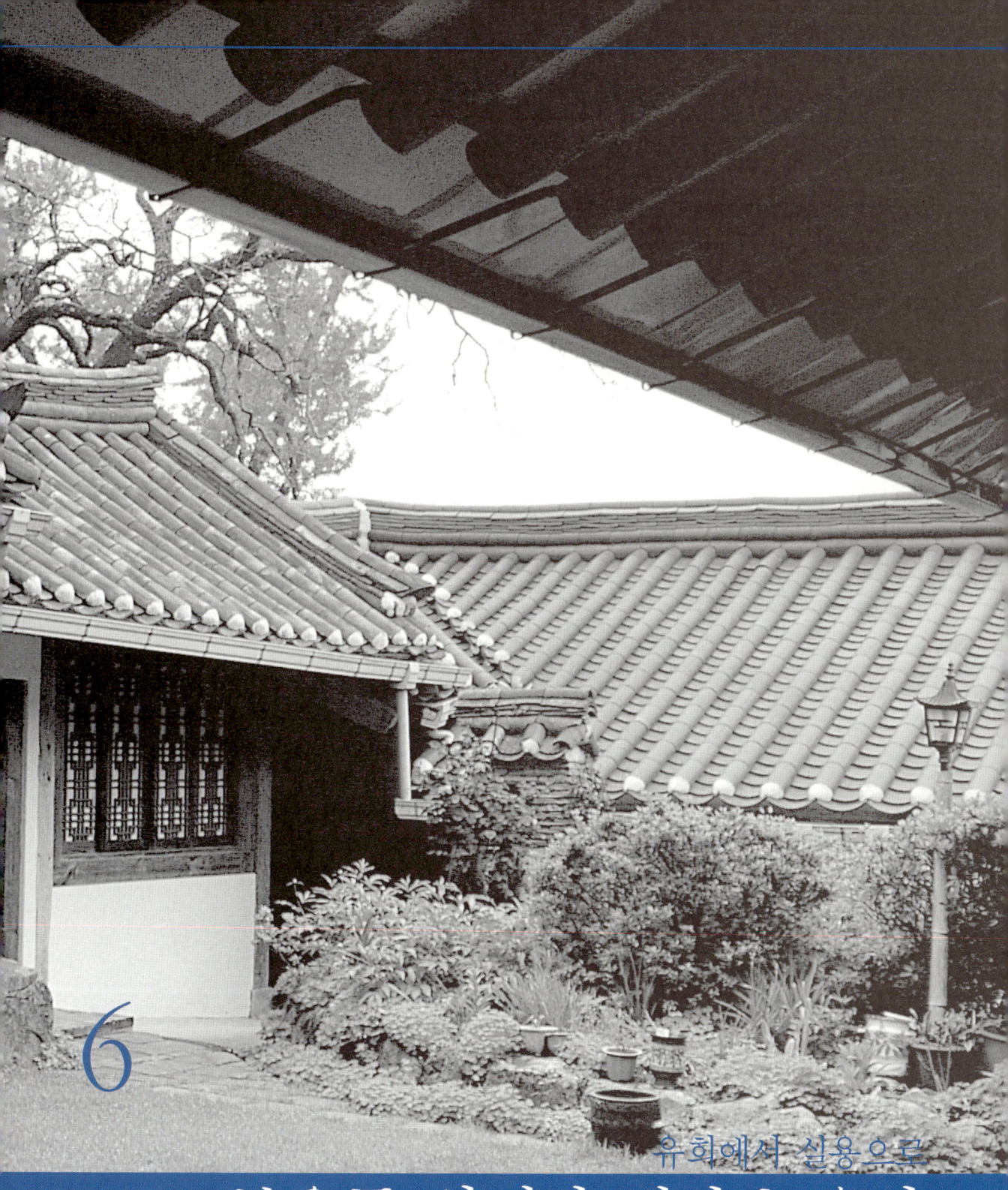

6

유희에서 실용으로

부용동 원림과 해남 녹우당

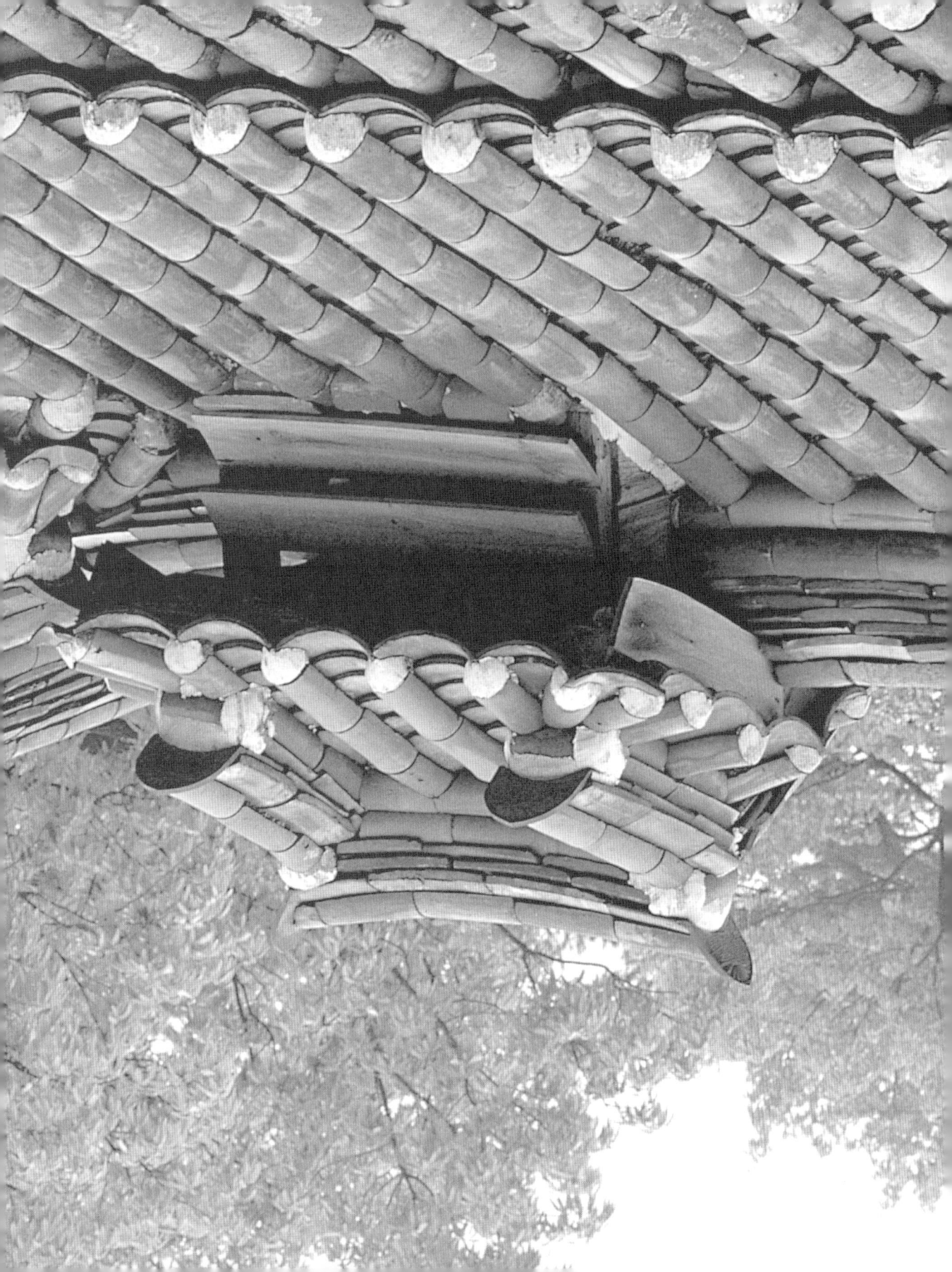

어부사시사와 전가서사,
관념과 사실

취하여 누웠다가 여울 아래 내려가려다

배 매어라 배 매어라

떨어진 꽃잎이 흘러오니 신선경이 가깝도다

찌거덩 찌거덩

인간의 붉은 티끌 얼마나 가렸느냐

– 윤선도 「어부사시사」漁父四時詞, 봄노래 중에서

　　고산孤山 윤선도尹善道(1587~1671)의 유명한 한글가사, 「어부사시사」를
흔히 보길도의 고기잡이 모습을 사실적으로 묘사한, 그래서 민중문학의 선두
쯤 되는 것으로 생각하기 쉽다. 그러나 인용구에서 확인할 수 있듯이 자신의
심경을 은유적으로 노래한 것으로 보아야 할 것이다. 또 「어부사시사」 전편
에는 고기잡이의 무대가 강과 바다로 혼재되어 그려졌고, 동호와 서호가 등
장하는 등 사실에 대한 묘사라고 보기 어려운 면이 너무 많다. 결국 이 민중
적이며 사실적일 것 같은 노랫말은 대부호이며 문장가였던 윤선도의 뛰어난,
그러나 사실적이지 않은 상상력에서 만들어졌다.

　　반면 윤선도의 증손자 공재恭齋 윤두서尹斗緖(1668~1715)는 뛰어난 기예
를 지닌 화가일뿐 아니라, 조선 후기에 발달한 풍속화의 시조이자, 사실주의
적 그림론을 정착시킨 이론가였다.[01] 《해남윤씨가전고화첩》海南尹氏家傳古
畵帖[02]에 전하는 그의 그림들은 나물 캐는 여인, 돌 깨는 석공, 목기 깎는 사

01_ 이태호, 『조선후기 회화의 사실정신』,
학고재, 1996, p.153.
02_ 보물 481호. 〈자화상〉, 〈채애도〉, 〈선
차도〉, 〈백마도〉 등이 수록되어 있다.

6 유희에서 실용으로 **부용동 원림과 해남 녹우당** _ 229

람 등 사회적으로 천대받던 민중의 삶을 담고 있다.

모기는 일어나고 파리는 잠드니 날이 더울까 두렵고
푸르고 설익은 보리는 밥을 끓여 먹을 수가 없구나
이웃집 개는 짖고 외상 술빚은 급한데
고을 관리마저 세금을 재촉하러,
깊은 밤 문 앞에 이르렀구나
– 윤두서「전가서사」田家書事[03] 중에서

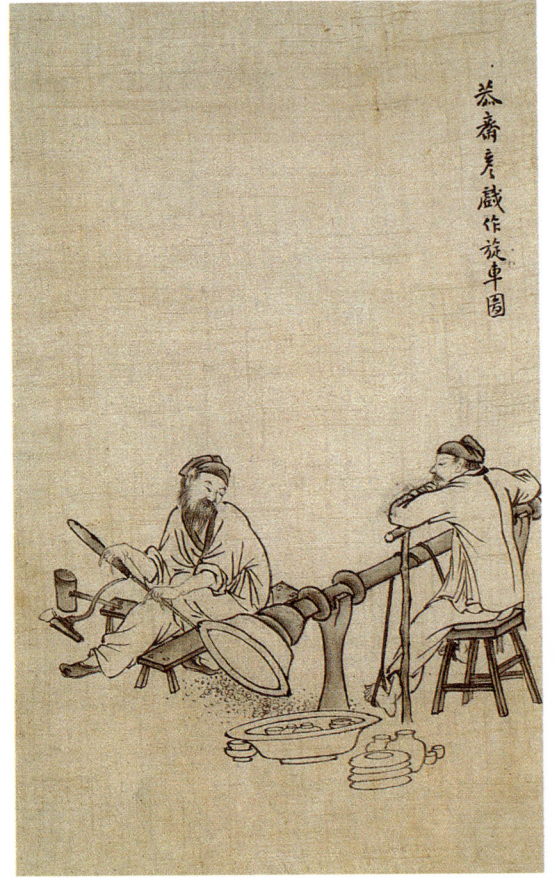

선차도 목기 깎는 사람들을 그린 그림. 윤두서, 해남 윤씨 종가 소장.

그의 그림들에 나타나는 현실이란 위의 시와 같이 고통과 배고픔으로 일그러진 세계이며, 그 묘사의 수법은 구체적이고 사실적이다. 그의 증조부는 탈속적이고 평화로운 세계를 그리면서 이상으로 가득 찬 관념적 예술관을 보여주었다. 물론 이러한 예술관의 변화는 개인적 차이라기보다는 17세기와 18세기라는 시대적 환경의 변화, 특히 윤두서가 강하게 영향 받은 실학파들의 세계관 차이라고 보아야 할 것이다.[04]

윤씨 일가의 사상적·예술적 경향이 사실주의적으로 바뀐 증거는 여러 곳에서 찾을 수 있다. 예컨대 윤선도의 5대손인 윤위尹偉(1725~1756)는 부용동 정원의 전모를 파악할 수 있는 소중한 기록인 『보길도지』甫吉島識를 남겼는데, 그 묘사가 지극히 사실적이며 체계적이어서 조선조 수필로는 이례적인 기록이다. 또 윤두서의 사실주의적 회화 전통은 그의 아들인 윤덕희尹德熙(1685~1776)와 손자인 윤용尹愹(1708~1740)까지 이어졌고, 윤두서의 『기졸』記拙에서 시작된 리얼리즘적 회화론은 외증손자 정약용丁若鏞(1762~1836)의 「그림다운 그림론」으로 꽃을 피웠다.[05]

해남 윤씨 일가는 해남은 물론 인근 완도와 진도 일대에 걸쳐 막대한 토지를 소유하면서 수많은 건축적 족적을 남겨왔다. 그 가운데 대표적인 건축

03_ 이태호, 앞의 책, p.154에서 재인용.
04_ 이영숙, 「윤두서의 회화연구」, 『미술사연구』 1집, 1987. 윤두서는 일절 벼슬을 포기한 채 학문 탐구와 시서화 연마에 일생을 바쳤다. 또한 그는 당대의 실학자 이서李漵와 이익李瀷 형제와 깊은 친교가 있었으며, 그의 첫째 부인은 조선에 천주학을 처음 소개한 이수광李睟光의 증손녀였고, 후대의 대석학 정약용丁若鏞은 그의 외증손자였다.
05_ 이태호, 앞의 책, p.402.

으로 보길도의 부용동芙蓉洞 원림園林들과 해남 연동의 종가 녹우당綠雨堂을 꼽을 수 있다. 부용동 원림은 윤선도가 직접 조성한 독창적인 정원들이며, 녹우당은 윤두서와 그 후손들이 계속 확장한 저택이다. 우리가 주목하는 것은 두 건축물에 흐르는 상이한 건축적 개념과 세계관이다. 다시 말해서 초월적인 미학으로 가득 찬 부용동 원림의 유희적 구조와, 일상성을 뚜렷이 드러내는 녹우당의 실용적 구조의 차이다.

물론 건축이라는 장르의 속성상 완전히 추상적인 건축이나, 완전히 사실적인 건축은 존재할 수 없다. 이 점은 재현이 가능한 문학이나 미술과는 다른 건축의 특성이다. 따라서 부용동과 녹우당을 관념과 사실, 초월과 일상, 유희와 생활 등으로 완벽히 이분화할 수는 없다. 사실, 두 건축 모두에는 어느 정도의 리얼리즘적 요소와 유희적 정신이 공존하고 있다. 단지 두 건축에 흐르는 주도적 성향을 차별화하고, 그것들이 건축화되는 과정과 방법론을 살펴보려 할 뿐이다. 그러나 여러 가지 차이에도 불구하고 부용동 원림과 녹우당은 모두가 독창적인 창작품이라는 점에서 우선적인 고찰이 있어야 하겠다.

보길도의
놀이구조

고산, 보길도를 발견하다

윤선도는 광해군 등극과 비슷한 시기에 관직생활을 시작했다. 인조의 왕자 봉림대군(뒤에 효종)의 스승이었던 인연으로 효종 때 한때나마 호시절을 맞은 적이 있었지만, 성균관 유생이었던 시절부터 당대 권력의 핵심들을 규탄하는 등 올곧은 처신으로 그의 관직생활은 순탄치 않았다. 85세로 죽을 때까지 20년씩의 유배와 은둔생활, 총 40년을 그늘에서 살았다. 그의 낙천적, 유희적 생활태도는 정치적 음지에서 자신을 지키기 위한 반작용이었을 것이다.

정치적으로는 박해와 좌절의 연속이었지만 경제적으로는 막대한 부를 구가할 수 있었으니, 조상의 유산 덕이었다. 48세 때 파직되어 해남 본가에 낙향해 있던 중 병자호란이 일어나 임금이 강화도로 피신했다는 소식을 들은 그는, 집안의 가솔을 중심으로 의병단을 조직하여 뱃길을 통해 강화로 향했다. 은거 중이던 윤선도를 조정과 이어주고 있던 유일한 끈은 바로 제자였던 봉림대군이었고, 참전을 시도한 것은 조정을 구하려는 목적보다는 대군의 스승으로서 그리고 신하로서의 도리를 다하고 싶었던 명분 때문이었다. 그러나 강화에 닿기도 전에 이미 조정은 청나라에 항복했고 봉림대군은 인질로 잡혀갔다는 비보에 접했다. 더 이상 참전의 명분이 없어진 윤선도는 뱃머리를 제주도로 돌렸다. 이제 영원히 세상과 결별하고 자신만의 세계에 칩거하기로 마음먹었기 때문이다.

제주로 향하던 도중에 보길도의 빼어난 자연에 끌려서 경관을 살피게 된

232 _ **김봉렬의 한국건축 이야기** 시대를 담는 그릇

다. 문학적 영감에 충만했던 그는 이곳이 가진 땅의 영숙한 기운을 온몸으로 감지했고, 더없이 적합한 은거지임을 첫눈에 알게 되었다. "하늘이 나를 기다려 이곳에 멈추게 한 것이다."[06]라고 하였다.

윤선도는 최고의 예술적 안목을 가졌을 뿐 아니라 풍수술에도 일가견이 있었다. 해남 녹우당의 유물전시관에는 그가 사용하던 패철(일종의 나침반)이 있는데, 효종이 죽은 후 왕릉의 입지를 직접 정할 때 사용했던 것이다. 그는 단지 풍수가적 안목만 있었던 것은 아니다. 지금으로 말한다면 부동산 개발업에도 전문적인 솜씨를 발휘했다. 보길도에 은거하면서 보길도의 개척뿐 아니라 인근 진도의 임해면 굴포리에 간척사업을 벌여 새로이 농지 200정보町步를 얻는 수완도 보여주었고, 일대 해안에 어장을 개척하여 대규모의 미역양식업도 진흥시켰다.

낙서재와 동천석실, 세연정의 개척

이러한 경세가의 눈이 보길도라는 뛰어난 자연경관을 지닌 풍수적 명당을 놓칠 리 없었다. 비록 은거생활을 하더라도 해남의 대농장과 식솔들을 관리할 필요가 있었기 때문에, 해남에서 뱃길로 한나절이면 닿을 수 있는 보길도는 최적의 입지였다. 섬의 개척은 곧바로 시작되었다. 우선 부용동 내륙에 명당을 찾아 거처할 집인 낙서재樂書齋를 짓고, 낙서재 맞은 편 산 위의 경관이 시원한 곳에 휴양처인 동천석실洞天石室을 조성했다.

보길도 생활 1년 만에 다시 경상도 영덕으로 유배를 떠나게 된다. 호란으로 고초를 겪은 인조 임금에게 문안을 드리지 않았다는, 이른바 괘씸죄였다. 영덕 유배기간이 길지는 않았지만, 더더욱 세상에 대한 미련을 끊게 하는 계기가 되었다. 유배에서 풀려 해남으로 귀향한 윤선도의 은거 무대는 더욱 넓어졌다. 보길도뿐 아니라, 해남의 산골인 금쇄동에도 은거지를 개척했다. 이 시기에 섬과 산골을 오가며 「어부사시사」, 「산중신곡」山中新曲, 「산중속신곡」山中續新曲 등 뛰어난 가사문학 작품들을 남기게 된다. 조정과 정치판

06_ 윤위尹偉, 『보길도지』甫吉島識, 樂書齋 无悶堂條

에 대한 체념의 예술적 결과였다.

64세 되던 해, 드디어 제자 봉림대군이 효종 임금으로 즉위하게 된다. 효
종은 옛 스승 윤선도를 잊지 않고 관직에 불러들인다. 다시 윤선도의 전성기
가 열리는 듯했다. 그러나 이미 정계를 장악한 서인들에게 윤선도는 거추장
스러운 늙은이일 뿐이었다. 복직 1년 만에 삭탈관직되고, 73세 때는 8년 동안
귀양살이까지 해야 했다. 유배가 풀린 81세 때 보길도로 돌아와 은거하다가
85세를 일기로 세상을 떠나게 된다.

음지가 양지보다 곱절은 많았던 그의 정치인생은 은거와 유배 중에 간혹
관직에 나갔던 꼴이었다. 그래서 더욱 은거 환경을 고급스럽게 조성하려 했
고 유희와 독창적 놀이에 몰두했던 것이다. 보길도의 원림들과 수많은 건축
적 흔적은 그의 망각과 새로운 삶을 위한 몸부림이었지만, 현상적으로 나타
나는 것은 평온함으로 그윽한 인공적인 아름다움들이다.

↙ **보길도 지형도**

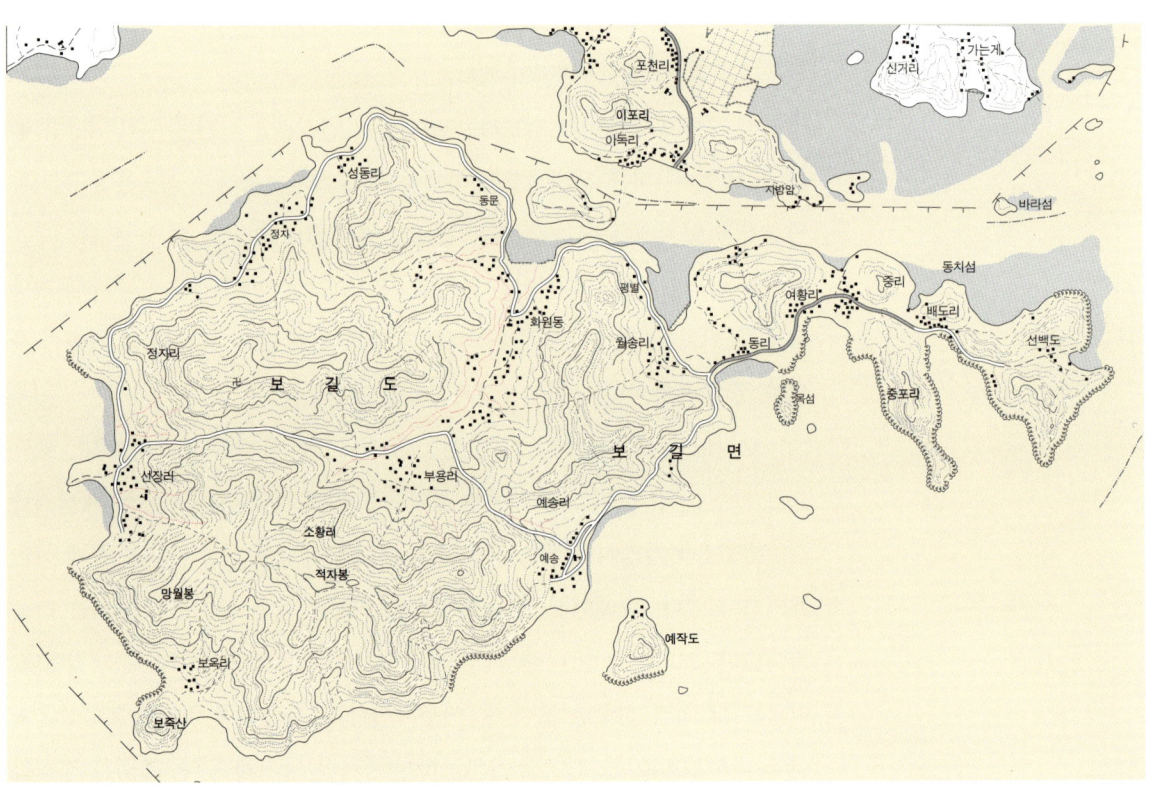

보길도 원림의 하이라이트라 할 수 있는 세연정 일대의 정원이 언제 조성됐는지는 확실하지 않다. 추측해본다면 1637년 보길도 개척 당시에는 부용동 일대의 낙서재와 동천석실만을 경영했고, 1639년 다시 돌아온 후에 세연정 일대를 조성하지 않았나 생각된다. 정착한 지 불과 1년 만에 완성하기는 불가능할 정도로 세연정의 규모나 조경의 수준이 월등하기 때문이다. 또한 낙서재나 동천석실의 소박한 발상과는 비교할 수 없을 정도로 복합적이고 세련된 계획 개념들은 은거생활의 묘미를 어느 정도 터득한 후에야 가능한 것들로 보이기 때문이다.

낙서재와 동천석실은 보길도의 중심부인 부용동 부근에 조성됐지만, 세연정 일대는 해안과 가까운 곳에 만들어졌다. 낙서재가 윤선도의 살림집이라면, 동천석실은 개인적인 독서처요 자연을 감상하는 정원이었다. 반면 세연정 일대는 본격적인 놀이공간이며, 주거지로부터 뚝 떨어진 보길도 입구에 위치한다. 세 지역은 주거지역, 휴양시설, 유흥시설로서 보길도에 적용한 일종의 지역지구제였다. 이 세 중심 시설들은 윤선도의 은거생활을 위한 중심 무대였으며, 보길도 개척을 위한 세 거점이 되었다.

최고의 명당, 낙서재

보길도에 정착하기 위해 가장 먼저 개발된 곳이 살림집 용도의 낙서재 일대이다. 현재는 집자리와 무너진 돌담의 흔적만 남아 있어서 원래의 모습을 알아보기 매우 어렵다. 부용동 마을 깊숙한 곳, 잉어 양식 식당이 외따로 떨어져 있는 곳 바로 뒤, 비자나무 숲 속에 폐허가 남아 있다.

이곳은 보길도에서 가장 뛰어난 풍수지리적 입지라고 전한다. 우선 부용동 마을은 "사방이 산으로 빙 둘러싸여 있고, 푸른 아지랑이가 어른거리고, 무수한 산봉우리들이 겹겹이 벌여 있는 것이 마치 반쯤 핀 연꽃과도 같아 이름을 붙였다"고[07] 하여 연화반개형의 명당에 자리잡았다. 윤선도는 거의 프로급의 풍수가였고, 낙서재 터를 잡기 위해 대단한 정성을 기울였음이 기록으

07_ 윤위, 『보길도지』, 이정섭, 「보길도지 번역」, 『계간 조경』 8호, 1985, p.114에서 재인용.

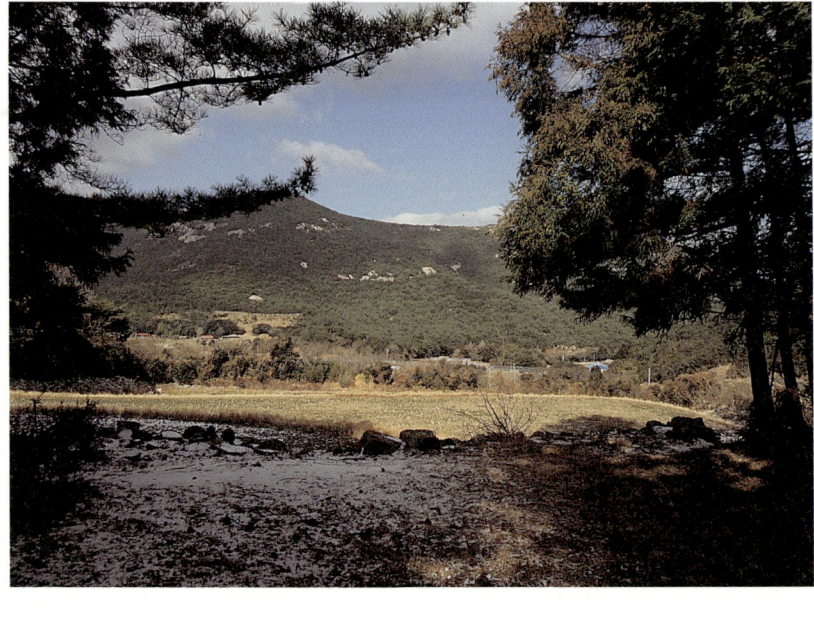

↖ **부용동 낙서재 터** 숲 속의 건물터가 낙서재, 멀리 보이는 안산 중턱에 동천석실이 있다.

로 전한다. "수목이 울창하여 산맥이 보이지 않았다. 사람을 시켜 장대에 깃발을 달게 하고 격자봉을 오르내리면서 그 고저와 향배를 헤아려 낙서재 터를 잡았다."[08] 일반적인 택지 방법으로는 산세를 읽을 수 없었던 처녀지 보길도에서 명당을 찾기 위해 독특한 방법을 고안했던 것이다. 집자리에 서서 앞을 쳐다보면 추운 겨울에도 조용하고 따뜻한 터의 기운을 느낄 수 있다. 마을 앞에는 조산造山[09]이라는 아담한 동산이 들판에 볼록 솟아 있어서 안산의 역할을 하고, 그 뒤로 동천석실이 있는 조산朝山이 우뚝하다.

집의 규모는 크지 않았다. 3칸의 건물 사방에 툇마루를 달았다. 주변의 경관을 즐기기 위한 장치였다. 본채와는 별도로 1칸의 건물을 지어 사랑채로 삼아 '무민당' 无悶堂이라고 이름을 지었다. '세상을 피해 산다'는 뜻을 분명히 했다. 두 건물 사이에 동와와 서와라는 부속채를 지었다니 전체적으로는 튼 口자형의 주거였던 것 같다.

집 뒤의 절벽 바위를 '소은병' 小隱屏이라 이름 지었다.[10] 바위 위에는 삼각형의 홈이 패여 있고, 빗물이 흘러내리도록 배수구를 만든 흔적도 찾을 수 있다. 빽빽한 숲 속에 위치하므로 엄동설한에도 비교적 따뜻하여 고산의 사

08_ 윤위, 앞의 글. 樂書齋无悶堂條

09_ 윤위, 앞의 글. 마치 인공으로 축조한 것 같은 작은 산으로, 이 속에 연정蓮亭이 있었다.

10_ 윤위, 앞의 글. '소은병'이란 송나라의 주자가 '은병' 隱屏에서 은거하며 학문을 닦았던 고사를 흉내 내 붙여진 이름이다.

236 _ 김봉렬의 한국건축 이야기 시대를 담는 그릇

색처가 되었다.[11]

낙서재에서 동북쪽으로 300m 정도 떨어진 논밭 일대에 곡수당曲水堂이 경영되었다. 곡수당은 윤선도 말년에, 서자인 학관學官이 별도로 경영한 정원시설이었다.[12] 현재는 두 곳의 네모난 연못 터와 돌로 쌓은 석대, 그리고 개울가의 작은 석실 흔적을 발견할 수 있을 뿐이다.

신선의 동네, 동천석실

낙서재 앞산, 해발 120m 정도 높이의 동천석실洞天石室 일대에서는 자연을 감상하며 독서를 즐기기 위해 만들어진 수많은 유적을 찾아볼 수 있다. 낙서재가 보길도 최고의 명당이라면, 이곳은 최고의 경승지이다. 부용동 일대가 한눈에 들어오며, 사방에 겹겹한 산들의 형세와 멀리 바다의 경관을 즐길 수 있는 곳이다.

석실 일대는 3단의 영역으로 조성되었다. 모두 자연지형과 암석들에 약간의 인공을 가함으로써 만들어진, 규모는 작지만 다양한 요소들이다. 가장 아랫부분은 3개의 연못이 있는 석담石潭과 희황교羲皇橋 일대다. 암반 사이에 세모꼴로 이루어진 자연연못에서 '희황교'라 명명된 돌다리를 건너면 두 개의 네모꼴 인공 못인 석담에 이른다.

여기서 매우 좁은 돌계단을 오르면, 중간 부분인 차바위 일대에 다다른다. 넓적한 바위들을 이용하여 한 사람이 좌정할 수 있을 정도의 자리를 만들었고, 찻상 다리를 고정할 수 있도록 몇 개의 홈을 파놓았다. 툭 터진 자연을 바라보면서 홀로 앉아 차를 마셨을 장면을 생각하면, 고산은 대단한 호연지기를 가진 인물이었던 모양이다. 이 일대에는 절벽을 주름지게 깎은 석폭石瀑—비가 오면 진짜 폭포가 된다—도 만들어져 있다.

차바위 영역에서 다시 돌계단을 오르면, 2개의 우뚝 솟은 바위가 석문石門을 이루며 가장 정상부인 석실石室 영역에 닿게 된다. 급한 경사암반 위에 작은 석축들을 쌓아 계단식 화원을 조성하고, 10평 정도의 평지를 만든 위에

11_ 정재훈, 『보길도 부용동 원림』, 열화당, 1990, p.60.
12_ 윤위, 앞의 글. 정자건물인 곡수당을 중심으로 일삼교, 우의교, 곡수曲水, 평지平池, 불차문, 월하탄, 익청헌, 석정, 취적헌, 방대, 가산, 비래폭 등 매우 많은 요소들이 조성되었다고 전한다.

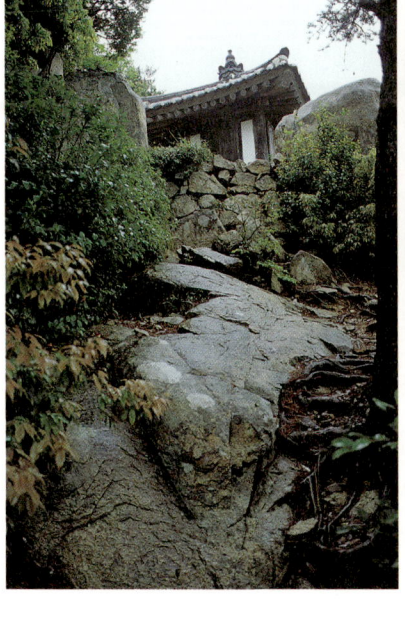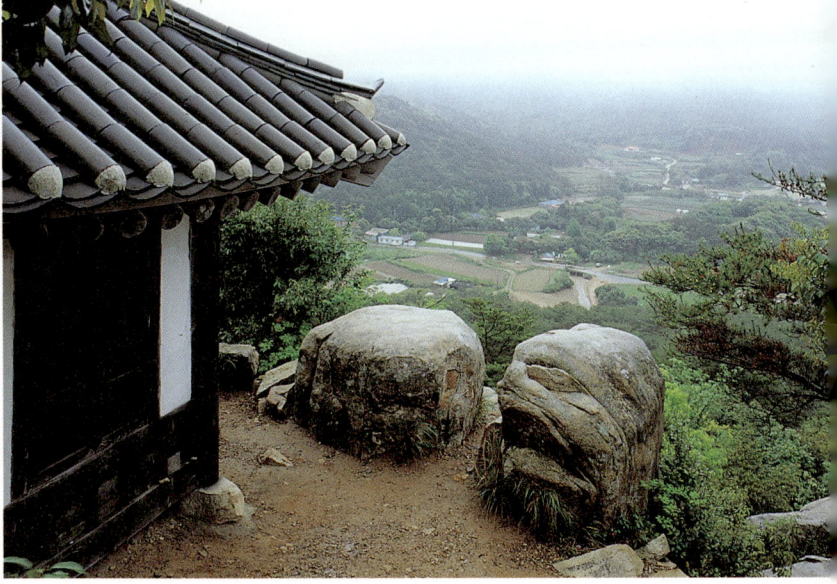

↖ **암반 절벽 위의 동천석실**　동천석실
은 암반 절벽 위 좁은 터에 자리잡았다.
↗ **동천석실에서 바라본 부용동 마을**
중간의 낮은 숲이 부용동의 조산, 그 뒤
높은 봉우리가 격자봉이다. 석실 바로 앞
의 두 쪽 난 바위는 용두암으로, 그 사이
에 도르래를 설치하고 줄을 걸어 산 아래
로부터 음식을 실어 날랐다고 한다.

한 칸짜리 정자건물을 세웠다. 비록 목조건물이지만, 바위 절벽 사이에 있다
하여 '석실' 이라는 이름이 붙었다. 1993년에 복원된 정자는 사모지붕집으로
매우 단출한 건물이다. 석실 앞에는 용두암이라는 두 쪽으로 갈라진 바위가
놓여 있다. 두 바위 사이에 나무로 만든 전통적인 도르래를 달고 줄을 설치하
여, 절벽 아래 마을로부터 음식물을 날랐다고 전한다. 지형의 생김새로 보아
정말로 그 일이 가능했을까 의문은 있지만, 고산의 기발한 착상은 끝없이 펼
쳐지고 있다.

　또 살림집인 낙서재와 연락할 일이 있으면, 석실에서 정해진 약속에 따
라 깃발을 흔들어 서로 의사를 소통했다고 한다. 도르래가 운송수단이라면,
깃발은 통신수단이었다. 윤선도 스스로 보길도의 원림들을 평가한 적이 있
다. "곡수당은 깨끗 순결하여 스스로를 지킬 수 있는 곳이고, 세연정은 번화
하면서도 청정하여 재상이 즐길 만한 곳이다. 반면 석실은 곧 신선의 세계
다."[13] 그러나 신선의 세계는 살림집과의 긴밀한 연락과 뒷받침 속에서만 가
능했던 것이다.

13_ 윤위, 앞의 글, 洗然亭條.

자연의 조직화

보길도 전역을 은거와 유희장소로 재편하기 위해 낙서재−동천석실−세연정 일대의 인공적 개발 외에도, 기존의 지형지물을 발굴하고 의미를 부여하는 작업을 병행했다. 격자봉과 안산을 잇는 남북축에 낙서재와 동천석실의 은거 장소를 마련했다면, 골짜기로 형성된 동서축에 산재하는 자연명소들은 소요와 유희장소로 이용되었다.

부용동의 서쪽에 있는 낭음계朗吟溪에는 기암괴석 사이에 형성된 유상곡수流觴曲水와 목욕반沐浴盤이 있다. 목욕반은 이름 그대로 목욕을 했던 암반이었고, 유상곡수연流觴曲水宴 터는 경주의 포석정과 같이 흐르는 물 위에 술잔을 띄워 놓고 유희를 즐기던 곳이다. 이 유적들은 현재 저수지로 바뀌었다.[14]

혁희대赫羲臺는 격자봉에서 북쪽으로 뻗은 중간 봉우리로 때때로 이곳에 올라 멀리 고산의 고향과 임금이 있는 궁궐 쪽을 바라보며 연모하던 장소다. 하한대夏寒臺는 곡수당 북쪽의 작은 봉우리다. 이곳은 큰 소나무들이 늘어선 서늘한 곳으로 여름 피서처로 활용되었다. 승룡대升龍臺는 동천석실이 있는 안산 동쪽 기슭에 깎은 듯이 서 있는 자연 암석이다. 암석 위는 평평하

14_ 정재훈, 앞의 책, p.62.

↘ **동천석실 지역 평면도** 정재훈 도면.

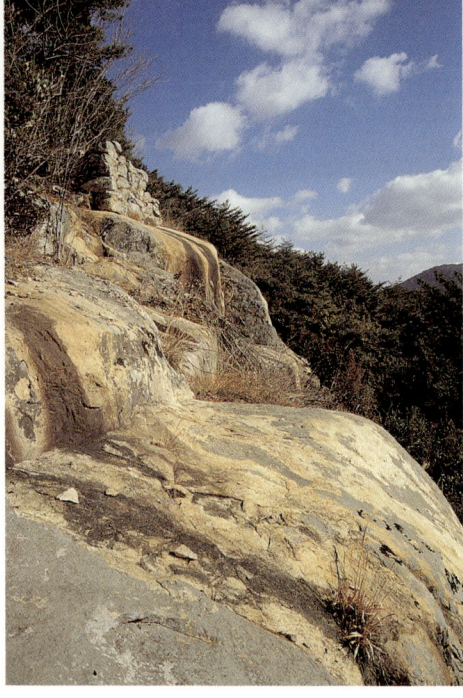

↖ **동천석실로 올라가는 돌계단** 인공적
으로 깎은 솜씨가 뚜렷하다.
↗ **동천석실 부근의 돌폭포** 바위면을 약
간 다듬어 비오는 날은 진짜 폭포가 된다.

여 수십 명이 앉을 자리가 있다. 윤선도는 이 바위에 걸터앉아 시가를 읊었으
며, 이곳을 우화등선의 선경仙境으로 생각했다.

　　낙서재 뒤 '소은병'이 주자의 '은병'을 원형으로 삼았듯이, 자연지물을
조직화하는 데는 동양 전래의 장소들이 원형이 되었다. 예컨대 낭음계의 유
상곡수연은 왕희지王羲之의 난정蘭亭이 원형이고, 동천석실의 구성과 혁희
대는 희황羲皇의 궁전이, 그리고 승룡대는 신선의 세계가 원형이 되었다. 유
학자들의 조형에서 이러한 유형학적 현상이 발견되는 것은 매우 흔한 일이
다. 그러나 결과로 나타나는 조형물들은 다양하고 독창적인 양상을 띨 수 있
다. 유형학적 원형이란 단지 개념일 뿐 실제적인 조형으로 존재하지 않기 때
문에, 개인적인 상상력에 의존하여 결과를 만들어야 했기 때문이다. 따라서
조형의 질은 무엇을 원형으로 삼았느냐가 아니라, 철저하게 작가의 능력에 따
라 결정된다. 이러한 점에서 윤선도가 보길도의 인공 원림과 자연지물들의
재조직을 통해서 구성한 유희와 은둔의 구조는 매우 독창적이며 완성도가 높
은 것들이다.

자연 속의 극장,
세연정

신기함과 아름다움이 공존하는 정원

동서축 골짜기에서 소요와 유희의 중심점은 바로 세연정洗然亭 일대의 원림
이다. 다른 명소들이 자연지물을 그대로 이용한 것에 비하여, 이곳은 매우 치
밀한 인공적 솜씨로 가꾸어져 있다. 곡수당이나 동천석실의 유적에 비해 비
교적 원형이 잘 보존되었을 뿐 아니라, 1990년의 부분적 발굴조사를 통해서
그 전모가 드러났고, 세연정 정자건물을 복원하고 판석보를 보수하여 더욱 건
축적인 장소로 탈바꿈했다.

이곳은 부용동으로 들어가는 개울가로 신기하게 생긴 암석들이 널려 있
는 곳이었다. 여기에 '판석보'라는 특이한 공법의 제방을 쌓아 개울을 막고,
물을 가두어 동서 2개의 연못을 만들었다. 두 연못 사이에는 네모꼴의 인공
섬을 쌓아 그 위에 정자건물을 세웠다. 정자 북쪽에는 3단의 석축을 쌓아 동
대와 서대를 만들었다. 원림의 서북쪽으로는 150m 길이의 토성을 쌓아 잡인
들의 접근을 막았다. 완전한 윤선도 개인의 원림을 구축한 것이다.

앞 연못에는 7개의 크고 작은 자연 암석으로 이루어진 칠암 사이에 원형
섬을 만들어 자연적인 정원으로 꾸몄다. 앞 연못의 경계는 건너편 산자락으
로 등고선을 따라 유연하게 흐르는 반면, 뒤 연못의 경계는 더욱 직선적이다.
또한 뒤 연못 가운데에는 방형 섬을 만들어 완전한 인공성을 돋보이게 한다.
앞의 곡선과 자연성, 뒤의 직선과 인공성의 대비가 뚜렷한 원림 구성이다.

원림 전역의 부분들은 세심하게 고안된 요소들로 가득하다. 정교하게 쌓

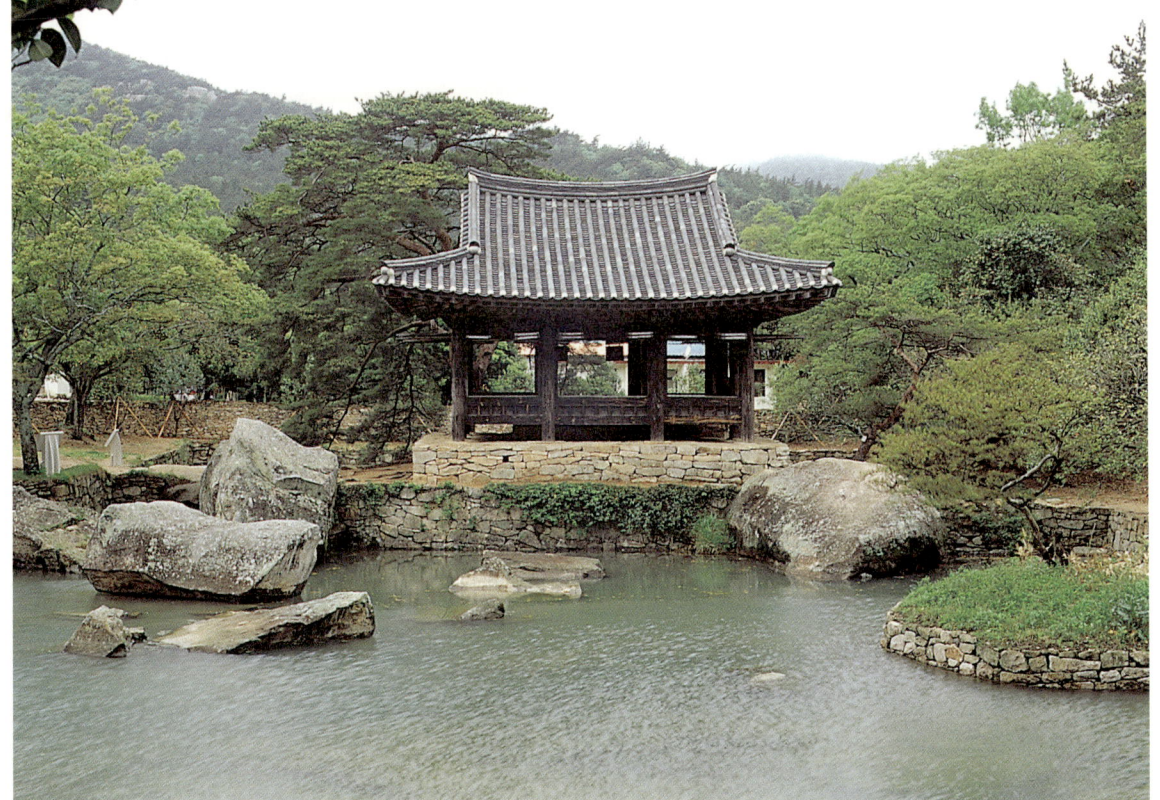

◤ **세연정** 앞 연못에 떠 있는 칠암과 원형 섬.

은 돌다리(비홍교)와 그 사이에 난 물구멍도 그러하고, 동대와 서대의 높이와 크기의 대비도 훌륭하다. 특히 개울의 물을 가두기 위해 축조된 판석보는 유래가 없는 독창적인 발명품이다. 자연 암반 위에 얇은 점판암으로 벽을 쌓고 그 위에 뚜껑을 덮은 구조로, 뚜껑돌 위에는 홈을 파서 난간을 달아 둑의 역할과 다리의 기능을 겸했던 구조물이다. 판석보는 일명 '굴뚝다리'라는 이름도 붙어 있다. 보의 일부가 무너진 후, 내부에 짚단을 넣고 불을 지펴서 보 전체를 온돌과 같이 달구는 일이 종종 있어서 붙은 이름이다. 윤선도는 판석보가 이렇게 쓰일 줄 미처 몰랐겠지만, 훌륭한 발명품은 예상치 못한 또 다른 발명을 낳기도 한다.

　바로 뒤에 밝히겠지만, 세연정 원림은 철저하게 윤선도 개인을 위한 것이었다. 원림의 중앙에 놓인 세연정은 윤선도가 원림의 모든 부분을 즐기던

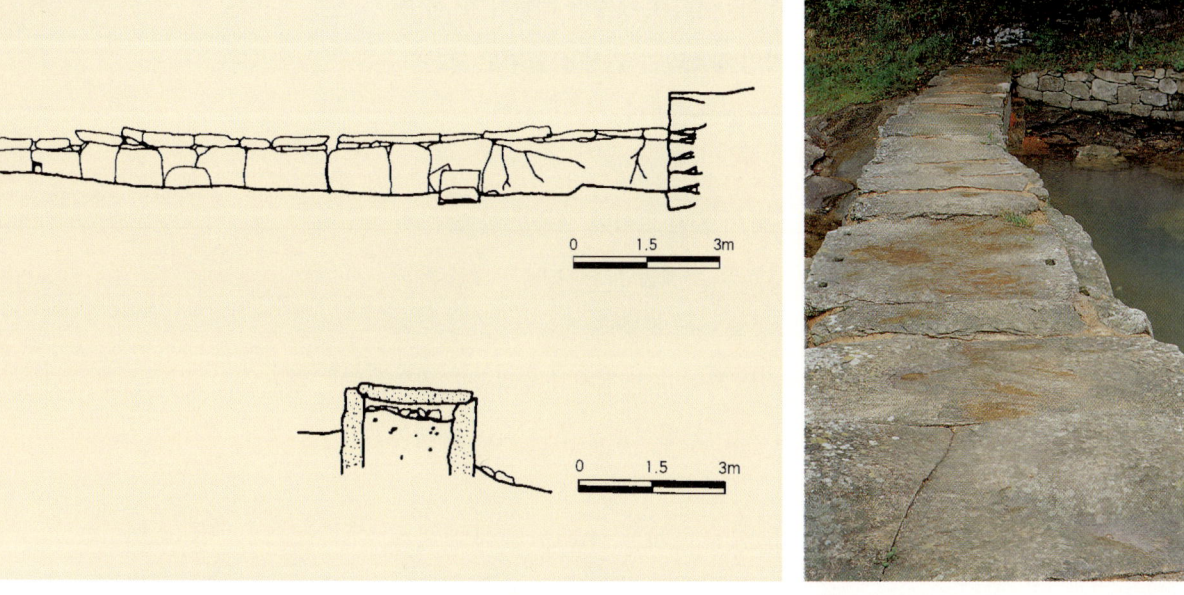

◥ **판석보 입면도(위)와 내부 단면도(아래)** 문화재관리국 도면.
◥ **세연정의 판석보** 연못에 물을 가두기 위해 마련한 시설이다.

객석이었다. 앞으로는 자연적인 연못을, 뒤로는 인공적인 연못을 바라본다. 북측 면으로는 기암괴석의 정원을, 남측 면으로는 동대와 서대에서 춤추던 무희들을 볼 수 있다. 따라서 세연정은 사방을 바라볼 수 있는 구조를 가져야 했다. 90년대의 발굴 결과 3×3칸 규모의 초석 일부가 발견되었고, "한 칸 규모로 사방에 퇴退[15]를 달았다"는 『보길도지』의 기록과 맞추어 한때 十자형의 정자였다고 복원·설계되기도 했다. 후에 모퉁이 초석이 발굴됨으로써 직사각형 평면 가운데 한 칸 방을 들인 현재의 모습으로 복원되었다. 그러나 복원된 정자는 원림 전체에 비해 규모가 너무 커진 것 같다.

유희의 자족적 구조

이곳은 거처인 부용동 낙서재로부터 5km 정도 떨어져 있는 별도의 정원이다. 보길도 개척 당시에는 해안가 어촌의 민가 몇 채와 부용동에 정착한 윤선도 식솔들 외에는 거의 무인도 상태였다. 세연정 일대 역시 인가는 매우 드물었을 것이다. 그러면 이처럼 외진 정원에서 무슨 일이 벌어졌는가? 멋들어진 연

15_ 집채의 원칸살 밖에 붙여 다른 기둥을 세워 만든 칸살. 퇴칸(退間), 툇간이라고도 한다. 퇴칸에 마루를 깔면 툇마루가 된다.

6 유희에서 실용으로 **부용동 원림과 해남 녹우당** _ 243

못과 정자, 기이한 암석과 늘어진 소나무들. 이러한 정경만 대한다면, 이 성원은 깊은 사색과 휴양을 했던 매우 정적인 장소라는 인상을 줄지도 모른다. 그러나 기록에 전하는 이곳의 풍류는 상상을 초월한다.

공(윤선도)은 늘 무민당에 거처하면서 첫 닭이 울면 일어나 경옥주 한 잔을 마신 다음 세수하고 단정히 앉아 자제를 대했고, 자제들은 각기 배운 글을 아뢰었다. 아침 식사 뒤에는 네발 수레(사륜거四輪車)에 풍악을 대동하고, 혹은 곡수曲水에서 놀고 혹은 석실石室에 오르기도 하였다가, 일기가 청화하면 반드시 세연정으로 향했다…… 학관의 어머니(첩)가 점심을 갖추어 작은 수레를 타고 그 뒤를 따랐다.

정자에 도착하면 아들들이 시립하고 기생들이 모시는 가운데 못 안에 작은 배를 띄우고 남자아이로 하여금 채색옷을 입고 배를 일렁이며 돌게 하고, 공이 지은 「어부사시사」등의 가사로 완만한 음절에 따라 노래를 부르게 하면 당堂 위에서는 관현악을 연주하게 된다. 여러 명으로 하여금 동서대에서 춤을 추게 하고, 혹은 긴 소매로 옥소대玉簫臺에서 춤을 추기도 하는데, 그림자는 못 속에 떨어지고 너울너울 춤추는 것이 음절에 맞았다. 혹은 칠암에서 낚시를 하고, 혹은 동서의 섬에서 연밥을 따기도 하다가, 해가 저물어서야 무민당에 돌아와서 촛불을 밝히고 밤놀이를 한다.

질병이나 걱정할 일이 있을 때를 빼고는 하루도 거른 적이 없었다 한다. 이는 '하루라도 음악이 없으면 세간의 걱정을 잊을 수 없고, 마음을 수양할 수 없다'는 것이다.

– 『보길도지』중에서

동대와 서대는 무희들이 춤추기 위한 무대였으며, 세연정의 마루는 악단석이며, 산 위의 옥소대 바위는 상부 무대(upper stage)였다. 앞뒤의 연못은 코러스가 위치한 댄스 플로어였으며, 정자는 객석이었다. 어쩌면 지금의 나이트클럽과 모든 구성이 똑같을까. 단지 차이가 있다면 유희를 낮에 벌였다는

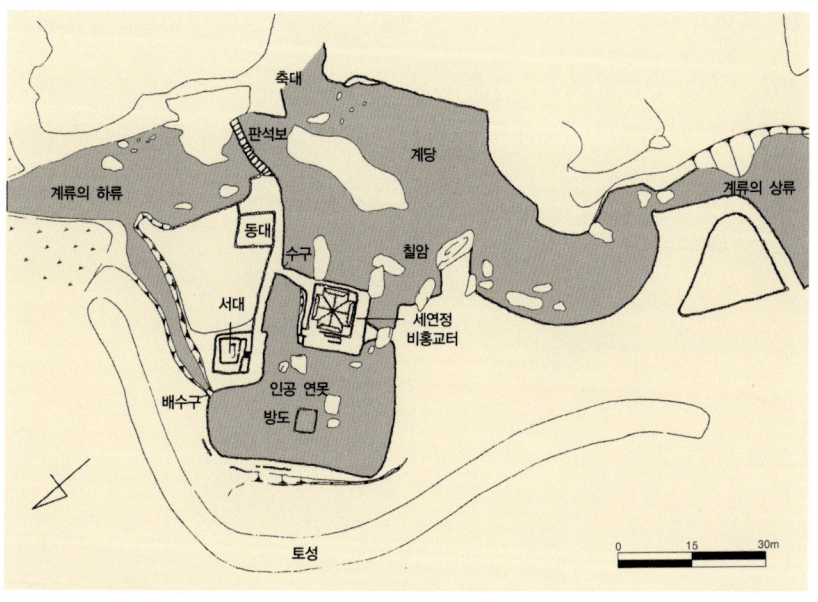

↗ **세연정 복원 배치도**   정재훈 도면.

시간적 차이와, 윤선도 자신이 주인이자 유일한 손님이었다는 사실뿐이다.
이곳은 철저하게 고산 개인을 위한 놀이터였다. 섬 안의 모든 사람들은 놀이
를 위해 동원된 소품이며 배역이었고, 심지어 국문학사에 빛나는 윤선도의 가
사 작품들은 이 은밀한 유희를 위해 작사 작곡된 주제였다. 세연정 원림은
유희를 위해 마련된 자연 속에 위치한 완벽한 극장이었다.

  『보길도지』에 기록된 일과는 말년의 생활이었던 것 같다. 보길도에 정착
하던 초기에는 동천석실을 주무대로 삼아 수양과 독서로 은거생활을 만끽했
다. 그가 지은 「석실」이라는 시에는 초기의 생활이 이렇게 묘사된다.

수레엔 소동파의 시를 싣고
집에는 주문공의 글이 쌓였네

  그러나 말년 세연정을 무대로 벌였던 그의 유희 생활은 전혀 딴판이었
다. 연출, 각본, 무대, 소품, 음악, 안무지도, 관객…… 모두 윤선도. 기본계획
윤선도, 실시 설계 윤선도, 시공과 감리 윤선도, 건축주 윤선도. 모든 역할을

6 유희에서 실용으로 부용동 원림과 해남 녹우당 _ 245

띠말으면서 하루도 거르지 않고 이 반복되는 놀이에 탐닉한 이유는 무엇이었을까. 그렇다고 이를 방종한 유흥이었다고 볼 수는 없다. 높은 예술가의 경지에 올랐으며, 제왕의 스승까지 역임한 노인이 이런 생활을 의도적으로 즐긴 데에는 까닭이 있을 것이다. 세연정을 그린 두 편의 시에서 그의 심정을 눈치챌 수 있다.

내 어찌 세상을 저버렸으랴
세상이 나를 저버렸네
— 「동하각」

제갈공명을 그리고 싶어
이 연못 곁에 사당을 세우네
— 「혹약암」

경제적으로나 예술적으로는 부러울 것이 없으나 정치적으로 배척당하고 오랜 유배생활을 겪었던 쓰라린 경험이 세상에 대한 환멸과 절연으로 이어졌고, 그러면서도 제갈공명과 같은 현자를 기대하는 일말의 희망이 세연정을 세우게 했던 것이다. 그래서 스스로 세연정 원림을 '번화하고 청정함을 겸하여 재상의 그릇이 될 만한 곳'이라 평했다. 그 자신이 재상이라고 여겼을까, 아니면 그의 후손이 재상에 오르기를 바랐을까. 지나치다 싶은 부정적인 면도 있지만, 어찌 보면 지극히 불행한 예술가의 생존방식이 아니었을까.

입체적인 극장의 구성

윤선도는 해남의 유산을 모두 직계 후손들에게 물려주었지만, 보길도의 모든 유산은 유희생활의 최측근이었으며 음식 수발과 조감독 역을 맡았던 학관의 어머니(첩실 중 하나)에게 물려주었다. 조상에게서 받은 해남 재산은 자손에게

상속해야 하지만, 당대에 이룬 재산은 마음대로 처분하겠다는 이유에서였다.[16] 그 자신 보길도의 건축과 원림은 가문의 전통에서 일탈된 예외적인 것이라는 점, 나아가 자신이 즐긴 유희들은 당대에 국한돼야 할 것임을 깨달았기 때문일까.

당대의 뛰어난 예술가답게 그가 즐긴 유희와 유희를 위한 세트들은 하나의 완벽한 창작품이었다. 보길도 전체를 유희를 위한 무대로 재조직했고, 극히 필요한 요소에만 최소의 시설물을 건축했다. 평소에 익힌 풍수술을 발휘해 지형을 재해석해냈고, 굳이 필요한 곳에는 과감히 인공을 가해 지형을 변형시키기를 주저하지 않았다. 그는 보길도라는 자연적 무대의 특성을 속속들이 알고 있었기 때문에 지리적인 거리는 문제될 것이 없었다. 낙서재와 동천석실과 세연정으로 이어지는 거점들은 마치 연극의 장면들이 공간적으로 나열된 것에 불과하다.

창작된 유희에는 특별한 발명품들이 필요하다. 동천석실의 도르래(케이블 카)와 차바위, 세연정의 판석보와 동서대들. 그리고 경제적인 유희를 즐기기 위해서는 자연을 적절하게 활용할 줄 아는 혜안이 필요했다. 세연정 연못에 비춰지는 또 다른 무대, 옥소대의 설정은 너무나 그럴듯하다. 보길도는 윤선도의 예술적 안목이 빚어낸 거대하고 입체적인 극장이었다.

16_ 윤위, 앞의 책, 洗然亭條

중세적 장원,
녹우당

해남 윤씨 가의 주택경영에 관한 연구

녹우당綠雨堂은 흔히 '윤선도 고택'으로 알려져왔던, 전라남도에 현존하는
대표적인 상류주택이다. 그 이름 때문에 윤선도가 직접 경영한 17세기 초의
오래된 건물로 알기 쉽지만, 지금의 모습은 윤선도 시대보다 1세기 뒤인 18세
기의 것이며, 사랑채는 그보다도 1세기 뒤의 것으로 보인다. 따라서 '윤선도
고택'이라는 집 이름은 시간적 오해를 일으킨다. 이 집이 본격적인 살림집의
면모를 갖추기 시작한 것은 윤선도의 증손자인 윤두서 때부터다. 따라서 '윤
선도 고택'이 아니라 '윤두서 고택'이라 불러야 타당하다.

　　이 집에는 윤선도가 보길도에서 보여주었던 유희정신을 찾아보기 어렵
고, 오히려 살림살이에 충실하게 대응했던 기능성과 실용성이 돋보인다. 물
론 보길도의 놀이시설과 녹우당의 주거시설이라는 유형별 차이에도 기인할
것이고, 시대적 차이는 물론 윤선도와 그 후손들의 개인적 차이도 존재할 것
이다. 그럼에도 불구하고 두 건축 사이에 면면히 흐르는 공통적인 건축정신
이 있다면, 자유로운 창작정신과 윤씨 가문 특유의 독창성이다.

　　녹우당에 대해서는 많은 의문이 있었다. 우선 전라도 지역에서는 매우
드문 口자형 집이라는 점, 그리고 안마당이 앞뒤로 길쭉하여 비례가 특이한
점, 안채와 사랑채의 구성법이 서로 다른 점, 여러 차례 증축된 것 같은 지붕
의 형태 등등. 전라도 지역에서는 매우 드문 사대부가 형식이어서 적지 않은
학계의 연구들이 있었지만,[17] 이들 의문을 시원하게 풀어준 내용들은 거의 없

17_ 김동현, 「윤선도 고택의 조사」, 『문화
재』 4호, 문화재관리국, 1969. 임영배, 「고
산의 건축유구」, 『고산연구』 제1집, 1987.
전봉희, 「해남 녹우당」, 월간 『건축과 환
경』, 1995. 3.

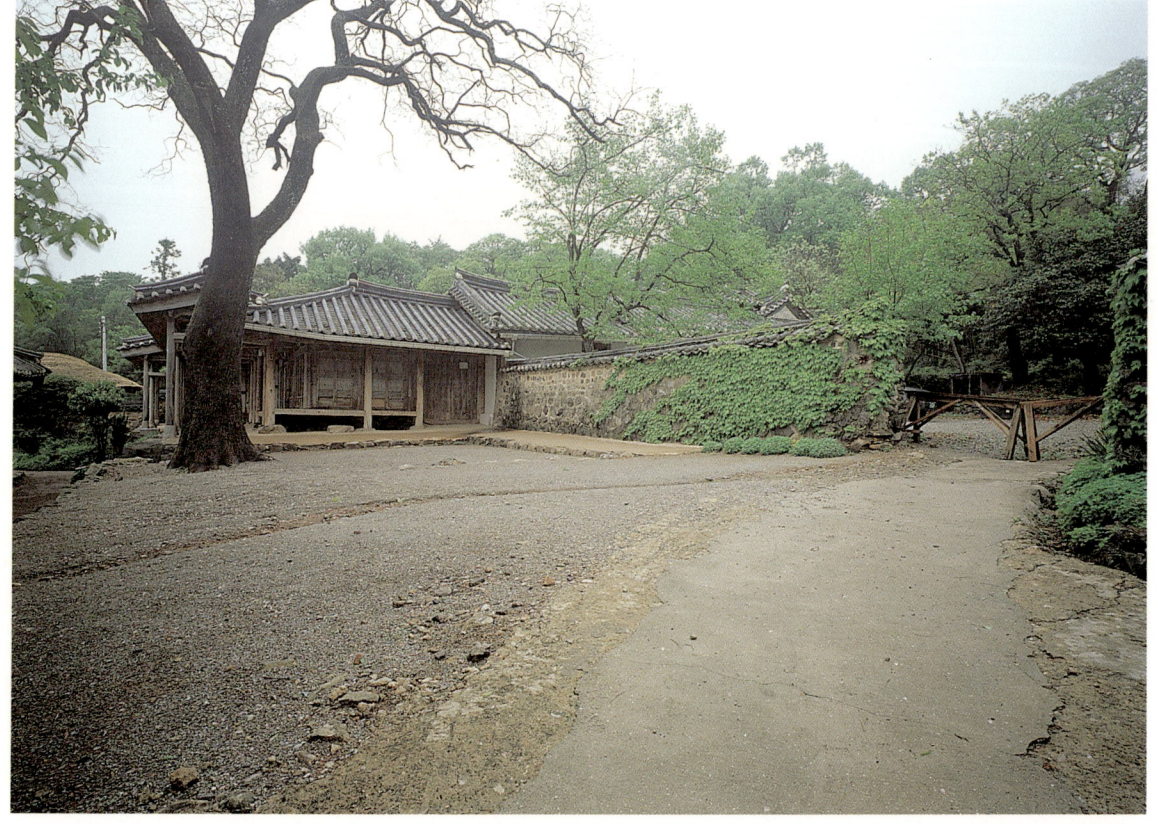

↗ **녹우당 전경** 왼쪽이 사랑채, 오른쪽
이 안채이다. 그 사이 긴 담장 자리는 원
래 곡간채가 있었던 곳이다. 담장을 끼고
살짝 난 중문과 점점 높아지는 지붕면의
변화가 주목된다.

18_ 전봉희, 「해남 윤씨가의 주택경영에
관한 연구」, 『대한건축학회 논문집』, 1996.
11.

19_ 윤두서 가옥은 윤두서가 말년에 머물
렀던 곳이며 1730년에 그의 셋째, 넷째 아
들이 이주하여 건립했다고 한다(전봉희,
앞의 논문). 그렇다면 '윤두서 가옥'은 실
제 건축주였던 '윤○○ 고택'으로 불러야
할 것이다. 문화재로 지정되면서 명명된
'윤두서 가옥'은 '윤선도 고택'과 같은 혼
란을 야기한다.

었다. 그러나 1996년에 발표된 전봉희 교수의 논문은 이들 의문을 말끔하게
씻어주는, 참으로 오랜만에 대하는 빼어난 연구논문이었다.[18] 특히 해남 일대
에 윤씨들의 씨족마을이 산재하는 점에 착안해 광범위하게 조사연구한 결과,
현산면 백포리의 '윤두서 가옥'이나[19] 초호리의 '윤탁 가옥'과의 연관성을 밝
혔다. 녹우당의 안채는 이들의 안채와 거의 유사한 형식임을, 그리고 다분히
지역적인 형식일 가능성이 높다는 것이다.

전 교수의 연구 가운데 녹우당의 건축 연혁에 대한 부분을 발췌해 살펴
보자. 강진 일대에 세거하던 윤씨들이 녹우당이 있는 연동마을 일대에 자리
잡은 것은 16세기 초 어초은漁樵隱 윤효정尹孝貞(1476~1543)대부터다. 그후
윤선도까지 5대에 걸쳐 연속으로 과거 급제자들을 배출하여 일대의 명문가
로, 최고의 재력가문으로 부상하게 된다. 그러나 급제한 종손들은 서울에 자

6 유희에서 실용으로 **부용동 원림과 해남 녹우당** _ 249

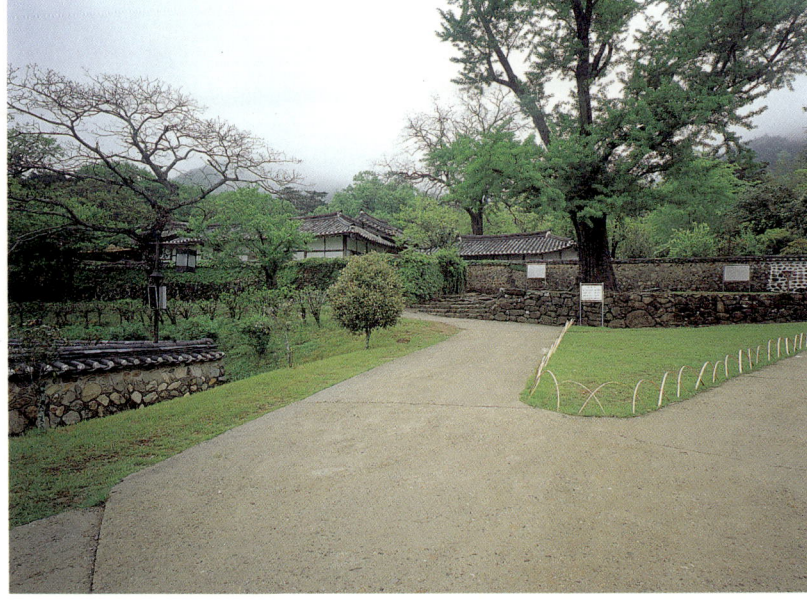

녹우당 전경　집 뒤의 높은 산이 덕
음산이다.

리잡고 벼슬길에 올랐기 때문에 해남의 재산은 부재지주로서 관리하게 되고,
종가인 녹우당은 소박한 시골집으로 경영되었다.

　　남인南人세력의 선봉이었던 윤선도는 송시열의 서인세력과 예송禮訟으
로 결사적인 일전을 벌였지만, 여지없이 패배하여 유배와 보길도 은거로 생
을 마감했다. 그 이후 해남 윤씨를 비롯한 남인계열은 정권에 참여할 길이 봉
쇄되었고, 증손인 윤두서는 벼슬에 미련을 버리고 그림에 몰두하게 된다. 양
반 화가 윤두서는 서울과 해남을 오르내리며 생활하다가 1752년 드디어 서울
집을 정리하고 해남에 정착하게 된다. 그 이전에 있었던 종갓집은 재실 형태
의 건물이었으며, 윤두서의 낙향과 종손계의 대이동 이후에 본격적인 살림채
로 개수되었다고 추정할 수 있다. 이전부터 있었던 안채에 사랑채가 신축되
어 완전한 □자 집으로 변형·중수되었다. 이때부터 윤두서는 그 유명한 풍속
화들을 그리기 시작했고, 그의 아들 윤덕희와 손자 윤용에 이르기까지 선비
화가 집안의 전통을 세우게 된다.

　　1821년 가묘 중건을 시작으로 1815년까지 어초은 사당과 고산 사당을 중
건하는, 사당 중건기를 맞이한다. 19세기 말에는 행랑채를 신축하고, 1938년

250 _ 김봉렬의 한국건축 이야기 시대를 담는 그릇

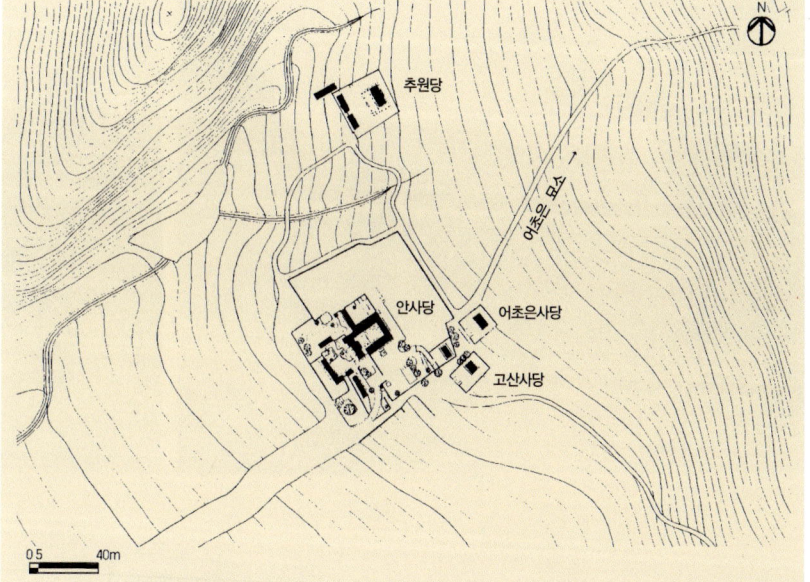

↗ **해남 녹우당 지형도** 김봉렬 도면.

에 녹우당 뒤 숲에 있는 재각인 추원당追遠堂을 신축함으로써 주요한 건축 과정을 마무리 짓는다. 길게는 400년간, 본격적으로는 200년간에 걸친 오랜 증축과 개수의 과정을 겪은 결과가 현재의 녹우당이며, 지금도 녹우당의 내 부는 계속 변화하고 있다.[20]

동서로 놓인 상징축

녹우당은 진산인 덕음산에 기대어 서향하고 앉았다. 앞으로는 일가붙이들인 연동마을이 펼쳐지고, 그 앞으로 다시 넓은 논들과 멀리 안산이 놓인다. 마을 앞 들판이 너무 넓어서 허해짐을 막기 위해 마을 입구에 연못을 파고 소나무 숲을 조성했다. 마을에서는 이 못을 '볼무덤'이라 부르며, 윤선도가 직접 조 성한 곳이라 여긴다. 연못을 파낸 흙을 쌓아 5개의 가산을 만들었다. 연못 안 에는 3개의 섬이 축조되어 연못의 모양은 마음 심心자가 된다. 아직도 남은 30여 그루의 늙은 소나무들에 둘러싸인 볼무덤의 모습은 고산의 원림 경영 솜씨를 다시 한번 자랑한다.

20_ 이 글을 위해 1996년 1월에 녹우당 건물을 실측조사했다. 기존에 작성된 도면 들과 비교한 결과, 안대청의 바닥이 변했 고 남쪽 부엌이 2칸의 온돌방으로 변하는 등 실내의 변화를 발견할 수 있었다.

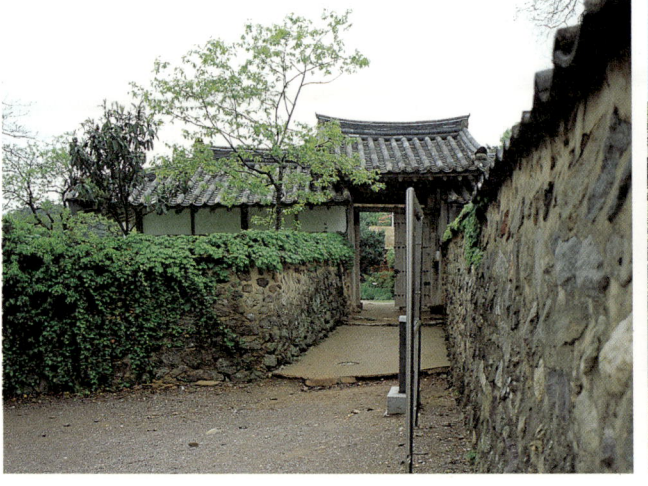
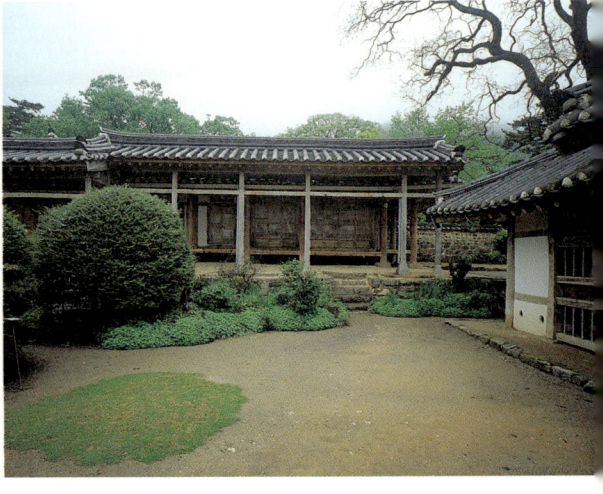

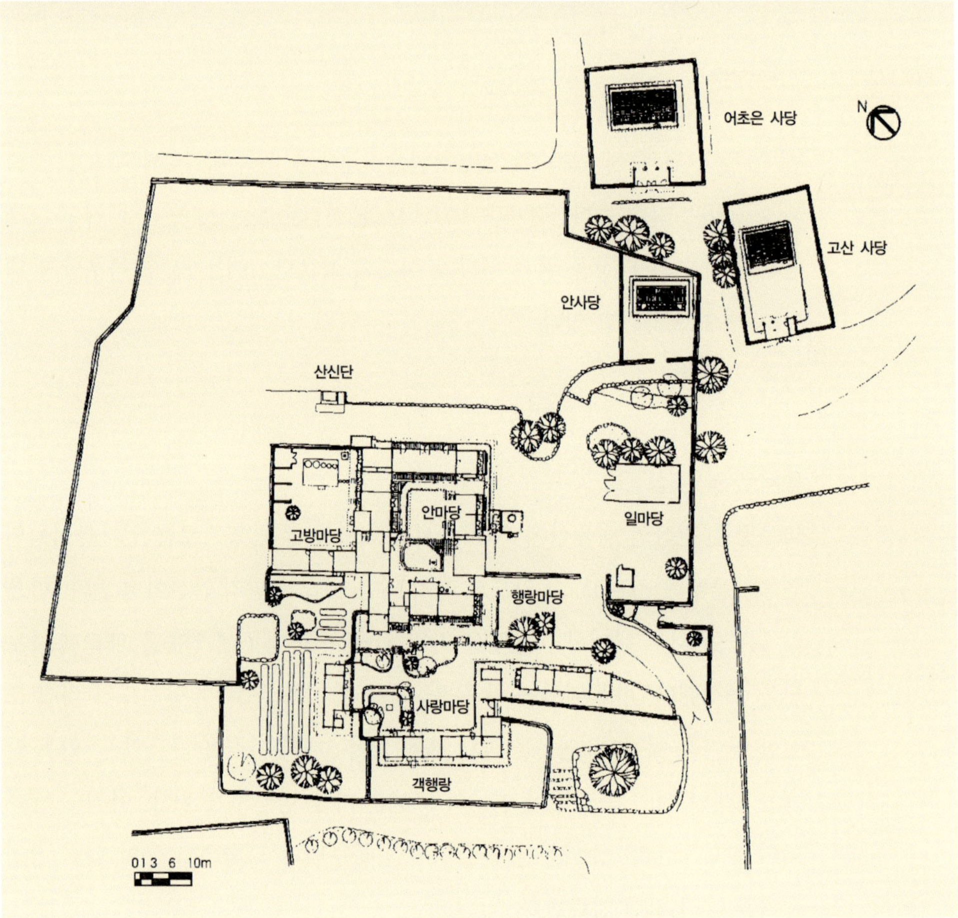

252 _ **김봉렬의 한국건축 이야기** 시대를 담는 그릇

녹우당은 마을 제일 안쪽에 자리잡았고, 뒤에는 사당들의 무리와 어초은 묘소가 비자나무 숲으로 둘러싸여 있다. 고산이 심었다고 전하는 500그루의 비자나무 숲은 천연기념물로 지정되어 있다. 녹우당 뒤 동북쪽에는 어초은 묘소에 제사를 지내기 위한 재실인 추원당 일곽이 자리잡고 있다. 추원당 부근에 초당이 있어서 공부하는 친족들을 위해 장소를 제공했다고 하나 지금은 없어졌다.

연동마을은 한때 100여 호에 이르는 큰 마을이었지만, 지금은 20여 호의 살림집들만 남아 있다. 녹우당 아래편, 현재 유물관과 주차장으로 쓰고 있는 자리에는 원래 20여 채의 작은 살림집들이 있었다. '호집' 이라 불리었던 이 집들은 종가에 반고용된 일꾼들의 주택이었다.[21] 전라북도에서는 '호지집' 이라 부르며, 경상도에서는 '가랍집' 이라고도 부른다. 녹우당은 단순한 살림집이 아니라 앞에는 넓은 들, 뒤에는 준수한 산, 전형적인 씨족마을을 거느리고 수많은 호집에 둘러싸인 대규모의 장원이었다.

진산과 안산을 잇는 지형 체계의 자연축이 동서로 설정되기 때문에 녹우당의 구성축도 동서로 놓인다. 동서 축선상의 앞으로는 몰무덤과 연동마을이, 뒤로는 재실과 입향조의 묘소가 놓인다. 동서축은 마을과 종가 전체에 질서를 부여하고 공간적 위계를 정하는 매우 중요한 축선이다. 여기에는 일상적인 기능보다는 공동체적 장소와 종가라는 중심, 묘소와 재실이라는 극히 신성한 의례의 공간들이 놓이게 된다.

녹우당에서 서향을 하고 있는 부분들은 사랑채 전부와 안채의 제례청 부분, 그리고 뒤편의 산신단과 사당군들이다. 남향을 하고 있는 부분이 기능적이고 일상적인 공간들이라면, 중심축선상의 공간들과 서향한 건물들은 상징적이고 규범적인 것들이다. 특히 안마당의 정면을 형성하는 안채 제례청은 그 놓인 위치나 규모로 보아 안대청일 것 같지만, 실제로는 제사 때에만 사용하는 의례적인 장소다. 평시에는 항상 닫혀 있고, 북서쪽 모퉁이에 놓인 2칸의 '못마루' 가 안대청의 역할을 한다. 상징성과 일상성의 공간이 하나로 통합되지 않고 서로 분리된 채 직교하도록 구성된 것이다.

21_ 녹우당 안주인의 고증.

↖ **녹우당 대문으로 가는 길**
↗ **녹우당 사랑채 정면** 채양을 설치해서 환경은 얻었지만 형태는 잃었다.
↙ **녹우당 배치 평면도** 김봉렬 도면.

6 유희에서 실용으로 **부용동 원림과 해남 녹우당** _ 253

윤씨 가의 네크로폴리스, 중세의 가을

녹우당은 해남 윤씨의 대종가로서, 5대조를 봉사하는 일반적인 안사당 말고
도 입향조 '어초은'과 중흥조 '고산'을 모신 2개의 사당이 더 있다. 세 사당
은 집의 동남부 모퉁이에 모여 있다. 5대조까지의 안사당은 담장 안에 위치
하지만, 어초은 사당과 고산 사당은 담장 바깥에 위치한다. 안사당이 비교적
일상적인 성격을 갖는다면, 2개의 불천위묘不遷位廟[22]는 더욱 신성한 영역을
형성한다. 담장 바깥을 타고 넓게 형성된 진입로를 따라가면 먼저 고산 사당
이, 그 뒤로 어초은 사당이 나타난다. 어초은 사당을 지나면 두 갈래 길에 이
른다. 산쪽으로 올라가면 어초은의 묘소에 닿게 되고, 왼쪽 녹우당 뒷담을 따
라 숲 속으로 들어가면 재실인 추원당에 다다른다. 3개의 사당과 묘소, 그리
고 재실이 숲 속에 자리잡아 망자忘者들의 도시를 형성하고 있다.

고산 사당은 넓은 터에 자리잡았고 갑자기 밝아지는 위치에 마치 단독주
택과 같이 당당하게 자리하였다. 진입로 한편으로 비껴 놓아서 사각으로 보
이게 된다. 사각의 시선에서 잘 보이도록 대문을 낮추고 사당채를 높여 중첩
적인 형태가 부각된다. 사당 일곽을 바깥으로 약간 비틀어놓았기 때문에 사
다리꼴로 좁아지는 진입로는 자연스럽게 어초은 사당으로 연결되고, 고산 사
당의 입체성은 더욱 뚜렷해진다.

어초은 사당은 고산 사당과 대각선 방향에 놓였다. 역시 바깥으로 비틀
어진 위치 때문에 진입로를 정면으로 대하게 된다. 입향조의 사당다운 최종
적인 위치이며 정면성을 확보하고 있다. 사당 앞 빈 터를 키 큰 소나무들이 빽
빽이 감싸고 있어서 어둡고 아늑한 공간을 형성한다. 신성감마저 감도는 곳

22_ 일반적인 가묘家廟에는 5대조까지만
봉사奉祀하고 그 이상의 조상은 시제時祭
때 한꺼번에 제사지내도록 되어 있다. 그
러나 국가의 큰 공신이라던가, 가문을 중
흥시킨 선조에 대해서는 위패를 옮기지
않고 영구히 제사지내도록 불천위 사당을
만들어 모신다.

◢ **녹우당 입면도** 김봉렬 도면.

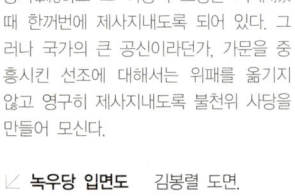

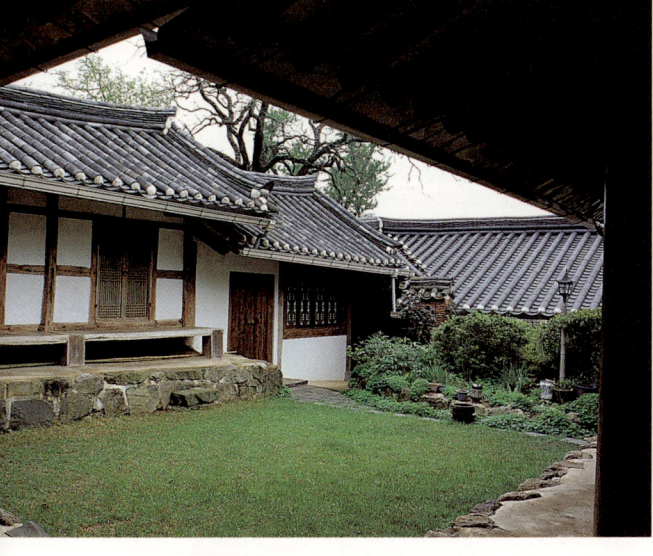
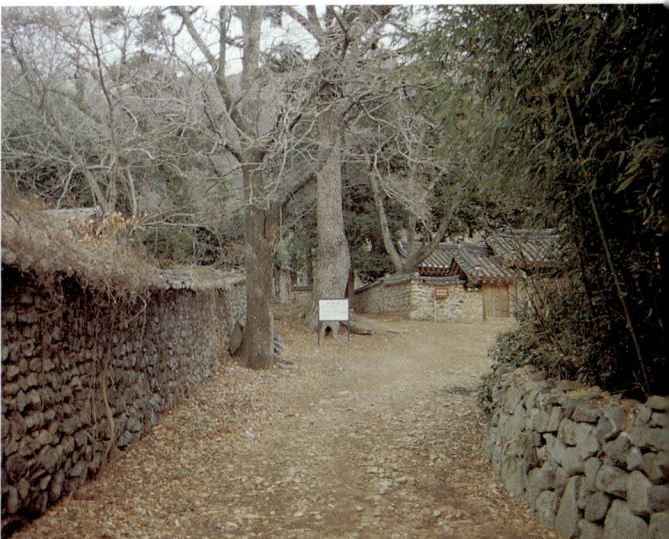

◥ **안마당의 모습** 몇 개의 지붕이 분절되어 있으며, 왼쪽으로 보이는 화단은 2층 방앗간이 있었던 자리이다.
◥ **어초은 사당으로 이르는 길**

이다. 고산 사당과는 반대로 높은 대문을 설치해 안쪽의 사당채는 잘 보이지 않는다. 정면성을 더욱 극적으로 부각하기 위한 방법이다. 사당 앞 공간은 직각으로 꺾이면서 다시 사다리꼴로 좁아지기 때문에 계속될 묘소나 재실로 향한 연속성을 암시하고 있다.

반면 집안에 설치된 가묘는 대문도 없고 어떠한 강조의 수법도 발견되지 않는다. 두 불천위묘에 비해 개방적인 성격이 강하다. 기일 때나 참배하는 불천위묘와는 달리, 아침저녁으로 외출 때마다 문안을 드려야 했던 일상적인 장소였기 때문이다.

3개의 사당들이 지금과 같은 모습을 이룬 것은 19세기 전반이다. 전봉희 교수의 연구에 따르면 이때는 윤씨 가의 존망이 위태로웠던 시기였다. 종가

◥ **녹우당 종단면도** 김봉렬 도면.

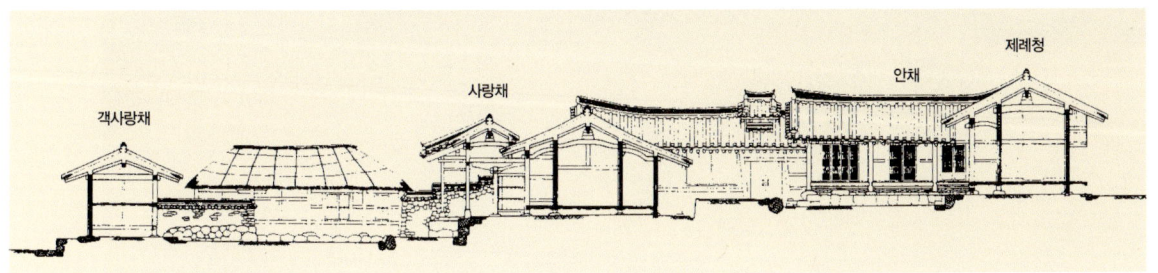

6 유희에서 실용으로 **부용동 원림과 해남 녹우당** _ 255

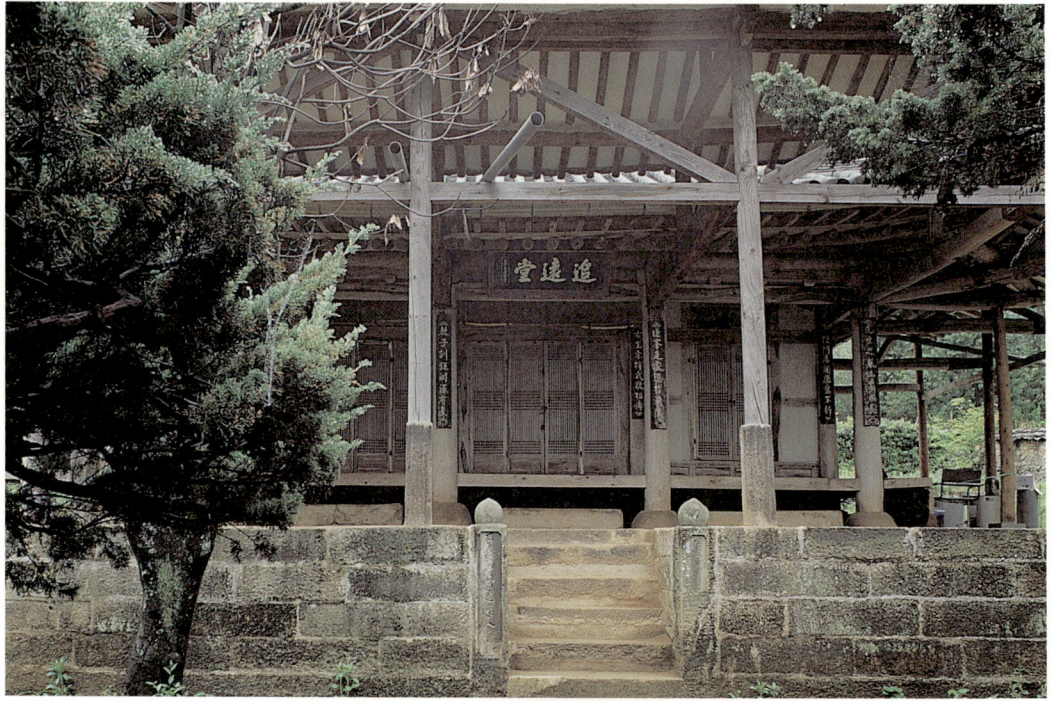

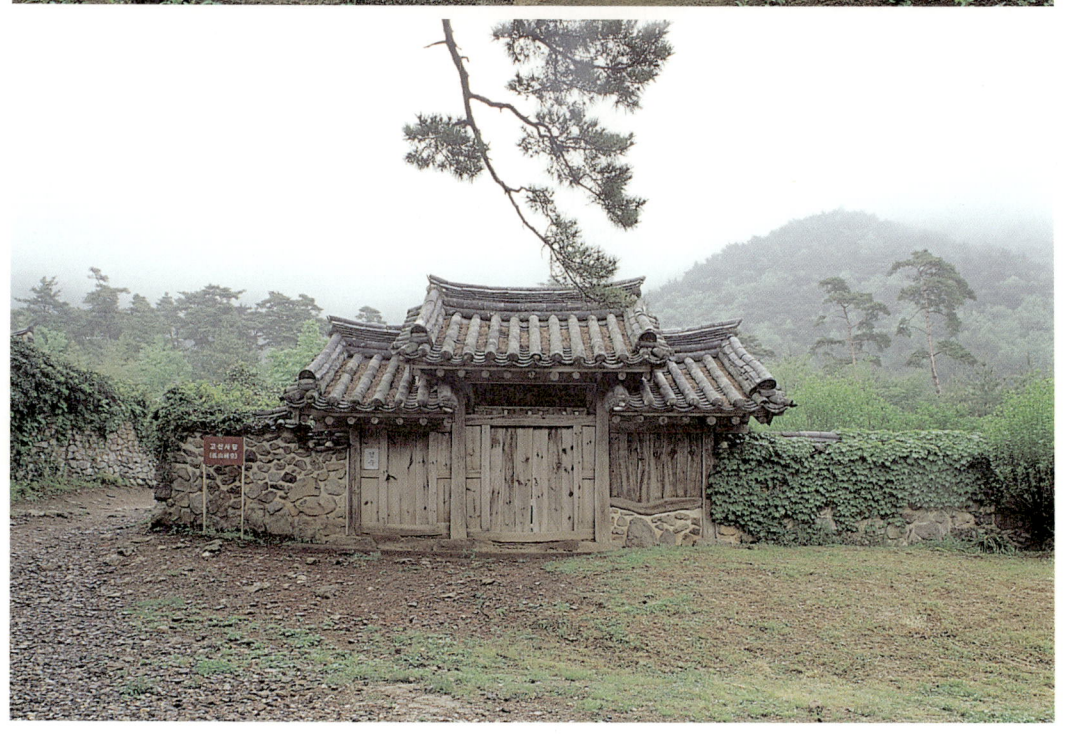

256 _ 김봉렬의 한국건축 이야기 시대를 담는 그릇

의 아들들이 일찍 죽거나 절손되어서 종손의 대가 끊길 위험에 처했고, 이에 따라 가문과 지역사회 내에서의 종가의 위상이 격하되었기 때문이다. 결국 멀리 충청도에서 입양한 먼 친족이 장손의 대를 잇게 된다. 그 기간 동안 종가의 살림살이를 맡았던 광주 이씨 부인[23]은 입양한 장손들의 권위에 도전하는 여러 친족들의 간섭을 힘겹게 이겨나갔다. 이 와중에서 장손의 권위를 회복하기 위한 방편으로 대대적인 사당 중건역사를 벌이게 되었다. 이 과정을 전 교수는 호이징거Johan Huizinga(1872~1945)[24]의 『중세의 가을』*The Autumn of the Middle Ages*에 비유하고 있다. 윤씨 가의 네크로폴리스를 보면 붕괴되어가는 중세적 질서를 회복하기 위한 양자들의 처절한 몸부림을 읽게 된다는 지적이다.

'중세의 가을'의 완결편은 종가 동북쪽에 건립된 추원당追遠堂이다. 이 재실이 건립된 1938년은 일제의 수탈이 극에 달했던 시점, 역으로 대지주였던 윤씨 가의 재산이 최대로 확장되어 위세를 떨치던 시점이다. 추원당의 본채는 4×2칸의 규모로 칸살이 넓고 높이가 높다. 역시 서향을 하고 있는 관계로 햇빛을 막기 위해 서남쪽 두 면에 차양을 둘렀다. 차양을 부설하는 기법은 윤씨 가 전래의 기법으로 녹우당의 사랑채, 고산 재각의 전면에도 나타난다. 추원당 본채 앞에는 7칸의 긴 객행랑을 세우고 가운데 대문을 달았다. 대문칸을 아주 높이고 그 위에는 다락까지 설치했다. 첫눈에 위풍당당한 윤씨 가의 위세를 상징하는 건물이다. 어초은의 묘제 때에는 200~500명의 일가붙이들이 참석한다니 이 정도의 건물이 필요했을 것이고, 이 정도의 위세로도 부족했을 것이다.

23_ 광주 이씨 부인은 젊어서 남편을 잃고 멀리 충청도에서 어린 양자를 데려와 장성할 때까지 종가의 살림과 경제를 꾸려나갔던 여장부다. 그녀는 문학에도 능해서 『규한록』閨恨錄이라는 내방가사를 남겼다.

24_ 네덜란드 태생의 역사가. 라이덴대학 총장을 거쳐 1933년에는 왕립아카데미 회장을 지내며, 현대 일류의 문화사가文化史家라는 타이틀을 얻었다. 대표작 『중세의 가을』은 중세 말 프랑스와 네덜란드의 생활과 정신의 풍토를 그려 문화형태학에 큰 영향을 미쳤다. 주요 저서로 『에라스무스전』, 『내가 걸어온 역사에의 길』, 『인간과 문화』 등이 있다.

↖ **추원당 정면** 높게 설치된 채양 때문에 건물이 보이지 않는다.
↙ **고산 사당의 전경** 솟을삼문이 밝고 우뚝한 장소에 서 있다.

녹우당,
실용의 정신

윤씨 가의 사실적 예술정신

녹우당이 본격적으로 건축된 18세기는 실학이 무르익던, 이른바 영정조 르네
상스의 개화를 눈앞에 둔 때였다. 알려진 대로 실학은 남인계의 재야학자들
에 의해 주도되었고, 남인계의 골수 윤씨 가도 영향을 받으며 일조를 했을 것
이다. 녹우당의 실질적 건축주 윤두서는 초기 실학자인 이익·이서 형제와 친
교가 깊었고, 외증손자는 대실학자 정약용이었다. 실학적 세계관은 그의 예
술세계를 근본적으로 변화시켰다. 관념적인 문인화의 전통에서 벗어나 토속
적인 소재와 민중의 삶을 그린 사실주의적 풍속화를 처음으로 그려내기 시작
했다. 유명한 〈자화상〉에서는 수염
한 올도 극사실 기법으로 그렸지만
몸통은 생략에 가깝게 단순화시켜 실
용적 정신을 표현해냈다.[25]

　그의 아들 윤덕희도 뛰어난 풍속
화가였으며, 요절한 손자 윤용의 '망
태기를 옆에 끼고 봄을 캐러 나선 아
낙네 그림'(〈협롱채춘도〉挾籠採春圖)는
사실주의 풍속화의 극치를 보여준
다. 뒤돌아서서 멀리 봄을 응시하는
아낙네의 보이지 않는 표정과, 걸어

25_ 요절한 미술사학자 오주석(1955~
2005)의 발견에 의하면, 이 자화상은 원
래 몸통과 의복 선을 흐릿하게 그린 초안
이 있었다고 한다. 근세에 다시 표구하면
서 실수로 몸통 부분의 선들이 지워져 현
재는 얼굴만 있는 그림이 되었다.

◩ **녹우당 지붕 투상도**　김봉렬 도면.

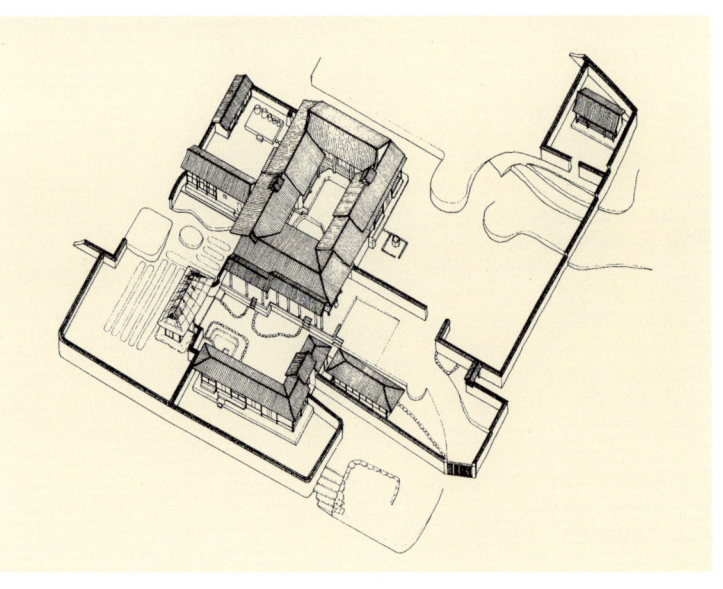

258 _ **김봉렬의 한국건축 이야기** 시대를 담는 그릇

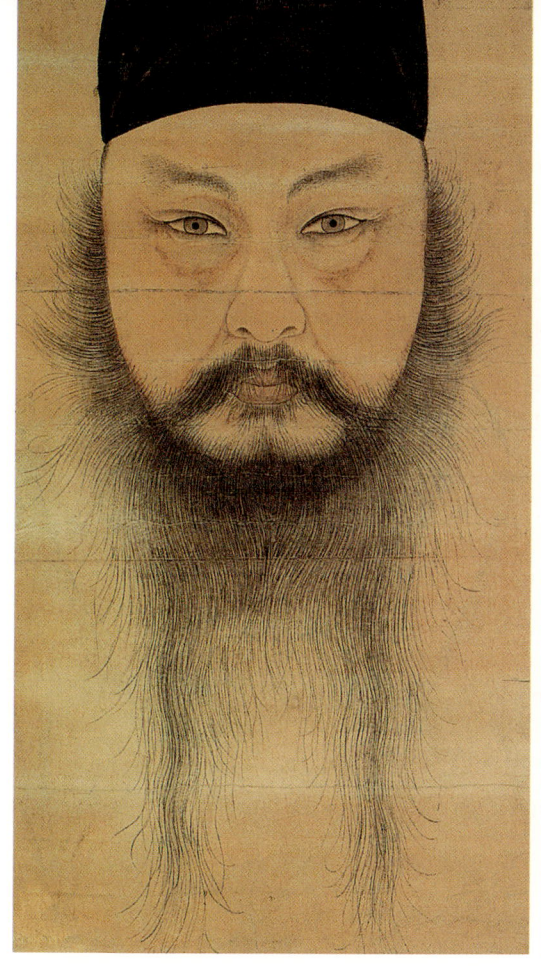
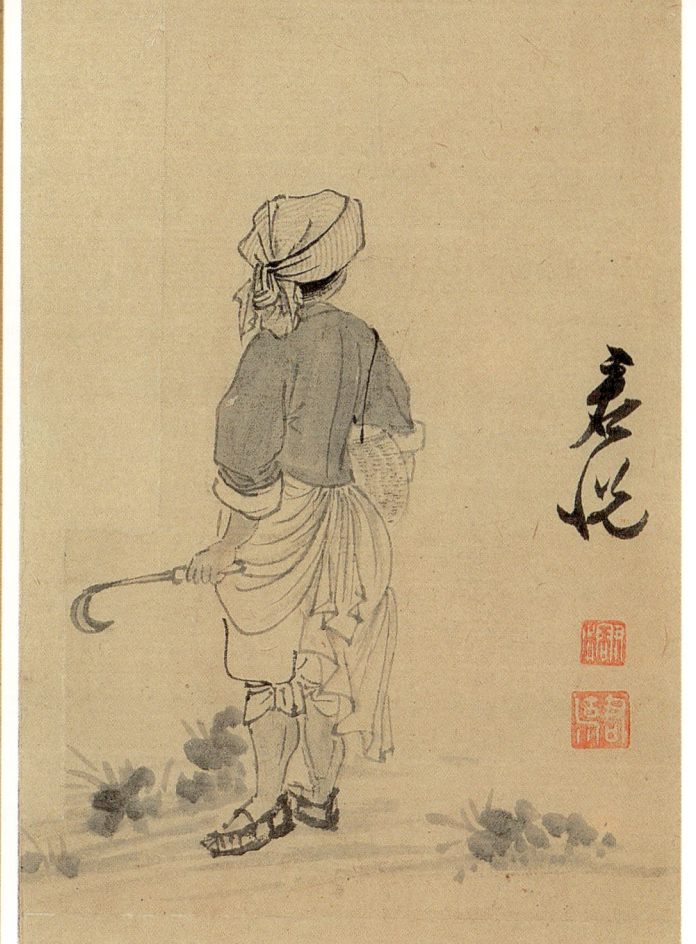

◣ **자화상** 윤두서, 해남 윤씨 종가 소
장.
◤ **협롱채춘도** 윤용, 간송미술관 소장.

붙인 장딴지의 근육과, 호미를 불끈 쥔 옴팡진 손은 건강한 민중의 생활을 아
름답게 또한 사실적으로 그리고 있다. 이들은 모두 초기 녹우장 경영을 주도
했던 주인공들이다.

녹우당 전체에 흐르는 자유분방한 구성, 격식을 무시한 변용과 임의로운
증축들, 소박한 구조체와 비장식적인 요소들을 실학사상과 직접적으로 연결
시키기는 어렵다. 그러나 규범과 예학적 구도에 얽매인 당대의 다른 양반가
들과 비교한다면, 적어도 녹우당 건축의 근저에 흐르는 실용정신이 매우 강
했다는 것은 확실하다. 석양빛을 막기 위해 사랑채의 위엄을 포기하면서 정
면에 채양을 달았고, 지금은 없어졌지만 방아를 찧기 위해 안마당에 2층 건물
을 과감히 설치했었다.

6 유희에서 실용으로 **부용동 원림과 해남 녹우당** _ 259

남북으로 놓인 실용축

이러한 부분적 시설보다도 근본적인 것은 집 전체를 구성하는 방향성의 문제
다. 비록 동서로 놓인 상징적인 축이 집의 구성축을 이루고 있지만, 일상생활
의 실용적 행위를 담기 위한 공간들은 모두 남북으로 놓였다.

우선 주요한 출입구들, 사랑채로 들어가는 대문과 안채로 들어가는 중문
은 모두 남향하고 있다. 또한 행랑마당으로 들어오는 협문도 남향이다. 출입
구를 남쪽으로 냄으로써 양지바른 곳에서 출입할 수 있다는 장점 외에도, 담장
을 휘어 골목을 만들고 깊은 곳에 대문을 두는 수법으로 은밀함도 얻고 있다.

주요 출입구들을 남쪽에 냈다는 사실은 주요한 마당들의 방향성을 남북
으로 생각했다는 점과 일치한다. 특히 동서로 긴 안마당의 비례는 남쪽의 햇
빛을 더 받기 위해 남쪽 면을 늘인 결과일 수 있다. 안채의 주요한 방들 즉 안
방과 안대청(못마루), 며느리 방(모방)과 시할머니 방(건넌방) 모두가 남향하고
있다. ㄷ자 안채는 동서 상징축을 따라 놓여졌지만, 실제로 대부분의 방들은
남북으로 놓였다. 오직 제사용의 제례청만이 서향으로 놓여 종갓집 안마당의
주인 노릇을 하고 있다.

ㄷ자 안채의 두 날개채는 중심의 제례청보다 그 폭이 두껍다. 날개채의
앞뒤로 퇴간을 만든 데다가, 뒤편에 다시 쪽마루를 가설했기 때문이다. 몸채

◺ **녹우당 사랑채 입면도**　김봉렬 도면.
◿ **녹우당 안채 횡단면도**　김봉렬 도면.

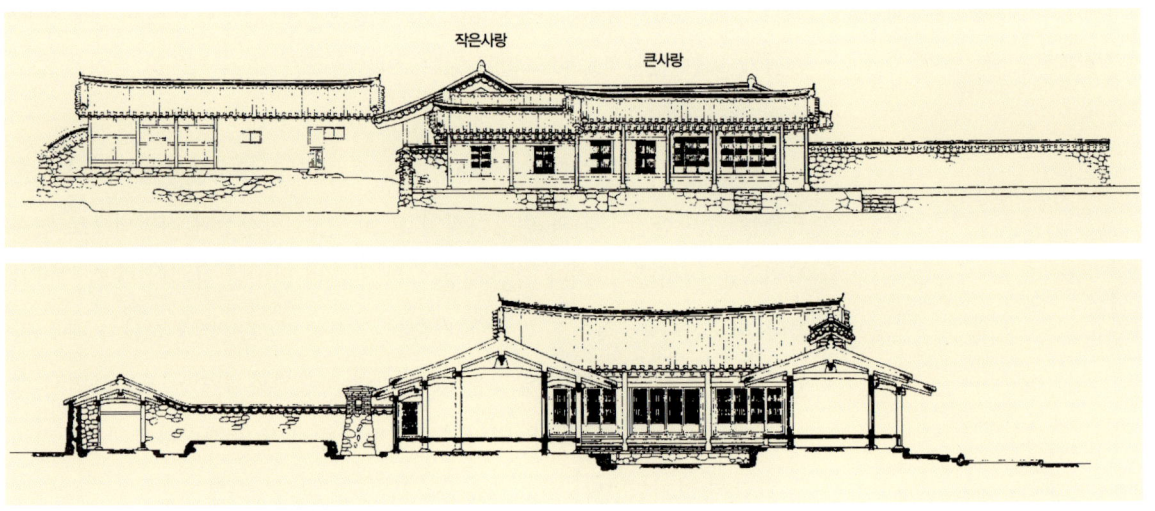

보다 날개채가 더 두꺼워진 것은 일상생활이 남향한 날개채를 중심으로 이루어졌음을 다시 한번 확인케 한다. 안방 부엌 뒤의 고방마당에 대해 모퉁이의 안대청은 정면으로 대할 수 있어서 고방마당 역시 남향한 마당이 되었다. 안사당 앞의 넓은 일마당은 가사작업의 중심으로, 역시 남향한 안채 날개채들에 의해 정면이 형성된다.

상징축과 실용축의 이중 설정

동서로는 의례와 규범에 충실한 기능들을 수용하면서 건물의 정면을 형성하지만, 실질적인 살림살이는 남북축을 따라 일어난다. 상징과 형태의 축에 대해 행위와 실용의 축이 서로 직교하고 있다. 이러한 이중적 설정은 실용정신 없이는 불가능하다. 안동 일대에 산재하는 성리학 원리주의자들의 주택에는 오로지 일원적인 구성축의 설정만이 있을 뿐이다.

녹우당의 얼굴인 사랑채는 큰 사랑과 작은 사랑의 두 부분으로 나누어져 있다. 큰 사랑은 2칸씩의 사랑방과 대청으로 이루어져 아버지가 사용하며, 1칸씩의 책방과 마루로 이루어진 작은 사랑은 아들이 사용한다. 작은 사랑은 큰 사랑보다 반 칸 앞으로 돌출되어 자연히 사랑마당도 두 부분으로 나뉘게 된다. 큰 사랑마당은 비어 있는 의례적인 곳이지만, 작은 사랑 앞에는 연못을 파서 아늑한 정원을 만들었다. 하나의 마당을 서로 다른 성격을 갖는 두 개의 공간으로 분할하는 절묘한 솜씨를 보여준다.

사랑채는 비록 동서 상징축을 따라 놓여졌지만, 그 안에서도 역시 실용축에 대한 방향성을 감지할 수 있다. 남쪽에 형성된 행랑마당을 향해 사랑대청이 열리게 되고, 대청 안의 현판도 남쪽을 향해 걸려 있다. 한 마당을 둘로 나누는 솜씨뿐 아니라, 한 몸체에서 2개의 방향성을 동시에 갖는 솜씨도 보여준다.

안채의 지붕 구성을 보면 녹우당의 실용정신을 다시 한번 확인할 수 있다. 원래 안채의 안마당은 3×3칸 정사각형 크기였겠지만, 몇 차례의 증축과

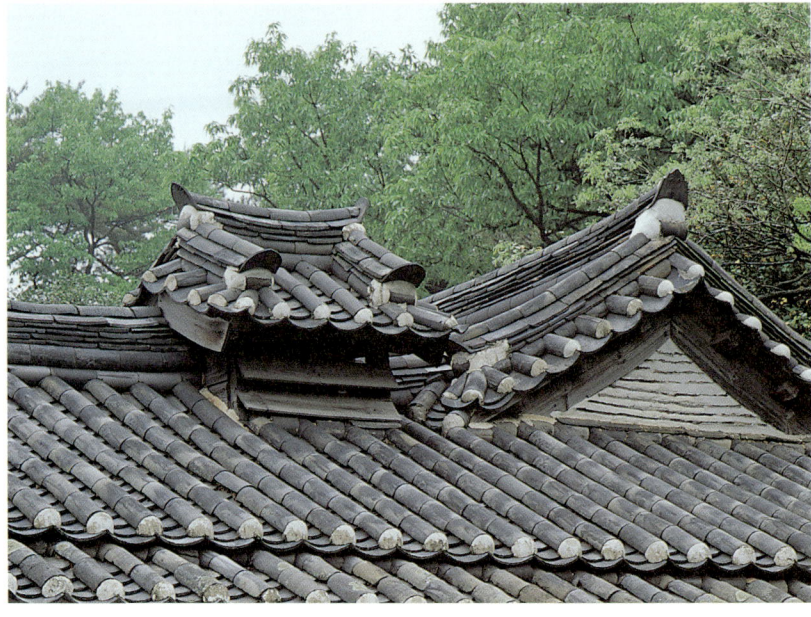

◤ **녹우당 부엌의 지붕**   부엌지붕 위의
솟을환기구로, 윤씨 가의 전매특허이다.

변형 끝에 현재와 같이 3×5칸으로 길쭉해졌다. 다시 말하면 사랑채가 신축
되면서 안채의 날개채는 2~3칸이 더 늘어났다. 그렇다고 지붕을 다시 만들
어 말끔한 형태를 갖추지 않았다. 원래 안채부터 사랑채 쪽을 향해 증축될 때
마다 지붕을 내어 달아 계단식의 모양이 되었다. 더욱이 남쪽 날개채 일마당
쪽의 퇴칸에는 퇴칸을 따라 좁고 긴 지붕면이 부가되었다. 일체의 격식과 외
형보다는 경제성과 실용성에 충실히 적응했던 결과다.

 보길도의 유희를 위해 윤선도는 많은 발명을 했지만, 녹우당에서도 후손
들의 그에 못지않은 발명품들을 발견할 수 있다. 안채의 두 부엌 위에는 작은
솟을지붕이 돌출해 환기구로 역할한다. 이 솟을환기구는 송광사나 선암사 같
은 전남 지역의 사찰 요사채에서 자주 사용된 것으로, 윤씨 일가는 이를 과감
히 살림집에 채용하고 있다. 쓸모만 있다면 절에서 개발된 것도 상관없다는
자세다. 앞서 언급한 채양은 마치 윤씨 가의 전매특허와도 같은 것이다. 녹우
당의 사랑채, 추원당, 문소동의 고산 재각에 과감하게 도입되었고, 그 규모도
크고 높이도 높다. 건물의 외형과 격식보다 햇빛과 비바람을 막는 실용성을
높이 산 까닭이다.

윤씨 가의
건축들

고산 재각

윤선도는 보길도 외에도 해남의 금쇄동과 수정동, 문소동에 거점을 마련하고 은거생활을 영위했었다. 금쇄동은 현재 구터목장이 있는 곳의 거북산 정상이라 주장되며,[26] 최근 정상부에서 연못 8개소와 집터 9개소를 발견했다. 윤선도의 「산중신곡」의 무대라고 전한다.

문소동에는 윤선도의 묘소와 재각이 있다. 고산 묘는 능선 정상부에 북향을 하고 자리잡았다. 묘소에서 골짜기를 건너 바라다보이는 능선에 재각이 위치한다. 묘제는 음력 11월 16일에 지내는데, 50~60명 정도가 참석한다고

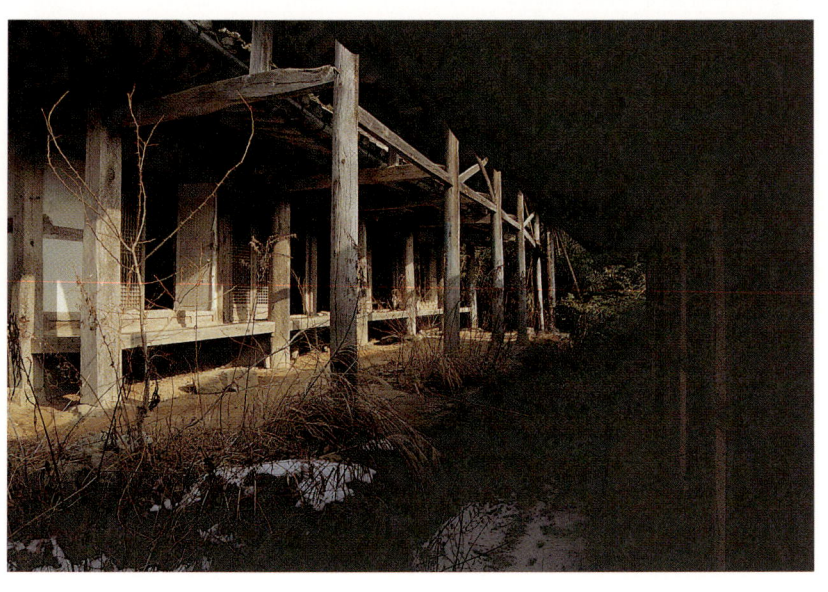

26_ 구터목장 윤재준 씨의 고증.

↘ 고산 재각의 높은 차양

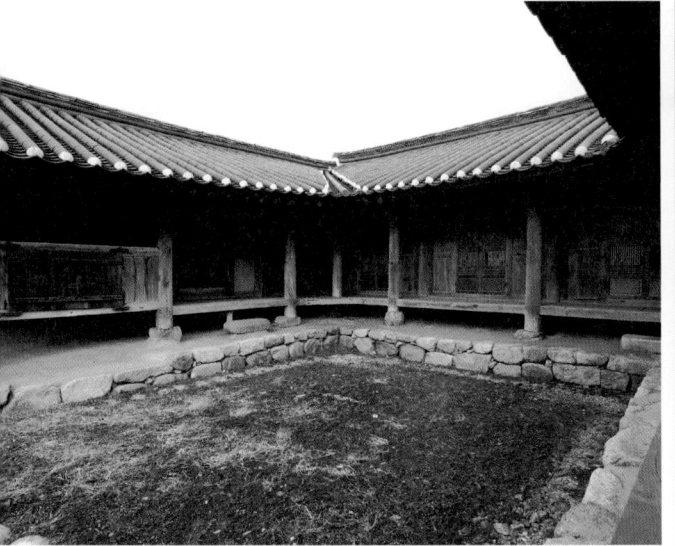

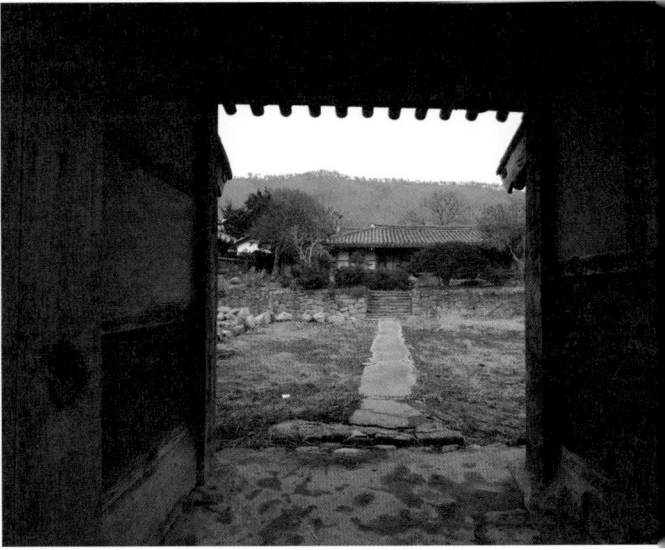

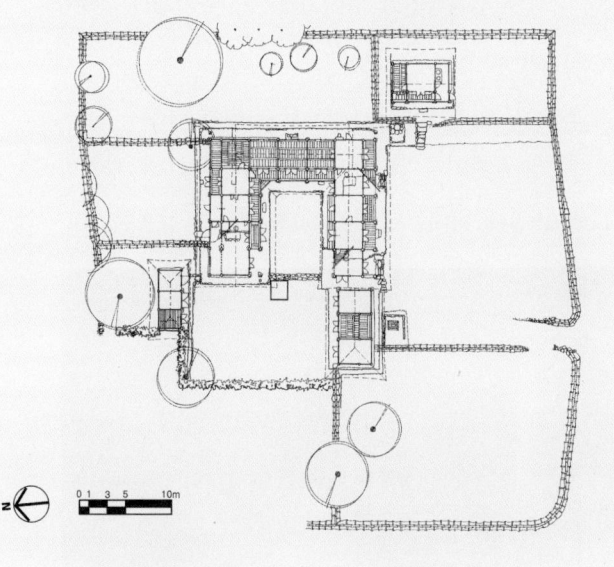

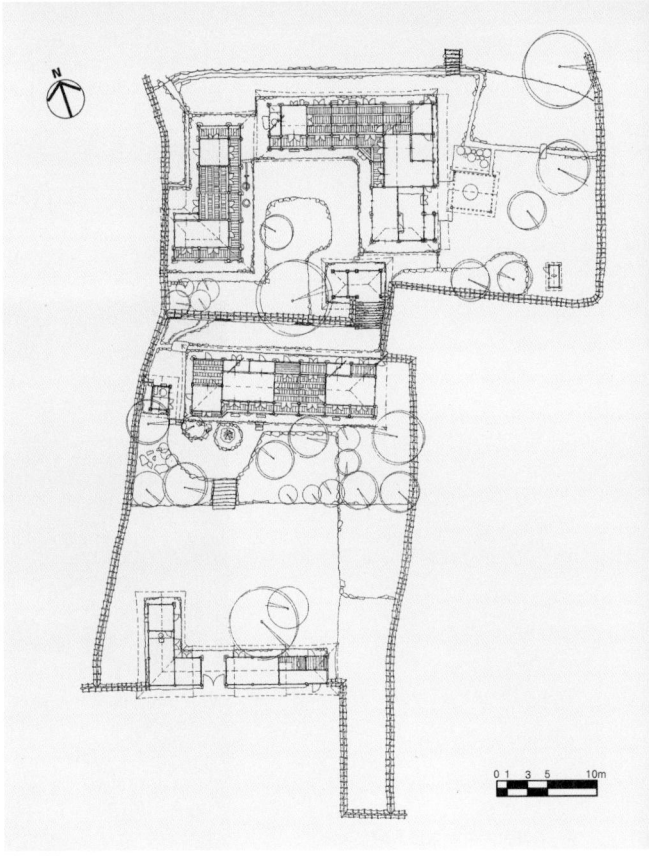

264 _ 김봉렬의 한국건축 이야기 시대를 담는 그릇

한다. 교통이 불편했던 시절에 일가들이 모이면 2박 3일 정도 재각에 숙박했었다. 5칸 재각 건물에 ㄴ자 행랑채가 붙어서 일곽을 이룬다. 정면에는 윤씨가 고유의 높은 채양을 달았다. 20세기 중반에 건립됐으며, 전체적으로 추원당과 유사한 형식과 디테일이 눈에 띈다.

윤두서 가옥

해남군 현산면 백포리에 위치한다. 1730년대 윤두서 말년에 건립하여 그의 3, 4남이 정착하기 시작했다. ㄷ자 안채가 서향으로 놓이고, 날개채의 주요한 방들은 남향하고 있다. 녹우당의 구성과 너무나 흡사하다. 안채 앞에는 역시 서향한 사랑채가 있었던 것으로 보이지만, 현재는 없어졌다. 안채의 구성이나 사당의 위치, 마당의 분할, 출입구의 구성 방법 등이 녹우당을 닮았다. 윤씨가에서 이상적으로 생각했던 녹우당의 모델이 다시 한번 재현된 것으로도 해석된다.[27]

윤탁 가옥

해남군 현산면 초호리에 위치한다. 초호리는 윤두서의 7남이 정착한 곳이다. 1906년에 지어진 비교적 근세의 주택이다. ㄱ자 안채와 一자 아래채가 안마당을 감싸고, 7칸의 긴 사랑채가 전면에 위치한다. 사랑채 뒷면과 안마당 사이에는 담장을 쌓아 서로를 독립시켰고, 사랑마당이나 안마당의 스케일도 커졌다. 이미 20세기로 들어선 시대적 차이를 느낄 수 있다. 벽돌을 활용한 굴뚝과 방화벽의 디테일이나, 신설된 목욕탕 등은 일제기 대지주 저택에 흔히 등장했던 요소들이다.

27_ 전봉희, 앞의 논문.

◺ 해남 윤두서 가옥
◹ 해남 윤탁 가옥
◿ 윤두서 가옥 평면도 전봉희 도면.
◺ 윤탁 가옥 평면도 전봉희 도면.

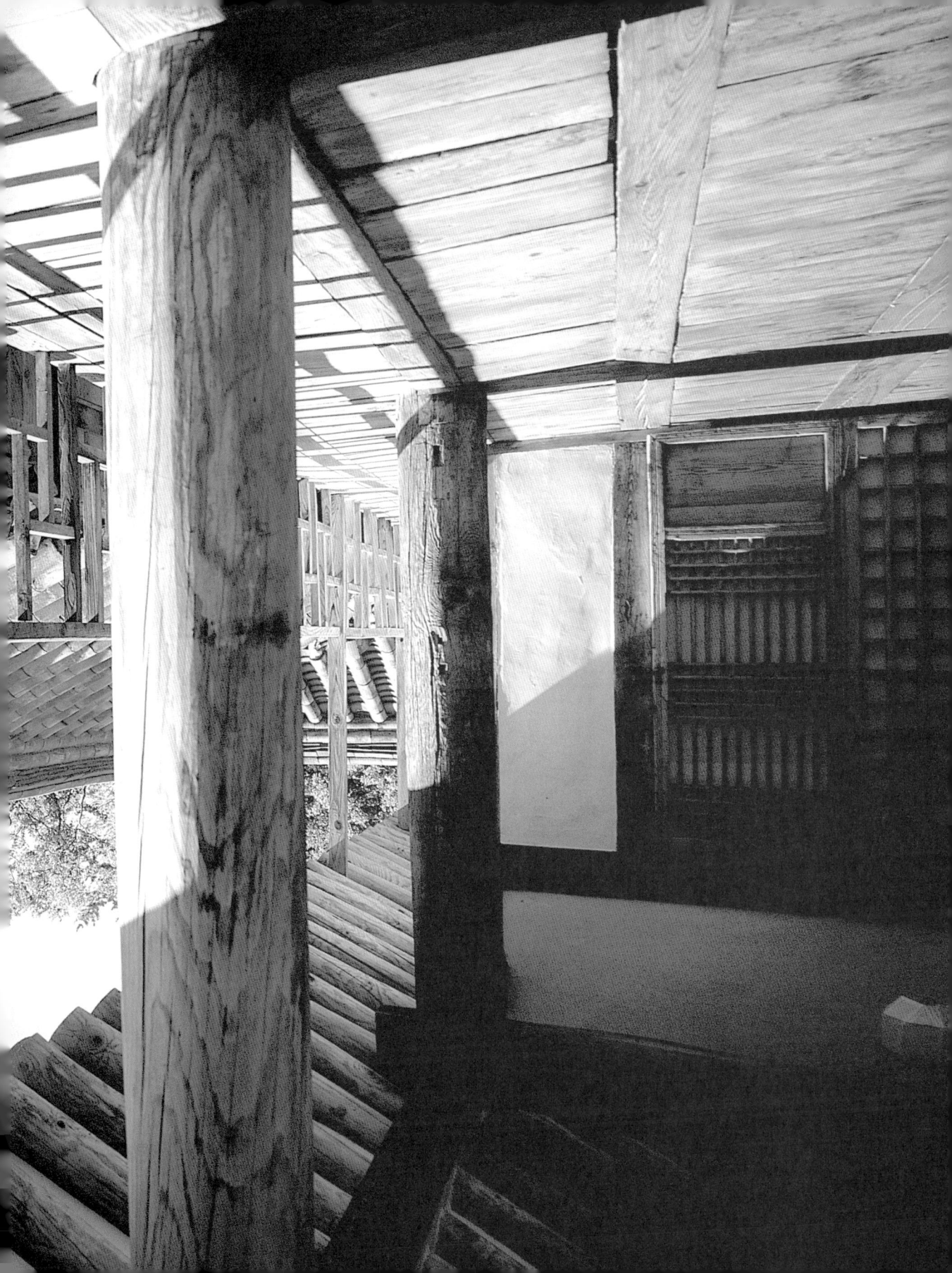

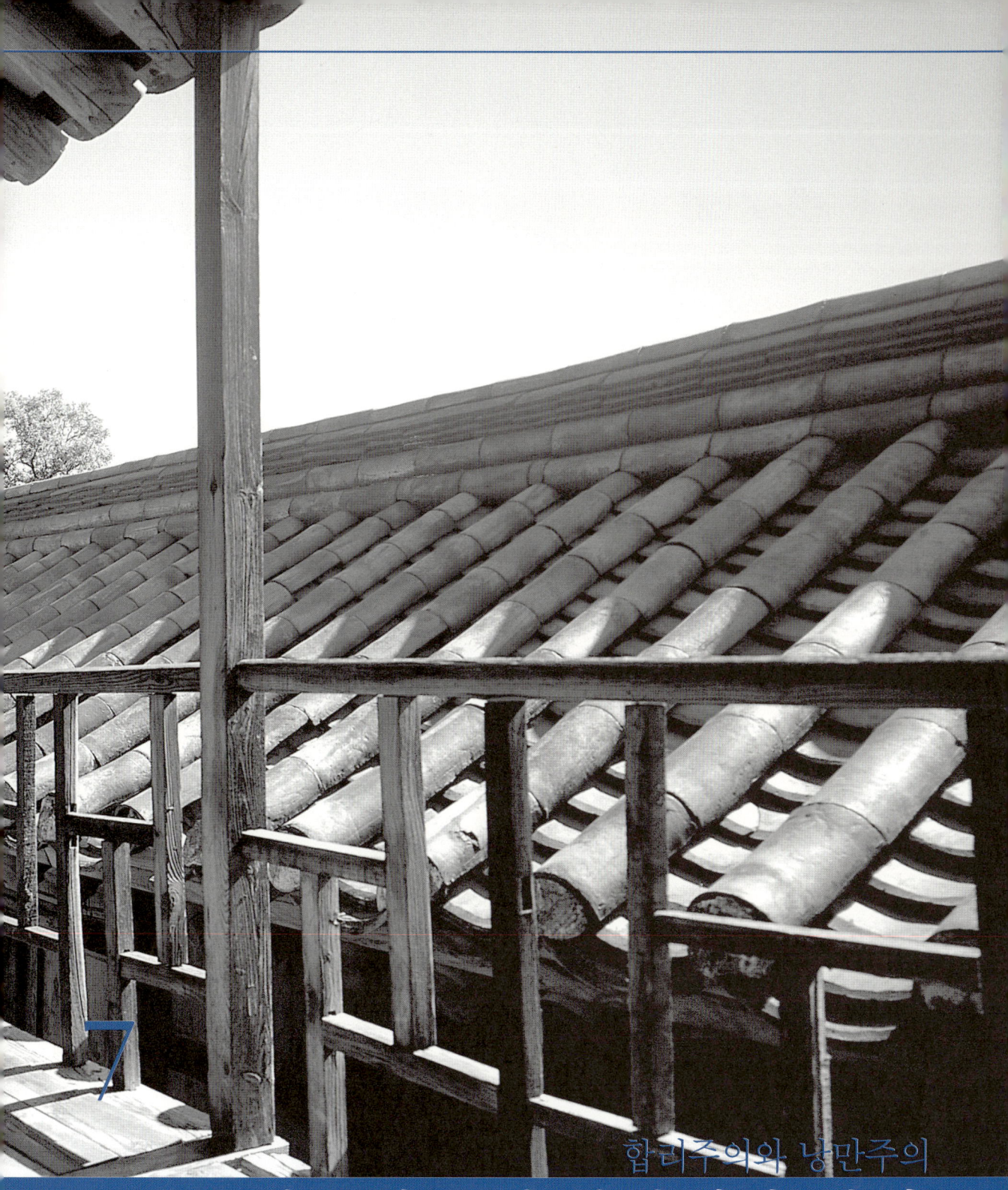

7

합리주의와 낭만주의
양동마을의 관가정과 향단

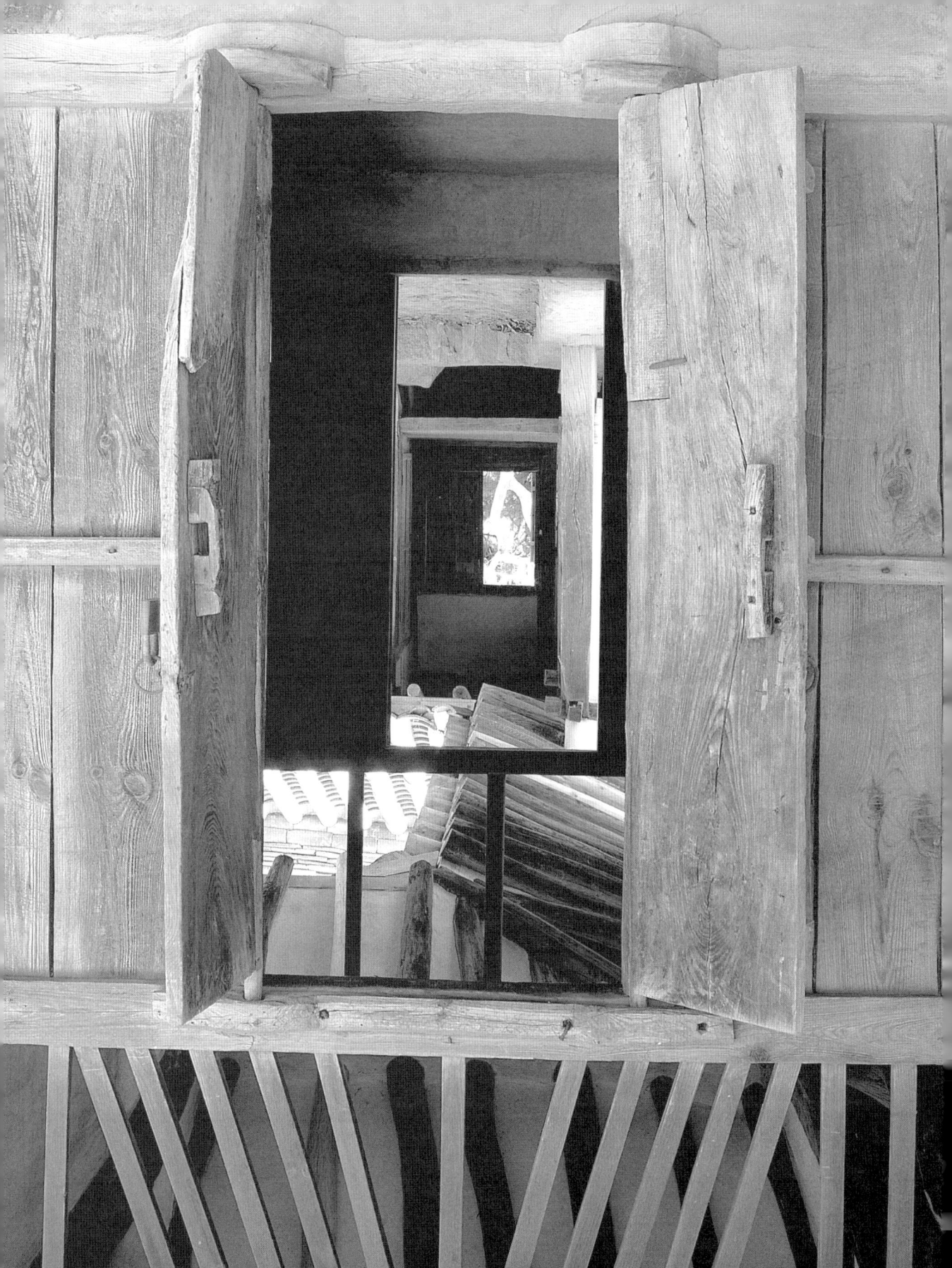

양동마을
이야기

유일한 전통 '마을'

옛집 한 채도 살아남기 어려운 근대 한국의 '개발 신드롬' 속에서 마을과 도시가 보존되기를 기대하는 것은 헛된 꿈이다. 백여 호의 살림집뿐 아니라 길과 외부 공간, 마을 조경까지 보존하려면 개인이나 가족적 차원의 노력만으로는 불가능하기 때문이다. 그러나 불가능할 것 같은 역경을 뚫고 아직도 보존된 전통적 환경의 마을들이 몇 있다.

대부분 '전통민속마을'의 이름이 붙은 마을 가운데, 가장 널리 알려진 것이 안동의 하회마을이다. 그러나 하회마을에는 수많은 민박집과 식당, 공예품점들이 들어차 관광지로 탈바꿈해버렸다. 하회는 마을 구조와 중요한 건축물들은 손대지 않아서 그나마 다행이다. 다른 민속마을들은 더욱 심각하다. 전남의 낙안마을에서는 복원의 허울 아래 원주민들을 성밖으로 몰아낸 후 조잡한 조선시대의 세트를 꾸며놓고 '왜 관광객들이 안오냐'고 한탄하고 있다. 제주의 성읍마을은 신혼여행객들을 상대로 토산품을 강매하는 씁쓸한 추억의 장소로 전락하고 말았다. 민속마을조차 '개발'의 방법을 통해 보존하려던 그릇된 결과다. 하드웨어는 보존됐을지 몰라도, 그 안에 담기는 소프트웨어는 심각하게 변질되고 말았다.

건축도 그렇지만, 마을과 도시는 '변하지 않았다'는 것만으로는 가치가 없다. 오히려 변하지 않은 마을과 도시는 낙후된 것으로 평가되기 쉽다. '보존'이란 과거의 상태 그대로 변치 않는 것이 아니라, 과거의 구조를 잃지 않

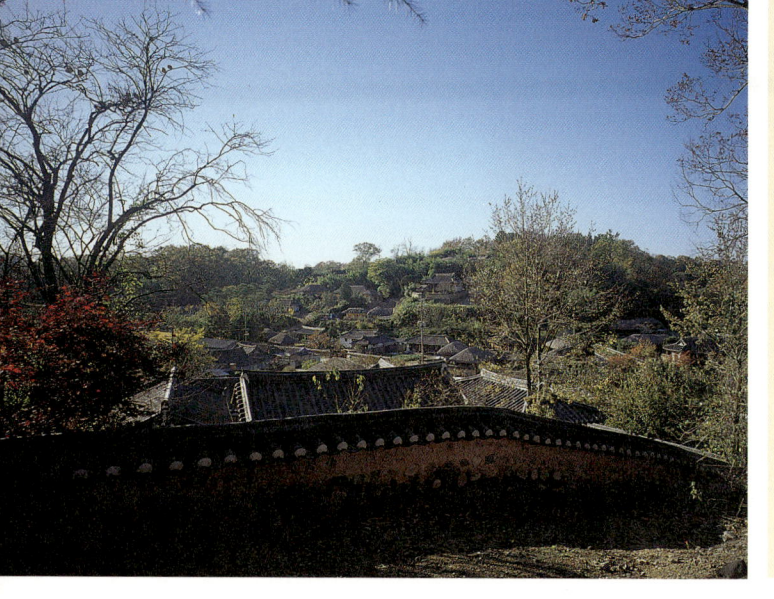
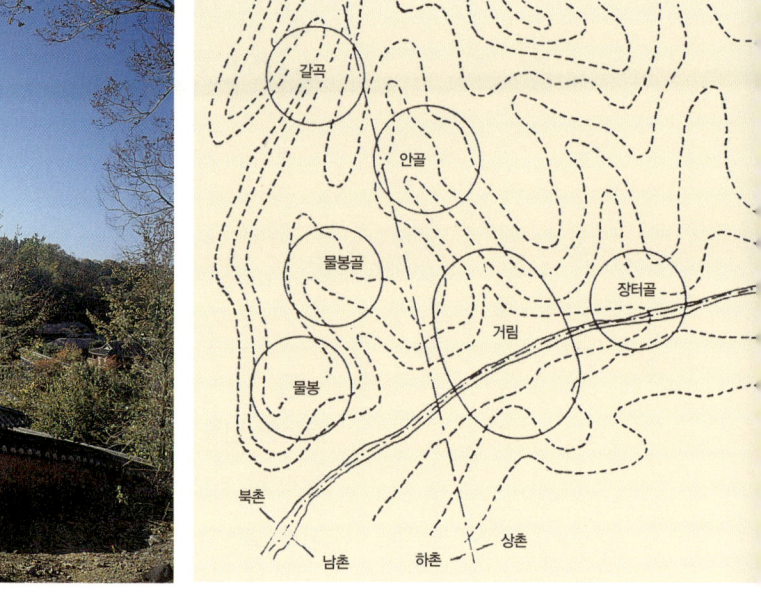

으면서 동시에 시대적 변화가 중첩되어 쌓이는 과정을 의미한다. 예의 민속마을은 하드웨어적 개조를 어느 정도 허용하더라도, 마을의 시설과 주민들이 살아 숨쉬는 생명력의 보존이 더욱 중요하다. 그렇지 않으면 관광 목적의 민속촌과 다를 바가 없기 때문이다.

양동마을은 기적적으로 살아 숨쉬는 유일한 '전통마을'이다. 그러나 민속마을은 아니다. 여기에는 어떤 토산품도, 재현할 민속놀이도 없다. 그 흔한 토속식당이나 민속주점도 찾아보기 어렵고, 민박집조차 없어서 관광하기에는 너무 불편하다. 그러나 이 마을에는 위풍당당한 종손들이 중심을 잡고, 젊은 아낙들과 어린 아이들의 활기가 가득하다. 1819년에 91가구가 살았던 데 비해 현재는 150여 호가 살아 오히려 인구가 증가한 기현상만으로도 그 생활의 활력을 증명한다.[01] 그러면서도 마을의 구조와 살림집의 모습은 물론, 산과 들의 자연형상까지 고스란히 보존된 곳이다.

양동마을이 바람직한 모습으로 보존된 데는 여러 가지 이유가 있다. 입지부터 산업사회의 변화에 적응할 수 있는 이점을 안고 있다. 한반도 동남권의 핵심 도시인 경주와 포항 사이에 위치해서 불과 30분이면 출퇴근이 가능

◩ 동정호에서 바라본 양동의 내향적 경관
◩ 양동마을 지세도

01_ 『양동마을 조사보고서』, 경상북도, 1979. p.22. 1819년의 양반층 가구수이며, 노비층의 호구까지 합한다면 231호에 달했다. 1980년대에는 총 가구 수 158호로 감소되었지만, 해방 후 진행된 급격한 이농현상과 비교한다면 인구가 거의 감소하지 않은 희귀한 농촌마을이다.

270 _ 김봉렬의 한국건축 이야기 시대를 담는 그릇

하고, 도시의 문화생활도 누릴 수 있다. 특히 지척의 안강읍에는 독점 군수산업체인 풍산금속이 자리잡아 취업에 유리하다. 그야말로 최상의 전원주택지인 셈이다. 이 마을 사람들은 일제기부터 고등교육에 힘써 수많은 고위공무원과 대학교수, 재벌급 사업가들을 배출했다. 따라서 탐방객들의 호주머니를 노리는 구차한 장사를 하지 않아도 되고, 비록 낡은 집에 살지만 그것을 긍지와 자랑으로 삼을 수 있는 정신적 여유에 충만하다.

그러나 이 마을을 경제적으로 정신적으로 풍요롭게 유지할 수 있고, 그래서 마을의 하드웨어까지도 보존할 수 있었던 근본적인 원인은 이 마을 특유의 정착과 발전사에서 찾아야 한다. 양동마을의 구조와 건축을 이해하려면, 우선 '양동마을 이야기'부터 이해해야 하고 심지어 조상들의 가계와 족보까지 들춰내야 한다.

외손들의 정착사

1458년 청송에 살던 손소孫昭(1433~1484, 월성 손씨)라는 25세의 청년이 부인을 따라 처가가 있는 이곳에 들어와 살면서부터[02] 마을의 본격적인 역사가 시작된다. 물론 그 이전에도 마을이 없었던 것은 아니다. 장인인 류복하柳復河(풍덕 류씨)는 려말선초의 만호萬戶로 일대의 수많은 노비와 토지를 소유한 토호였다. 더 옛날 고려시대에는 장蔣씨들이 살았고, 그 전에는 오吳씨들의 세거지였다고 전한다. 그러나 당시에는 10여 호 미만의 작은 마을이었을 것으로 추측된다. 이렇게 성씨들이 계속 바뀐 원인은 당시의 상속제도 때문이었다. 처가의 재산을 시집간 딸에게도 균등하게 나누어주는 이른바 '남녀균분상속제'가 일반적인 관행이었고, 결혼한다는 것은 남자가 처가 동네로 이주하여 '장가를 드는' 것을 의미했다. 따라서 처가에 손이 끊기면 모든 재산은 사위에게 상속되어, 처가 동네에 터를 잡고 세거하는 것이 관습이었다.

손소의 장인 류복하 역시 장씨 집안에 장가들어 자리를 잡았고, 무남독녀만을 두었던 관계로 모든 재산을 사위 손소에게 넘겨주었다. 현재 풍덕 류

02_ 경상북도사 편찬위원회, 『慶尙北道史 (上)』, 1983, p.753.

씨의 자손들은 이 마을에 전혀 남아 있지 않아서, 월성 손씨 집안에서 제사를 지내는 '외손봉사' 外孫奉祀의 풍습이 남아 있다.

이른바 월성 손씨의 양동 입향조인 손소는 평범한 지방의 재산가가 아니었다. 그는 일찍이 과거에 급제하여 중앙관직에 나갔고, 세조 때 일어난 이시애李施愛의 난亂[03]을 평정하여 '2등 공신'이 되어 국가로부터 노비 10구와 논밭 100결을 하사받았다. 공조참의, 안동부사, 진주목사 등 굵직한 벼슬도 역임했다. 재산이 문제가 아니라 이 촌에서 그 정도의 지위를 누리기는 유례없는 일이었고, 손씨 가문은 그 명성에 힘입어 계속 양동에 뿌리박고 세거할 수 있었다.

손소는 5남 1녀를 두었는데 첫아들은 처가의 대를 잇기 위해 장가를 가버렸고 둘째 아들이 양동마을의 실질적인 상속자가 되었으니, 그가 바로 우

03_ 1467년(세조 13)에 함경도의 호족이었던 이시애가 중앙집권정책에 반대하여 일으킨 반란. 북방 이민족과 대치하고 있는 지리적 특수성으로 호족 중에서 지방관을 임명해 다스려왔으나, 세조가 즉위하면서 중앙집권 강화를 위해 수령을 교체하고 지방민의 이주를 금하자 이에 반발하여 난을 일으켰다.

◥ 양동마을의 전경　왼쪽 산 위가 관가정, 오른쪽 중턱이 향단이다.

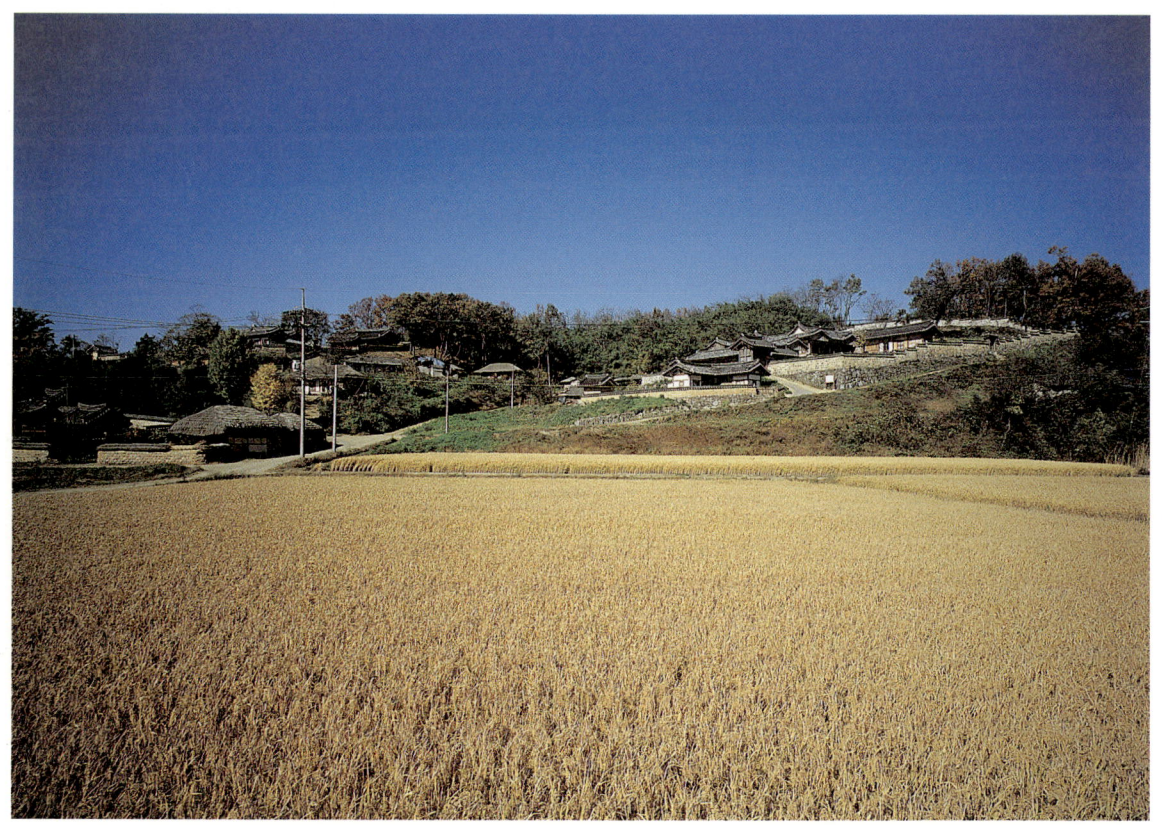

재우재愚齋 손중돈孫仲暾(1463~1529)이다. 우재는 김종직金宗直(1431~1492)의 제자로 영남 성리학계의 태두로 추앙받으며, 3조의 판서 등 최고위직 벼슬도 두루 역임한 인물이다. 조선 최고의 청백리로 칭송받은 역사적인 인물이며, 부자 2대에 걸친 명문가를 형성하게 됐다. 손씨 부자는 중앙에서 관직을 하면서도 향촌의 기반을 확고히 관리해 명실상부한 씨족마을로 정착시켰다.

손씨와 이씨의 씨족마을

손소의 외동딸에게는 이번李蕃(여주 이씨)이 장가들어 역시 처가살이를 시작했고, 이번은 세 아들을 둔 후 일찍 사망하여 그 아들들이 양동의 외가에서 성장하게 된다. 그 둘째 아들이 바로 유명한 회재晦齋 이언적李彦迪(1491~1553). 이조판서와 정승급인 좌찬성을 역임하고 퇴계학의 선구로 추앙받으며 '동방 4현' 東方四賢[04]의 지위에 오른 대사상가이며 학자, 건축계에서는 옥산의 독락당獨樂堂 주인으로 더욱 유명하다. 그는 동국18현東國十八賢에 올라 명성을 떨쳤는데, 동국18현이란 이 나라 온 역사를 통틀어 위대한 유학자 18명을 뽑아 문묘(향교)에 위패를 배향한 학자 중의 학자, 성현 중의 성현이었다. 그 수많은 유학자 가운데 신라시대의 설총薛聰(7세기)부터 조선조의 박세채朴世采(1631~1695)까지 엄선됐다.

외삼촌과 조카, 거의 동시에 2명의 걸출한 인물이 배출된 것은 최고의 영광이기는 하지만, 그럼으로써 양동마을의 정착사는 복잡한 양상을 띠게 됐다. 대대로 외손들이 주인을 차지했던 전통은 손소와 손중돈대에 와서 단절되는 듯하다가, 이언적이라는 걸출한 외손이 배출됨으로써 다시 외손 정착의 전통이 부활됐다. 결과적으로 손소의 후예인 월성 손씨 가문과 이언적의 후예인 여강驪江 이씨[05] 가문이 한 마을에 동거하는, 희귀한 양성씨족兩姓氏族 마을이 되었다. 두 가문 모두 나름대로의 긍지와 만만치 않은 재산을 소유하면서, 서로 결혼을 통해 협력을 유지한 지 400년. 그러나 오랜 기간을 동거하면서 갈등과 대립도 끊이지 않았다.

04_ 이이는 이언적, 김굉필, 정여창, 조광조를 동방사현이라 지칭한다. 정여창과 김굉필은 성리학자 김종직의 학통을 이어받았고 조광조는 김굉필을 사숙하고 그 학통을 이어받았다. 모두 성리학의 도를 구현하기 위해 유배되고 사형당하는 등, 고초를 겪은 성리학 초기의 순교자로 추앙되고 있다.

05_ 『성씨의 고향』, 중앙일보사, 1989, p.1464. 여강 이씨는 원래 여주驪州 이씨 경주파慶州派였으나, 자신들 스스로 여강 이씨로 관향을 구별했다. 최근에는 다시 여주 이씨로 복귀했다.

부친을 잃은 어린 이언적을 거두어 키운 이는 바로 외삼촌인 손중돈이었다. 그는 총명한 외조카가 장성할 때까지 여러 부임지마다 데리고 다니면서 학문을 지도했고, 정계에 나가서는 든든한 후원자가 되었다. 또한 손소의 유산을 공평히 분배해 이언적에게 상속시켜 경제적 기반을 잡는 데 도움도 주었다. 회재의 학문은 외삼촌 우재에게서 전수받았다는 것이 정설이다. 다시 말해서, 이언적의 여강 이씨 가문을 키워준 것은 외가인 손씨들이었다. 그런데 이씨 가의 많은 자손들이 번창해서, 급기야 이씨들이 손씨를 압도하는 역전 현상이 벌어졌다.[06] 원주인인 손씨들은 매우 자존심이 상하는 현상이었고, 이씨들은 그들대로 텃세에 대한 소외감도 있었을 것이다.

사돈 간인 두 가문은 대외적인 문제에 대해서는 서로 협력하여 하나의 공동체를 이루었지만 내부적으로는 은밀한 갈등과 경쟁을 벌여왔다.[07] 그러나 그들 간의 경쟁은 과거급제자를 어느 가문이 많이 내었는가, 누가 더 많은 고위관료를 배출했는가 등을 겨룬 것으로 서로의 발전에 기여한 측면이 많았다. 특히 마을 내에 세워지는 건축물은 가장 눈에 띄는 경쟁 대상이었다. 양동의 건물 조영사를 분석해보면, 30년을 주기로 집중적인 건축이 벌어졌음을 알 수 있다. 한 세대가 지나고 그 2세들이 경쟁적으로 자신의 주택들을 세웠던 결과다. 현재에도 200년 이상 되는 큰 건축물들이 30여 호 남아 있어 대단한 양을 자랑한다. 이 집들은 지방에 지어진 민간 살림집으로 믿기 어려울 정도로 질적인 면에서도 최고의 수준을 자랑한다. 가문 간의 경쟁의식은 건축의 완성도를 높이는 데 기여했고, 현존하는 전통마을 가운데 가장 높은 수준의 건축물들을 보유하는 결과를 낳았다.

06_ 『한국민족문화대백과사전』, p.800. 1979년의 분포를 보면 마을 내 손씨는 16가구, 이씨는 80가구에 이른다. 손씨들이 이처럼 소수인 이유는 월성군(현 경주시) 일대의 여러 마을에 확산돼 살았기 때문이기도 하다.

07_ 이러한 독특한 사회구조는 문화인류학의 좋은 연구 대상이 됐다. 국내의 연구는 물론이고, 70년대 말에는 세계적인 인류학자인 레비스트로스Claude Lévi-Strauss(1908~)가 이 마을을 답사할 정도였다. 이 석학은 마을의 역사와 사회구조를 조명하여 "대립과 기다림(對와 待)"이란 말로 요약했다.

갈등구조 속의
건축

지형에 대입된 사회구조

마을은 넓고 비옥한 안강평야의 동쪽 구릉지에 위치한다. 앞으로는 설창산 (163m), 뒤로는 성주산(109m)에 기대어 터를 잡았고, 북쪽에서 흐르는 안락천 이 남에서 흘러오는 형산강과 '역수' 逆水[08] 형태로 만나 영일만으로 빠진다. 마을을 이루는 낮은 구릉들은 4개의 맥을 형성하고 그 사이 3개의 골짜기를 이룬다. 이른바 '물勿자 형국' 으로 명당 중의 명당으로 여겨졌다.[09] 마을의 살림집들은 자연지형인 3개의 골짜기 '물봉골, 안골, 장터골' 에 몇 개의 영역 을 형성하며 자리잡았다.

손–이 두 가문은 자타가 공인하는 조선조 유수의 명문가였고, 상당한 재 력을 겸비한 지주층이었다. 이들이 마을을 운영하기 위해서는 필수적으로 많 은 소작인과 노비들이 필요했다. 살림집들은 작은 규모의 초가집과 중규모 이상의 기와집으로 대별된다. 이들이 모여 있는 형상을 유심히 살피면, 초가 집들은 산 밑 골짜기에, 기와집들은 대부분 구릉 위에 자리잡고 있음을 이내 알 수 있다. 기와집 가운데서도 큰 규모일수록 더 높은 곳에 자리잡고 있음도 눈에 띈다.

예외는 있지만, 과거의 초가집들은 대부분 타성받이가 살았던 소작인 계 층의 주택이거나 노비층의 집이었다. 따라서 구릉 위 고지대에는 손–이 두 가문의 양반층들이, 골짜기 아래 저지대에는 타성받이들의 하층민들이 자리 를 잡아서, 상하 계층의 위계가 '아래–위' 라는 지형적인 위계로 나타난다.

08_ 풍수에서 수국水局을 따질 때, 큰 본 류本流의 흐름과는 반대 방향에서 지류가 흘러 합류하는 형상을 말하며, 역수 형국 은 땅 기운의 흐름을 극대화시켜 부와 번 영의 원천으로 여겨진다. 서울의 경우도 청계천과 한강의 흐름이 반대 방향인 역 수 형국이다.
09_ '아니다, 그침이 없다' 는 뜻을 포함 해 끝없이 발전하는 형국이다.

7 합리주의와 낭만주의 **양동마을의 관가정과 향단** _ 275

류복하 = ○

○ 여자(부인, 딸)
△ 남자(아들)
= 결혼

손소 = ○ (서백당)

△ 손중돈 (관가정)   △   △   △   ○ = 이번

△ 이언적   이언괄

이응인   이전인(옥산파)

무첨당파   양졸당파   설천정파   수졸당파   오의정파

향단파   봉사공파

(서백당)

◥ 양동마을 손씨 가와 이씨 가의 계보

양반집들이 고지대를 차지함으로써 저지대의 하층민들을 거느리는 심리적인 만족을 누릴 수는 있었지만, 기능적으로는 여러 가지 어려움이 따를 수밖에 없다. 우선 고지대에는 물이 없다. 풍수적으로도 우물 파기를 금기시했지만, 산 위에서 지하수를 구할 수 없음은 자명한 이치다. 그러나 일상생활에 필요한 물을 노비들이 아래에서 져다 나르니 불편이 없었다. 또한 아녀자들이 오르내리기에 불편한 점도 하인들이 가마로 실어다주니 문제될 것이 없었다. 모두가 많은 하인들을 거느렸기 때문에 가능한 입지 선정이었다.

무엇보다 추운 겨울날 양동에 가보면 안다. 골짜기에는 매서운 골바람이 강하게 불지만, 산 위의 양반집들에는 바람이 거의 없고 따스한 햇살만 비춘다. 체감온도로는 10도 이상의 차이가 난다. 골짜기로 이루어진 양동마을의 특이한 미세기후다. 여름에는 반대로 골에서 산으로 바람이 불어 아래는 무덥지만, 산 위는 시원하다. 지형을 계층적으로 분점한 것은 심리적인 이유뿐 아니라, 국지기후에 대한 당연한 선택이었다.

손-이씨 두 양반가문의 입지 선정도 치열했다. 이 마을에서 가장 먼저 자리잡았다는 손씨 대종가, 서백당書百堂은 안골 깊숙한 곳에 터를 잡았다. 그후에 생긴 이씨 종가, 무첨당無尖堂은 안골에서 산 하나를 넘은 물봉골 끝

에 자리잡았다. 두 가문의 종가가 중요한 골짜기 하나씩을 차지한 셈이다.

그 다음은 차남들의 주택 차례. 손씨의 관가정觀稼亭이 마을 어귀 눈에 잘 띄는 물봉의 서쪽에 자리잡았고, 이에 뒤질세라 물봉 동쪽에는 이씨의 향단香壇이 위치했다. 골짜기 분점에서 이제는 봉우리 분점에 이르렀다. 중요한 건물들의 입지가 대부분 이런 식이었다. 손씨가 정자를 세우면 이씨가 대응되는 지점에 정자를 세웠고, 이씨가 서당을 세우면 손씨 역시 경쟁적인 위치에 서당을 세웠다.

손씨 가의 파손派孫들은 월성과 안강 일대의 여러 마을로 분산됐지만, 이씨 가의 파손들은 양동마을 안에서 분가했다. 이언적의 손자대에 7개 지파가 생겼는데, 이중 5개 파의 종가가 양동마을 안에 위치한다. 이들 지파 사이의 자리다툼도 치열했다.

예를 들어 양졸당—여강 이씨 양졸당파 종가—은 마을의 주도로 북쪽 언덕 위에 우뚝 서 가장 눈에 잘 띄는 위치를 잡았는가 하면, 수졸당—수졸당파 종가—은 손씨 대종가의 바로 맞은편 능선에 자리잡았다. 지배층과 피지배층은 지형의 아래 위를 나누어 입지했고, 두 가문의 종가는 골짜기를, 분가는 봉우리를, 파종가들은 다시 그 안에서 요지들을 나누어 자리잡았다. 주어진 지형을 계급과 가문이라는 사회구조에 맞추어 재구성한 것이다.

두 가문의 건축, 관가정과 향단

손—이 두 가문의 건축은 자리 경쟁만 한 것이 아니다. 이 마을의 주요한 시설물들은 모두가 한 쌍으로 이루어졌다. 종가도 두 개, 공용정자도 두 개, 서당도 두 개, 서원도 두 개. 종가는 앞서의 서백당과 무첨당. 정자는 손씨 가의 수운정水雲亭과 이씨의 심수정心水亭. 서당까지도 두 가문은 같은 곳을 쓰지 않았다. 손씨 가의 아이들은 안락정安樂亭에서 배웠고, 이씨 아이들은 강학당講學堂에서 배웠다. 심지어는 서원까지 다르다. 이씨 가에서 옥산서원을 세워 이언적을 모신 것에 자극받은 손씨 가는 따로 동강서원을 세워서 손

7 합리주의와 낭만주의 **양동마을의 관가정과 향단** _ 277

중돈을 배향했다.

　두 가문이 벌인 건축 경쟁의 하이라이트는 양동 어귀에 자리잡은 두 집, 관가정과 향단이다. 관가정은 손중돈이 분가하면서 손수 지은 집으로 전하며, 대응되는 향단은 이언적이 자신의 동생 이언괄李彦适(1494~1553)을 위해 지어준 주택이지만 이언적의 생각이 강하게 반영된 집이다.

　두 집의 지리적 위치와 사회적 지위는 비슷하지만 건축적 내용은 너무나

◣ **양동마을 주요 건축물 위치도**　전봉회 도면.

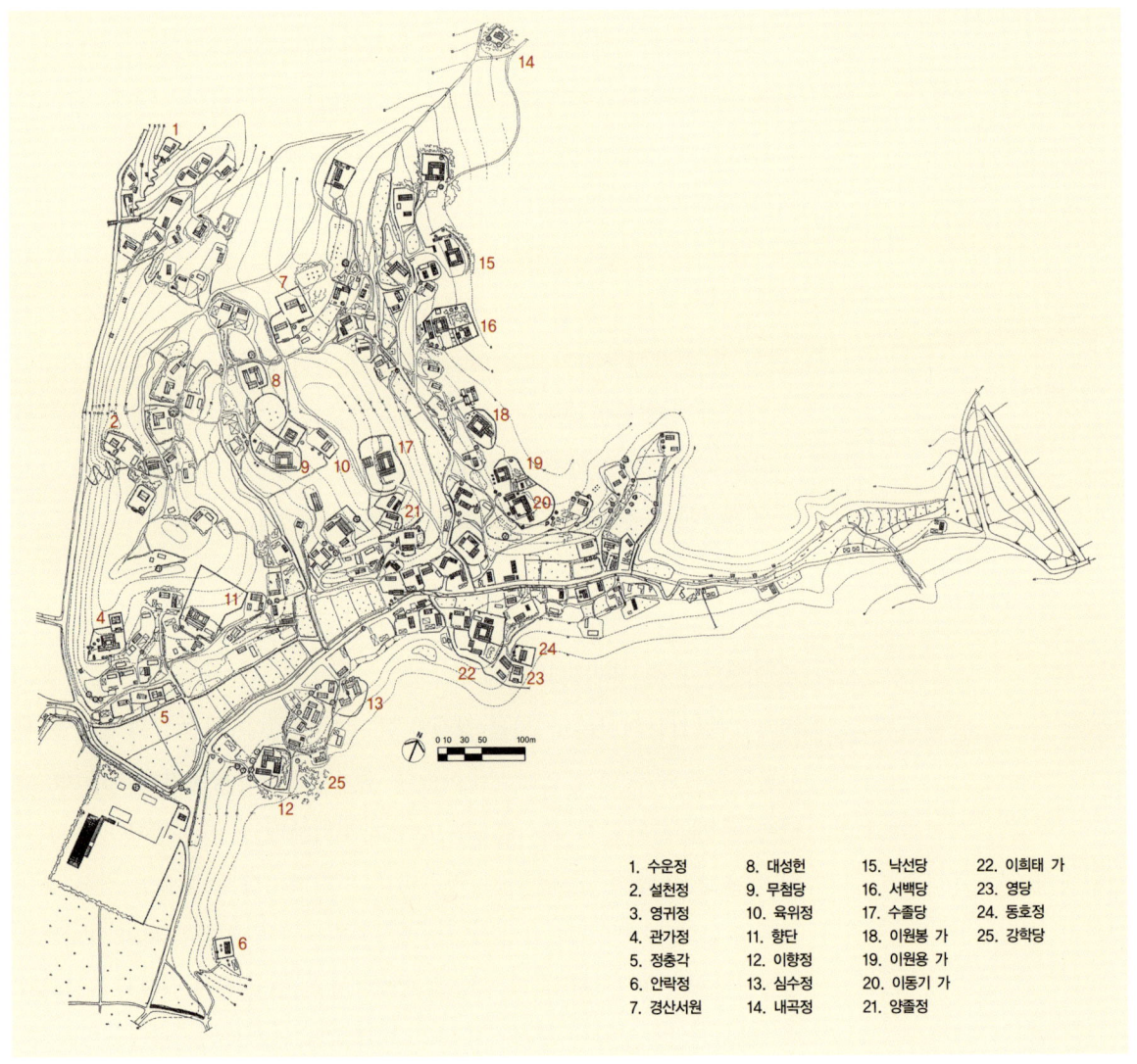

1. 수운정	8. 대성헌	15. 낙선당	22. 이희태 가
2. 설천정	9. 무첨당	16. 서백당	23. 영당
3. 영귀정	10. 육위정	17. 수졸당	24. 동호정
4. 관가정	11. 향단	18. 이원봉 가	25. 강학당
5. 정충각	12. 이향정	19. 이원용 가	
6. 안락정	13. 심수정	20. 이동기 가	
7. 경산서원	14. 내곡정	21. 양졸정	

278 _ **김봉렬의 한국건축 이야기** 시대를 담는 그릇

대조적이다. 마주볼 정도로 가깝게 위치한 두 집은 서로 다른 향을 잡아서 135도 비틀어져 있다. 두 집의 사랑채에 서서 앞을 바라보면 좌향이 비틀린 이유를 쉽게 알 수 있다. 먼저 세워진 관가정은 마을 전체의 조산인 호명산을 안대로 삼아서 자리잡았다. 반면 향단은 그 동쪽 안산인 성주산과 연봉들을 안대로 삼았다. 위치는 유사하지만, 외삼촌(우재)의 안대를 피해서 조카(회재)는 다른 안대를 가졌다.

향단이 관가정과의 경쟁을 의식하면서 세워진 증거는 여러 면에서 추정할 수 있다. 우선 향단의 규모는 대종가 격인 무첨당보다도 커서, 양동 내 이씨 가 가운데 가장 큰 규모를 자랑한다. 상대 가문의 대종가인 관가정을 규모 면에서 압도하려는 의도도 있었을 것이다.

마을 어귀에서 바라본 두 집의 인상은 극단적으로 대조된다. 관가정은 더 높은 곳에 위치하지만 평지를 만들어 깊이 들어앉았고, 높이를 낮추고 형태를 단순화하여 다른 집들과 그다지 구별되지 않는다. 특히 여름이면 그 앞의 나무들에 가려 더욱 숨어 있다. 반면 향단은 시선을 가리는 일절의 장애물이 없이 눈에 바로 들어온다. 특히 3개의 박공면을 강하게 노출시킨 형태는 무척 강렬하다.

무엇보다도 대조적인 것은 두 집을 이룬 근본적인 건축 개념들이다. 바로 뒤에서 자세히 살펴보겠지만, 관가정의 건축 계획은 논리적이며 규범적인데 비해 향단은 개성적이며 파격적이다. 이 두 집의 건축가들인 손중돈과 이언적의 개인차일 수도 있다. 손중돈은 도승지(왕실 비서실장)를 3회, 대사간(감사원장)을 4회나 역임할 정도로 관직생활에 부침이 없었다. 오랜 관료생활을 통해 몸에 밴 규범과 인습이 건축으로 표출됐다고 보아도 무방하다. 반면 이언적은 낙향과 등극을 반복하며 유배지에서 숨을 거둔, 파란만장한 인물이다. 독락당 건축의 예에서 보겠지만, 그의 생활은 매우 개인적이었고 생각은 자유로웠다. 향단의 파격적이고 독창적인 구성은 건축가의 개성을 빼놓고는 상상할 수도 없는 것이다.

또 한 가지 관심 있게 볼 부분은 향단과 옥산의 독락당과의 비교다. 두 집

모두 같은 건축가 이언적의 작품이지만, 관가정과는 다른 의미로 대조적이다. 기약 없는 은둔생활 속에서 지은 독락당과, 경상감사로 복직하여 한창 잘나갈 때 고향에 지어준 향단. 두 집은 건축가가 처했던 환경만큼이나 다르다.

그러나 어느 집이 다른 것보다 우월하다고 볼 수는 없다. 향단은 향단대로, 독락당은 독락당대로 다른 방향의 완성도와 가치를 지니고 있기 때문이다. 더 나아가 관가정은 또 다른 가치와 교훈을 주며, 무첨당을 포함한 양동마을의 많은 건축물들은 나름대로의 개성과 건축적 개념들을 보여준다. 가문 간의, 또는 가문 내의 경쟁의식이 건축적 개성으로 치환되었기 때문이다. 따라서 이들을 유형적으로 분류한다든가, 이들 속에서 지역적 형식을 찾으려던지 하는 일반적인 주거학적 접근은 적절하지 못하다. 양동의 집들은 하나하나가 독립된 건축적 생각들로 가득한 건축작품들이기 때문이다. 이런 점이 양동의 집들을 주목하고 사랑하는 까닭이다.

절제와 규범 속의 다양함, 관가정

자연과 맺고 있는 고전적 관계

손중돈은 원래의 종가인 서백당에서 태어나 장성한 후, 분가하여 관가정을 창건했다. 따라서 관가정은 서백당이 세워진 1458년보다 한 세대 뒤인 1480년 대에 건립된 것으로 추정한다.[10] 전국에 현존하는 살림집 가운데 임진왜란 전에 세워진 집이 10채 내외인데 양동마을에는 서백당과 관가정, 향단, 무첨당 등 임진란 전의 집이 4채나 있다. 관가정을 포함한 양동의 이 집들은 그 시대적 희소성만으로도 가치가 대단하다.

손중돈은 차남이었지만 맏형이 장가들어 마을을 떠남으로써 손씨 가문의 장손이 되었기 때문에, 분가 직후 관가정이 대종가로 역할하기 시작했다. 그후 4세기가 훨씬 지난 후인 20세기 초에 원래의 서백당으로 대종가가 옮겨오게 됐다. 그때부터 관가정은 손씨 일가의 별장으로 쓰였다가 현재는 빈 채로 관리되고 있다.[11] 그래서 관람하기에는 편하지만, 생활이 떠나버렸기 때문에 원래의 용도나 당시의 풍취를 느낄 수 없어 아쉽다. 그러나 관가정은 남아 있는 구조체와 빈 공간, 이유를 알기 어려운 형태만으로도 대단한 작품이다.

관가정은 양동마을 초입의 물봉 가장 높은 곳에 자리잡아 멀리 오뚝한 호명산을 바라보고 있다. 경사지를 넓게 깎아 단을 만들고 건물을 깊숙이 앉힌 까닭에, 관가정의 모습은 크게 두드러지지 않는다. 진입로는 갈 지之자로나 있어서 경사는 그다지 급하지 않다. 서쪽을 향해 오르는 경사로는 다시 북쪽으로 꺾이게 되는데, 꺾이는 지점에 큰 고목이 서 있어 결절점을 이룬다. 이

10_ 박선주, 「朝鮮時代 班家의 初期形式에 관한 연구」, 연세대학교 대학원 석사학위논문, 1992, p.22. 관가정의 건립연대에 대해서는 1534년이라는 설도 있다(전봉희, 「조선시대 씨족마을의 내재적 질서와 건축적 특성에 관한 연구」, 서울대학교 대학원 박사학위논문, 1992, p.105.). 그러나 그 출처가 불분명하고, 이 집이 어떤 형태로든지 손중돈과 관련이 있다는 점에서, 일단 손중돈 생전(1529년 이전)으로 건립연대를 추정한다.

향단의 건립연대 역시 이론이 있다. 통설로는 이언적이 경상감사로 재직했던 1540년경에 동생 언괄을 위해 지어준 집이라 하지만, 전봉희 교수는 이언적 사후(1553)인 1555년으로 추정하고 있다. 여기서는 통설에 따라 이언적이 직접 지은 집으로 추정한다.

11_ 박선주, 같은 논문, p.33.

지점에 서면 서쪽으로 펼쳐진 안락천과 안강평야의 정경이 한눈에 들어와 전망대의 역할을 한다.

관가정에 이르는 길에 있는 4채의 작은 초가집들은 외거노비들이 기거하던 '가랍집'이었다. 길은 외길이고 가랍집들이 3중, 4중으로 통행을 감시했기 때문에 관가정에는 별도의 담장이나 대문간을 둘 필요가 없었다. 지금 있는 담장과 대문은 1980년대 후반에 관리를 위해 덧붙인 것이다. 특히 정면 중심축에 세운 대문은 이 집의 개념을 완전히 해치고 있는 장애물이다. 관가정은 살림집인 동시에 경관을 감상하기 위한 '정자'다. 이 집은 물봉과 앞의 호명산을 잇는 자연축을 중심축으로 삼아 건축됐다. 따라서 안마당에서 중문을 열면 앞의 잘생긴 산의 전체 모습이 정확히 중문의 프레임 안으로 들어온다. 그러나 이제는 새로 세운 대문채에 가려서 산의 모습은 해체된다.

이 집 이름은 '농사짓는 풍경을 보는 정자'란 뜻이다. 양동 주택들의 이름은 다분히 전원적인 냄새가 강하며, 다른 지역의 양반집들과 같이 관념적인 이름은 드물다. 큰 향나무가 있으면 '향단', 소나무가 있으면 '송첨'이다. 관가정 사랑채에 오르면 이름에 걸맞은 경관이 펼쳐진다. 안채에서는 중문을 통해 앞산만이 선택된 경관으로 들어오지만, 사랑채에서는 앞산은 경관의 한 요소일 뿐, 아래로 전개된 들과 강의 풍경이 파노라마로 펼쳐진다. 안채나 사랑채나 좌향은 같지만 경관을 끌어들이는 방법을 달리한 것이다. 자연뿐 아니라 농사짓는 인간들의 행위까지도 경관의 요소로 삼은 인본적 생각도 이채롭다.

마을 진입로에서 관가정을 바라볼 때는 약간 중요한, 그러나 평범한 기와집으로 보이지만, 올라와 보면 이 마을 집 가운데 가장 드라마틱한 경관을 담고 있음에 놀라게 된다. 평범한 외관 속에 담겨 있는 자연과의 적극적인 관계는 한국건축이 이룩한 고전적인 성과일 것이다.

규범적인 '비어 있음'의 안마당

명문집안의 대종가 치고는 소규모이며 단순하게 구성되어 있다. �口자형 몸체

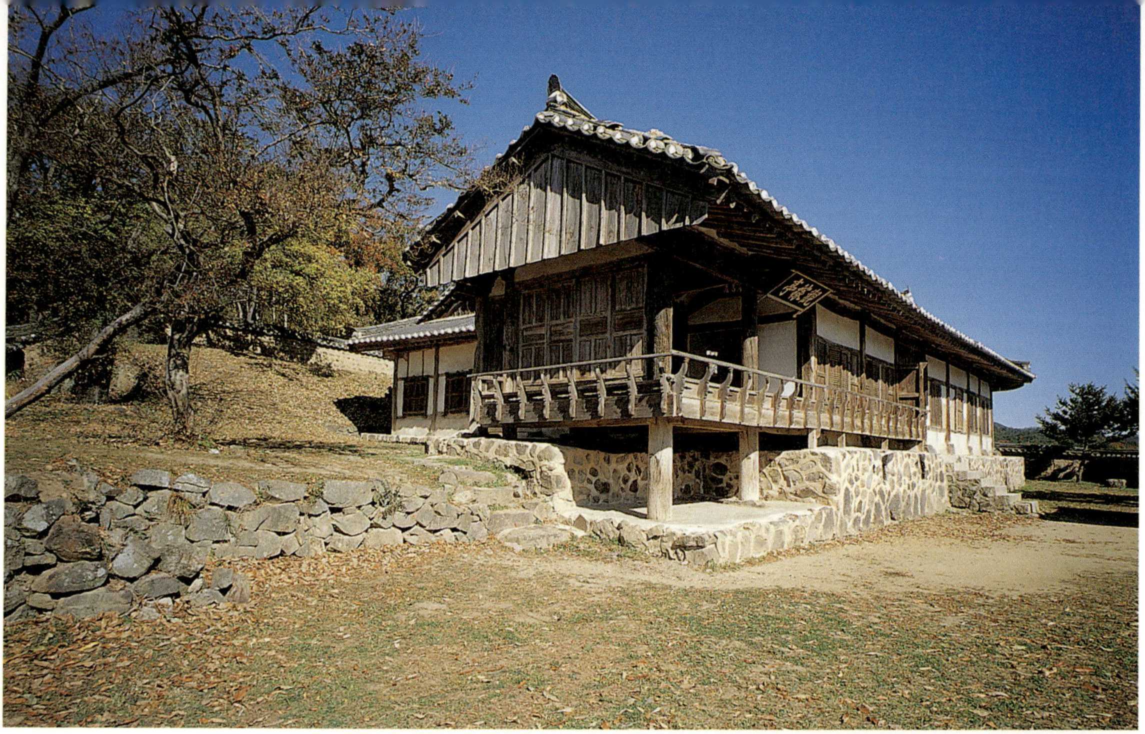

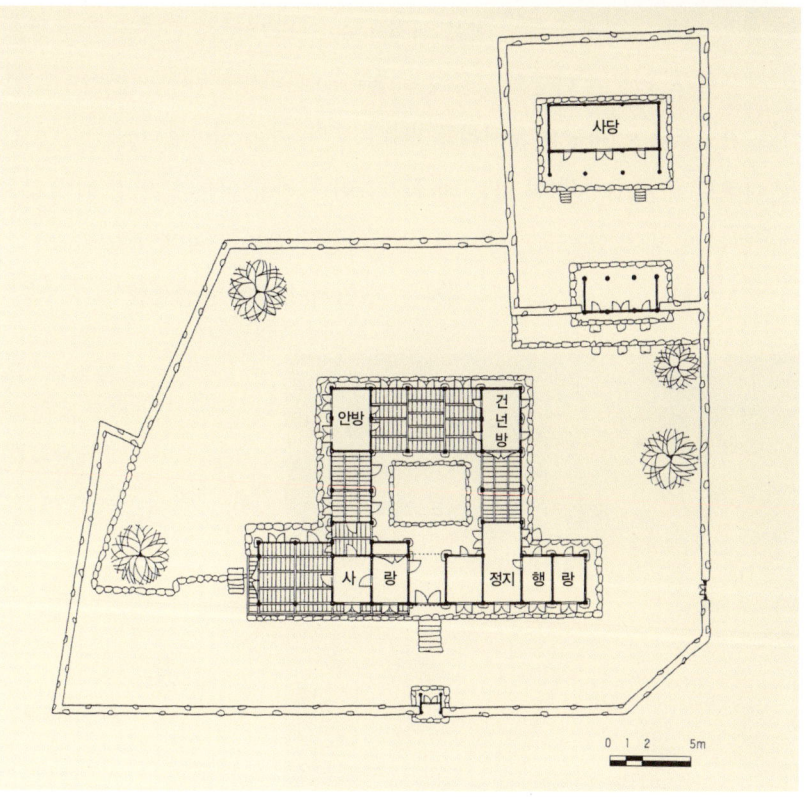

↗ **관가정의 전경** ─자형 건물을 반으로 나누었는데 왼쪽은 사랑채, 오른쪽은 행랑채이다.

↘ **관가정 평면도** 김봉렬 도면.

7 합리주의와 낭만주의 **양동마을의 관가정과 향단** _ 283

에 전면 좌우로 날개를 뻗어 사랑채와 행랑채로 삼았다. 그 동쪽 뒤에 독립된 사당을 둔 것이 전부다. 다른 대가大家와 같이 담장도 없고, 명확히 구획된 외부 공간도 나타나지 않는다. 따라서 공간적인 변화가 무쌍하다거나 중첩된 형태적 아름다움이 있는 집은 아니다. 평면도만 본다면, 한국 집으로는 드물게도 좌우가 거의 대칭인 형상이며, 마루면이 차지하는 비율이 연면적의 반을 차지할 정도로 비기능적이다.

평면구성만 보아도 이 집은 논리적인 규범을 따라 계획됐음을 알 수 있다. 규칙적인 격자체계를 따라 기둥을 세웠고, 좌우 두 칸씩 날개를 달았다. 전면 날개부와 뒤의 안채부가 만나는 부분의 한 칸씩을 각각 부엌과 마루로 비워서, 비록 구조체는 한 몸이지만 공간적으로는 ㄷ자 안채와 一자 날개채로 구분하고 있다. 안마당에 면한 몸채는 모퉁이 부분만 온돌방을 놓고, 마당의 3변 방향에는 모두 마루를 깔았다. 북쪽 마루는 넓게 개방하여 안대청으로, 동쪽 마루는 안방에 딸린 작은 대청으로, 서쪽 마루는 판벽을 막아 광으로 사용했다. 네모난 마당의 모퉁이를 채우고 모서리를 비우는 방법으로 안채를 완성했다. 안마당의 모서리를 비움으로써, 작은 안마당의 공간감은 건물 내부로 확장되어 '비어 있음'의 공간감이 극치를 이룬다. 약간 과장되게 해석한다면, 비어 있는 공간의 띠가 이 안마당을 감싸고 있다.

아무래도 마루가 절반을 차지하는 이 집에서 과연 일상생활이 가능했을

�imagenote 관가정 대문과 안대청을 잇는 중심축
◤ 관가정 단면도 삼성건축 도면.

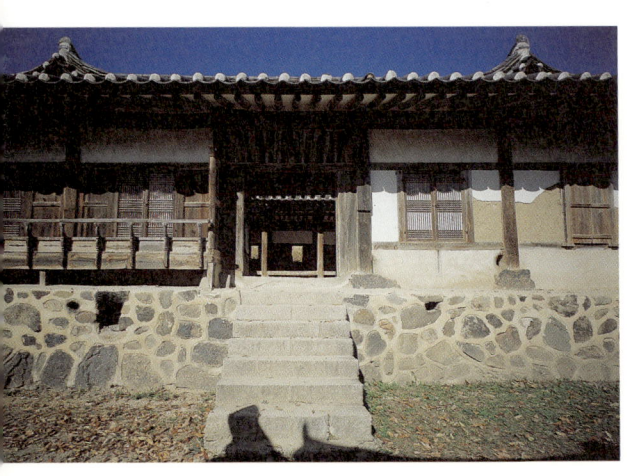

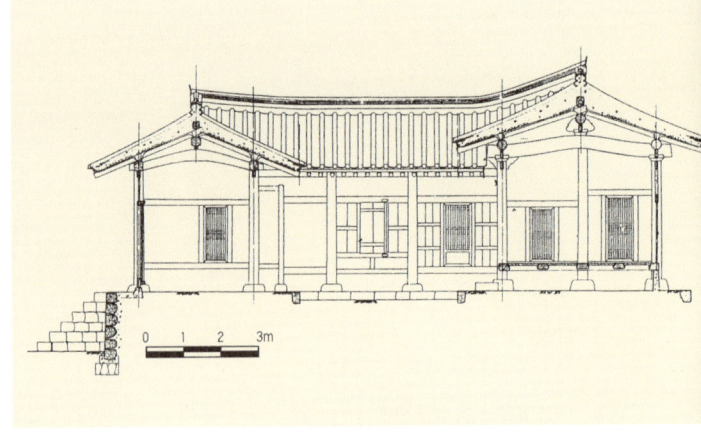

284 _ 김봉렬의 한국건축 이야기 시대를 담는 그릇

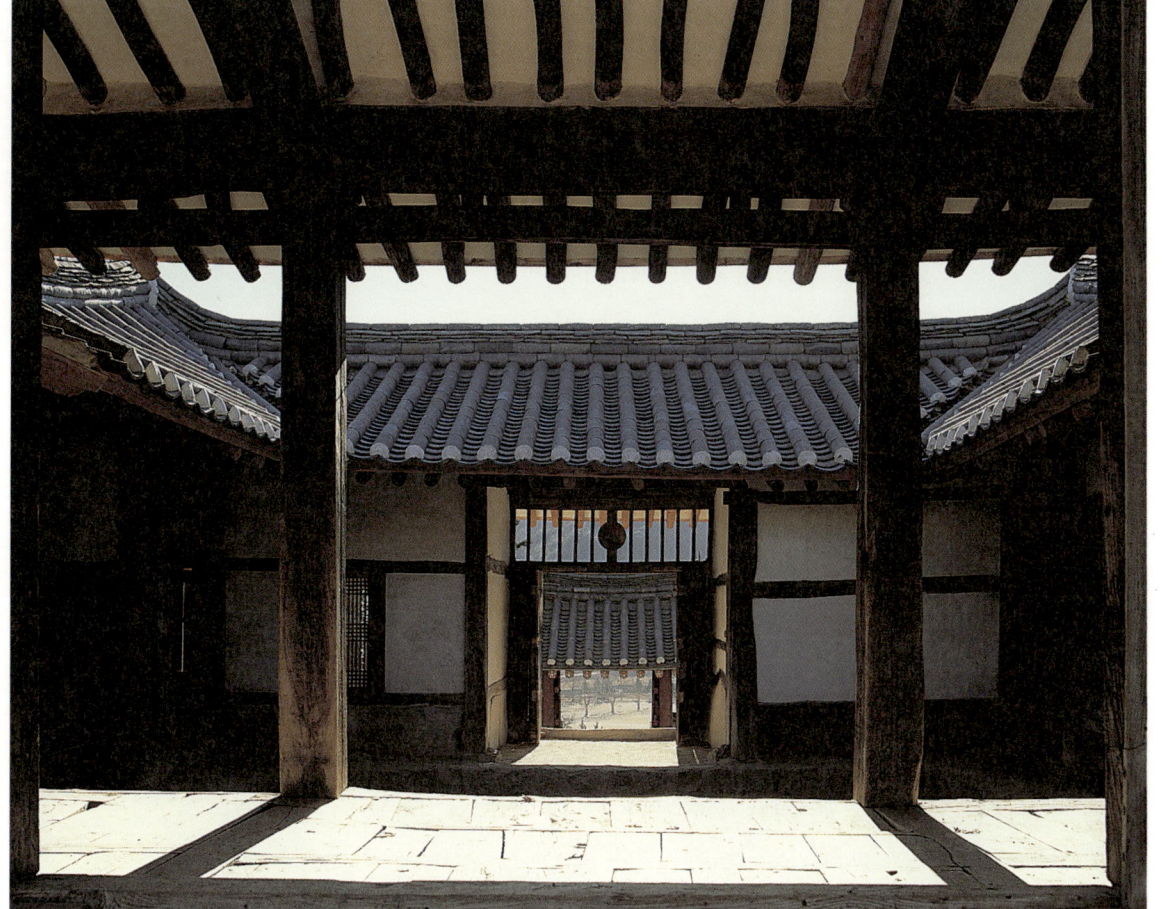

↗ **관가정**　내외부 공간의 반복, 어두움
과 밝음의 중첩.

12_ 박선주, 앞의 논문, p.35. 손씨 종가
할머니의 고증과 기둥에 파인 결구 흔적
을 토대로 추정된 내용.

까 의문스럽다. 복원적 연구에 의하면, 안방 아래 작은 대청은 안방을 위한 부
엌이었을 가능성이 높고, 건넌방 아래 마루는 1칸 도장(창고방)과 1칸 여막방
이었다고 한다.[12] '여막방'은 상을 당했을 때 사용하던 방으로, 보통 3년 동안
위패를 모시고 사랑에서 기거하던 후손들이 배례하던 곳이다. 따라서 여막방
은 비록 안채에 속해 있지만 출입은 사랑채 쪽 마루를 통해서 가능했다. 그러
나 추정된 복원 구성이 사실이었다 할지라도 안마당을 둘러싼 공간적 관계는
변하지 않는다.

　　이 집은 일상적인 살림집이 아니라, 400년간 대종가로서 역할했다는 점
을 상기할 필요가 있다. 이 정도 명문가의 대종가는 1년에 수십 차례의 크고

작은 제사를 지내야 했고, 제사의례는 종갓집의 가장 큰 일상생활이었다. 따라서 집을 계획할 때, 가장 먼저 고려해야 할 기능도 제사에 필요한 공간의 확보와 배열이었다. 집에 비해 지나치게 큰 6칸 안대청은 적어도 수십 명이 제사를 지내기 위해 확보된 제청으로 보아야 한다. 또 전면 동쪽 행랑채 부분의 온돌방 3개는 제사시에 일가붙이들이 숙박하던 방일 것이다. 하인들의 숙소는 관가정 아래에 포진한 가랍집들로 충분하기 때문이다. 종손들이 서백당으로 거처를 옮긴 후에도 관가정은 여전히 손씨 일가의 제사용 건물로 남았을 것이고, 마루가 확대된 지금의 변화도 이 당시의 일이었을 것이다. 관가정 전체를 흐르는 규범성은 대종가라는 기능을 떠나서 생각할 수 없다. 그러나 그 규범은 고도로 절제되고 추상화돼 있다.

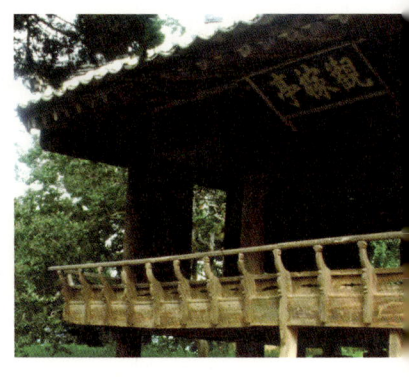

▽ 관가정 사랑채의 계자난간

단순한 전체 속의 다양한 부분들

안마당의 규범적 공간과는 대조적으로, 관가정의 바깥 형태는 다양한 모습을 보인다. 이 집을 대표하는 형태는 사랑채의 누마루[13]다. 손중돈이 마을 깊숙한 서백당을 떠나 이곳에 종가를 옮긴 이유는 바로 더 넓은 자연을 감상하기 위함이었고, 그러기 위해서 누마루는 필수적이었다.

2칸 방과 2칸 사랑대청의 바닥면은 동일하지만, 대청 아래 기단을 안으로 접어 넣어서 대청 아래로 기둥이 내려온다. 또한 사랑채 전면에 계자난간 鷄子欄干[14]을 두름으로써, 사람이 들어갈 수 없을 정도로 낮은 필로티piloti[15]지만, 또 단지 2개의 기둥만을 노출시켰지만, 누각의 형태를 얻는 데 성공했다. 이 집의 핵심은 바로 이 누마루, 즉 '관가정'을 만드는 데 있었고, 단순해 보이는 조작으로 의도한 목적을 효과적으로 달성했다. 일상의 살림집과 일상에서 일탈된 정자라는 상반되는 건축 유형을 절묘하게 결합한 복합건축이다. 그러나 결합에 사용된 기법은 그다지 복잡한 것은 아니다. 단순한 기법으로 복합적인 효과를 거두는 일, 그것이 바로 설계의 기술이다.

사랑채의 형태가 유희적이고 변화무쌍하다면, 바로 옆의 행랑채는 극히

13_ 지면의 습기를 피하고 통풍이 잘 되도록 다락같이 한 층 높게 만든 마루.
14_ 조선시대 널리 쓰이던 난간 형식으로, 닭의 머리 모양으로 초각한 짧은 기둥으로 꾸민 부재가 지지하고 있는 장식적 난간을 말한다.
15_ 건물의 일부 혹은 전체를 들어올려 건물 바닥을 지상으로부터 분리시킴으로써, 기둥만 있는 공간이 생긴다. 현대건축의 경우 지상층을 일반인의 자유로운 왕래와 자동차의 통행을 위하여 개방하는 것이 목적이며, 거주 공간이나 사무실은 지상을 왕래하는 사람과 차량의 동선動線에 방해되지 않는 2층 이상에 설계한다는 개념이다.

기능적이고 획일적이다. 부엌을 중심으로 3개의 온돌방이 구성된 4칸이지만, 각 칸에 두 짝 살창을 달아 그 입면은 모두 동일하다. 부엌까지도 방같이 보인다. 이 획일적인 4칸이 대문을 사이에 두고 전개되는 사랑채의 변화를 더욱 강조한다. 평면적으로는 대칭이되, 형태적으로는 전혀 다른 두 채의 건물을 붙여놓은 듯하다.

행랑 부분의 동쪽을 돌아서면 담장을 둘러 독립된 사당 영역을 접한다. 몸채와 날개채 사이로 자연스레 형성된 마당이 곧 사당 앞마당으로 바뀌어 많은 인원들이 제례를 할 수 있는 공간을 확보했다. 이 집의 전체적 구성원리를 훤히 꿰뚫은 이만이 설정할 수 있는 공간 이용이다. 대종가로서는 물론, 일반적인 사대부 집의 규모에도 못 미치는 몇 칸 안되는 단순한 구성이지만, 사랑채·행랑채·사당·안채·별당·제실 등 필요한 모든 기능을 수행할 수 있는

◣ **관가정 사랑마루** 안채에서 사랑채로 연결되는 작은 마루와 낮은 쪽문.
◢ **관가정 부엌문** 사랑채와 안채를 연결하는 부분의 허체들. 부엌문 윗부분의 상징적인 살창.

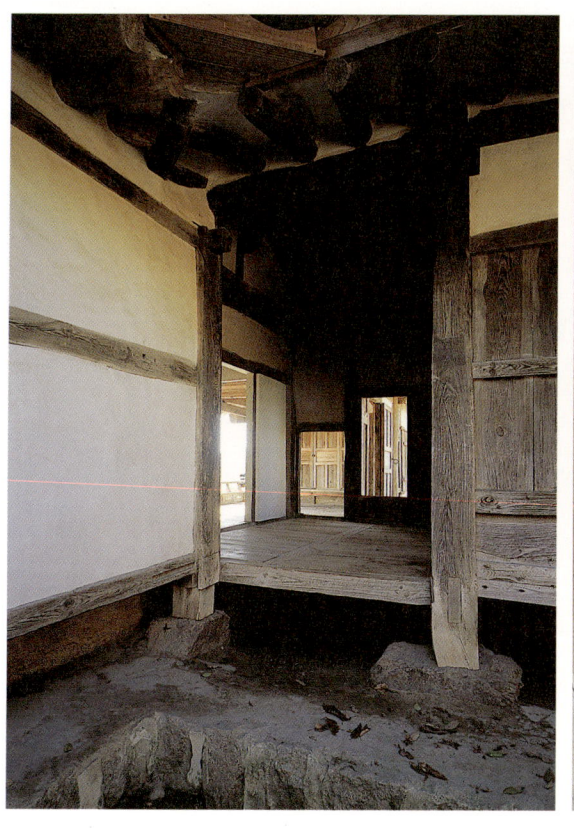

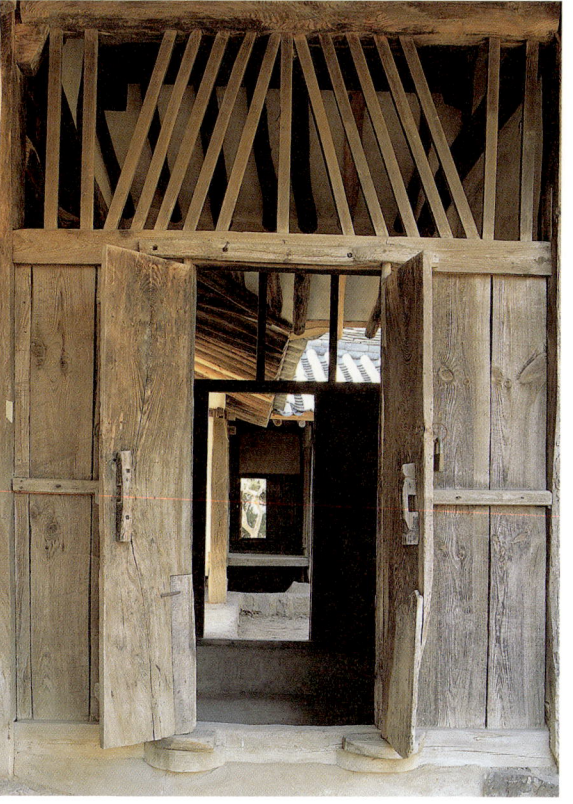

극도의 경제성. 사랑을 사랑답게, 사당을 사당답게, 부분의 형태와 공간에 독립성을 부여할 수 있는 능력은 손중돈 정도의 대지 성만이 가질 수 있었던 것은 아닐까? 그것도 단순한 전체 구조 속에서.

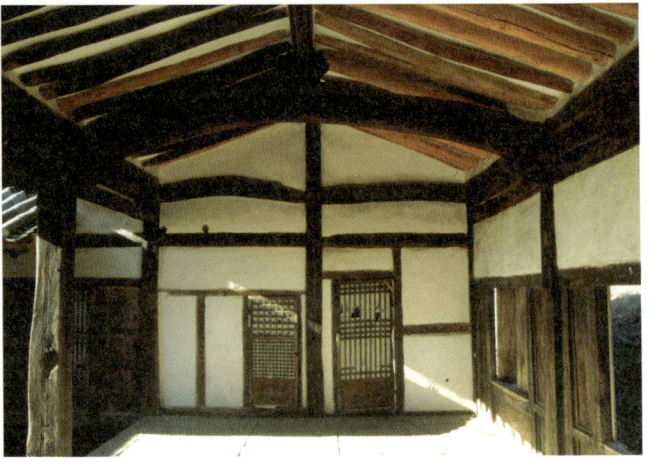

▽ 관가정의 지붕 구조

　　관가정의 전체를 흐르고 있는 절제의 정신은 구조 틀까지 일관된다. 이 집은 기둥도 높지 않지만, 지붕 틀의 경사도가 완만해 더욱 층고를 낮추고 있다. 20도가 채 안되는 서까래의 물매는 보통 집의 절반 정도다. 서까래의 경사도를 낮춘 결과, 정면 지붕에 생기는 박공면을 최소로 줄일 수 있었다. 밖으로 드러나는 형태를 최소로 절제하려는 의도 때문이다.

　　그러나 이렇게 되면 대들보와 서까래 사이에 구조적인 문제가 생긴다. 서까래 아래와 대들보 위 사이의 간격이 가까워서 일반적인 대공臺工[16]을 설치할 수 없기 때문이다. 이 문제를 해결하기 위해 이 집에서는 휘어진 대들보를 사용했다. 위로 휘어진 대들보는 대공 없이도 종도리를 걸어서 서까래의 하중을 받을 수 있기 때문이다. 휜 대들보는 원래부터 휜 나무를 사용했다. 그래야 대들보의 인장력을 극대화할 수 있기 때문이다. 극히 구조적인 이유로 사용된 이 부재는 형태적으로는 자연스러운 아름다움을 가져온다. 이른바 '한국건축의 자연미' 라 부르는 아름다움은 이렇게 얻어진다. '자연미' 는 자연스럽게 얻어진 우연미가 아니다. 극히 계산되고 인공적인 기법의 결과로 얻어지는 '자연스러워 보이는 미' 일 뿐이다.

16_ 들보 위에 세워 중보와 종도리를 받히거나 종보의 중앙에 세워 종도리를 받히는 짧은 기둥. 중도리를 받치는 것을 중대공, 종도리를 받치는 것을 마루대공이라 한다.

뚜렷한 개성과 의도, 향단

표현적인 형태와 터잡기

독락당에서 5년간의 은둔생활을 청산하고 다시 관직에 복귀한 이언적은 경상 감사, 의정부좌찬성 등의 고위직을 역임하면서 행복한 중년을 보내게 된다. 경상감사(경상도지사)라는 자리는 지금으로 말하면 서울특별시장 정도의 지위였다.[17] 경상감사로 재직하면서 그는 고향의 가족들에게 대단한 선물을 안겨주었다. 자신의 본거지인 이씨 종가에는 무첨당이라는 아름다운 별당을 지어주었고, 유일한 동생 이언괄을 위해서 향단이라는 대저택을 선사했다. 독락당 낙향 시절의 부끄러움과 심리적 빚을 보상하기 위해서였을까?

앞서 말한 대로 향단은 그 터잡기, 좌향 정하기, 규모와 건축적 개념의 설정에 이르기까지 관가정과 대립적이다. 물봉 서쪽의 관가정에 대해 산등성이 동쪽을 차지했으며, 관가정의 안대와는 135도를 틀어서 다른 안대를 택했고, 규모는 관가정의 2배가 넘는다. 향단이 서기 이전, 적어도 50년 전부터 있었던 '손씨 대종가' 관가정에 대응하여, 이씨 파종가를 이처럼 돌출적으로 부각시킨 것은 이언적이 특별한 의도를 가지고 건축했다고 볼 수밖에 없다. 이미 독락당의 조영 예를 통하여 회재는 대단한 안목을 가진 건축가였음을 입증한 바 있다. 비록 자신의 후원자였던 외삼촌 우재선생에게는 미안한 일이지만, 손씨들이 주도하는 고향마을에 자신과 가문의 입지를 세우기 위해서는 불가피하게 선택한 건축적 과시였을 것이다. 또 그에게는 향단의 건축을 통해서 손씨 가문의 다른 집들을 양과 질 모두에서 압도할 만한 건축적 실력이

17_ 물론 서울시장에 해당하는 직책은 한양판윤이었다. 그러나 당시 한양의 인구 비율과 경제적 중요성은 경상도에 비교할 수 없었다. 경상도는 전국 최대의 행정구역이었을 뿐 아니라, 수많은 유력 사림들의 본거지로서 여론 형성의 근원이었기 때문에, 경제적·정치적으로 가장 중요한 지역이었다.

있었다. 향단의 외관은 대단하다. 위치도 위치지만, 일체의 장애물 없이 건물 외관 전체를 노출시킴으로써 마을에서 가장 눈에 잘 띄는 건물이 되었다. 특히 전면 지붕 위로 노출된 3개의 삼각형 박공면은 사대부가로는 유례없이 표현적인 형태다.[18] 거의 보이지 않는 관가정의 박공면과는 대조적인 의도다.

사랑채의 형태도 같은 의도로 파악된다. 一자형 몸채지만, 지붕을 工자형으로 만들어서 사랑채 정면의 지붕에 2개의 박공면이 강하게 노출된다. 의도가 없었다면 필요없는 형태 요소다. 관가정 사랑채가 필로티라는 공간 요소를 도입해 구성됐다면, 향단 사랑채는 박공朴工[19]이라는 형태 조작을 통해 만들어졌다.

향단은 경사지를 2개의 단으로 나누어 터를 닦았다. 윗단에 주요한 몸채를 배치하고 아랫단에는 긴 행랑채를 배열했다. 두 건물 사이에는 거의 한 층에 가깝게 높이 차가 난다. 또한 몸채와 행랑채 사이를 바짝 좁혀 세웠기 때문에 몸채의 입면은 노출되지 않는다. 무표정한 형태의 행랑채 위로 긴 몸채의 지붕면과 그 위 3개의 박공면들이 더욱 부각된다. 어찌 보면, 이러한 형태적 표현성을 위해서 대지의 레벨을 정하고 건물의 위치를 잡은 것 같은, 한국건축의 일반적인 계획 순서와는 반대의 과정을 밟지 않았는지 의심이 될 정도다.

세부적인 구조기법들을 보면 이 집의 표현적 의도가 절정에 달한다. 집의 기둥은 행랑채까지 모두 원기둥을 사용했다. 관가정은 사랑 누마루에 사용된 4개의 원기둥 빼고는 모두 사각기둥을 썼다. 기둥 위에는 섬세하게 조각된 익공을 달았고, 대들보 위에는 공공건물에나 어울릴 화려한 복화반覆花盤[20]과 포대공包臺工[21]을 올렸다. 사랑채의 지붕도 부연을 단 겹처마[22]다. 모두 민간 살림집에는 금기시됐던 최고의 장식들이다. 관가정에서 보았던 절제와 규범 대신 자기과시와 개성이 번뜩이는 형태들이다.

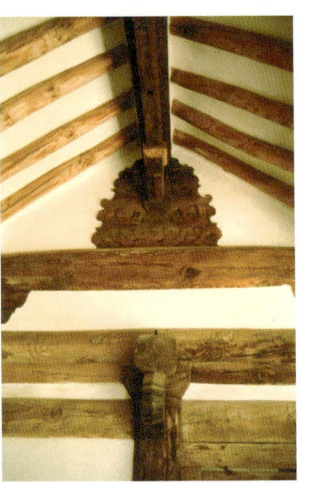

▷ 향단의 복화반과 포대공

18_ 유사한 형태로는 안동 천전리 의성 김씨 대종가의 거대한 박공면을 들 수 있다. 그러나 의성 김씨 종가의 박공은 안채가 3칸의 깊은 두께를 갖기 때문에 필연적으로 나타난 형태 요소다. 반면 향단의 경우는 1~2칸의 두께임에도 불구하고 크기가 과장된 박공들이다.

19_ 마루머리 합각머리에 맞붙인 두꺼운 널. 박풍 또는 박공널이라고도 한다. 널빤지 2개가 합쳐지면서 맞이어지는 부분이 생기는데, 여기에 장식을 달기도 한다.

20_ 장여를 받치기 위해 화분, 연꽃, 사자 모양으로 초방 위에 끼우는 널조각을 화반花盤이라 하며, 그중에서 꽃 모양이나 잎 모양이 거꾸로 되도록 만든 것을 복화반이라 한다.

21_ 대들보나 마루 보 위에 포작包作 형식으로 세운 기둥.

22_ 처마 끝의 서까래 위에 짧은 서까래인 부연을 잇대어 단 처마를 일컬으며, 겹처마로 이뤄진 지붕 형태를 겹처마지붕이라고 한다.

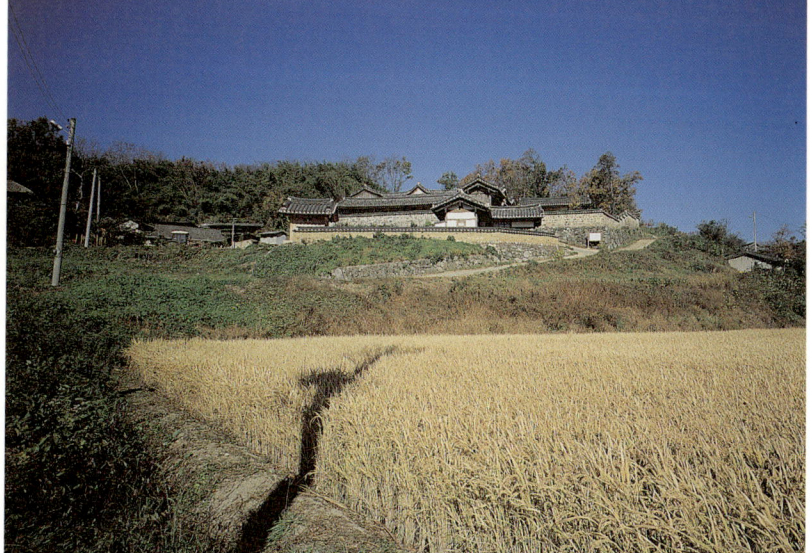

향단의 전경

신비스러운 미로, 그러나 한숨소리

향단의 구성은 매우 복잡하지만, 모든 건물은 하나로 연결돼 있다. 몸채는 日자형이고 그 앞에 긴 행랑을 연결함으로써 전체적으로 巴자형의 평면을 이룬다. 몸채에는 2개의 중정이 있다. 하나는 안채부에 딸린 안마당이고, 서쪽의 것은 안행랑부에 딸린 노천부엌용 중정이다. 이 역시 일반적인 살림집에는 전혀 나타나지 않는 희귀한 예다. 2개의 중정은 자연스럽게 이 집의 기능 영역을 구획한다. 안마당은 사랑채와 안채를, 부엌마당은 안채와 안행랑을 구획한다. 두 중정 사이, 이 집의 중심에는 시어머니가 사용하는 안방이 자리잡아 모든 부분의 움직임을 감시할 수 있다.

복합적인 평면구조보다 동선체계는 더욱 복잡하며 단절적이다. 행랑에 난 대문을 열면 안채의 높은 축대에 맞닥뜨린다. 안마당으로 향하는 중문이 바로 앞에 있지만, 한 층이나 높아서 도저히 접근할 수 없다. 중문으로 들어가려면 동쪽의 사랑마당으로 올라가서 사랑방 옆의 좁고 위태로운 샛길을 따라가야만 한다. 가급적이면 출입하지 말라는 길이다.

반면 부엌마당으로 향하는 하인들의 통로는 훨씬 수월하다. 행랑채와 축

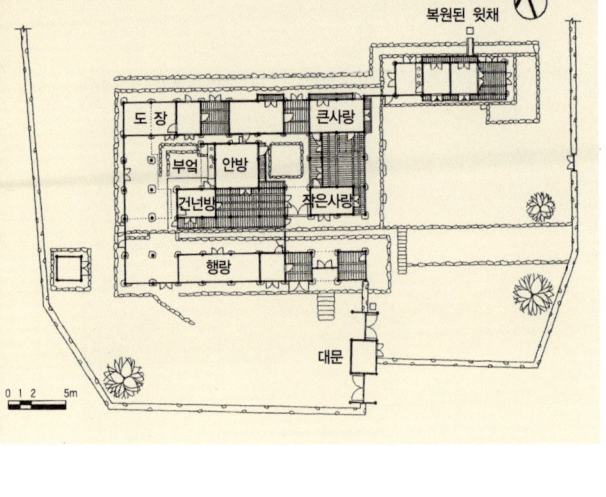

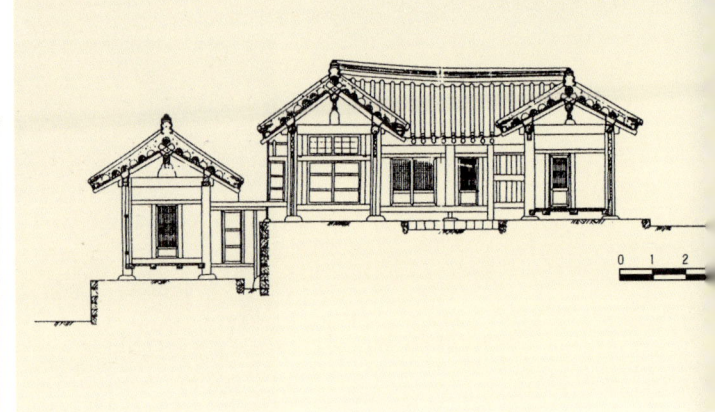

↖ 향단 평면도　삼성건축 도면.
↗ 향단 종단면도　김봉렬 도면.

대 사이의 서쪽 길을 따라가면 지면을 경사진 램프로 처리하여 다락 밑의 필로티로 연결되고 바로 부엌마당이다. 안주인의 출입동선은 지극히 불편하고, 하인들의 출입은 매우 편안하다. 평면으로만 보아도 복잡한 동선들은 입체적인 레벨 차이와 부엌부의 2층 다락 출입으로 더욱 복잡한 미로를 형성한다.

이 집은 도무지 이해할 수 없는 점들이 많다. 사랑채와 안채의 연결은 어떻게 되는가. 조직적으로 구성된 하인들의 공간, 부엌마당에 비해 무언가 불완전한 안주인의 안마당. 특히 안방과 건넌방을 엇갈리게 배열한 안채 부분의 구성은 쉽게 납득하기 어렵다.

가뜩이나 높게 자리잡은 안대청 바로 앞에 행랑채가 가로막아 안대청에서 보이는 것은 행랑채 지붕과 빈 하늘뿐이다. 또 며느리가 기거하는 건넌방은 부엌마당으로만 통하게 돼 있고, 안방 시어머니의 따가운 감시를 늘 감수하도록 설계되었다. 남편이 있는 사랑방에 접근하려면 2중 3중의 감시망을 피해서만 가능하다. 이 집의 며느리는 자유로운 출입은 불가능하고, 쥐 죽은 듯이 건넌방에만 파묻혀 부엌의 하인들이나 지휘하고, 틈나면 안대청에 앉아 하늘이나 쳐다볼 뿐이다. 이 집에 시집온 새댁들은 3번 놀랐을 것이다. 처음에는 웅장한 이 저택의 안주인이 됐다는 사실에 가슴 벅찼을 것이고, 어렵게 들어선 안마당의 아늑한 분위기에 뿌듯했을 것이다. 그러나 살면 살수록 폐쇄되고 불편한 내부 공간과 그 속에 묻혀 꼼짝 못하는 자신의 처지에 가슴 아팠을 것이다. 그녀에게 향단이란 겉보기에 화려한 감옥에 불과했다.

292 _ 김봉렬의 한국건축 이야기 시대를 담는 그릇

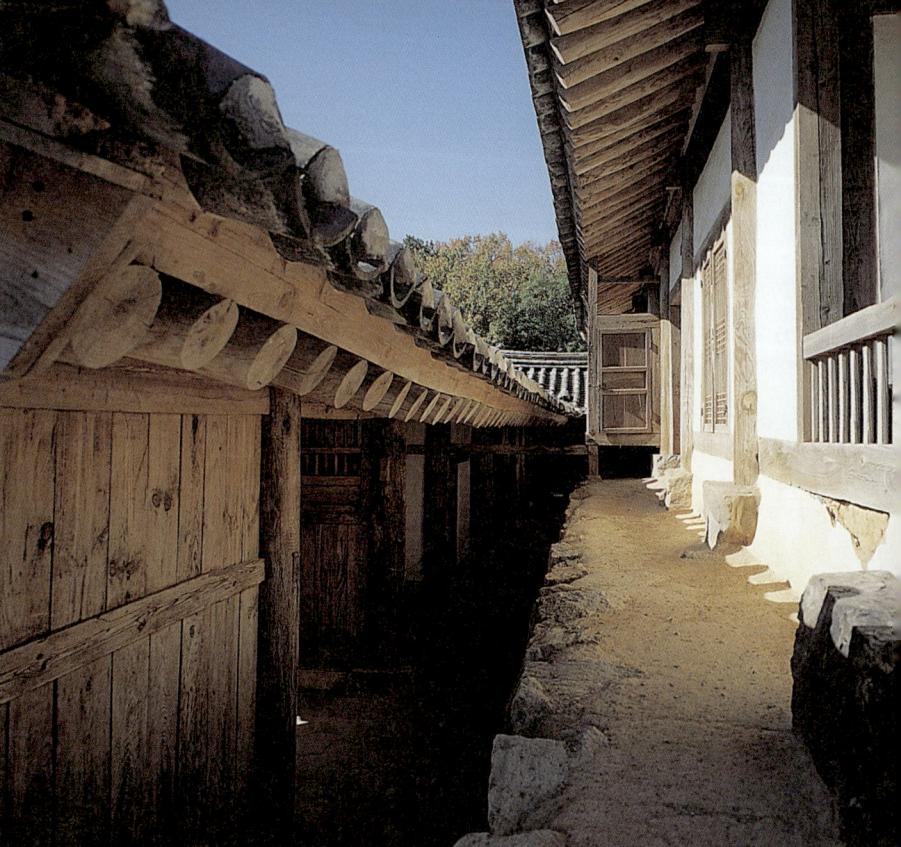

↗ **향단** 행랑채와 안채의 관계. 거의 1개 층이 차이가 나며 통로가 연결되지 않는다.

회재선생이 어떤 이유로 이런 집을 구상했는지는 알 수 없다. 소실댁이었던 독락당과 자신의 은거지인 계정에는 그처럼 정감 있는 공간을 창조했으면서, 하나뿐인 동생 집을 이처럼 폐쇄적으로 만든 이유가 무엇일까? 안주인인 제수씨, 또는 조카며느리에게 무슨 문제가 있었을까? 여러 가지 추측은 난무하지만 정확한 이유는 알 수 없다. 그러나 이 집의 건축가는 관가정과 전혀 상반되는 주택을 만드는 데 확실하게 성공했다. 관가정은 외부적으로는 폐쇄적이고 소박하지만, 내적으로는 개방적이면서 대단한 경관을 끌어들인다. 반대로 향단은 외적으로는 화려하고 웅장하지만 내적으로는 갑갑하고 폐쇄적이다. 향단에 어렵게 들어간 소수의 방문객들은 이 집의 아늑한 공간과 신비스러운 미로들에 감탄을 금치 못할 것이다. 처음 몇 번 향단을 방문했을 때는 나도 그랬다. 그러나 방문 횟수가 늘수록 이 집에 살았던 안주인들의 한숨소리가 점점 크게 들린다.

7 합리주의와 낭만주의 **양동마을의 관가정과 향단** _ 293

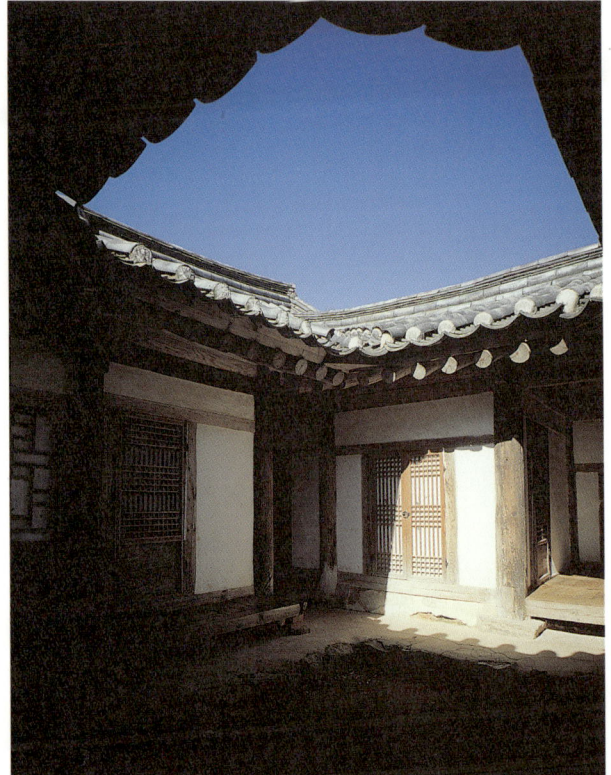

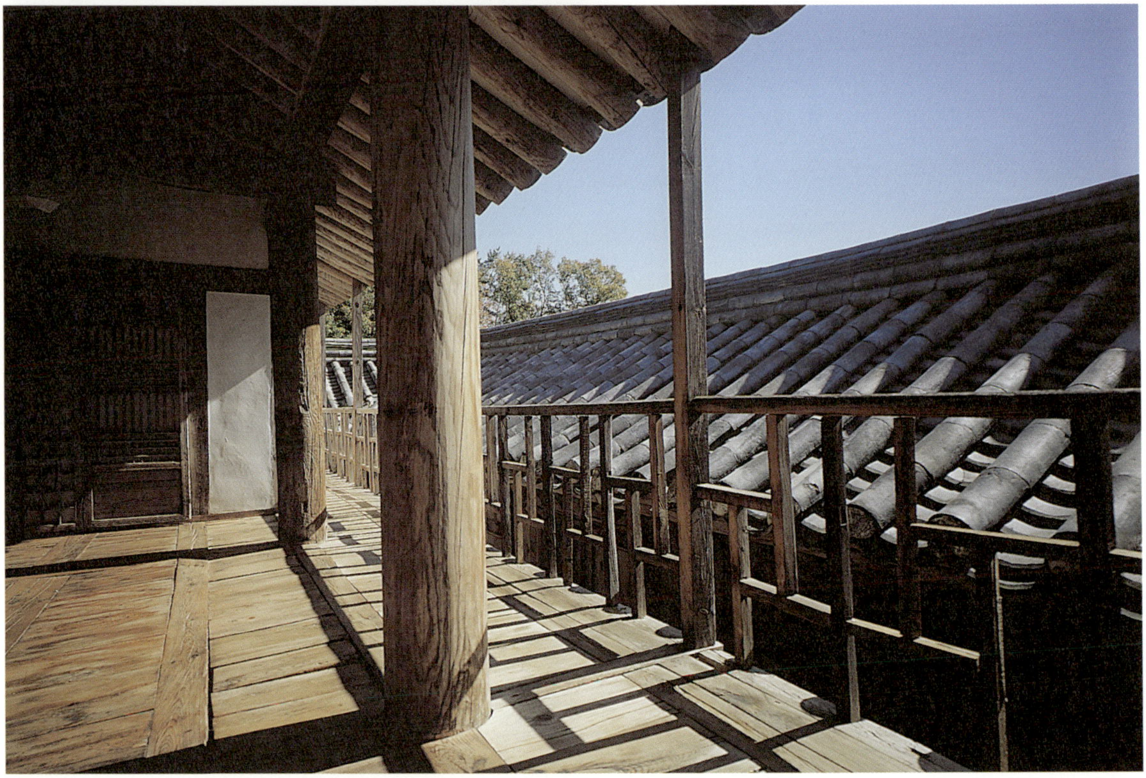

◥ **향단의 안마당**
◣ **향단의 안대청** 보이는 것은 행랑채
의 지붕과 하늘뿐이다.

건축가의 자유로운 의지

향단의 건축주는 이언적임이 확실하지만 건축가가 누구인지는 정확치 않다. 독락당의 건축가가 이언적이었던 것으로 미루어, 이 집의 건축가 역시 그가 아니었을까 추정할 뿐이다. 건축주와 건축가가 동일인이라 할지라도, 집의 목적을 주문받아 작업에 임하는 일반적인 설계 과정은 다르지 않다. 건축주가 아니라 건축가 이언적으로서는 '외적 과장과 내적 폐쇄'라는 추상적인 주문을 구체적인 공간과 형태로 실현할 의무를 갖게 된다. 이 집의 건축가는 그 구체화의 과정을 천재적으로 수행했다.

2개로 나누어진 중정은 '중정'이라는 공간 단위가 가능한 최소한을 보여준다. 2×2칸의 규모는 한옥이 가질 수 있는 최소한의 크기다. 물론 한 칸짜리 중정도 있을 수 있지만,[23] 단순히 빛을 끌어들이기 위한 우물일 뿐, 행위를 담을 수 있는 공간은 아니다. 이 작은 중정이 충분한 공간감을 갖기 위해서는 중정을 둘러싸고 있는 건물들의 개방성이 요구된다. 향단의 안마당은 3면의 툇마루와 1면의 대문간으로 둘러싸여 있다. 부엌마당은 벽이 없는 필로티에 의해 충분한 공간감을 얻을 수 있었다.

2개로 분리된 '주인의 마당과 하인의 마당'은 공간적 성격까지도 달라진다. 안마당이 '비어 있음' 자체의 관념성을 담고 있다면 부엌마당은 일조와 통풍, 가사노동 등 물리적 요구를 수용하는 기능성에 충실하다.[24] 최소의 두 중정은 어느 하나가 없다면 다른 하나의 존재의의가 사라지는 상호보완적 요소들이다. 안마당만 있다면 생활의 기능이 해결 안되고, 부엌마당만 있다면 하층민의 주거와 다를 바가 없어진다.

중정에서 나타나는 '이중성'은 이 집 전체를 흐르는 건축적 개념이다. 과시적인 사랑채와 은폐된 안채의 형태적 이중성, 온 마을의 풍경을 바라볼 수 있는 사랑채와 지붕만 바라보게 되는 안채의 경관적 이중성. 더 나아가 같은 건축가의 두 작품, 옥산의 독락당과 양동의 향단이 갖는 상반되는 이중적 개념들.

이중적인 구조를 구체화하기 위해 선택된 건축 요소들은 다른 한옥에서

23_ 이른바 '똬리집'이라 부르는 살림집 유형에서는 사방 1칸, 또는 1×2칸짜리 중정이 나타난다.
24_ 송인호, 「'ㅁ자형' 전통주거건축에 관한 연구」, 서울대학교 대학원 석사학위논문. 1982, p.52.

7 합리주의와 낭만주의 **양동마을의 관가정과 향단** _ 295

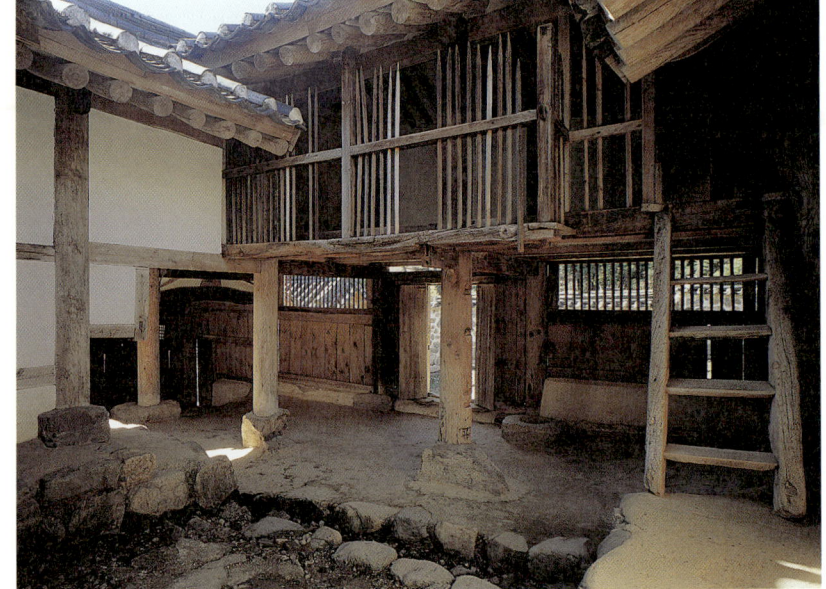

향단의 부엌마당 지붕 없는 야외 부엌이며, 2층 누다락 창고와 입체적 공간을 이룬다.

는 찾아볼 수 없을 정도로 독창적이다. 巴자형의 집 모양은 거의 유일한 구성법이며, T자형으로 계획한 안채의 배치도 독창적인 생각이다. 분리된 2개의 중정을 연결하기 위해 반 칸짜리 통로를 고안했다. 한국건축의 모듈은 철저하게 구조적인 모듈, 즉 '칸'을 기본으로 한다. 향단에서는 구조적인 모듈을 반칸, 또는 1/3칸으로 구획하면서 자유로운 변화를 시도했다. 관가정의 규범적인 모듈과 대조를 이룬다.

이 집에 사용된 몇 개의 요소들은 전혀 엉뚱한 건축 유형에서 인용한 것들이다. 부엌마당의 기능과 공간적 관계를 동시에 얻기 위해 고안된 2층 창고는 사찰의 요사채에서나 볼 수 있는 요소를 도입해 적절한 스케일로 변형시켰다. 사랑채 정면에 부각된 박공면 역시 서원이나 향교건축에서 사용하던 형태 요소다. 건축적 의도와 실현을 위해서는, 그것이 사찰에 쓰였던 것이건 서원에 쓰였던 것이건 간에 자유자재로 선택하고 변용할 수 있었다. 규범을 무시하고 인습을 거부한 이러한 건축적 대담함이 없었다면, 향단의 개성과 낭만성은 실패로 끝났을 것이다. 이 집에 살았던 여인들의 사정만 모른 척한다면, 향단은 정말 대단한 건축이다.

관가정의 합리성과
향단의 낭만성

양식의 개념과 반양식적 이해

건축을 이해하는 두 가지 태도가 있다. 하나는 여러 건물 사이의 기본적인 성질들을 추출하고 그것들을 분류하여 몇 개의 개념적인 카테고리로 묶어서 이해하는 방법이다. 이 유형학적 개념의 대표적인 것이 이른바 '양식'이라는 개념이다. 서양건축사 시대구분으로 익숙한 로마네스크·고딕·르네상스양식 따위의 시대적인 양식 개념만 있는 것은 아니다. 한국적 양식, 일본적 양식 등의 민족적 양식, 북종화 남종화 등의 예술학파적 양식, 심지어는 코르뷔지에 풍, 미스 풍 등 개인적인 유형의 차원까지 양식적 개념이 적용된다. 양식론적 방법은 수많은 건축물들의 특성을 손쉽게 이해할 수 있는 장점이 있다. 시대적 양식의 개념이 없다면 무수한 역사적 건축물들을 체계적으로 이해할 수가 없다. 따라서 대다수의 건축사 교과서들은 시대적 양식의 개념을 근거로 서술된다.

그러나 '양식'이란 어디까지나 개념일 뿐 실제가 아니다. 고딕양식은 건축사가의 머리 속에는 존재하지만, 고딕의 양식적 특성과 개념에 정확하게 들어맞는 건물은 세상 어디에도 존재하지 않는다. 유럽 중세시대에는 적어도 몇 만 채의 교회건물들이 세워졌을 것이다. 그 수많은 건물들이 양식적 규범을 만족하기 위해서 만들어진 것은 아니다. 하나하나가 독특한 목적과 의도를 가지고 계획되고 시공된 것이다. 극단적으로 말해서 몇 만개의 고딕교회 사이에 정확히 같은 것은 하나도 없다. 그럼에도 불구하고 '고딕교회'라고

7 합리주의와 낭만주의 **양동마을의 관가정과 향단** _ 297

↖ **향단 사랑채의 정면** 2개의 박공면이 강한 정면성을 갖는다.

집단적으로 부르는 것은 그들 사이의 공통적인 특징들만을 지칭한 것에 불과하다. 따라서 반유형학적인 이해만이 하나의 구체적인 건물을 정확히 바라볼 수 있다는 아이러니에 직면한다. 이 개별적 이해의 조건은 건축물들 사이의 공통점이 아니라 차이점을 발견해내는 것이고, 하나의 건축에 내재하는 창작의 비밀을 파헤치는 것이다.

물론 두 가지 인식론은 이해의 대상과 목적에 따라 선택적으로 적용될 수 있다. 양동의 주택들을 양식적 방법으로 분석하면 그들 사이에 존재하는 공통점들을 찾아낼 수 있다. 우선적으로 경주 지역 살림집의 일반적인 형식, 즉 지역형이 찾아질 것이다. 다음으로 조선 중기와 후기 주택들 사이의 시대적 형식들, 그리고 상류주택과 서민주택의 계층적 형식, 더 나아가 손씨 가문과 이씨 가문 주택의 사소한 형식들까지 발견할 수 있을지 모른다. 시대양식 또는 계층양식의 관점에서 본다면 관가정과 향단은 모두 동일한 형식으로 분류될 것이고, 두 집의 상반된 건축적 내용보다는 유사한 형식만이 강조돼서 나타난다. 그러나 15세기라는 공통된 시대, 대지주 사대부층이라는 같은 계

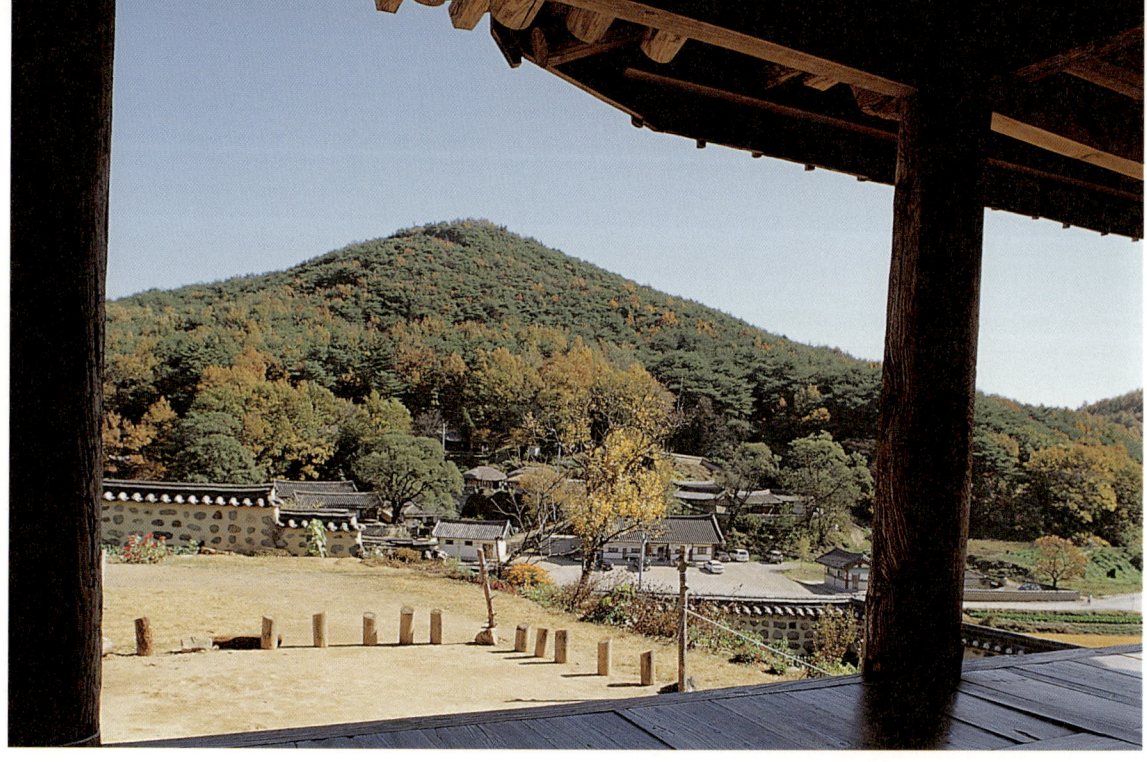

↗ 향단의 사랑대청에서 바라본 안산, 성
주봉

층적 성격에도 불구하고 두 집은 여전히 다른 집이며, 건축적 개념으로는 오
히려 서로 대척점에 서 있는 작품들이다.

르네상스와 바로크, 관가정과 향단?

시대적 양식 가운데 가장 대조적인 것으로 평가되는 것이 르네상스와 바로크
다. 르네상스 건축은 조화와 통일을 이상으로 삼아 매우 규범적인 건축의 원
리들을 만들어냈다. 자연이야말로 그 조화와 통일의 모범이라 여겨졌고, 자연
의 법칙은 수학적 질서에 기초했다고 믿었다. 반면 바로크 건축과 예술은 수
학적 원리에서 벗어난 변형과 과장·왜곡된 형태를 만들어냈다.

　건축양식론의 태두라 할 수 있는 뵐플린은 '5개의 대립 개념'을 추출하
여 르네상스와 바로크의 양식적 차이를 설명한다. 예컨대 르네상스 예술은
명료하고 선적이지만, 바로크는 불명료하고 회화적이다.[25] 제자인 프랭클은
더욱 건축적인 분석에 몰두하여, 르네상스 공간은 가산적인 데 비해 바로크

25_ Heinrich Wölfflin, *Kunstgeschichtli-
che Grundbegriffe*, 1915(日譯版, 『美術史
の基礎概念』). 르네상스와 바로크의 5가지
대립적인 기본 개념은 '선적–회화적, 평
면–심오, 폐쇄형식–개방형식, 다수성–단
일성, 명료성–불명료성'이다.

7 합리주의와 낭만주의 **양동마을의 관가정과 향단** _ 299

공간은 분할적이라고 지적했다.[26]

이들의 공헌이라면 시대나 사회적 배경에 얽매이지 않고 예술과 건축작품에 내재한 기초적인 개념들을 추출하여 양식 구분의 기준으로 삼았다는 점이다. 그렇다면 동시대에도 르네상스와 바로크 건축이 공존할 수 있고 현대에도, 심지어는 서구적 전통과 관계없는 한국의 고전건축에도 그들의 개념을 적용할 수도 있다.

흔히 관가정을 르네상스적, 향단을 바로크적이라 비유한다. 관가정의 논리적인 모듈 계획, 유교적인 절제와 금욕주의를 르네상스적으로 보았고,[27] 향단의 격식 파괴와 개인적인 개성과 변형을 바로크적인 범주로 인식했다.[28] 뵐플린이나 프랭클의 양식적 개념과는 다르지만, 두 집의 대립적인 성격을 상식적인 수준에서 이해한 결과다. 그러나 정확히 르네상스나 바로크 모두 '양식'이라는 테두리 안에서 전개된 변화에 불과하다. 근본적으로 르네상스 이후의 모든 양식은 '근대적 합리주의'에 기초한 동일한 뿌리를 가지고 있다. 변화무쌍하고 자유로워 보이는 바로크 양식에도 일정한 법칙과 원리가 존재하고 있기 때문이다. 따라서 향단의 건축적 개별성과 돌연변이를 바로크적이라 보는 것은 문제가 있다.

오히려 관가정과 향단의 근저에 흐르는 상반된 건축적 정신에 주목해야 할 것이다. 관가정이 유교적 절제와 엄격함을 근거로 한다면, 향단은 건축가 개인의 발산된 개성을 근거로 한다. 이런 점에서 관가정이 합리주의적이라면, 향단은 낭만주의적이다. 합리적 건축이란 훈련된 지성에 의해 계획되고 유토피아적 목표를 가지며, 환경을 존중하며 순응한다. 반면 낭만적 건축은 '양식'을 부정하는 개별성을 가지고 표현주의적이며, 주변 환경에 대해 고립적이다.[29] 이성적인 판단만으로는 합리적 건축이 낭만적 건축보다 우위에 놓이는 것같이 보인다. 그러나 건축적 완결성과 감흥이 이성만으로 달성되는 것은 아니다. 직관과 우연이 건축 창작과정의 마무리를 짓기도 한다. 관가정과 향단의 순위 비교는 무의미하며 불가능하다.

건축가들과 이 두 집을 함께 돌아보면, 대개 뚜렷한 취향을 드러내 두 패

26_ Paul Frankl, *Die Entwicklung-sphasen der Neueren Baukunst*, 1914. 김광현 편역, 『건축형태의 원리』, 기문당, 1989.
27_ 김봉렬, 『한국의 건축-전통건축』 편, 공간사, 1985, p.208.
28_ 같은 책, p.210.
29_ Wojciech G. Lesnikowski, *Rationalism and Romanticism in Architecture*, McGraw-Hill Inc., 1982, p.13.

로 나뉜다. 관가정을 좋아하는 이들의 생각과 작품은 대체로 합리적이고 논리
적이다. 반면 향단 쪽의 건축가들은 개성들이 강하고 직관적이다. 그러나 대
가급의 건축가라면 두 집의 성향이 완전히 다르다는 것을 간파하고, 두 집의
생각과 실현된 모두를 좋아할 것이다. 두 집이 어떤 양식적 성격을 갖는가가
문제가 아니라, 두 집의 개별성을 정확히 읽어내고 차이를 발견하는 것이 핵
심이다.

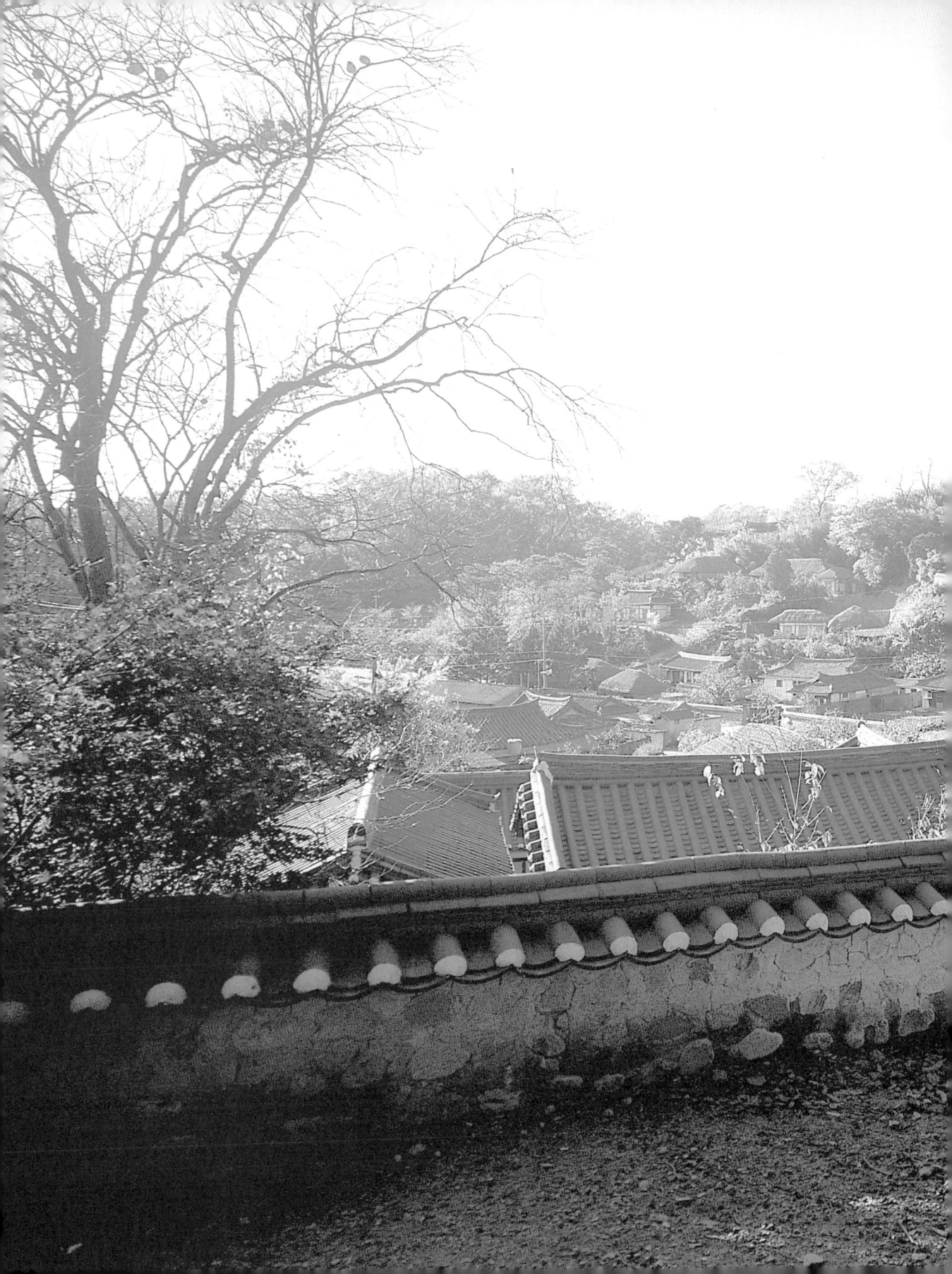

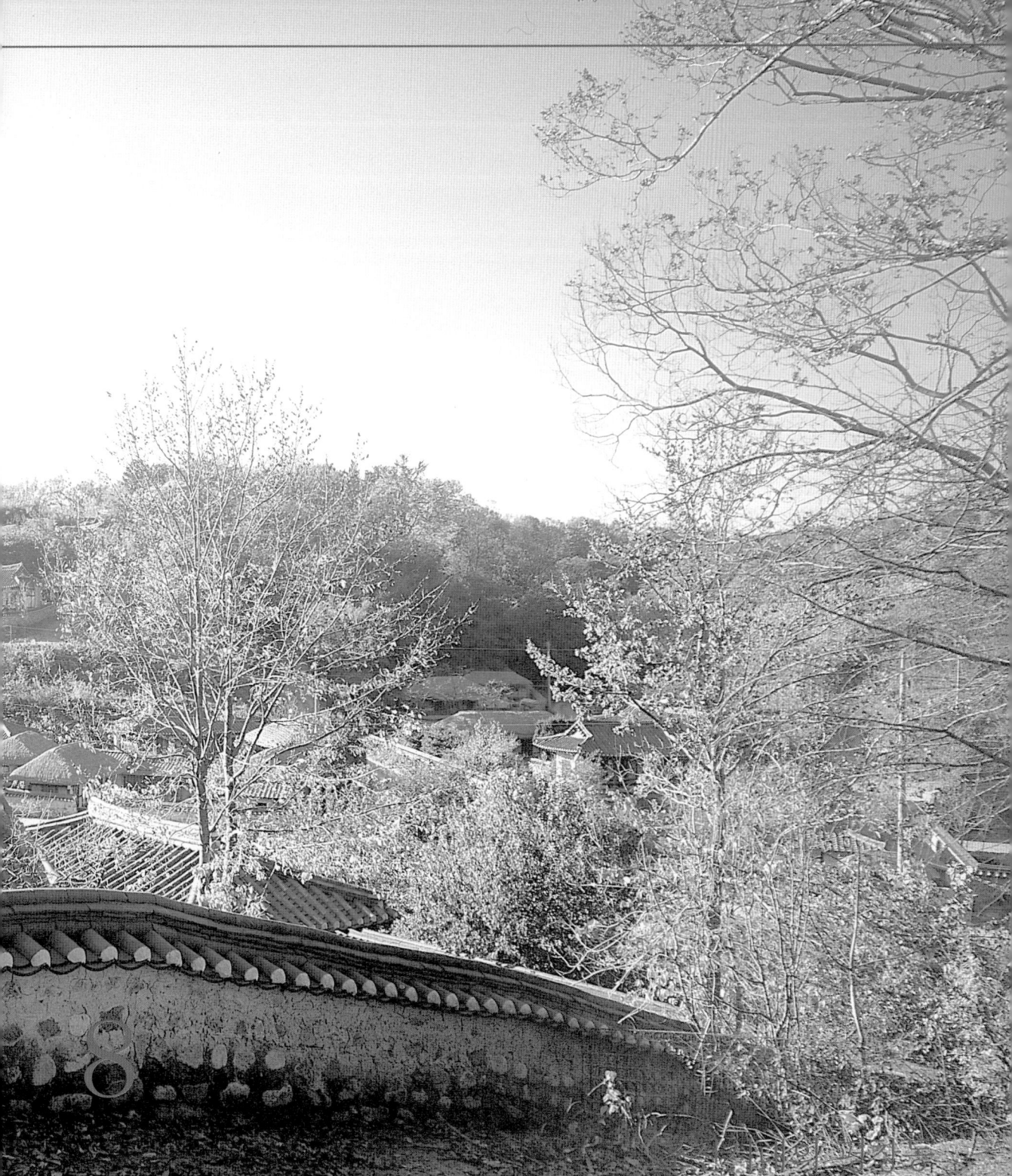

양동마을 주택들

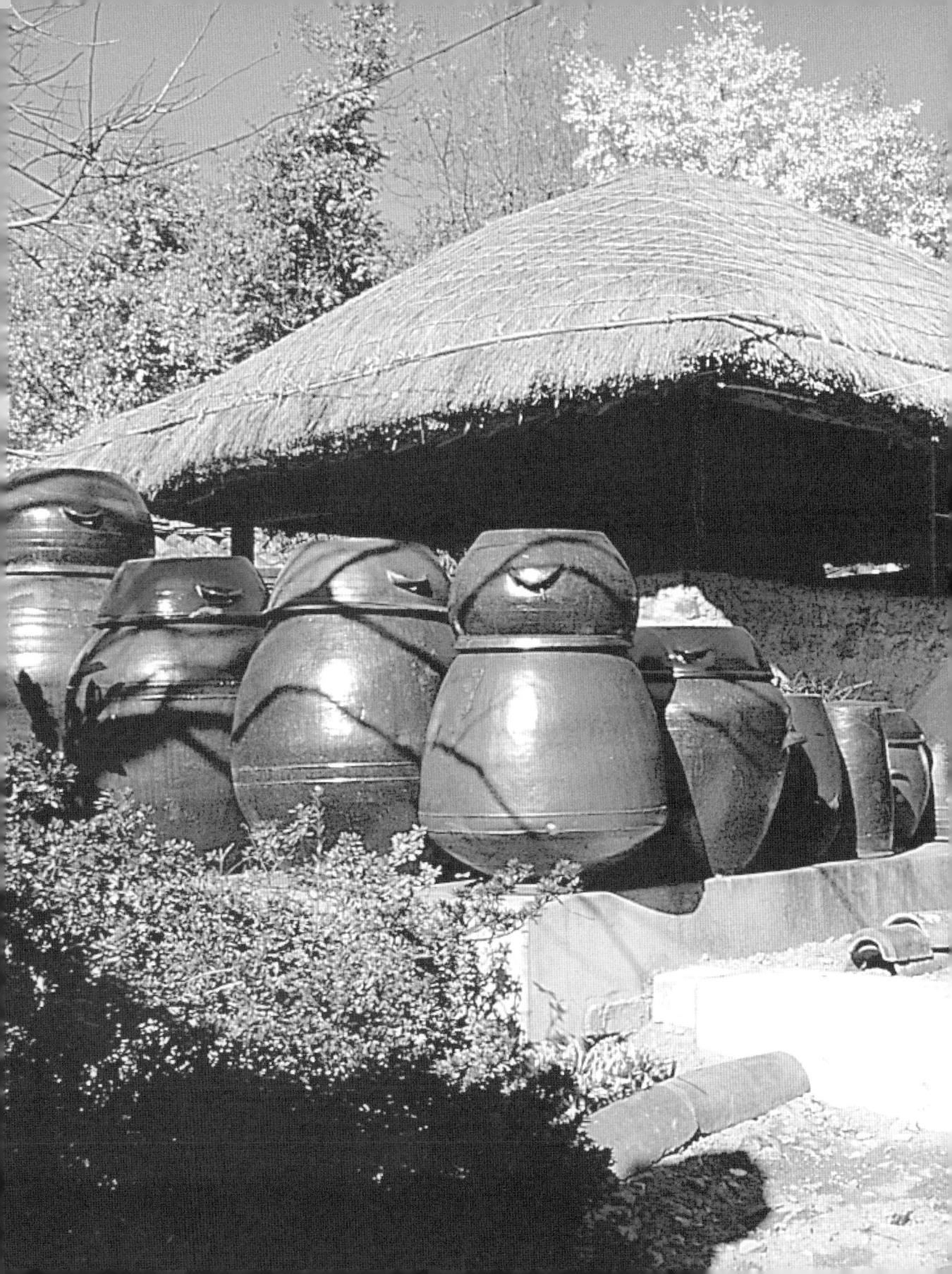

양동마을 주택들의
개별성

조선시대의 평창동

전 서울시가 아파트촌으로 채워져가고 있는 지금, 그래도 고급의 단독주택촌으로 남아 있는 몇 군데를 꼽으라면 성북동과 평창동을 꼽을 수 있다. 집들의 규모와 주인의 재력만으로 따지자면 성북동이 한 단계 위다. 그러나 성북동의 집들은 높은 축대와 담장으로 둘러쳐져 내부를 볼 수 없고, 본다 한들 별다른 건축적 내용들이 없다. 반면 평창동의 중산층 주택들은 대부분 솜씨 있는 건축가들의 손에 의해 지어진 것이고, 경사지를 개방적으로 이용하고 있어 들여다보기도 수월하다. 아마 70~80년대의 한다하는 건축가들치고 서울 평창동에 주택설계를 안해본 이도 드물 것이다. 평창동 집은 개성이 강하고 다양한 시도들이 섞여 있다. 성북동의 획일적인 물량주의와는 대조적이다. 양동의 주택들을 이에 비유한다면, 조선시대의 평창동에 해당한다.

양동마을에는 보물로 지정된 건축물이 3점, 중요민속자료 13점, 경상북도 지방문화재 7점, 향토문화재 8점[01] 등 총 31점의 지정문화재가 있다. 단위마을로서는 가장 많은 문화재를 가지고 있는 셈이다. 워낙 많은 문화재급의 건물들이 있고 그나마 관가정이나 향단, 서백당 등의 뛰어남에 가려서 대부분의 건물들은 주목을 받지 못한다. 그러나 그들 하나하나가 다른 마을이나 지방에 있었다면 꽤 주목을 받은 건축들이었을 것이다. 양동의 주택들은 개성적인 구성과 의도를 담고 있어서 서로 간의 공통성보다는 개별성이 훨씬 돋보인다. 양동과 비교할 수 있는 하회마을 주택들의 경우, 양진당이나 충효

01_ 지정 문화재의 등급은 우선 국가문화재와 지방문화재로 나뉜다. 국가문화재는 중앙정부에서, 지방문화재는 지방의 광역자치단체가 지정한다. 국가문화재는 중요도에 따라 국보, 보물, 사적, 명승, 천연기념물, 중요민속자료 순으로 분류하여 지정하고 지방문화재는 유형문화재, 기념·민속자료, 문화재자료로 분류한다. 향토문화재란 기초지방단체에서 지정하는 문화재 등급.

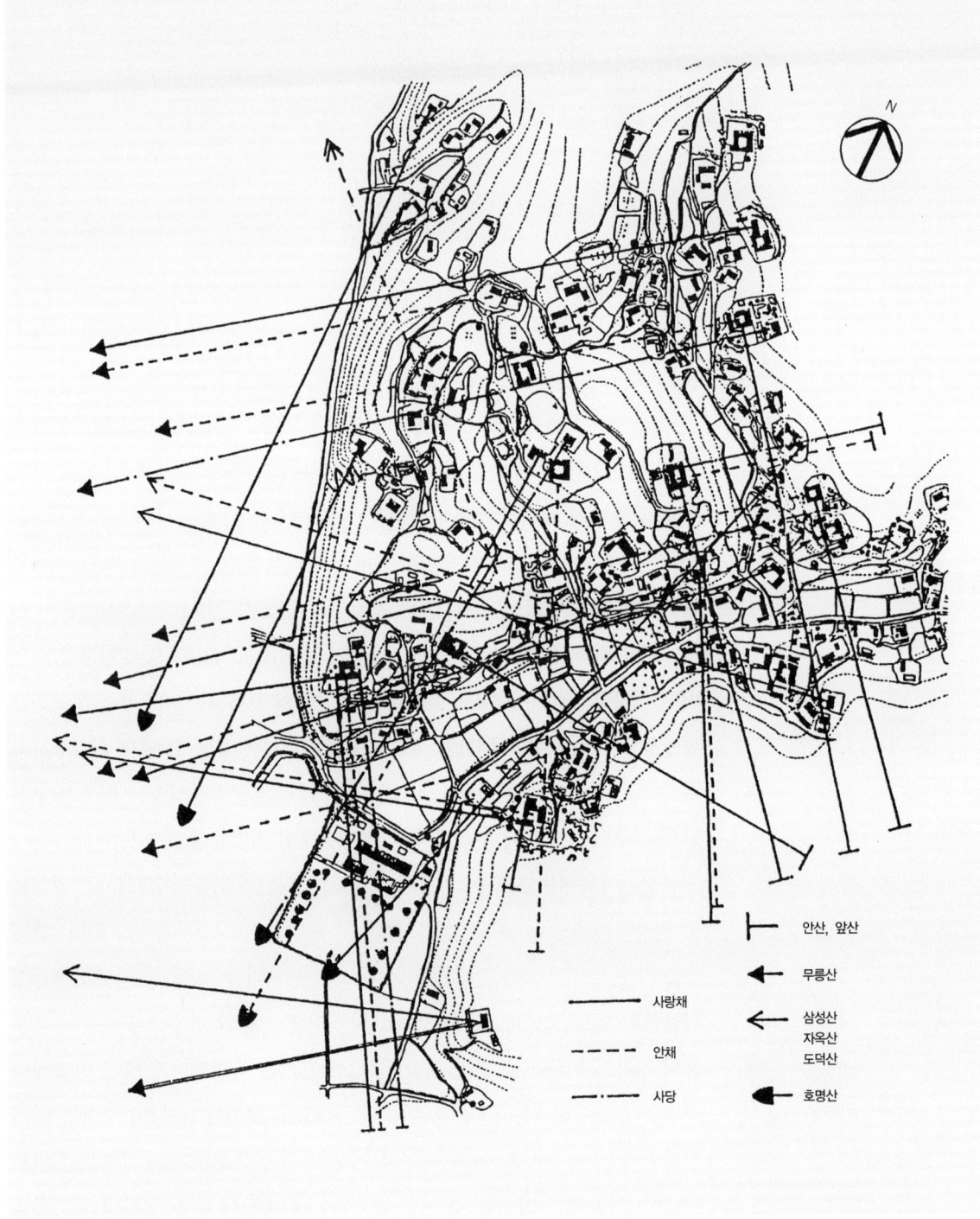

안산, 앞산

무릉산

사랑채

삼성산
자옥산
도덕산

안채

사당

호명산

306 _ 김봉렬의 한국건축 이야기 시대를 담는 그릇

당 등 몇 집을 제외하고는 대부분 획일적인 형식이고, 규모도 더 크지만 양동 주택들의 작품성에는 미치지 못한다. 양동이 평창동이라면, 하회는 성북동에 비교할 수 있을까?

안대잡기, 개별적 계획의 시작과 끝

양동이 평창동이라니, 지나친 비약이라 할지도 모르겠다. 아무리 보아도 기 와집이요, 사랑채와 안채를 가진 같은 집들이기 때문이다. 그러나 재료와 구 조가 같고, 기능과 요소가 같다고 건축이 같아지는 것은 아니다. 건축은 부분 이 아니라 전체이기 때문이다. 부분들이 모여서 전체를 이루는 과정, 그 방법 에 따라 건축의 성격이 정해진다. 양동 주택들의 개별성을 추적하기 위해서 는 이 집들을 만든 건축가의 위치로 되돌아갈 필요가 있다.

양동의 건축가들은 우선 무엇을 안대로 삼을 것인가 결정해야 했다. 단순 한 지리체계를 갖는 일반적인 마을들과는 달리 양동마을은 여러 개의 크고 작 은 골짜기와 능선들과 봉우리들을 갖고 있다. 또 여러 분파의 씨족과 가문들 이 얽혀 살기 때문에 다른 가문의 안대를 피하려는 욕구도 만족시켜야 했다.

마을 안쪽에 자리한 주택들의 안대는 남쪽 능선의 성주봉과 앞산, 그리 고 멀리 서쪽에 있는 무릉산과 자옥산 들이다. 마을의 서쪽 외곽에 자리잡은 주택과 정자들은 남쪽 멀리 있는 호명산을 안대로 삼는다. 또 마을 내부의 중 요한 봉우리인 물봉도 훌륭한 안대가 되고, 심지어는 관가정이나 무첨당의 사 당들도 같은 가문 후손집의 안대로 설정된다.[02] 이처럼 자연물뿐 아니라, 가 문의 시조까지 안대로 취급된 예는 극히 드물다. 양동의 지형과 사회구조상, 다양한 안대들이 설정됐기 때문에 결과적으로는 서로가 서로를 쳐다보는 시 각적 관계를 형성한다. 왼쪽 면의 도면을[03] 보면 이 마을이 얼마나 복합적인 시각구조로 형성된 '시각적 복합체'인가를 알 수 있다.

개별적인 안대의 설정은 집 전체 구성도 개별적으로 몰고 간다. 안대를 선택했다는 것은 대지의 고도와 사랑대청의 위치를 결정하는 것이다. 안대는

02_ 관가정의 사당은 손진경 가옥이, 무 첨당의 사당은 심수정이 각각 안대로 삼 고 있다.
03_ 전봉희, 앞의 논문, p.155의 분석 도 면.

△ 양동마을 주요 건축물의 안대 분석

주로 사랑대청에서 보여지기 때문이다. 주어진 땅 위에서 사랑대청의 위치를 잡으면, 곧바로 사랑채의 위치가 결정된다. 일단 사랑채의 위치를 잡은 후에는 대지의 형편에 따라 안채를 배열하게 된다. 대지의 깊이가 좁고 폭이 넓으면 안채는 사랑채 옆으로 나란히 놓이게 되고, 반대 형상의 대지에는 사랑채 뒤쪽으로 평행하게 안채가 놓인다. 또 사랑채의 안대와 안채의 안대를 달리 잡을 수도 있다. 사랑채의 안대가 너무 높거나 강하면 여성들의 안채에는 부적당하기 때문에 더욱 순하고 부드러운 안대를 선택한다. 이 경우는 보통 사랑채에 직각 방향으로 안채를 놓음으로써 안대를 달리할 수 있다.[04]

가급적이면 안대청에서도 안대를 바라볼 수 있도록 안채의 높이와 위치를 조절한다. 아울러 행랑채나 부속채의 위치와 높이도 안채-사랑채 관계에 맞추어 설정한다. 이렇게 되면 주택의 전체적 윤곽이 확정되고 나머지는 디테일한 차원으로 넘겨진다. 양동의 다양한 주택들을 감상하려면 우선적으로 사랑채와 안채의 안대를 찾아내야 한다. 안대잡기에 의해서 집 전체의 구성과 공간이 만들어졌기 때문이다.

04_ 향단과 서백당, 두곡고택(이희태 가옥)이 안채와 사랑채를 직각으로 놓아 안대를 달리한 대표적인 경우다.

고전적 원형,
서백당

가장 오래된 반가

이 집의 익숙한 이름은 '손동만 가옥'이다. 그러나 주인공 손동만 씨는 1996년 세상을 떠났고 현재는 아들이 주인이다. '월성 손씨 대종가'라고도 하지만, 사랑채에 걸려 있는 집 이름(당호堂號)은 '서백당'과 '송첨'이다. '소나무처마'라는 정취어린 '송첨'은 사랑 앞마당의 크고 멋진 노향老香나무[05]에서 유래한 이름이다. 손중돈이 관가정으로 분가하면서 400여 년간 대종가의 지위는 관가정으로 옮겨갔다가, 20세기 전반부에 다시 이 집으로 종손이 이주하면서 대종가의 지위를 찾았다.[06] '서백당'이란 현판은 원래 관가정 사랑채에 걸려 있던 것으로, 참을 '인忍'짜를 100번이나 써서 종손으로서 인내를 기르라는 고통의 가르침이었다.[07] 이 집의 공식적인 이름을 '서백당'이라고 하자.

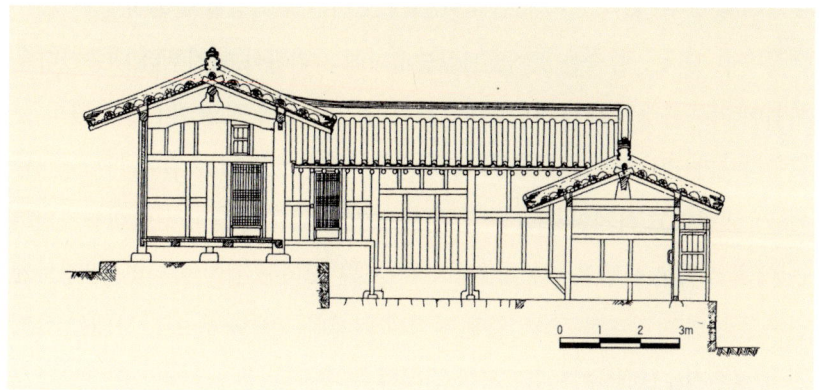

05_ 경북 기념물 8호. 손소가 서백당을 지을 당시, 마을 정착기념으로 심은 나무라고 전한다.
06_ 박선주, 앞의 논문, p.22.
07_ 같은 논문, p.33.

↗ **서백당 종단면도** 삼성건축 도면.

8 조선시대의 평창동 **양동마을 주택들** _ 309

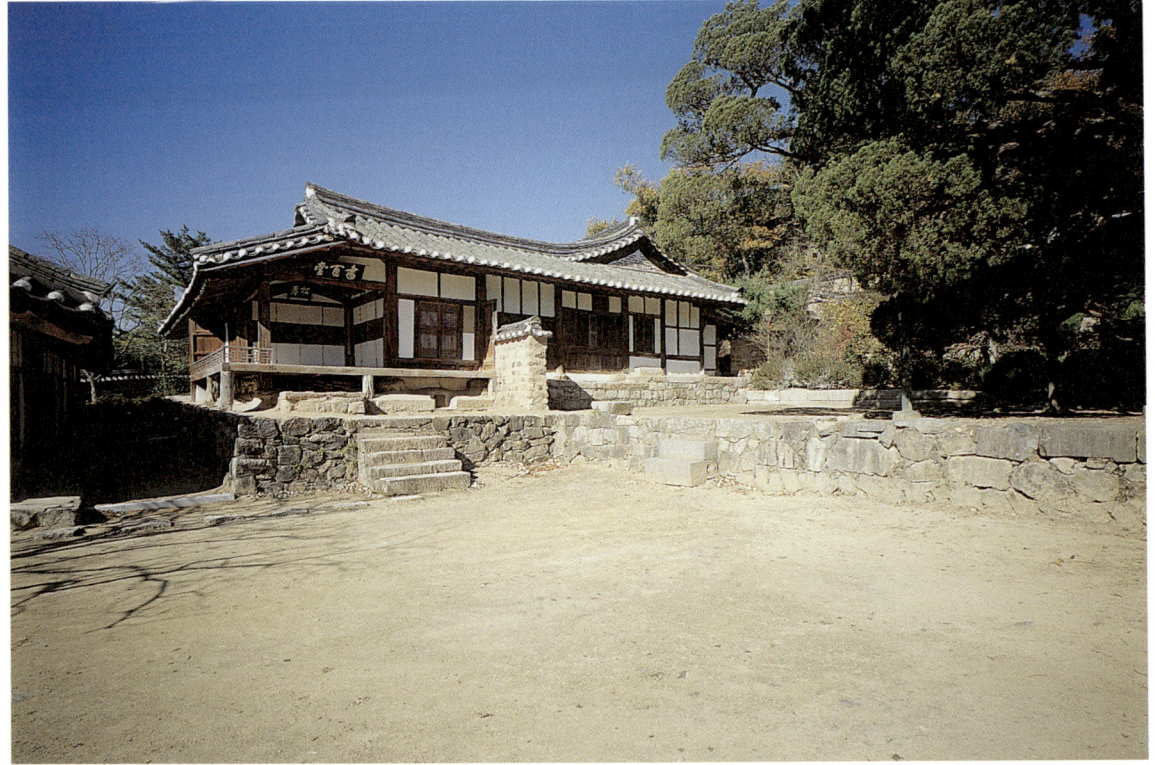

↖ **서백당 행랑채와 살림채**　살림채는 다시 짧은 내외담으로 사랑과 안채가 나뉜다.

　　1458년 손소가 양동 처가 마을에 정착하면서 지은 집으로 전한다. 가장 오랜 살림집은 1330년대 최영장군의 고택으로 전하는 아산의 '맹씨행단' 孟 氏杏壇[08]이지만, 사랑채와 부속채들이 없어지고 안채도 일부만 남아 있는 불 구 주택이다. 살림집의 모습이 온전히 남아 있기로는 서백당이 가장 오래된 주택이라 할 수 있다. 양동마을에서 가장 오래된 주택임은 물론이다.

　　마을 '안골' 깊숙한 곳, 높은 산등성이에 자리잡아 입지부터 대종가다운 위엄이 가득하다. 그러나 마을 아래서는 담장만 살짝 보일 뿐, 대문 앞의 큰 고목나무가 랜드마크로 역할한다. 예전에는 대문에 오르는 길에 가랍집 3~ 4호가 있었다고 하지만 지금은 모두 사라졌다. 집안에 들어서면 대종가치고 는 매우 소박한 느낌을 받는다. 시기적으로만 오래된 집이 아니라, 단정하게 절제된 형태와 간결한 구성, 일절 장식이 배제된 겸허함 등으로 사대부 살림 집의 원초성을 보여주는 원형적인 집이다.

08_ 고려 말~조선 초에 재상을 지냈던 맹사성孟思誠 집안의 살림집으로 충청남도 아산시 배방면 중리에 위치한다. 정면 4 칸, 측면 3칸의 ㄷ자형 평면 집으로 중앙 2칸에 대청을 두고 좌우에 각각 온돌방을 두었다.

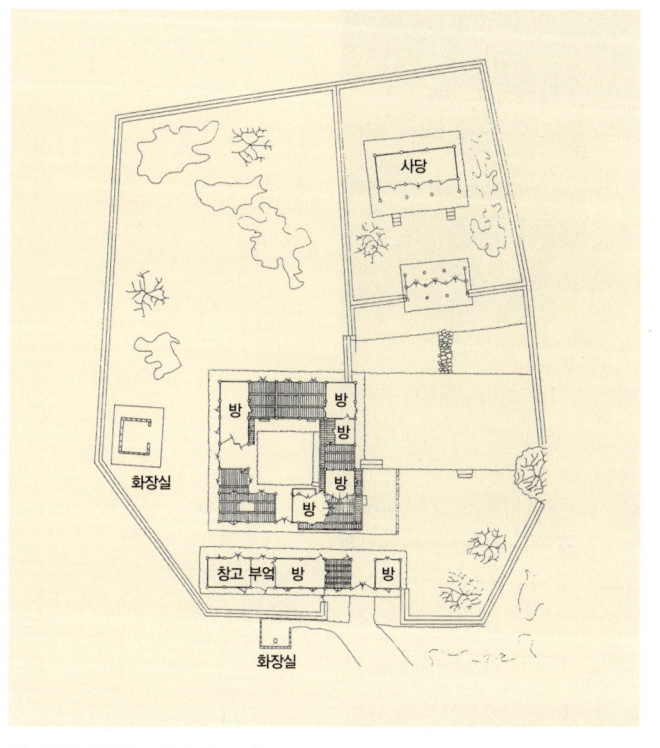

￢ **서백당 평면도**   우리건축 도면.

오래된 종가답게 이 집에는 터에 얽힌 풍수적 설화가 전한다. 이 터는 '3명의 큰 인물이 태어날 곳'(삼현선생지지三賢先生之地)으로 점지됐다. 손소의 아들인 손중돈은 물론, 외손인 이언적도 이 집에서 태어났다. 그가 대단한 인물이 된 후, 손씨 집안에서는 '남의 가문만 좋은 일 시켰다'고 후회가 막심했다. 그래서 시집간 딸들이 해산하러 오면 다른 일가집으로 보내는 유습이 지켜지고 있다. 아직 태어나지 않은 마지막 한 인물은 꼭 손씨 가문의 핏줄이어야 하기 때문이다. 외손인 이씨 가문에게 수적인 열세에 몰리면서도 손씨들이 양동마을을 떠나지 않았던 이유는 바로 마지막 위인을 기대했기 때문이다.

대종가, 어떻게?

□자형의 살림채와 그 앞의 긴 행랑채 그리고 동쪽의 사당채가 전부로, 평면만 본다면 간략한 구성이다. 살림채는 사랑채와 안채가 복합돼 있다. 살림채 뒤쪽 넓은 후원에는 사당의 제사를 위한 제청이 있었다는 추정도 한다.[09] 대문 앞에 흙담으로 쌓은 우아한 변소와, 안채 서쪽의 방아실채[10]도 예전부터 있었던 것이다. 특히 3칸 초가지붕의 방아실채는 벽과 기둥을 분리하고, 지붕과 벽 사이를 띄움으로써 매우 건축적인 구성을 하고 있다.

사랑대청은 묘하게도 □자형 살림채의 남서쪽 모퉁이에 놓이고, 2개의 사랑방이 대각선으로 놓였다. 방들의 위치가 비대칭적이기 때문에 대종가가 가져야 할 위엄이 약화된다. 그러나 역시 사랑대청에 앉아봐야 그 이유를 알 수 있다. 마을의 안산인 성주봉이 집의 남서쪽에 있기 때문에 남서 모퉁이를

09_ 박선주, 앞의 논문, p.28.
10_ 디딜방아를 설치하여 방아를 찧던 방.

8 조선시대의 평창동 **양동마을 주택들** _ 311

◸ **서백당 대문** 난간과 짧은 내외담, 그리고 밀려들어 가는 공간.

개방할 수밖에 없었다.

이 집의 핵심은 동쪽에 있는 사당이다. 대종가는 사당에 제사 지내기 위해 존재하는 의례용 주택이기 때문이다. 종갓집들을 답사할 때는 먼저 사당이 어떤 위치에 있는지, 사당에 이르는 통로를 어떻게 공간화했는지, 그리고 다른 생활 공간과 어떻게 관계를 맺고 있는지를 살펴야 한다. 종갓집의 건축가들이 가장 고심한 핵심 부분이기 때문이다. 이 점에서는 어느 종갓집도 서백당을 따라올 수 없다.

대문을 들어서기 전, 잠깐 멈출 필요가 있다. 대문간을 통해서 보이는 장면에서 이 집의 모든 의도와 성격을 알 수 있기 때문이다. 화면은 4개로 분할된다. 왼쪽으로는 사랑채 기단과 사랑대청의 간결한 난간들이, 오른쪽으로는 몇 개로 접혀 들어간 마당의 기단들과 짧게 끊어진 내담.[11] 이 네 부분의 요소들은 모두 재료와 질감이 다르다. 또한 그들은 서로 다른 크기로 분할되어 역동감이 강하다. 왼쪽 사랑채 장면이 형태와 물체로 이루어졌다면, 오른쪽 장면들은 계속 접혀져 들어가는 공간의 흐름이 주제다. 그 흐름은 어디로 향하는가?

대문간에서 사당은 보이지 않는다. 사당은 뒤편 멀리에, 그것도 높은 석축 위에 올려져 있기 때문이다. 그러나 사당으로 유입되는 공간적 흡인력은

11_ 서백당의 사랑채와 안채 사이에 쌓은 길이 2m의 짧은 담장. 남자들 공간인 사랑채와 여자들의 안채를 구획하기 위한 것으로 '내외담'이라고도 부른다. 그러나 이 담은 기능적인 요소라기보다는 지극히 공간적인 요소다.

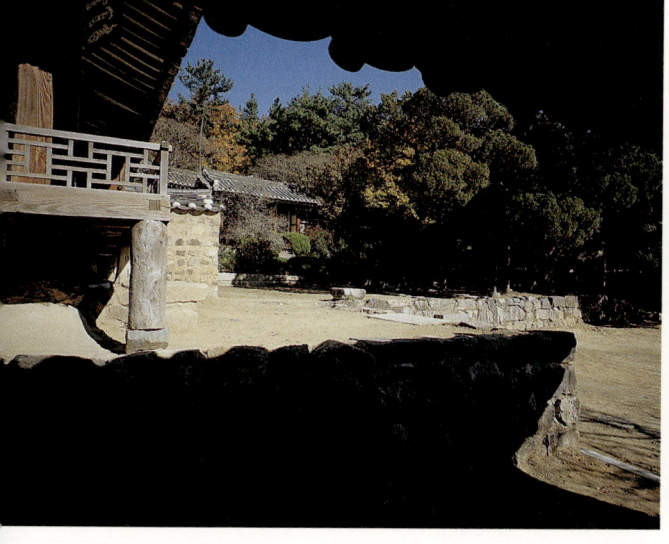
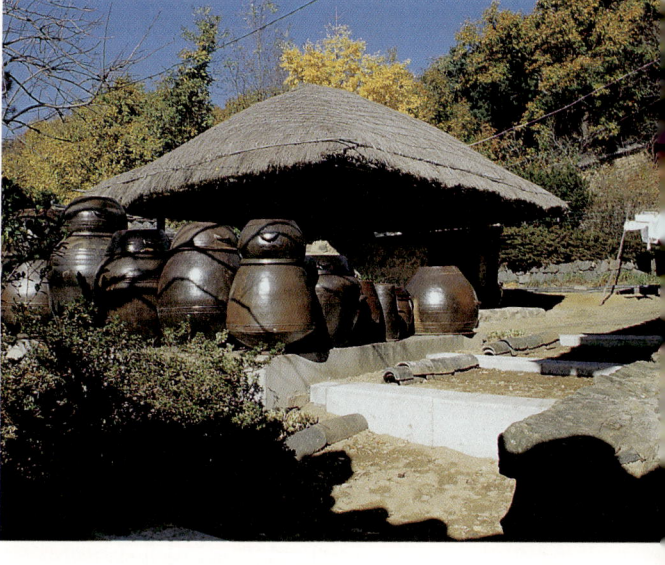

◤ **서백당 사랑채와 사당** 사랑채 난간
과 노향나무, 그리고 공간이 밀려들어간
곳에 사당이 자리잡았다.
◥ **서백당의 장독대와 헛간** 매우 소박
하면서도 정갈한 사대부가의 뒷마당이다.

대단하다. 무의식적으로 대문을 들어서면 모두 오른쪽 사당으로 향하게 되
지, 어느 누구도 왼쪽 안채 쪽으로 향하지 않는다. 오른쪽으로 들어가면 넓게
펼쳐진 입체적인 마당이 전개되고, 그 마당의 오브제로 잘생긴 향나무가 줄
기를 틀고, 그 뒤 계단식 정원 위로 사당문이 나타난다. 여전히 사당은 모습
을 드러내지 않지만, 암시와 유도만으로도 이 집의 중심이 그 안에 있으리란
걸 느끼게 한다. 뒤에 볼 여강 이씨 무첨당 종가와 비교해보라. 무첨당 역시
중심은 사당이다. 그러나 매우 직설적인 중심, 다시 말해서 문자 그대로 집의
중심 높은 곳에 사당을 두고 위엄을 과시하고 있다. 서백당에 비해 한 차원 낮
은 수법이다. 보이지 않는 핵심, 의식하지 못할 교묘한 유도법, 고도로 절제
된 공간 요소들. 원형적인 구조체의 구성과 함께 서백당이 이루어낸 고전적
인 방법론이다.

8 조선시대의 평창동 **양동마을 주택들** _ 313

종가급의
주택들

무첨당

무첨당은 동쪽에 살림채, 서쪽에 별당인 무첨당, 그리고 그 사이 높은 곳의 사당 영역으로 이루어졌다. 이언적의 아버지 이번이 양동에 장가들어 어느 정도 기반을 잡은 후인 1508년에 살림채를 건립했고, 이언적이 경상감사 시절인 1540년경에 별당을 건립했다. 말하자면 이언적의 본가가 되며, 이후 여강 이씨 무첨당파의 파종가로서, 또 여러 분파들의 맏집인 대종가로서의 역할을 해왔다.

　　종가로서 무첨당의 의도는 매우 강렬하고 직설적이다. 대지의 중앙, 가장 높은 곳에 사당 영역을 마련하고, 살림채와 별당채 사이에 직선의 가파른 계

�役 **무첨당 전경**　왼쪽 별당과 오른쪽 살림채, 그 사이 높은 곳의 사당이 중심이다.
◥ **무첨당 평면도**　우리건축 도면.

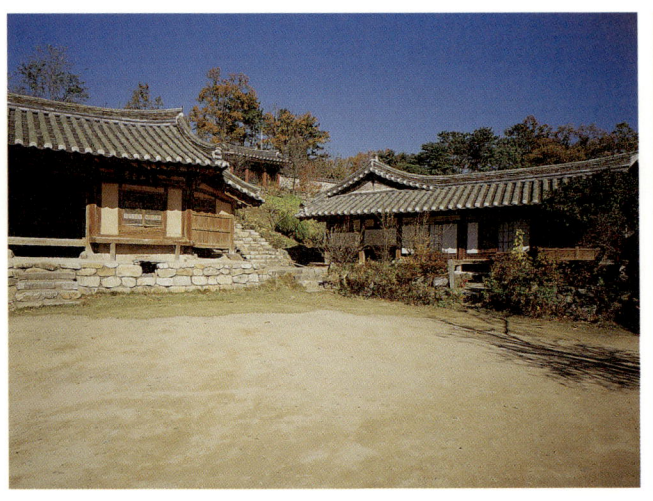

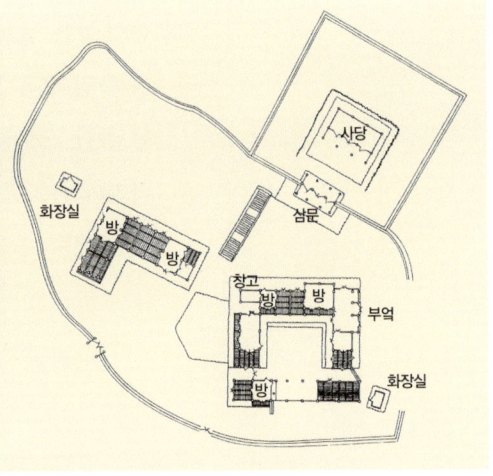

314 _ **김봉렬의 한국건축 이야기** 시대를 담는 그릇

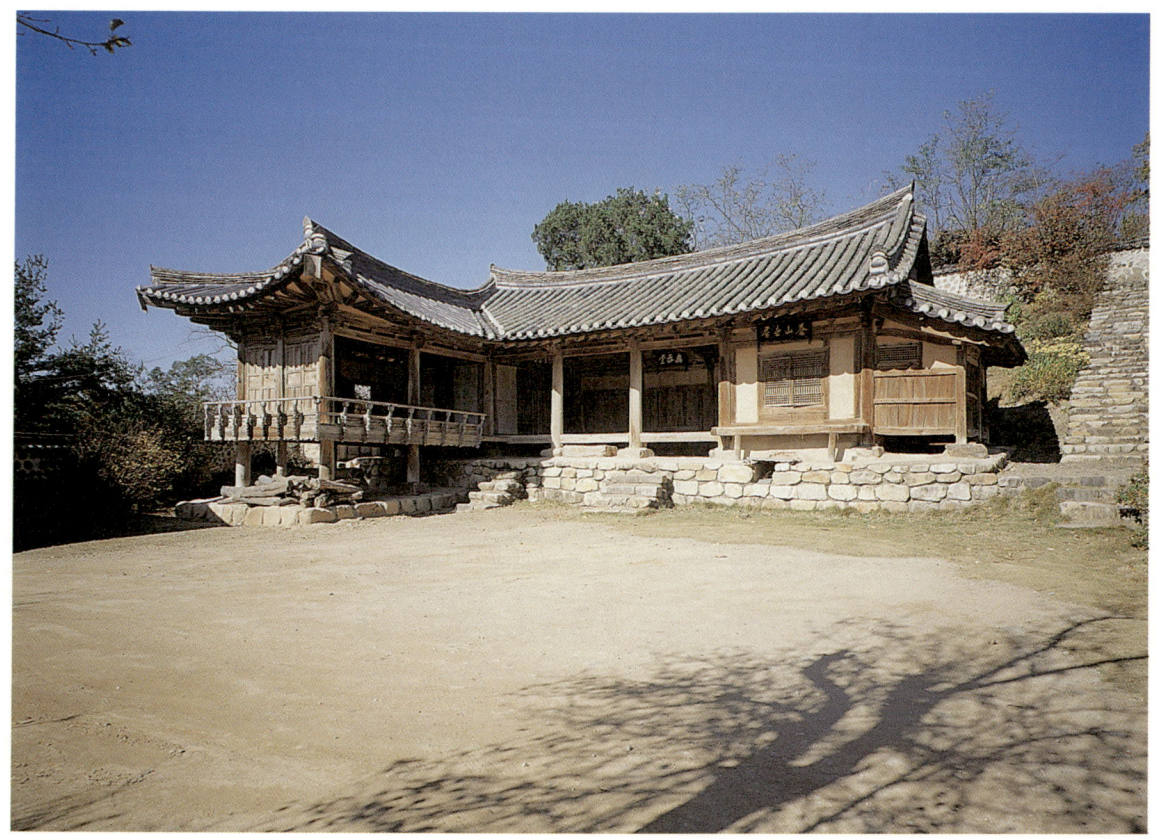

↗ **무첨당 별당채** 일반 살림집 별당으로서는 과분할 정도로 당당한 형태, 견고한 구조와 짜임새를 자랑한다.

단을 설치해 사당이 이 집의 중심임을, 이 집은 대종가임을 강하게 표현한다. 별당과 사당은 살림채와 향을 달리하여 다른 안대를 취하고 있고, 사당 앞에 서면 일족의 서당인 강학당과 가문의 정자인 심수정을 바라보게 된다. 정확히 말하자면, 심수정과 강학당은 자신들의 대종가인 무첨당 사당채를 안대로 삼아 자리잡았다. 그만큼 이 집의 사당이 갖는 마을 내의 위상은 대단한 것이다.

반면 무첨당 세 건물 사이의 공간 관계는 어정쩡하게 독립적이다. 건물들 사이에 적절한 외부 공간이 만들어지지 못했고, 단지 살림채의 사랑 부분이 별당 쪽의 마당을 향하고 있어서 대종가의 의례적인 공간만을 형성한다. 살림채와 사당 간, 또는 건물들 주변에는 일절 공간이라 부를 것이 없다.

그러나 별당의 형태와 공간은 아주 강렬하다. ㄱ자 건물로 누마루가 돌출하여 마을을 굽어보고 있다. 모퉁이에 방을 배치하고 모서리 부분은 모두

8 조선시대의 평창동 **양동마을 주택들** _ 315

마루로 처리한 칸살잡이도 고전적인 수법이다. 적절한 비례를 가진 형태와
날렵한 처마선, 섬세하게 조각된 초익공初翼工[12]과 화반대공花盤臺工[13]을 갖
는 등, 최고로 장식적인 건물이다. 당호 그대로 '더럽힘이 없는 집'이다. 시
원하게 터진 대청마루에 앉아 마을의 전경을 보거나, 넓은 마당에 서서 위풍
당당한 별당을 우러러보면 대종가로서의 위엄을 느낄 수 있다. 그러나 대조
적으로, 안채와 사랑채로 이루어진 살림채는 매우 소박하고 간결하여, 대종
가의 위세에 맞지 않을 정도다.

수졸당

여강 이씨 수졸당파의 종가다. 1744년에 사랑채 부분을 증축했다. 서백당의
맞은 편 능선 위, 아늑한 터에 자리잡았다. 수졸당守拙堂 남쪽 바로 앞에는 또
다른 파종가 양졸정이 자리잡고 있지만, 능선을 잘 활용해서 서로 보이지는
않는다. 두 집의 진입로도 서로 다르다. 사랑채 앞마당의 좁은 터를 완만한 산
자락이 감싸고 있고, 화초가 심어진 경사로가 마련됐다. 이 경사로를 따라 오
르면 안채 뒤편이 되며, 곧이어 사당에 다다르게 된다. 대지의 생김새 때문에

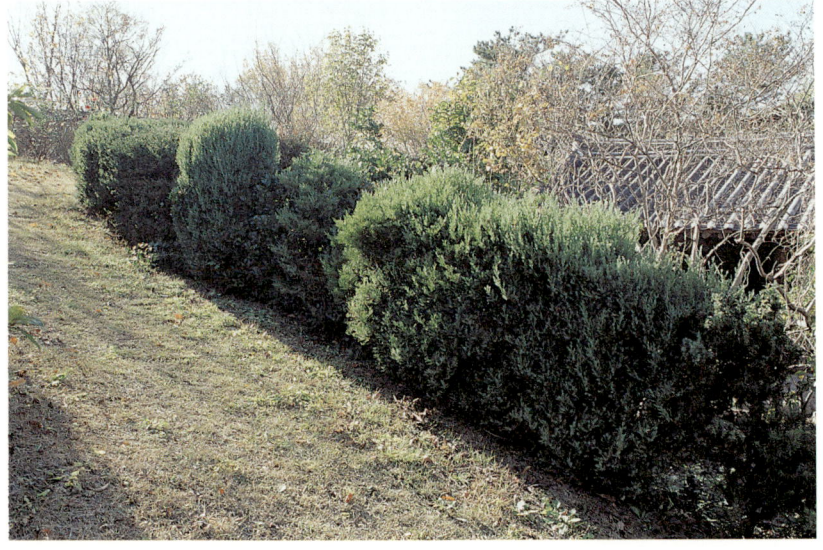

12_ 처마의 무게를 받치기 위해 짜 맞춘
부재들을 통틀어 공포라 하며, 그중에서도
중심 기둥이나 좌우 기둥 중간에 받쳐 괸
부재를 살미라 한다. 이러한 살미가 새의
날개 모양으로 1개 놓인 것을 초익공이라
하며, 초익공으로 이뤄진 공포의 구조를
초익공 구조라 한다.
13_ 초새김한 화반으로 이루어진 대공으
로, 그 종류로는 앙련대공仰蓮臺工·파련대
공波蓮臺工·복화반覆花盤·안초공按草工 등
이 있다.

◥ **수졸당**　사랑채 앞의 경사로를 오르
면 사당으로 향하게 된다.

↗ **수졸당 평면도** 우리건축 도면.

사당을 눈에 안 띄는 뒤편에 두긴 했지만, 편하고 아름다운 접근로를 마련하여 사당 참배를 자연스럽게 유도한다. 미세 지형을 절묘하게 이용했기 때문에, 경사로를 오르내리면서 보이는 집의 경관은 흔히 접할 수 없는 입체적인 것들이다.

안채는 낮고 길고, 안마당은 옆으로 길쭉하다. 사랑채를 증축하면서 마당을 늘린 결과다. 두꺼운 사각기둥을 사용해서 집의 수평적 인상을 더욱 강하게 한다. 입지와 지형의 이용, 형태와 공간감은 마치 산 위에 숨겨진 성채와 같다.

두곡고택

두곡杜谷 이의잠李宜潛의 후손들이 건립한 주택으로 집 옆에는 이의잠의 영정을 모신 두곡영당杜谷影堂과 그를 위한 재실이 있다. 고택 뒤 언덕 정상에는 동호정東湖亭이 세워져 전망처의 역할을 한다. 이 4채의 건물들은 마을의 동남쪽 산등성이에 기대어 자리잡았지만, 마을의 다른 영역과는 단절된 독자

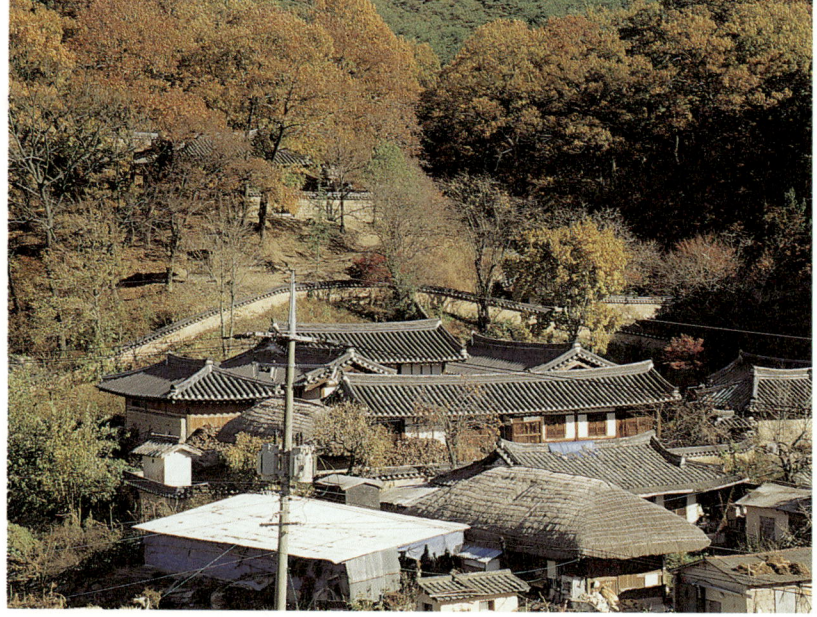

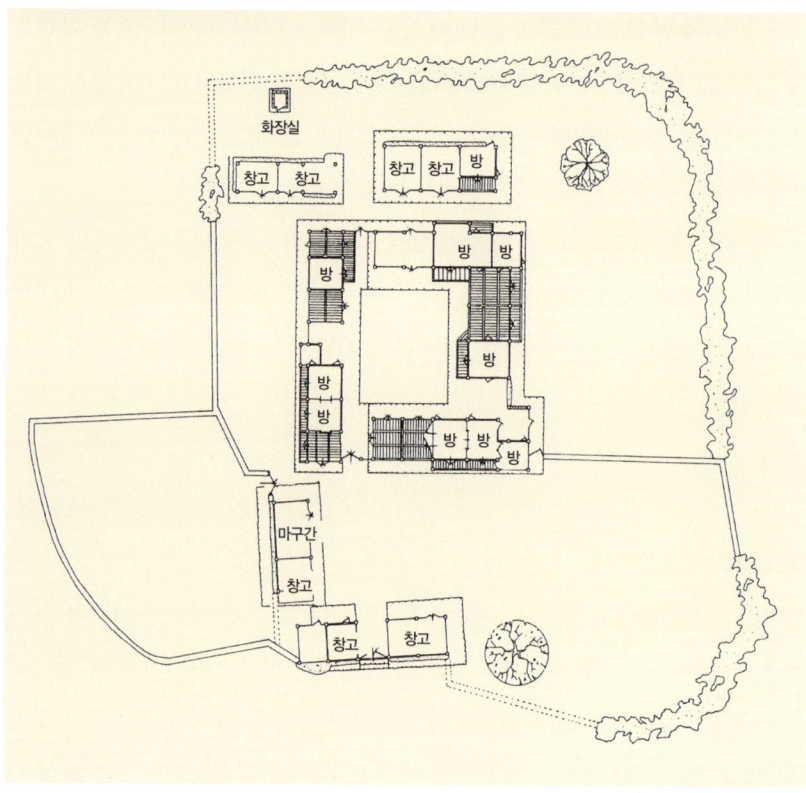

◤ **두곡고택 전경** 앞에 고택, 뒷동산에 동호정, 그 사이 오른쪽에 두곡영당과 재실이 자리잡았다.

◣ **두곡고택 평면도** 우리건축 도면.

318 _ **김봉렬의 한국건축 이야기** 시대를 담는 그릇

적인 영역을 구성하고 있다.

마을 중심 길 쪽으로는 담장을 쌓아 격리된 채, 남쪽 길로 돌아 들어가면 남향한 대문채를 접한다. 어귀의 산자락에는 2칸 초가집이 대문을 마주보며 숨어 있다. 물론 두곡고택에 딸린 가랍집이며, 방 한 칸 부엌 한 칸으로 이루어진 가장 작은 살림집이다. 대문채 옆 동쪽으로는 재실이, 그 옆에는 다시 영당이 있고, 그 사이 언덕길로 오르면 동호정에 다다른다.

□자형 살림채를 중심으로 남으로는 대문채가, 북으로는 곳간채들이 겹으로 둘러싸고 있는 이 집은 양동에서도 가장 규모가 큰 주택에 속한다. 8채의 건물들은 사랑마당과 안마당은 물론, 고방마당과 후원 등 여러 외부 공간을 형성하고 있어서, 매우 분화된 외부 공간들을 갖고 있다. 사랑채는 깊고 높은 골짜기를 면해서 약간 답답한 감이 있지만, 안채는 마을 입구의 물봉을 안대로 삼아 시원한 경관을 갖는다. 경관을 얻기 위해 안대청을 높게 처리했고 그 앞의 행랑은 낮게 처리했다. 안채는 동호정과 더불어 물봉을 안대로 삼았지만, 사랑채는 영당이나 재실과 함께 앞산을 안대로 삼았다.

동쪽 높은 동산 쪽에 과실수를 심어 지세를 잘 이용한 점과 서쪽에 마구간을 두어 낮은 면을 보안하는 등, 치밀하고 사려 깊은 구성을 보여준다. 채와 채 사이의 사이 공간들은 18세기 집으로서는 이례적으로 추상적이고, 각 채의 입체적인 구성도 인상적이다.

동호정은 두곡고택 뒤 언덕 정상에 서서 물봉 일대를 바라보고 있다. 건물 자체는 그다지 특색이 없지만, 이곳의 경관은 양동과 그 일대 지형을 색다르고 신선한 모습으로 바꿔 보여준다. 마치 두곡고택 일대는 양동이 아닌 또 하나의 마을을 이룬 듯, 진입과 영역적 관계가 독립적이고 경관 구조마저도 독자적이다.

낙선당

낙선당樂善堂은 서백당이 위치한 안골의 더 북쪽 산등성이에 높게 자리한 집

⌐ **낙선당 평면도**　　우리건축 도면.

으로, 손씨 가의 파종가 중 하나다. 마치 �口자형 집 두 채를 엇갈려 놓은 듯, 사랑마당과 안마당이 중심되어 집이 구성됐다. 정식의 대문채를 가짐으로써 사랑마당이 영역화되지만, 안채 쪽으로 한 채의 건물이 철거돼 사랑—안채의 관계가 약간 어색하다. 이 집에는 출입문이 유난히 많아 공간 체험에 변화가 많고, 특히 사랑채에서 안채로 들어가는 협문과 연결 부분은 극적으로 처리됐다. 협문을 열면 함실 아궁이의 어둡고 입체적인 공간이 연출되며 그 사이 골목을 통해 안마당의 밝은 빛이 들어온다. 일반 살림집에서는 겪기 어려운 공간적 체험이다. 사랑채는 초익공 구조를 사용한 고급스러운 집이다. 사랑 대청 뒷벽의 감실은 조상의 위패를 모시고 제사를 지냈던 곳이다. 현재는 안채 남쪽에 사당을 크게 짓고 위패를 옮겨버렸다.

중기의
주택들

주택의 시대사

양동의 주택들은 워낙 수가 많기 때문에 일단은 유형적으로 파악할 필요가 있다. 이들은 시대적으로 일정한 경향을 지닌다. 첫 부류에 속하는 것은 예의 서백당, 무첨당, 관가정, 향단으로 마을 초창기에 지어진 대종가급의 집들이다. 이들은 뚜렷한 개성을 가지고 있기 때문에 공통점을 말하기 어렵지만, 완전한 �口자형 평면을 가진다는 특징이 있다. 적어도 임진왜란 이전 사대부 주택들의 전형이라 할 수 있다.

이 지방에서는 완전한 �口자형 주택을 '통말집'이라 부르고, 튼 �口자 집을 '반말집'이라 부른다.[14] 임진왜란 이전의 주택들이 통말집인데 비해, 전란 후 17~18세기의 집들은 반말집이다. 통말집은 안동의 '뜰집'[15]들과 차이가 적지만, 반말집에서는 안동형과는 다른 경주형 주택의 특징들이 나타난다. 수졸당, 낙선당 등 파종가급의 집들이 이때 만들어진다. 앞 시대에 비해서 규모가 작고 유형적이지만, 아직도 각각의 개별성이 강하게 남아 있는 집들이다.

19세기로 들어오면 양상이 달라진다. 전국의 지방 사림들은 세도정치의 질곡에 침잠됐고, 양동의 대단했던 가문들도 더 이상 정치적 명성을 누리지 못했다. 양동의 양반들은 농사경영에 몰두할 수밖에 없는 이른바 '부농층'으로 변모하게 된다. �口자형 말집[16]은 농사용으로는 부적당하다. 안마당에서도 농작업을 할 수 있도록 개방적이어야 했고, 하인층의 수가 현격하게 줄어들어 주부 중심으로 가사노동이 이루어져야 했기 때문이다. 따라서 집의 규모

14_ 이정근, 「한국자연부락의 형태공간론」, 『울산공대논문집』, 제9권 2호, 1978, p.38. 통말집이든 반말집이든 �口자형의 '말집'은 상류층의 주택이고, 하류주택은 一자 혹은 ㄱ자형으로 나타난다.

15_ 용마루가 네모꼴이고 가운데 좁은 안마당이 있는 집으로, �口자 집이라고도 한다. 안동, 영주, 봉화 일대의 고유한 상류주택 유형이다.

16_ '말집'이란 경북 남부 일대에서 부르는 �口자형 주택의 별칭이다.

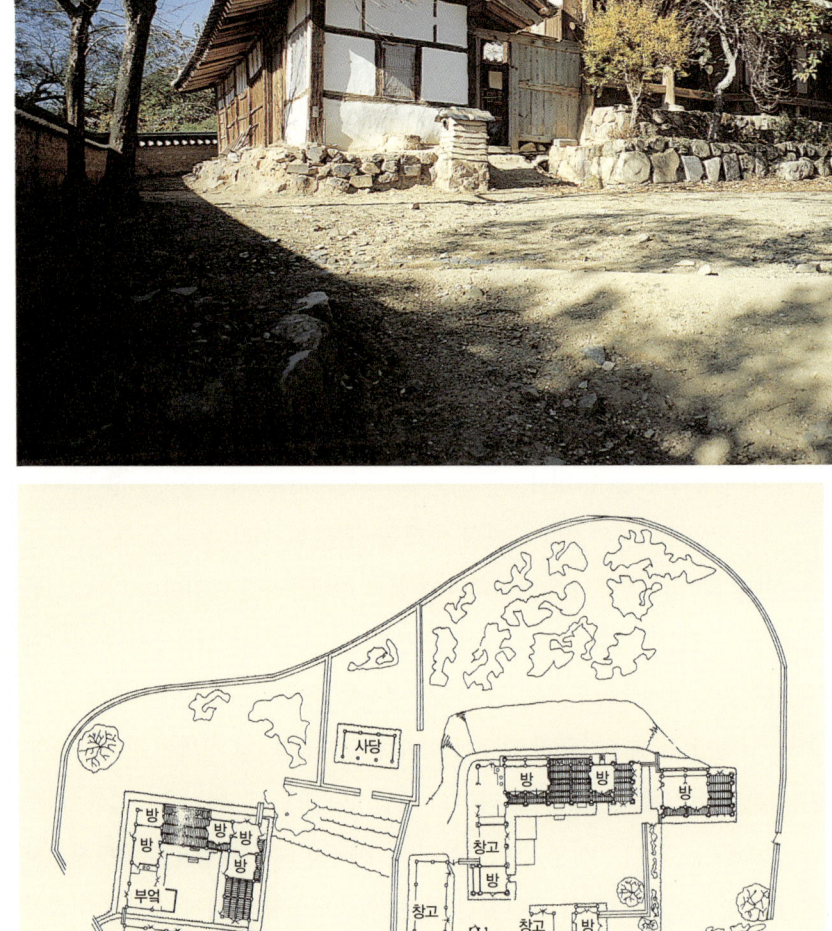

◥ **상춘고택 사랑채와 행랑채** ㄷ자형
건물과 ―자형 건물이 결합해 �口자형 집
을 이루는 관계를 보여준다.
◣ **상춘고택(왼쪽)과 근암고택(오른쪽) 평
면도** 우리건축 도면.

322 _ 김봉렬의 한국건축 이야기 시대를 담는 그릇

는 더욱 작아지고, 二자형 혹은 ㄷ자형 등 간략한 구성의 주택들이 주류를 이룬다. 또한 주택을 주인의 개성과 인격의 실체로 보기보다는, 삶을 위한 도구로 보는 실용적인 세계관이 지배했기 때문에, 주택들은 더욱더 효율적이고 인습적인 형태로 만들어진다. 이제는 주택들의 작품성보다는 유형성이 더욱 강조된다. 따라서 개별성의 차원에서 주택들을 보려면 일단 18세기 이전의 '말집'들을 대상으로 삼아야 할 것이다.

이 동네 '반말집'들은 2채 혹은 4채의 건물로 구성되기 때문에, 건물과 건물 사이의 사이 공간들이 생겨난다. 통로로 쓰거나 물건을 보관하기도 하지만, 건물들 사이에 샛문을 달아서 외부 공간과 출입구로 사용하는 것이 일반적이다. 이 사이 공간들은 각 집의 다양성을 한층 보완해주는 요소가 된다.

상춘고택

서백당이 있는 능선 남쪽에 4채의 이씨 가들이 줄지어 자리잡았다. 서백당에 가까운 쪽부터 이형동 가옥 - 사호당沙湖堂 - 상춘고택賞春古宅 - 근암고택謹庵古宅의 순이다. 마치 손씨 대종가를 이씨 가들이 연합하여 압도하고 있는 듯, 능선 위 4채의 주택들은 굳건한 성채와 같다. 그러나 4채의 구성 방법들은 모두 다르다.

특히 안채와 사랑채의 집합 방법은 평행형, 병렬형, 직교형, 독립형 등 모두 다른 방법을 취하고 있다. 상춘고택과 근암고택은 병렬로 붙어 있지만, 진입로는 서로 다르다. 한 집에 한 진입로만 인정하는 원리를 좇았다. 상춘고택 언덕 위에 있는 사당은 이 집에 속한 것으로 착각하기 쉽지만, 옆집인 근암고택에서만 출입할 수 있는 사당이다. 일가의 주택들이기 때문에 가능한 구성이다.

안채와 사랑채가 평행하게 놓이는 안동 일대의 뜰집과는 달리, 한쪽 날개채를 사랑으로 설정해서 안채와 사랑채는 직각 방향으로 만난다. 사랑마당 한쪽 경사지는 계단식 정원을 조성하고 상춘대賞春臺라 이름 붙여 운치를 더

했다. 작은 규모에 필요한 모든 시설을 배열한 짜임새가 돋보이며, 그럼에도 불구하고 정결한 여유가 배어 있는 집이다.

근암고택

ㄱ자 안채를 담장으로 둘러싸 안마당을 만들고 사랑채는 남쪽에 독립돼 있지만, 원래는 상춘고택과 같이 사랑채가 안채에 직각으로 놓여 안마당을 감싸고 있었던 것으로 보인다. 20세기 초에 원래의 사랑채가 소멸된 뒤, 현재와 같이 어색한 팔작지붕의 사랑채를 신축했다. 결과적으로 안채, 사랑채, 곳간채, 대문채 등이 모두 분리되고, 이들을 담장으로 연결한 변형된 형태가 됐다.

사랑채 뒤로 매우 넓은 후원이 조성돼 있다. 현재는 관리가 잘 안돼서 약간 황량한 느낌을 주지만, 자연 경사지를 그대로 이용해서 계획적으로 나무를 심은 흔적들이 잘 남아 있다. 특히 이 후원은 마을의 전경과 자연의 경관을 한눈에 볼 수 있는 위치로 동요에나 나올 명실상부한 '뒷동산'이다. 또한 이 동산의 완만한 산책로 끝에는 사당이 위치하여 산책과 의례를 일체화하고 있다. 양동의 저택들은 경사지에 위치할 수밖에 없었고, 건축가들은 건물이 앉혀질 최소의 땅만 제외하고는 대부분 경사 지형을 그대로 살려 정원이나 동산을 만드는 솜씨를 발휘했다. 근암고택의 뒷동산은 그 가운데서도 백미에 꼽힌다.

사호당고택

중기의 주택 가운데 가장 개념이 뚜렷하고 입체적인 변화를 보이는 집이다. ㅁ자 안채에 사랑채가 병렬로 부가된 형상이지만, 자세히 살펴보면 ㄱ자 건물 두 개를 중첩해서 만든 집이다. ㄱ자 사랑채는 기단을 높게 쌓아 돌출부를 누마루로 만들었다. 안채 역시 ㄱ자로 아랫방 쪽의 기단을 생략하여 누마루방이 됐다. 규모는 다르지만 안채나 사랑채 모두 구조적 원리는 동일하다. 동

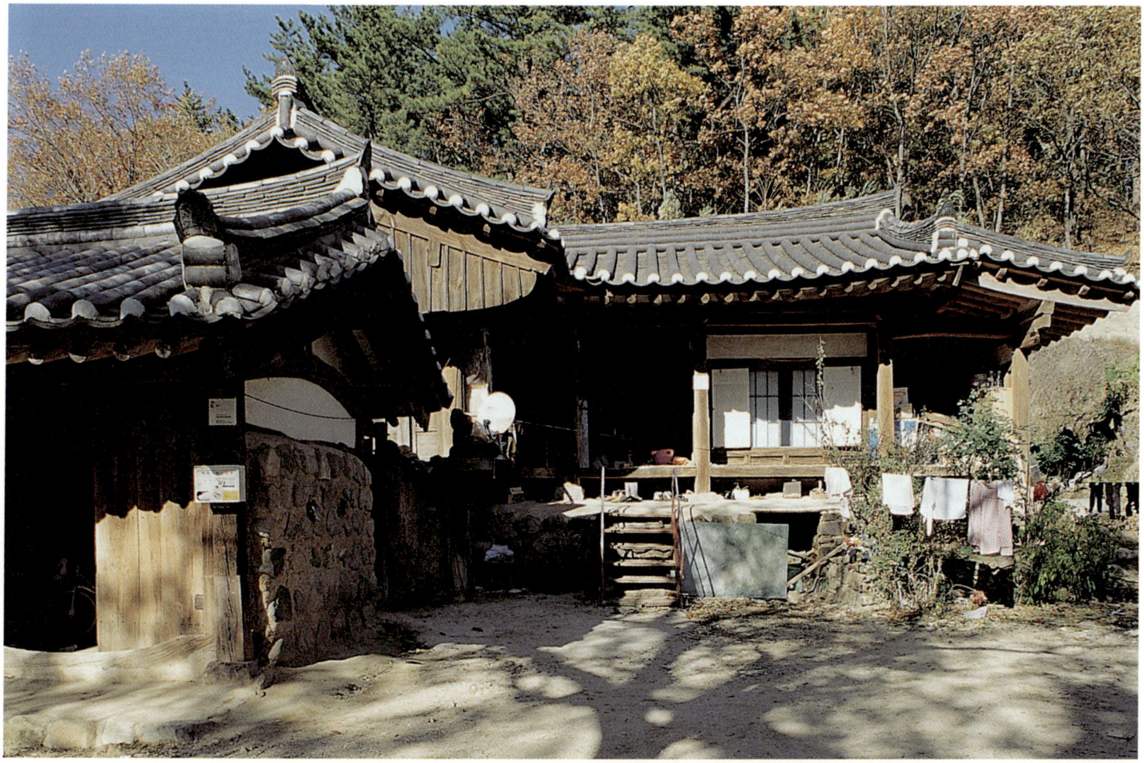

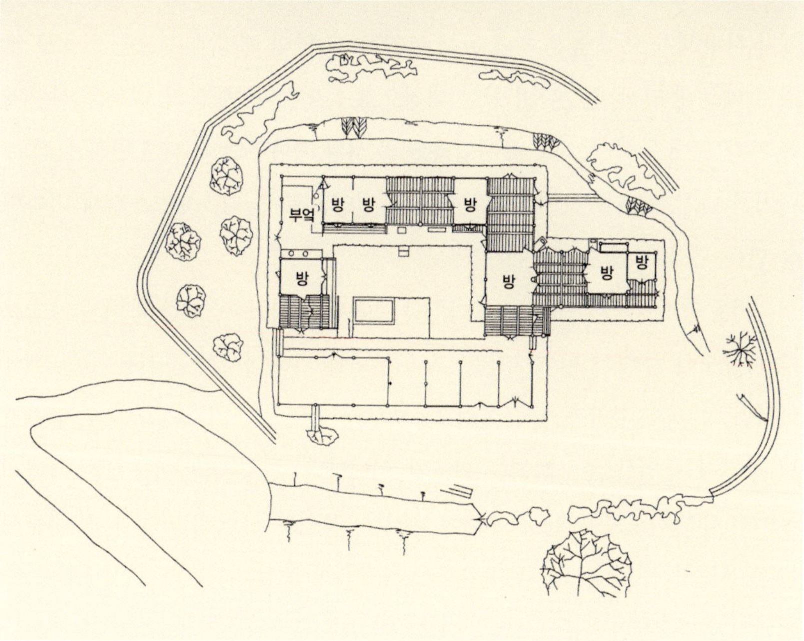

↗ **사호당고택** 누각형 사랑채와 낮은 행랑채의 결합.
↘ **사호당고택 평면도** 우리건축 도면.

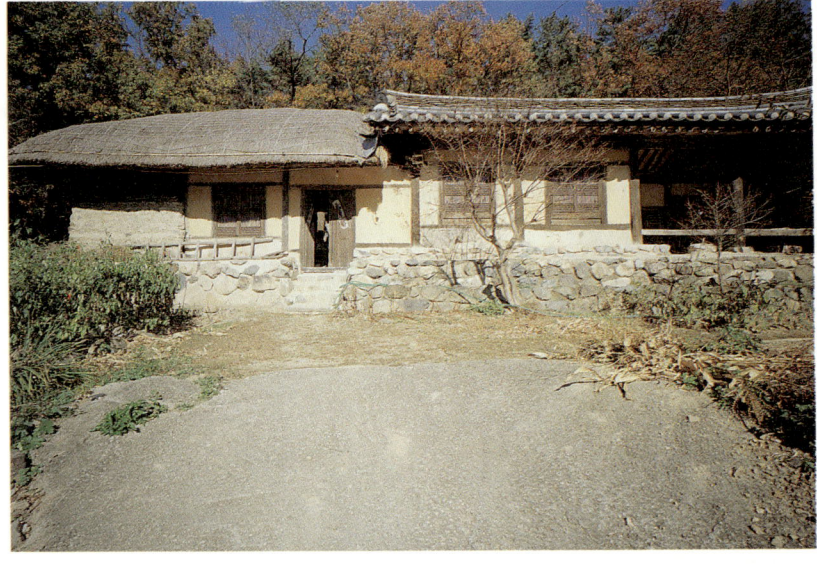

이형동 가옥 사랑채와 행랑채가 나란히 연결된 모습. 기와지붕과 초가지붕이 대조를 이룬다.

일한 디자인 요소를 반복하면서도, 규모와 기능을 달리하여 통일과 변화를 동시에 추구했다.

두 건물군의 바닥 레벨은 변함없지만, 그 아래 기단의 높낮이를 조작하여 어떤 부분은 1층, 다른 부분은 1.5층이 되는 입체적 변화감이 풍부하다. 안채나 사랑채가 모두 높은 기단 위에 놓였고, 그 앞의 행랑채 층고를 최소로 낮췄기 때문에 앞산의 경관이 항상 대청으로 들어온다. 행랑의 대문은 사랑채 쪽 가장 끝에 두어서, 대문에 진입하면 곧 사랑 누마루의 하부에 면하게 되고, 여기서 다시 90도를 틀어야 안마당으로 진입할 수 있다. 자연스럽게 내외벽을 만든 결과가 됐다.

사호당과 서백당 사이에는 이형동 가옥이 위치한다. 인근의 이씨 가들보다는 규모나 품격이 떨어지지만, 후기 주택들 가운데서는 격식을 갖춘 예에 속한다. 안채와 사랑채, 대문채의 3동으로 구성되지만 최소의 규모로 양반가의 공간과 품격을 추구하려는 의도가 역력하다. 사랑채와 대문채는 나란히 놓여서 평면적으로는 한 건물같이 보인다. 그러나 사랑채는 기와집, 대문채는 초가집이다. 경제력이 못미쳐서 초가집을 만들었다기보다는 검소함을 드러내기 위한 상징적 표현으로 봐야 할 것이다.

이향정 주택의 사랑마루 두 면에 둘러쳐진 난간은 특별한 의도를 갖는다.
이향정 평면도 우리건축 도면.

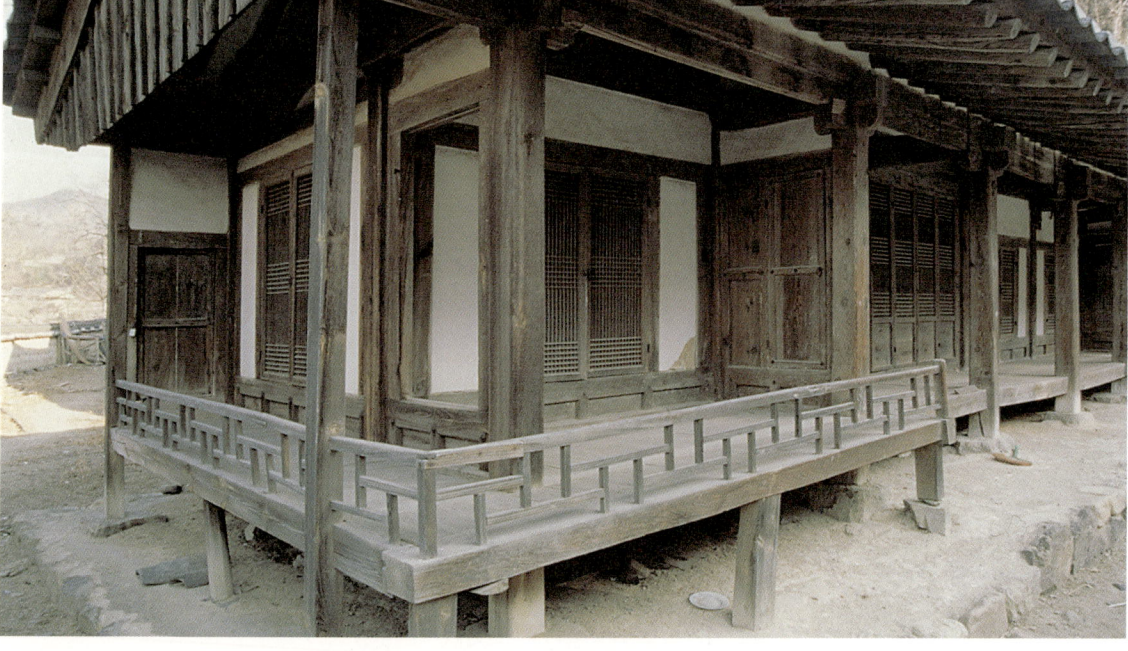

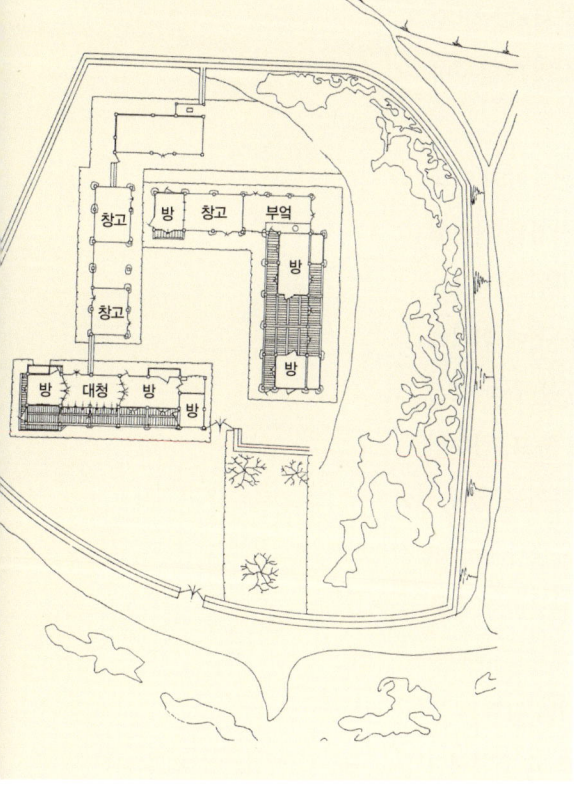

이향정

이향정二香亭은 마을 동구 초입에 위치하면서, 산길을 따라 원형으로 쌓여진 담장이 인상적이다. 사랑채는 남향, 안채는 서향으로 서로 직각으로 놓였다. 온양군수를 지낸 이범중의 고택이라 하지만 안마당이 넓고 안채 바로 앞에 방아채가 놓이는 등 전체적으로 부농층을 위한 기능들이 고려되었다.

사랑채는 앞산과 너무 가까워서 답답한 느낌을 준다. 사랑 전면 전체에 툇마루를 개방한 것은 사랑마당의 공간감을 조금이라도 넓히려는 의도이며, 남서쪽 머리방의 툇마루만 더 돌출시킨 것은 서쪽으로 터진 전망으로 유인하기 위한 장치다.

8 조선시대의 평창동 **양동마을 주택들** _ 327

정자와
서당

양동마을의 정자는 크게 두 가지 기능을 갖는다. 하나는 자연의 경관을 즐기는 휴양처로서의 기능이고, 다른 하나는 가문의 인사들이 모일 수 있는 회의처로서의 기능이다. 두 기능은 분리된 것이 아니라 하나의 건물 안에 융합된다. 경관을 위해서는 전망이 좋은 산 위나 골짜기에 자리잡아야 했고, 모임을 위해서는 온돌방들이 정자 안에 마련되고 하인들이 기거하면서 서비스할 수 있는 행랑채가 인근에 마련돼야 했다. 특히 부속 행랑채를 갖는 것은 양동마을 정자들의 특징이라 할 수 있다.

주택 자리싸움 못지않게 정자의 입지 선정도 치열했었다. 손-이씨 양대 가문뿐 아니라, 같은 성씨 내의 분파끼리도 경쟁적으로 가문의 정자를 건립했기 때문에, 지금도 10개 이상의 정자들이 남아 있다. 한 마을이 가진 정자로는 지나칠 정도다. 정자는 주택과는 달리 경치가 좋고 인적이 드문 곳에 위치해야 하기 때문에, 입지적인 제약 요소도 많고 세울 곳도 흔치 않았다. 따라서 수운정이나 내곡정內谷亭같이 인적 드문 깊은 곳에 위치하기도 하고, 심수정이나 양졸정같이 마을 자체를 경관으로 삼아 마을 중심에 위치하기도 했다.

여기에 소개하지 않은 정자들 가운데 영귀정泳歸亭은 수운정과 유사한 입지에 유사한 형태로 건축되어, 수운정과 비교한다면 유형과 원형의 관계를 살필 수 있다. 인근의 설천정사雪川精舍는 1995년에 불타 없어지고 흔적만 남아 있다. 건물이 없어지고 기단과 대지만 남았기 때문에, 오히려 양동의 건축가들이 경사진 땅을 어떻게 이용했는지 잘 살펴볼 수 있다. 특히 설천정사

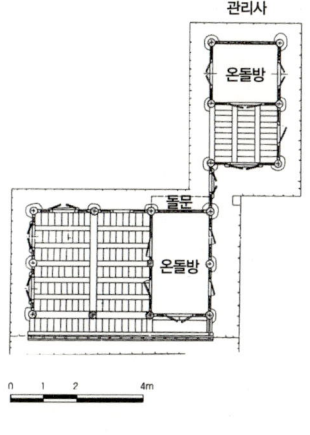

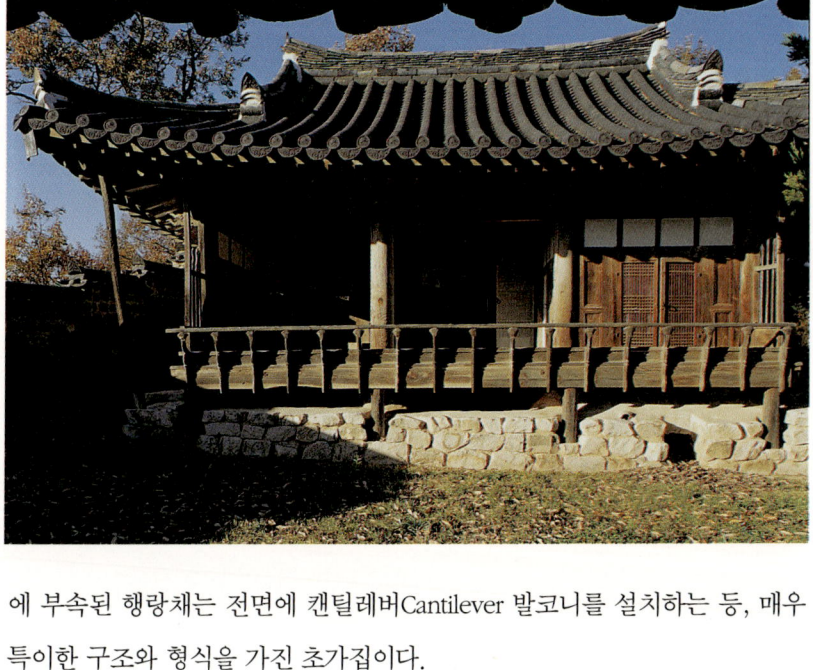

↖ **수운정 평면도**　삼성건축 도면.
↗ **수운정**　전면을 난간루로 처리해 출입은 뒤쪽으로 가능하다.

에 부속된 행랑채는 전면에 캔틸레버Cantilever 발코니를 설치하는 등, 매우 특이한 구조와 형식을 가진 초가집이다.

수운정

손중돈의 손자 청허 손엽이 창건한 정자이다. 양동마을 북쪽 능선 너머 독립된 봉우리 위에 홀로 서 있다. 독립된 위치인 만큼 남쪽의 안강평야와 형산강의 경관을 시원하게 즐길 수 있는 곳이다. 정자의 전면에 모두 계자난간을 두르고 마루면을 띄웠기 때문에, 출입은 뒷면으로 돌아 들어가야 한다. 이런 정자 형식은 경주 지역의 전형적인 구성이다.[17]

　출입을 위해 돌아 들어가는 뒷마당은 자연경사를 이용한 후원을 가꾸었고, 한쪽 편엔 2칸 행랑채가 부속돼 후원의 공간을 형성한다. 대단한 운치를 가진 정자다. 대청에 있는 팔각기둥이나 정교하게 조각된 초익공 부재, 대들보 위에 놓인 화반대공 등 매우 장식적인 정자 건물이다.

17_ 김봉렬 외, 「경주지역의 정자건축에 관한 연구」, 『울산대학교 공학 연구논문집』, 23권 1호, 1992. 4, p.108.

8 조선시대의 평창동 **양동마을 주택들** _ 329

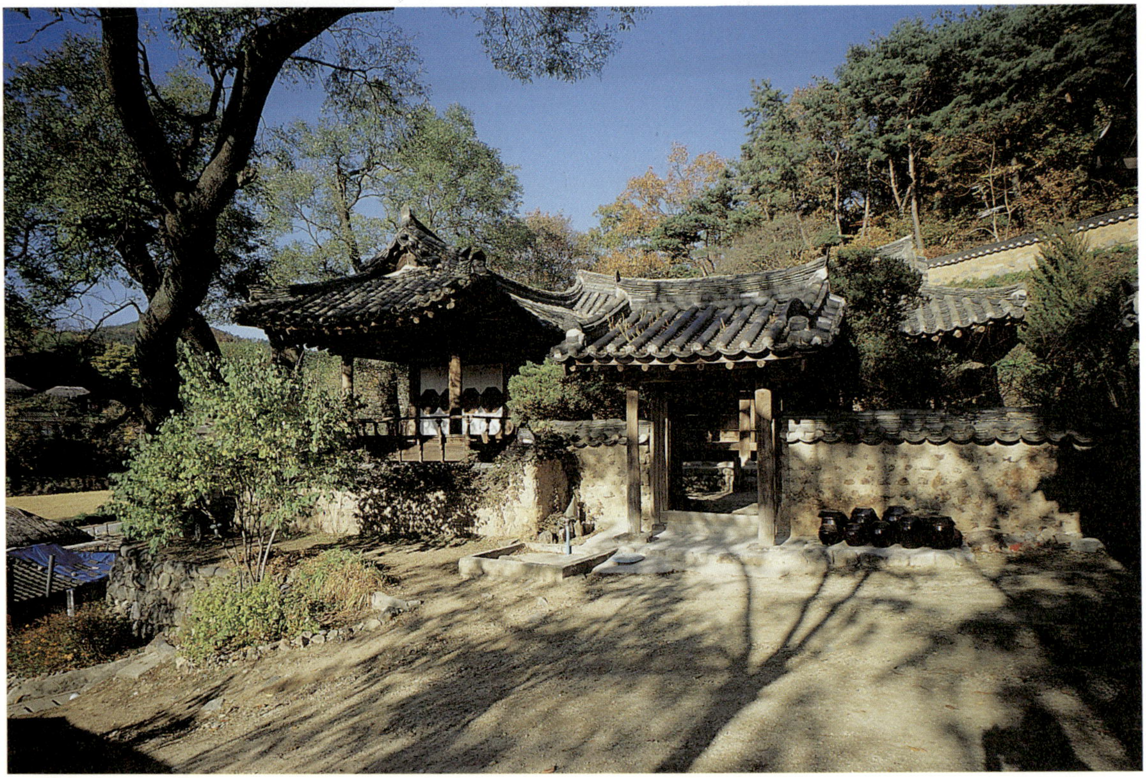

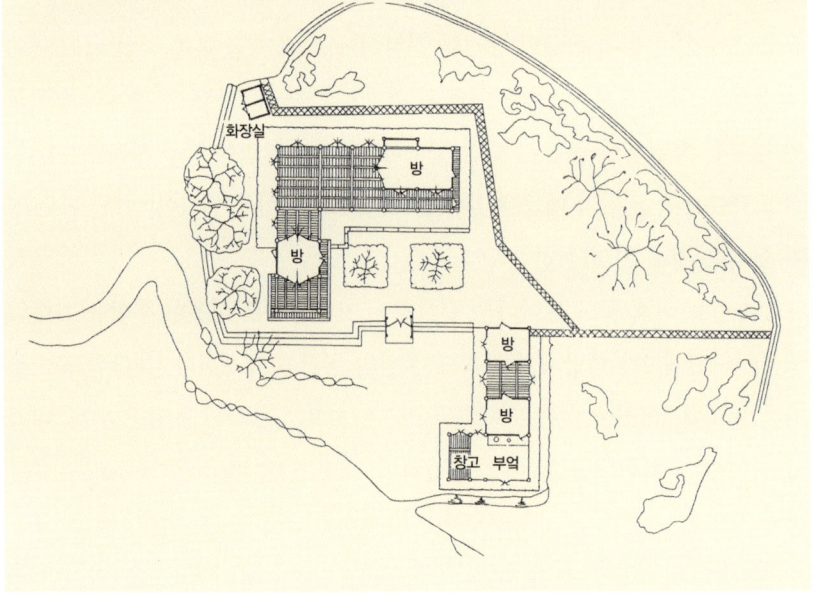

◸ **심수정** 큰 고목들을 피해 세워진 함
허루.
◺ **심수정 평면도** 우리건축 도면.

330 _ **김봉렬의 한국건축 이야기** 시대를 담는 그릇

심수정

양동의 정자 가운데 가장 역동적인 내부 공간과 상징적인 경관을 가진 정자다. ㄱ자형으로 구성되어, 돌출부는 누마루로 처리됐다. 기존에 심어진 3그루의 큰 나무를 해치지 않고 세워져, 나무와 건물이 일체를 이루고 있다.

ㄱ자 정자의 경우, 보통은 꺾이는 모퉁이 부분에 온돌방을 배치해서 누마루와 대청마루를 구획하지만, 심수정은 꺾이는 모퉁이 전체를 대청마루로 처리해서 묘하게 빈 공간을 이룬다. 다시 말해서 대청의 빈 공간은 명확히 구획되지 않은 채, '비어 있음' 자체가 내부 공간의 주인을 이룬다. 그래서 누마루의 이름은 '함허루' 涵虛樓(허함에 흠뻑 잠긴다는 뜻)다. 이 정자는 붉은 홍송으로 지어졌고, 비교적 근래에 중건해서 붉은 기가 아직도 생생하다. 석양녘 열려진 창틀을 통해 스며드는 햇볕이 홍송의 부재들을 비추면, ㄱ자 대청은 온통 붉은 기운으로 흠뻑 젖는다. 심수정은 석양에 올라야 한다.

ㄱ자로 형성된 대청의 이름은 삼관헌三觀軒이다. 무엇을 세 가지 본다는 것인가? 세 그루의 고목일 수도 있다. 그러나 3짝의 창문을 열면 예의 고목들 사이로 무첨당의 사당이 정점으로 보인다. 대청을 굳이 ㄱ자로 만들어 정면에 3칸을 확보한 의도 중의 하나일 것이다. 또한 함허루에서는 향단이 바로 보인다. 이씨 문중의 가장 중요한 두 집을 안대로 삼아 건축한 절묘한 건물이다. 그래서 ㄱ자 형태를 취할 수밖에 없었다.

ㄱ자 정자와는 반대로 부속 행랑채는 ㄴ자로 대각선 방향에 놓였다. 따라서 어느 각도에서 보면 마치 튼 ㅁ자 집을 이루려다 미완된 하나의 복합체 같이 보인다.

내곡정

안골 가장 깊숙한 골짜기에 위치했기 때문에 외부인은 거의 찾을 수 없다. 이 정자는 안골 끝 집인 창은정사의 소유이기 때문에 집주인의 허락을 받은 뒤에 긴 산길을 걸어 들어가야 한다. 아무것도 없을 듯한 숲 속에 내곡정이 나

↖ **설천정사 앞의 행랑채** 초가집으로는
드물게 입체적으로 구성된 입면이다.

타난다.

　형식은 수운정과 비슷한 경주의 전형적인 정자 모습이다. 가운데 칸 뒤
에 온돌방 한 칸을 부가해서 전체 평면은 T자 모습이 됐다. 건물의 3면 전체
에 계자난간을 둘렀는데, 난간 머름판[18]에 꽃무늬를 조각했고, 기둥 위에도 꽃
살이 화려하게 조각된 보아지를 달았다. 정자의 형식도 이색적이지만, 이처
럼 화려하게 건물 전체를 조각한 예는 처음이다. 또 누마루의 아래 필로티부
는 높고, 그 위 마루층의 층고는 낮아 전체적인 비례도 이상하다. 모두가 일
제 초기의 변형된 미의식을 보여주는 것일까?

안락정

이름과 형식은 정자지만, 손씨 일가가 서당으로 사용하던 건물이다. 마을 동
구 밖 동쪽 산 정상에 독자적인 영역으로 자리잡았다. 5칸의 전형적인 강당
건물이지만 경관은 매우 뛰어나다. 앞마당에는 바위들로 연못 모양과 석가산
을 만들었다. 서당으로서는 이례적으로 조경시설이 있는 집이다.

18_ 난간 아랫부분 머름대에 끼워 넣은
판자. 흔히 여기에 연꽃 모양 따위의 구멍
을 뚫기도 한다.
19_ 선현들의 문집 등을 판각하여 서적을
펴내는 곳. 혹은 그러한 문서들을 보관하
는 시설이다.

332 _ **김봉렬의 한국건축 이야기** 시대를 담는 그릇

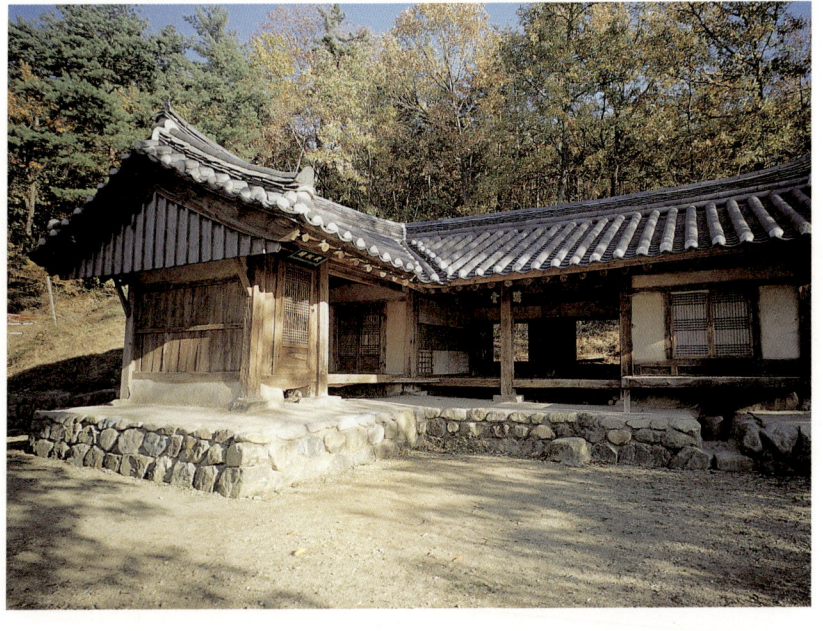

↗ **이씨들의 서당, 강학당** 건물의 왼쪽
반 칸이 장판고, 그 뒤의 초가는 서당 부
속 행랑채이다.

강학당

안락정에 대응하여 이씨들의 서당으로 지은 집이다. 심수정 뒤쪽 언덕 위에
위치하며 무첨당 사당을 안대로 삼아, 마을의 전경이 들어오는 곳이다. ㄱ자
건물의 꺾이는 모퉁이에 방을 두어 2개의 마루를 구획했고, 각 칸살이는 필요
에 따라 길이를 조절했다. 특징적인 것은 작은 마루에 1/3칸 크기의 장판고藏
版庫[19]를 가설해 서고로 사용한 점이다. 서당 건물다운 기능과 규모다. 건물
은 매우 간결하고 충고도 낮고 구조도 검소하다. 강학당 입구에 3칸 부속 행
랑채를 두어 서당의 서비스를 담당했다. 이씨 문중은 이외에도 마을 북쪽에
경산서당을 갖고 있지만, 이는 1970년 안계댐을 공사할 때 이전한 건물이다.

8 조선시대의 평창동 **양동마을 주택들** _ 333

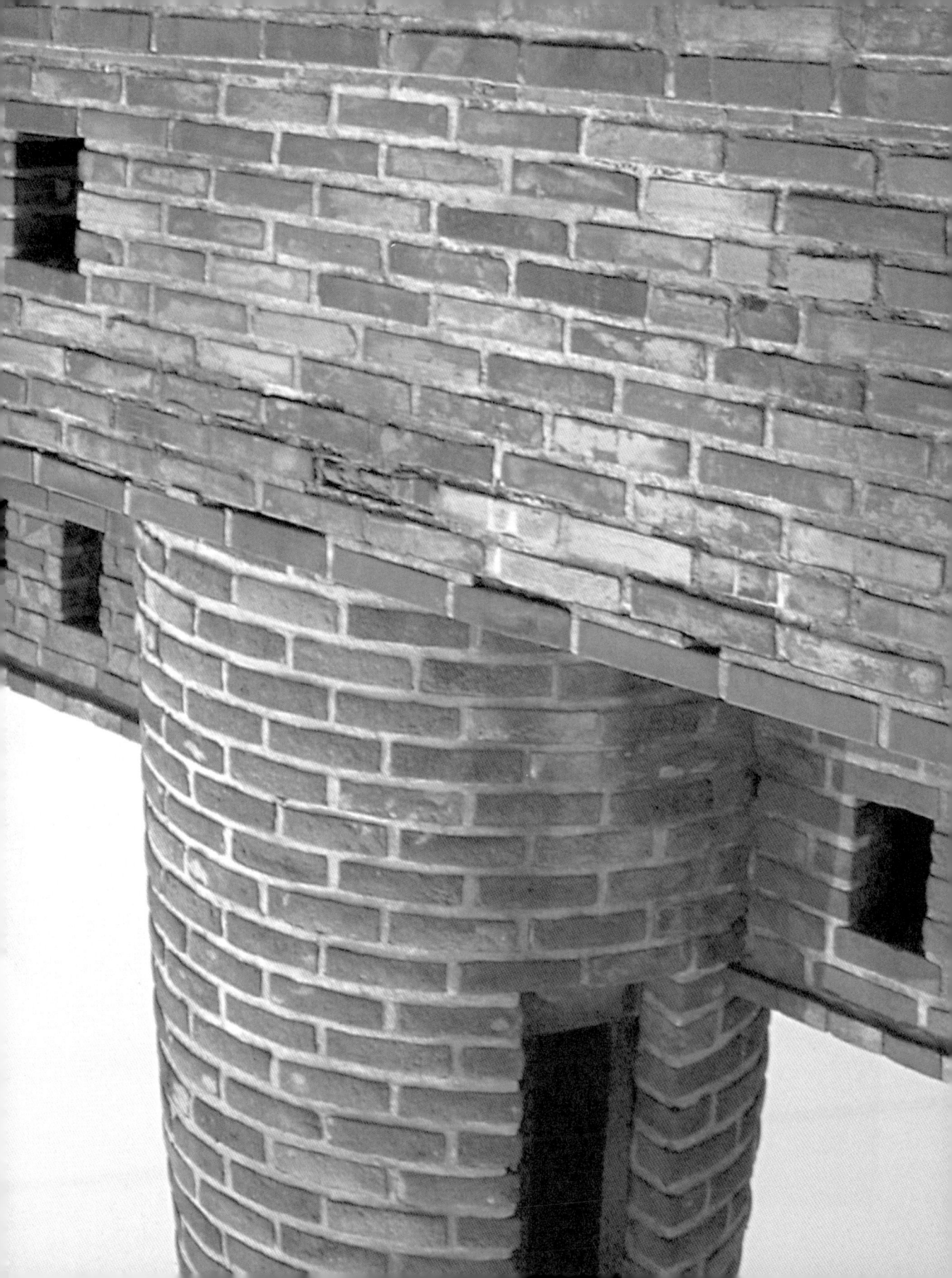

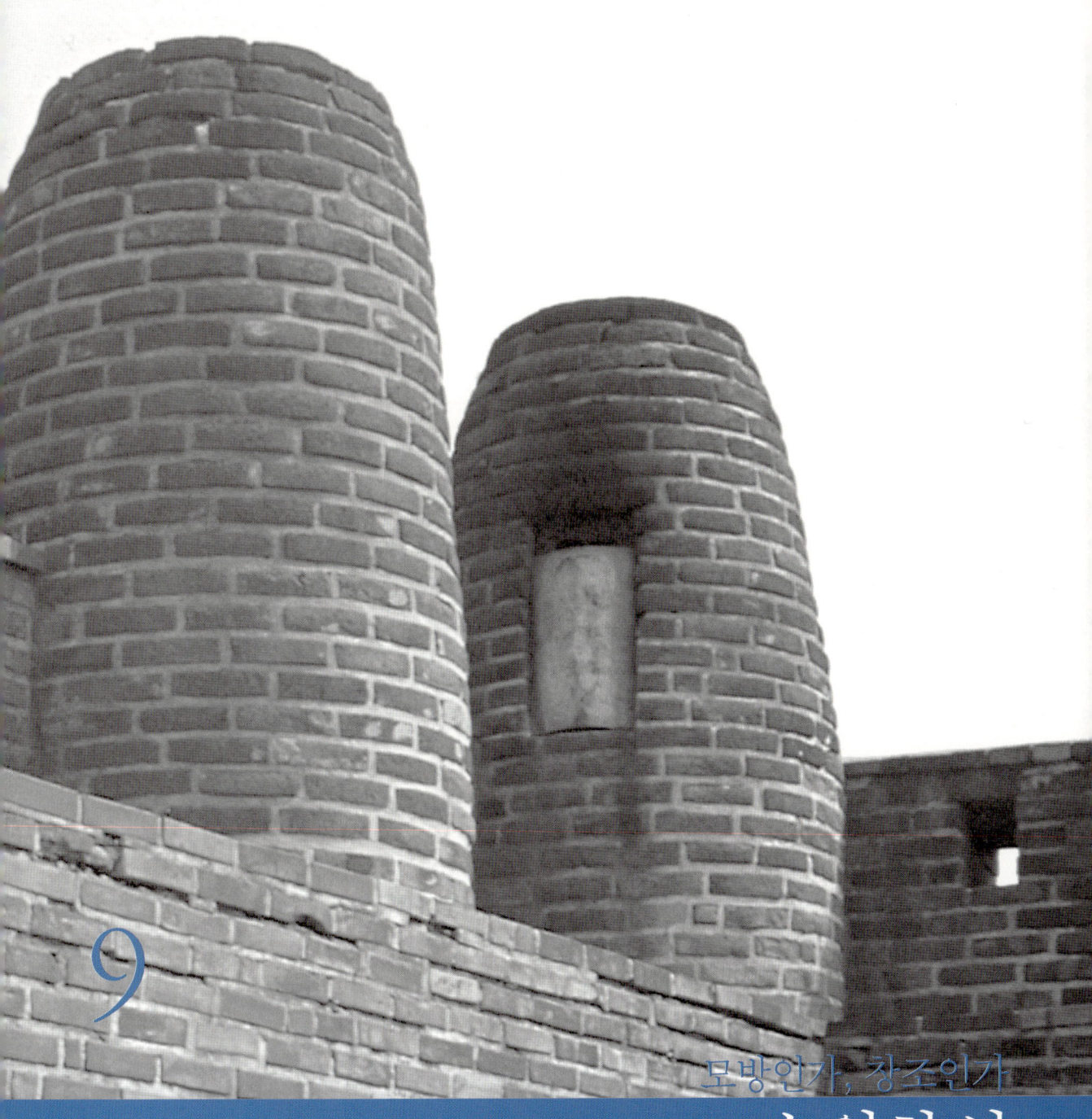

9

모방인가, 창조인가
수원화성

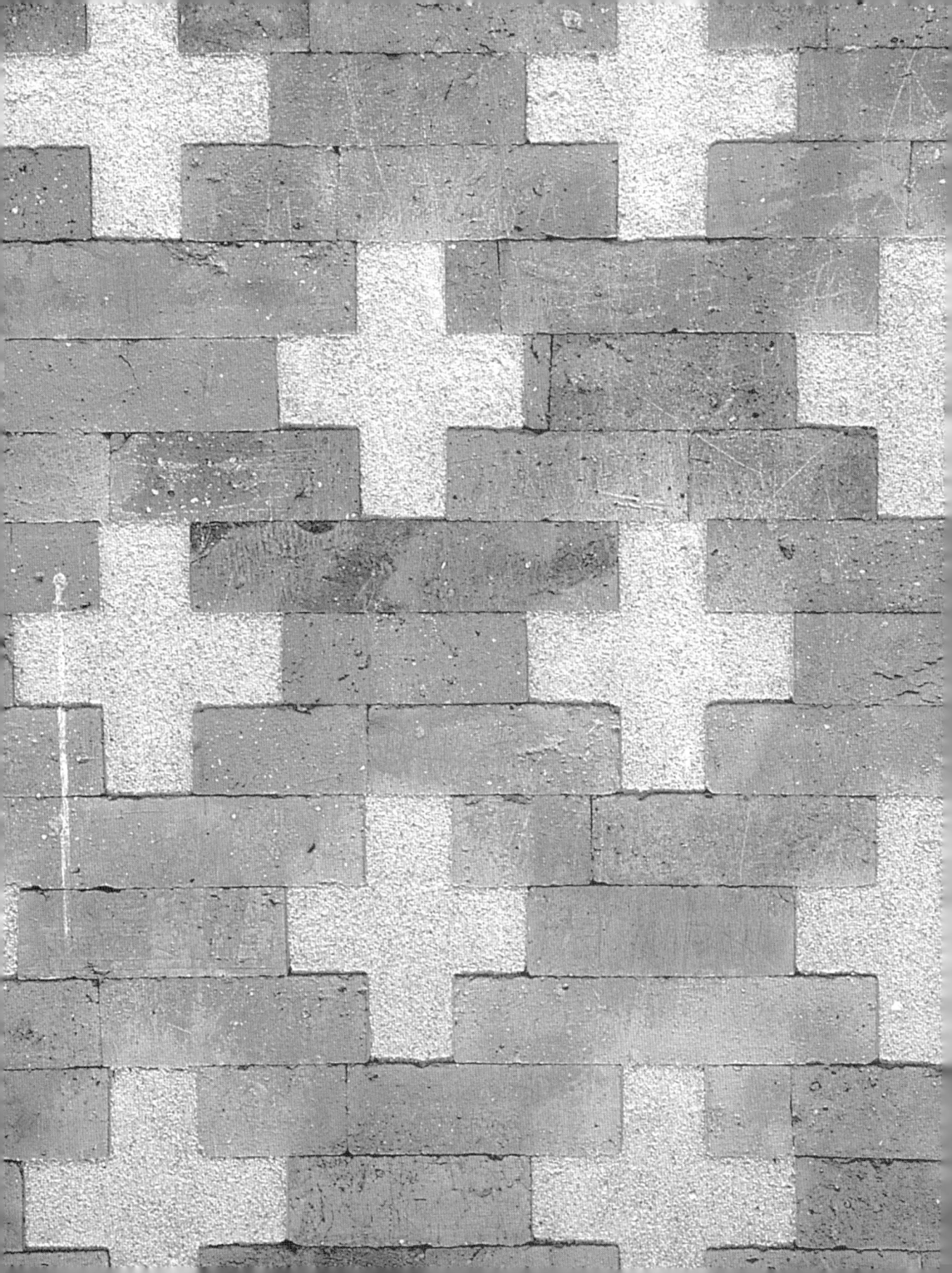

계몽군주의
영원한 도시

01_ 수원화성 건축 연구의 최고봉인 김동욱 교수는 수원화성을 서양 성곽술의 영향을 받았다거나 재래의 성곽과 완전히 다른, 무슨 별개의 성처럼 이해하려는 자세는 그릇된 것이라 비판한다. 그에 따르면, 수원화성의 기본 형태나 기능은 과거로부터 유추한 재래의 것이다(김동욱, 『수원성』, 대원사, 1989, p.129). 그러나 다르다는 것은 형태나 기능을 말하는 것이 아니라, 성곽과 도시에 대한 개념과 이론이 다르다는 것이며, 이전 시대에는 볼 수 없었던 탁월한 디자인 능력과 건축적 완성도가 돌연변이적이라는 의미다.

↘ **수원화성 일러스트레이션**

불가사의한 돌연변이?

수원화성水源華城은 한국 디자인 역사상 불가사의한 돌연변이로 여겨질 만하다.[01] 도시계획 개념의 획기적 전환을 이뤘으며, 튼튼하고 합리적인 구조와 기능, 그리고 군사 방어용 건축이기에는 지나칠 정도로 우아하고 세련된 형태의 건축물들을 만들어냈다. 건축이 가져야 할 고전적 덕목들인 아름다움·쓰임새·튼튼함의 여러 조건을 충족시켰으며, 동시에 새롭고 이상적인 건축 도시관을 현실화시킨 당대의 명작이다.

이 모든 완성이 계획 1년, 시공 2년이라는 지극히 짧은 시간 안에 이루어졌다. 그렇다고 수원화성을 예비할 만한 수준의 다른 건축물들이 있어왔던

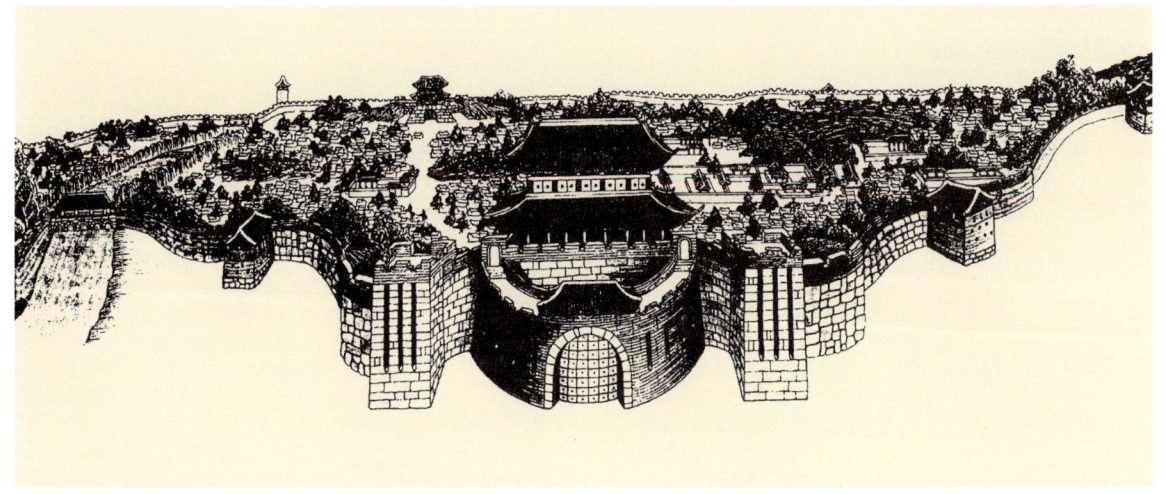

것도 아니다. 흔히 수원화성을 실학사상의 건축적 결실이라고 평가하지만, 당시의 실학이란 재야의 지식일 뿐, 공공사업에 본격적으로 적용된 것은 수원화성이 최초의 경우라 할 수 있다. 임진왜란 이후 적어도 2세기 동안 이처럼 대규모의 건축을 건설해본 적이 없었고, 하나의 신도시를 계획하고 만들어본 경험은 더더욱 없었다.

따라서 최초의 시도로 이 같은 최고의 완성을 이룰 수 있었던 원인이 과연 어디에 있었는지 밝히기는 쉽지 않다. 아마 수원화성이 잉카나 마야문명권의 건축물이었다면, 아틀란티스 대륙인들의 후예가 건설했다거나 아니면 외계인이 만들었다는 등 황당한 추론이 무성했을 것이다. 그러나 수원화성은 한국의 역사적인 인물들인 정약용丁若鏞(1762~1836)이 계획하고 당시의 재상, 채제공蔡濟恭(1720~1799)이 건설감독한, 족보가 뚜렷한 건축이다. 비록 정약용이 극히 뛰어난 천재적 학자였고, 채제공이 걸출한 만능 정치인이었다고 하더라도, 그들이 전문적인 건축도시 계획가들이 아니었음에도 단기간에 이런 명작을 남길 수 있었던 역량은 개인적 차원에만 국한되지 않는다. 당연히 당대의 사회적·문화적인 총체적 역량이 두 개인을 통해 응집된 결과일 것이다.

강력한 계몽군주, 정조

조선 후기의 임금 가운데 22대 정조(1752~1800, 재위 1777~1800)만큼 아슬아슬한 과정을 거쳐 등극한 이는 없다. 대부분의 임금들은 세자 책봉에 의해 당연히 왕위를 세습했거나, 절손이나 정변 때문에 우연히 왕위에 발탁됐다. 그러나 정조는 왕세손으로 당연한 세습지위에 있었지만, 험난한 당쟁과 외척정치의 소용돌이 속에서 아버지 사도세자의 희생을 목격했으며, 늘상 방해와 살해 위협에 시달려야 했다.[02]

왕세손이었던 시절의 정조는 세손 지위 유지를 위해 변덕스러운 할아버지 영조를 늘 조심해야 했고, 최대 반대파이자 정치실세인 노론老論 벽파僻

02_ 영조가 아들 사도세자를 뒤주에 넣어 죽이기까지의 과정과 원인에 대해서는 많은 분석이 있었다. 문제의 핵심에는 사도세자에 대한 애증이 극단적으로 교차했던 괴팍스러운 영조의 성격과, 시파와 벽파로 갈린 정치권의 대립구도가 존재한다. 사도세자의 죽임을 주도했던 노론 벽파들은 늘 세손인 정조가 즉위하면 보복을 당할까봐 적극적으로 등극을 방해하고 세손을 모함했었다.

派의 눈치를 살펴야 했다. 가슴 깊은 곳에는 당쟁타파와 사회개혁이라는 비수를 깊이 간직한 채, 와신상담의 어려운 시절을 거쳐 드디어 26세의 젊은 나이로 왕좌에 오르는 데 성공했다.

심각하고 우울했던 세손 시절에 정조는 무예 단련과 학문 수양에 심혈을 기울였고, 장차 펼칠 개혁정치의 가닥들을 잡아나갔다. 즉위 초기의 정조는 한마디로 '준비된 제왕'이었다. 그는 아버지의 원수를 갚고 정적들을 제거하는 정도의 속 좁은 군주가 아니었다. 조선 정계의 모든 비극은 왕권이 약화되고 신하들이 당파를 지어 권력을 다투는 데 원인이 있다고 파악했다. 따라서 정조는 강력한 군주국가의 재건을 일대의 목표로 삼게 되었고, 전반적인 정치와 사회개혁을 추구하게 됐다.

재위 초에 발표한 정책인 「대고」大誥에는 정조가 꿈꾸던 일단의 개혁조치들이 드러난다. 첫째, 상공업을 장려하여 민간경제를 활성화한다. 둘째, 당파를 초월해 과감히 인재를 등용한다. 셋째, 군제를 정리하여 강병책을 취한다. 넷째, 국가재정 확대를 위해 금난전권을 폐지한다.

이러한 조치들은 궁극적으로 노론 벽파의 정치·경제력을 초토화시키고 왕권을 강화하기 위함이었다. '금난전권' 禁亂廛權으로 경제적 특혜를 입은 육의전들은 노론 세력과 밀접한 정경유착 관계를 형성하고 있었고, 금난전권을 폐지함으로써 노론의 정치자금을 원천적으로 고사시킬 수 있었다. 금난전권은 사회경제 발전의 암적 존재였기 때문에 시중의 대환영을 받는 동시에, 민간 상업을 통해 발생하는 소득에 대해 세금을 부과함으로써 국고를 충실히 할 수 있는 일석삼조의 정책이었다.

적극적인 왕권강화책은 여기서 머물지 않았다. 억울하게 죽임을 당한 사도세자를 장조로 추위하여 대대적인 명예회복을 선언했고, 국왕 친위부대인 장용위壯勇衛를 창설해 군사권을 장악했다. 무엇보다 개혁정치의 산실인 규장각奎章閣을 궁내에 신설해 직속기구로 활용했다. 현대 정치사에 빗대 말하면, 대통령 직속의 수도방위사령부와 청와대 비서실이 군사와 정치의 중심으로 등장한 것이다. 규장각 설치는 정치적 목적 말고도 정조의 개인적 호학好

學 취향을 위한 것이기도 했다. 불안했던 세손 시절, 현실의 위협을 피하고 장래를 기약하기 위해서 정조는 학문 탐구에 몰두했다. 즉위 후에는 청나라에서 간행된 사고전서四庫全書[03]를 구입하러 북경에 사신을 파견하기도 했으며, 궐내에 도서관들을 만들어 국내서적과 중국서적을 보관·열람하기도 했다. 보기 드문 호학의 군주였고, 그의 학문은 당대 최고에 이르러 정약용 정도가 상대될 수준이었다.

정조의 인사정책은 이른바 '강경 탕평책'으로 평가된다. 선대 영조가 노론老論과 남인南人, 시파時派와 벽파僻派 사이에서 중간 조정역으로 '온건 탕평책'을 시행한 것과는 달리, 정조는 자신이 중심이 되어 강력한 왕당세력을 구축하려 했다. 자신의 외할아버지인 홍봉한洪鳳漢(1713~1778) 세력을 제거하여 외척정치를 차단했으며, 즉위에 결정적으로 공헌한 최측근 홍국영洪國瑩(1748~1781)까지도 유배를 보내고, 소외파벌인 남인의 채제공을 등용해 정치적 대리인으로 삼았다.

최측근으로 부각된 규장각의 실세들도 의외의 인물들이었다. 이른바 '검서관 4인방'으로 불리는 박제가朴齊家(1750~1805), 유득공柳得恭(1749~1807), 이덕무李德懋(1741~1793), 서이수徐理修는 모두 30대 서얼 출신들. 비록 자타가 공인하는 뛰어난 학식과 개혁의 신념을 지닌 인물들이었다고는 하지만, 정조가 아니면 엄두도 못 낼 인사였다. 주지하다시피 이들은 유형원柳馨遠(1622~1673), 박지원朴趾源(1737~1805)으로 이어지는 재야 실학파의 제자 그룹이었다. 재야의 외침으로만 떠돌았던 실학의 사상과 이념이 제도권에 적극적으로 수용되기 시작한 것이고, 그 결단의 열쇠를 돌린 정조는 우리 역사상 보기 드문 계몽군주였다고 해도 지나친 말이 아니다.

정조의 신도시, 수원화성
정조는 1789년 사도세자의 묘소를 지금의 수원시 융릉으로 옮기고 명칭도 현륭원顯隆園으로 바꿀 것을 명했다. 사도세자 명예회복 사업의 마지막 단계였

03_ 중국 청淸나라 때 편집된 총서. 1772년부터 10년 동안 중요한 서적들을 모아 경經·사史·자子·집集의 4부로 나누고, 이를 교정하고 정리하여 책마다 저자의 이력과 내용, 비평 등을 기술한 「제요」提要를 붙였다.

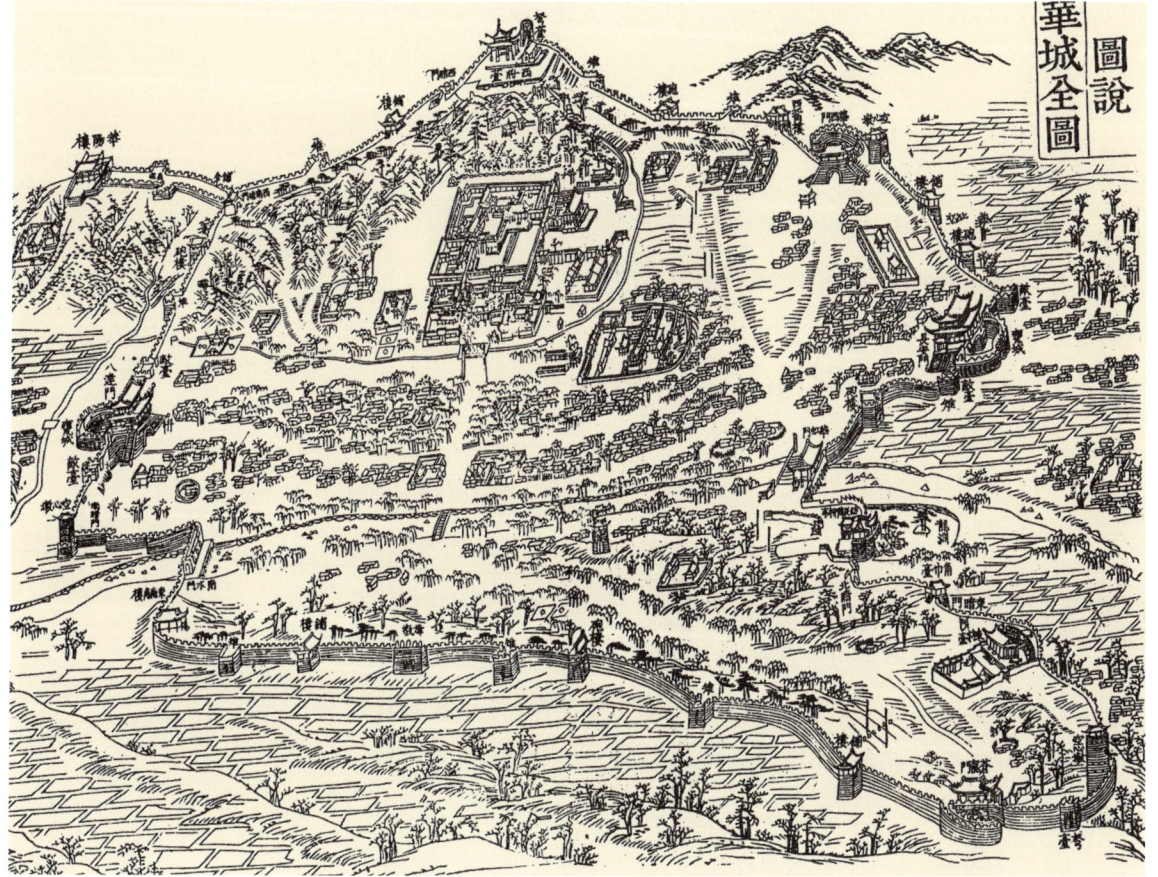

↗ **화성시가지 전도** 『화성성역의궤』에 수록.

다. 원래 이 자리는 화성읍치소가 있었던 궁벽한 시골마을이었다. 그러나 '조선 최고의 명당'이라는 명분으로 세자릉원의 이장지로 선택됐고, 근처에는 용주사龍珠寺를 새로 지어 능원의 원찰로 삼았다. 아울러 수원읍의 치소와 주민들을 새 장소로 이전시켜야 했다. 신도시 건설의 명분을 찾은 것이다. 신도시의 입지로 결정된 곳이 바로 지금의 수원화성역, 팔달산 아래였다.

구 수원읍이 산으로 둘러싸인 한갓진 곳이라면, 신 수원읍은 동북남 3면이 툭 터진 곳으로 서울과 삼남三南을 잇는 길목에 위치했다. 교통이 편하면 사람이 꾀고, 사람이 많으면 상업이 발달한다. 애초부터 새 수원을 상업이 발달한 자족적 도시로 성장시키려는 의도가 분명한 입지 선택이었다. 18세기는 사회 각 분야의 생산력이 확대되고, 그 잉여 생산물들이 유통될 수 있는 상업

이 발달하던 시기였다. 사회변화를 수용할 수 없는 폐쇄적이고 전통적인 도시를 버리고 개방적인 새로운 도시를 탄생시킨 것이다.[04]

천하의 효자 정조임금이라 하더라도, 단지 생부의 묘소를 옮기기 위해 신도시 건설이라는 대규모 역사를 벌였다는 것은 쉽게 납득하기 어렵다. 여기에는 필경 고도의 정치적 계산이 깔려 있으리라 추측할 수 있다. 실제로 사도세자의 현륭원을 이전하면서 소요되는 비용은 노론 벽파가 장악하고 있던 금위영禁衛營과 어영청御營廳의 경비에서 충당시키기도 했다. 효와 정통성을 빌미로 철저하게 노론 벽파를 압박하는 고도의 정치술을 부렸던 것이다.

그래서 새 수원화성은 혹시 정조가 천도를 계획했던 신수도가 아니었는가 하는 추론이 분분해왔다. 이 추측을 정당화시킬 수 있는 증거는 곳곳에서 발견된다. 새 수원읍을 만들어 화성유수부를 설치하고 정2품의 화성유수를 임명했다. 지방도시로서는 유일한 특별대우였다. 또 정조의 친위부대인 장용위의 외영을 수원에 두어 군사력을 확보했다. 이 정도라면 수원은 국왕 직속 도시였음에 분명하다. 정조는 재위 말년 화성 건설에 각별한 관심을 쏟았고, 현륭원에 대한 원행을 핑계로 수차례에 걸쳐 수원화성에 행차했었다. 1796년 수원화성이 완성된 후에도 각종 금융 특혜를 베풀어 수원을 풍요롭고 자족적인 도시로 급성장하도록 배려를 쏟았다.

그러나 수원이 도시적 기틀을 채 갖추기도 전인 4년 후 1800년 6월, 정조는 49세라는 한창 나이에 급서하고 만다. 항상 무예를 익히고, 남다른 건강을 자랑하던 그가 특별한 병도 없이 서거한 것을 두고 반대파인 노론에서 독살한 것이라는 소문도 나돌았다. 실제로 서거 2달 후에는 경상도 인동(현재 구미시)에서 장시경이라는 유생이 노론파의 암살을 규탄하는 반란을 일으키기도 했다.

04_ 김동욱, 『18세기 건축사상과 실천-수원성』, 도서출판 발언, 1996, p.22.

18세기
르네상스의 꽃

수원화성의 디자이너, 정약용

알려진 대로 수원화성 건설의 계획자는 정약용이었고, 공사 총책임자는 당시 좌의정이었던 채제공이었다. 정약용은 9대째 홍문관의 반열에 오른 명문대가 출신으로 청소년기에 이미 채제공, 이가환, 박지원, 이덕무 등 당대의 실학자들과 교류가 있었다. 27세에 문과에 급제하여 '희릉직장' 이라는 관직에 발을 들였고, 명을 받아 한강에 '배다리' 를 설치했다. 이때부터 이미 현실적인 토목공사를 수행할 수 있는 역량을 발휘하기 시작했다.[05]

초급 관리였던 29세 때 정조가 질문한『시경강의』詩經講義 800조에 대해 막힘없이 답함으로써 신임을 얻은 그는 이듬해 홍문관 수찬의 직위로 수원화성을 설계하게 된다. 1년여의 연구 끝에 수원화성의 계획 개념과 구체적 방법론을 수록한 문서「성설」城說[06]을 정조에게 바쳤고, 매우 흡족해 한 왕은 자구字句 하나 바꾸지 않고「어제성화주략」御製城華籌略이라는 제목의 어명으로 반포해 수원화성 건설의 근거로 삼았다.[07]

정약용은 이외에도『옹성도설』甕城圖說,『포루도설』砲樓圖說,『현안도설』懸眼圖說,『누조도설』漏槽圖說,『기중도설』起重圖說,『총설』總說 등 6편의 저술을 작성했다. 옹성부터 누조까지는 성곽 방어에 불가결한 시설들의 필요성과 공사 방법을, 기중도설은 거중기 등 새롭게 고안한 공사기구들의 제작법을 수록하고 있다. 정약용의 계획서는 실제 공사에 거의 대부분 반영되어 성곽 시설의 형태까지도 똑같이 건축됐다.

05_ 과학원 철학연구소,『다산 정약용』, 푸른숲, 1989, 다산 연보에서 발췌.
06_ 정약용이 각종 문헌을 탐구하고 18세기 조선의 건축기술 및 여건을 감안하여 내놓은 새로운 설계 지침. 분수, 재료, 호척, 축기, 대석, 치도, 조차, 성제 등 8개 조목으로 나누고 그림을 곁들여 정리하였으며, 이를 실천할 때 옛 방식으로 바꾸거나 새로운 방식을 채택하기도 하였다.
07_ 김동욱, 앞의 책, p.90.「어제성화주략」은『화성성역의궤』와『홍재전서』에도 수록되어 있다.

9 모방인가, 창조인가 **수원화성** _ 343

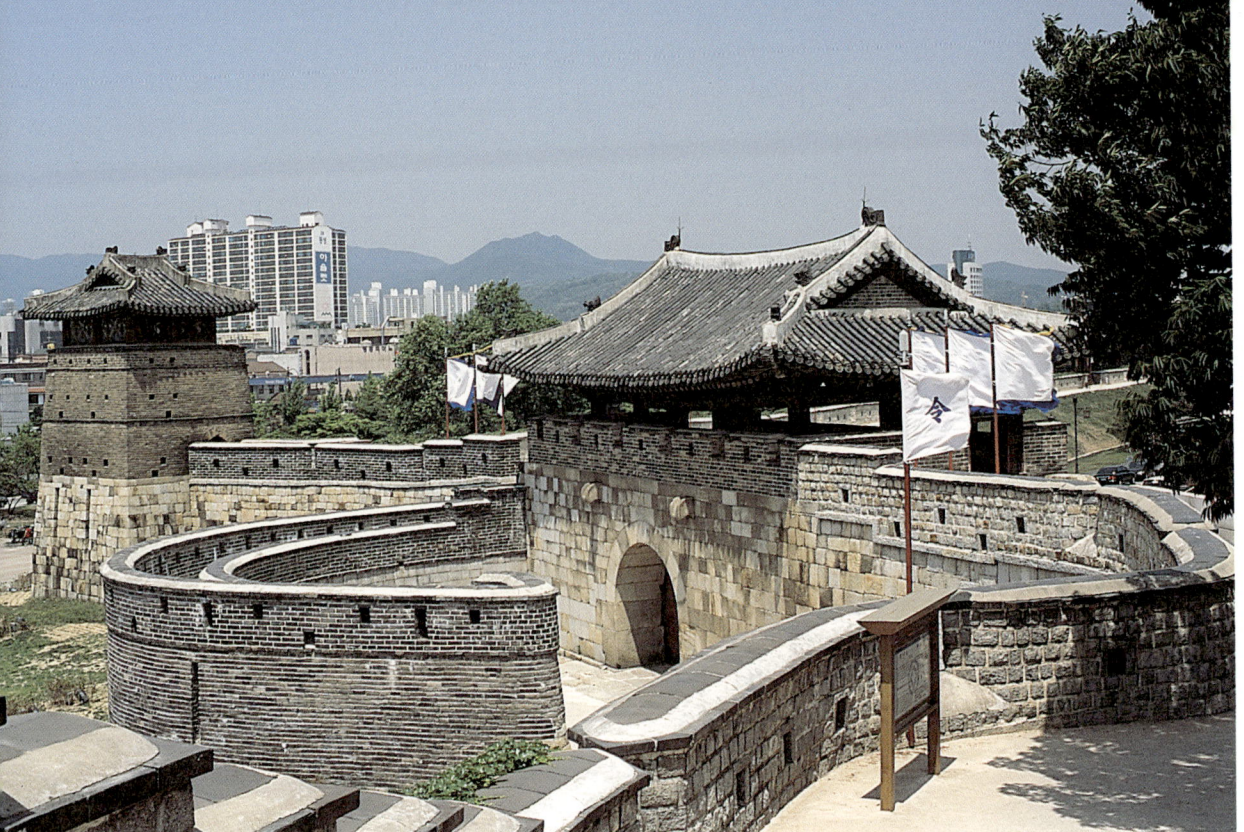

◥ **화서문과 서북공심돈**　지형을 따라 휘어진 성벽의 집합적 형태.

　　그의 계획과 제안들은 재래의 축성술을 계승한 것도 있지만, 상당 부분은 새롭게 고안된 것들이었다. 그는 기존 성제의 검토는 물론, 방대한 중국의 관련 서적들을 면밀히 연구해 계획을 작성했다. 『무비지』武備志, 『기기도설』奇機圖說, 『무편』武編[08] 등 역대 중국에서 편찬된 병서와 기술서들을 섭렵한 데 그치지 않고 이들을 비판적으로 발전시켜 수원화성에 적용했다.

　　그는 이론에만 매달리는 책상물림이 아니었다. 기존 성곽들에 대한 조사와 수원화성 후보지 답사를 통해 현실적인 대안을 모색했으며, 특히 조선의 생산기술 수준을 고려한 계획을 추구했다. 예를 들어, 절친한 동료들인 북학파의 '벽돌생산론'을 "우리나라는 땔나무도 귀하고 벽돌 굽는 방법을 알지 못하니 거론할 바가 못된다"[09]고 비판했다. 아무리 중국의 제도가 좋다고 해도 현실에 맞지 않으면 수용할 수 없다는 비판정신이 돋보인다. 그의 현실적 학문의 태도와 진정한 실학의 정신은 모든 관심 분야에 적용되며, 건축과 기

08_　『무비지』는 중국 명나라의 모원의茅元儀가 지은 병서이고, 『무편』은 당순지唐順之의 병서다. 『기기도설』은 명나라의 등옥함鄧玉函이 편찬한 기계들에 대한 기술서다.

09_　『牧民心書』, 「工典」第四, 修城條.

344 _ **김봉렬의 한국건축 이야기** 시대를 담는 그릇

술이라고 예외가 아니다. 마치 1970년대 참여문학의 선언서와 같은 다산의 '시론' 詩論을 들어보자.

나라를 걱정하지 않는 것은 시詩가 아니며, 어지러운 시국을 아파하지 않고 썩어빠진 습속을 통탄하지 않는 것은 시詩가 아니며, 진실을 찬미하지 않고 거짓을 비웃지 않으며 착한 것을 권하지 않고 나쁜 것을 다그치지 않는 것은 시詩가 아니다.[10]

떼 지어 나타난 천재들

18세기는 정약용만의 시대가 아니었다. 정약용은 한 개인이 아니라, 18세기에 집단적으로 나타난 모든 지식인·예술인들을 종합한 대표단수와 같은 존재였다. 그의 사상은 멀리는 성호 이익李瀷(1681~1763)으로부터 영향받은 것이고, 그와 동시대의 기라성 같은 실학자들과의 교류와 비판을 통해 형성된 것이다. 특히 수원화성을 계획하면서 박지원이나 박제가 등 북학파의 정보에 많은 도움을 받았다.

다산 당시의 실학은 세 가지 경향을 띠었다. 첫째는 북학파와 같이 신문물 수입을 중시했던 개방적 풍조였고, 둘째는 홍대용 등과 같이 과학기술의 수용을 중시한 실용 합리주의적 경향이었으며, 셋째는 생활의 모든 영역을 체계화하려던 백과사전파적[11] 계몽사상이었다. 정약용은 이러한 시대적 진취성과 다양성에 더하여 주체적·비판적 지식을 겸비한 최고의 지성이었다.

이러한 진취적 사상의 바탕 위에서 18세기 후반 정조의 시대를 더욱 빛내준 것은 폭발적으로 출현한 문화예술인들의 다양하고도 독창적인 창작활동이었다. 문학과 철학은 물론, 미술과 음악 분야까지 최고의 예술가들이 집단적으로 출현했다.

문학은 박지원 등의 양반소설뿐 아니라, 상업적인 이야기꾼인 강담사 혹은 강창사를 통해 전파된 영웅소설들이 자리를 잡았다. 춘향전 등 한국문학

10_ 『與猶堂全書』 第一集, 卷二十一, 「詩文集畜淵兒戊辰冬」.
11_ 이강옥 외, 『한국사 10-중세사회의 해체』, 한길사, 1994, pp.179-198. 대표적인 백과사전파로 이덕무의 손자인 이규경을 들 수 있다. 총 66권으로 구성된 『오주연문장전산고』五洲衍文長箋散稿라는 백과사전에는 천문 지리부터 역법, 경제, 초목, 어류와 벌레들 까지 망라돼 있다.

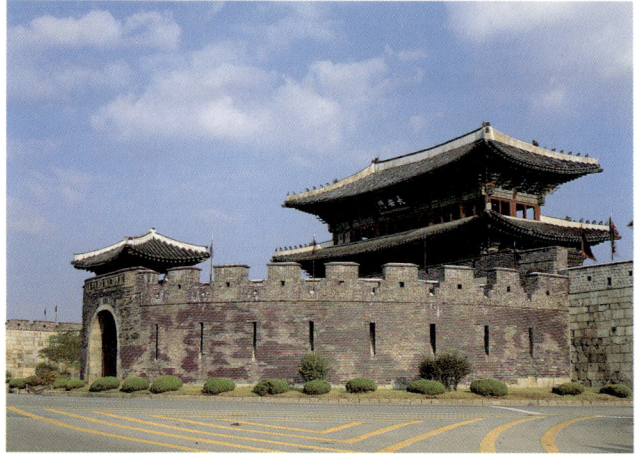

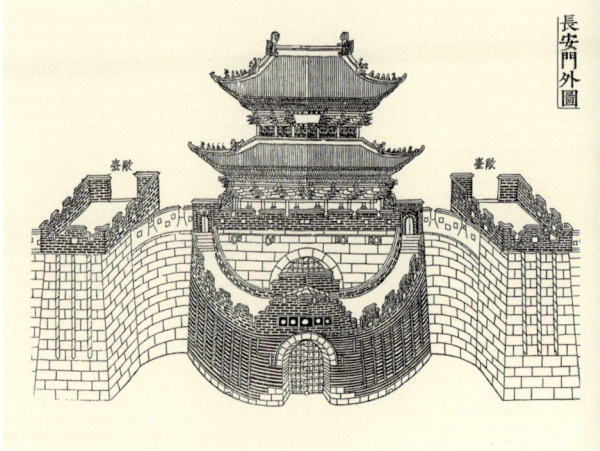

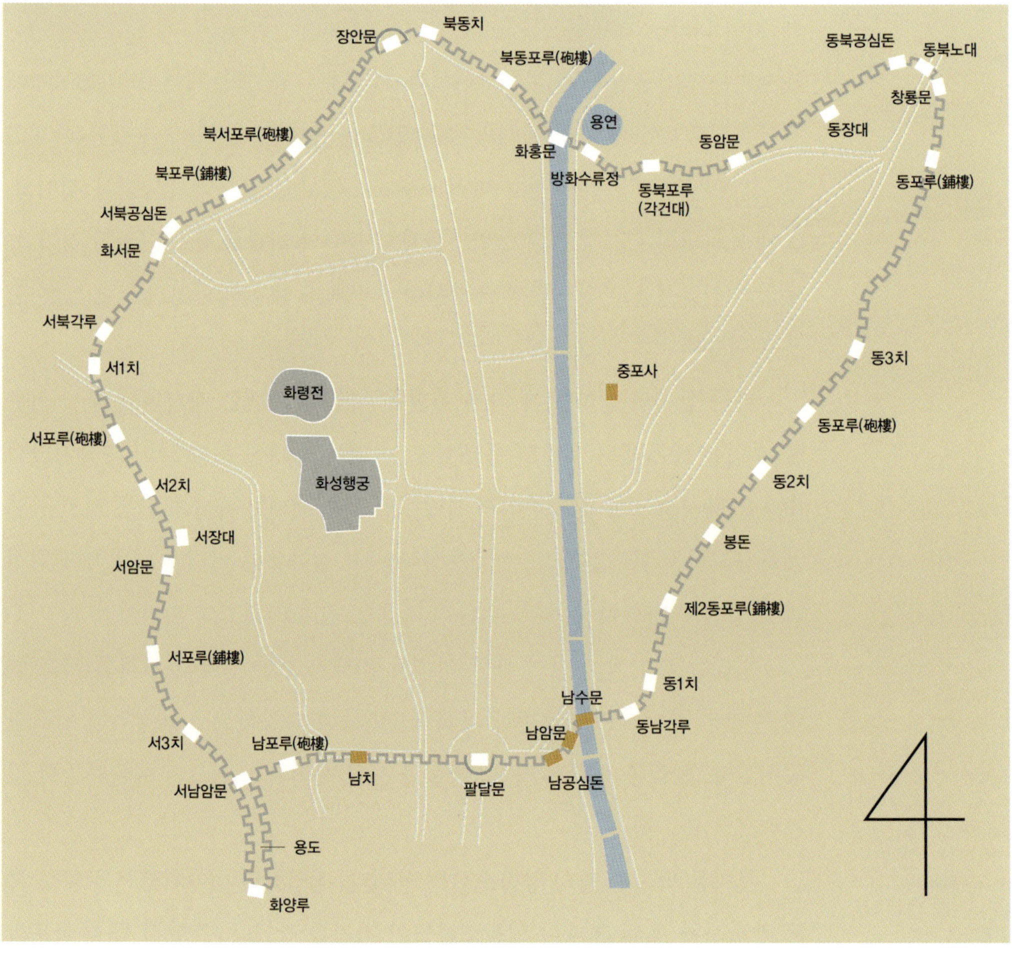

의 대표작들이 판소리 형태로 자리잡은 것도 이 시기였고, 각종 시사詩社나 시회詩會가 발달한 것도 이 시기였다. 음악계도 영산회상靈山會相 등 정악이 정리되고 김천택金天澤, 김수장金壽長 등 천하의 가객들이 악단을 주름잡게 됐다. 미술계는 더욱 폭발적인 발전이 일어났다. 영조대의 정선이 세운 진경산수의 전통은 강희언姜熙彦과 김응환金應煥으로 전해졌으며, 김홍도金弘道에 이르면 '진경'眞景의 차원을 넘어선 '사경산수' 寫景山水의 경지에 이른다. 앞 시대의 윤두서에서 시작된 풍속화의 전통은 강세황姜世晃, 김홍도, 신윤복申潤福에 이르러 최고의 경지를 구현한다. 모두 정조대를 전후한 현상이었다.[12]

각 분야에서 동시에 천재 대가들이 출현한 원인을 여러 군데서 찾을 수 있다. 영정조 시기의 왕권강화로 안정된 정치라든지, 사회적으로 확대된 생산력이라든지…… 어쨌든 중요한 사실은 천재와 대가는 지속적으로 출현하는 것이 아니라는 점이다. 그들은 떼를 지어 한꺼번에 나타난다. 그러한 시대를 르네상스라 부를 수 있다면, 조선시대는 적어도 두 번의 르네상스를 경험했다. 첫번째는 15세기의 세종조 때, 두번째는 18세기 정조의 시대. 아직까지도 세번째의 시기는 오지 않았다.

수원화성은 18세기 르네상스 건축의 정점이며 완성작이다. 안정된 정치와 경제, 성숙한 합리적인 사상, 발달된 사회적 기술 수준, 그리고 떼 지어 나타난 천재들과 천재들의 영향을 받은 문화예술 수준이 결합돼 빚어놓은 찬란한 꽃송이다.

12_ 이강옥 외, 앞의 책, pp.198-221.
13_ 1801년(순조 1)에 일어난 한국 가톨릭교회에 가해진 최초의 대대적인 박해로, 신유박해라고도 한다.

↖ **장안문의 바깥 모습** 반원형의 옹성은 성문에 불지르려는 적의 공격을 배후에서 섬멸할 수 있다.
↗ **장안문 바깥 그림** 『화성성역의궤』에 수록.
↙ **수원화성 성곽도**

다산의 건축관

18세기의 사상과 문화를 집대성한 이는 다산 정약용이다. 형조참의까지 승승장구하던 39세 때 정조의 급서를 맞이했고, 곧이어 벽파들의 숙청의 덫에 걸려 길지 않았던 세속적 행운의 시기를 마감하게 된다. 이른바 '신유사옥' 辛酉邪獄[13]을 통해서 이가환, 이승훈 등이 체포되고, 다산의 친형인 정약종丁若

9 모방인가, 창조인가 **수원화성** _ 347

鍾은 사형을 당했고, 다산 자신은 18년간의 긴 강진 유배를 떠나게 된다.

유배생활 동안 그의 교우라고는 향리의 이정과 대흥사의 선승 초의草衣 뿐이었다. 그러나 그의 사상과 관심은 날로 성숙하여 유배 말년에 쓴 『경세유표』經世遺表[14]를 필두로 3대 저작인 『목민심서』牧民心書[15]와 『흠흠신서』欽欽新書[16]의 집필을 통해 집대성됐다. 그의 관심은 정통 성리학의 제문제부터 시작해 정치, 경제, 사회분야를 거쳐 문학, 철학, 언어학, 지리학, 과학기술에 이르기까지 종횡무진이었다. 선각자의 눈에는 모든 분야가 모순투성이였고, 사회 전체가 계몽의 대상이었기 때문이다. 다산은 양반화가 윤두서의 외증손자였다. 예술적 소양마저 외가 쪽에서 물려받은 그는 독창적인 미술론을 집필하기도 했다. 양반들의 여기로서의 미술이 아니라 직업적 화가들의 그림을 옹호한 이른바 '그림다운 그림론'이 대표적인 이론이었다.[17]

다산은 원래부터 건축 등 기술 분야에 관심이 많았다. 그는 중국의 신식 제도를 배울 것을 주장하면서 "백공의 기예가 정교해지면 무릇 궁실과 기구를 제조하며 성곽과 배와 수레의 제도에 이르기까지 모두 튼튼하고 편리하게 될 것이다"[18]라고 하여 건축, 배와 수레 만들기까지 관심을 표했다.

수원화성 계획과 축성을 통해 축적된 건축론은 말년의 『목민심서』에서 절정을 이룬다. 그는 우선 건축과 건설의 합리적인 수행과정에 관심을 두었다. 건축주가 건물을 세울 때 필수적으로 거쳐야 할 절차로서 설계와 기술자 선정, 시공자 선택, 공사비 견적과 자재수급, 공사 관리, 조경공사 및 마무리를 들었다.[19]

수원화성을 돌로 쌓을 것을 주장했던 그가 말년의 저작에서는 토성을 옹호하고 나선다. 벽돌성이 가장 우수하지만, 여전히 벽돌 굽는 법에 익숙하지 않아 적합하지 않다고 한다. 또 돌로 쌓은 석성은 노력과 비용이 많이 들 뿐 아니라 오래 견디지도 못하며 적을 방어하기도 어렵다. 즉 겉만 단단하고 속은 물러서 실효가 없기 때문에, 효용과 비용 면에서 흙을 다져 쌓은 토성이 가장 우수하다고 평가했다.[20] 수원화성의 경험을 되새겨 자신의 축성론을 수정한 것이다. 그러나 수원화성 계획에서 선보였던 보루와 치성, 곡성, 적대 등

14_ 정약용이 조선의 현실에 맞게 정치·사회·경제제도를 개혁하고 부국강병을 이루고자 저술한 책으로, 행정기구 및 관제, 토지제, 부세제 등 모든 제도의 개혁 원리를 제시하고 있다.

15_ 정약용이 지방관 당시의 체험과 귀양살이를 통해, 지방장관이 지켜야 할 준칙을 서술한 책으로 총 48권 16책이 전한다.

16_ 형옥刑獄에 관한 법정서로, 1822년(순조 22) 총 30권 10책으로 저술하였다. 흠흠欽欽은 걱정이 되어 잊지 못하는 모양을 일컫는 말로, 죄를 판결하는 관리들이 죄수에 대해 신중한 판결을 내리도록 모범적인 판례와 함께 유의할 점을 적어놓았다.

17_ 이태호, 『조선후기 회화의 사실정신』, 학고재, 1996, p.403. 다산의 미술론은 『與猶堂全書』卷一, 「諸家藏畵帖」에 수록되어 있다.

18_ 『與猶堂全書』第二十一集, 卷十一, 「技藝論」.

19_ 『牧民心書』, 「工典」第三, 繕廨條 구체적으로 1)일의 주관자 선정, 2)일의 역할분담, 3)공인 선택, 4)비용 취합, 5)재목 모으기, 6)흙의 취용, 7)물의 취용, 8)돌 다듬기, 9)기와 굽기, 10)철 구하기, 11)인부 조달, 12)장부 정리, 13)식수와 식재 등을 조목조목 논하고 있다.

20_ 『牧民心書』, 「工典」第四, 修城條.

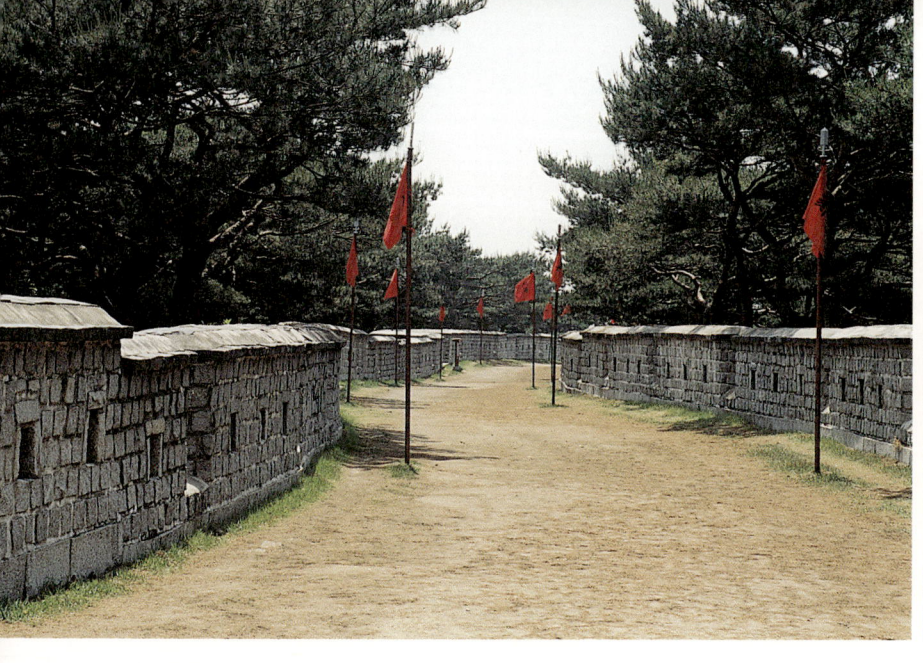
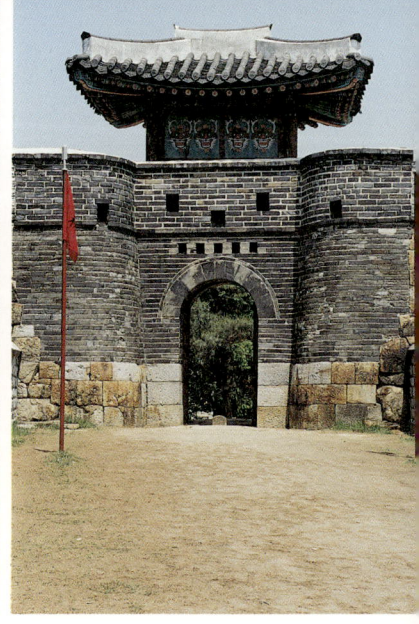

◤ **서남암문 밖으로 이어진 성곽로** 멀리 끝에 자리잡은 화양루에 대한 보급 통로이다.
◢ **서남암문** 암문으로는 유일하게 목조 누각을 올렸다.

의 방어시설들은 여전히 필요성이 강조됐다.

벽돌로 성곽을 쌓는 것에 대해서는 비판적이었지만, 벽돌 굽는 법을 보급하고 기와 생산을 장려하는 것에는 대찬성이었다.[21] 대규모의 성곽에 벽돌을 쓰기에는 기술적·경제적 문제가 있지만, 일반 건물에는 적극적으로 벽돌과 기와를 사용해 화재의 위험을 줄이고 건물의 질을 높이자는 주장이었다.

다산의 건축관은 철저하게 실용성을 우선으로 하고 있다. 전통과 인습을 넘어서 현실적이고 합리적인 정신과 태도는 고전을 다루는 데도 나타난다. 실학자들은 옛날의 도를 빌려 현실을 개혁하려는 태도를 취했다.[22] 따라서 또 하나의 관념론에 빠질 우려가 많았지만, 다산은 늘 현실과 현재를 중시하는 현실주의적 관점을 잃지 않았다. 때문에 중국 고전병서나 선대의 실학서에 규정된 내용보다 훨씬 실용적이고 세련된 수원화성을 창조할 수 있었다. 실례로 『무비지』에는 성곽의 높이를 5장으로 규정했지만, 수원화성은 2장 5척으로 반으로 줄였다. 평지인 중국 성에 비해 구릉의 지형과 경제 형편을 고려해 적절한 높이를 산정한 것이다. 또 『기기도설』의 기중기보다 다산이 『기중도설』에서 고안한 거중기는 4배나 효율이 높은 우수한 발명품이었다.

21_ 『牧民心書』, 「工典」 第六, 匠作條.
22_ 주칠성, 『실학파의 철학사상』, 예문서원, 1996, p.187.

9 모방인가, 창조인가 **수원화성** _ 349

새로운 정신,
새로운 도시

산성에서 읍성으로

한국의 전통적인 도시들은 이원적으로 구성됐다. 산을 등지고 산자락에 위치한 도시 혹은 읍치邑治[23]에는 읍성을 쌓아 경계를 삼았고, 뒷산 정상에는 산성을 쌓았다. 평소에는 읍성에서 생활하다가, 외침이 있는 유사시에는 산성에 올라가 성문을 굳게 잠그고 항전을 하게 된다. 목숨을 걸고 성을 사수하는 것을 '농성'籠城이라 했고, 산성을 에워싼 적군들이 지쳐 물러나 농성에 성공하면 그것이 곧 승리였다. 백제의 부여와 부소산성, 고구려의 평양과 대성산성, 신라의 경주와 명활산성 등이 고대 삼국의 대표적인 도성과 산성의 이원적 관계다.

이원화된 도시 방어개념은 조선조까지 답습됐다. 서울의 북쪽과 남쪽에 북한산성과 남한산성을 쌓아 유사시를 대비했다. 임진란의 참담한 경험 때문이었다. 서둘러 축조된 남한산성은 병자호란 때 효과가 있었다. 결국 항복을 하고는 말았지만, 단 몇 달이라도 청군의 침략에 항전할 수 있었으니까. 호란 뒤에도 계속적인 산성 수축의 논의가 있었고 몇몇 지방에서는 산성의 보강과 신축이 있었다.

그러나 패전시는 물론, 농성에 성공해 승리를 거뒀을 때도 문제는 심각했다. 승리를 자축하며 산성에서 내려와 읍성에 돌아오면, 읍성은 갖은 약탈과 파괴로 폐허가 되었기 때문이다. 백성들의 삶터는 물론 관청 하나 변변히 남아 있지 않은 폐허에서 승리가 무슨 의미가 있는가? 일찍이 유형원을 비롯

23_ 한 고을의 치소治所가 있었던 군 소재지 정도의 지방 소도시들.

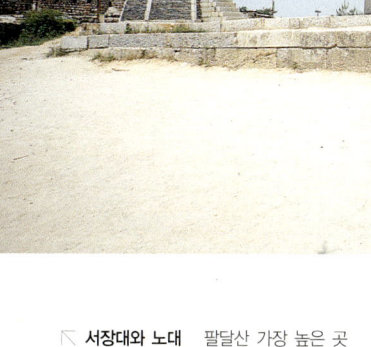
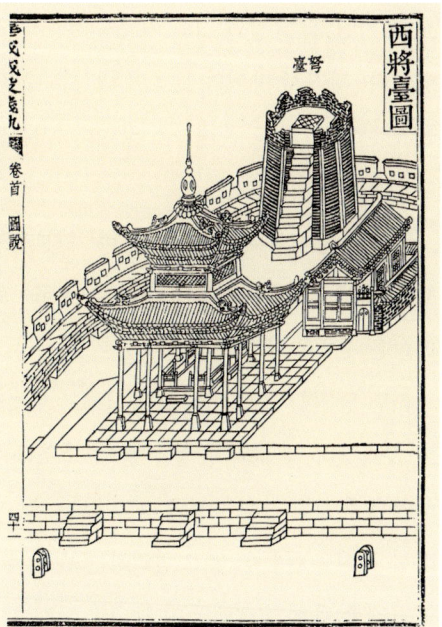

◥ **서장대와 노대** 팔달산 가장 높은 곳에 자리잡은 총 지휘소다.
◥ **서장대와 노대 그림** 『화성성역의궤』에 수록.

한 실학자들은 이 모순에 대해 신랄히 비판하며 읍성강화론을 주장했다.[24]

대안은 자명했다. 읍성을 산성과 같이 견고히 쌓고 방어에 유리한 도시 구조로 바꾸어 전쟁 때도 읍성에서 항전하면서 생활의 터전을 지키자는 논리였다. 그 주장이 본격적으로 수용된 곳이 바로 수원화성이었다. 지극히 상식적인 읍성 방어의 주장이 왜 실현되지 못하고 18세기 말에 와서야 시도되었는가? 이유는 한반도의 지형 때문이었다. 7할이 넘는 산지지형은 약간의 노력으로도 방어에 효율적인 산성을 구축할 수 있었고, 평지의 읍성에 과도한 투자를 할 필요가 없다는 여론을 형성했다.

읍치의 규모가 그다지 크지 않아 비록 적군의 손에 넘겨줬다고 하더라도 크게 잃을 것이 없다는 판단도 작용했다. 사실 읍성이라고 해야 행정관서가 대부분으로 수백 호에 불과한 소규모 타운이었다. 조선조 인구의 대부분은 읍성에서 떨어진 자연부락에 산재해 있었고 읍성이 생활의 터전은 아니었기 때문이다.

그러나 수원화성의 경우는 달랐다. 우선 수천 가구를 수용해야 할 대규

24_ 『磻溪隨錄』, 『兵制後錄』 참조.

9 모방인가, 창조인가 **수원화성** _ 351

모 도시였고, 행정 중심의 기능을 벗어나 상업을 근간으로 한 자족도시를 지향했다. 따라서 방어와 보호의 대상은 수원읍 자체였다. 또 주변에 산성을 지을 만한 높은 산도 존재하지 않았다. 기존의 읍성과는 근본적으로 다른 규모, 다른 성격을 가졌다.

읍성 방어의 개념에는 이른바 '민본사상'이 근본을 이루었다. 전쟁은 누구를 위해서 치르는가? 지방 수령이 아니라 백성을 위해서다. 따라서 지켜야 할 대상은 수령들의 자존심과 전공이 아니라, 일반 백성들의 재산과 생명이었다. 그러면 당연히 읍성 자체를 방어하고 보호해야 한다. 그리고 실용적인 경제성도 부각됐다. 산성과 읍성을 둘 다 축조하는 것은 이중의 비용이 든다. 그리고 생활과 유리된 산성을 보존·관리하는 데는 막대한 인력과 비용이 필요하다. 따라서 읍성을 튼튼히 쌓고 관리하는 것은 경제적인 면에서도 큰 이득이다.

기존 읍성의 성곽들이 단순한 도시 경계를 이루고 도둑이나 막는 소극적인 것들임에 비하여 수원화성의 성곽은 차원을 달리할 수밖에 없었다. 수원 성곽은 전 도시민의 생존이 걸린 방어체였기 때문에 견고하게 축성하지 않으면 안됐다. 도성인 서울성곽의 높이가 6m 정도인 데 비해, 수원성곽의 높이는 8m가 넘었다. 도성보다도 오히려 높고 튼튼했던 것이다. 아쉽게도 수원화성 축성 이후에는 과거와 같은 외침이 없었고, 소총이나 활싸움에서 대포전으로 전쟁의 양상이 바뀌었기 때문에 수원성곽의 효용을 입증할 기회가 없었다. 그러나 18세기 말 당시로서는 최첨단의 견고한 성곽이었음에 틀림없다.

부유한 자족도시

성곽의 계획자는 정약용이었지만, 도시구조의 계획자는 밝혀진 바가 없다. 그가 누구였던 간에 애초부터 보통 지방도시와는 달리 특별한 목적을 가지고 계획했음을 읽을 수 있다. 가로망과 시설 배치 계획만 본다면 수원읍은 다른 지방읍성과 크게 다를 바가 없었다. 서쪽 팔달산을 주산으로 삼아 도시를 놓고, 남북을 가로지르는 중심도로와 이에 직각 방향으로 부도로를 설치했다.

동서 부도로의 서쪽 끝에는 화성행궁과 관아시설을 두었다.

그러나 가로의 성격은 확연히 달랐다. 남북로와 동서로가 교차하는 지점에는 '십자가' 十字街가 형성됐다. 수원읍은 십자가로 구획된 4개의 지역 즉 서성자내, 북성자내, 남성자내, 동성자내로 이루어진다. 십자가 주변이 도시 중심으로 쌀가게, 포목가게, 그릇가게 등 상업시설이 밀집하게 된다. 이 상업 지역은 남북로를 타고 뻗어나가 도시 전체가 상업지구화되는 효과를 거둔다. 수원읍내의 구매력도 만만치 않았지만, 서울과 곡창지대인 호남을 잇는 지리적 이점 때문에 중부 경기 지역의 거점도시로 시장권을 넓혔다.

농경사회에서 도시를 키우고 인구를 집중시킬 수 있는 수단이란 상업뿐이었다. 따라서 수원읍의 도시화의 성패는 곧 상업의 진흥 여부에 달려 있었다. 수원읍은 입안 당시부터 상업도시로서의 목표를 가지고 도시계획이 시행됐다. 수원화성 완공 직후 인구 유입이 기대만큼 신통치 않자 조정에서는 여러 가지 유인책을 강구한다. 수원을 한양과 마찬가지 등급의 도시로 격상하는 특별법을 포고하기도 하고, 각종 금융 특혜를 시행하기도 했다. 예를 들어 서울과 개성의 부자들이 수원에 전방廛房을 설치하는 것을 장려하기 위해 10

◣ **동장대** 앞의 넓은 터는 군사들을 집합시키던 연병장이었다.
◢ **동장대 그림** 『화성성역의궤』에 수록.

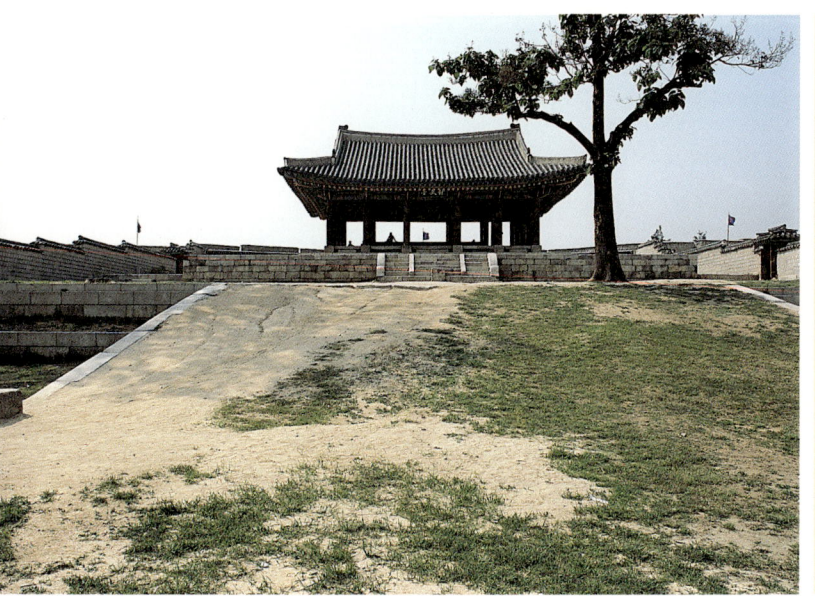

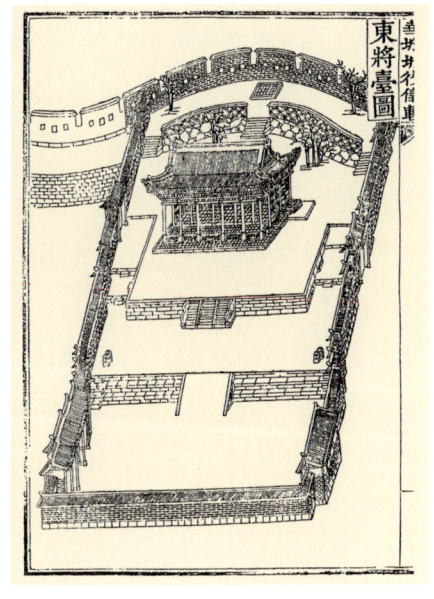

9 모방인가, 창조인가 **수원화성** _ 353

만 냥을 무이자로 융자해주었다. 토박이 화성상인들에게는 7만 냥을 융자해 주었다. 이런 특혜조치 1년 만에 수원읍의 인구는 1,000호가 넘게 됐고, 인근에서는 가장 큰 거점도시로 급성장할 수 있었다.

수원은 철저하게 자생력을 가진 자족도시를 지향했다. 도시민 모두가 상업에 종사할 수만은 없었고, 여전히 인구 대다수는 농민들이었다. 정조는 수원에서 농업경영체를 실험했다. 만석거라는 7만 평의 저수지를 축조해 농지를 조성하고, 국영농장인 대유둔을 경영했다. 또 서호 옆에는 서둔을 경영해 농부들을 고용해 임금을 줄 수 있었다. 고용된 농가 2집마다 소 1마리를 대여해 농사에 활용케 했다. 대여한 소들은 농사에만 활용될 뿐 아니라, 번식과 매매가 성행하게 됐다. 수원의 소시장은 전국 3대 시장으로 성장했고, 유명한 '수원갈비집'들도 번성한 소시장의 여파로 생기게 된 것이다. 수원에 서울대학교 농과대학이 있었던 유래도 뿌리가 깊다. '수원갈비'와 함께 2세기 전 정조의 야망이 변형된 흔적으로 남아 있는 것이다.

새로운 성제

정약용은 성제의 선택과 위치잡기 등 정책적 결정에만 관여한 것이 아니다. 수원화성 계획은 개혁의 이상에 불타는 청년 정약용에게는 다시없이 좋은 실현의 기회였다. 혼신의 노력을 기울여 기존의 성제와 중국의 이론들을 섭렵한 그는 성곽의 구체적 형태부터 공사법, 임금관리, 재료, 기계발명에 이르기까지 새롭고도 합리적인 대안들을 빠짐없이 제안했다. 다산이 제안한 성 전체의 길이는 3,600보였는데 실제로 지어진 수원성곽은 4,600보로 1,000보가 늘었고, 벽돌 사용을 경제적인 이유로 배제했으나 부분적으로 사용된 정도가 원래의 계획과 달라졌다. 이를 제외하고는 다산의 계획안 거의 대부분이 수용되어 건축됐으니, 정약용은 수원화성의 실질적인 설계자라고 불러도 좋을 것이다.[25]

우선 수원성곽의 근본적인 목표를 외침에 대한 도시의 방어로 설정했고,

25_ 김동욱, 앞의 책, p.100.

모든 성제와 시설들을 근본 목표에 합당하도록 설계했다. 우선 강조한 것은 옹성과 치성이었다. 옹성甕城이란 성문 밖에 둥그렇게 쌓은 또 하나의 성곽으로 성문을 공격하는 적을 배후에서 칠 수 있는 이중 성곽이었다. 도성인 한양성에도 동대문에만 설치될 정도로 기존 성제에서는 무시된 것이다.

치성雉城이란 성벽의 일부를 밖으로 돌출시킨 형태를 말한다. '치' 雉라고도 부르는 이 시설은 방어용 성곽의 기본요소였다. 치를 돌출시킴으로써 성벽에 달라붙은 적군을 측면에서 감시하고 공격할 수 있기 때문이다. 반대로 치가 없는 성곽이란 근접한 적들이 성벽을 허물어도 속수무책으로 당할 수밖에 없었다. 치성은 아무 시설 없이 돌출되기도 하지만, 그 안이나 위에 특수 목적의 시설을 설치해 다양한 기능을 갖기도 한다. 수원화성의 경우, 치와 특수시설을 결합 것으로 포루鋪樓, 포루砲樓, 적대敵臺, 노대弩臺, 공심돈空心敦 등 다양한 시설이 계획됐다.

치성에는 기본적으로 현안懸眼을 둘 것을 계획했다. 현안이란 치성 하부에 위아래로 길게 뚫은 개구부로서 치성 위에서 성 아래에 근접한 적들의 동태를 살피고 공격할 수 있는 시설물이다. 조선의 성곽에는 거의 없었던 시설

◤ **서북공심돈**　화서문 옆에 서서 멀리 적을 감시하고 공격할 수 있는 3면 공격소. 각 층마다 총안이 설치됐고, 석축부에는 길게 2줄의 현안을 만들었다.
◤ **서북공심돈 안쪽 그림**　「화성성역의궤」에 수록.

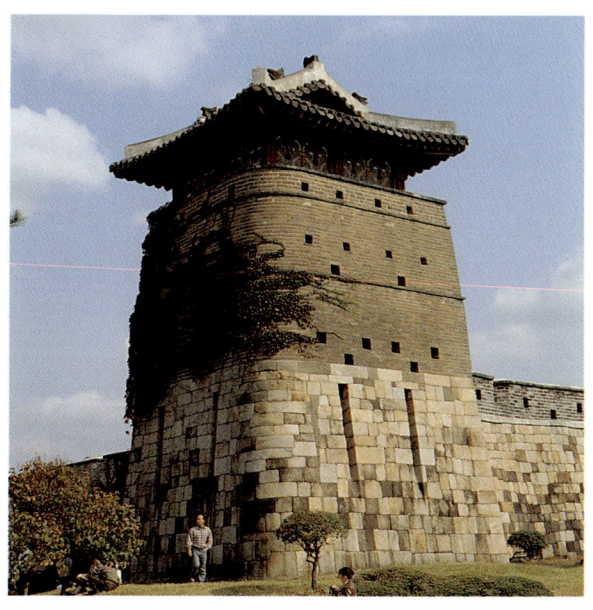

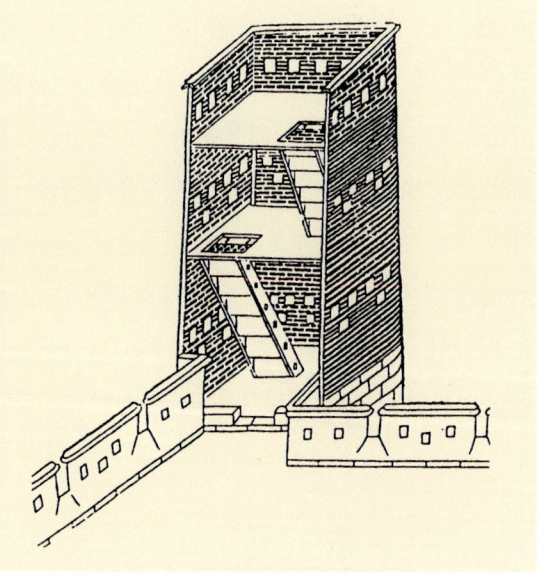

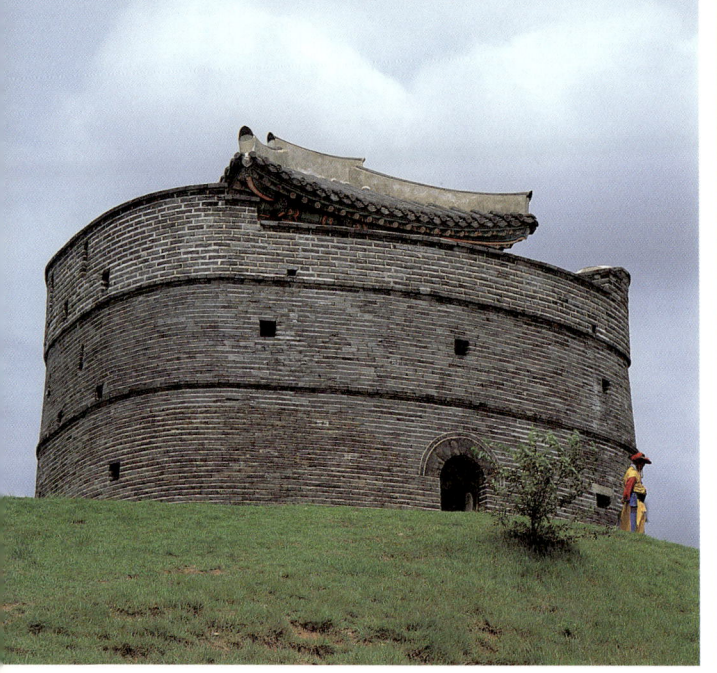

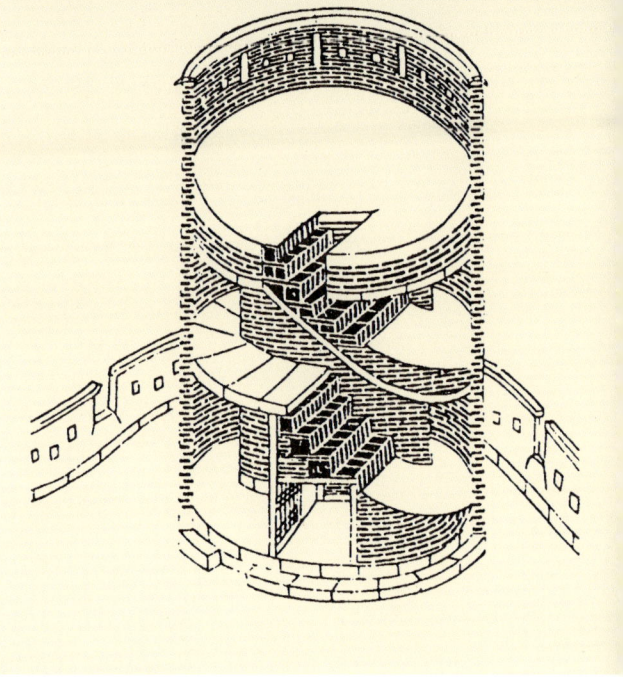

↖ **동북공심돈** 원형의 몸통을 가진 일
명 '소라각'.
↗ **동북공심돈 단면 그림** 『화성성역의
궤』에 수록.

이다. 현안은 기능적으로도 필요했지만, 육중한 성벽에 긴 음영을 만드는 조
형 요소가 되는 부수적 효과도 있었다.

성 안과 밖의 출입을 위해서 꼭 있어야 하는 것이 성문이지만, 실제 전투
에서는 가장 취약한 부분이 성문이다. 성문은 다른 부분에 비해 두께도 얇고
재료도 나무로 해야 하기 때문이다. 따라서 전투시에 성문을 공격하는 여러
전술이 사용된다. 크고 뾰족한 단단한 나무기둥을 눕혀 충격을 가함으로써
성문을 부수기도 했지만, 가장 흔히 사용된 전술은 화공火攻으로써 성문을 불
태우는 것이다. 화공에 대해서는 옹성을 설치해도 효과가 없다. 다산은 이를
막기 위해 성문 위에 누조漏槽를 설치했다. 누조란 석조로 된 일종의 물탱크
로 성문 위에 설치했다가 문에 불이 붙으면 한꺼번에 물을 쏟아내려 불을 끄
는 시설이다. 장안문長安門과 팔달문八達門에는 성문 위에 '오성지' 五星池
라는 이름의 다섯 개 구멍이 있고, 그 속에 누조가 설치됐다.

356 _ **김봉렬의 한국건축 이야기** 시대를 담는 그릇

자신 있게 다룬 새 재료들

앞서 말한 대로 다산은 경제적·기술적 이유 때문에 벽돌 사용을 꺼렸고, 돌을 수원화성의 기본 구조재로 선정했다. 그러나 실제 공사과정에서 벽돌이 일부 도입돼 사용되기에 이른다. 북학파를 비롯한 대부분의 실학자들이 벽돌 사용을 주장하고 있었고, 벽돌은 돌로는 해결하기 어려운 구조적·형태적 문제들을 해결할 수 있었기 때문이다.

벽돌은 주로 암문暗門 등 작은 홍예문虹霓門과, 공심돈 등 원형이나 곡선형의 시설물을 만드는 데 사용됐다. 또 작은 대포구멍을 내야 했던 포루에도 적극 사용됐다. 돌보다 크기가 작아 손쉽게 자유로운 형태를 만들 수 있으며, 일정한 규격의 벽돌을 가지런히 쌓음으로써 정돈되고 단정한 형태를 얻을 수 있었다. 벽돌은 지금까지 없었던 새로운 조형의 길을 한국건축에 터준 것으로 평가되기도 한다.[26] 뿐만 아니라 석성에 비해 벽돌성은 안정된 구조를 얻을 수 있다. 큰 입자의 석성은 한번의 포격으로 무너지기 쉽지만, 작고 많은 요소로 구축된 벽돌성은 일부가 파손되어도 나머지 부분은 견고히 버틸 수 있는 장점이 있다.

실학파들의 주장뿐 아니라, 청과의 교류가 빈번해지면서 궁궐과 일부 상류층의 건축에는 벽돌이 실험적으로 사용되기도 했다. 목재가 고갈되어가던

26_ 김동욱, 앞의 책, p.199.

↙ **서포루 안쪽 그림** 『화성성역의궤』에 수록.

↘ **서포루의 안쪽 모습** 안에서는 2층 누각이지만, 밖에서는 성곽 위의 전망대로 보인다.

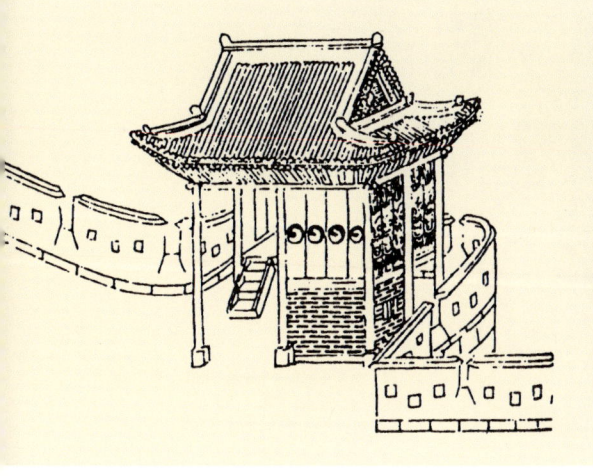

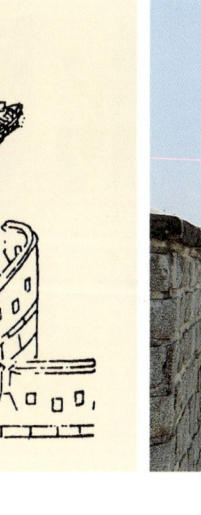

조선 건축계에 벽돌은 무한한 가능성을 가진 재료였다. 중국의 경우 명대 이후 청나라의 건축은 벽돌을 기본 구조재로 채용해 다양한 공간구성과 형태를 만들어왔다. 1800년을 전후해 실험됐던 벽돌조의 사용이 왜 조선 건축계에 보편적으로 확산되지 못했는가에 대해서는 의견이 분분하다. 19세기 사회의 폐쇄성과 보수성에서 원인을 찾기도 하며, 습기가 많은 한국 토질이 벽돌을 생산하기에는 적합치 않다는 재료적 한계를 지적하기도 한다. 어찌됐든, 좀 더 벽돌 사용이 확산됐더라면 조선 후기의 건축 수준은 한 차원 달리 전개됐으리라는 아쉬움이 크다.

수원화성에는 벽돌을 독립적으로 사용하기보다는 석조 또는 목조와 혼합해 사용했다. 동북각루에 해당하는 방화수류정은 여러 재료들을 혼합 사용한 기법을 잘 보여준다. 복잡한 평면을 가진 이 정자는 석조와 벽돌조가 혼합된 기단 위에 목조 구조물을 올렸다. 기단은 석재를 다듬어 기둥과 보 모양으로 결구하고, 그 사이의 작은 벽들을 벽돌로 가지런히 채웠다. 물론 석재도 벽돌들도 모두 힘을 받는 구조재다. 이를 '벽체석연' 壁砌石緣[27]이라 하여, 수원화성 시설물의 곳곳에 사용했다. 현존하는 낙남헌의 기단도 이 기법을 따르고 있다.

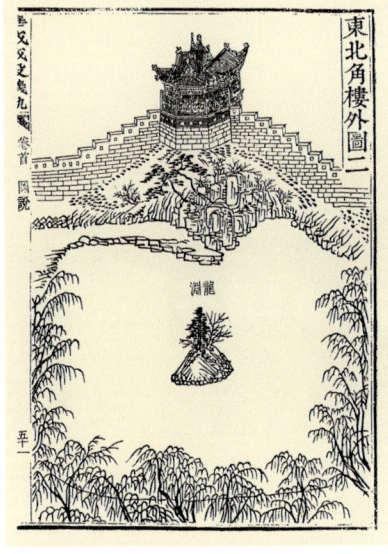 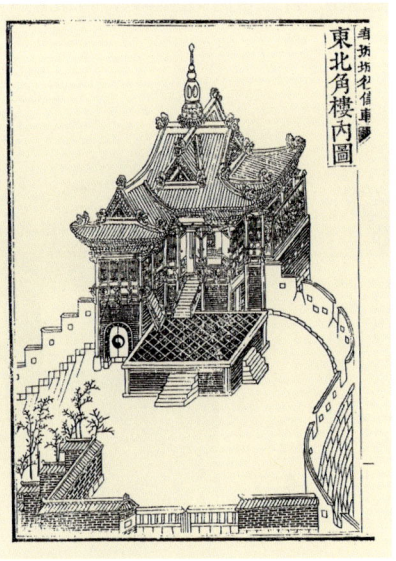

27_ 돌을 가지고 액자를 짜듯 네모난 틀을 만들고, 그 틀 내부를 벽돌로 채워 넣는 방식을 일컫는 말로, 『화성성역의궤』에서 이를 '벽체석연'이라 이름 붙였다.

↙ 동북각루(방화수류정) 바깥 그림 『화성성역의궤』에 수록.
↘ 동북각루(방화수류정) 안쪽 그림 『화성성역의궤』에 수록.

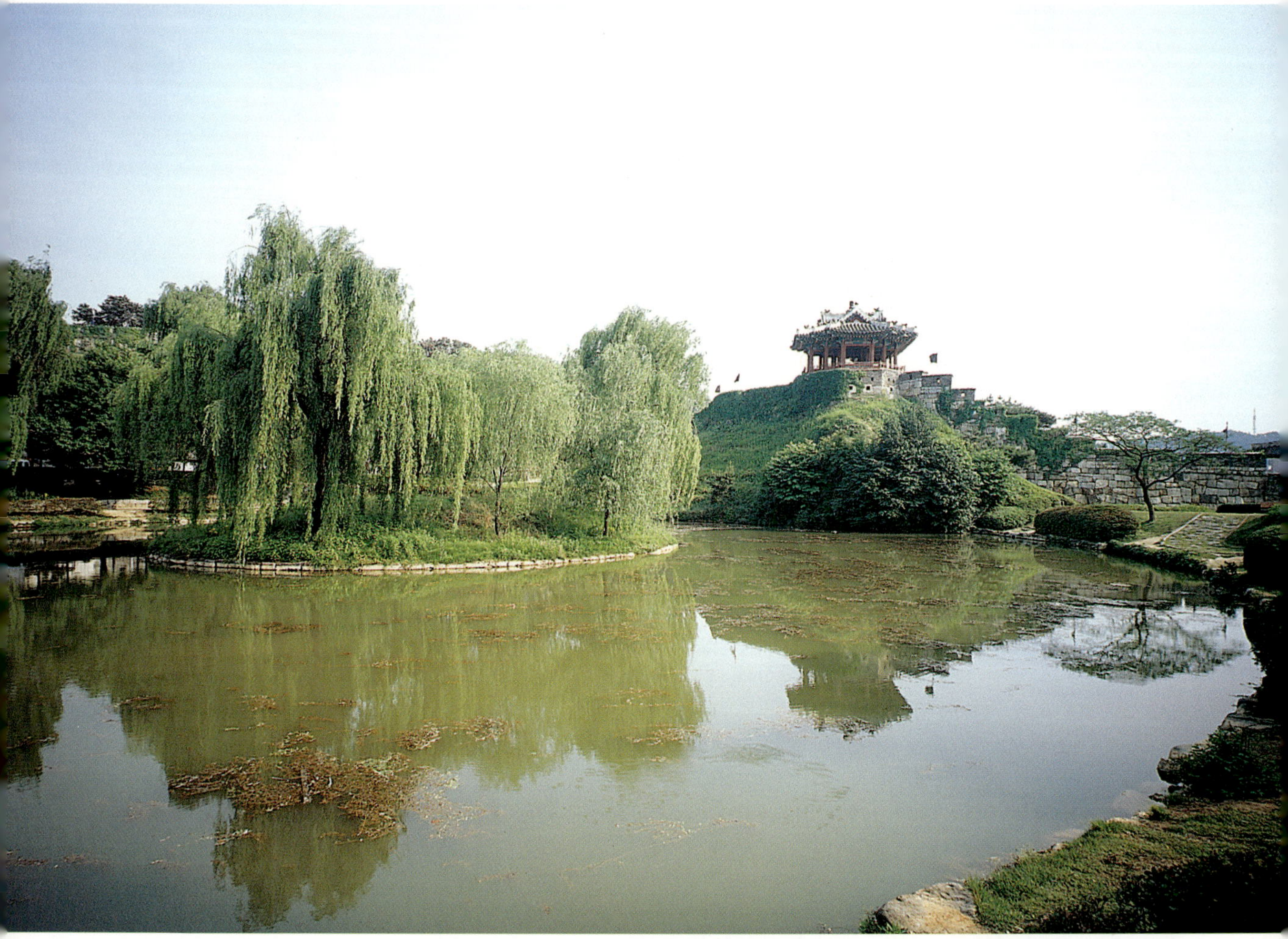

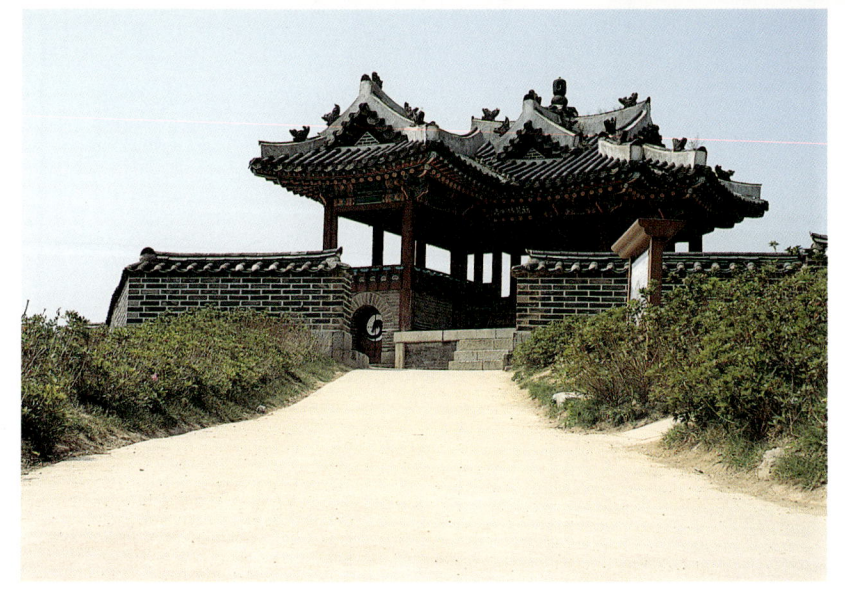

↗ **방화수류정 전경** 용연 위에 떠 있는 방화수류정의 원경이다. 방화수류정은 수원성곽 가운데 가장 경치 좋은 곳에 자리 잡은 각루이다.

↘ **방화수류정** 군사용 건물이라기에는 너무나 아름답다.

2층에 마루를 들인 누각의 경우, 마루 밑 아래층은 보통 비우게 된다. 그러나 방화수류정은 아래층 나무기둥 사이에 벽돌을 쌓아 벽을 막았는데, 벽돌 사이에 +자형의 틈이 생기도록 쌓고 틈새에 흰 회를 채워 막았다. 결과적으로 검은 벽돌벽 바탕에 흰 십자형들이 규칙적으로 배열된 아름다운 장식벽이 됐다. 새로 다루는 재료를 거침없이 목조와 혼용했으며, 한 단계 더 나아가 장식 요소로까지 승화시킨 것이다. 새로운 재료를 도입해 사용하면서도 중국의 예를 따르지 않고 기존 구조법에 응용할 수 있었던 기술적 수준과 독창성은 수원화성의 기술자들이 이룩한 또 하나의 눈부신 업적이다.

새로운 공사 방법

수원화성의 공사는 방대한 규모에 비해 2년 반이라는 짧은 기간에 완성된다. 이는 물론 공사에 대한 조정의 확고한 의지와 주도면밀한 공사 계획에 기인하기도 하지만, 전반적인 기술 수준의 향상과 자재의 원활한 조달,[28] 그리고 새로운 기술과 공사 방법이 도입된 결과다.

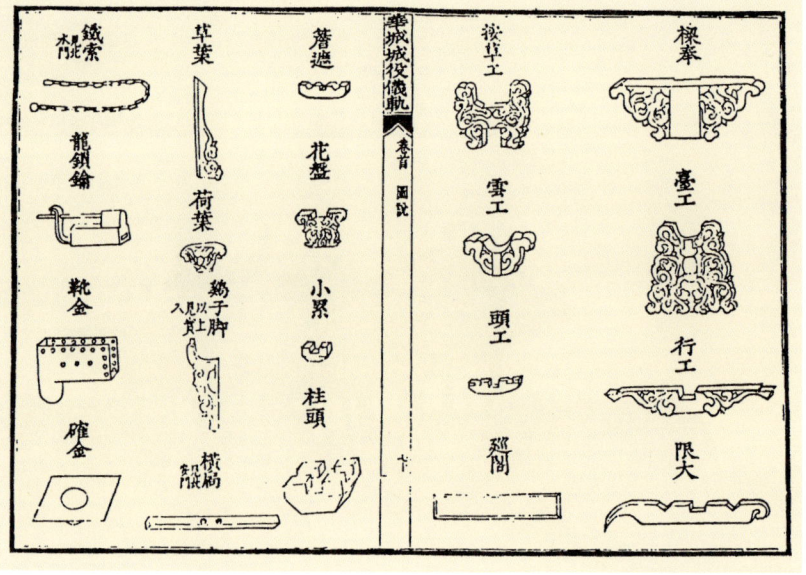

28_ 김동욱, 『수원화성』, p.91.

◸ 건물 세부 요소 명칭도 『화성성역의궤』에 수록.
◹ 수원화성 축조에 고안된 기구들 『화성성역의궤』에 수록. 위 왼쪽부터 시계방향으로 거중기 그림, 녹로 그림, 평차 그림, 대차 그림.

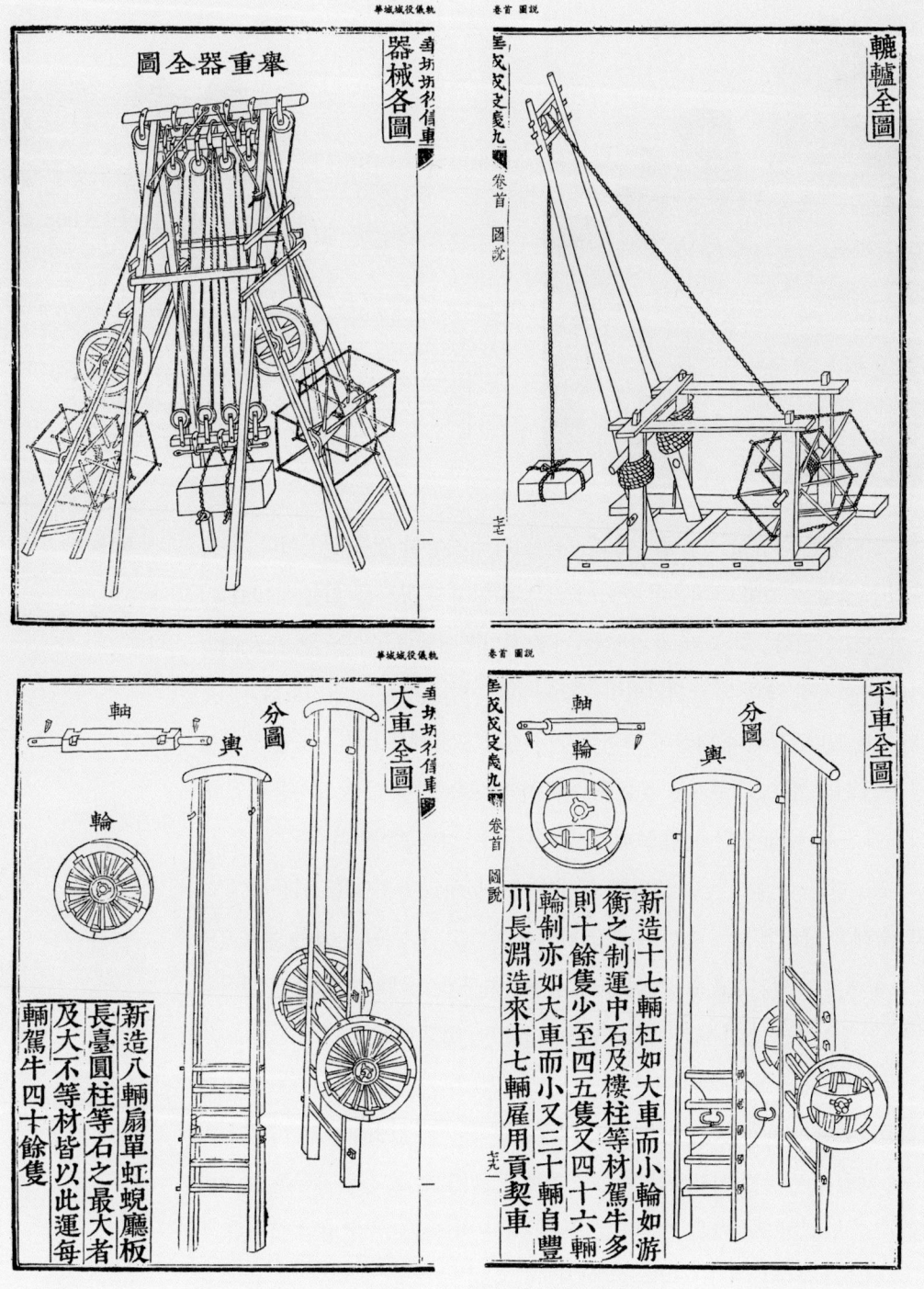

9 모방인가, 창조인가 **수원화성** _ 361

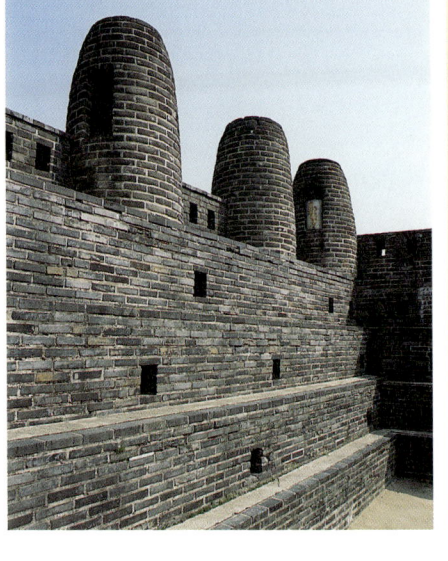

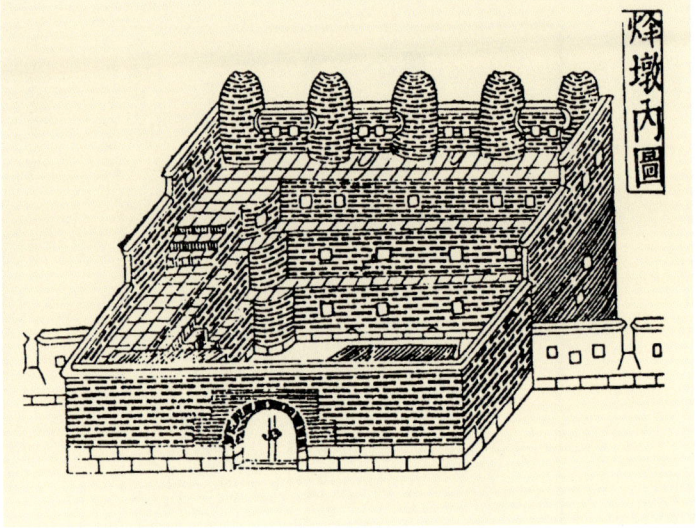

↖ **봉돈의 내부**　계단식으로 축조된 안 통로에서는 적에게 노출되지 않고 활동할 수 있다.
↗ **봉돈(봉수대) 그림**　『화성성역의궤』에 수록.

　　정약용은 대규모 건설공사에 기구들을 적극 사용할 것을 권장했다. 특히 무거운 돌들을 높이 끌어올려 쌓아야 하는 수원화성 공사를 위해 특별한 기구까지 고안했다. '거중기' 라 부르는 기구가 그것이었다. 거중기는 도르래의 원리를 이용한 수동식 크레인이며, 그 원형은 이미 중국의 『기기도설』에 소개된 바 있다. 그러나 다산이 고안한 거중기는 도르래를 8개나 조합하여 장정 1~2인의 힘으로 무거운 돌들을 거뜬히 들어올릴 수 있는 개량품이었고, 더욱이 끈을 물레에 감아 힘을 배가시킬 수 있는 발명품이었다.

　　또, 인근 산에서 돌을 채취해 현장까지 운반하려면 수레를 이용해야 하고, 수레를 끌려면 먼저 운반로를 잘 닦아야 한다고 주장했다. 그는 이외에도 녹로轆轤와 유형거遊衡車 등 여러 종의 공사기구를 소개하고 고안해 현실적 수단을 중시하는 실학자로서의 면모를 유감없이 발휘했다.

　　공사비용은 모두 정부에서 염출한 것으로 87만 냥의 돈과 1,500석의 쌀이 조달됐다. 자금의 대부분은 여러 지방관청이나 군대에서 향후 10년간 비축할 재원을 앞당겨 사용하는 방식을 취했다. 이렇게 조달된 자금은 자재비 32만 냥, 인건비 30만 냥, 운반비 22만 냥, 기타 비용으로 9만 냥이 쓰였다.

　　여기서 주목할 것은 운반비와 인건비에 절반 이상의 자금을 소요한 사실

이다. 공사에 동원된 기술자와 인부들에게 임금을 지급했다는 것을 뜻하기 때문이다. 18세기 중반까지만 해도, 성이나 제방을 쌓는 데 동원한 인력은 의무적인 부역의 수준을 넘지 못했다. 임금을 지급하지 않으니 우수한 기술이 발휘될 리 만무했고, 낮은 의욕과 기술로 쌓은 시설물들의 질이 높지 않은 것은 당연했다. 심지어 관官에 속한 장인(공장公匠)들은 부역을 기피하게 됐고, 공장의 자격을 포기하는 사태가 속출했다. 이런 폐단을 극복하기 위해 1785년 공장公匠제도를 폐지하기에 이른다. 이제 모든 장인들은 정당한 임금을 받으며 자신의 기술로 자유롭게 소득을 취할 수 있게 됐다. 수원화성은 그러한 노동계 변화의 정착 단계에서 비교적 높은 임금을 지급한 본격적인 공사였다.

기존의 임금 지급방식은 업종별 구별 없이 한 달 기준의 정액 지급방식이었지만, 수원화성 공사에서는 일종의 성과급 차등 지급방식을 채택했다. 업종별 기술의 차이와 작업한 날짜를 따져서 임금을 주었기 때문에 예산을 절감할 수 있었던 것은 물론, 작업 의욕과 생산성을 높일 수 있었다. 계획의 개념과 방법부터 재료와 공법, 노무관리 등 건축의 모든 단계에 걸쳐 합리성과 창의성으로 충만한 과정이었다.

견고하고 아름다운
성곽

아름다운 것은 강하다

축성 동기와 과정에 얽힌 역사적 배경을 무시한다면, 수원화성은 더없이 아름다운 여러 폭의 그림이다. 지형을 따라 구불거리는 성곽의 곡선들, 적절한 간격으로 돌출되고 우뚝 솟은 공심돈과 치성들, 날아갈 듯 언덕 위에 자리잡은 방화수류정과 용연의 어우러짐, 7개 아취가 완벽한 조화를 이루는 화홍문華虹門, 환경조각을 연상케 하는 봉수대의 굴뚝들…… 무엇보다도 이들이 모여 조화를 이루는 집합적 아름다움.

그러나 수원화성은 관광용 눈요기를 위한 것이 아니라, 목숨을 걸고 싸우기 위한 군사용 건축이다. 직접적으로 수원성곽을 사용하고 관리한 집단은 왕실 친위부대였다. 외침과 전쟁에 대한 우려가 없었다면 수원성곽은 태어나지 않았을 것이다. 군사용 건축이 이처럼 아름다울 수 있다니, 아름다움이 사기를 저하시키는 주범이라 믿는 전략가들에겐 용납될 수 없는 현상이다.

아름다운 성은 수원화성뿐만이 아니다. 해미읍성海美邑城[29]도 온달산성溫達山城[30]도 나름대로의 아름다움을 간직하고 있다. 동화의 무대가 될 정도로 아련한 중세 유럽의 캐슬과 부르크들, 르와르 강변의 낭만적인 샤토들, 산마리노의 처절하게 감동적인 산성들. 뿐만 아니라, 이웃나라 일본 히메지성의 비장감이나 중국 만리장성의 웅장함까지도.

왜 세상의 모든 성들은 감동적인가? 거기에는 주민의 재산과 영주의 목숨을 담보로 한 생존의 미학이 있기 때문이다. 생존에 장애가 될 일절의 가식

29_ 충청남도 서산시에 있는 조선시대의 석축읍성으로, 사적 116호로 지정되었다. 1491년(성종 22) 서해안 방어 임무를 담당하던 이곳은 매우 큰 규모를 자랑하였으나, 폐성된 지 오래되어 성곽이 일부 허물어지고 현재는 일부만이 복원된 상태다.

30_ 충청북도 단양에 위치한 삼국시대의 석축산성으로, 사적 264호로 지정되었다. 고구려 평원왕平原王의 사위였던 온달이 신라군의 침입에 맞서 이곳 산성에서 싸우다 전사하였다고 해서 온달산성으로 이름 붙였다.

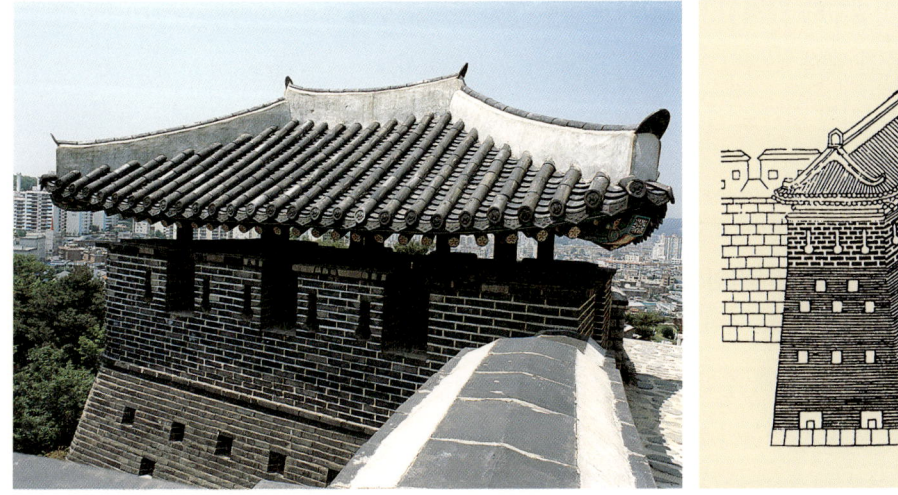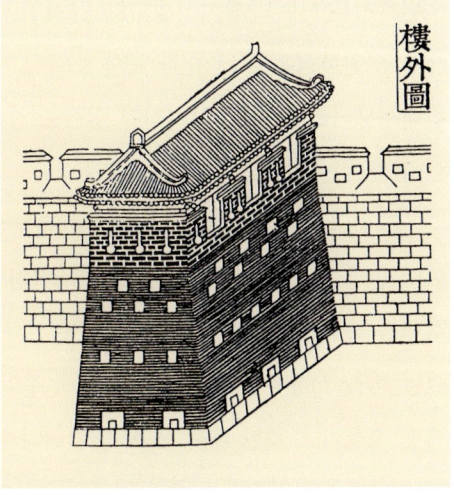

◤ **서포루** 완전히 전돌로 쌓인 몸체 속에 숨어서 대포로 공격하는 곳.
◢ **포루 바깥 그림** 『화성성역의궤』에 수록.

이나 과다함을 제거했기 때문이다. 그리고 견고하게 구축됐기 때문이다. 웬만한 공격에는 무너지지 않는 강인함, 세월의 침식에도 굳건하게 자세를 유지해온 끈질김이 있기 때문이다. 가장 기능적이면서 가장 강한 건축이 바로 성곽이고, 동시에 가장 아름다운 건축이기도 하다.

감동을 주지 못하는 성곽도 있다. 그런 성들은 대부분 쉽게 함락된 곳이며, 마지못해 상징적으로 축조된 부실한 성들이다. 강하지 않은 성, 절박한 생존의 희구가 없는 성들은 아름답지 않다. 적어도 성곽건축에 있어서 강함과 아름다움은 결국 하나다. 수원화성 축성에 심혈을 기울이던 정조에게 입바른 신하들이 비판했음직한 명분이 있었다.

"왜 군사용 건축을 이처럼 예쁘게 짓습니까? 용맹하고 험악해야 적을 물리칠 것 아닙니까?"

일설에 의하면 정조는 한마디로 이렇게 나무랐다고 한다.

"아니다, 이 몽매한 신하들아. 아름다움이 곧 적을 이기느니라."

31_ 조선 말기 박제가朴齊家가 청나라의 풍속과 제도를 돌아보고 남긴 기행문. 총 2권으로 구성된 이 책에는 농업기술의 개선 및 상공업 발전, 적극적인 무역정책 등 당시로서는 획기적인 주장을 기록하였다.
32_ 조선 정조 때 연암 박지원朴趾源이 청나라에 다녀오면서, 새로운 문물제도를 습득하고 펴낸 기행문집. 총 26권 10책으로 중국의 역사, 지리, 풍속, 건축 등 다양한 분야에 걸쳐 광범위하고 자세하게 기록하였다.

모방과 창조의 사이

박제가의 『북학의』北學議[31]와 박지원의 『열하일기』熱河日記[32]를 읽기 전까지

9 모방인가, 창조인가 **수원화성** _ 365

수원화성은 하나의 불가사의였다. 문화적 다양함이 약화된 조선 후기 건축계에서 수원화성은 어느 순간 불쑥 솟아난 돌연변이였다. 아무리 실학사상이 집대성됐다고 하지만, 예비적인 실험도 없이, 큰 시행착오도 없이 어떻게 이런 건축이 가능했을까?

그러나 1980년대에 북학파의 두 책을 읽고 수원화성에 대한 경이로움은 이내 실망으로 바뀌었다. 다산의 천재적인 창작으로 여겼던 치성, 옹성 등의 성제는 중국 변방의 성곽들에 모두 있었고, 현실적 필요에서 대두됐다고 믿었던 벽돌 사용론은 북학파들의 외제 수입론에 불과했다. 수원화성에 대한 예비 지식이 부족한 데서 온 부정적 놀라움이었다. 어찌됐건 한국건축 전통의 우수함과 다양함을 입증할 최고의 명작이 갑자기 수입 모방품으로 바뀌고 말았다. '그러면 그렇지, 어디 조선 후기에 이렇게 좋은 건축을 창작할 수 있었겠나.'

그러나 1990년대에, 수원화성은 내게 한층 더 소중한 건축적 자산으로 자리잡게 됐다. 몇 차례 중국 베이징과 랴오닝遼寧 지방을 답사한 다음이다. 중국 여러 지역의 만리장성은 웅장하기는 하되 수원화성의 디자인 수준과는 비교할 수 없이 떨어지는 것을 눈으로 확인할 수 있었다. 획일적이고 단순·반복적이었다. 변화와 통일성을 동시에 갖춘 수원화성의 집합적 아름다움은 전혀 찾아볼 수 없었다. 그제서야 깨달았다. 성제의 원리와 사용된 재료는 비록 수입된 것이지만, 18세기의 건축가와 기술자들은 중국 오리지널보다 훨씬 세련되고 합리적이고 아름다운 건축을 만든 것이다.

원리와 이론을 수입한 것은 문화의 도입이지만, 디자인을 수입한 것은 모방이다. 수원화성은 원리마저 비판적으로 선별·수입하고 발전시켰을 뿐 아니라, 구체적인 디자인은 아예 중국 것과 거리가 먼 독자적인 창작이었다. 사실 한국건축의 모든 이론적 원형은 중국에, 그것도 고대 중국에 있었다. 궁궐과 사찰, 서원과 향교, 도시와 성곽까지 어느 하나 중국의 제도를 따르지 않은 것이 있으랴. 그러나 창덕궁과 통도사와 병산서원과 수원화성은 중국 어디에도 없는 궁궐이며 사찰이고, 서원이며 성곽이다.

수원화성의 위대한 성취는 선진 문화의 원리와 핵심만을 수용했던 비판적 자세와 사회 전반에 성숙된 디자인 능력이 있었기 때문에 가능했다. 극히 제한된 외국의 정보를 듣고도 핵심을 파악했고, 그를 현실에 맞게 변용시켰으며, 전혀 새로운 창작이 가능했던 시대가 우리에게도 있었다. 그 비판적 지적수준, 문화적 자신감, 그리고 디자인의 총체적 역량. 이 모든 것이 심각하게 부족한 지금의 디자인계는 수원화성을, 그 시대를, 그리고 그때 출현한 천재들을 그리워 할 수밖에 없다.

종합 방어시설로서 성곽 계획

한국 성곽 계획은 지형을 철저히 분석해서 활용하는 것부터 시작한다. 지형적 이점을 잘 활용하면 최소의 노력과 공사로 방어력을 극대화시킬 수 있기 때문이다. 수원화성의 입지는 서쪽에 높은 팔달산이 있고 남북으로는 평지이며, 동쪽에는 낮은 구릉이 감싼다. 지형에 철저히 맞추어 축조한 결과로 구불거리고 불규칙한 전체 윤곽선을 얻었다. 이렇게 축조된 성곽의 총길이는 4,600보 5,418m에 이른다.

서쪽과 동쪽은 경사를 활용해, 성 안쪽은 높고 바깥은 낮아지는 이른바 '내탁법' 內托法으로 성곽을 쌓았다.[33] 남동쪽의 평지에서도 인공 둔덕을 만들어 내탁법을 따랐다. 쌓여진 축대는 성 바깥에서는 높은 성벽이 되지만, 성 안에서는 축대 위가 통행로가 되고 여기에 낮은 담장만 쌓아도 능히 외침을 막을 수 있다.

'협축법' 協築法을 사용한 예외가 있다면, 서남암문 바깥으로 서남쪽 산 능선에 쌓은 성곽 부분이다. 이 부분은 성곽 바깥이지만 안보다 지대가 높아, 적들에게 내부를 감시당하고 공격당할 우려가 큰 곳이다. 따라서 산등성이 양쪽에 축대를 쌓고 가운데에 흙을 채워 '용도' 라는 넓은 길을 만들었다. 용도 끝에는 서남각루에 해당할 화양루를 세워서 전망초소로 활용했다. 용도는 화양루에 이르는 보급로이기도 했다.

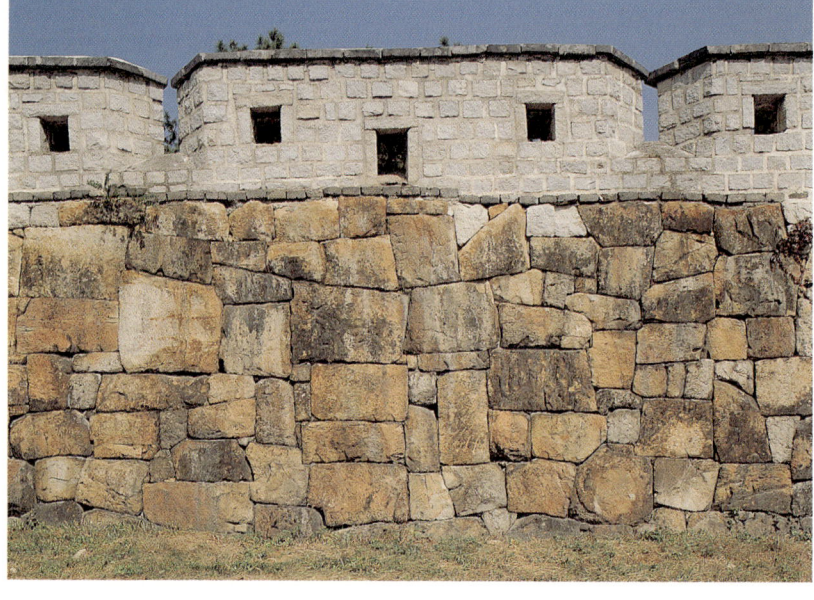

⬊ **석축과 여장** 전통적인 구축법으로 쌓은 석축 위에 성갈퀴인 여장이 축조됐다. 여장 하나에는 2개의 원총안과 1개의 근총안이 뚫려 있다.

성곽의 아래는 육중한 석축을 쌓고 그 위에 1.5m 정도의 여장女墻을 쌓았다. '여담' 혹은 '성가퀴' 라고도 불리는 여장은 하나의 길이가 6m 정도로, 여장과 여장 사이는 좁은 틈을 남기고 띄어 쌓는다. 흔히 성곽을 표시하는 凹凸기호는 여장들의 모습에서 유추한 상징이다. 하나의 여장에는 3개의 작은 구멍을 뚫는다. 양쪽 것은 원총안遠銃眼, 가운데 것은 근총안近銃眼이다. 원총안은 멀리 있는 적을 공격하기 위한 구멍이고, 근총안은 성벽 가까운 적을 공격한다. 따라서 원총안의 단면은 수평으로 뚫리지만, 근총안은 아래를 향해 경사지게 뚫려 활이나 총포류 공격에 편리하도록 만들었다. 여장 사이 틈새로 성밖을 감시하고, 전투 시에는 여장 뒤에 숨어 총안을 통해 공격하는 구조다.

수원읍의 가로들은 남북로를 중심으로 구성된다. 남북로의 경계에는 팔달문과 장안문을 두어 주 대문으로 삼았다. 남북로와 직교하게 동서로를 만들고 서쪽 막다른 곳에 행궁이 위치했다. 행궁 뒤의 팔달산 정상에는 수원 방위사령본부에 해당하는 서장대西將臺와 노대를 두어 전체를 지휘할 수 있었다. 동문이 있는 동북부 끝에는 동장대東將臺와 연무대鍊武臺를 두어 동쪽 지역 사령본부로 삼았다. 연무대는 군사를 훈련시키고 사열하던 곳이다. 남

33_ 성곽을 쌓는 방법은 두 가지다. '내탁법' 은 자연 경사를 이용해 한쪽으로만 축대를 쌓아 성 안과 밖의 높이차를 두는 방법이다. 반대로 평지에 성곽을 쌓을 경우 양쪽으로 성벽을 만들고 가운데 흙과 돌을 채워 넣는 '협축법' 을 따른다. 평지가 많은 중국 성들은 대부분 협축으로, 산지의 한국 성은 내탁법을 주로 채용했다.

368 _ **김봉렬의 한국건축 이야기** 시대를 담는 그릇

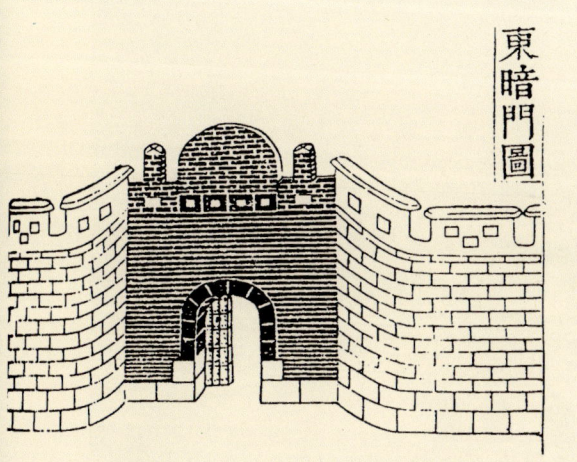 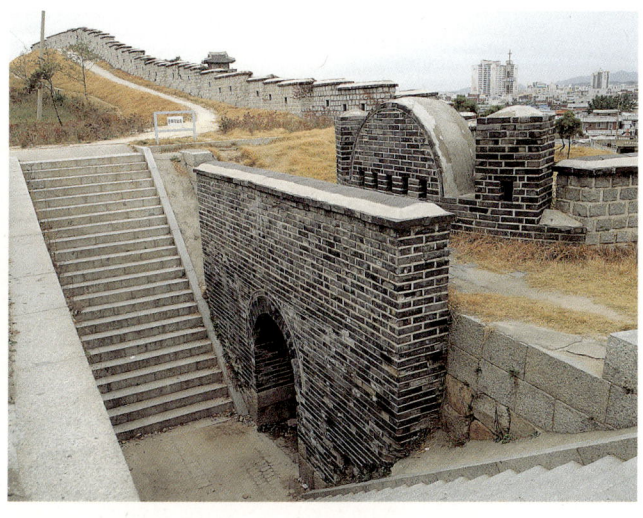

◤ **동남암문의 안쪽 모습** 지면보다 한 층 낮은 곳에 문을 뚫어 출입을 쉽게 감시할 수 있도록 하였다.
↗ **동암문 그림** 『화성성역의궤』에 수록.

북로에 평행하게 하천이 흐르며, 하천이 성벽과 만나는 북쪽에 북수문인 화홍문을, 남쪽에 남수문南水門을 건설했다.

성곽이 꺾이는 서남쪽, 동북쪽, 동남쪽 모퉁이에는 각각 각루를 설치해 3면을 경계할 수 있게 했다. 성벽 중간 중간에 포루砲樓를 설치해 화포류 공격을 가능하게 하고, 포루 중간에는 치성과 포루鋪樓를 설치해 초소와 군사주둔소로 삼았다. 이리하여 수원화성은 종합적인 방어기지로 완성됐다.

성곽 요소와 시설들

수원성곽에는 여러 가지 기능의 건물과 시설들이 건축됐다. 그들의 수효와 기능을 간략히 나열해보면 다음과 같다.

문루 4 동서남북 네 곳에 둔 성문 (장안문, 팔달문, 창룡문蒼龍門, 화서문華西文)

암문 5 누각을 두지 않는 비밀 출입구 (동서남북의 4암문과 서남암문)

수문 2 하천에 만든 수로문 (화홍문, 남수문)

적대 4 성문 좌우에 높게 돌출된 감시소 (북문과 남문의 동서 적대)

노대 2 성밖의 동태를 살피는 지휘소 (서노대, 동북노대)

9 모방인가, 창조인가 **수원화성** _ 369

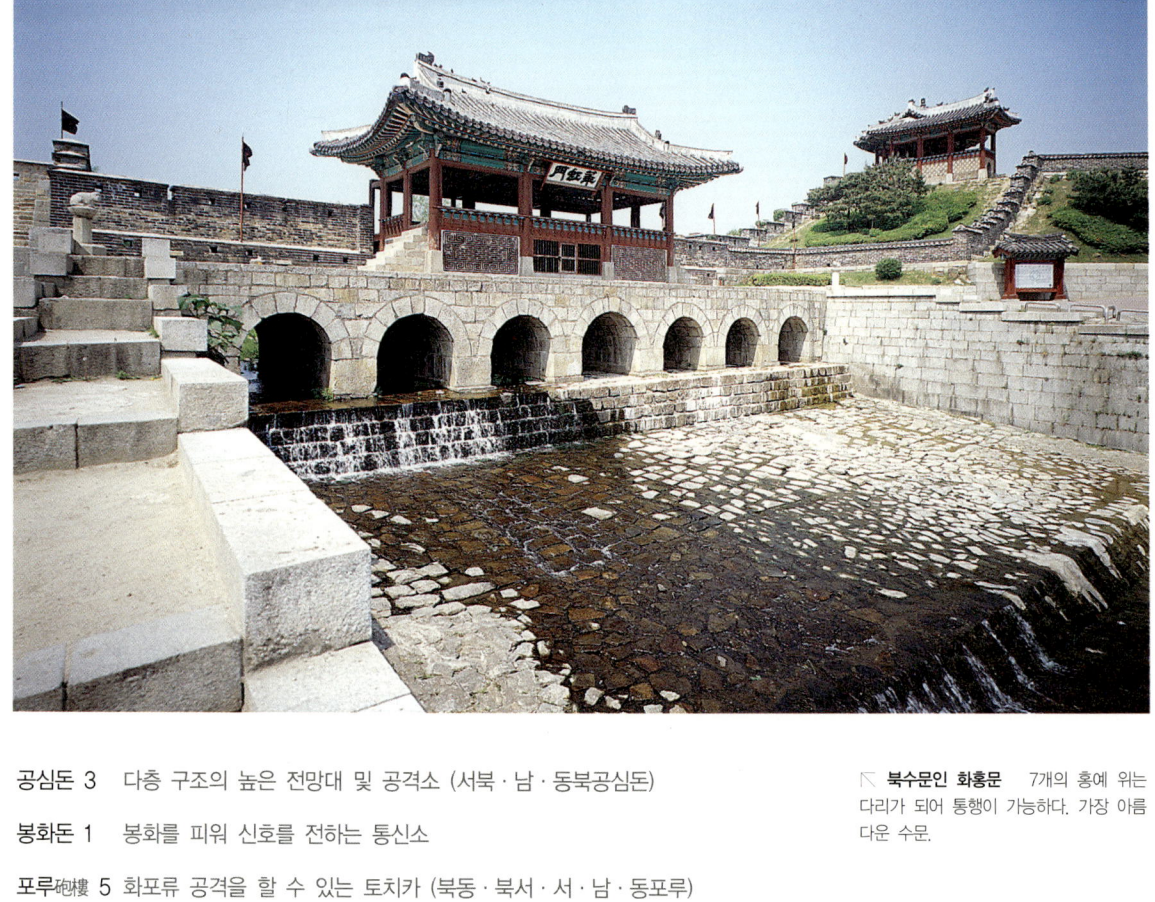

◥ **북수문인 화홍문** 7개의 홍예 위는 다리가 되어 통행이 가능하다. 가장 아름다운 수문.

공심돈 3 다층 구조의 높은 전망대 및 공격소 (서북 · 남 · 동북공심돈)

봉화돈 1 봉화를 피워 신호를 전하는 통신소

포루砲樓 5 화포류 공격을 할 수 있는 토치카 (북동 · 북서 · 서 · 남 · 동포루)

포루鋪樓 5 군사가 주둔할 수 있는 소대본부 (동구 · 북 · 서 · 동1 · 동2포루)

장대 2 지휘소가 있는 사령부 2층 누각 (서장대, 동장대)

각루 4 성곽 모퉁이에 설치한 전망소 겸 초소 본부 (동북 · 서북 · 서남 · 동남각루)

치성 8 '치'만 돌출시킨 감시대 (북동 · 서1 · 서2 · 서3 · 남 · 동1 · 동2 · 동3치)

　주 대문인 장안문과 팔달문은 2층 누각의 문루를 올렸고 바깥에 반원형의 옹성을 둘렀다. 옹성문은 대문과 일직선상에 위치시켜 평상시 도로 소통에 거침이 없도록 고안했다. 주 대문의 좌우에는 높고 육중하게 돌출된 적대

370 _ **김봉렬의 한국건축 이야기** 시대를 담는 그릇

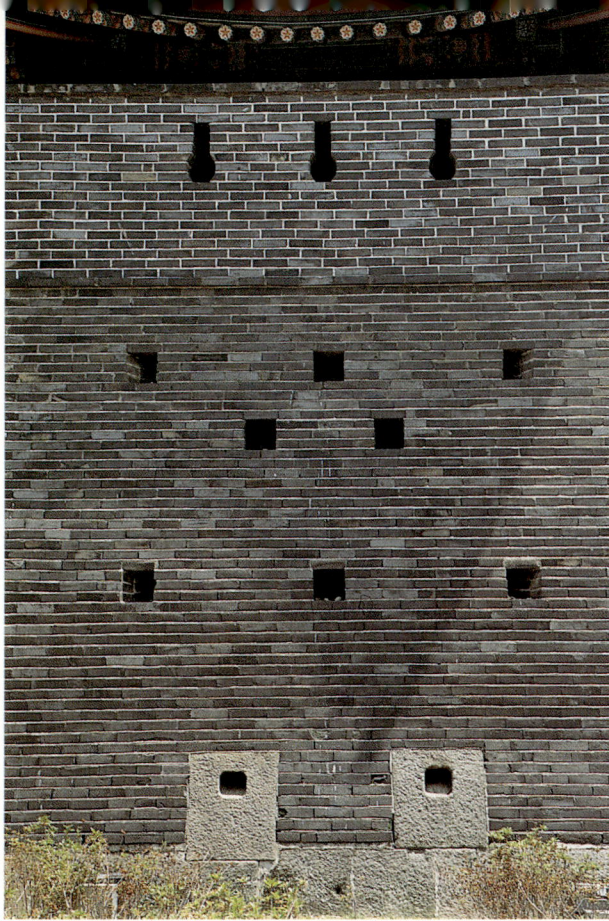
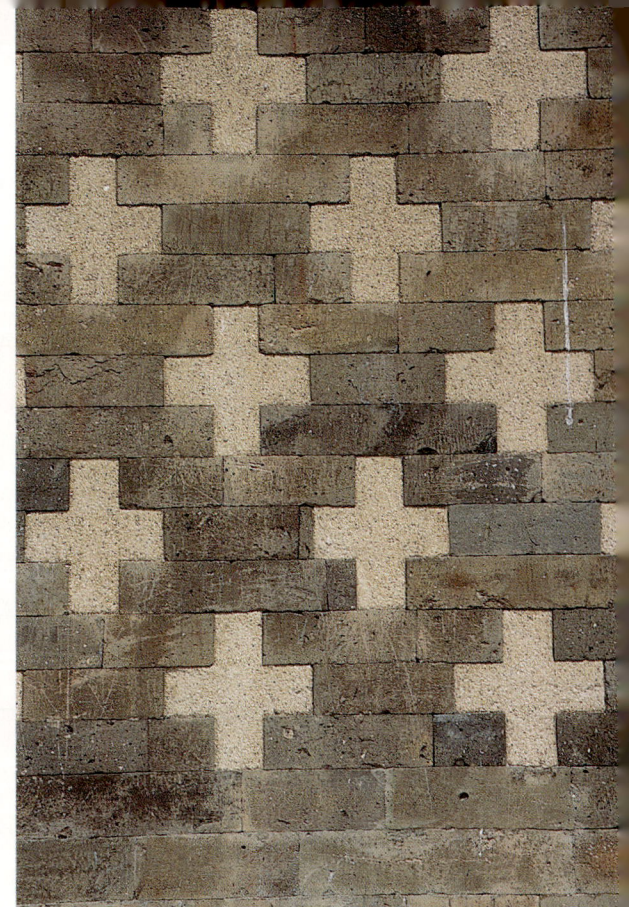

◤ **포루의 외벽** 포루 외벽의 디테일과 공격용 창구들. 맨 위 여장에는 열쇠구멍 모양의 포안이 뚫려 있다. 대포류를 장착하여 조준하기 위한 구조이다.

◢ **방화수류정 벽의 전돌을 이용한 문양**

두어 성문 좌우에서 적군을 감시하고 공격할 수 있도록 했다. 반면 부대문인 동서의 창룡문과 화서문은 단층 누각 문루이며 옹성에는 문루가 없다. 옹성에는 문을 달지 않고 출입구도 한쪽으로 내 주 대문들과 차이를 두었다. 화서문 옆에는 서북공심돈을 두어 감시와 공격의 기능을 배가 시켰다.

암문은 외부에서 눈에 잘 띄지 않는 곳에 위치시킨 비밀 출입구로 문루를 두지 않는 것이 원칙이다. 단 바깥의 화양루로 통하는 서남암문만 단층 문루를 세워 차별을 두었다. 암문의 외관은 보통 반원형 벽을 올려 독특한 모습을 취한다. 암문은 규모도 작고 곡선들을 사용하므로 전돌로만 이루어진다.

북수문인 화홍문은 수원화성의 대표적인 건축이다. 7개의 아취를 틀어 수로를 확보하고 아취 위는 다리가 된다. 다리 양 편에는 해태상을 세워 화표로 삼았다. 화홍문은 긴 누각 건물을 세웠지만, 남수문은 누각 없이 다리만 만

9 모방인가, 창조인가 **수원화성** _ 371

들어졌었다.

노대弩臺는 지휘소인 장대將臺와 인접한 성 내외의 전체적인 동태를 살피는 시설이다. 노대는 원래 궁노라는 큰 활을 쏘던 곳이지만, 수원화성에서는 관측대로 기능이 바뀌었다. 서노대는 팔각 피라미드 모양으로 전돌을 쌓아 구성했다. 팔각형으로 벽돌을 쌓으면 모서리 부분의 마무리가 어렵게 된다. 서노대는 모서리 부분을 긴 통돌로 마감해 디테일을 해결했다. 서장대는 뾰족한 2층 누각의 독특한 건물이다. 장대 앞에는 깃발을 세울 수 있는 게양대를 마련하여 성내 지휘본부로서 위용을 갖췄다.

공심돈空心墩은 수원화성의 구조물 가운데 가장 독특하며 아름다운 형태를 가진다. '돈'이란 원래 망을 본다는 뜻의 '후'堠와 함께 써서 '돈후'墩堠라고도 하는 독립 망루였다.[34] 돈후에는 항시 소수의 군대가 머물면서 초소 역할을 한다. 공심돈은 돈대의 내부를 비워 여러 층으로 구성하고, 각 층마다 주변을 살피고 공격을 가할 수 있게 만든 것이다. 서북공심돈은 모서리를 굴린 사각형의 높은 망루를 세우고 목조 포대를 세웠다. 수평적으로 펼쳐진 성곽 가운데 우뚝 솟은 수직적 형상과 돌과 벽돌을 나누어 여러 층으로 쌓은 디테일이 아름다운 건물이다. 동북공심돈은 벽돌로 원통을 쌓고 그 안에 나선형의 계단을 설치한 독창적인 모습이다. 나선형 계단 때문에 '소라각'이라고 부른다.

포루砲樓는 일명 적루敵樓라고도 하며, 돌출된 치성 위에 높은 여장을 쌓고 내부에 포대를 주둔시킨 강력한 화력기지다. 외부의 공격에 대해서도 견고하도록 축대와 여장 모두 벽돌로 구축했다. 높은 여장 때문에 누각의 벽체가 가려지고, 지붕만 얹혀져 있는 견고한 외형이다. 또 다른 포루鋪樓는 치성 위에 다락집을 올려 병사들이 주둔할 수 있게 만든 시설이다. 성안에서는 2층 건물이지만, 바깥에서는 1층 건물로 보인다.

↗ **동북암문 양옆 성곽의 모습** 규圭형 또는 홀笏형으로 성곽을 쌓았다고 하지만, 이 부분은 완벽한 경주 첨성대의 축조법이다.

34_ 김동욱, 『18세기 건축사상과 실천-수원성』, p.151.

또 다른
수원화성들

화성성역의궤와 수원성곽 복원

수원화성은 일제기에 심각하게 훼손된다. 전통 도시의 중심 시설이었던 행궁
이 철거되고, 성곽 곳곳은 무관심과 의도적 훼손으로 붕괴되기 시작했다.
6.25 전쟁의 시가전으로 결정적인 타격을 입는다. 장안문은 문루가 없어졌으
며, 포루와 공심돈도 대부분 파괴됐다. 특히 영세상인들이 밀집한 남문 부근
의 훼손이 극심했다. 남공심돈이나 남수문은 흔적도 찾기 어려웠다.

현재 수원화성의 복원공사는 1975년에 시작됐다. 엉터리 날치기 문화재
복원공사에 길들여진 현대 한국인에게 수원화성 복원은 또 하나의 돌연변이
였다. 전문가가 아니면 복원 사실을 모를 정도로 원형에 충실했을 뿐 아니라,
기술적으로도 형태적으로도 수준급이었다. 이처럼 충실한 복원이 가능했던
것은 일제기에 작성된 실측도면이 있었기 때문이라고 한다.[35] 그러나 당시의
실측도면은 주로 문루와 방화수류정 등 목조건축을 대상으로 했으며 성곽 자
체에 대한 도면은 아니었다. 암문 등 실측도면이 없는 시설물이 거의 원형을
찾을 수 있었던 것은 바로 『화성성역의궤』華城城役儀軌라는 획기적인 공사
기록서가 있었기 때문이다.

정조와 신하들은 수원화성이라는 찬란한 건축을 후대의 수원시민들에게
남겨줬을 뿐 아니라, 『화성성역의궤』라는 한국건축사상 가장 정확하고 풍부
한 건축서를 선물했다. 전체 분량 640여 장에 달하는 방대한 이 책자는 수원
화성 완공 직후부터 쓰기 시작하여 1800년 금속활자본으로 출간됐다. 이 책은

35_ 장기인, 『수원성복원정화지』, 수원시,
1981, p.40.

9 모방인가, 창조인가 **수원화성** _ 373

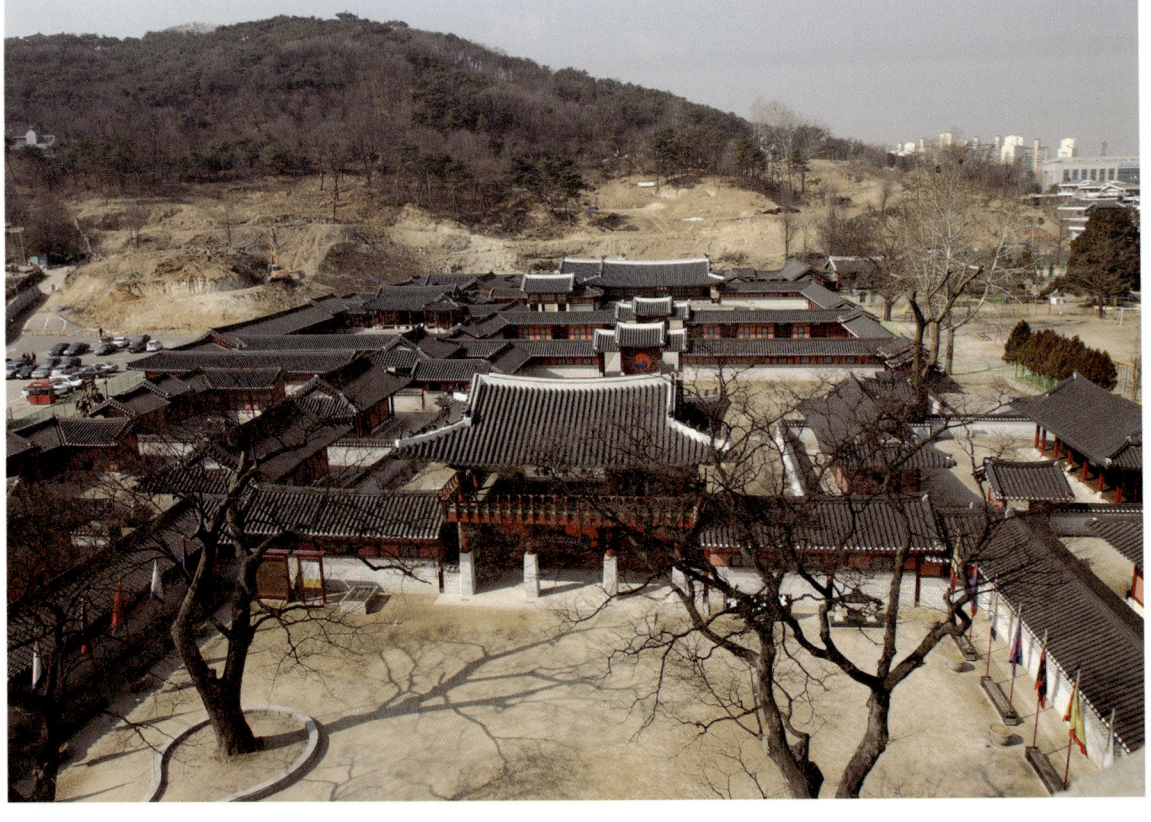

↗ **복원된 화성행궁 전경** 수원시 화성사업소.

머리책〔首卷〕1권, 몸책〔本卷〕6권, 부록〔附編〕3권 등 총 10권으로 구성됐다.[36]

　　머리책에는 공사일정과 공사감독관 명단, 그리고 성곽시설물 각 부분을 그림으로 설명한 도설圖說이 수록되었다. 몸책 1권에서 4권까지는 공사 관련 공문서와 정조의 명령, 어전회의 기록, 상량문, 장인들의 명단과 지급된 노임 규정 등이 수록됐다. 5권과 6권에는 시설물별로 소요된 각종 자재명칭과 수량이 상세하게 기록됐고, 그밖에 공사에 소요된 비용의 출납 내역이 자세하다. 부록은 수원화성 안에 왕의 임시처소로 세워진 행궁 건설과 관련된 기록들을 수록했다. 얼마나 자세하던지 보고서를 읽으면 공사 당시의 상황과 과정을 재구성할 수 있을 정도다.

　　『화성성역의궤』는 또 하나의 수원화성이다. 건축물로서의 수원화성은

36_ 이 글에서는 70년대 수원시에서 발간한 영인본 『국역 화성성역의궤』를 참조했다.

파손되고 변형될 수 있지만, 기록으로서의 수원화성은 영원히 원형을 유지할 것이다. 특히 머리책의 여러 도설들은 각종 구조요소들까지 상세한 이름을 밝히고 있어서 한국건축 연구에 가장 중요한 문헌이 됐다. 정조와 그의 시대는 정말 대단했다고 할 수밖에 없다.

성 안팎에 남겨진 건축들

수원화성 축성 당시에 함께 지어진 중요 건물들로는 수원부 치소이며 국왕의 행차시 거처인 화성행궁華城行宮과 객사인 우화관于華館, 사직단과 문묘인 화성향교가 있었다. 그리고 정조 사후에 정조의 영정을 모시고 제사지내던 화령전도 꼽을 수 있다. 그리고 성에서는 멀리 떨어져 있지만, 세도세자의 능인 현륭원 옆에 원찰로 지어진 용주사도 정조 당시의 건축이다.

화성행궁은 13동의 주요 건물과 행각으로 이루어진 총 576칸의 대규모 건물군이었다. 매우 중요한 행궁이었던 남한산성 광주행궁이 227칸임에 비해 2배 이상 큰 행궁이었다. 화성행궁은 19세기까지 보존됐으나 1910년 수원 최초의 서양식 병원인 자혜의원이 들어서면서 파괴되고 말았다. 나중에는 그 앞에 수원경찰서가 주둔하면서 영역까지 자취를 감추었다. 원래 상태를 유지하고 있는 건물은 현 신풍초등학교 구내에 있는 낙남헌洛南軒이 유일하다. 1990년대부터 시작된 화성 정비사업의 일환으로 행궁 복원이 완료되어 웅장한 자태를 드러냈다.

화성행궁은 평소에는 수원부의 부사(뒤에 유수로 승격)가 집무하는 지방행정관청으로 쓰이면서, 왕의 원행시에는 왕의 거처인 행궁으로 사용되는 복합용도의 건축이었다. 보통은 행궁과 관아가 분리·운영되어 건설과 유지 관리가 중복되는 결함이 있었는데, 화성에서는 이 문제를 복합용도로 해결하였다.

낙남헌은 행궁의 별당으로 사용되던 곳으로 건물 뒤쪽에 행각이 붙어서 전체적으로 ㄱ자형을 이룬다. 예의 '벽체석연'으로 꾸민 기단 위에 정갈하게

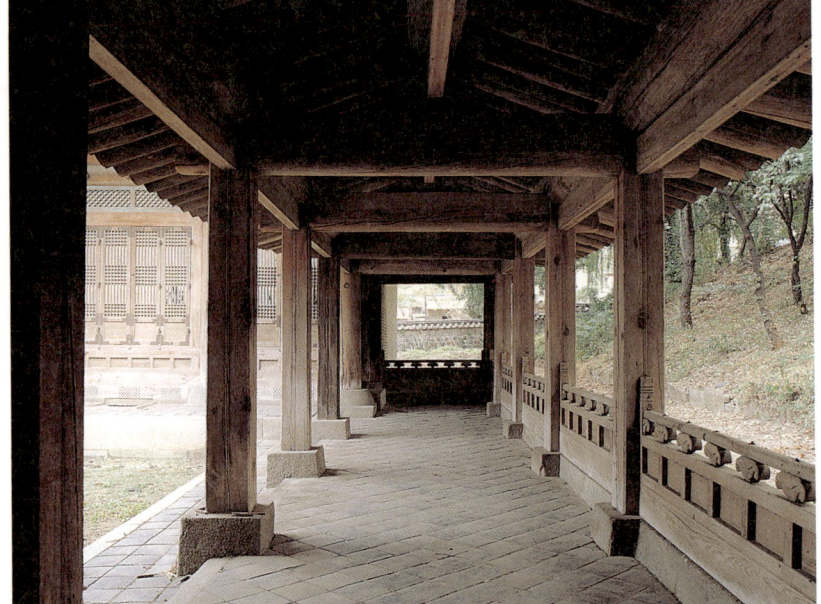

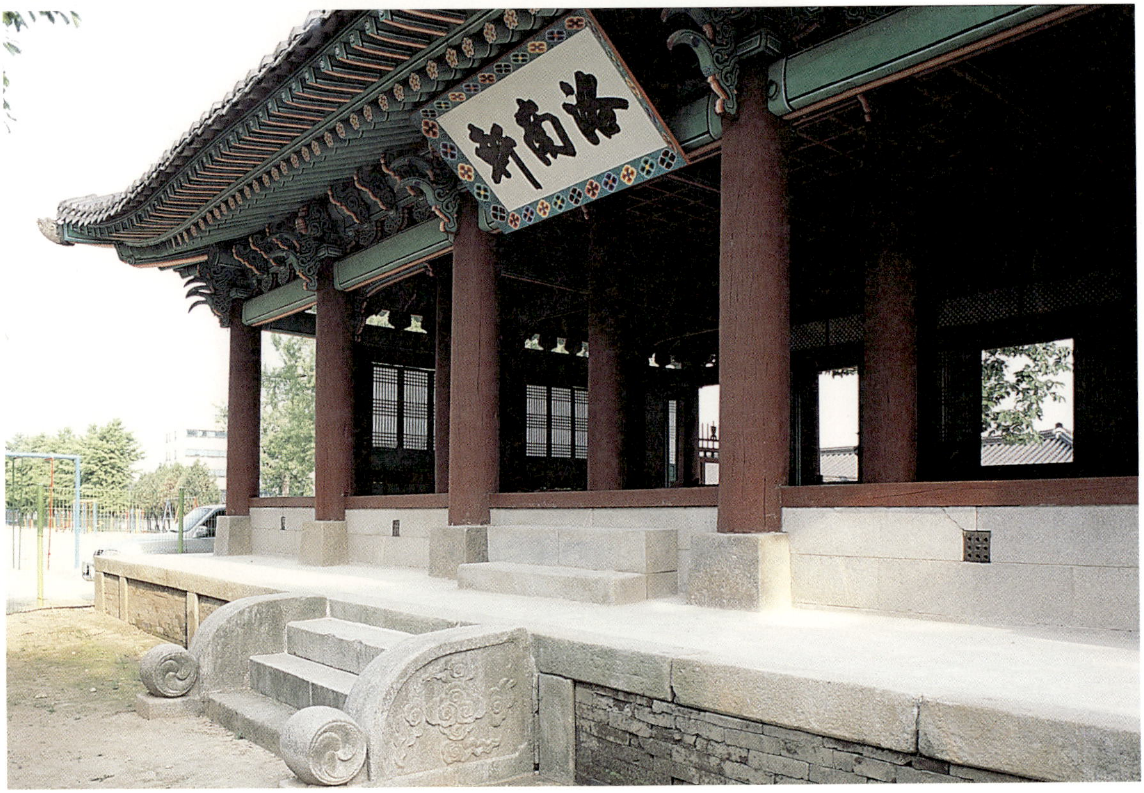

◥ **화령전 행각의 내부**
◣ **낙남헌**　수원행궁 가운데 유일하게
보존된 부분. 정교하게 가공된 기단의 석
재들과 전돌의 혼합을 볼 수 있다.

376 _ **김봉렬의 한국건축 이야기** 시대를 담는 그릇

다듬은 사각 주춧돌과 계단들이 궁실건축다운 면모를 보여준다. 수원부 객사인 우화관은 현재 신풍초등학교 건물 자리에 있었다. 중앙에 3칸 정당이, 좌우에 역시 3칸 익랑이 붙은 전형적인 조선조 객사건물이었다고 추정된다.

사직단은 원래 화서문 밖에 있었지만 통행에 방해가 되어 광교산 아래로 멀리 옮겨졌고, 현재는 위치마저 불분명하게 유실되었다. 화성문묘華城文廟(현 수원향교)는 팔달문 밖 남쪽 경사지에 세워졌다. 5칸 명륜당과 역시 5칸 대성전, 좌우의 동서재와 동서무 모두 겸비한 본격적인 규모였다. 교육 공간인 명륜당 영역이 앞에, 제사 공간인 대성전과 동서무가 뒤에 있는 형식이며, 잘 다듬어진 석조와 정교한 목조건물이 조화를 이룬다. 일반적인 지방향교와는 다르게 고급의 기법들이 사용됐다.

화령전華寧殿은 정조의 초상화를 모신 영당影堂[37]이다. 군왕이 죽으면 위패를 종묘에 모시고, 초상화를 궁내 선원전에 모셔 제사 지낸다. 위패는 혼백을 의미하지만, 초상화는 육신을 의미한다. 화령전은 죽은 정조를 인간 그 자체로 사모하는 곳이다. 1801년 순조 2년에 완공되어 아들인 순조가 몇 차례 행차해 제사를 지냈다. 정당인 화령전과 부속건물인 이안청移安廳이 직각으로 떨어져 놓이고 그 사이를 행각으로 연결했다. 왕실의 영당답게 근엄하면서도 장식적인 면모를 보여준다.

37_ 군왕과 같은 위인이 죽으면 위패를 모신 사당과 영정을 모신 영당을 건립하여 각기 제사를 지낸다. 위패는 죽은 이의 혼을, 영정은 인격을 추모하는 상징이다.

부록

건축 읽기에 도움이 되는 용어해설
도면 목록
찾아보기

건축 읽기에 도움이 되는 용어해설

칸과 기둥

칸의 개념

한국건축에서는 일반적으로 건물의 규모를 이야기할 때 '몇 칸〔間〕 집이다'라는 말을 자주 사용한다. 이때 '한 칸'은 기둥과 기둥 사이를 말한다. '칸'은 건물의 평면구성을 파악하고, 건물의 길이와 면적을 측정하는 데 기본 단위가 된다. 건물의 칸은 보통 정중앙의 칸이 약간 넓고 그 양쪽 칸은 약간 좁은데, 그래서 정 중앙의 칸을 어칸〔御間〕, 그 양쪽의 칸을 협칸〔夾間〕, 그리고 건물의 가장 모퉁이 칸을 퇴칸〔退間〕이라고 한다. 면적 개념으로 1칸은 가로 세로가 1칸으로 구성된 단위 면적을 가리키며, 따라서 정면 3칸 측면 2칸 집은 3×2=6칸 집이라 말한다.

외진평주 · 우주
내진고주 · 사천주

평주平柱는 건물 외곽을 감싸고 있는 기둥을 말하며, 외진外陣칸을 둘러싸고 있기 때문에 외진평주外陣平柱(❶)라고도 부른다. 또한 고주高柱는 건물 내부의 내진內陣칸을 둘러싸고 있는 기둥으로, 대개 외곽 기둥보다 높기 때문에 고주라 부른다. 또한 내진칸을 둘러싸고 있기 때문에 내진고주(❸)라고도 한다. 외진칸이건 내진칸이건, 모퉁이에 세워진 기둥은 특별히 우주隅柱(❷)라고 한다. 사천주四天柱(❹)는 심주心柱라 불리는 가운데 기둥을 중심으로 네 모서리에 배열된 기둥을 가리킨다.

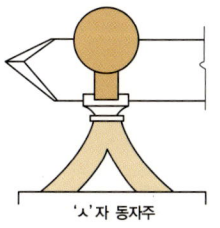

'ㅅ'자 동자주

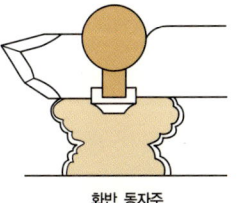

화반 동자주

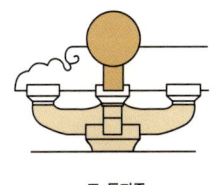

포 동자주

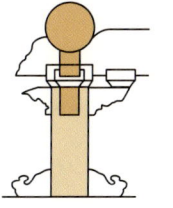

동자형 동자주

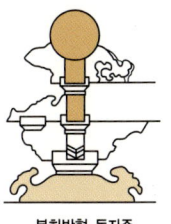

복화반형 동자주

동자주

대들보나 중보 위에 올라가는 짧은 기둥. 모양은 방형으로 만드는 것이 일반적인데, 다른 동자주와 구별하기 위해 방형 동자주를 동자형 동자주라고 부른다. 그 외에 모양에 따라 ㅅ자형 동자주, 화반 동자주, 포 동자주, 복화반형 동자주 등 다양한 명칭으로 부른다. 한옥에서는 대개 전면에 퇴칸을 만 드는 경우가 많은데 이 경우 내부의 고주는 전면 쪽에만 오게 된다. 그리고 전면 평주에서 고주 사이 에는 퇴보가 올라가고 고주와 후면 기둥 사이에는 대들보가 걸린다. 대들보 위에 종보를 올릴 경우, 종보의 한쪽은 고주의 머리에 얹고, 다른 한쪽에는 대들보 위에 짧은 기둥을 세워 얹게 되는데, 이를 동자주라 한다.

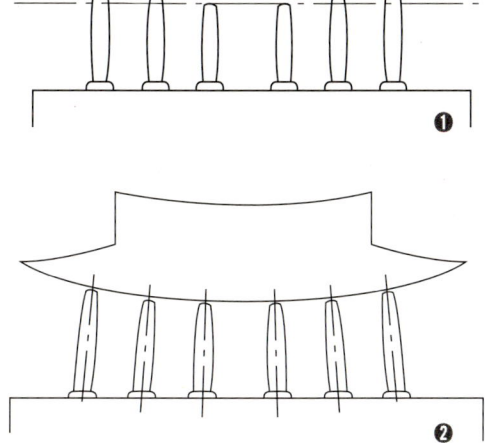

귀솟음과 안쏠림

귀솟음은(❶) 건물을 앞에서 바라볼 때, 가운데 기둥 의 높이를 가장 낮게 그리고 양쪽 추녀 쪽으로 갈수록 기둥의 높이를 조금씩 높여주는 기법을 말한다. 안쏠 림(❷)은 기둥머리를 건물 안쪽으로 약간씩 기울여주 는 기법이다. 귀솟음과 안쏠림은 모두 건물에 시각적 인 안정감을 주고, 동시에 하중을 가장 많이 받게 되 는 퇴기둥을 높여 줌으로써 구조적 안정감을 주기 위 한 방법이다.

포작 형식

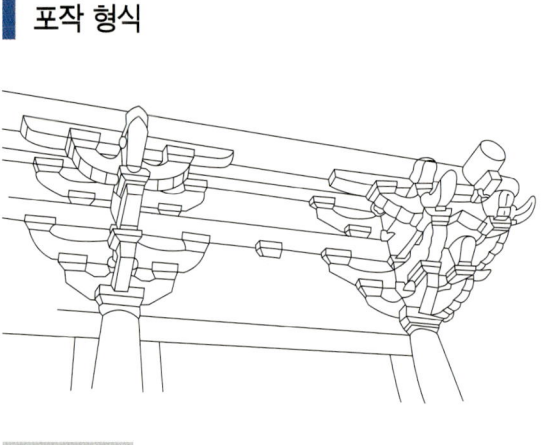

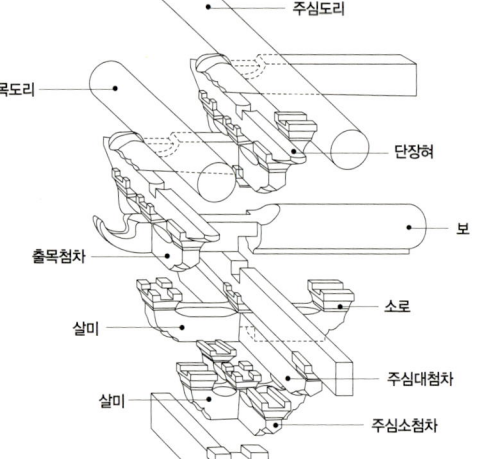

주심포형식

공포拱包는 기둥 위에 놓여 지붕의 하중을 기둥에 원활히 전달하는 역할을 하는 건축 구조물이다. 공포 위에는 보와 도리, 장혀 등의 부재가 올라가 이들을 타고 내려온 지붕의 하중이 합리적으로 기둥에 전달되도록 한다. 공포의 분류는 기둥 윗부분에서 주두와 소로, 첨차, 살미 등의 부재들이 어떻게 조합되었느냐에 따라 이루어진다. 주심포柱心包형식은 기둥 위에만 포가 놓인 공포 형식이다.

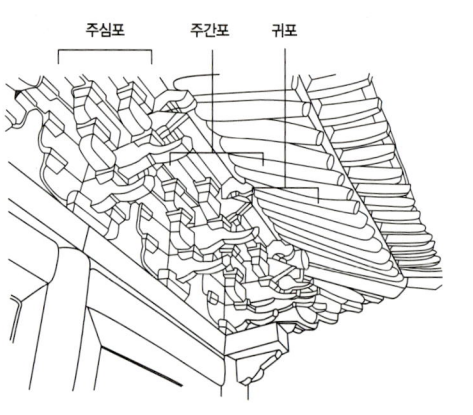

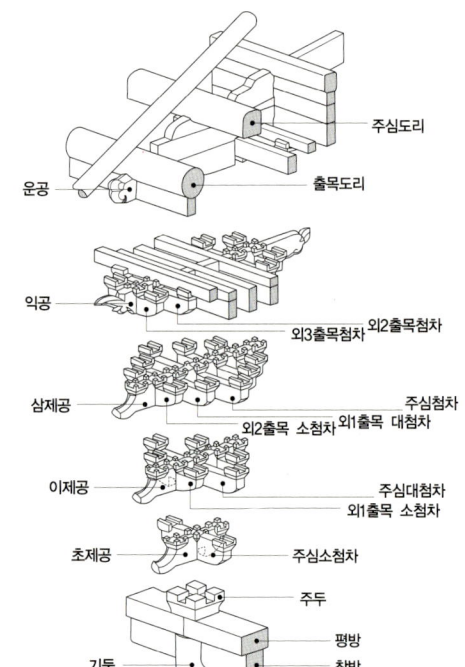

다포형식

다포多包형식은 기둥과 기둥 사이에도 포가 놓이는 공포 형식이다. 이때 기둥 위에 놓인 포를 주심포, 기둥 사이에 놓인 포를 주간포柱間包라 한다. 다포형식은 주심포형식에 비해 외관상 화려해 보이는 측면도 있지만, 부재의 규격화와 구조의 합리화에 따라 나타난 형식이라 할 수 있다. 고려시대부터 나타났으나 주로 조선시대에 와서 사용되었고, 익공형식에 비해 주로 격이 높은 건물이 사용되었다.

382 _ 김봉렬의 한국건축 이야기 시대를 담는 그릇

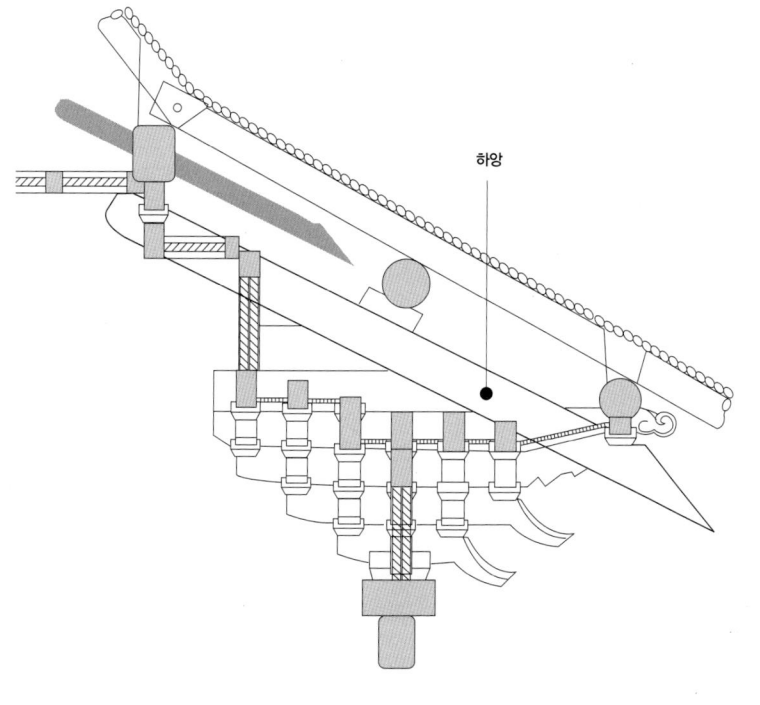

하앙

하앙식

포작형식 중에서 특수한 예로, 국내에서는 완주 화암사 극락전에 유일한 예가 남아 있다. 하앙식이란 하앙이라 부르는 살미 부재가 서까래와 같은 경사를 가지고 처마도리와 중도리를 지렛대 형식으로 받치고 있는 공포 형식을 말한다. 우리나라에서는 화암사 극락전의 다포형식에서 보이지만, 중국에서는 주심포형식의 건물에서도 하앙식 공포 유형을 많이 볼 수 있다.

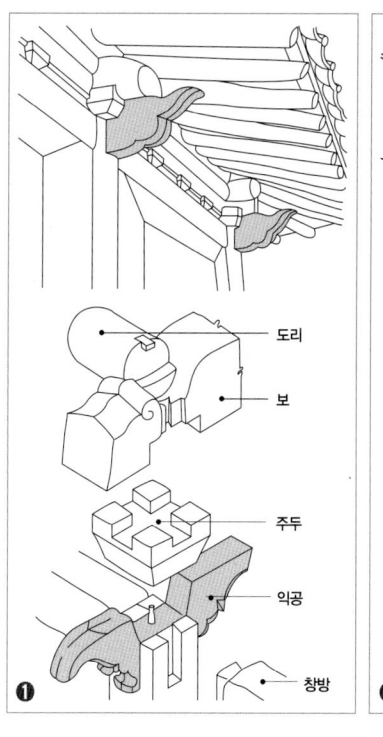

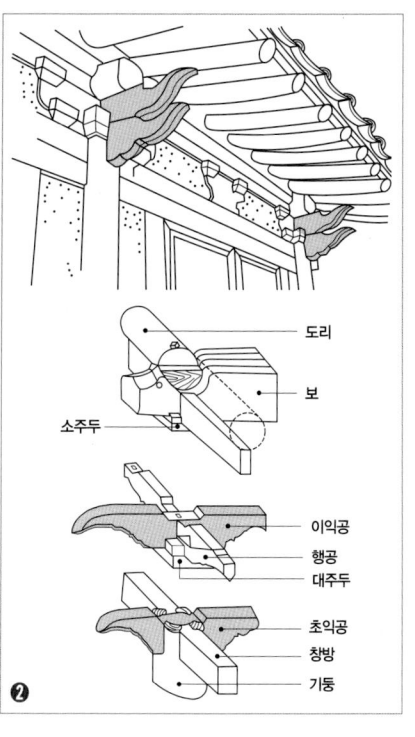

익공형식

살미 부재가 새 날개 모양의 익공翼工 형태로 만들어진 공포 형식을 말한다. 이때 보 방향으로 놓인 익공의 개수와 모양에 따라 익공이라는 부재가 한 개면 초익공, 두 개면 이익공, 끝이 새 날개 모양처럼 뾰족하지 않고 둥그스름하면 물익공이라 한다. ❶은 초익공형식, ❷는 이익공형식이다.

부록 건축 읽기에 도움이 되는 용어해설 _ 383

공포와 가구

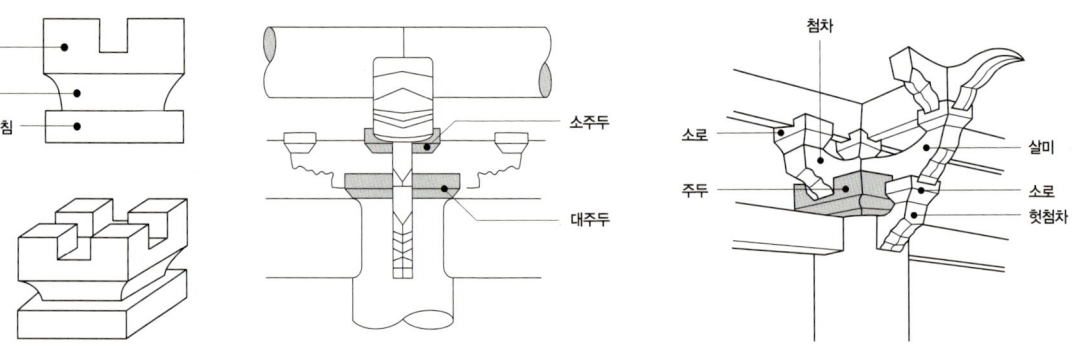

주두

주두柱頭는 공포의 가장 밑에 놓이는 정방형 목침 형태의 부재로, 기둥 위에 놓여 공포를 타고 내려온 하중을 기둥에 직접 전달하는 역할을 한다. 부재의 위에서 볼 때 십자형 홈이 파여 있어 여기에 첨차와 살미 부재가 끼워지게 된다. 주심포형식에서는 기둥 위에 바로 놓이게 되고, 다포형식에서는 주간포의 아래에 평방이라는 넓적한 부재 위에 놓이게 된다.

우미량과 보아지

우미량牛尾樑(❷)은 소꼬리처럼 생긴 곡선의 부재로, 조선 초기까지 주심포형식 건물에서 주로 보인다. 위에 있는 도리와 밑에 있는 도리를 연결하는 역할을 한다. 보아지(❶)는 대들보나 퇴보 밑을 받치는 돋을새김의 부재를 말한다.

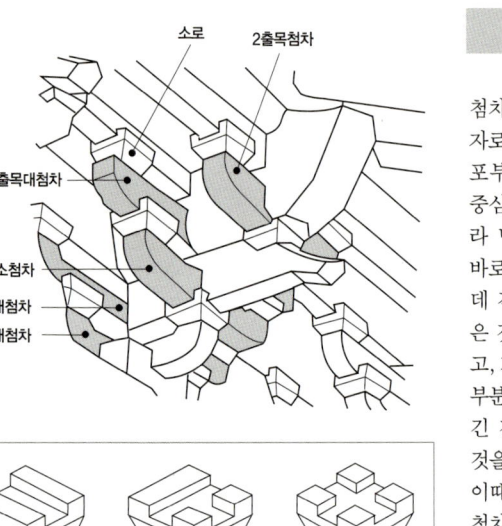

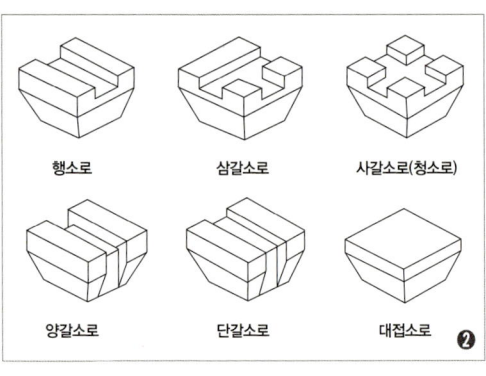

첨차와 소로

첨차檐遮(❶)는 살미와 십자로 짜여지는 도리 방향 공포부재를 말한다. 기둥을 중심으로 위치와 크기에 따라 명칭을 달리한다. 기둥 바로 위쪽에 있는 첨차 가운데 긴 것을 주심대첨차, 짧은 것을 주심소첨차라고 하고, 기둥열 밖으로 튀어나온 부분에 위치한 첨차 가운데 긴 것을 출목대첨차, 짧은 것을 출목소첨차라고 한다. 이때 주심에서 가까운 출목첨차로부터 순서를 매겨 1출목첨차, 2출목첨차 등의 순으로 부르게 된다. 소로〔小累〕(❷)는 주두와 유사한 모양으로 공포의 첨차와 첨차, 살미와 살미 사이에 놓어서 각 부재를 연결하고 각 부재를 타고 내려오는 하중을 밑으로 전달해준다.

384 _ 김봉렬의 한국건축 이야기 시대를 담는 그릇

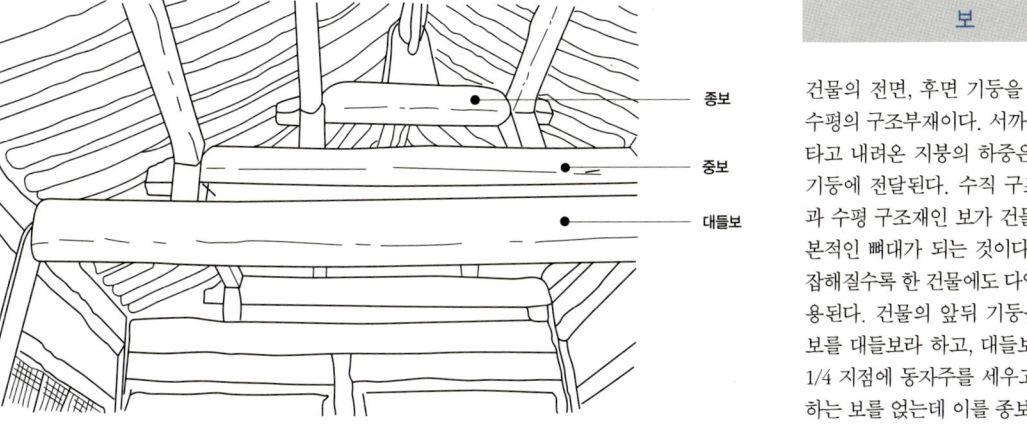

종보

중보

대들보

보

건물의 전면, 후면 기둥을 연결해주는 수평의 구조부재이다. 서까래와 도리를 타고 내려온 지붕의 하중은 보를 통해 기둥에 전달된다. 수직 구조재인 기둥과 수평 구조재인 보가 건물의 가장 기본적인 뼈대가 되는 것이다. 구조가 복잡해질수록 한 건물에도 다양한 보가 사용된다. 건물의 앞뒤 기둥을 연결하는 보를 대들보라 하고, 대들보 위의 양쪽 1/4 지점에 동자주를 세우고 이를 연결하는 보를 얹는데 이를 종보라고 한다.

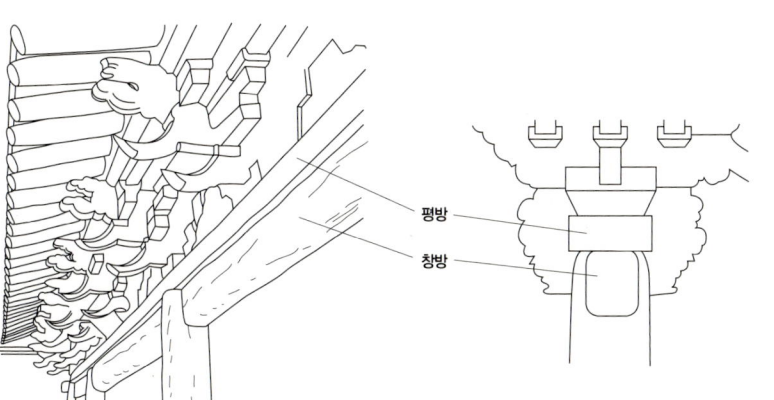

평방

창방

창방과 평방

창방昌防은 외진기둥을 한바퀴 돌아가면서 기둥머리를 연결하는 부재이다. 다포형식에서는 창방만으로 주간포의 하중을 받치기 어려우므로 창방 위에 평방平防이 하나 더 올라가게 된다.

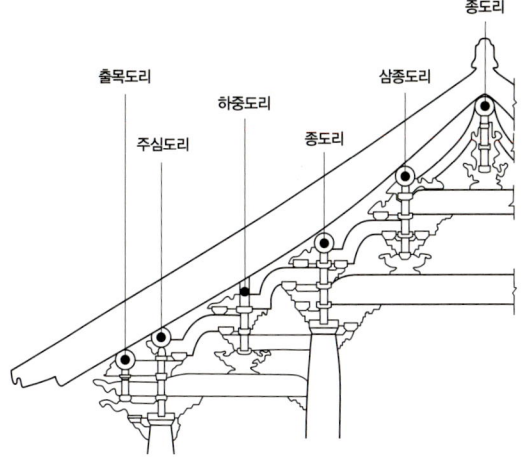

종도리

출목도리

하중도리

삼종도리

주심도리

종도리

도리

도리道里는 구조부재 중에서 가장 위에 놓이는 부재로 서까래를 받친다. 가구의 구조를 표현하는 기준이 되며 도리의 높낮이에 따라 지붕의 물매가 결정된다. 지붕 하중이 최초로 전달되는 부재이며, 그 다음 보와 기둥으로 전달된다. 형태에 따라서 원형이면 굴도리, 방형이면 납도리라고 부른다. 외진주, 내진주, 대들보와 종보를 중심으로 놓인 도리의 명칭을 도면에서와 같이 각각 출목도리, 주심도리, 하중도리, 중도리, 상중도리, 종도리 등으로 부른다.

부록 건축 읽기에 도움이 되는 용어해설 _ 385

신응과 차양

활개지붕

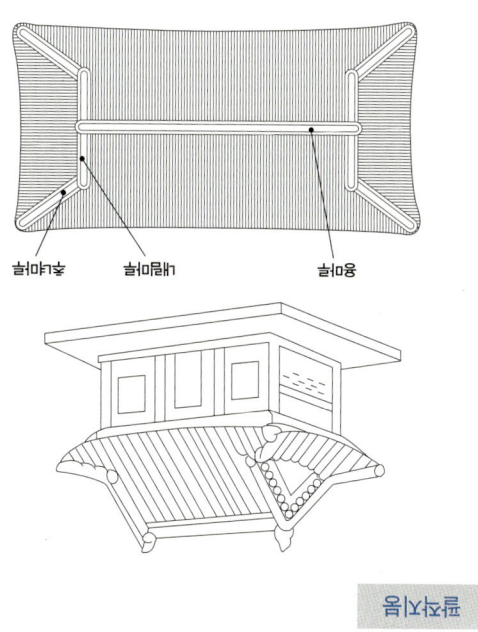

모임지붕

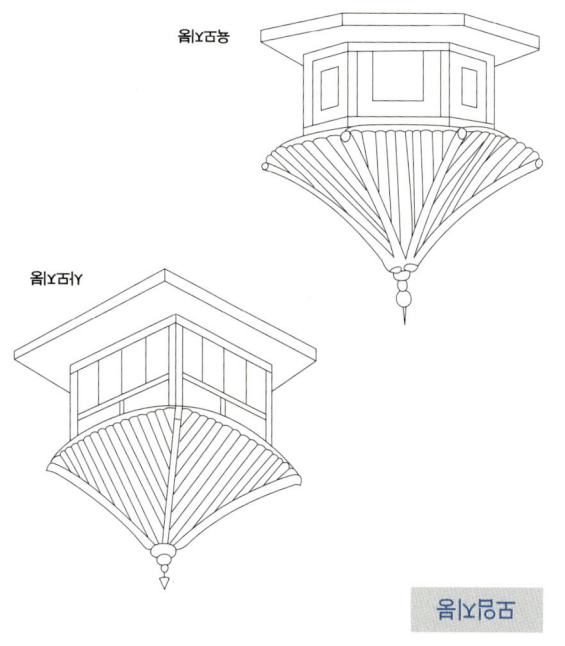

날개지붕

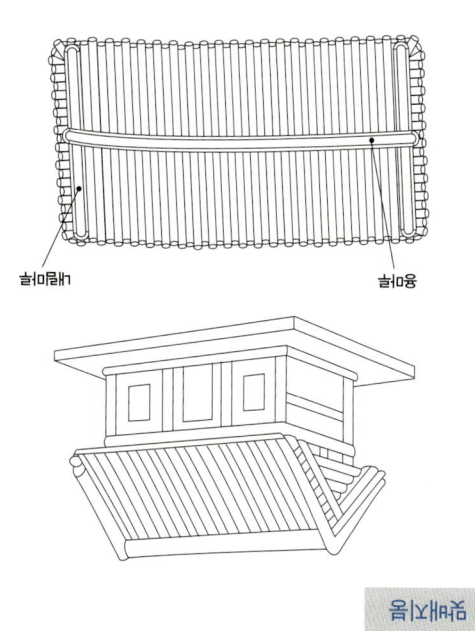

육모지붕

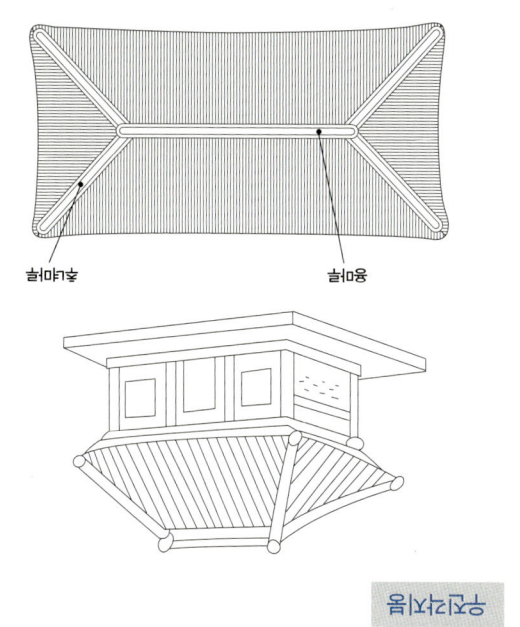

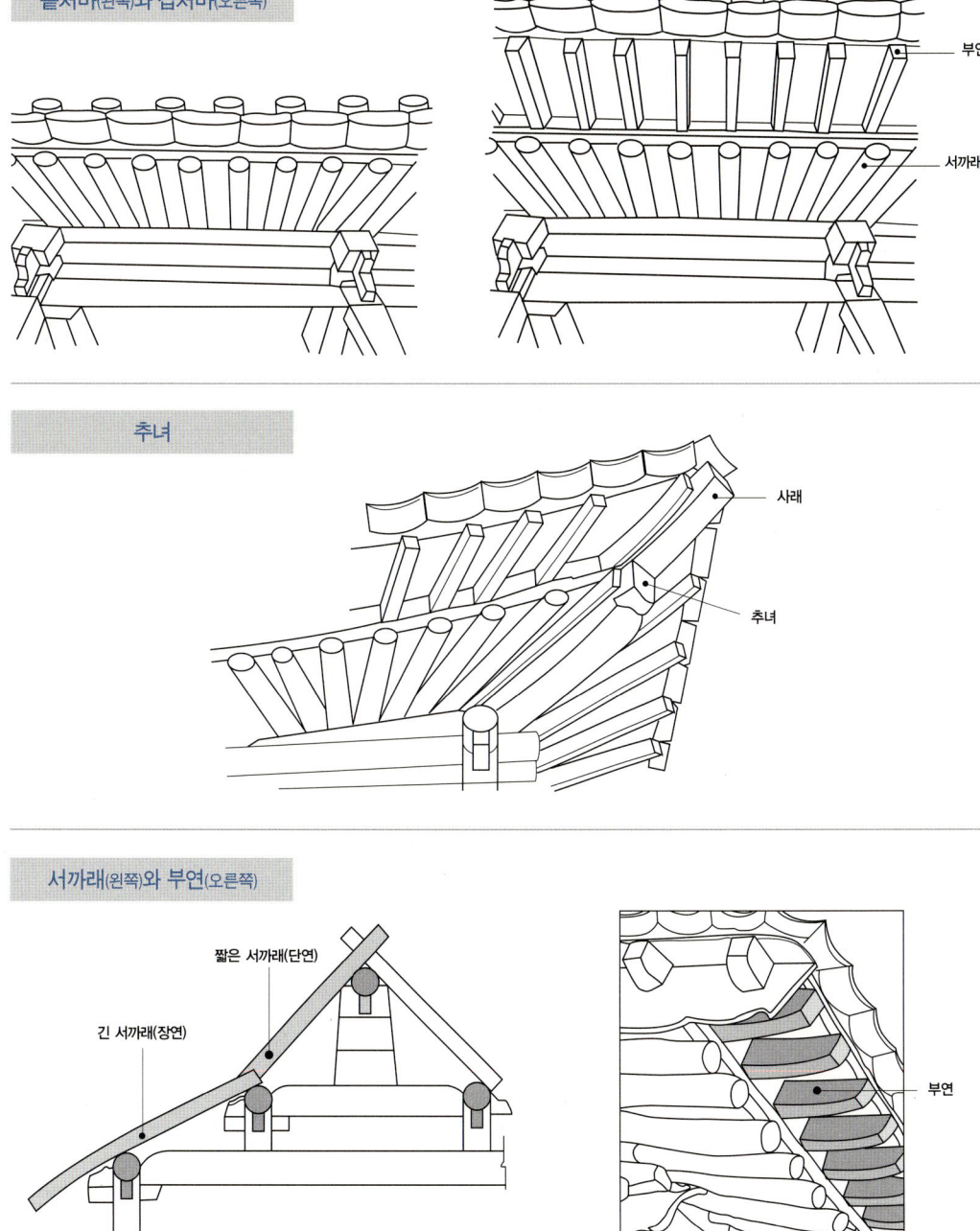

홑처마(왼쪽)**와 겹처마**(오른쪽)

부연

서까래

추녀

사래

추녀

서까래(왼쪽)**와 부연**(오른쪽)

짧은 서까래(단연)

긴 서까래(장연)

부연

* 부록 '건축 읽기에 도움이 되는 용어해설' 편은 명지대학교 김왕직 선생님의 『그림으로 읽는 한국건축 용어해설』을 참조하여 재구성한 것입니다. 자료 활용을 흔쾌히 허락해주신 김왕직 선생님께 진심으로 감사드립니다.

부록 건축 읽기에 도움이 되는 용어해설 _ 387

도면 목록

1 세계적 유산의 또 다른 이야기 석굴암과 불국사

- 석굴암 평면도 일제 수리 시 도면(위)·1960년대 수리 시 도면 (아래)
- 불국사 발굴 평면도 문화재관리국 도면(1970년 도면)
- 석굴 평면의 기하학적 분석 왼쪽부터 요네다-신영훈-송민구 도면
- 석굴 단면의 기하학적 분석 왼쪽 요네다, 오른쪽 송민구 도면
- 석굴암 남면 단면도 문화재관리국 도면
- 석굴암 북면 단면도 문화재관리국 도면
- 석굴암 배치도 문화재관리국 도면
- 불국사 배치도 문화재관리국 도면
- 불국사 전체 주단면도 문화재관리국 도면

2 문화적 전환기의 건축 안압지와 마곡사

- 안압지 복원정비 평면도 김봉렬 도면
- 베이징 묘용사백탑 입면도 / 마곡사5층석탑 풍마동 평면도와 입면도 劉郭槇 도면 / 문화재관리국 도면
- 마곡사 배치 평면도 문화재관리국 도면
- 마곡사 북원 가람의 입·단면도 문화재관리국 도면
- 마곡사 영산전 평면도 문화재관리국 도면
- 마곡사 대광보전 단면도 문화재관리국 도면

3 백제계 건축의 평지성 미륵사와 금산사

- 금산사 부근 지형도 문화재관리국 도면
- 미륵사지 추정 복원도 문화재관리국 도면
- 금산사 중심곽 배치도 문화재관리국 도면
- 금산사 입면도와 단면도 문화재관리국 도면
- 금산사 미륵전 정면도 문화재관리국 도면

- 금산사 미륵전 가구도 문화재관리국 도면
- 금산사 미륵전 평면도 문화재관리국 도면

4 침묵의 기념비 종묘

- 종묘전도 『종묘의궤』에 수록된 도면
- 종묘 지형 배치도 문화재관리국 도면
- 종묘 정전 의례도
- 종묘 정전 일곽 배치도 문화재관리국 도면
- 종묘 정전 일곽 지형 종단면도 문화재관리국 도면
- 종묘 정전 일곽 지형 횡단면도 문화재관리국 도면
- 종묘 정전 태실 종단면도 문화재관리국 도면
- 종묘 정전 평면도 문화재관리국 도면

5 장인정신과 공예적 전통 전북의 작은 사찰들

- 화암사 배치도 문화재관리국 도면
- 화암사 극락전 단면도 문화재관리국 도면
- 화암사 전체 입·단면도 문화재관리국 도면
- 내소사 배치도 문화재관리국 도면
- 내소사 대웅보전 단면도 문화재관리국 도면
- 개암사 대웅보전 입면도 문화재관리국 도면
- 개암사 대웅보전 단면도 문화재관리국 도면
- 개암사 대웅보전 앞면의 주간포와 귀공포 문화재관리국 도면
- 선운사 참당암 배치도 김봉렬 도면

6 유희에서 실용으로 부용동 원림과 해남 녹우당

- 보길도 지형도
- 동천석실 지역 평면도 정재훈 도면

- 세연정 복원 배치도 정재훈 도면
- 판석보 입면도 문화재관리국 도면
- 판석보 내부 단면도 문화재관리국 도면
- 해남 녹우당 지형도 김봉렬 도면
- 녹우당 배치 평면도 김봉렬 도면
- 녹우당 입면도 김봉렬 도면
- 녹우당 종단면도 김봉렬 도면
- 녹우당 지붕 투상도 김봉렬 도면
- 녹우당 사랑채 입면도 김봉렬 도면
- 녹우당 안채 횡단면도 김봉렬 도면
- 윤두서 가옥 평면도 전봉희 도면
- 윤탁 가옥 평면도 전봉희 도면

7 합리주의와 낭만주의 양동마을의 관가정과 향단

- 양동마을 지세도
- 양동마을 주요 건축물 위치도 전봉희 도면
- 관가정 평면도 김봉렬 도면
- 관가정 단면도 삼성건축 도면
- 향단 평면도 김봉렬 도면
- 향단 종단면도 삼성건축 도면

8 조선시대의 평창동 양동마을 주택들

- 양동마을 주요 건축물의 안대 분석 전봉희 도면
- 서백당 종단면도 삼성건축 도면
- 서백당 평면도 우리건축 도면
- 무첨당 평면도 우리건축 도면
- 수졸당 평면도 우리건축 도면
- 두곡고택 평면도 우리건축 도면

- 낙선당 평면도 우리건축 도면
- 상춘고택(왼쪽)과 근암고택(오른쪽) 평면도 우리건축 도면
- 사호당고택 평면도 우리건축 도면
- 이향정 평면도 우리건축 도면
- 수운정 평면도 삼성건축 도면
- 심수정 평면도 우리건축 도면

9 모방인가, 창조인가 수원화성

- 화성시가지 전도 『화성성역의궤』에 수록된 도면
- 장안문 바깥 그림 『화성성역의궤』에 수록된 도면
- 수원화성 성곽도
- 서장대와 노대 그림 『화성성역의궤』에 수록된 도면
- 동장대 그림 『화성성역의궤』에 수록된 도면
- 서북공심돈 안쪽 그림 『화성성역의궤』에 수록된 도면
- 동북공심돈 단면 그림 『화성성역의궤』에 수록된 도면
- 서포루 안쪽 그림 『화성성역의궤』에 수록된 도면
- 동북각루(방화수류정) 바깥 그림 『화성성역의궤』에 수록된 도면
- 동북각루(방화수류정) 안쪽 그림 『화성성역의궤』에 수록된 도면
- 수원성 축조에 고안된 기구들 『화성성역의궤』에 수록된 도면
- 건물 세부 요소 명칭도 『화성성역의궤』에 수록된 도면
- 봉돈(봉수대) 그림 『화성성역의궤』에 수록된 도면
- 포루 바깥 그림 『화성성역의궤』에 수록된 도면
- 동암문 그림 『화성성역의궤』에 수록된 도면

찾아보기

ㄱ

가구식 구조 31
감실석상龕室石像 39
강고强古 26
강학당講學堂 277, 278, 315, 333
개심사開心寺 190
개암사開巖寺 190, 191
개암사 대웅보전 188, 214~217
거대 서사grand narrative 61
검단선사黔丹禪師 219, 220
「견보탑품」見寶塔品 45
결가부좌 36, 37, 38
결로현상 32, 33
경복궁 27, 89, 147, 149, 150, 151, 153,
    154, 158, 166, 167
『경세유표』經世遺表 348
경천사지 10층석탑 84, 89, 90
계율戒律불교 117
계자난간鷄子欄干 286, 329, 332
고방마당 252, 261, 319
고산 재각 257, 262, 263
고주高柱 104, 105, 135, 139, 142
고창 선운사禪雲寺 190
골굴암 마애불 42
〈골굴암도〉骨窟庵圖 20
공민왕 84, 88, 94, 164, 179
공민왕恭愍王 신당神堂 153, 164, 178,
    179

공신당功臣堂 164, 166, 176
공심돈空心墩 355, 357, 364, 369, 371,
    373, 375
공중 산책로 182
공포 25, 48, 63, 79, 82, 86, 139, 204,
    205, 210, 221, 223, 225, 316
관가정觀稼亭 267, 272, 277~282, 285,
    286, 288~290, 293, 296~301, 305,
    307, 309, 321
관룡사觀龍寺 113
『관무량수경』觀無量壽經 46
「관세음보살보문품」 47
관음보살상觀音菩薩像 39
광교원廣敎院 113, 124, 125, 128, 129
광목천廣目天 39
광창光窓 21, 131, 132
교두형 첨차 205
구품연지九品蓮池 23, 46
국신사國信寺 141
『국조오례의』國朝五禮儀 150
굴뚝다리 242
굴절설 21
궁남지宮南池 69, 70, 75
귀솟음 195, 196, 208, 215
귀신사歸信寺 141~143
귀신사 대적광전 142
규장각奎章閣 339
근암고택謹庵古宅 322, 323, 324

근총안近銃眼 364, 368
금강역사상金剛力士像 39
금산사金山寺 102, 112, 113, 115, 119,
    122, 123, 124, 126~131, 140, 141,
    143, 161, 190
금산사 미륵전 102, 132, 140
「금산사사적」 138
『기기도설』奇機圖說 344, 349, 362
기념비적 척도monumental scale 170,
    172, 173, 175
『기졸』記拙 230
『기중도설』起重圖說 343, 349
김대성金大城 26, 27, 28, 29, 30, 50, 52
김동수金東洙 가옥 115
김문량金文亮 26
김수장金壽長 347
김종직金宗直 273
김천택金天澤 347
김홍도金弘道 347
꽃살창 210, 216

ㄴ

나무배 82
나원리탑 54
낙남헌洛南軒 358, 376, 377
낙서재樂書齋 233, 235~240, 243, 247
낙선당樂善堂 278, 319, 320, 321
난간 머름판 332

난정蘭亭 240

남산 삼화령 석실 41

남수문南水門 346, 369, 371, 373

낭음계朗吟溪 239, 240

내곡정內谷亭 278, 328, 331

내소사來蘇寺 187, 188, 196, 206~213,
215

내소사 설선당 211, 212

내소사 요사채 213

내진고주內陣高柱 132, 135

내탁법內托法 367

노대弩臺 351, 355, 368, 369, 371

노주露柱 124, 127, 141

녹로轆轤 360, 362

녹우당綠雨堂 231, 248, 249, 250, 251,
253, 254, 258, 260, 261, 262, 265

누마루 286, 290, 315, 324, 326, 331,
332

누조漏槽 356

『누조도설』漏槽圖說 343

ㄷ

다문천多聞天 39, 217

다포多包식 구조 25, 195

다포多包형식 87

단청화사丹靑畵師 187

닫집(당가唐家) 205, 216, 217

「대고」大誥 339

대광보전 97, 99, 100, 101, 102, 103

『대당서역기』大唐西域記 38

대명궁大明宮 70, 75

대목大木 188, 198

대사구大寺區 113, 124, 125, 127, 128,
129, 130, 138

대석단大石壇 24

대웅대광명전 129

대웅보전 102

대자보전大慈寶殿 132

대흥사大興寺 210, 348

덕종德宗 152

도리 195, 203

〈도성삼군분계지도〉 149

도솔암의 벼랑부처 219

도솔천兜率天 116, 117, 118, 126, 127,
128, 218

도조度祖 151, 169

도편수 188, 189, 195

독락당獨樂堂 273, 279, 280, 289, 293,
295

돈암서원遯巖書院 115

돈후墩侯 373

돌웅덩이(석조石槽) 81

돔dome 구조법 30

동강서원 277

동국18현東國十八賢 273

동남암문 368

동당이실제同堂異室制 151

동북각루 358

동북공심돈 346, 356, 369, 373

동장대東將臺 346, 353, 368, 369

동천석실洞天石室 233, 235~241, 245,
247

동호정東湖亭 278, 317, 318, 319

동화사桐華寺 210

두곡杜谷고택 308, 317, 318, 319

두곡영당杜谷影堂 317, 318

둔황敦煌막고굴 41

뜰집 321, 323

ㄹ

렌조 피아노Renzo Piano 34

루이스 칸Louis Kahn 36

룽먼龍門 41

르 코르뷔지에Le Corbusier 35, 36, 182,
183

리처드 로저스Richard Rogers 34

ㅁ

ㅁ자형 주택 321

마곡사탑 66, 92, 94, 95, 96, 97

마르세유Marseille 집합주택이론 182

말집 321, 322

망묘루望廟樓 178

맹씨행단孟氏杏壇 310

먹줄긋기 189

명륜당明倫堂 378

모목模木석탑 54

모전模塼석탑 54

『목민심서』牧民心書 348

목욕반沐浴盤 239

목조穆祖 151, 169

몰무덤 251

못마루 253, 261

『묘법연화경』妙法蓮華經 45, 46

묘응사백탑妙應寺白塔 91, 93

무량사 극락전 103

무민당无悶堂 236, 244

무비지武備志 344, 349

무산巫山 12봉 74

무성서원武城書院 115

무영탑 51, 52, 53

무위사無爲寺 극락전 65, 190

무첨당無忝堂 276, 277, 279~281, 289,
307, 313~315, 321, 333

『무편』武編 344

문묘 170, 177, 273, 377

문수보살상文殊菩薩像 39

물매 165, 288

물勿자 형국   275
미륵보살 반가사유상   117
미륵사지   115
미륵상생彌勒上生   116, 127
미륵상생신앙   117, 118, 127, 128
미륵장륙상   123, 125, 131, 136, 141
미륵전彌勒殿   111, 125, 127, 129, 130,
   132, 131, 135, 137, 138, 140, 141
미륵하생신앙   118, 127
민흘림   103, 196, 208

ㅂ

박규수朴珪壽   176
박제가朴齊家   340, 345, 366
박지원朴趾源   340, 343, 345, 366
박한미朴韓味   26
반말집   321, 322
반월성半月城   69, 73, 77, 78
발연사鉢淵寺   123
방등계단方等戒壇   124, 126, 127, 130,
   141
방화수류정   346, 358, 359, 364, 375
배흘림   102, 170, 195
배흘림기둥   196
백제계 건축   110, 111
범천상梵天像   39
법주사法住寺 대웅전   103
법주사 팔상전   131
『법화경』法華經   45, 47
베제클리크석굴   41
벽체석연壁砌石緣   358, 377
별묘제別廟制   151
보길도   229, 231, 232, 233, 262
『보길도지』甫吉島識   230, 233, 235,
   243, 244, 245, 247
보락교補落橋   47

보아시   170, 332
보조국사普照國師 지눌知訥   95, 97
보타락산補陀落山   47
복화반覆花盤   290
봉정사 극락전   25, 87
봉천원奉天院   113, 124, 128, 129, 141
부석사 무량수전   25, 87, 105, 190
부연附椽   87, 163, 290
부용동芙蓉洞 원림園林   227, 231
『북학의』北學議   366
분황사지석탑   53
불국사佛國寺   19, 23, 24, 45, 49, 55
불국사 다보탑   43, 44
불국사 석가탑   52, 55
「불국사고금창기」佛國寺古今創記   52
불천위묘不遷位廟   254, 255
비도扉道   39
비홍교   242, 245
빌라 사보아Villa Savoye   35

ㅅ

사경산수寫景山水   347
『사고전서』四庫全書   340
사랑마당   252, 261, 265, 291, 319, 320,
   323, 327
사르나트   36, 37, 38, 39, 44
사명泗溟   191
사명司命   176
사모지붕집   238
사방불四方佛   95
4·3그룹   36
사자사獅子寺   120, 121
사호당沙湖堂고택   322, 324, 325
「산중속신곡」山中續新曲   233
「산중신곡」山中新曲   233, 263
삼관헌三觀軒   331

『삼국사기』   70
3원 가람   122, 127
상월대上越臺   166, 170
상춘고택賞春古宅   322, 323, 324
상춘대賞春臺   323
서까래   71, 83, 87, 139, 203, 288
서남암문   346, 349, 367, 369, 370
서동薯童   119
「서동요」   120
서백당書百堂   276, 277, 281, 286, 305,
   309, 312, 313, 316, 319, 321, 322,
   326
서북공심돈   344, 346, 355, 370, 373
서산대사西山大師   191
서산마애삼존불   41
서상西上의 원리   168
서이수徐理修   340
서장대西將臺   346, 351, 368, 369, 371
서정순徐正淳   176
석굴암   17, 19~23, 26~31, 34~43, 50,
   52, 64, 81
석굴암 3층석탑   55
석굴암 본존불   20, 38
석담石潭   237
석조연화대石造蓮花臺   125, 141
선도산 석실   41
선암사仙巖寺   139, 212, 262
선운사 참당암   215, 218, 220
설천정사雪川精舍   332, 328
성도상成道像   36, 37, 38, 39, 40
성설城說   343
세연정洗然亭   233~235, 238~247
소로〔小累〕   79, 82, 187, 205, 216, 221,
   223
소맷돌   170, 175
소은병小隱屏   236, 240

속리산 법주사法住寺 113, 123
손소孫昭 271, 272, 273, 274, 276, 309, 310, 311
손중돈孫仲暾 273, 274, 276, 278, 279, 281, 286, 288, 309, 311, 329
솟을환기구 260, 262
송대松臺 111, 126, 127, 128, 130
송대향각 127
송림사松林寺 142
송시열宋時烈 177, 250
수덕사 191
수덕사 대웅전 190, 194, 223
수운정水雲亭 277, 278, 328, 329, 332
수원화성水原華城 335, 337, 338, 342
수졸당守拙堂 276, 277, 316
숭례문 65
숭림사崇林寺 보광전 216
승룡대升龍臺 239, 240
『시경강의』詩經講義 343
시사詩社 347
시회詩會 347
신도神道 155, 161, 169, 194
신돈辛旽 94
신라계 건축 110, 111, 142, 143, 190
신림神琳 28, 50
신문神門 155
신위神位 150, 151, 152, 160, 165, 167, 168
신유사옥辛酉邪獄 347
신윤복申潤福
심수정心水亭 277, 278, 307, 315, 330, 331, 333
심원암深源庵 141
십대제자상十代弟子像 39
십성영당十聖影堂 128
십일면관음보살상十一面觀音菩薩像

39
쌍계사雙溪寺 210
쌍봉사雙峰寺 131
「쌍화점」雙花店 86

ㅇ
아사달阿斯達 26, 51, 52, 190
악공청樂工廳 152, 180
안드레아 팔라디오Andrea Palladio 63
안락정安樂亭 277, 332
안쏠림 196, 208
안압지雁鴨池 57, 59, 66~73, 75, 77, 78, 79, 81
암문暗門 357, 369
야나기 무네요시柳宗悅 19
양동마을 267, 269~273, 276, 277, 281, 305, 307, 310, 311, 328, 329
양성씨족兩姓氏族 273
양졸당 276, 277
양진당 141, 305
어도御道 155, 156, 158, 159, 163, 169
「어부사시사」漁父四時詞 229, 233
『어제성화주략』御製城華籌略 343
엔타시스 195
여강驪江 이씨 273, 274, 277, 313, 314, 316
여막방 285
여주 이씨 273
역수逆水 275
연동마을 249, 251, 253
연무대鍊武臺 369
『열하일기』熱河日記 366
영귀정泳歸亭 278, 328
영규靈圭 191
영녕전永寧殿 151, 152, 153, 154, 156, 159, 170, 173

영산전 97, 98, 99, 102, 103, 218
영산회상靈山會相 46, 347
오성지五星池 356
『오주연문장전산고』五洲衍文長箋散稿 345
옥산서원 277
옥소대玉簫臺 244, 247
온달산성溫達山城 364
옹성 343, 347, 356, 366, 370
『옹성도설』甕城圖說 343
옹성甕城 355
완주 화암사 193, 198
완주 화엄사華嚴寺 190, 199
왕희지王羲之 240
외4출목 210
외손봉사外孫奉祀 272
요네다 미요지米田美代治 19
용주사龍珠寺 341
용화삼회龍華三會 117, 121, 122, 127, 129
용화지회龍華之會 132
우미량牛尾樑 194
우화관于華館 377, 378
원원사遠願寺 57
원융圓融사상 57
원총안遠銃眼 364, 368
원통전圓通殿 139
원효元曉 57, 128
월대越臺 159, 160, 163
월성 손씨 272, 273
월지궁月池宮 70
위봉사威鳳寺 191
운강雲崗석굴 20, 41
유득공柳得恭 340
유상곡수연流觴曲水宴 239, 240
유상곡수流觴曲水 239

유형거遊衡車 362
유형원柳馨遠 340, 350
육각다층석탑 124, 141
육도교六道橋 47
윤덕희尹德熙 230, 250, 259
윤두서尹斗緒 229, 230, 249, 259, 265
윤두서 고택 248
윤선도尹善道 229~235, 237, 238, 240 ~246, 248
윤선도 고택 248, 249
윤용尹熔 230, 250, 259
윤위尹偉 230, 233, 235, 237, 247
윤탁 가옥 249, 265
윤효정尹孝貞 249
이니고 존스Inigo Jones 63
이덕무李德懋 340, 343, 345
이성계李成桂 147
이안청移安廳 378
이언괄李彦适 276, 278, 289
이언적李彦迪 273, 274, 276, 277, 278, 279, 280, 281, 289, 295, 311, 314
이의잠李宜潛 317
이이李珥 177, 273
이익李瀷 230, 258, 345
이지란李之蘭 176
이치대첩梨峙大捷 200
이향정二香亭 278, 326, 327
이형동 가옥 322, 326
이황李滉 177
익산 미륵사지석탑 22
익산 숭림사 191
익조翼祖 151, 169
인간적 척도human scale 170, 172, 173, 175
인방석引枋石 37
임해전臨海殿 72, 78

입향조 253, 254, 272

ㅈ
자장율사慈藏律師 97, 117, 118
장륙상 118, 119, 125
장안문長安門 346, 347, 356, 368, 369, 375
장용위壯勇衛 339, 342
장長스팬구조 25
장조莊祖 151, 169
재궁齋宮 152, 177
재실 199, 250, 253, 254, 255, 257, 317, 318, 319
적대敵臺 348, 355, 369, 370
적루敵樓 373
적묵당 193, 196, 200, 201, 202
「전가서사」田家書事 229, 230
전개설 21
전사청典祀廳 179
전실前室 20, 21, 37, 39
전조후침前朝後寢 150
절병통 138, 139
점찰법회占察法會 123
접주接主 219
정선鄭敾 20
정약용丁若鏞 230, 338
정약종丁若鍾 347
정전正殿 72, 78, 151
정조 114, 338, 339, 340, 342, 343, 345, 347, 354, 365, 366, 375, 377, 378
정중목탑庭中木塔 137
정평주초 208
제례청 253, 255, 261
제석천상帝釋天像 39
제정祭井 179
조산造山 236, 238, 279

조준趙浚 176
『종묘의궤』宗廟儀軌 152, 154
좌묘우사左廟右社 148, 149, 150
주간포柱間包 25, 216
주두柱頭 191, 215, 216
주실主室 21, 39
주심포형식 87
증장천增長天 39, 217
지국천持國天 39, 217
진표영당眞表影堂 128
진표율사眞表律師 118, 123

ㅊ
참당암懺堂庵 191, 210, 218, 219, 220, 221
참당암 대웅전 191, 221, 224
참당암 약사전 223, 225
참당암 응진전 222, 224
창경궁 153
창덕궁 149, 150, 151, 153, 154, 158, 166, 181, 367
창룡문蒼龍門 346, 369, 370
창방昌枋 25, 195
채제공蔡濟恭 338, 340, 343
처영處英 191
천불전 103, 210
천왕문 97, 99, 102, 206, 208
첨차檐遮 79, 82, 87, 102, 187
「청산별곡」靑山別曲 86
청석탑靑石塔 141
청운백운교 23
체징體澄 97
초익공 부재 329
초전상初傳像 37
최영崔塋 94
추원당追遠堂 251, 253, 254, 257, 260,

262

충렬왕 84, 85, 91

충효당 305

치미鴟尾 82

치성雉城 348, 355, 364, 366, 369, 373

칠사당七祀堂 164, 166, 176

ㅋ

칸살잡이 25, 142, 316

캔틸레버Cantilever 329

클러스터이론Cluster theory 182

ㅌ

태실 151, 165

태액지太液池 70, 75

통말집 321

퇴칸〔退間〕 164, 165, 243, 262

툇마루 202, 236, 287, 326, 327

튼 �口자 집 321, 331

팀—텐Team X 그룹 182

ㅍ

판문 165, 176

판석보 241, 242, 243, 245, 247

판위版位 159

팔각기둥 329

팔달문八達門 356, 369, 370, 377

팔뚝돌 30, 31

팔부신장八部神將 39

팔상도八相圖 36

평방平枋 25, 210, 215, 224

포대공包臺工 290

『포루도설』砲樓圖說 343

포루鋪樓 355, 357, 369, 373

포작包作 191, 203, 204, 205, 211, 215, 216, 221, 222, 223, 290

풍피두 센터Centre Georges Pompidou 34

표훈表訓 28, 50

풍덕 류씨 271

풍마동風磨銅 91, 92, 93, 95

필로티piloti 35, 182, 286, 290, 295, 332

ㅎ

하앙계 구조 139

하앙下昂 191, 198, 203, 204

하월대 160

하인리히 뵐플린Heinrich Wölfflin 53

하한대夏寒臺 239

함허루涵虛樓 330, 331

항마인降魔印 38

해남 윤씨 230, 248, 250, 254

《해남윤씨가전고화첩》海南尹氏家傳古畵帖 229

해동육조영당海東六祖影堂 128

해미읍성海美邑城 364

해인사海印寺 113, 141

해탈문 97, 98, 99, 102

행공첨차行工檐遮 187

향교건축 296

향단香壇 267, 277~282, 289~293, 295~301, 305, 321, 331

향대청香大廳 152, 155, 156, 178, 179

혁희대赫羲臺 239, 240

현륭원顯隆園 340, 342, 377

『현안도설』懸眼圖說 343

현안懸眼 355

현장玄奘 38

〈협롱채춘도〉挾籠採春圖 259

협축법協築法 367

혜덕영당惠德影堂 128

혜덕왕사惠德王師 123, 127, 129, 138

혜초慧超 39

호집 253

홍국영洪國榮 340

홍봉한洪鳳漢 340

홍예문虹霓門 357

화령전華寧殿 346, 376, 377, 378

화반대공花盤臺工 316, 329

화서문華西文 369, 371, 377

화성문묘華城文廟 378

『화성성역의궤』華城城役儀軌 341, 343, 347, 351, 353, 355~358, 360, 362, 365, 368, 374, 375

화성행궁華城行宮 346, 353, 374, 377

화순 쌍봉사 131

화암사 극락전 139, 191, 201, 204, 224

화암사 우화루 199, 200

『화엄경』華嚴經 46, 47, 48, 142

화엄사華嚴寺 각황전覺皇殿 103, 141

화엄사중창비華嚴寺重創碑 198

화엄십찰華嚴十刹 141

화홍문華虹門 346, 364, 369, 370, 371

환조桓祖

황룡사 9층탑 67, 118

황룡사지

『흠흠신서』欽欽新書 348

희황교羲皇橋 237

발문

고전으로서의 한국건축
정기용

발문

고전으로서의 한국건축

한국건축에 대한 최초의 기록

몇 년 전 항간에는 유홍준 씨의 『나의 문화유산 답사기』가 베스트셀러가 되었었다. 많은 사람들에게 현존하는 한국의 옛 건축과 유적들을 애정을 가지고 바라볼 수 있도록 길을 열어놓았다. 그후 많은 답사 기획팀들이 생겨나고 그와 비슷한 류의 책들도 나왔다. 이 나라가 한참 거품경제에 들떠 있던 시절, 외국나들이를 제집 안방 드나들 듯 히히낙낙하던 때 이 땅에도 볼거리가 산재해 있음을 가르쳐주는 바람이 불었던 것이다. '문화' 에 대한 갈증에서보다는 '우리 것이 좋은 것이다' 라는 신토불이 정신이 발동하였으며, 쌀 수입을 반대해야 한다는 막연한 민족적 국민정서와도 잘 맞아떨어졌던 것이다.

그러나 제 것을 좋아하겠다는 소박한 마음에 대하여 수긍하면서도 내심 한편으로는 은근한 걱정도 되었다. 왜냐하면 정서적으로 '옛 조상' 들의 체취를 유적이나 건축을 통해 가까이에서 느껴야만 진정한 한국인이며 문화적으로 성숙되어가고 있다는 착각을 갖게 할 지도 모른다는 의구심 때문이었다. 즉 그렇게 자족함으로써만 과거의 숨결이 현재에 재현될 것 같은 막연한 분위기에 사로잡히지나 않을까 하는 염려 때문이기도 하였다. 유적은 늘 지나간 사람들의 향수를 불러일으키기에 족하기 때문이다. 이러한 상황에서, 답사기를 통해 한국건축과 유적에 눈을 뜬 사람들에게 김봉렬의 책은 그 깊이를 더해줄 것이다.

그러나 김봉렬의 『시대를 담는 그릇』은 또 다른 답사기는 아니다. 그것

은 지난 시대 한국건축의 탐험서이며 해방 후 아마도 우리가 우리의 눈으로 읽어낸 한국건축에 대한 최초의 기록이다. 또한 한국 건축인으로서는 최초의 지식인이 펴낸 책이라고 하여도 과언이 아니다. 왜냐하면 지식인이란 실재하는 현실로부터 담론을 일궈내고 또한 그것을 실천하는 사람이기 때문이며 김봉렬 교수야말로 바로 그에 부합하는 인물이기 때문이다. 한 개인을 두고 이렇게 과도할 정도로 아낌없는 찬사를 보내는 것은 상대적으로 그동안 얼마나 건축계의 풍토가 메마르고 척박한 땅이었는지를 드러내는 것인지도 모른다. 따라서 그의 책은 단비와도 같다.

그는 서문에서 과거의 역사 특히 우리와 직결되는 한국의 문화를 보는 두 가지 극단적 편견을 경계한다. 저자는 그 하나를 원초적인 문화의 산물로 비하하는 태도라고 지적하며, 또 다른 하나는 근거 없는 칭송과 조건반사적인 감탄의 분위기를 힐난한다. 즉 근대화 시기에는 너무 폄하해서 문제가 되었지만 현재는 오히려 맹목적인 애정이 문제라고 지적한다. 이어서 "서구의 모든 한계를 한국문화가 극복시켜줄 것 같이 맹신하거나, 혹은 현재의 문제를 해결할 열쇠가 과거에 있는 것처럼 신화화하는 풍토가 조성되고 있다."고 말하면서 한국인들 내면에 늘 도사리고 있는 세계에 대하여 '우월함'을 찾아내기만 하면 만사가 해결될 것 같은 환상을 경계하고 있다. 과거의 역사는 현재를 열어갈 마스터키를 보관하고 있지 않음을 역설하는 대목이다.

이어서 그는 "과거의 한국건축을 마법과 같은 신비주의의 산물로 여기거나 박물관의 유물과 같이 동결된 유산으로 취급하는 한, 한국건축은 낭만적 회고나 강압적 애정의 대상은 될지언정 하나의 건축적 실체로 다가오지 않는다. 우리에게 필요한 것은 부풀려진 신화도 아니고 박제화된 교과서도 아니다. 무엇이 있느냐가 문제가 아니라, 무엇으로 볼 것인가의 해석이 필요하다. 그러나 그 해석은 사실적 감동에 뿌리를 두어야 한다."고 역설하고 있다. 그가 강조하는 점은 바로 이 두 가지인데, 하나는 과거의 유산을 대하는 태도의 문제이며, 또 다른 하나는 바로 실재하는 것으로부터 출발한 사실적 감동 속에서 새로운 읽기가 시작되어야 함을 지적하는 대목이다. 지난 30년 동안 건

축계에 있어온 논쟁 중의 하나가 바로 '전통의 현대화' 또는 '한국 전통건축에 대한 논의'라고 하는 비생산적인 소모전이었음을 상기한다면, 서문에서 그가 객관적 '태도'와 사실적 '읽기'를 강조하는 점을 충분히 이해할 수 있는 것이다.

객관적 태도의 사실적 읽기

그는 책 어느 구석에도 '전통건축'이란 말을 사용하지 않는다. 전통이란 단어가 떠오르면 사람들은 마술에 걸린 것 같이 사고思考의 중단상태에 이르게 되기 때문인지도 모른다. '전통'이란 단어와 결합되어 발생하는 단어들, 이를테면 '전통건축', '전통음악'이란 말뜻은 그 의미가 명료하고 쉽게 전달될 것같이 보이면서도 사실은 꼭 그렇지만은 않은 데 문제가 있다. 그 말뜻에는 소통을 어렵게 하는 여러 함정들이 있다. 우선 전통이란 말 속에는 오랫동안 지속된 통일적 원류가 가정되어 있으며, 또한 미래에도 그것을 거스르지 않고 이어나가야 할 것 같은 강박관념까지 가로놓여 있다. 더욱이 일제 이후 '전통의 단절'이라는 물리적 체험을 뼈저리게 겪은 한국인들에게 안팎으로 넘쳐나는 서양문화에 대응할 힘을 전통에서 길어오려는 태도란 지극히 당연시되고 있기도 하다. 그러나 문제는 지난 역사의 문화를 하나의 단어로 묶어내려는 불합리함에 있다. 전통이란 말 속에 함의시키려는 태도 속에는 너무나 다양하고 다층적인 면모들이 묵살되고 있다. 또한 과거의 문화 활동이 그렇게 일사불란하고 통일된 것만도 아니라는 데 문제가 있다.

김봉렬의 책에서 우리가 경청해야 되는 부분이 바로 과거의 문화유산인 '건축'과 '유적'들을 '전통'이라는 세계에 일단 묶어놓고 보던 태도들을 넘어서는 데 있을 뿐만 아니라 '한국적'이라는 족쇄도 풀어놓는 데 있다. 과거의 건축을 시간을 뛰어넘어 건축이라는 보편적 가치의 반열 위에 놓고 보는 데 참으로 오랜 세월이 걸린 것이다. 그는 폐허 속에서 그것을 만든 사람들의 생각을 이해하려 애썼고 그 결과로 몇 가지 확신에 도달했다. 과거의 건축을 구성했던 생각과 과정이 현재와 그다지 다르지 않을 뿐 아니라 지식과 기술

은 축적되지만 깨달음의 폭은 시간과 무관하다는 점, 국적과는 상관없이 건축이 갖는 보편적인 가치와 본질은 하나라는 사실이다.

그러나 그는 한편으로 확신하면서도 한쪽으로 너무 치우치지 않으려 한다. 객관적 태도로 사실적 읽기를 수행하면서 발생할지도 모르는 한계를 극복하려는 자세를 설정하고 있다. 즉 "객관적이라는 허울 아래 현재적 필요가 없는 과거의 탐구가 지적인 유희에 흐르기 쉽듯이, 현실적이라는 이유만으로 역사와 이론에 뿌리를 두지 못한 실천이란 우연에 불과하다"는 지적이다. 이는 바로 건축인이면서 동시에 건축사학자의 길을 걷고 있는 김봉렬 교수의 중요한 입장이면서 철학이다. 이는 아마도 한국건축계가 '휘청거리고 있는' 현실의 밑바탕에는 늘 이 땅의 역사를 올바로 들여다보는 사유의 깊이가 제한적이었음을 잘 인식하고 있기 때문일 것이다. 그는 전통을 현대로 이어야 한다는 허구적 강박관념을 건축이라는 본래의 영역으로 위치시키고 현존하는 유구를 천착하면서, 시대적 배경과 역사를 고찰하고 실화와 인물상을 탐구하면서 현재와 과거를 넘나드는 상상력으로 질주한다. 불국사와 석굴암에서부터 조선시대 사대부들의 집에 이르기까지 그의 시선이 닿은 곳에서 새롭게 건축의 역사가 숨쉬기 시작한다.

시대를 담는 그릇들

그러면 시대를 담는 그릇 속에서 김봉렬이 재발견하려는 한국건축은 어떻게 읽혀지고 있는가? 그는 이 책에서 어떤 시대사적 구분을 정의하려는 의도를 가지고 있지는 않다. 다만 현존하는 건축을 통해서 시대적 특질을 드러내는 것이지, 통사론적 역사를 서술하는 데 큰 의의를 두지 않는다. 거대한 역사 속에서 놓친 미세한 생활상을 통해 한 시대를 가늠해보는 것을 넘어서서 건축이 만들어진 배후의 정신세계를 창조적 상상력으로 재구성해내는 데 있다. 과거의 시점으로 동결시키는 읽기가 아니라 과거와 현재를 넘나드는 생동하는 읽기이다.

그는 건축은 다른 예술품보다 사회적 수명이 길고 사람들이 쉽게 접근할

수 있는 공개적 성격 때문에 같은 장소에서 짧게는 수십 년, 길게는 수천 년 동안 역사의 징표로서 남아 있게 된다고 한다. 그래서 건축물에는 어떤 의미로든지 그것이 만들어진 시대의 편린이 반영되어 있고 당대의 시대적 상황과 환경 그리고 사회적 구조 속에서 고민한 건축가들의 생각과 해법을 유추의 방식으로 읽어낼 수 있는 것에 반해 일반사는 기록에 의존하기 때문에 거대한 사건을 위주로 서술된 '작위적인 거대서사'에 가깝다고 보는 것이다. 따라서 기록이 사라진 부분에 대해서는 역사도 존재하기 어렵다고 생각하는 것이다. 그래서 그는 정사正史 중심의 일반 역사는 거대한 흐름만 조명할 뿐 그 시대를 살아나갔던 개인의 갈등과 노력이 소개될 틈새가 없다고 하면서 건축은 일차적으로 건축가라는 개인의 창작품으로 사회 정치사가 건축의 배경은 될지언정, 건축의 직접적 동인은 아니며 따라서 개인의 문제가 삭제된 경제·사회사만으로 건축의 비밀을 밝힐 수 없다는 것이다. "건축물이라는 사물을 통해서 시대적 상황을 유추하며, 동시에 건축가의 갈등과 해법을 추적하는 이유는 바로 '건축이란 무엇인가'에 답을 던지기 위함"이라고 말하고 있다.

　　아직 한국건축사 연구가 시대사적 연구가 부족하고 통사적 체계를 갖추지 못하고 있기 때문에 한국건축사를 서양과 같이 양식사적 체계를 갖고 논의하는 것에 어려움이 있는 것이 사실이다. 따라서 김봉렬 교수는 한국건축사의 커다란 밑그림으로 사회적 변화보다는 건축 자체의 변화를 기준으로 건축 내부의 변화와 차이를 감지해서 건축사를 재구성하는 방법을 제안한다.

고전으로서의 한국건축

이 짧은 글에서 김봉렬 교수의 방대한 저작을 소상히 소개하기는 불가능하다. 다만 직접 그의 글을 대하면서 종횡무진, 그러나 친숙하고 쉬운 언어로 표현된 한국건축에 대한 새로운 읽기는 큰 즐거움이며 지적인 모험이 될 것이다. 일반인들에게 건축 읽기, 더구나 역사적 건축 읽기가 어려운 것은 그것이 모두 비슷비슷해 보이는 건물의 외관만이 아니라 건물을 하나의 단순한 건물로 볼 수밖에 없기 때문이다. 그러나 김봉렬 교수의 책은 단순히 감흥을 유발

시키는 것만이 아니라 이 시대를 사는 우리들에게 인간과 역사와 삶과 정신을 횡단하는, 그래서 과거의 시간에만 머무는 것이 아니라 현재의 의미를 더 새롭게 드러내는 힘이 있다. 또한 보다 전문성을 필요로 하는 사람들에게는 책 옆에 주석으로 단 동료 연구자들의 연구에 대한 친절한 소개가 곁들여 있어 도움을 준다.

아마도 한국건축사의 신기원을 이룩할 김봉렬 교수의 업적은 앞으로도 계속 그 의미를 더해갈 것이다. 그리고 이 책은 하루빨리 영어로 번역되어 세계인들과 함께 한국건축을 논의할 수 있는 기회가 마련되기를 바란다. 이는 식민지 사관으로부터 못 벗어났던 한국의 건축에 대한 담론이 세계와 대화를 나눌 수 있는 것을 의미하기도 한다.

건축가들은 누구나 미국의 건축가 벤추리의 『라스베이거스에서 배운다』라는 책을 알 것이니, 모더니즘이 실패한 영역에서 건축의 복합성을 강조한 것을, 그러나 우리는 김봉렬에게 배워야 한다. 건축의 복합성만이 아니라 그 정신의 세계를.

건축가가 아닌 사람들에게 더욱더 이 책을 숙독하기를 권고한다. 왜냐하면 이 책을 통해 독자는 2000년의 한국을 되찾을 수 있기 때문이다. 전통은 없다. 오직 새롭게 대할 고전만이 있을 뿐이다. 그 고전을 처음 김봉렬 교수가 우리들에게 읽어주기 시작한 것이다.

『녹색평론』 1999, 봄호 중에서

정기용